变通

——受用一生的学问

□宿文渊　编著

中国华侨出版社

图书在版编目(CIP)数据

变通：受用一生的学问 / 宿文渊编著. —北京：中国华侨出版社，2013.3（2022.3重印）
ISBN 978-7-5113-3406-0

I.①变… Ⅱ.①宿… Ⅲ.①人生哲学—通俗读物 Ⅳ.①B821-49

中国版本图书馆CIP数据核字（2013）第054831号

变通：受用一生的学问

著　　者：宿文渊
责任编辑：姜　婷
封面设计：李艾红
文字编辑：彭泽心
美术编辑：宇　枫
经　　销：新华书店
开　　本：1020mm × 1200mm　1/10　印张：36　字数：650千字
印　　刷：北京德富泰印务有限公司
版　　次：2013年5月第1版　2022年3月第6次印刷
书　　号：ISBN 978-7-5113-3406-0
定　　价：59.80元

中国华侨出版社　北京市朝阳区西坝河东里77号楼底商5号　邮编：100028
发 行 部：（010）88866079　传　真：（010）88877396
网　　址：www.oveaschin.com　E-mail：oveaschin@sina.com

水随形而方圆，人随势而变通。水无形，故可以随着盛装它的器皿而变化；而人要顺势，就要懂得适时变通。纵观古今，无论是帝王将相，还是贩夫走卒；无论是巨贾工商，还是平民百姓，他们都需要在动态变化的世界中走完自己的人生，而成功者大多是敢于变通、善于变通、会变通的人。因此，学会变通，就等于拥有了生存立世之本。

因循守旧，只能故步自封。观念的束缚，使人类受到了许多的限制，这些限制在很大程度上束缚了人的创造力。自古至今，无论两军对垒，还是政权角逐；无论商场夺市，还是事业谋划，获胜的一方总是大胆应变、不拘常理变招，输掉的一方多因顽固不化、因循守旧。愚公移山，其执着精神虽然可嘉，但如果能够变通一下，另选一处作为住宅，不知要省去多少子孙的辛苦；西楚霸王项羽乌江自刎，虽然霸气不减，但如果能够变通一下，过江重整山河，不知历史又要写出多少豪情。生活像一条长河，当“山穷水尽”时，我们随机应变，另辟蹊径，于是出现了“柳暗花明”；当“失之东隅”时，我们通权达变，旁敲侧击，于是“得之桑榆”；当“穷途末路”时，我们临机应变，以退为进，于是“回头是岸”。所以，变通，是一种美丽，也是一种人生的境界。

灵活应变，才能路路畅通。愚直的人固执持守，不撞南墙不回头，甚至撞了南墙也不回头；而聪明的人总是让自己从陈旧的观念里走出来，他们深知变通的能量，懂得转变一以贯之的规则去实现自我突破，创造自己的辉煌。当兵临城下，诸葛孔明轻抚三尺瑶琴，一人镇退千军万马，没有一个“变幻莫测”，如何能够降服得了机智狡诈的司马懿；妇人练兵，孙武斩宠妃、立军威，娘子绝非乌合之众，没有一个“机变为用”，如何能够让“花容月貌”言听计从。历史向我们证明了变通的高明，大自然也向我们展示了变通的奥妙。“流水不腐，户枢不蠹”，“问渠那得清如许，为有源头活水来”，谁愿意享受一潭死水的人生呢？当今时代，变化无处不在，今天的阳光大道，到了明天也许就要变成独木桥；现在能独占鳌头，到了明天也许就被扫地出门。如果我们还故步自封、安于现状，哀叹着“不是我没能耐，只是世界变化快”，那么还有什么比这更可悲的呢？懂得变通，是我们通向成功的重要条件；懂得变通，能使我们少走弯路，在困境中寻求最好的解决方法。

学会变通，让自己成功。而当今社会，瞬息万变，如果墨守成规，恐怕迟早要被淘汰。做人做事要学会变通，不能太死板，要具体问题具体分析，前面已经是悬崖了，难道你还要跳下去吗？不要被经验束缚了头脑，要冲出习惯性思维的樊笼。学会变通，可以收获快乐的人生。有的时候，不同的思维也可以决定一个人的悲和喜，当你有泪时，变换一种思维，或许你收获的就是微笑。学会变通，就要换一种思维看待问题，从事物的表象挖掘事物的本质，尽可能找到新的突破口，切入新的思维，让思维变得灵活、简单。世界自有变化的那一天起，规则也就相应发生了，从古至今没有一个规则是能通古今的，也没有一种教化是屡试不爽的，即使有也一定会被今后时代所替代，绝对没有永远存在的道理。

因此，任何事物都不是一成不变的，在成功的道路上没有现成的金科玉律，你可以按照自己的思路去出牌，而不必拘泥于所谓的规则。凭你的智慧去探知事物的变化，靠你自己丰富的想象力以变应变，你就能把自己的命运掌握在自己的手里了。社会环境在变化，作为万物之灵的人，也应审时度势，以变应变。变通才能通达，通达才有转机，有转机才能找到打开成功之门的金钥匙。变通其实是在山穷水尽之时，让人重新获得生的动力；是在困境之时，让人取得成功的救命稻草……它是万物最美丽的生存状态。我们这些新生力量，面对千变万化的世界，更要懂得因势而变，因时而动，这样才能在不断变化的世界中立于不败之地。善于变通是智慧，并非不走正道。古往今来，成败兴衰多少事？只有一条规律：哪里有了变通，哪里就通向成功。《易经》云：“穷则变，变则通，通则久。”万物都有新陈代谢，我们难道就永远不动声色，一成不变？我们必须灵活机动、顺势而为，这样才能够把握生命的脉搏，永远处于不败之地。所谓喜悦是在生命转弯的地方。想要跨越生命中的障碍，达成某种程度的突破，迈向未来的领域，就需要有“化水为风、凝汽为露”的智能与勇气。无论你身处何地，无论你走向何方，从现在开始，请你用全新的思维重新审视这个世界、重新定位你的人生，你就会发现，原来“海到无涯天作岸，山登绝顶我为峰”。

第一章 不变不通，变通才能赢

第二章 水随形而圆，人随势而通

第三章　当无法改变世界时，你就改变自己

第四章　不变的是原则，万变的是方法

第五章　“命”不可变，但“运”可以变

第六章　你无法改变别人时，可以改变自己

第七章 过去无法改变，但可以把握今天

第九章　你可以平凡，但不能平庸

第十章　左右不了天气，但可以改变心情

第十一章 灵活应变，才能路路畅通

第十二章 没有办不到的事，只有不会变通的人

第十三章 做人宜持守，做事当善变

第十四章 人生最怕自己框住自己

第十五章　变通借力，顺势成事

第十六章　通权达变，出奇制胜

第十七章　机动处世，随机应变好办事

第十八章　不必事事明了于心，要难得糊涂

第十九章　进退有道，变通有术

第二十章　暂时妥协也是一种变通

第一章

不变不通，变通才能赢

第一节　无以为用，变通为用

穷则变，变则通

成功学说：“没有做不到的事，只有不会变通的人。”其实，人的脑袋有时候就是一所最坏的监狱，它经常在不经意间就禁锢了人的思维，让人愁肠百转，却变化无方。

正所谓没有变化就没有生机，没有变化就没有发展，没有变化就没有未来。历史上最有神通的人物也没有能力走进今天的生活，因为一切都已经改变，而他们自己也已经灰飞烟灭。同样，我们要生存下去，就不能把自己尘封进历史，不能因循守旧、一成不变，而要寻求变通、机变为用，如此，才能赢定未来。

愚公移山，其执着精神虽然可嘉，但如果他能够变通一下，另选一处作为住宅，不知要省去多少子孙的辛苦？项羽乌江自刎，虽然霸气不减，但如果能够变通一下，过江重整山河，不知历史又要多出多少豪情？

生活像一条长河，当“山穷水尽”时，我们随机应变，另辟蹊径，于是出现了“柳暗花明”；当“失之东隅”时，我们通权达变，旁敲侧击，于是“得之桑榆”；当“穷途末路”时，我们临机应变，以退为进，于是“回头是岸”。

兵临城下，诸葛轻抚三尺瑶琴，一人镇退千军万马，没有一个“变幻莫测”，如何能够降服得了机智狡诈的司马懿？妇人练兵，孙武斩宠妃立军威，娘子绝非乌合之众，没有一个“机变为用”，如何能够让“花容月貌”言听计从？

生活像一个顽皮的孩子，给我们打着一个又一个的小结，愚直的人固执持守，不撞南墙不回头，甚至撞了南墙也不回头；而聪明的人愿意做一道“脑筋急转弯”，多想一步、巧思一分，世界立刻别有洞天。

历史在向我们证明着变通的高明，大自然也向我们展示了变通的奥妙。“流水不腐，户枢不蠹”“问渠那得清如许，为有源头活水来”，谁愿意享受一潭死水的人生呢？信息时代，变化无处不在，今天的阳光大道，到了明天也许就要变成独木桥；现在能独占鳌头，到了明天也许就被扫地出门。如果我们还故步自封、安于现状，哀叹着“不是我没能耐，只是世界变化太快”，那么还有什么比这更可悲的呢？

《易经》云："穷则变，变则通，通则久。"万物都有新陈代谢，电脑尚能随时更新，我们难道就永远不动声色，一成不变？我们必须开动大脑的机器，灵活机动、顺势而为，这样才能够把握生命的脉搏，永远处于不败之地。

变通才能成功

因循守旧，只能故步自封；灵活应变，才能路路畅通。想当年，朱庇特神庙前，多少人穷其才智，也解不开牛车上的一副绳结，而亚历山大凌空一剑，轻而易举就解决了这个千古难题。正所谓：有变才有通。人生之路上，难免要遭遇各种路障，我们必须机变为用，只有善于变通才能赢。

在外界条件相差无几的时候，大凡能够取得成功的人都是善于变通之人。因为对于善于变通的人来说，生活中从来都不会出现克服不了的困难。很多时候，在一些人看来也许事态是根本无法改变的，命运是自己难以掌握的，只有听天由命，认为这是宿命的绝对，结果自然只有失败；然而，对于善于变通者来说，他们想的更多的是怎样去改变现状，自然而然地，他们终将迎来自己唯一的归宿，那就是成功。

美国著名企业家李·亚科卡在福特汽车公司担任推销员时，就曾运用通权达变之术获得奇效。

有一年，福特汽车在各地销路疲软，而亚科卡所在地区费城的销售情况更糟。为了打开销路，亚科卡挖空心思。他发现市场上有不少顾客想买车，但由于收入拮据，一时难以凑足那么多的钱。如果这一问题能突破，销售量必定会大增。于是，他提出了一个名叫"花56元买一辆56型福特汽车"的推销方案。根据这个方案，凡购买56型福特汽车的顾客，买时只需付售价的20%，其余部分每月缴付56美元，三年付清。"花56元买辆56型"的广告口号一下子套住了消费者的心，福特汽车在费城的销售量大增，仅推出三个月，就跃居全国销售网的第一位。公司把这一销售方法推广到各销售点，使当年增销汽车75000辆。

亚科卡也因此名声大振，官运亨通。数月后，亚科卡就被任命为华盛顿地区的分部经理。不久，又被调到福特公司总部，先任全国卡车销售部主任，后任车辆销售部主任。

绝路当中永远暗藏着生路，而这种生路沿途的景致也许会比想象的还要秀丽。探索成功的道路永远不是单道直行，唯一不变的就是变化。一意孤行，明知不可为而为之，就算费尽辛苦，也可能一点儿效果也没有。在这个世界上没有那种"只注重过程，不注重结果"的人，所以，既然知道没有什么结果，那还不如及早变通为妙。

成功往往是属于少数善于变通之人的。只要我们放弃盲目的执着，选择理智的改变，就可以化腐朽为神奇了。如果你渴望成功，那么就要试图去变通，或者是改变外界条件，或者是改变自己的思路，总之，我们只有恪守世界上唯一不变的东西——变，才能取得人生的成功。

顺势者昌，逆势者亡

生活中有一些人总是失败，就是因为他们顽固不化、按图索骥、墨守成规，不会变通，这样只看到前面的死胡同，却看不到旁边的通路。天空尚能变化，云月都不拘于形，我们拥有最具智慧的大脑，为什么不能变通一下呢？

其实一些旧思想、旧规矩都是可以打破的，只要我们做事变通而不违反客观规律、灵活而不违背做人原则，这样就能符合时代的变迁和社会的发展。

贝纳德古·塔兹最开始是做邮购唱片生意，一干就是10年，尽管他很努力，但仍旧两手空空。塔兹想："总跟在别人后面跑，不是办法啊！为什么不另起炉灶，走一条属于自己的路呢？"于是他下定决心向其他同行不愿意涉足的领域进军。

那么，到底选择什么领域呢？市内的艺术馆保留了许多欧洲中世纪的风琴音乐作品，其中很大一部分与宗教艺术有关，却很少有人问津。塔兹发现了这一点之后，便尝试着制作关于这些作品的唱片。结果，投放市场后，备受老年顾客和外国游客的青睐。这次成功让他大受鼓舞，于是塔兹就地取材，把开发"稀有曲目"作为自己的经营方向。

在经营过程中，塔兹本着不搞噱头，曲目和录音都以追求品质为首要任务的方针展开生意，不但扩大了业务，还挖掘出了许多"冷僻乐曲"，挽救了不少面临失传的"宗教音乐资产"。如今，塔兹在欧美的6个国家设有分公司，他本人也获得了"唱片大王"的美称。

贝纳德古·塔兹的故事告诉了我们这样一个道理：佛法自然，人法变通。人活一世，生存环境不断变迁，各种事情接踵而来，因循守旧、不知变通是无论如何都行不通的。

古人云："顺势者昌，逆势者亡。"日常生活中，我们总喜欢不顾一切地朝着自己的既定目标奋力拼搏，却始终没有花心思去分析形势，所以很可能搏击一世却不能成功。哲学家说："我们不能改变过去，但是可以改变现在；我们不能改变环境，但是能够改变我们自己。"

聪明人在做事的时候，只要发现此路不通，就立刻变换自己的做事方式，舍弃原来的方案，换成另一种方式，则能至通达。此所谓"失之东隅，收之桑榆"。

成功的路径不止一条，不要循规蹈矩，更不要放弃成功的信心，此路不通，就该换条路试试。顺势而为、灵活机变的人不仅能够找到成功的突破口，而且还可以因为拥有不断变通的思想而不断探寻新的思路，将自己提升到另一个高度，获取一个又一个成功。

敢为天下先

现实生活中，很多人没能成功，有时候并不是因为他们自身不具备成功的能力，而是因为他们怕与众不同，害怕成为被枪打中的"出头鸟"，所以他们宁愿安于现状、安于平稳，也不愿为了成功而冒险。因此，他们也将永远无法靠近成功。而反过来说，那些获得成功的人则大多是敢为天下先的人。鲁迅曾经说过："第一个吃螃蟹的人是令人佩服的，不是勇士，谁敢去吃它呢？"

所以，当你站在一条已经有无数人走过的路上，遥望着难以企及的成功目标时，你应该果断觉悟，给自己一次冒险的机会，在看似不可能的地方开拓另一条更近更省力的路，走出固有思维的束缚，这样才有机会看到许多别样的人生风景，甚至可以创造出人生的奇迹。

1860年6月30日清晨，牛津大学博物馆大楼内的一个主席台上，最有威望的以雄辩著称的演说家韦柏福斯大主教和以赫胥黎为首的几位学者坐在那里，他们相对而坐，形成对垒。随后，一场激烈的论战开始了。

会场气氛紧张而热烈，双方唇枪舌剑、针锋相对、字字珠玑、妙语连珠，群众中不时暴发出哄堂大笑和爆风雨般的掌声，他们究竟在争论什么呢？

原来，这场论战是由一本刚刚出版的名为《物种起源》的书引发的。这本书提出了一种骇人听闻的观点，它否定了教会一直向人们灌输的"上帝创造世界"、"自然界是恒定不变的"这些宗教学说，而提出自然界的一切动物和植物的形成是经过长期生存竞争、自然选择的结果，同时也否认了"人是上帝创造的"，而是与无尾猿有共同的祖先起源的观点。那么，这个否定神学、否定上帝的胆大包天的书的作者是谁呢？他就是英国伟大的生物学家查理士·达尔文。

如果没有达尔文的"敢为天下先"，恐怕全人类至今还没明白自己到底是从哪儿来的吧。

敢为天下先，要求一个人要有创新的精神，若踩着别人的足迹走，不会成功、则不会有壮举。成功者的人生轨迹各个不同，然而他们又都离不开“能够变通，敢于先行”的本性，正因为敢为天下先，与众不同故能超凡脱俗，没有墨守成规故能有所突破。

干事业是需要有胆有识，敢为人先的。人生也是一样，无论我们遇到什么困难、处于什么环境，都应该敢想敢做、敢于变通，而不要被老套顽固的思想所束缚。如果我们能够挣脱固有思维的约束，敢于在各个方面做“第一个吃螃蟹的人”，不断开创出新的处事方法，那么对于我们来说，天下就没有解决不了的问题，就没有办不到的事情了。

一个人在社会中、在事业上要取得一定成就、做出一定的贡献，光靠一些老方法、老套路是很难成功的。事实上也没有哪个人会在思维定式中获得成功。很多人都有这样愚顽的“难治之症”，所以走不出宿命般的可悲结局。

因此，“敢为天下先”不仅是变通中的一种智慧，更是一种胆魄和勇气。敢于变通的人，就会敢于想别人所不敢想，敢于从不同的角度去思考，深信突破思维定式就可以找到正确的方法。

摆脱“拘泥”的思想

在如今这个竞争异常激烈的社会中，一个人要想在事业上取得一定成就、做出一定的贡献，光靠一些老方法、老套路是很难成功的。当你站在一条已经有无数人走过的路上，遥望着难以企及的成功目标时，你应该早点觉悟，转变注意力去寻找另一条更近更省力的新路，而不要倔强地在那条无法看到前途的老路上浪费时间。

现实生活中，大多数人每天都在高喊自由的口号，然而却没有注意到，更需要自由的其实是自己的思维。很多时候，思维被自己束缚住了，他们还一无所知。结果只能一成不变，止步不前，每天迎来朝阳，送走落日，毫无生气，按部就班。因此，要想突破面前的困境，要想有所成就，就要先把思维从这根链条中解放出来。

比如，写文章喜欢按照一定的套路，喜欢交同样风格的朋友，不是“朝九晚五”，就是人登山，我亦登山；人下海，我亦下海。总之，按部就班，因循守旧，人云亦云，没有一点变通灵活之意。活在别人的影子里，实在可悲可叹。

在我们成长的过程中，存在着无数我们肉眼看不见的链条，这些链条禁锢着我们的思维，扼杀了我们思考的勇气，夭折了我们智慧创新的萌芽，让我们在前进的道路上走得步履蹒跚。这些链条经常表现为习惯、经验和没有任何道理的“想当然”。在这些专制的链条的捆绑下，我们难以获得成功。很多时候，我们开始向环境低头，甚至于开始认命、怨天尤人，岂不知这一切都是我们心中那条系住自我的铁链在作祟罢了。

因此，我们更需要的是能够放弃循旧，清醒而灵活地权衡利弊，做最正确的判断，选择属于自己的正确方向。同时，别忘了随时检查和审视自己选择的角度是否产生偏差，适时地进行调整，别只凭一套“亘古不变”的哲学，便欲强度人生所有的关卡。

我们还要时时留意自己执着的信念是否与成功的法则相抵触。追求成功，并非意味着必须全盘放弃自己的执着，去迁就成功法则。只需在意念上做灵活的修正，使之契合成功者的内蕴，即可走上轻松的成功之道。

不善于改变思维，就根本不可能找到成功的路径。因为改变思维是改变自己的内在基础，只有运用头脑，积极思考，勇于变通，你才可能实现自己的人生目标。要改变这种思维定式，需要我们不断学习新知识，并随着形势的发展不断调整、改变自己的行动。

你要记住：我们的思维比我们的身体更需要自由地呼吸！

发散思维，变通为用

其实在现实生活中，“变通为用，此物彼用”的现象比比皆是。可以说，世界上任何事物都有多种功能，只要人的思维灵活机动一点儿，往往能因地制宜，物尽其用，在紧急状态中，更是化险为夷、转危为安的妙计。在日常生活中，只要灵活地运用这种变通方法，就能取得许多意想不到的神奇效果。

没有哪个权威者把宇宙间的物质分配到某一固定岗位，而不允许它们有多个用途。只是人们心理定式的作用太强大了，只看到事物最通用的功能。我们要是能够“发散思维，变通为用”，往往能让思维开出美丽的花朵，让智慧结出奇异的果实。

1983年，在中国召开过一次创造学会，日本的创造学家村上信雄走上主席台拿出了一枚曲别针，同时提出一个问题：“曲别针有多少用途？请与会的中国学者回答。”

当时在场的一位中国学者逐一说了30多种，人们都觉得该想法真是奇妙，于是都鼓起掌来；接下来一位日本人说有300多种，然后放了一个幻灯片，证明有300多种，大家给予他更加热烈的掌声。

这时台下有人递上来一张字条，上面写道：我明天将发表一个观点，证明这个曲别针可以有无数种用途。于是，他第二天就此作了一个讲演。这个人叫许国泰，他提出的这个方案后来被称为“魔球现象”。

他是怎么分析的呢？他说，按曲别针最基本的解剖，它的颜色是什么样的、它的形状是什么样的、它的重量是多大、它的质地是金属、它的柔软度等一整套因素，把它们都解剖了，列成一个横坐标、一个纵坐标，就是它在数学、物理、化学、语文、外语等各个方面的用途。

曲别针的重量可以做各种砝码；作为一个金属物，曲别针可以和各种酸类及其他的化学物质产生不知道多少种反应；曲别针可以弯成1、2、3、4、5、6、7、8、9和加减乘除、开方等各种数学符号，演变成所有的数学和物理学公式；曲别针可以弯成英文26个字母，可以是拉丁文，可以是俄文，于是乎，天下所有语言能够表达的东西都能够用曲别针来表现；曲别针是金属，在磁场中有磁性反应；还可以导电；在艺术中，把它绷直了，肯定有琴弦的作用。至于其他的，做成夹子、别针、绳索、挂链、项链，都是在一类中的某一项的亿万种的一种。

许国泰的演说轰动了这个创造学会。

通常人一想曲别针的用途，觉得3种已经很了不起了。当我们看到有无数种用途的时候，这才是创造性思维的体现。我们在生活中为什么有时候没有创造力？就在于一个既成的逻辑思维模式、一个既成的概念局限了我们。其实，许国泰无非是运用了发散思维，分角度分层次地分析问题，这样就得出了这个伟大的结论。

善于变通的人，他们勇于向一切规则挑战，敢于突破常规，发散思维，变通为用，从而获得一般人得不到的成功。

善假于物者，必善于物尽其用；能物尽其用者，必是将一物可以变通为万物者。

转变即创新

拿破仑·希尔说过：“创新并不只是某些行业的专利，也不是超常智慧的人才具有创新的能力。只要愿意，谁都可以创新。”

现代社会是一个极力追求创新的社会，也正是因为创新，这个世界正在发生着瞬息万变的进步。在实际生活当中，好多人会认为创新是高深莫测的，应该只属于专家研究的事情，好像并非自己所能为。然而，事实并非如此，只要你敢于去想，创新就是很简单的事情，有时候，

一种很轻易的转变，其实就是一种创新。

有一家味精公司，领导对全体员工下达了一项硬命令，要求员工们踊跃提出生产建议，以保证公司能成倍地增长销售量，而且公司保证，一旦建议被采纳，员工将会受到嘉奖。接到指示，各个部门都行动起来：生产部门琢磨生产技术，营业部门考虑营销技巧，宣传部门研究宣传策略。大家各抒己见，有的推出富有创意的广告，有的建议改变瓶体的形状，有的认为应该奖励销售人员等等，不一而足。

有一个普通的女工也想要提出一个好的方法，可是冥想了很久，也没有什么成果。这天下班回家做晚饭的时候，她想往菜上撒调味粉，可调味粉由于受潮结块很难从狭小的瓶口撒出来。于是，她的儿子只得将筷子捅进瓶口，用力在里面搅动了几下，这下调味粉结块被捣碎，从瓶口撒了出来。儿子的这个简单的举动一下子触发了女工的灵感，她高兴得跳了起来，因为她想到了一个绝妙的点子。

第二天，女工便把“将味精瓶瓶口开大一倍”这个建议交了上去。没想到，她的建议果然被公司采纳，她也因此获得了一笔奖金。更可喜的是，当她的建议被采纳并实施之后，公司的味精销售额开始成倍地提高。年终时，女工又从那里领取了特别奖。

由此可见，创新并非遥不可及，有时候甚至是唾手可得的。所以，不要以为创新仅仅是充满着专业术语的科学研究论文，或者是科技含量很高的产品，其实它更普遍地表现在人们一个个自己有时都没有注意的思维转换当中。而且，创新有时候也不需要多么渊博的知识，或者多么高的学历，有时候，它不过是我们在做事的时候寻找改进办法的一个过程。这种办法也许并不起眼，但它一旦被付诸实践之后，就可能产生巨大的效应。

创新只需要有一双发现的眼睛，思考别人想不到的事情，不顺着常人思路，只有比别人多转个弯，才能有与众不同的收获。

所以，不要再把创新高高地“供奉”起来，其实只要你的头脑稍微转变角度，就可能报告给世界一个新发现。

切勿画地为牢

在生活当中，很多时候，我们在生活的路上走得不好，不是因为路太狭窄了，更大的原因是我们的眼光太狭窄了。就像坐在井底往上瞧的青蛙，想着天地就这么大了，不可能有更大的空间了，何不就此坐定？有了这种想法，无异于给自己画地为牢，从此将寸步难行。所以说，往往堵死我们的生存和发展之路的并非他人，而正是我们自己狭隘的眼光和封闭的心界。

有一个小孩在看完马戏团精彩的表演后，随着父亲到帐篷外拿干草喂表演完的动物。小孩注意到一旁的大象群，问父亲：“爸，大象那么有力气，为什么它们的脚上只系着一条小小的铁链，难道它无法挣开那条铁链逃脱吗？”父亲笑了笑，耐心地为孩子解释说：“大象不是真的挣不开那条细细的铁链，而是它们以为自己挣不开。在大象还小的时候，驯兽师就是用同样的铁链来系住小象，那时候的小象，力气还不够大，小象起初也想挣开铁链的束缚，可是试过几次之后，知道自己的力气根本就挣不开铁链，于是就放弃了挣脱的念头。等小象长成大象后，它就甘心受那条铁链的限制，而不再想逃脱了。”

我们经常用生活中普通的规律去看待事情，这样，我们便被原本只要稍微用力即可挣脱的“铁链”永远束缚住了，心甘情愿地成了一只被圈养的大象，久而久之，便形成了惯性思维，套在失败的经验中爬不起来，认为有些事自己永远办不到，却完全忽视了许多内部和外界的条件已经改变，以致失去了一次又一次唾手可得的机会。

有时走出变通的那一步是艰难的，然而如果不去迈出这一步，就会使人生道路充满更大的艰难。

在辽阔的亚马逊平原上，生活着一种号称“飞行之王”的雄鹰，名曰：雕鹰。这种鹰的飞行时间之长、速度之快、动作之敏捷，堪称鹰中之最，只要是被它发现的小动物，一般都难以逃脱它的利爪。但谁能想到那壮丽的飞翔背后却隐藏着滴血折翅的悲壮？

小雕鹰的翅膀之所以如此强劲有力，是因为雌鹰从小就会残忍地折断幼鹰翅膀上的大部分骨骼，然后再把它们从高处推下，有很多幼鹰就是在这时成为飞翔的悲壮祭品，但雌鹰仍然不会停止这“血淋淋”的训练，因为它们眼中虽然有痛苦的泪水，但同时也在构筑着孩子们生命的蓝天。

人也一样，要生存，就要改变。有时候，堵死我们的生存和发展之路的并不是别人，而正是我们自己狭隘的眼光和封闭的心界。如果吝惜于改变造成的一时的损失或者伤痛，从而得过且过，那么，总会有实在过不下去的一天的。须知，变通是永恒的生存法则。

不变则难通

变通，说白了其实就是一种能够转弯、能够突破、能够机变为用的智慧。这种智慧基于对事、对人、对物进行的多角度思考，从而灵活找出最佳的赢定人生的方式。在生活当中，我们经常会惊喜地发现：遇到困难的时候，如果你一门心思地钻“牛角尖”，有时候根本于事无补，因为按常规的想法这些困难根本无法解决。但如果能放弃先前的思路，换一个角度，则很可能会获得意想不到的效果。

美国宇航局曾经因为在太空不能顺畅使用圆珠笔而苦恼，于是斥巨资请专家研制新产品。但是两年过去了，该科研项目未见多大进展。于是，宇航局向社会悬赏，征求此种“便利笔”。后来有个小学生满脸自信地走进宇航局，这本身就是一件让人惊讶的事情，而更让人惊叹的是，他向众官员出示了自己的“研究成果”——一支铅笔，官员们无不瞠目结舌。

这是一个让人感到滑稽的现实版的笑话，但它又很能激发人的思考，它生动地说明了，只要善于换个思路来思考问题，或许就能找到最简单可行的答案。

《神雕侠侣》中黄蓉在寻找情花的解药时，曾经说过：凡毒蛇出没之处，七步内必有解救蛇毒之药。万物相生相克，成功和失败莫不是如此。只要保持冷静，在不通的地方寻找变数，就能在失败的落脚点寻找到成功的起飞点。

在1915年的国际巴拿马商品博览会上，世界各地的展品琳琅满目。可是，中国送展的茅台酒却很长时间无人问津，这使得每个参加博览会的工作人员都很着急。在大家都不知所措的时候，其中一个工作人员想出了一个非同寻常的办法。他提着两瓶茅台酒，走到展览大厅最热闹的地方，故意装作不小心把酒摔在地上。顿时，一股浓郁的酒香弥漫了整个展览大厅，“好酒！好酒！”大厅里响起了此起彼伏的赞叹声。而这位中国工作人员的这个创意果然奏效：茅台酒在这次博览会上被评为世界名酒，从此名声远扬。

当某一项工作进入“瓶颈”以后，一些长期以来惯于定式思维的人，要么因为惧怕，要么因为懒惰，总是不愿意迈出变通的一步，总想着“原来的思路一定是正确的，只不过还没到成熟的阶段，所以暂时才不会有所结果”，于是便一味地坚持下去，可是结果却总是不尽如人意。这时候，如果能稍微转变一下观念，从原来的思维定式中跳脱出来，或许很容易就会发现，其实通过另外一种方式很容易就可以把这个“瓶颈”解决掉。从而，我们才能够在社会中发现、创造更多的机会，实现自己的目标，改变自己的生活，做真正的赢家。

第二节 无以为赢，善于变通才能赢

学会以退为进

从处世的角度来看，退却有时是一种进攻的策略。现代社会中，用“以退为进”的策略表现自我不失为一种良好的方法。以退为进，由低到高，这是一种稳妥的进攻之术。有时候，表面的退让只是一种策略，为了追求更高的目标，做出一些退让是善于变通之人的成熟表现。

我们在遇到困难与问题的时候，往往会信奉直面困难，冲锋陷阵。这种勇敢无畏的精神是值得提倡和大力褒扬的。然而，有些时候我们不能见前面是火坑还一个劲儿地往里跳，否则只能是蛮勇。此时我们需要做的恰恰是后退一步，而不是一味往前冲，甚至撞了南墙也不懂得回头。能进，也能退，这才是一种完整的智慧。必要的退，恰恰是为了更好的进。

曹操的英雄气概是不容置疑的，但他也有让步的时候。

“挟天子以令诸侯”是曹操的“大计”，但当把汉献帝迎到许都后，他并没有立即实施这个计划。因为他自知力量还未达到最强，与袁绍的军事力量相比，还处于明显的弱势。因此他采取的是后发制人的方略，以退为进，最终将袁绍打败。

见天子握在了曹操手中，袁绍很是愤慨，于是他便摆出盟主的架势，以许都低湿、洛阳残破为由，要求曹操将献帝迁到鄄城，以方便自己控制。曹操自然不能做此让步，但他并未给以直接反驳，而是以献帝的名义称袁绍为太尉，封邺侯，袁绍只好暂时作罢。

与此同时，曹操安排和提升了其他一些官员。以程昱为尚书，又以他为东中郎将，领济阴太守，都督兖州事，巩固这一最早的根据地；以董昭为洛阳令，控制好新旧都城；以夏侯渊、曹洪、曹仁、乐进、李典、吕虔、于禁、徐晃、典韦等分别为将军、中郎将、校尉、都尉等，牢牢控制军队。

曹操此时表现得非常谦恭。杨奉荐举曹操为镇东将军，袭父爵费亭侯，曹操连上《上书让封》、《上书让费宁侯》、《谢袭费亭侯表》等，表明他“有功不居”。曹操深知自己还是弱者，因此对袁绍的要求尽量满足，对朝廷的封赠表现出“力所不及”的谦恭。等到羽毛丰满后，他再也没有顾及，大张挞伐，发动了历史上有名的“官渡之战”，并一举消灭了袁绍的主要军事力量。

军事家指出，学会退却的统帅是最优秀的统帅。战而不胜，不如早退，退是为了更好的胜利。退不是消极地避凶就吉，而是暂时地收敛锋芒，隐匿踪迹。即使退也要做到主动，自觉，不露声色地壮大实力，以便时机成熟时奋起继进。这种退不是逃跑，而是进的一个环节，是进的准备和前奏。

当你处于弱势时，要忍住急于求成的心理状态，不要过于暴露自己，而要凭借着良好的外界形势，壮大自己的力量。善于把握进退的火候，勇于抉择进退的时机，就可以改变不成功的做人做事方式，隐忍以行，以退为进，把自己提高到一个更高的层次。

热问题要冷处理

我们常常说要趁热打铁，办事情要立竿见影，这些都是在对事情有充分的了解和问题本身难度不大的时候所使用的，然而一旦问题有了变化，立马解决未必能够得到良好的效果，这就需要停下来，等候时机。

生活常识告诉我们，许多问题貌似“热问题”，不去理会它，热问题反而会自我冷却。古人云：“天下本无事，庸人自扰之。”生活中，似乎常有一些让人过不了夜、睡不着觉的事情，但是你能蒙着被子睡一觉，清晨醒来也许就会觉得昨天的行为十分可笑，也并不是什么大不了的事情。

除了这种时间可以解决的问题之外，还存在着很多棘手的问题，也就是“热”得无法捧在手里解决的问题，虽然它们不会因为时间的推移而自行消解，可是却因为“冷藏”一时而获得解决问题的最佳火候。或者是让我们有了更加平和的心态，可以更加理性地对待，或者是让事情本身“降温消暑”，从而避免了我们的一时冲动，少走了弯路。

面对有些问题，我们不妨对自己说一声“等明天再说”，这样，不但不会因一时冲动而铸成大错，而且有利于冷静下来，将一时的愤怒转化为思考的时间，仔细地权衡利弊，认真地看待得失，从而更好地审视自己，把握事态。让人生少走弯路，让生命少一些无奈和遗憾。否则，以热制热，无异于火上浇油，不但达不到解决问题的目的，还会制造出更多问题，甚至可能发生“爆炸”。

只有冷静放下，才能客观地分析问题，像流水一样不去堵塞它，而去疏导它，这才能让热问题得到最好的解决。其实热问题冷处理本来就是一种灵活的思维、变通的具体表现，而这是十分奏效的。

因此，一件事情处理得漂亮与否，不在于解决的速度，而在于解决的火候。

学会“绕路”

人的发展永远都离不开机会，要想自己能够把握机会、迎合机会、创造机会，那么我们就必须不停地开动脑筋，运用智慧，否则，就有可能会被时代所淘汰。西方有一句谚语：“上帝在关上一道门时，就会在别处给你打开一扇窗。”陆游说：“山重水复疑无路，柳暗花明又一村。”只要我们不拒绝变化，并且善于运用变通的思维方式，不断改变自己的观念，我们就能抓住机会，走出困境，进入新的天地。

在法国的历史上，曾经有很长一段时间土豆种植都没有得到推广。宗教迷信者不欢迎它，给它起了个怪名字——“鬼苹果”；医生们认定它对健康有害；农学家断言，种植土豆会使土壤变得贫瘠。

然而，法国著名农学家安瑞·帕尔曼切曾在德国吃过土豆，觉得土豆是一种很好的食品，于是决定在本国培植它。可是，过了很长一段时间，他都未能说服任何人。

面对人们根深蒂固的偏见，他一筹莫展。后来，帕尔曼切决定借助国王的权力来达到自己的目的。1787年，他终于得到了国王的许可，在一块出了名的低产田上栽培土豆。帕尔曼切发誓要让这不受人欢迎的“鬼苹果”走上大众的餐桌！

他耍了个小小的花招——请求国王派出一支全副武装的卫队，白天晚上轮流值班，对那块土地严加看守。这异常的举动撩拨起人们强烈的偷窥欲望。此举的确显得十分神秘，一块土豆地怎么会派哨兵日夜把守呢？周围的农民无不好奇，不断地趁着士兵的“疏忽”而溜进去偷土豆，小心翼翼地把偷来的土豆拿回去研究，种在自家地里，精心侍弄，看到底有何不同。哨兵对周围的农民偷土豆，表面上似乎严禁，实际上则睁一只眼闭一只眼。当周围农民种的土豆获得丰收之后，所谓的“鬼苹果”的优点也就广为人知了。就这样，通过这个巧妙的主意，土豆在法国普及开来，很快成为最受法国农民欢迎的农作物之一。

陷入了困境的时候，我们不要消沉、不要焦虑，用清醒的大脑问问自己：这件事情真的就这么难吗？再问问自己：难道没有更容易的办法了吗？之后，再做出如何解决的方案，此时的方案和没有思考之前相比，一定是更优的；而如果再多问自己几个问题，那么最佳答案也就现身了。记住：变通可以绕开生活道路上的一切障碍，让你成功地到达目的地，变通是你解决问题的最有力工具。

人的每一种行为、每一种进步都与自己的变通思维能力息息相关，离开了变通思维，人在障碍面前就力不从心、束手无策。

同样的境遇，同样的路障，有的人能绕开路障，成就伟业；有的人却徘徊不前，碌碌无为一辈子，原因就在于变通思维的差异。其实，成功的机会无处不在，只是它更青睐于善于思考、善于变通的人。

是谓，天下事有难易乎？变通之则难者亦易矣，不变之则易者亦难矣。

请将不如激将

生活中，我们常常能听到这样一句话：请将不如激将。所谓激将法，就是利用对方自尊心和逆反心理，从相反的角度“刺激”对方，以激起其“不服气”情绪，使其产生一种迸发的“内驱力”，将自己的潜能充分发挥出来，从而收到不同寻常的教育效果。

激将法在与人办事中往往能够达到出人意料的效果，此法既可用于对手，也可用于己方。激敌，可诱其躁动，最终失去理智，导致行动盲目而上当失败；激我，责其弱，可激起勇，责其愚，激起智。

隋朝末年，隋炀帝在位已十余年，他穷奢极欲，倒行逆施，恶贯满盈。当时禁卫军将领宇文化及、宇文智及等人打算杀掉隋炀帝。他们首先做通了炀帝的卫队长司马德戡的工作，再由德戡去煽动卫兵和他们一起发动政变。

司马德戡想了想，如果直接起兵，恐怕“叛逆”之行难以服众，只能用激将法变通一下。于是，他在卫兵中找了几个自己的亲信，告诉他们说：“炀帝不相信我们的卫队，已准备了许多毒酒，打算借开酒宴的机会把我们全都毒死。”这一消息立即传遍了整个卫队，一时人人自危，个个愤怒。

司马德戡见时机成熟，便集合卫队，告诉了他们杀炀帝的打算，群情激昂，众人异口同声地说：“唯将军命！”

618年3月，隋炀帝江南巡游到达江都，一天，宇文化及在炀帝卫队配合下，率兵杀入宫中，将隋炀帝捕获。隋炀帝问：“今日之一事，孰为首邪？”政变者答：“普天同怨，何止一人！”又问：“何罪至此？”答：“陛下违弃宗庙，巡游不息，外勤征讨，内极奢淫，使丁壮尽于矢刃，女弱填于沟壑，四民丧业，盗贼蜂起，专任佞谀，饰非拒谏，何谓无罪？！”

其实，讨伐者的举罪之辞中并没有要给卫兵下毒药之说，这是借隋炀帝自感皇位岌岌可危，为保全尸，故身边常备有毒药一事，加以虚构得来的，结果这一虚构情节激起卫队反叛，达到了铲除昏庸帝王的目的，顺利抓住隋炀帝并将其绞死。

当然，在运用激将法的时候，要具体问题具体对待，也要敌我有别。只有根据具体对象的性格特点、心理特点，把握准确的时机，才能达到激将的目的。否则，盲目应用，可能会起到反作用，而使对手反攻，使心理承受能力差的人不堪重负，做出荒唐举动，酿成悲剧。

总而言之，激将的力量是巨大无比的。如果能够在合适的时机下，巧妙地运用此法，可以送人青云直上，也可以杀降敌于无声色之中。

学会借力发力

儒家的荀子在《劝学篇》中说道："君子生非异也，善假于物也。"意思是说即便是一个具有聪明睿智、博学多才的君子想要胜于他人，也要善于吸收，利用他人的优点，博采众长才能立于不败之地。俗话说："能者多劳"，凭个人的能力赚钱当然是真本事，但是"智者当借力而行"，借他人之势，扬长避短，运用天时、地利、人和外加运气赚钱，乃是一门高超的技艺，这也是"善假于物，借力使力"的道理。

不善借者，永远比别人慢半拍；善借者，才能平地起风雷。沿着历史发展的步伐，多少名扬天下的英雄人物，都是善借力者，其一生的处世哲学在于巧变善变，把人世间的一切变为己用。三国故事里的草船借箭就是典型的成功借力的例子，这里且不说这件众人皆知的故事，而是看看在此之前孙权的借力之举。

在赤壁之战前，曹操灭了袁绍、刘之威，又挫掉了吕布之锐，率百万雄兵，上将千员，一副荡平江东、铲除异己的气势。此时孙权帐下谋士一片慌乱，到处都是投降声。他们心里大都有一个相同的声音：袁绍都败在了他的手下，我们论实力与之没法比，就更没得打了。但是孙权心里不愿服输，因为他非常明白，一旦投降，手下们的官照当、钱照拿，而他自己这个一把手就不同，非但一把手的位置做不成，弄不好脑袋也会保不住。

对于这样的局势，孙权早已了然，可是他发现，主降的人很多，就连张昭都在其中，他不能搞家长作风，强喝"谁投降推出去斩了"，他还需要这些人为他出汗出力。于是他心生一计，先让诸葛亮舌战群儒训了一顿主降派，接着搬出孙策遗言：内事不决问张昭，外事不决问周瑜。之后君臣间共同演了一场好戏。

孙权问，有人主降，有人主战，意见不统一，当以哪个主意为准呢？主战派周瑜洋洋洒洒把形势讲了一通，接着表态道："臣愿为将军决一血战，万死不辞。"孙权马上顺水推舟说："先兄说外事问周瑜，既然周瑜说打，那就打。"

因为孙权这个领导者软硬兼施把大家的思想统一起来，才有了后来闻名史册的"火烧赤壁"。孙权的借力之计用得可谓妙哉，整个事情的发展都如预期的那样，且几乎没被人看出他的借力之计，使之运用于无形之中。

我们都懂得"独木难成林"的道理。一个人的能力再大，没有足够的外力还是难以成功的。所以，要想成就一番大事业，就要学会借助第三者的力量。我们要不吝惜借所有能借到的力量：事外物的力，周围人的力；朋友的力，对手的力。只要能为我所用，一切外力都可借用。

其实，今天的"借力而行"就是每个人的智慧的大集聚、大联合、大协调。人们不光是借助人的力量，而且要善于及时掌握充足的信息，借助外物或者环境的力量，伺机而动，才能够真正把握天时地利，顺风顺水、顺畅圆满地达到预期目标。

避人所短，用人所长

苏轼描绘庐山时说："横看成岭侧成峰，远近高低各不同。"人才同庐山一样，从不同的角度看，也具有不同的才能与潜力。明代叶子奇在《草木子》中云："造化无全功，巧其音者拙其羽，丰其实者啬其花。"的确如此，每一种事物有其长则必有其短，人有其能也必有其愚。作为一名管理者，要有识人之术，同时能够灵活用人，容其所短、用其所长，这样，人人均可得其所、尽其所用，使"天生我才必有用"落到实处。

颇具慧眼的唐太宗也看出了用人与用器之间的奥妙。他曾让大臣封德彝推举贤才，而封德彝久无动静，理由是“非不尽心，但于今非有奇才耳”。唐太宗十分生气地说：“古人治国难道还要到别的朝代借人吗？应当为自己不能知人而忧虑。”他不仅相信当朝就有人才，而且明确地指出：“君子用人如器，各取所长。”

古诗云：“骏马能历险，犁田不如牛。坚车能载重，渡河不如舟。舍长以就短，智高难为谋。生才贵适用，慎勿多苛求。”古人曰：“用人如器，各取所长。”用人要懂得变通，因才适用，再优秀的人也有其短处，再愚笨的人也有其长处，用人就要用其特长，才能收到事半功倍的效果。

“金无足赤，人无完人。”十全十美的人在现实生活中是很难找到的。一般说来，识人之短容易，识人之长、能说他人好话并非易事。作为管理者，要有求贤若渴的态度，对人才从大处着眼、从长处着眼，看人的本质、主流。日本松下幸之助说：“用人就是要用他的勇气，必须尽量发掘部属的优点。当然，发现了缺点之后，也应该马上纠正。以七分心血去发掘优点，用三分心思去挑剔缺点，就可以达到善用人才的目的。”

在选拔人才时，如果能容其短，而用其所长，就能合理利用人才。因此，作为一个管理者，眼睛绝不能只盯在奇才、全才上，而要懂得“用人如器，各取所长”的道理。如果能做到“容其所短，用其所长”，就会发现人才就在身边，人才用之不竭。世界上没有全能的人才，关键在于管理者能否知人善任，舍短取长，做到人尽其才、才尽其用。

能伸更要能屈

俗话说：“天有不测风云，人有旦夕祸福。”人生在世，荣辱之间，本来是浮沉无常，忍得一时委屈图长远之计，这是志在四海者不可或缺的功夫和修行。

古来先哲为人处世、安身立命的“屈伸学”，原本是效法自然、模仿万物的变通经验的总结。一屈、一伸原是人与万物的本能，也是处世求存的智慧。本能是先天的潜力，智能是后天的功夫。

动物界的刺猬可以说是能屈能伸的智慧的化身了。你看它身处顺境时拱着小脑袋，凭借着满身的硬刺，横冲直撞；当它身处险境时，则缩回脑袋，把自己裹成一个刺球，让敌人无隙可击。

为人处世要能屈能伸，只有这样才能于逆境中奋起，最终办成大事。

冯梦龙的著作《智囊》中有观点认为：人与动物一样，当形势不利时，应当暂时退却，以屈为伸，否则，必将倾覆以致灭亡。蠖会缩身体，鸷会伏在地上，动物都有这样的智慧，以此来保全自身，难道我们人类还不如动物吗？当然不是。人更应该学会保护自己，以期发展自己。

在生活、事业处于困难、低潮或逆境、失败时，若运用“屈”的智慧，往往会收到意想不到的效果；反之，该屈时不屈而伸，必然遭到沉重打击，甚至连性命都保不住，那样，还有什么资格去谈人生、谈事业、谈未来、谈理想呢？

冯梦龙的屈伸分寸之说，通俗易懂，古今结合，事理结合，具有一定的说服力。纵观历史，有多少豪杰人物，为成就自己的事业，实现自己的理想，在必要的时候，使用了屈伸之术，从而保存自己，待时机一到，便东山再起。历史证明，善于使用屈伸之术，该屈则屈，该伸则伸，较好地掌握其分寸，是成就大业的重要途径。

屈，是一种处世的精明，一种“水往低处流”的谦恭；是困境中求存的“耐”，是负辱中抗争的“忍”；是名利纷争中的“恕”，是与世无争中的“和”。伸，是以退为进的谋略，以柔克刚的内功，以弱胜强的气概；是“无可无不可”的两便思维，是“有也不多，无也不少”的自如心态，更是“不战而胜”的变通策略。

学会见机行事

人际交往有着诸多复杂的关系蕴藏其中，这就需要我们在说话、办事上都要能够“察言观色”，能够紧随事情态势，见机行事，只有这种功夫练得深厚了，才能恰到好处地解决好所临之事。

宋代罗大经的《鹤林玉露·临事之智》中云：“大凡临事无大小，皆贵乎智。智者何？随机应变，足以得患济事者是也。”从一定意义上说，智者便是能随机应变，见风使舵之人。

历史上，大太监李莲英在民间传说中大都是反面的，但是我们却不得不承认，他具有相当深厚的见机行事、善于应变之功。他为人机灵、嘴巧，善于取悦慈禧，这种机灵常常为慈禧和下属解脱困境。我们不妨来看其中一例：

慈禧爱看京戏，且常以小恩小惠赏赐艺人一点东西。一次，她看完杨小楼的戏后，把他召到眼前，指着满桌子的糕点说：“这些赐给你，带回去吧！”

杨小楼叩头谢恩，他不想要糕点，便壮着胆子说：“叩谢老佛爷，这些尊贵之物，奴才不敢领，请……另外恩赐点……”

慈禧心情好，并未发怒，反而好情致地问他“要什么”。

杨小楼又叩头说：“老佛爷洪福齐天，不知可否赐个字给奴才。”

慈禧听了，一时高兴，便让太监捧来笔墨纸砚。慈禧举笔一挥，就写了一个“福”字。

站在一旁的小王爷看了慈禧写的字，悄悄地说：“福字是‘示’字旁，不是‘衣’字旁！”杨小楼一看，思忖着：这字写错了，若拿回去必遭人议论，岂非有欺君之罪，不拿回去也不好，慈禧一怒就要自己的命。要也不是，不要也不是，他一时急得直冒冷汗。

看到自己所犯的低级错误，慈禧太后也觉得挺不好意思，既不想让杨小楼拿走错字，又不好意思再要过来，气氛也因此而紧张起来。

旁边的李莲英脑子一动，笑呵呵地说：“老佛爷之福，比世上任何人都要多出一‘点’呀！”杨小楼一听，脑筋转过弯来，连忙叩首道：“老佛爷福多，这万人之上之福，奴才怎么敢领呢！”慈禧正为下不了台而发愁，听这么一说，急忙顺水推舟，笑着说：“好吧，隔天再赐你吧！”

所谓“伴君如伴虎”，在老佛爷面前要是说错了话，很可能会性命难保。而李莲英却深谙见机行事、顺势说话的本事，巧妙地为二人解脱了窘境。应变所推崇的是急中生智，而最能代表变通水平的非幽默莫属。

在当今社会中，应变能力已成为当代人应当具备的基本能力之一。我们每个人每天都要处理各种各样复杂烦琐的事情，要与不同的人交涉不同的事宜，要把握时时刻刻的形势，高超的应变能力是我们不可缺少的能力之一。再者，随着社会竞争的加剧，人们所面临的变化和压力与日俱增，努力提高自己的应变能力，对保持健康的心理状况也有很大的帮助作用。

记住，聪明的人一定是能够把握时机、顺应形势的人。

不要急于求成

任何事物在成长的时候都可能需要一段时间来积蓄力量。蛰伏是为了等待时机，一旦到了惊蛰阶段，就可以大干一场了。如果没有蛰伏这一阶段做准备，也许就没有腾飞的一刻。要想达成某件事情，不是随心所欲、想做就做的，这需要长期储备、自我修炼，首先必须得提高自己，让自己比别人优秀，比别人拥有更多的优势、更强大，否则只能以失败收场。

明太祖朱元璋就是运用养精蓄锐之术，才在群雄之中立于不败之地，最后平定天下的。他巧用“养士”的策略，把一大批能人谋士笼络在自己周围，为己所用。

“养士”给朱元璋带来了许多意想不到的好处。首先，“养士”可以削弱敌人。假如“士”不为我所用，势必归顺于竞争对手或者自行集合起来，结果对自己不利；其次，“养士”可以安民，儒雅之士大都知识渊博，在地方上有名望，在百姓心目中有地位，朱元璋用“士”，对于民心的向背有着潜移默化的作用；再次，“养士”有利于地方的行政管理。经济上，儒士处于中小地主地位，拥有许多的佃户，“士”归民归，“士”顺则民顺。

在攻下徽州时，老儒生朱升告诉朱元璋三句话：“高筑墙，广积粮，缓称王。”这一建议对朱元璋的事业影响很大。朱元璋依此建议，养精蓄锐。第一，巩固后方，保存实力。他在军事上通盘调度，统一指挥，建立巩固的根据地，并使之由点成面。第二，发展生产，兵民结合。为了发展生产，他想了许多办法，如设立营田使，实行屯田养兵；还设立“万户府”，加强民兵建设，把作战力量和生产力量合二为一。第三，缩短目标，从长计议。他审时度势，避实就虚。当义军纷纷揭竿而起，群雄并起时，朱元璋却施行“缓称王”之计。当先称王者在与元军厮战中双双元气大伤时，朱元璋才挥师南征北战，同时并进，最终统一了全国。

任何行动都有最佳时机，懂变通的人都知道事半功倍的道理：什么时候该行动，什么时候保持不变，怎样才能赢得优势，如何取得最终的胜利。在时机尚未成熟，条件不具备时就要养精蓄锐，韬光养晦，暂避锋芒，积极储蓄力量，不要急于求成，而要通过时间来取得决定性的优势，这就是一种最可取的变通思维。当然，在养精蓄锐阶段还要通过实际工作来提高自己的能力。

我们要做的就是努力不懈直到能够一鸣惊人的那一天，那时我们的声响将撼天动地。然而，我们每一个人为了生存、为了应对情况的变化，适应所需，必须有养精蓄锐的观念，有积蓄力量的习惯，如此，方能增加成功的砝码。

第二章 水随形而圆，人随势而通

第一节 佛法自然，人法变通

面对自我的困惑

不能正确地评价自己，做好定位，朝着正确的方向前进，是人成功道路上的一堵墙。正确的做法应该是正确认识自己，找准人生的坐标，改变错误的思维模式。

人们常说“人贵有自知之明”，那就是既不高估自己，也不低估自己。认识到这一点容易，但要做到这一点，却非人人能及。

想拥有更大的权力，想到更能发挥自己才能的岗位上去，想做出比别人更大的成就……几乎所有人都有上进心，都有改善现状的欲望。但是，正确估价自己的人，完全有能力接受自己目前所处的现状和环境，这对于想成功的人来说是非常重要的。

世上没有十全十美的人，有些缺点和性格是与生俱来并要带进坟墓的。只要看看那些伟大的成功者，你就能立即明白——他们都接受了自然的自我。

接受自己，对于正确地评价自我非常重要。纪伯伦曾在其作品里讲了一个狐狸觅食的故事。狐狸欣赏着自己在晨曦中的身影说：“今天我要用一只骆驼做午餐呢！”整个上午，它奔波着，寻找骆驼。但当正午的太阳照在它的头顶时，它再次看了一眼自己的身影，于是说：“一只老鼠也就够了。”狐狸之所以犯了两次相同的错误，与它选择“晨曦”和“正午的阳光”作为镜子有关。晨曦不负责任地拉长了它的身影，使它错误地认为自己就是万兽之王，并且力大无穷无所不能；而正午的阳光又让它对着自己缩小了的身影忍不住妄自菲薄。

大师笔下的这只狐狸与现实生活中的很多人十分相似。他们对自己的认识不足，过分强调某种能力或者凭空承认无能。在这种情况下，千万别忘了上帝为我们准备了另外一块镜子，这块镜子就是“反躬自省”，这4个字可以照见落在心灵上的尘埃，提醒我们“时时勤拂拭”，使我们认识真实的自己。

尼采曾经说过：“聪明的人只要能认识自己，便什么也不会失去。”只有正确认识自己，才能充满自信，才能使人生的航船不迷失方向。只有正确认识自己，才能正确确定人生的奋斗目标。只有有了正确的人生目标并充满自信地为之奋斗终生，才能此生无憾，即使不成功，也会无怨无悔。

一个人的发展在某种程度上取决于自己对自己的评价，这种评价有一个通俗的名词——定位。在心目中你把自己定位成什么，你就是什么，因为定位能决定人生，定位能改变人生。

一个乞丐站在地铁出口处卖铅笔，一名商人路过，向乞丐杯子里投入几枚硬币，匆匆而去。过了一会儿，商人回来取铅笔，他说："对不起，我忘了拿铅笔，因为你我毕竟都是商人。"几年后，商人参加一次高级酒会，遇见了一位衣冠楚楚的先生向他敬酒致谢。这位先生说，他就是当初卖铅笔的乞丐。他生活的改变，得益于商人的那句话：你我都是商人。故事告诉我们：当你定位于乞丐，你就是乞丐；当你定位于商人，你就是商人。

定位概念最初是由美国营销专家里斯和屈特于1969年提出的，当时他们的观点是，商品和品牌只有在潜在的消费者心中占有位置，企业经营才会成功。随后定位的外延扩大了，大至国家、企业，小至个人、项目等，均存在定位的问题，事关成败兴衰。

汽车大王福特自幼帮父亲在农场干活，12岁时，他就在头脑中构想如何用能够在路上行走的机器代替牲口和人力，而父亲和周围的人都要他在农场做助手。若他真的听从了父辈的安排，世间便少了一位伟大的工业家，但福特坚信自己可以成为一名机械师。于是他用1年的时间完成了其他人需要3年的机械师训练，随后又花2年多的时间研究蒸汽原理，试图实现他的目标，未获成功；后来他又投入到汽油机研究上来，每天都梦想制造一部汽车。他的创意被大发明家爱迪生所赏识，邀请他到底特律公司担任工程师。经过10年努力，在29岁时，福特成功地制造了第一部汽车引擎。今天在美国，每个家庭都有一部以上的汽车，底特律成为美国最大的工业城市之一，也是福特的财富之都。福特的成功，不能不归功于他定位的正确和不懈的努力。

反过来说，就算你给自己定位了，如果定的不切实际，或者没有一种健康的心态，也不会取得成功。

自我设限

人的悲哀不在于他们不去努力，而在于他们总爱给自己设定许多的条条框框，这种条框无意之间限制了他们想象的空间，以及创造的潜能和奋进的范围。看似一天到晚在忙碌，实际上自己已经套上了可怕的"金箍罩"，最终注定碌碌无为。

科学家曾做过一个有趣的实验：

他们把跳蚤放在桌上，一拍桌子，跳蚤立即跳起，跳起高度均在其身高的100倍以上，堪称世界上跳得最高的动物。然后他们在跳蚤头上罩一个玻璃罩，再让它跳。第一次跳蚤就碰到了玻璃罩，连续多次碰壁后，跳蚤改变了起跳高度以适应环境，每次跳跃高度总保持在罩顶以下。接下来，科学家逐渐改变玻璃罩的高度，这使跳蚤都在碰壁后主动改变跳跃的高度。最后，玻璃罩接近桌面，这时跳蚤已无法再跳了。于是，科学家把玻璃罩打开，再拍桌子，跳蚤仍然不会跳，变成"爬蚤"了。

跳蚤变成"爬蚤"，并非是它已丧失了跳跃的能力，而是一次次的受挫使它学乖了，习惯了，麻木了。最可悲之处在于，实际上玻璃罩已经不存在了，它却连"再试一次"的念头都没有了。玻璃罩已经罩在了它的潜意识里，罩在了它的心灵上。行动的欲望和潜能被自己扼杀了！科学家把这种现象叫作"自我设限"。

"自我设限"是人生的最大障碍，如果想突破它，我们就必须不怕碰壁。这时我们就用得着"饥渴精神"了。如果那只跳蚤永远想着"外面有美味可以填饱肚子"，那它就永远都不会放弃跳跃，除非生命终结。

无独有偶。自然科学家法布尔也曾利用毛毛虫做过一次很不寻常的试验。这些毛毛虫总是盲目地跟着前面的毛毛虫走，所以它们又叫游行毛毛虫。法布尔很小心地安排，使它们围着花瓶的边缘走成一个圆圈。花瓶的旁边则放了一些松针，这是毛毛虫喜欢的食物。毛毛虫开始绕着花瓶走，它们一圈又一圈地走，一连7天7夜，一直围着花瓶团团转。最后，终于因饥饿与筋疲力尽而死去。在不到6寸远的地方就有很丰富的食物，而它们却饥饿而死，因为它们把活动与成就弄混了。

许多人像毛毛虫一样，放弃主宰自己的生命和命运，按别人的意愿过日子，却不能够自主地生活。这种人最突出特点就是盲从，他们没有目标，就像一艘没有舵的船，永远漂流不定，所以只会到达失望、失败和丧气的海滩。

许多人犯了毛毛虫所犯的错误，结果只从丰富的生活中获得了很小的一部分。他们跟着大家绕圈子，根本不到别的地方去。他们遵循既定的方法与步骤，没有别的理由，因为“大家都那样做”和“大家都认为应该那样做”。其实，深究起来，这两个小实验的结果揭示了极为深刻的寓意。常人的悲哀不在于他们不去努力，而在于他们总爱给自己设定许多条条框框，这种条框无意之间限制了他们的想象空间，以及创造的潜能和奋进的范围。看似一天到晚在忙碌，实际上自己已经套上了可怕的“金箍罩”，注定碌碌无为。

敢于打破自我设定的障碍，多一点超越，少一点盲从，世界会不一样。

任何人都应该有这样一种抱负，那就是在生命中做一些独特的、带有个人特征的事情，从而使自己免于平庸和世俗，并使自己远离毫无目标、无精打采的生活。最理想的抱负就是植根于现实土壤的切实目标，在自身能力范围之内尽可能地追求卓越。

所以说，真正需要唤醒的是你自己，我们每个人都应当尽可能地挖掘自身的潜能，激发自己的雄心壮志。

很多时候，某些我们极其敬仰的人给予我们的信任和鼓励，或者是当有些人对我们表示怀疑时另一些人却毫不犹豫地对我们的才能表示肯定，都可能激发起我们的雄心，并使我们在一瞬间看到无穷的机会。或许在当时我们并没有对此给予太多的关注，但是，它很可能成为我们职业生涯中的一个转折点。

在生活中，无数的人在阅读一本激励人心的书或一篇感人至深的励志美文时，突然感到灵光一闪，蓦地发现了一个崭新的自我。如果没有这样的一些书或文章，他们可能会永远对自身的真实能力懵懂无知。任何能够使我们真正认识自己，能够唤醒我们的全部潜能的东西都是无价之宝。

问题在于，我们中的绝大多数人从来没有被唤醒过，或者是直到生命的晚年才真正认识自身的能力，但是为时已晚，再也不可能有大的作为了。因此，在我们年轻时就应当对自身的潜能有一个清醒的认识，唯其如此，我们才可能有效地发掘生命的潜力，从而最大程度地实现自我的价值。

大多数人在撒手人寰时，还有相当大的一部分潜能根本就没有被开发。他们只使用了自身能力中很小的一部分，而其他更珍贵的财富却白白地闲置在那儿，原封未动。

因此，最大化地开发一个人的潜能，已成为每个人一生要面对的重要命题。那么如何才能做到让潜能淋漓尽致地开发出来呢？其实，潜能开发的途径有许多，但从成功学的角度而言，主要有4个方面，即“诱、逼、练、学”。

1.“诱”就是引导

寻求更大领域、更高层次的发展，是人生命意识中的根本需求。“这山望着那山高”、“喜新厌旧”是人的本性。因此，具有主体自觉意识的自我，有理性的自我，是绝不愿意停留在任何一种狭小的、有限的状态之中的，而是总想不断开拓以取得更大的发展，从而更好地生存的。这种炽热的、旺盛的发展需要，是渴望成功的表现，是潜能蓄势待发的前兆。只要对这种发展意识给予有益的暗示、引发、规划和培育，就能很好地激发并释放潜能。

2.“逼”就是逼迫

人是一个复杂的矛盾体，既有求发展的需要，又有安于现状、得过且过的惰性。能够卧薪尝胆、自我警醒的人少之又少，更多的人需要的是鞭策和当头棒喝式的促动，而“逼”就是“最自然”的好办法。人们常说的“压力就是动力”，就是这个意思。

因此，被逼不是“无奈”，被逼是福。

要么你是被“看得起”委以重托，要么是有好运气，否则别人不会“逼”到你的头上来。

被逼，心态就会改变；被逼，就会有明确的目标；被逼，就会分清轻重缓急，抓紧时间；被逼，就会马上行动。不寻求突破，不创新，就休想跨过这道坎。于是潜能在一逼之下因迅速集聚而爆发，如同核聚变。

逼自己，就是战胜自己，必须比过去的自己更好；逼自己，就是超越竞争，必须比别人更好。别人想不到的，我要想到；别人不敢想的，我敢想；别人不敢做的，我来做；别人认为做不到的，我一定要做到。潜能的力量是巨大的！

人的潜能也遵循着“马太效应”，越开发，越使用，就越多越强。

生命力是从压力中体现出来的。生命力就是创新能力，就是创造力，就是人的潜能，也就是竞争力。

3.“练”就是练习

此处特指专家为开发人的潜能而专门设计的练习、题目、测验、训练，如脑筋急转弯、一分钟推理等，多做有益。另外还包括“潜意识理论与暗示技术”、“自我形象理论与观想技术”、“成功原则和光明技术”、“情商理论与放松入静技术”等。

4.“学”就是学习

学习绝对是增加潜能基本储量及促使潜能发挥的最佳方法。知识丰富必然联想丰富，而智力水平则取决于神经元之间信息联接的广度和信息量。

心中的瓶颈

人人心中都有一堵“墙”——你成功的障碍。人们的一生仿佛受到一个失灵的罗盘的指引，永远迷失着自我，而无法冲破人生的局限。其实，心可以超越困难，可以突破阻挠；心可以粉碎障碍，让你脱颖而出！

希拉斯·菲尔德先生退休的时候已经积攒了一大笔钱，然而他忽发奇想，想在大西洋的海底铺设一条连接欧洲和美国的电缆。随后，他就开始全身心地推动这项事业。前期的基础性工作包括建造一条长约1600千米、从纽约到纽芬兰圣约翰的电报线路。纽芬兰长约640千米的电报线路要从人迹罕至的森林中穿过，所以，要完成这项工作不仅包括建一条电报线路，还包括建同样长的一条公路。此外，还包括穿越布雷顿角全岛共700千米长的线路，再加上铺设跨越圣劳伦斯海峡的电缆，整个工程十分浩大。

菲尔德使尽浑身解数，总算从英国政府那里得到了资助。然而，他的方案在议会上遭到了强烈的反对，在上院仅以一票的优势获得多数通过。随后，菲尔德的铺设工作就开始了。电缆一头搁在停泊于塞巴斯托波尔港的英国旗舰“阿伽门农”号上，另一头放在美国海军新造的豪华护卫舰“尼亚加拉”号上，不过，就在电缆铺设到8千米的时候，它突然被卷到了机器里面，被弄断了。菲尔德不甘心，进行了第二次试验。在这次试验中，在铺到320千米长的时候，电流突然中断了，船上的人们在甲板上焦急地踱来踱去。就在菲尔德先生即将命令割断电缆，放弃这次试验时，电流突然又神奇地出现了，一如它神奇地消失一样。夜间，船以每小时约6.5千米的速度缓缓航行，电缆的铺设也以每小时约6.5千米的速度进行。这时，轮船突然发生了一次严重倾斜，制动器紧急制动，不巧又割断了电缆。

但菲尔德并不是一个容易放弃的人。他又订购了1100千米的电缆，而且还聘请了一个专家，请他设计一台更好的机器，以完成这么长的铺设任务。后来，英美两国的科学家联手把机器赶制出来。最终，两艘军舰在大西洋上会合了，电缆也接上了头；随后，两艘船继续航行，一艘驶向爱尔兰，另一艘驶向纽芬兰，结果它们都把电线用完了。两船分开不到4.8千米，电缆又断开了；再次接上后，两船继续航行，到了相隔约13千米的时候，电流又没有了。就这样，电缆第三次接上后，铺了320千米，在距离“阿伽门农”号6米处又断开了，两艘船最后不得不返回爱尔兰海岸。

参与此事的很多人都泄了气，公众舆论也对此流露出怀疑态度，投资者也对这一项目丧失了信心，不愿再投资。这时候，如果不是菲尔德先生百折不挠的精神，不是他天才的说服力，这一项目很可能就此放弃了。菲尔德继续为此日夜操劳，甚至到了废寝忘食的地步，他绝不甘心失败。于是，第三次尝试又开始了，这次总算一切顺利，全部电缆铺设完毕，而没有任何中断，几条消息也通过这条漫长的海底电缆发送了出去，一切似乎就要大功告成了，但突然电流又中断了。

这时候，除了菲尔德和他的一两个朋友外，几乎没有人不感到绝望。但菲尔德仍然坚持不懈地努力，他最终又找到了投资人，开始了新的尝试。他们买来了质量更好的电缆，这次执行铺设任务的是“大东方”号，它缓缓驶向大洋，一路把电缆铺设下去。一切都很顺利，但最后在铺设横跨纽芬兰960千米电缆线路时，电缆突然又折断了，掉入了海底。他们打捞了几次，但都没有成功。于是，这项工作就耽搁了下来，而且一搁就是1年。

这一切困难都没有吓倒菲尔德。他又组建了一个新的公司，继续从事这项工作，而且制造出了一种性能远优于普通电缆的新型电缆。1866年7月13日，新的试验又开始了，并顺利接通、发出了第一份横跨大西洋的电报！电报内容是：“7月27日。我们晚上9点到达目的地，一切顺利。感谢上帝！电缆都铺好了，运行完全正常。希拉斯·菲尔德。”不久以后，原先那条落入海底的电缆被打捞上来了，重新接上，一直连到纽芬兰。现在，这两条电缆线路仍在使用，而且再用几十年也不成问题。

几年前，举重项目之一的挺举项目中，有一种“500磅（约227千克）瓶颈”的说法，也就是说，以人的体力而言，500磅是很难超越的瓶颈，当时没有一个运动员能突破这个重量。一次，499磅的纪录保持者巴雷里比赛时所举的杠铃，由于工作人员的失误，实际上超过了500磅。这个消息发布之后，世界上有6位举重高手也紧接着举起了一直未能突破的500磅杠铃。

有一位撑竿跳的选手，一直苦练都无法越过某一个高度。他失望地对教练说：“我实在是跳不过去。”

教练问：“你心里在想什么？”

他说：“我一冲到起跳线时，看到那个高度，就觉得跳不过去。”

教练告诉他：“你一定可以跳过去。把你的心从竿上摔过去，你的身子也一定会跟着过去。”

他撑起竿又跳了一次，果然跃过了。

心，可以超越困难，可以突破阻挠；心，可以粉碎障碍，终会达成你的期望。

所谓瓶颈，其实只是心理作用。你的心中有瓶颈吗？

人的生活罗盘经常失灵，日复一日，有很多人在迷宫般的、无法预测也乏人指引的茫茫职场中失去了方向。他们不断触礁，可是别人却技高一筹地继续航行，安然应对每天的挑战，平安抵达成功的彼岸。为了维持正确的航线，为了不被沿路上意想不到的障碍和陷阱困住或吞噬，你需要一个可靠的内部导航系统。一具有用的罗盘，将为你陷入职场困境时指引一条通往成功的康庄大道。然而，可悲的是，太多的人从未抵达终点，因为他们借助失灵的罗盘来航行。这坏掉的罗盘可能是扭曲的是非感，或是蒙蔽的价值观，或是自私自利的意图，或是未能设定目标，或是无法分辨轻重缓急，简直不胜枚举。聪明人利用罗盘，可以获致恒久的成功。有智慧的卓越人士，选择可靠的路线，坚定地向前行进，可以渡过难关，安抵终点。

内心中的自毁倾向

心理学家指出，在每一个人的内心深处，多少都隐藏了一些自毁的倾向，这种内在情绪的冲动常常会驱使一个人做出危及自己的事情。而真正的成功者与一般人之间的一个重要区别在于：他们战胜了自己和内心的情绪，而一般人却不能。

你一定听过“自讨苦吃”、“自找麻烦”、“搬起石头砸自己的脚”、“自作孽，不可活”等诸如此类的话，这些描述的是一个人所犯的错误把自己逼往失败的境地。

仔细想想，每一个人都难免会犯以上的错误，只不过有程度严重与否的区别。无怪乎有句话说“自己才是自己最大的敌人”，因为我们总是不断地用各种方法“迫害”自己。

心理学家指出，其实，在我们每一个人的内心深处，多少都隐藏了一些自毁倾向，这种内在情绪的冲动常常会驱使一个人做出危及自己的事情。譬如，有人整天絮絮叨叨，看什么事都不顺眼，动不动就抱怨这个抱怨那个，好像所有的人都做了对不起他的事；还有的人，生活漫无目标，整日无所事事，只会嫉妒别人的成就，自怨自艾，认为什么好运都不会落在自己的头上；还有的人嗜酒如命、沉湎于药物，好财成性，饮食不知节制，消费成癖，纵情声色等，这些都称得上是自毁行为。

人们常常把失败的原因归咎于别人，其实很多问题都出在自己身上，很多麻烦都是自找的。每个人在先天性格上都有一些缺陷，只是你不愿承认失败是出于自己的缺点。这种“不愿当输家”的防卫心理可以理解，但如果你对自己的缺点浑然不觉或者不知反省，就真会有“一败涂地”的危险。

“生命的脚本可由演出者的主观意志加以改变”，杜柏林认为，每个人天生的性格固然会影响他的行为模式，但即使你的输家“脚本”是与生俱来的，你也可以决定不再依赖这种“脚本”过日子。问题是，你是否愿意正视你的缺陷，改变你的自毁行为，不再继续自讨苦吃。

想要不再与自己为敌，并且停止迫害自己，就要找出和解的方法。当然，你要努力去改掉多年的自毁习惯。当你一点一滴慢慢铲除这些障碍的时候，你就会发现：你已经不再是自己最大的敌人，而是自己最好的朋友。

在一次讨论会上，一位著名的演说家没讲一句开场白，手里却高举着一张20美元的钞票。面对会议室里的200个人，他问：“谁要这20美元？”一只只手举了起来。他接着说：“我打算把这20美元送给你们中的一位，但在这之前，请准许我做一件事。”他说着将钞票揉成一团，然后问：“谁还要？”仍有人举起手来。

他又说：“那么，假如我这样做又会怎么样呢？”他把钞票扔到地上，又踏上一只脚，并且用脚碾它。尔后他拾起钞票，钞票已变得又脏又皱。“现在谁还要？”还是有人举起手来。

“朋友们，你们已经上了一堂很有意义的课。无论我如何对待那张钞票，还是有人想要它，因为它并没贬值，它依旧值20美元。人生路上，我们会无数次被自己的决定或碰到的逆境击倒、欺凌，甚至碾得粉身碎骨，我们觉得自己似乎一文不值。但无论发生什么，或将要发生什么，在上帝的眼中，你们永远不会丧失价值。在他看来，无论你们肮脏或是洁净，衣着齐整或是不齐整，你们都是无价之宝。生命的价值不依赖我们的所作所为，也不仰仗我们结交的人物，而是取决于我们本身，也就是说，完全属于你的内心所想！你们是独特的——永远不要忘记这一点！”是的，生命的价值取决于我们自身，除了自己，没有人能让你贬值。

凯特先生的一次经历更让我们认识到：一个人最重要的是他的内心！

一个星期天的早晨，凯特本来可以好好睡一个懒觉，但是一种强烈的罪恶感驱使他起身去教堂做礼拜。

凯特洗漱完毕，收拾整齐，匆匆忙忙赶往教堂。

礼拜刚刚开始，凯特在一个靠边的位子上悄悄坐下。牧师开始祈祷了，凯特刚要低头闭上眼睛，却看到邻座先生的鞋子轻轻碰了一下他的鞋子，凯特轻轻地叹了一口气。

凯特想，邻座先生那边有足够的空间，为什么我们的鞋子要碰在一起呢？这让他感到不安，但邻座先生似乎一点儿也没有感觉到。

祈祷开始了："我们的父……"牧师刚开了头。凯特忍不住又想，这个人真不自觉，鞋子又脏又旧，鞋帮上还有一个破洞。

牧师继续祈祷着，凯特尽力想集中心思祷告，但思绪忍不住又回到了那双鞋子上。他扫了一眼地板上邻座先生的鞋子想，难道我们上教堂时不应该以最好的面貌出现吗？邻座的这位先生肯定不是这样认为的。

祷告结束了，人们唱起了赞美诗，邻座先生很自豪地高声歌唱，还情不自禁地高举双手。凯特想，主在天上肯定能听到他的声音。奉献时，凯特郑重地放进了自己的支票。邻座先生把手伸到口袋里，摸了半天才摸出了几个硬币，"叮啷啷"放进了盘子里。

牧师的祷告词深深地触动着凯特，邻座先生显然也同样被感动了，因为凯特看见泪水从他的脸上流了下来。

礼拜结束后，大家像平常一样欢迎新朋友，从而让他们感到温暖。凯特心里有一种想要认识邻座先生的冲动，他转过身子握住了邻座先生的手。

邻座先生是一个上了年纪的黑人，头发很乱，但凯特还是谢谢他来到教堂。邻座先生激动得热泪盈眶，咧开嘴笑着说："我叫查理，很高兴认识你，我的朋友。"

查理擦擦眼睛继续说道："我来这里已经有几个月了，你是第一个和我打招呼的人。我知道，我看起来与别人格格不入，但我总是尽量以最好的形象出现在这里。星期天一大早我就起来了，先是擦干净鞋子，打上油，然后走了很远的路，等我到这里的时候鞋子已经又脏又破了。"凯特忍不住一阵心酸，强咽下了眼泪。

查理接着又向凯特道歉说："我坐得离你太近了。当你到这里时，我知道我应该先看你一眼，再问候你一句。但是我想，当我们的鞋子相碰时，也许我们就可以心灵相通了。"

凯特一时觉得再说什么都显得苍白无力，就静了一会儿才说："是的，你的鞋子触动了我的心。在一定程度上，你让我知道，一个人最重要的是他的内心，而不是外表。"

还有一半话凯特没有说出来，这位老黑人怎么也不会想到，凯特从心底深深地感激他那双又脏又旧的鞋子，是它们深深触动了他的灵魂。

邻座的黑人先生并没有因为自己的衣着寒酸而自怨自艾，或无端地贬低、毁灭自己，而是满怀着对上帝、对生活的感恩之情，热情地对待自己，以及认真地面对主给予他的所有恩赐——包括那双又破又烂的鞋子。事实证明，在贫贱与困境中保持着内心的昂扬和人格完整的人，能赢得人们的尊重和敬佩。"一个人最重要的是自己的内心。"没错，上面的两个故事诠释了这一点，并带给我们无声的震撼。

青蛙的处境

固步自封和过度的自我满足让人的世界变得越来越小。而有些人宁可在暂时的安逸中沉湎，也不愿提高自身的能力和核心竞争力以适应环境变化。这种做法和文中的两只青蛙所做出的反应，几乎同出一辙。

有一只青蛙生活在井里，那里有充足的水源。它对自己的生活很满意，每天都在欢快地歌唱。

有一天，一只鸟儿飞到这里，便停下来在井边歇歇脚。青蛙主动打招呼说："喂，你好，你从哪里来啊？"

鸟儿回答说："我从很远很远的地方来，而且还要到很远很远的地方去，所以感觉很劳累。"

青蛙很吃惊地问："天空不就是那么大点吗？你怎么说是很遥远呢？"

鸟儿说："你一生都在井里，看到的只是井口大的一片天空，怎么能够知道外面的世界呢？"

青蛙听完这番话后，惊讶地看着鸟儿，一脸茫然和失落的样子。

这是一个我们早已熟知的故事，或许你会感到好笑，但在现实生活中，仍可以见到许许多多的"井底之蛙"陶醉在自我的狭小领域中。这种自以为是的自足自得，只会导致眼光的短浅和心胸的狭隘。信息的落后和自我张狂会让自己和现实离得越来越远。特别是在竞争日趋激烈的今天，固步自封和过度的自我满足只会让你的世界越来越小，并时刻有被淘汰的危险。因此，每个人都应该走出"小我"，积极地提升自身的能力，开阔自己的视野，这样才能在汹涌的时代大潮中立于不败之地。

下面，我们再讲一个有关于青蛙的故事。在19世纪末，美国康乃尔大学做过一次有名的青蛙实验。他们把一只青蛙冷不防丢进煮沸的油锅里，在那千钧一发的生死关头，青蛙用尽全力，一下就跃出了那势必使它葬身的滚烫的油锅，跳到锅外的地面上，安全逃生。

半小时后，他们使用同样的锅，在锅里放满冷水，然后又把那只死里逃生的青蛙放到锅里，接着用炭火慢慢烘烤锅底。青蛙悠然地在水中享受"温暖"，等它感觉到承受不住水的温度，必须奋力逃命时，却发现为时已晚，欲跃无力。青蛙全身瘫痪，终于葬身在热锅里。

在生活中，我们随处可以看到，许多人安于现状，不思进取，在浑浑噩噩中度日，害怕面对不断变化的环境，更不愿增强自己的本领，去发挥自身的优势以适应变化。最终在安逸中消磨了所有的生命能量。

不少人会有这样的体验，虽然每天准时上班，每天按计划完成该做的事，但总觉得生活得呆板，缺乏活力。似乎该做的事都已经做了，生活中再也找不到还能去做选择和努力的地方。曾经就有这样一个人们一致公认的成功人士，竟爬上楼顶，从上面跳了下去。

问题出在哪里？从表面上看，他是因为反复循着同样的生活方式，没有新鲜的感受，没有新的创意，产生了厌倦和疲劳，身心感到耗竭。

再往更深的层次看，也许是目标定得不够高，成功后就再看不到更高的奋斗目标了;也许有着不切实际的预期。这样，无论他的学业、事业多么地成功，都无法达到预期的要求;也许是认识不到自己工作的成就和价值;也许是把自己的目标定得太窄，于是生活变得刻板，没有生气。

美国的本杰明·富兰克林是举世闻名的政治家、外交家、科学家和作家。他的多方面才能令人惊叹：他4次当选宾夕法尼亚州的州长;他制订出《新闻传播法》;他发明了口琴、摇椅、路灯、避雷针、两块镜片的眼镜、颗粒肥料;他设计了富兰克林式的火炉和夏天穿的白色亚麻服装；他最先组织消防厅;他首先组织道路清扫部;他是政治漫画的创始人;他是出租文库的创始人;他是美国最早的警句家;他是美国第一流的新闻工作者，也是印刷工人;他创设了近代的邮信制度;他想出了广告用插图;他创立了议员的近代选举法;他的自传是世界上所有自传中最受欢迎的自传之一，仅在英国和美国就重印了数百版，现在仍被广泛阅读……

诚然，像富兰克林这样敢于尝试，并在各方面都显示出卓越才能的人是少见的。可是，这也足以说明：只要愿意，人无所不能。作为普通人，虽然我们不可能在各方面都有所建树，但如果我们敢于求新求变，试着涉足更广阔的领域，即使不能成名立万，也会使生活变得更加丰富多彩。长期单调乏味的生活常常会使最有耐性的人也觉得忍无可忍，读到这里，你完全应该相信：你还可以做好很多事情。

人生无处不套牢

"套牢"是股市上的一个术语，却也很好地表现出了人生中的一种尴尬处境。就像一个禅学故事中所讲的，一只贪食的鸟儿拼命地往网孔中钻，可任凭它怎样用力，脖子被勒得窒息，也够不着近在咫尺的虫子。当人们拼着性命往套中钻时，却怎么也得不到自己所渴望得到的。也许，这种削尖脑袋往套中钻的动机和想法本身就是一个错误，或者说是一堵围困人生的墙吧。

在股市猛地热了起来的时候，有个词的使用频率突然增高，这便是——套牢。许多人被股市赚钱的光环所诱惑而奋不顾身地跳了进去，谁知股价非但不涨反而直线下跌，这就是被套牢了。凡是玩股票的人，没有一个喜欢自己被套牢的。可是大凡玩股票的人，没有一个幸免于此。

股市真可谓是人生大课堂。收市之后，你如果将眼光放得远一点，会忽然发现，人生真是无处不套牢。生而为人，出生前就被子宫套牢了。后来，上学了被学校套牢，工作了被单位套牢，结婚了被家庭套牢，死了被骨灰盒套牢。

说起来，有些套子是自己钻的。股票是自己要买的，婚是自己要结的，国是自己要出的，儿子是自己要生的。假如买不到股票，人是会抱怨的；假如生不出儿子，人是会沮丧的；假如出不了国，人是会恼火的。有朋友终于拿到了绿卡，却立即愁眉苦脸起来，说是原本穷学生一个，万事没有关系，而现在要以一个美国人的标准来要求自己，车是什么档次的车，房子是什么档次的房子，衣服是什么衣服，工作是什么工作，凡此种种，不一而足，原来绿卡也是个牢笼。这么一说，做人就难了。得到了朝思暮想的东西还要犯愁，甚至更愁，人生真是很无奈。

仔细想想，人又不能没有一点东西将自己套牢。过于自由，心里就空落落的，魂不守舍，食不甘味，这种那种的孤独就要来咬人。人不是被这个套牢，就是被那个套牢，一套接着一套，彻底的孤鬼儿一个是不可想象的。有种说法是不错的：凡是活人必然是套中之人。

而人要套自己是最无可救药的。有一个人热爱炒股，小有进账。然而他总是拨起算盘算自己理论上应该赚多少，而实际上少赚了多少，这样算来算去反而更不快乐。友人劝他何苦和自己过不去，留得"生命"在，还怕没钱赚？他觉得这话是对的，但心里忍不住还是惦记那飞走的铜钱。唉！不知道是人套钱，还是钱套人，天下的傻瓜们啊！

人生不应该有太多的牵累与负荷。现在拥有的，我们应该珍惜；已经失去的，也没必要再为之哭泣。抬头向前看，会有更美好的生活在等着你。只要还有一颗乐观向上的心，人生就会一路充满阳光。

尤利乌斯是一个画家，而且是一个很不错的画家。他画快乐的世界，因为他自己就是一个快乐的人。不过没人买他的画，因此他想起来会有点伤感，但只是一会儿。

"玩玩足球彩票吧！"他的朋友们劝他，"只花2马克便可赢很多钱！"

于是尤利乌斯花2马克买了一张彩票，并真的中了彩！他赚了50万马克。

"你瞧！"他的朋友都对他说，"你多走运啊！现在你还经常画画吗？"

"我现在就只画支票上的数字！"尤利乌斯笑道。

尤利乌斯买了一幢别墅并对它进行了一番装饰。他很有品位，买了许多好东西：阿富汗地毯、维也纳橱柜、佛罗伦萨小桌、迈森瓷器，还有古老的威尼斯吊灯。

尤利乌斯很满足地坐下来，点燃一支香烟静静地享受他的幸福。突然，他感到好孤单，便想去看看朋友。如同在原来那个石头做的画室里一样，他把烟往地上一扔，然后就出去了。

燃烧着的香烟躺在地上，躺在华丽的阿富汗地毯上……一个小时以后，别墅变成一片火的海洋，它完全烧没了。

朋友们很快就知道了这个消息，他们都来安慰尤利乌斯。

"尤利乌斯，真是不幸呀！"他们说。

"怎么不幸了？"他问。

"损失呀！尤利乌斯，你现在什么都没有了。"

"什么呀？不过是损失了2个马克。"

"约拿情结"一定要克服

"约拿情结"的典故出自《圣经》，却高度概括了人的一种状态。人渴望成功又害怕面对成功，内心一直在积极与消极的两端徘徊。其实，这种心理迷茫状态来源于内心深处的恐惧感，而这种深层的恐惧心理，也成了人生最严重的致命伤。

约拿是《圣经》中的人物。据说上帝要约拿到尼尼微城去传话，这本是一种崇高的使命和荣誉，也是约拿平素所向往的。但一旦理想成为现实，他又感到一种畏惧，觉得自己不行，想回避即将到来的成功，想推却突然降临的荣誉。这种在成功面前的畏惧心理，心理学家们称之为"约拿情结"。

约拿情结是一种普遍的心理现象。我们想取得成功，但成功以后，又总是伴随着一种心理迷茫。我们既自信，又自卑，我们既对杰出人物感到敬仰，又总是心怀一种敌意。我们敬佩最终取得成功的人，而对成功者，又怀有一种不安、焦虑、慌乱和嫉妒。我们既害怕自己最低的可能性，又害怕自己最高的可能性。

说到底，"约拿情结"是一种内心深层次的恐惧感。这种恐惧感往往会破坏一个人的正常能力。

恐惧使创新精神陷于麻木；恐惧毁灭自信，导致优柔寡断；恐惧使我们动摇，不敢做任何事情；恐惧还使我们怀疑和犹豫。恐惧是能力上的一个大漏洞，而事实上，有许多人把他们一半以上的宝贵精力浪费在毫无益处的恐惧和焦虑上面了。

恐惧虽然阻碍着人们力量的发挥和生活质量的提高，但它并非不可战胜。只要人们能够积极地行动起来，在行动中有意识地纠正自己的恐惧心理，那它就不会再成为我们的威胁。

勇敢的思想和坚定的信念是治疗恐惧的天然药物，勇敢和信心能够中和恐惧，如同在酸溶液里加一点碱，就可以破坏酸的腐蚀力一样。

对此，我们不妨多加了解一下。

有一个文艺作家对创作抱着极大的野心，期望自己成为大文豪。美梦未成真前，他说："因为心存恐惧，我眼看一天过去了，一星期、一年也过去了，仍然不敢轻易下笔。"

另有一位作家说："我很注意如何使我的心力有技巧、有效率地发挥。在没有一点灵感时，也要坐在书桌前奋笔疾书，像机器一样不停地动笔。不管写出的句子如何杂乱无章，只要手在动就好了，因为手到能带动心到，从而慢慢地将文思引出来。"

初学游泳的人，站在高高的水池边要往下跳时，都会心生恐惧。如果壮大胆子，勇敢地跳下去，恐惧感就会慢慢消失，反复练习后，恐惧心理就不复存在了。

倘若很神经质地怀着完美主义的想法，进步的速度会受到限制。如果一个人恐惧时总是这样想："等到没有恐惧心理时再来跳水吧，我得先把害怕退缩的心态赶走才可以。"这样做的结果往往是把精神全浪费在消除恐惧感上了。

这样做的人一定会失败，为什么呢？人类心生恐惧是自然现象，只有亲身行动才能将恐惧之心消除。不实际体验，只是坐待恐惧之心离你远去，自然是徒劳无功的事。

在不安、恐惧的心态下仍勇于作为，是克服神经紧张的处方，它能使人在行动之中，获得活泼与生气，渐渐忘却恐惧心理。只要不畏缩，有了初步行动，就能带动第二、第三次的出发，如此一来，心理与行动都会渐渐走上正确的轨道。

得过且过，一生无成

有的人想做大事，却漫无目标，得过且过。这样的人肯定会有很多局限性而无法超越自我，难有大的突破和进展。实际上，凡是有“得过且过”心态的人，无不是给自己立了一堵墙，并陶然忘我地在围墙之内沉醉。殊不知，这俨然是在耗费生命。

在古希腊，有两个同村的人，为了比高低，打赌看谁走得离家最远。于是，他们同时却不同道地骑着马出发了。

一个人走了13天之后，心想：“我还是停下来吧，因为我已经走了很远了。他肯定没有我走得远。”于是，他停了下来，休息了几天，调转马头返回家乡，重新开始他的农耕生活。

而另外一个人走了7年，却没回来，人们都以为这个傻瓜为了一场没有必要的打赌而丢了性命。

有一天，一支浩浩荡荡的队伍向村里开来，村里的人不知发生了什么大事。当队伍临近时，村里有人惊喜地叫道：“那不是克尔威逊吗？”消失了7年的克尔威逊已经成了军中统帅。

他下马后，向村里人致意，然后说：“鲁尔呢？我要谢谢他，因为那个打赌让我有了今天。”鲁尔羞愧地说：“祝贺你，好伙伴。我至今还是农夫！”

暂时满足的心态只能使你次人一等。生活中有多少人都是这样成为次人一等者的啊！

一个有生气、有计划、克服消极心态的人，一定会不辞任何劳苦，坚持不懈地向前迈进，他们从来不会想到“将就过”这样的话。有些人常常对他人说：“得过且过，过一把瘾吧！”“只要不饿肚子就行了！”“只要不被撤职就够了！”这种青年无异于承认自己没有生机。他们简直已经脱离了世人的生活，至于“克服消极心态”那更是想也不必想了。

打起精神来！它虽然未必能够使你立刻有所收获，或得到物质上的安慰，但它能够充实你的生活，使你获得无限的乐趣，这是千真万确的。

无论你做什么事，打不起精神来就不能克服消极心态。你必须全神贯注，竭尽所有的精力去做它，务必使你每天都有显著的克服消极心态的进步，因为我们每天从事的工作都可以训练和发展我们克服消极心态的能力。一个人如能打定如此坚决的主意，那他的收获一定不会仅够“填饱肚子”的。

那些克服消极心态而成就的大事，绝非仅欲“填饱肚子”以及做事“得过且过”的人所能完成的，只有那些意志坚决、不辞辛苦、十分热心的人才能完成这些事业。

在美国西部，有个天然的大洞穴，它的美丽和壮观出乎人们的想象。但是这个大洞穴一直没有被人发现，没有人知道它的存在，因此它的美丽也等于不存在。有一天，一个牧童偶然发现洞穴的入口，从此，新墨西哥州的绿巴洞穴成为世界闻名的胜地。

科学研究表明，我们每个人都有140亿个脑细胞，而一个人只利用了肉体和心智能源的极小部分。若与人的潜力相比，我们只处于半醒状态，还有许多未发现的“绿巴洞穴”。正如美国诗人惠特曼诗中所说：

我，我要比我想象的更大、更美
在我的，在我的体内
我竟不知道包含这么多美丽
这么多动人之处……

人是万物的灵长，是宇宙的精华，我们每个人都具有光扬生命的本能。为“生命本能”效力的就是人体内的创造机能，它能创造人间的奇迹，也能创造一个最好的你。

我们每个人心里都有一幅“心理蓝图”或一幅自画像，有人称它为“自我心像”。自我心像有如电脑程序，直接影响它的运作结果。如果你的心像想的是做最好的你，那么你就会在你内心的“荧光屏”上看到一个踌躇满志、不断进取的自我。同时，还会经常听到“我做得很好，我以后还会做得更好”之类的信息，这样你注定会成为一个最好的你。美国哲学家爱默生说：“人的一生正如他一天中所设想的那样，你怎样想象，怎样期待，就有怎样的人生。”美国赫赫有名的钢铁大王安德鲁·卡内基就是一个能充分发挥自己创造机能的楷模。他12岁时由苏格兰移居美国，最初在一家纺织厂当工人，当时，他的目标是决心“做全工厂最出色的工人”。因为他经常这样想，也是这样做的，最后果真成为全工厂最优秀的工人。后来命运又安排他当邮递员，他想的是怎样“做全美最杰出的邮递员”。结果他的这一目标也实现了。他的一生总是根据自己所处的环境和地位塑造最佳的自己，他的座右铭就是：“做一个最好的自己。”

荒芜的花园

人总为自己筑起一道特别的“篱笆墙”，别人走不进来，自己也走不出去。这道看不见的篱笆墙就是自我封闭。可想而知，自我封闭这堵墙只会让自己本来姹紫嫣红的世界日益荒芜。

每个人心中都有一座美丽的大花园。如果我们愿意让别人在此种植快乐，同时也让这份快乐滋润自己，那么我们心灵的花园就永远不会荒芜。

罗曼太太是美国的一位贵妇人，她在亚特兰大城外修了一座花园。花园又大又美，吸引了许多游客，他们毫无顾忌地跑到罗曼太太的花园里玩耍。

年轻人在绿草如茵的草坪上跳起了欢快的舞蹈；小孩子扎进花丛中捕捉蝴蝶；老人蹲在池塘边垂钓；有人甚至在花园当中支起了帐篷，打算在此度过他们浪漫的盛夏之夜。罗曼太太站在窗前，看着这群快乐得忘乎所以的人们，看着他们在属于她的园子里尽情地唱歌、跳舞、欢笑。她非常生气，就叫仆人在园门外挂了一块牌子，上面写着：“私人花园，未经允许，请勿入内。”可是这样做并不管用，那些人还是成群结队地走进花园。罗曼太太只好让她的仆人前去阻拦，结果发生了争执，有人竟拆走了花园的篱笆墙。

后来罗曼太太想出了一个绝妙的主意，她让仆人把园门外的那块牌子取下来，换上了一块新牌子，上面写着：“欢迎你们来此游玩。为了安全起见，本园的主人特别提醒大家：花园的草丛中有一种毒蛇，如果哪位不慎被蛇咬伤，请在半小时内采取紧急救治措施，否则性命难保。最后告诉大家，离此地最近的一家医院在威尔镇，驱车大约50分钟即到。”

这真是一个绝妙的主意，那些贪玩的游客看了这块牌子后，对这座美丽的花园望而却步了。可是几年后，有人再到罗曼太太的花园去，却发现那里因为园子太大，走动的人太少而真的杂草丛生，毒蛇横行，几乎荒芜了。孤独、寂寞的罗曼太太守着她的大花园，她非常怀念那些曾经来她的园子里玩的快乐的游客。

篱笆墙是农家用来把房子四周的空地围起来的类似栅栏的东西，有的上面还有荆棘。篱笆墙的存在是向别人表示这是属于自己的“领地”，要进入必须征得自己的同意。罗曼太太用一块牌子为自己筑了一道特别的“篱笆墙”，随时防范别人的靠近。这道看不见的篱笆墙就是自我封闭。

自我封闭，顾名思义就是把自我局限在一个狭小的圈子里，与外界断绝交流与接触。自我封闭的人就像契诃夫笔下的套中人一样，把自己严严实实地包裹起来，因此很容易陷入孤独与寂寞之中。自我封闭的人在情绪上的显著特点是情感淡漠，不能对别人给予的情感表达做出恰当的反应。在这些人脸上，很少看到笑容，总是一副冷冰冰、心事重重的样子。这无形之中就告诉周围的人：我很烦，请别靠近我！周围的人自然也就退避三舍，敬而远之。不难想象，一个自我封闭的人要获得巨大的成功该是多么的艰难！由此，自我封闭者要正视现实，要勇敢地介入社会生活，找机会多接触和了解他人，在与他人的交往中获得益处。

合群就是与别人合得来。合群作为一种性格特征，具有既能够接受别人，同时也能被人接受的社会适应性特点。合群的人乐于与人交往，他们不封闭自己，愿意向别人敞开心扉。同时，合群的人往往是善解人意、热情友好的，他们在与人相处时，正面的态度（如尊敬、信任、喜悦等）多于反面的态度（如仇恨、嫉妒、怀疑等）。因此，他们能建立和谐的人际关系，有较多的知心朋友。

但是，生活中也确实常有些人过于自我封闭，他们或自命清高，不善于交往；或过于自卑，缺乏积极从事交往活动的勇气，总以为别人瞧不起自己，因而孤僻内向，离群索居。

心理学家指出，这种自我封闭的性格有碍于建立和谐的人际关系，因而不适应现代社会生活的需要，同时还会使人在心理上缺乏安全感和归属感，形成退缩感和孤独感，从而也有碍于人的身心健康。

那么，究竟怎样才能改变自我封闭的性格呢？

1.学会关心别人

如果你期望被人关心和喜爱，你首先得关心别人和喜爱别人。关心别人，帮助别人克服困难，不仅可以赢得别人的尊重和喜爱，而且，由于你的关心引起了别人的积极反应，会给你带来满足感，并增强你与人交往的自信心。

2.学会正确评价自己

古语说："人贵有自知之明。"在人际交往中，你对自己的认识越正确，你的行为就越自然，表现也越得体，结果也就越能获得别人的肯定，这种评价对于克服自我封闭的心理障碍是十分有利的。

3.学会一些交际技能

如果你在与人交往时总是失败，那么由此而引起的消极情绪当然会影响你的合群性格。如果你能多学习一点交往的艺术，自然有助于交往的成功。例如，多掌握几种文体活动技能，如跳舞、打球之类，你会发现自己在许多场合都会成为受欢迎的人。

4.保持人格的完整性

《礼记》中说："水至清则无鱼，人至察则无徒。"与人相处时，当然不应苛求别人，而应当采取随和的态度，但那是有限度的。因为随和不是放弃原则，迁就亦非予取予求。如果那样，根本就不会得到别人的信任和尊重，自然也就无法使自己合群了。

保持人格完整的最好办法，是在平素的待人接物中，把自己的处事原则明白地表现出来，让别人知道你是怎样一个人。这样，别人就会知道你的作风，而不会勉为其难地要你做你不愿做的事，而你也不会因需要经常拒绝别人而影响彼此间的关系了。

5.学会和别人交换意见

合群性格的形成有赖于良好的人际关系，而良好的人际关系肇始于相互的了解，人与人之间的相互了解又要靠彼此在思想上和态度上的沟通。因此，经常找机会与别人谈谈话，聊聊天，讨论某些问题，交换一些意见是十分必要的。

第二节　穷则变，变则通，通则久

遇强则迁，遇弱则攻

看清形势，估量轻重，有所迂回，有所进攻。一切都掌握在灵活变通的股掌之间，只有这样，才能在弱势时自保。

遇事硬顶不是灵活之人的办事策略，“遇强则迁，遇弱则攻”才是上策。仔细分清形势是否有利，慎之又慎地做出是攻是迁的决定。在情况危急，自己又无力扭转之时，迂回撤离是为保存实力。假如形势并非很危险，再坚持一下就会成功，就绝不要轻言撤退。所以做出这种决定必须要慎之又慎。

武则天是中国历史上唯一的女皇帝，她灵活办事的技巧值得我们探讨。

唐太宗自知大限将至，为确保李家江山的万代长久，因此想要让武媚娘为自己陪葬。他当着太子李治的面问武媚娘道：“朕这次患病，一直医治无效，病情日日加重，眼看着是起不来了。你在朕身边已有不少时日，朕实在不忍心撇你而去。朕死之后，你该如何自处呢？”

冰雪聪明的武媚娘一下子听出了自己身临绝境的危险！怎么办？她心里清楚，只要现在能保住性命，就不怕将来没有出头之日。然而，要保住性命，又谈何容易？想到此，她灵机一动，立刻跪下说：“妾蒙圣上隆恩，本该以一死来报答。但圣躬未必即此一病不愈，所以妾才迟迟不敢就死。妾只愿现在就削发出家，长斋拜佛，到尼姑庵去日日拜祝圣上长寿，聊以报效圣上的恩宠。”

因武媚娘一向深得太宗喜欢，所以太宗也并不想要她性命。今听她说要去出家，正合心意，于是连声说“好”，并命她即日出宫，武媚娘拜谢而去。

太子李治自不愿武媚娘出家，遂前往劝说。武媚娘对他说：“我要不主动说出去当尼姑，只有死路一条。留得青山在，不怕没柴烧。只要殿下登基之后，不忘旧情，那么我总会有出头之日……”

太子李治佩服武媚娘才智，当即解下一个九龙玉佩，送给媚娘作为信物。

后来，太子李治登基不久，武则天就又被召入宫中。

常言道：“留得青山在，不怕没柴烧。”在我们做某件事时，如果情况对自己不利，再要继续下去很可能惨遭挫败，甚至丢了性命。那就必须考虑如何灵活地全身而退，此时，必须当机立断，决不可拖泥带水，这样才能扭转局面，变不利为有利。

反其道而行之

俗话说：“没有规则，不成方圆。”的确，从某种程度上来说，规则就是要人来遵守的；但是换个角度来想，生活中总会碰到一些按照常规的思路很难走通的时候，如果这时候还是一味地硬走下去，只会损耗更多的财力、物力。而这时候，如果能打破常规，反其道而行之，那么往往可以获得一线生机。

由于业内竞争激烈，一家名为弗朗西斯货运公司为了扩大知名度，提高公司效益，在广告宣传上煞费苦心。投钱又投力，但效果甚微。

这时候，公司经理想到了自己的一位新闻界的朋友，于是想请他来帮忙出出主意。这位朋友说，作为广告来说，创意最重要，最好能贴近普通大众的需求，这样才能吸引更多的眼球。经理觉得朋友的建议非常好，但是，具体要选择哪个方向的创意呢？这位朋友又给他指了一条路，那就是在“结婚”上面做文章。

对啊，公司里的人一下子茅塞顿开。婚姻可是人生中的大事，也是普通大众尤为关心的事情之一。但同时他们也意识到，有关婚姻创意方面的广告实在是太多了，想要脱颖而出可不是一件容易的事情。这时候，一位员工想到了一个绝妙的主意。

他认为，广告的功效在于在老百姓当中产生反响，至于是好的反响还是坏的反响并不重要。所以他建议公司能够“反其道而行之”，在某种程度上“诋毁”一下公司的形象，即使遭到嘲笑，但目的也照样会达到。而且他相信，随着知名度的打开，以后的生意一定会有起色。

公司经理采纳了他的这个建议。接下来，弗朗西斯货运公司便立刻与当地的一家著名报纸协商，在该报一篇有关本地夫妇旅游结婚的报道顶栏处做了这样一个广告：“他们在货车上度蜜月，相爱4.5万公里。”整个广告只字不提弗朗西斯货运公司不说，而且居然让新婚夫妇的蜜月在货车上度过！果然，在广告登出的第二天，立刻就在当地百姓中传开了这样一个话题：“谁想出来的歪主意？新婚夫妇在货车上面度蜜月！”“还有谁，就是那个弗朗西斯货运公司！”广告的目的达到了，大家都知道了有这么一家货运公司，以至于一提到货运，就会有人开这样的笑话：“你准备去度蜜月吗？”从此，弗朗西斯货运公司闻名遐迩，大接订单，效益斐然。

如果已经被外界置于弱势的地位，仍然继续墨守成规、苦苦支撑，最终的结果很可能是一败涂地。那么，怎样才能改变所处的不利形势呢？怎样才能突出重围，重获制高点呢？那便是反其道而行之，这样才能化被动为主动，赢得先机。

也许人们会认为，这种做法有些投机取巧，即使获得成功，也是一时的幸运。可是，这种不经意的灵机一动中究竟蕴藏了怎样的聪明和智慧呢？盲目随大流、长时间形成的思维习惯和心理定式束缚着人们的大脑，因此，能够换一种思路，不随大流地去做人做事，无论如何都是难能可贵的。我们倡导换一种思路，就是要解除尽可能多的人为的束缚，以期有更多的“灵机一动”。

因此，当处于弱势的时候，一定要善于开动脑筋，变被动为主动。只要是掌握了主动权，不管事情将会怎么发展下去，也都已经手握一半的胜算了。

化劣势为优势

俗话说：“金无足赤，人无完人。”相对来说，一个有些缺点的人往往更加真实可信，也更容易得到别人的认可。而那些总是精于巧妙地“包装”自己，总在人前表现出“完美”形象的人却往往会因为名不副实而遭人唾弃。所以，真正精明的人常常有意承认或透露一些自己的无关紧要的缺点，这也是变通做事的一种方法，而且适时地运用这种方法，不仅不会让自己的劣势成为对方手里的“杀手锏”，反而会让自己脱颖而出。

一家IT外企准备扩招，因待遇优厚，一周之内便接到了几百封求职信。人力资源部的工作人员经过仔细挑选，最后从中挑选出十个人前来面试。

这十位候选者几乎全是高才生，而且其中有几位还有过在外企工作的经验，都很符合这家公司的用人标准。但是其中有一个人却和其他九个人有着很大的差距。他的学历只是本科，而且是应届的毕业生，毫无工作经验。按理说，以他这样的资历，应该在第一轮就被淘汰出局。但是，HR经理看了他的简历之后，觉得让他来试一试。

那么他的简历到底有什么特别之处，能够引起HR经理的重视呢？原来，在他的简历上，不仅列举了自己的优点和在校期间获得的一些荣誉及奖励，同时还把个人存在的诸如做事缺乏必要的耐心、性格有些急躁以及喜欢墨守成规、不善于与人沟通交往等缺点，明明白白写在了上面。

HR经理正是看了这份有些与众不同的简历之后，才决定给他一个机会的。面试的时候，HR经理问这位求职者，为什么把自己的缺点不加掩饰地写在简历上。这位求职者坦然而真诚地回答："人无完人，金无足赤，我想，让用人单位知道自己的缺点甚至比知道优点更重要，而且只有把自己的缺点说出来，才能有决心和勇气去改掉！"

很多人在求职中，为了赢得用人单位的好感，增加求职的保险系数，不仅不敢暴露自己的缺点，而且还精心策划包装，尽可能地展示自己的优点和亮点，美化和掩饰自己的某些缺点。有的甚至采取某些不正当的手段，弄虚作假，自欺欺人。一旦被用人单位识破，其不良后果是不言而喻的。因为这样一个"完美的形象"恰恰会遭到用人单位的厌恶。世界上不存在没有缺点的人，如果真正存在，也只能说明这个人的不诚实。

当然，在现实生活中，要做到"诚实"二字，是需要勇气和代价的。在人与人之间的交往中，敢于承认自己的无知和缺点，往往能给对方留下很深的印象，增加对方对自己的信任感。如果你想让对方增加对你的信任感，那么，不妨亮出自己的劣势，这样反而能成优势。

在交往中，这一个变招也很适用，将自己的缺点明白地表示出来，往往会得到别人的信任，因为人的潜意识是隐恶扬善的。一般人都是想方设法地掩饰自己的缺点，宣扬自己的优点，所以如果有人故意暴露自己的缺点，反而会让别人觉得他很诚实，从而产生对他的信任感。

当然，暴露或坦白自己的缺点也要讲究策略，不能把自己的缺点和盘托出，这样做不但达不到上述效果，反而会破坏自己的形象。

最好的办法是适当透露自己的缺点，不要让人感觉你一无是处，而且这些缺点必须是与人体无害，不会导致别人对你宣判"死刑"的。

正视自己的缺陷

"金无足赤，人无完人"，每个人都存在缺点，而解决缺点的最佳途径便是敢于变通思维，寻找出路而不是堵上绝路；正视缺点，听取别人的意见，这样，我们才能把事情做好，才能让自己独特的生命绽放光彩。

断臂的维纳斯是亘古永恒的美的化身，而她身上美的精华正是在于她的不完美。所以说，有时候自身的缺陷往往是我们进入另一种美的契机，不完美是生活的一部分，拥有缺陷是人生另一种意义上的丰富和充实。所以，改变你往常的思维，正视你的缺陷吧，它或许会将你带入另一种完美风景中。

有一只猫，它会时不时地犯一些错误，它深知自己的不足和缺点，然而它不敢直面自己，相反对于自己的缺陷总是百般掩饰。当它没有抓住偷吃东西的老鼠而让其逃之夭夭的时候，它说："我嫌它太瘦了，等以后养肥了再说。"当它在河边捉鱼，却被鲤鱼打了一下的时候，它说："我是不想捉它——捉它还不容易？我就是要利用它的尾巴来洗洗脸。"

后来，它掉到了河里，同伴们打算救它，谁知它竟然说："你们认为我遇到危险了吗？不，我只是在游泳而已……"话没说完，河水已经将它吞没。

"走吧，"同伴们说，"它一定是在表演潜水呢。"

就这样，这只猫再也没有从水里出来。

无疑，这只猫是可怜又可悲的。其实如果细心观察，你会发现，在这个世界上有许多人跟这只猫是非常相似的：他们思想死板，总认为自己的缺点是见不得阳光的，不能勇敢面对，于是极力去掩盖，自欺欺人，永远活在竭力掩饰和痛苦自卑当中。

无数条经线和纬线构成了我们这个地球。同样，优点和缺点构成了一个人。在这个世界上，每个人都存在着这样或那样的缺陷，但如果你能了解并正视自己的缺陷，那么就可以在很大程度上明白这些优点和缺点在不同时段所代表的不同意义，那么也就差不多接近完美了。

人的缺陷有的是与生俱来的，无法加以改变的；有的则是被后天环境诱发而成的；有的则与品性无关，纯粹是一种外在的客观条件，例如美与丑、胖与瘦。而不管你愿不愿意，这些优缺点都会伴你一段时间，甚至是你的一生，对你产生重要影响，并且影响别人对你的态度，成为你在社会上求生存的助力或阻力。

那么，到底会成为助力还是成为阻力呢？这并不取决于你的缺陷本身，而是决定于你如何看待它们。是正视，还是掩饰？是积极面对，还是消极悲观？是扬长避短，还是破罐破摔？不同的心态，不同的看待，将是你人生成败的关键因素。

正视你的缺陷，才能完善它们；正视你的缺陷，才能发现你的优势；正视你的缺陷，才能不至于一错再错。

不一定非要按常理出牌

我们在生活中会遵循一些约定俗成的办事规则，凡事都要讲求常理，也要合乎常情。宋朝大儒陆象山先生曾说过：“东海有圣人出焉，此心同、此理同也；至西海南海北海有圣人出，亦莫不然。千百世之上有圣人出焉，此心同、此理同也；至于千百世之下有圣人出，此心此理亦无不同也。”可见，我们的确是一个重视常理的民族。

所谓的“常理”又指什么呢？顾名思义，常理就是从经常性的现象所总结出来的道理。然而，常理就一定是真理吗？事实上，有时候，常理是一种束缚，我们不按牌理出牌，往往能收到意想不到之功。

汉光武帝刘秀统治时期，大将高峻自恃人强马壮不将刘秀放在眼里。对此，刘秀当然心怀憎恶，便决心除此祸患，于是派寇恂率军前往讨伐。临行前，刘秀对寇恂说：“最好能招降，若他不从便将其剿灭。”

高峻得知刘秀派寇恂来镇压自己，便派军师皇甫文出城拜见寇恂，以便探探朝廷的口风。皇甫文见到寇恂之后，态度傲慢无礼，不行跪礼不说，还口出狂言道：“别说是你，就是刘秀小儿在此，我也不跪！”

寇恂拍案大怒，示意左右将其推出去斩首。众武官忙拦阻道：“将军，万万不可，两兵交战，来使斩不得！”

寇恂没有听从众人的劝告，执意将皇甫文斩首示众了。同时，他告诉皇甫文的副使道：“回去告诉高峻，他的狗头军师已经被我斩了，若投降就赶快投降，若不降就等着我攻城吧！”

副使连滚带爬地跑回去把这件事告诉了高峻。高峻一听，当时吓得半死，不日便大开城门投降了寇恂。

事后，众将领问寇恂道：“当日，高峻严守城池，一点也不像投降的样子，为何杀了皇甫文他就这么快投降了呢？”

寇恂解释说：“皇甫文是高峻的心腹，他让皇甫文来营中见我，言辞态度很傲慢，是想试试朝廷到底是招降还是剿灭。如果不杀皇甫文，高峻一定以为朝廷是来招降他们，这样他们就有恃无恐。杀了皇甫文，他才知道我们的决心，所以才这么快就投降了。”

两军交战，不斩来使。这是兵家行事的“常理”，按说应绝对遵循。但是，有时候，一味地按常理行事却未必能够达到最终的目的，反而会给自己带来更大的隐患。所以，破坏一下规律，反常理行事也是未尝不可的。也许有人会说，寇恂斩来使是违背道义的行为，不足取。非也，寇恂出兵，就是为了招降或者处决叛逆之徒，若前者不能达到，选择后者在大道理上还是完全讲得过去的。

办事的目的是达到良好的结果，所以，当按常理行事不能达到目的，就有必要不为常理所拘，而行些变通之道了。当然，这并不是说应该为达目的不择手段，这需要在一定环境、一定背景下具体对待。

总而言之，能够打破常规，巧妙变通，不按常理出牌，往往会出奇制胜，少走弯路，直击要害，以更简洁的方式达到目的，获得成功。

学会暂时妥协

一提起“妥协”这个词，或许许多人会以此不屑一顾。因为一般来说，妥协意味着向别人屈服，意味着委曲求全，这是一件很没面子的事情。所以，有些人宁可折断腰杆，也绝不肯让面子有丝毫的损失。当然，这是一种气节，也是一种生活态度，本也无可厚非。但是，在某种情况下，暂时的妥协一下，也是未尝不可的。因为有时候，妥协是双方或多方在某种条件下达成损益不对等的结果，它是一种暂时性的策略，是一种韬晦之法。在解决问题上，它不是最好的方法，但在更好的方法出现之前，它却是最好的方法。

汉高祖刘邦曾率军讨伐匈奴，被打得大败。刘邦死后吕后主政。匈奴冒顿单于想趁机攻打汉朝，只是苦于师出无名，便送来一封信，想激怒吕后挑起战事。信中说要娶吕后为妻，代替刘邦当皇帝。

吕后大怒，想斩掉来使，立即出兵。大将樊哙气愤不平，表示愿领兵10万“横扫匈奴”。这时，名将季布坚决反对出兵，他的理由是：现在高祖刚去世，国内人心未定，战争的创伤尚未平复，怎么能因一时之辱，置天下安危于不顾呢？

吕后冷静下来，觉得季布的话很有道理，于是就命人写了一封非常谦卑的信：“大王不忘怀于我，给我来信，想我年老色衰，发齿脱落，行步失度，哪配得上大王您呢？现在奉上我平日乘坐的御车两辆，良马八匹，给大王乘坐。”

冒顿也是一代英雄，见了此信，找不到出兵的借口，只好暂时打消了大举入侵中原的念头。

在有些时候，奋起抗争不起任何作用，反而会使事情向更不利的方向发展；如果退而选择用百倍的忍耐为既定目标暗中积蓄力量，则会获得更好的效果。妥协是通往成功的曲折道路，是在冷静中窥视时机，然后准确出击的智慧。

妥协是在不利形势下所作的明智选择。斗争处于劣势时，对方往往提出无理要求，我们只好暂时让步，满足其要求，以待危机过去再解决。这样不仅给自己赢得了时间做更充分的准备，还能削弱对方的锐气，使得整个形势向自己有利的方向发展。

当然，妥协也是需要把握火候，适度进行的。如果一味地采取妥协的态度，那么即使受尽了委屈，也不一定能得到“求全”的结果，反而会让自己陷入更危险的境地。而只有在采取进攻手段实在不能奏效的时候使用这一策略，才能收到最好的成效。同时，更不能为了妥协而妥协，我们最终是想要成功的，所以只要看准机会就要及时反攻，以取得最后的胜利。

避免正面冲突

生活中，总有一些人在面对对手时，无法做到退让，针锋相对是他们一贯保持的作风。这种情况一般发生在性格强硬者身上的时候较多。在他们的成长过程中，始终推崇竞争，喜欢通过正面冲突将对手击败，并且认为这样的做法才能显示出自己的实力。可是，这样就势必会造成与对手引发正面冲突的境况。

殊不知，这样不仅不能一定占得上风，还很可能导致两败俱伤的结果。这对于事情的解决以及最后的胜利，都是毫无益处的。

从孟非到职任行政经理的第一天开始，许桐就对他十分戒备。刚任这家外企公司驻京办事处代经理的许桐敏锐地感到：孟非的到任对自己是个威胁。于是，他为了保住现在的职位，自恃在公司的资格老，便经常在大大小小的事情上找孟非的碴，有一次竟当着全体员工的面，因为一点小事对孟非大发脾气。孟非对此尽管十分生气，但很有涵养的他并没有与许桐发生正面冲突。

半年后，在公司全体员工的推选下，孟非正式被公司委派做办事处经理。而许桐却因失去了人心，非但没有升职，而且在公司也无法再待下去了，最后以辞职收场。

许桐的失败之处在于他并不清楚：没有老板会把一个心胸狭隘、与同事矛盾重重的人放到最重要的职位上。如果他能采取另一种更积极的方法：比如与孟非进行良好的沟通与协调，多多向他学习一些管理之道，同时注意与其他同事的交往方式。那么，凭着他在公司的资历，老板又有什么理由不让他坐稳这个办事处经理的职位呢？

由此可见，在竞争中尽量要避免与对手产生正面冲突。具体来说，你可以这样做：

（1）光明磊落地竞争，不要恶意打击对手。

检讨自己的所作所为是否给对手带来了挑起争端的机会，否则事发后你将处于被动地位，小心行事与适度的沉默会为你省去许多麻烦和尴尬。真正强大的人，是不会通过灭他人威风而显示自己的本领的。越是怀着打击和仇视别人的心态的人，其实越是没有底气的怯懦者。

（2）不卑不亢地化解与对手的正面冲突。

这样既显示了你有极强的处理突发事件的应变能力，又显示了你稳健的人格力量。

（3）面对对手的带挑衅色彩的言行要保持冷静。

冷淡对手的攻击也许会给人造成软弱可欺的印象，但这只是暂时的，你不妨耐心等待，当他们急着表现自己的时候，也常常会暴露出他们的弱点。在那些能够慧眼识金的上司眼里，对手的尖刻恰恰从侧面反衬出你的理智和遇事不乱的风度。

很多时候，如果你将自己的竞争对手当成了死敌，那么为了成功，也许你便会不择手段地排挤对手：或是拉帮结派，或在上司面前历数对手的不是，或设下一个又一个巧计给对方来一个“下马威”。但可悲的是，处心积虑的人有时并没能成为最终的赢家，收获的往往是一腔沮丧和悔恨。

因此，与自己的竞争对手直接硬碰硬永远是最愚蠢的做法，往往让自己头破血流还招致他人的轻看和上司对你的负面评价。而选准时机，运用以退为进的战术，才不失为取胜的一种策略。

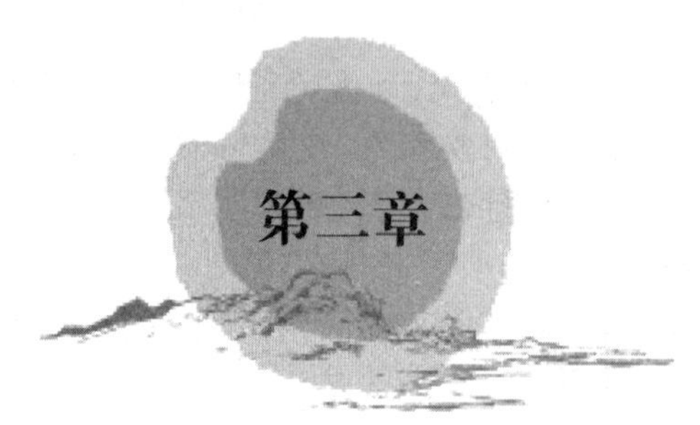

第三章 当无法改变世界时，你就改变自己

第一节 改变世界前，先改变自己

修正自己在于管理自己

很早的时候我国古代圣贤就说过“克己”，也就是自制的意思。一些外国人在“自制”方面做得也很有成就。

南京大学有一个美国留学生叫唐·娜。寒假里，唐·娜随她的女同学张菁到张的老家河南农村过年。大年初一，张家准备了一桌丰盛的酒席招待唐·娜。席上，张父特意以当地名酒款待嘉宾。张父给唐·娜斟了满满一杯酒，可是唐·娜只是礼貌地举杯，却滴酒不沾。

张家问其故。唐·娜说，她的家乡在美国西雅图州，当地的法律规定，公民年满21岁才能饮酒，她今年才19岁，还未到饮酒的年龄。虽然自己身在国外，也应该遵守美国法律。名酒的味道很香，但自己会克制自己，不到法定年龄，绝不饮酒。

张家人对这个19岁的美国姑娘十分赞赏。

寒假结束，唐·娜要回南京的时候，当地有关部门出于礼貌想设宴款待唐·娜，唐·娜却婉言谢绝了。问其故，唐·娜说，美国的法律规定，凡属官方的宴请，只能由政府官员出席。她是一个普通的美国人，不是政府官员，因此不能接受官方的宴请。

美酒的味道很香，唐·娜却不为之心动。这是在没有任何外界压力下的一种自我限制行为，是在自觉地履行道德上的某种义务。有较强自制能力的人，一定能够战胜自我。如果不幸遇到祸害，他一定能够泰然处之，化祸为福，让自己快乐。可见，自制对快乐的人生是极其重要的。

修正自己才能提高能力

上帝问人，世界上什么事最难。人说挣钱最难，上帝摇头。人说哥德巴赫猜想，上帝又摇

头。又说我放弃，你告诉我吧。上帝神秘地说是认识自己并且修正自己的弱点。的确，那些富于思想的哲学家也都这么说。

发现自己的弱点并克服它确实很难。理由繁多，因人而异，但是所有理由都源于两点：害怕发现弱点，害怕修正自己。

就像一个不规则的木桶一样，任何一个区域都有“最短的木板”，它有可能是某个人，或是某个行业，或是某件事情。聪明的人应该把它迅速找出来，并抓紧做长补齐，否则它带给你的损失可能是毁灭性的。很多时候，往往就是因为一个环节出了问题而毁了所有的努力。

对于个人来说，下面的弱点是人们最有可能出现的短板。

1.恶习

毫无疑问，不良的习惯可以说是每个人最大的缺陷之一，因为习惯会透过一再的重复，由细线变成粗线，再变成绳索，再经过强化重复的动作，绳索又变成链子，最后，定型成了不可迁移的不良个性。

人们在分分秒秒中无意识地培养习惯，这是人的天性。因此，让我们仔细回顾一下，我们平时都培养了什么习惯？因为有可能这些习惯使我们臣服，拖我们的后腿。

诸如懒散、看连续剧、嗜酒如命以及其他各式各样的习惯，有时要浪费我们大量的时间，而这些无聊的习惯占用的时间越多，留给我们自己可利用的时间就越少。这时的不良习惯就像寄生在我们身上的病毒，慢慢地吞噬着我们的精力与生命，这时的习惯就成了一个人最大的缺陷，成了阻碍个人成功的主要因素。

所以，习惯有时是很可怕的，习惯对人类的影响，远远超过大多数人的理解，人类的行为95%是透过习惯做出的。事实上，成功者与失败者之间唯一的差别在于他们拥有不一样的习惯。一个人的坏习惯越多，离成功就越远。

2.犯错

通常人们都不把犯错误看成是一种缺陷，甚至把“失败是成功之母”当成自己的至理名言。

如果一个人在同一个问题上接连不断地犯错误，比如健忘，这是任何一个成功人士都不能容忍的。一个不会在失败中吸取教训的人是不配把“失败是成功之母”挂在嘴边的。不管是否具备吸取教训的意识还是能力，它都是一个人获取成功道路上的致命缺陷。

这有一些人不管是在学习还是在工作中，犯错误的频率总是比一般人高。他们做事情总是马虎大意、毛毛糙糙。对他们而言，把一件事做错比把一件事做对容易得多，而且每当出现错误时，他们通常的反应都只是：“真是的，又错了，真是倒霉啊！”

把犯错归结为坏运气是他们一向的态度，或许他们没有责任心，做事不够仔细认真，或许他们没有找到做事的正确方式，但无论出于哪一点，如果他们没有改正错误，这都将给他们的成功带来巨大的障碍。

3.马虎

一位伟人曾经说过：“轻率和疏忽所造成的祸患将超乎人们的想象。”许多人之所以失败，往往是因为他们马虎大意、鲁莽轻率。

在宾夕法尼亚州的一个小镇上，曾经因为筑堤工程质量要求不严格，石基建设和设计不符，结果导致许多居民死于非命——堤岸溃决，全镇都被淹没。建筑时小小的误差，可以使整幢建筑物倒塌；不经意抛在地上的烟蒂，可以使整幢房屋甚至整个村庄化为灰烬。

鉴于我们这些可知的和未可知的缺点，我们一定要学会修正自己，这本身就是一种能力。

4. 不谨言慎行

自己的言行对做事成功是很有必要的，虽然人们不用匕首，但人们的语言有时比匕首还厉害。一则法国谚语说，语言的伤害比刺刀的伤害更可怕。那些溜到嘴边的刺人的反驳，如果说出来，可能会使对方伤心痛肺。

孔子认为，君子欲讷于言而敏于行。即君子做人，总是行动在人之前，语言在人之后。克制自己，懂言会行是做事最基本的功夫。

法国哲学家罗西法古说，如果你要得到仇人，就表现得比你的朋友优越；如果你要得到朋友，就要让你的朋友表现得比你优越。

而在这个世界上，那些谦虚豁达能够克制自己的人总能赢得更多的知己，那些妄自尊大、小看别人、高看自己的人总是令别人反感，最终在交往中使自己到处碰壁。

所以无论在什么情况下我们都要学会克制自己、修正自己。只有这样，我们才能够提高自己的能力，才能修复我们生活中的一切“短板”，才会受到别人的欢迎，才能做好我们要做的事。

愉悦自己，才是真正地爱自己

在遭遇困苦时，乐观的人总会努力想办法让自己快乐起来，让精神的伤痛远离自己。愉悦自己，才是真正地爱自己。

由于破产和从小落下的残疾，人生对基尔来说已索然无味了。

在一个晴朗的日子，基尔找到了牧师。牧师耐心听完了基尔的倾诉，对基尔说：“我给你看样东西。”他向窗外指去。那是一排高大的枫树，在枫树间悬吊着一些陈旧的粗绳索。他说：“60年以前，这儿的庄园主种下这些树，他在树间牵拉了许多粗绳索。对于嫩弱的幼树，这太残酷了，因为创伤是终生的。有些树面对残忍现实，能与命运抗争，而另一些树消极地诅咒命运，结果就完全不同了。眼前这棵粗壮的枫树看不出什么疤痕，所看到的是绳索穿过树干——几乎像钻了一个洞似的，真是一个奇迹。”

“关于这些树，我想过许多。”他说，“只有体内强大的生命力才可能战胜像绳索带来的那样终生的创伤，而不是自己毁掉这宝贵的生命。对于人，有很多解忧的方法。在痛苦的时候，找个朋友倾诉，找些活干。对待不幸，要有一个清醒而客观的全面认识，尽量抛掉那些怨恨、妒忌等情感负担。有一点也许是最重要的，也是最困难的：你应尽一切努力愉悦自己，真正地爱自己。”

能否越过障碍、突破挫折困苦，乐观的人总有他自己的方法。

1. 转移不良的情绪

碰到不顺心的事情或在家中与亲属发生争吵，不妨暂时离开一下现场，换个环境，或者同别人去侃大山，或者参加一些文体活动，娱乐一下。总之，把注意力转移到别的方面去。只有把原来的不良情绪冲淡以致赶走，才能重新恢复心情的平静和稳定。

2. 憧憬美好未来

只有经常憧憬美好的未来，才能始终保持奋发进取的精神状态。不管命运把自己抛向何方，都应该泰然处之。不管现实如何残酷，都应该始终相信困难即将克服，曙光就在前头，相信未来会更加美好。

3. 忆苦思甜

在人生的旅途中，有时荆棘丛生，有时铺满鲜花，有时忧心如焚，有时其乐融融。对此应进行精心的筛选，不能让那些悲哀、凄凉、恐惧、忧虑、彷徨的心境困扰着我们。对那些幸福、美好、快乐的往事要常常回忆，以便在心中泛起层层涟漪，激发人们去开拓未来，而对那些不愉快的事情，诸多的烦恼则尽量要从头脑中抹掉，切不可让阴影笼罩心头，而失去前进的动力。

4. 积极的自我暗示

例如对着镜子对自己说：“我是最棒的！”“我一定会成功！”看喜剧电影、听欢快的歌，做自己喜欢的事等。

5. 宽待自己

学会宽待自己是一件非常重要的事情。学会宽待自己就要允许自己犯错误，“金无足赤，人无完人”，谁能一辈子不犯错误？在总结教训之余，要安慰自己，即使是由于自身的原因导致的错误不要对自己责备太严，要学会宽待自己，经常对自己说：过去的就让它过去吧，一切从头开始。只有这样才能形成正确的心态，才能够乐观地生活下去。

反击别人不如充实自己

有时候，白眼、冷遇、嘲讽会让弱者低头走开，但对强者而言，这也是另一种幸运和动力。所以美国人常开玩笑说，正是因为刺激，才“造就”了杜鲁门总统。故事是这样的：

在读高中毕业班时，查理·罗斯是最受老师宠爱的学生。他的英文老师布朗小姐，年轻漂亮，富有吸引力，是校园里最受学生欢迎的老师。同学们都知道查理深得布朗小姐的青睐，他们在背后笑他说，查理将来若不成为一个人物，布朗小姐是不会原谅他的。

在毕业典礼上，当查理走上台去领取毕业证书时，受人爱戴的布朗小姐站起身来，当众吻了一下查理，向他来了个出人意料的祝贺。当时，人们本以为会发生哄笑、骚动，结果却是一片静默和沮丧。

许多毕业生，尤其是男孩子们，对布朗小姐这样不怕难为情地公开表示自己的偏爱而感到愤恨。不错，查理作为学生代表在毕业典礼上致告别词，也曾担任过学生年刊的主编，还曾是“老师的宝贝”，但这就足以使他获得如此之高的荣耀吗？典礼过后，有几个男生包围了布朗小姐，为首的一个质问她为什么如此明显地冷落别的学生。

“查理是靠自己的努力赢得了我特别的赏识，如果你们有出色的表现，我也会吻你们的。”布朗小姐微笑着说。男孩们得到了些安慰，查理却感到了更大的压力。他已经引起了别人的嫉妒，并成为少数学生攻击的目标。他决心毕业后一定要用自己的行动证明自己值得布朗小姐报之一吻。毕业之后的几年内，他异常勤奋，先进入了报界，后来终于大有作为，被杜鲁门总统亲自任命为白宫负责出版事务的首席秘书。

当然，查理被挑选担任这一职务也并非偶然。原来，在毕业典礼后带领男生包围布朗小姐，并告诉她自己感到受冷落的那个男孩子正是杜鲁门本人。

查理就职后的第一件事，就是接通布朗小姐的电话，向她转述美国总统的问话：“您还记得我未曾获得的那个吻吗？我现在所做的能够得到您的奖赏吗？”

生活中，当我们遭到冷遇时，不必沮丧，不必愤恨，唯有尽全力赢得成功，才是最好的答复与反击。当有人刺激了我们的自尊心，伤害到我们的心灵时，强烈批驳别人不如思考自己什么地方还需要完善。

有个喜欢与人争辩的学者，在研究过辩论术，听过无数次的辩论，并关注它们的影响之后，得出了一个结论：世上只有一个方法能从争辩中得到最大的利益——那就是停止争辩。你最好避免争辩，就像避免战争或毒蛇那样。

这个结论告诉我们：反击别人不如自我休战。争辩中的赢不是真赢，它带来的只是暂时的胜利和口头的快感，它会导致他人的不满，影响你与他人之间的关系，更重要的是，在争辩中失利的人不会发自内心地承认自己的失败，所以你的说服和辩论统统徒劳无功，无助于事情的解决。

有一种人，反应快，口才好，心思灵敏，在生活或工作中和别人有利益或意见的冲突时，往往能充分发挥辩才，把对方辩得哑口无言。可是，我们为什么一定要与对方辩论到底，以证

明是他错了？这么做除了能得到一时的快意之外还有什么呢？这样能使他喜欢我们或是能让我们签订合同吗？事实并非如此，要想拥有良好的人际关系，要想使自己在事业上游刃有余，在朋友中广受欢迎、在家庭中和睦相处，我们最好永远不要试图通过争辩去赢得口头上的胜利。

反击别人，除了互相伤害以外，我们不会得到任何好处。这是因为，就算我们将对方驳得体无完肤、一无是处，那又怎样？我们只是使他觉得自惭形秽、低人一等，我们伤了他的自尊，他不会心悦诚服地承认我们的胜利。即使表面上不得不承认我们胜了，但心里会从此埋下怨恨的种子，所以还不如用那些时间来做有意义的事情。

莫因害怕“出丑”而禁锢生活

很多时候，我们都会用这样一句话来鼓励自己：天才是1%的灵感加上99%的汗水。于是，一些人就开始拼命工作，希望能用100%的汗水换来那1%的天分。其实，如果能用汗水弥补的天分，就不是真正的天分了。这个世界上，毕竟只有少数人才能成为天才。所以，我们的成长总是要伴随着一些无谓的辛苦和无趣的笑话的。

人们都想使自己聪明，都怕在众人面前出丑。这似乎是截然对立的两件事，聪明人绝不会出丑，出丑的人必然是笨蛋。然而，实际生活并非如此。聪明的人有时简直如一个大傻瓜，他们当众出丑却若无其事，他们被人嗤笑却自得其乐。然而，他们就这样走向了成功。

罗茜读书时网球打得不好，所以老是害怕打输，不敢与人对垒，至今她的网球技术仍然很蹩脚。罗茜有一个同班同学，她的网球比罗茜打得还差，但她不怕被人打下场，越是输越打，后来成了令人羡慕的网球手，成了大学网球代表队队员。

聪明是令人羡慕的，出丑总使人感到难堪。但是，聪明是在无数次出丑中练就的，不敢出丑，就很难聪明起来。

那些勇敢地去干他们想干的事的人是值得赞赏的，即使有时在众人面前出了丑，他们还是洒脱地说：“哦，这没什么！”就是这么一类人，他们还没学会反手球和正手球，就勇敢地走上网球场；他们还没学会基本舞步，就走下舞池寻找舞伴；他们甚至没有学会屈膝或控制滑板，就站上了滑道。

艾米只会说几句法语，但她却毅然飞往法国去做一次生意旅行。虽然人们曾告诫她：巴黎人看不起不会讲法语的人，但她坚持在展览馆、在咖啡店、在爱丽舍宫用法语与每个人交谈。难道她不怕结结巴巴，不怕语塞傻笑、出丑吗？一点儿也不。因为艾米发现，当法国人对她使用的虚拟语气大为震惊之后，许多人都热情地向她伸出手来，为她的“生活之乐”所感染，从她对生活的努力态度中得到极大的乐趣。他们为艾米喝彩，为所有有勇气做一切事情而不怕出丑的人欢呼。

生活中有些人由于不愿成为初学者，就总是拒绝学习新东西。他们因为害怕“出丑”，宁愿闭塞自己的机会、限制自己的乐趣、禁锢自己的生活。

若要改变自己的生活位置，总要冒出丑的风险。除非你决心在一个地方、一个水平上“钉死”了。不要担心出丑，否则你就会无所作为，而且更重要的是你同样不会心绪平静、生活舒畅。你会受到囿于静止的生活而又时时渴望变化的愿望的痛苦煎熬。我们也许应该记住这一点，由于我们害怕出丑也许会失去许多生活机会而感到后悔。我们应该记住一句法国谚语：“一个从不出丑的人并不是一个他自己想象的聪明人。”

第二节　外界无法改变时，先改变自己

你比你认为的更伟大

走近一个不了解的环境之中时，我们会习惯性地怀疑自己的能力，陌生会带给我们恐惧。再加上不了解的人对我们的不客观的评价，常常会让我们感受到很多莫名的压力。所以，我们总是在自我否定里畅游，以为自己很糟糕。但是我们可以看到，以前并不被看好的人最终站在成功的舞台上的时候，我们不得不说，是人们看低了他们，是他们自己低估了自己的实力。

由此可见，有时候我们并不了解自己到底有多大实力，当我们还在为自己的糟糕而难过的时候，说不定你已经开始创造奇迹的旅程了。

在《野草只是没被发现用处的植物》一文中曾经写道：

他生于美国一个靠海的小村庄。5岁那年，他们全家搬迁到纽约布鲁克林区，父亲在那儿做木工，承建房座，他也开始在那儿上小学。由于生活穷困，他只读了5年小学，便辍学在印刷厂做学徒了。工作虽然辛苦，却没有阻止他爱上浪漫的诗歌，他像发疯一样，没日没夜地写。

1855年7月4 日，他自费出版了第一本诗集，初版印了1000册。薄薄的小书只有95页，包括12首诗和1篇序。绿色的封面，封底上画了几株嫩草、几朵小花。他兴奋地拿了几本样书回家，弟弟乔治只是翻了一下，认为不值得一读，就弃之一旁。他的母亲也是一样，根本没有读过它。一个星期之后，他的父亲因风瘫病去世，也没有看过儿子的作品。

拿出去卖，很可惜，一本都没卖掉。他只好把这些诗集全都送了人，但也没有得到什么好结果。著名诗人朗费罗、赫姆士、罗成尔等人对此不予理睬，大诗人惠蒂埃把他收到的一本干脆投进火里，林肯看后也险些烧掉。

社会上的批评更是铺天盖地，对他大肆辱骂。伦敦《评论》报认为“作者的诗作违背了传统诗歌的艺术。他不懂艺术，正像畜生不懂数学一样。”波士顿《通讯员》则把这本诗集称为“浮夸、自大、庸俗和无种的杂凑”，甚至写他是个“疯子”，“除了给他一顿鞭子，我们想不出更好的办法”。连他的服装、相貌都成为嘲笑的对象，“看他那副模样，就能断定他写不出好诗来”。

铺天盖地的嘲笑和谩骂声，像冰冷的河水，浇灭了他所有的激情。他失望了，开始怀疑自己：我是不是根本就不是写诗的料？就在他几近绝望时，远在马萨诸塞州康科德的一位大诗人被他那创新的写法、不押韵的格式、新颖的思想内容打动了。大诗人随即写了一封信，给这些诗以极高的评价：

“亲爱的先生，对于才华横溢的诗集，我认为它是美国至今所能贡献的最了不起的聪明才智的菁华。我在读它的时候，感到十分愉快。它是奇妙的、有着无法形容的魔力、有可怕的眼睛和水牛的精神，我为您的自由和勇敢的思想而高兴……”

这真诚的夸奖和赞誉，一下子点燃了他心中那将要熄灭的火焰。他从此坚定了自己写诗的信念，一发而不可收拾。

他成为具有世界声誉和世界意义的伟大诗人，他唯一的诗集也成了美国乃至人类诗歌史上的经典。他就是现代美国诗歌之父——瓦尔特·惠特曼，那部诗集的名字叫《草叶集》。而当年那位写信对他予以赞美和鼓励的诗人，叫爱默生。

爱默生说：“在我的眼里，没有野草，野草只是还没有被发现用处的植物。”所以，当惠特曼沉浸在对自己的失望的痛苦中时，他根本就没有意识到自己正在创造人类的奇迹，而他自己也已经成为了全世界最伟大的诗人之一。

很多时候，我们并不能完全了解自己。所以，在灾难发生时，我们才会有惊人的爆发力；在处于险境时，我们才能挖掘出以前没有意识到的潜能。

我们总是比自己想象中的更伟大，所以不要低估自己，认为自己很糟糕，而应该多给自己一份信心，多给自己准备一个发展的平台。相信在自信的动力驱使之下，我们一定会有更好的成绩，有更多的机会接近成功。

改变态度，你就可能成为强者

有这样一个故事：

一天，一只老虎躺在树下睡大觉。一只小老鼠从树洞里爬出来时，不小心碰到了老虎的爪子，把它惊醒了。老虎非常生气，张开大嘴就要吃它，小老鼠吓得簌簌发抖，哀求道："求求你，老虎先生，别吃我，请放过我这一次吧！日后我一定会报答你的。"

老虎不屑地说："你一只小小的老鼠怎么可能帮得了我呢？"但它最后还是把老鼠放走了，因为它觉得一只小小的老鼠还不够塞自己的牙缝。

不久，这只老虎出去觅食时被猎人设置的网罩住了。它用力挣扎，使出浑身力气，但网太结实了，越挣扎绑得越紧。于是它大声吼叫，小老鼠听到了它的吼声，就赶紧跑了过去。

"别动，尊敬的老虎，让我来帮你，我会帮你把网咬开的。"

小老鼠用它尖锐的牙齿咬断了网上的绳结，老虎终于从网里逃脱出来。

"上次你还嘲笑我呢，"老鼠说，"你觉得我太弱小了，没法报答你。你看，现在不正是一只弱小的小老鼠救了大老虎的性命吗？"

读完这个故事，我们不难想到，在这个世界上，从来就没有谁注定就是强者，也没有谁注定就是弱者。强大如老虎，在猎人的陷阱里，它就变成了弱者；弱小如老鼠，在结实的网绳前，拥有锋利牙齿的它就变成了强者。

你或许自以为是弱者：貌不惊艳，技不如人，出身贫寒，资质平平，在人才辈出的社会里就像"多一个不多，少一个不少"的那个人。如果你这么想，你就错了，甚至连上文中那个自信满怀的老鼠都不如。

在这个世界上，每个人都是身怀绝技的强者，这种绝技就像金矿一样埋藏在我们看似平淡无奇的生命中。

法国文豪大仲马在成名前穷困潦倒。有一次，他跑到巴黎去拜访他父亲的一位朋友，请他帮忙找个工作。

他父亲的朋友问他："你能做什么？"

"没有什么了不得的本事。"

"数学精通吗？"

"不行。"

"你懂得物理吗？或者历史？"

"什么都不知道。"

"会计呢？法律如何？"

大仲马满脸通红，第一次知道自己太差劲了，便说："我真惭愧，现在我一定要努力补救我的这些不足。我相信不久之后，我一定会给您一个满意的答复。"

他父亲的朋友对他说：“可是，你要生活啊！把你的地址留在这张纸上吧。”大仲马无可奈何地写下了他的住址。

父亲的朋友看后高兴地说：“你的字写得很好呀！”

你看，大仲马在成名前，也曾有过认为自己一无是处的时候。然而，他父亲的朋友却发现了他的一个优点——字写得很好。

字写得好，也许你对此不屑一顾：这算什么绝技！然而，不管这个绝技有多么的了不起，但它毕竟是你的本事。你就能以此为基地，扩大你的优势范围：字能写好，文章为什么就不能写好？

我们每一个人，特别是妄自菲薄的人，切不可把强者的标准定得太高，而对自身的长处视而不见。你不要死盯着自己学习不好、没钱、不漂亮等不足的一面，你还应看到自己身体健康、会唱歌、文章写得好等不被外人和自己留意或发现的强项。

事实上，你不是个天生的弱者，每个人都有自己的长处和短处，你为什么只看到自己的不足，而没有看到自己的闪光之处呢？

纤细孱弱的小草，自然无法与伟岸挺拔的劲松相提并论。然而，春寒料峭中，是小草那片淡淡的嫩绿，让大地展现出勃勃的生机。

潺潺而流的溪水，当然不能与奔腾浩渺的江河同日而语。然而，深山河谷中，是小溪那份执着的奔流，让大地充满了无限的活力。

小草不因其柔弱而萎缩，小草自有一种信念；小溪不因其涓细而却步，小溪自有一种自信……你，同样不是弱者，只要你认识自己的力量，爆发自己的热能，你就是生活的强者。

只要在认识自己中不断创造自己，不断完善自己，又何必要那么多的惆怅、自卑和叹息。仰起你自信的脸庞，即使你现在还是小草、小溪、小鸟、小舟，甚至阴暗角落里那粒不为人所知的尘埃，总有一天，你可以成为万众瞩目的强者。

人生并非由上帝定局，你也能改写

常常会听到这样的抱怨：我很想做一番事业，可是没有贵人相助；如果我出生在显赫的家庭，我一定不会像现在这样生活了……面对生活的不如意，我们总是抱怨环境、抱怨命运，可是我们忘了，真正决定我们生活的，并不是命运，而是我们自己。

虽然我们无法选择自己的出身、父母和家庭，也就是说无法选择决定我们前半生命运的平台。但是，我们绝对有办法选择自己后半生的路、生活环境或者生活方式。命运不是一成不变的，所以即使我们曾经承受了过多的苦痛，现在也可能正在经受着生活的折磨，但是只要你敢于向命运挑战，敢于寻找命运的突破口，你就一定能改写自己的命运。

在《中国教师报》上曾经登载了这样一篇文章：

他出生于马里兰州。因为家境不好的缘故，父母很早就打算让他弃学，但遭到了两个姐姐的强烈反对。在他的记忆中，那次两个姐姐和父亲吵得很厉害，大姐甚至一度提出自己会资助弟弟读书，这一方案最终没有得到父亲的首肯。

虽然吃的东西里没有什么大鱼大肉，但是他的身体却在猛速增长，这让他感到很烦恼。细心的姐姐发现了这一变化，认为他将是罕见的游泳天才。于是她想方设法地弄了一些游泳方面的杂志给他看，并利用一切闲暇时间给他灌输相关的知识。在姐姐的影响下，他对游泳变得近乎痴迷起来。

然而当他把要做一名游泳队员的想法告诉父亲时，却遭到父亲强烈地反对：“你这个傻瓜，你知道白痴是怎么出来的吗？就是像你这样想出来的！游泳？你以为人人都是天才，别做梦了！”

然而他并不甘心做一个碌碌无为的人。在姐姐的指导下，他总能轻松学会别的少年所不能掌握的技巧……经过坚持不懈的努力，他终于将自己的理想一一变成了现实。2001年，他打破了200米蝶泳世界纪录，成为最年轻的世界纪录保持者，并赢得了“神童”的美誉。2003年，他接连5次打破世界纪录，当之无愧地被评为年度世界最佳男子游泳运动员。2007年，在墨尔本世锦赛上，他更是独揽七金，被人称为世界泳坛上的“一哥”。

2008年8月10日，在北京奥运会的首次比赛中，他轻松获得男子400米混合泳的冠军，并再次打破这个比赛的世界纪录。

是的，他就是被人称为游泳运动历史上最伟大的全能运动员，美国游泳队男头号明星的“金童”菲尔普斯。2008年，他带着一家人开始了环球旅行，最后一站就是长城。想起童年的往事，他感慨万千。他站在城墙上对父亲说：“亲爱的爸爸，还记得小时候你经常嘲笑我不要痴人做梦，但你的儿子很争气，不但成为世界冠军，也实现了当时立下环球旅行的誓言。”父亲紧紧地拥抱着他，热泪盈眶。

2008年，菲尔普斯用传奇的8项新纪录告诉了我们：许多时候，上天安排的厄运并非故事的结局，以你的信念作笔，你完全可以改写！

我们无法抹杀菲尔普斯在北京奥运会上呈现在我们面前的精彩，但是我们同样不能忘记，在之后的残奥会上，那些为了梦想而努力拼搏的身影。对于残奥会的健儿来说，他们没有受到命运的宠爱，上帝在书写他们的人生的时候，为他们安排了厄运。但是他们通过自己的努力，通过超乎常人的付出，呈现在我们面前的，同样是一种震撼人心的精彩。

与他们相比，我们所面临的那一点困难又能算什么呢？生活中，我们遇到的无非就是工作压力、求职压力、生活压力。也许我们对生活有美好的构想，但是现实总是粉碎了我们的愿望。这个时候，与其选择悲观失望，莫不如鼓起勇气，向生活挑战，向命运挑战。当我们展露出勇往直前的姿态的时候，那些曾经阻隔我们向美好生活迈进的困难与挫折，就会在我们面前丢盔卸甲，变得不堪一击。

依赖别人，不如依靠自己

在我们的生活中，随着家庭中孩子的越来越少，爸爸妈妈、爷爷奶奶、姥姥姥爷……一大家子人把一个孩子当成宝贝一样宠着，很容易就养成了孩子的依赖性。于是，在我们身边，很多人都存在极强的依赖心理，习惯依靠“拐杖”走路，在别人的关照之下生活。

这些人经常持有的一个最大谬见，就是以为他们永远会从别人不断的帮助中获益，而且他们相信，不管遇到什么事情，总会有人出来帮助他们，即使是雨天，也一定会有那么一个人会出来替他们打伞遮雨。但并不是所有的事情都是别人能替我们完成的：坐在健身房里让别人替我们练习，是无法增强自己肌肉的力量的。

没有什么比依靠他人更能破坏独立自主的精神了。如果你依靠他人，你将永远坚强不起来，也不会有独创力。生活中最大的危险，就是依赖他人来保障自己。“让你依赖，让你靠”，就如同伊甸园的蛇，总在引诱你。它会对你说：“不用了，你根本不需要。看看，这么多的金钱，这么多好玩的好吃的东西，你享受都来不及呢……”这些话，足以抹杀一个人意欲前进的雄心和勇气，阻止一个人利用自身的资本去换取成功的快乐，让你日复一日原地踏步，止水一般停滞不前，以至于你到了垂暮之年，终日为一生碌碌无为而悔恨不已。而且，这种错误的心理，还会剥夺一个人本身具有的独立的权利，使其依赖成性，靠拐杖而不想自己一个人走。有依赖，就不会想独立，其结果是给自己的未来挖下失败的陷阱。

美国总统约翰·肯尼迪的父亲从小就注意对儿子独立性格和凡事靠自己的精神的培养。有一次他赶着马车带儿子出去游玩。在一个拐弯处，因为马车速度很快，猛地把小肯尼迪甩了出去。当马车停住时，儿子以为父亲会下来把他扶起来，但父亲却坐在车上悠闲地掏出烟。

儿子叫道："爸爸，快来扶我。"

"你摔疼了吗？"

"是的，我感觉站不起来了。"儿子带着哭腔说。

"那也要坚持站起来，重新爬上马车。"

儿子挣扎着自己站了起来，摇摇晃晃地走近马车，艰难地爬了上来。

父亲摇动着鞭子问："你知道我为什么让你这么做吗？"

儿子摇了摇头。

父亲接着说："人生就是这样，跌倒、爬起来、奔跑，再跌倒、再爬起来、再奔跑。在任何时候都要靠自己，没人会永远扶着你的。"

肯尼迪听了父亲的话，若有所思地点点头。从那以后，他不再去依赖别人，即使他当上了总统，也依然保持着凡事靠自己的做事风格。

雨果曾经写道："我宁愿靠自己的力量打开我的前途，也不愿乞求有力者的垂青。"一个人只要活着，他的前途就永远取决于自己，成功与失败，都只系于他自己身上。依赖是对生命的一种束缚，是一种寄生状态。英国历史学家弗劳德说："一棵树如果要结出果实，必须先在土壤里扎下根。同样，一个人首先需要学会依靠自己、尊重自己，不接受他人的施舍，不等待命运的馈赠。只有在这样的基础上，才可能做出成就。"将希望寄托于他人的帮助，便会形成惰性，失去独立思考和行动的能力。将希望寄托于某种强大的外力上，意志力就会被无情地吞噬掉。

但是在我们的生活中，还有很多人靠在别人的肩膀上，享受着对别人的依赖：很多刚毕业或者即将毕业的大学生，不想自己去找工作，却想依赖父母的关系，想花一点钱走个后门直接进某某单位。可是，我们想过没有，父母能把我们送去一个工作岗位，却不能替我们完成所有的工作。那些工作上的苦痛，还是需要我们自己去承受的。

人生的风风雨雨，只有靠自己去体会、去感受，任何人都不能为你提供永远的荫庇。你应该掌握前进的方向，把握住目标，让目标似灯塔般在高远处闪光。你应该独立思考，有自己的主见，懂得自己解决问题。你不应相信有什么救世主，不该信奉什么神仙或皇帝，你的品格、你的作为、你所有的一切都是你自己行为的产物，并不能依靠其他什么东西来改变。你就是主宰一切的神灵，一个人，即使驾着的是一匹羸弱的老马，但只要马缰握在你的手中，你就不会陷入人生的泥潭。人只有依靠自己，才能经得起风雨。

在压力中寻求动力

许多人视对手为心腹大患，视异己为眼中钉、肉中刺，恨不得除之而后快。其实，能有一个强劲的对手，反而是一种福分、一种造化，因为一个强劲的对手会让你时刻都有危机感，会激发你更加旺盛的精神和斗志。

加拿大有一位享有盛名的长跑教练，由于在很短的时间内培养出好几名长跑冠军，所以很多人都向他探询训练秘密。谁也没有想到，他成功的秘密仅在于一个神奇的陪练，而这个陪练不是一个人，是几匹凶猛的狼。

这位教练一直要求队员们从家里出发时一定不要借助任何交通工具，必须自己一路跑来，以此作为每天训练的第一课。有一个队员每天都是最后一个到，而他的家并不是最远的。教练甚至想告诉他改行去干别的，不要在这里浪费时间了。

但是突然有一天，这个队员竟然比其他人早到了20分钟，教练惊奇地发现，这个队员今天的速度几乎可以打破世界纪录。

原来，在离家不久，他在野地里遇到了一只野狼。那匹野狼在后面拼命地追他，他在前面拼命地跑，最后，那只野狼竟被他甩掉了。

教练明白了，今天这个队员超常发挥是因为一匹野狼，他有了一个可怕的敌人，这个敌人令他把自己所有的潜能都发挥了出来。

从此，教练聘请了一个驯兽师，并找来几匹狼，每当训练的时候，便把狼放开。没过多长时间，队员的成绩都有了大幅度的提高。

日本的游泳运动一直处于世界领先地位，有人说，他们的训练方法也有着很神奇的秘密：日本人在游泳馆里养着很多鳄鱼。

队员每次跳下水之后，教练都会把几只鳄鱼放到游泳池里。几天没有吃东西的鳄鱼见到活生生的人，立即兽性大发，拼命追赶运动员。运动员尽管知道鳄鱼的大嘴已经被紧紧地缠住了，但看到鳄鱼的凶相时，还是会拼命往前游。

无论是加拿大人还是日本人，他们无疑都掌握了这样一个道理，敌人的力量会让一个人发挥出巨大的潜能，创造出惊人的成绩，尤其是当敌人强大到足以威胁你的生命时。敌人就在你的身后，一刻不努力，生命就会有万分的惊险和危难。

就像谁都知道机器设备会按一定年限折旧，可很少有人想到自己赖以生存的知识、能力，也会随着岁月的流逝而不断折旧。

我们很多人在本科毕业、硕士毕业、博士毕业以后就以为自己的知识储备已经完成，能足够去应付新时代的风风雨雨，但是我们往往发现：在现实社会中，只有那些不断更新自己知识，不断改进自身知识结构的人，才能真正在市场上站住脚。

人与机器的区别就在于人有自我更新的能力。如果你不能睁大双眼，以积极的心态去关注、学习新的知识与技能，那么你很快就会发现，你的价值被打了八折、七折、六折甚至一文不值。这一切也许在你茫然不觉的时刻突然来临，因为不可能有一位会计时刻为你做“折旧”财务报表以提醒你，只有靠你自己主动给自己“折旧”，时刻提醒自己。在这个知识与科技发展一日千里的时代，必须不断地学习、不断地充实自己、不断地追求成长，才能使自己在职场上始终立于不败之地。

成功的人有千万，但成功的道路却只有一条——学习，勤奋地学习。如果一个人停止了学习，那么很快就会“没电”，就会被社会所抛弃。养成不忘学习的习惯，你离成功就不远了。

在日新月异的时代，你必须时时刻刻具有危机意识，在压力中寻找动力，天天学习，经常充电，这样才不至于落伍，同时也会充实自己，为自己奠定雄厚的基础，以保证自己在激烈的竞争环境中生存下去。

反方向游的鱼也能成功

人生不会一帆风顺，常常“行至水穷处”。所以，能够一直向前走，是智慧。若看到前方是绝路，主动转身给自己找到更好的出路，便是大智慧。2009年春节联欢晚会上，青年魔术师刘谦显得引人注目，但是同样以魔术著称的大卫·科波菲尔，却如同一条反方向游的鱼，在成功的路上走出了一条属于他自己的路。

某杂志里有过这样一篇文章，其中写道：

从小他是个腼腆内向的孩子，和他一样大的孩子都不喜欢和他在一起，因为他什么也不会。每次考试，他都是倒数几名。老师不想让他回答问题，因为他总是羞涩地说不知道。大家认为他是笨蛋，是个白痴。伙伴们嘲笑他，说他永远和失败在一起，是失败的难兄难弟。邻居们说，这个孩子将来注定一事无成。父母听到这样的话，暗暗为他担心。

他努力过，可是收效甚微，自己在学业方面取得的进步近乎为零。但是，他还是在不断地加班加点苦读。每天，他醒来后都害怕上学，害怕被嘲笑。周末，他坐在自家的门前，看着草地上喜笑颜开的男孩们，感到自己的未来一片渺茫。

时间在一天天地流逝，学校也在考虑劝其退学。

一次，他看到一个老人为了一张被老鼠咬坏的一美元钞票而痛哭不已。为了不让老人伤心，他悄悄回家将自己平时积攒的硬币换成一张一美元的钞票，交给了老人，说，这是他用魔法变回来的。老人激动不已，说他是个善良聪明的孩子。

父亲知道这件事后，认为自己的孩子还不是个笨到家的人。接下来的这天，是他永远不会忘记的。

父亲要带他出门，目的地是波士顿。他说，我们分头走，你先走，我们半个小时后会合。他听后，向前走去。途中几次回头却始终没有看到父亲的身影。可是等他到达目的地的时候，父亲已经先在那里了。他十分惊讶父亲是如何到达的。

父亲说："我是从反方向来的。"

父亲又说："只要我们能到达目的地，管它用什么方式呢！孩子，就像你学业不成功，并不代表你在其他方面都不能成功。换一个方向，向相反的路走，也许会成功的！"此时，他猛然醒悟。

随后，他看到很多人为了自己的理想不能实现而痛苦不已，就想假如自己用魔法帮助他们实现，即使是假的，但起码从精神上减轻了他们的痛苦。

从此，他对魔术表现出浓厚的兴趣，并跟随一些魔术师学习魔术。

他克服心中的怯懦，为自己的梦想开始奋斗。他为了实现自己的梦想而进行的努力受到了父母的鼓励。教他魔术的老师发现他在这方面具有很高的悟性，学东西很快，而且每次在原有的基础上都能创新。很快老师的技巧便被他学光了，他不得不换老师。就这样，短短的两年时间里，他换了四个魔术老师。

他就是大名鼎鼎的魔术师大卫·科波菲尔，一个匪夷所思的成功人士。

有人问他是怎么成功的，大卫·科波菲尔说："父亲告诉我，相反的方向也能成功。当人们都在向前的道路上拥挤时，我选择了悄悄撤退。"

人生很漫长，前方没有出路的时候，我们可以选择转身，因为在后方，我们同样可以续写更多、更好、更完美的篇章。但是，说起来容易，做起来却是很困难的。因为在生活中，人们一旦形成了某种认知，就会习惯性地顺着这种定式思维去思考问题，习惯性地按老办法想当然地处理问题，不愿也不会转个方向解决问题，这是很多人都有的一种愚顽的"难治之症"。这种人的共同特点是习惯于守旧、迷信盲从，所思所行都是唯上、唯书、唯经验，不敢越雷池一步。而要使问题真正得以解决，往往要废除这种认知，将大脑"反转"过来。

当今社会，大多数企业都喊出了"换个方向就是第一"、"做一条反方向游的鱼"的口号，因为人们已经发现了，随着社会竞争越来越激烈，单靠传统的思想与做法是不可能有多少成功的胜算的。所以，调转方向，开辟一条全新的道路，不失为一种求发展的良策。所以，当人们开始为了找不到工作而发愁的时候，完全可以尝试着自己创业。

不要以为机会总在前方等我们，有时候，恰恰是我们最固执的时候，它跑到了我们的身后，轻轻地拍了拍我们的肩膀。

第四章

不变的是原则，万变的是方法

第一节　方法总比问题多

方法是解决问题的敲门砖

拿破仑·希尔曾说："你对了，整个世界就对了。"当你的工作或生活出现问题的时候，换一种方法，换一种思路，事情就会豁然开朗，因为，方法是完美解决问题的敲门砖，方法对了，一切问题就能够迎刃而解。

日本的火箭研制成功后，科学家选定A海岛做发射基地。经过长久的准备，进入可以实际发射的阶段时，A岛的居民却群起反对火箭在此发射。于是全体技术人员总动员，反复地与岛上居民谈判、沟通，以寻求他们的理解。可是，交涉却一直陷入泥淖状态，虽然最后终于说服了岛上的居民，可是前后却花费了3年的时间。

后来他们重新检讨这件事情时，发现火箭的发射基地并不是非A岛不可。当时只要把火箭运到别的地方，那么，3年前早就完成发射了。可是此前，却从来没有人发现这个问题。当时他们太执着于如何说服岛民的问题上，所以才连"换个地方"这么简单而容易的方法都没有想到。

在我们的工作和生活中，类似的例子屡见不鲜。销售经理也经常对业务受挫的推销员说："再多跑几家客户！"上司常对拼命工作的下属说："再努力一些！"但是这些建议都有一个漏洞。就像有人曾经问一位高尔夫球高手："我是不是要多做练习？"高尔夫球高手却回答道："不，如果你不先把挥杆要领掌握好，再多的练习也没用。"

一个人之所以成功，很多时候并不是看他是否勤奋和努力，更多时候是看他能不能迅速地找到解决问题最简单的方法。

美国前总统罗斯福在参加总统竞选时，竞选办公室为他制作了一本宣传册，在这本册子里有罗斯福总统的相片和一些竞选信息，而且要马上将这些宣传册印刷出来。可就在要分发这些宣传册的前两天，突然传来消息说这本宣传册中的一张图片的版权出现了问题，他们无权使用，这张照片归某家照相馆所有。可是时间已经来不及了，可如果这样分发下去，将意味着一笔巨大的版权索赔费用。

一般情况下的做法是派人去这家照相馆协调，以最低的价格买下这张照片的版权。可是竞选办公室并没有这样做，他们通知该照相馆：总统竞选办公室将在他们制作的宣传册中放一幅罗斯福总统的照片，贵照相馆的一幅照片也在备选之列。由于有好几家照相馆都在候选名单中，所以竞选办公室决定借此机会进行拍卖，出价最高的照相馆会得到这次机会。如果贵馆感兴趣的话，可以在收到信后的两天内将投标寄出，否则将丧失竞价的机会。

结果，很快竞选办公室就收到这家照相馆的竞标和支票。这本来是一个应向对方付费的问题，由于找到了合适的方法，却变为对方付费的问题！

运用正确的方法，竞选办公室不仅解决了问题，而且把问题变成了机会。法国物理学家朗之万在总结读书的经验与教训时深有体会地说："方法得当与否往往会主宰整个读书过程，它能将你托到成功的彼岸，也能将你拉入失败的深谷。"

英国著名的美学家博克说："有了正确的方法，你就能在茫茫的书海中采撷到斑斓多姿的贝壳。否则，就会像瞎子一样在黑暗中摸索一番之后仍然空手而回。"

这些话中所包含的道理并非仅仅指读书，生活中许多时候，方法是十分重要的。面对一个难题时，我们不仅需要良好的态度和精神、需要刻苦和勤奋，而且需要掌握科学的方法。

方法比勤奋更重要

阿基米德说过："给我一个支点，我可以撬动整个地球。"这个支点就是一个恰当的工具，就是我们解决问题的主要方法。如果方法得当，即使问题再棘手，也有解决的可能；相反，如果没有合适的方法，一味勤奋做事，只会浪费精力和资源，也不会获得什么好结果。

有的人做事毫无头绪，只注重宏观的效果，缺少对微观的把握，尽管从表面看来，他们也很勤奋，几乎天天在加班的行列里都能看到他们的身影，但结果总无法令人满意。

在一家国内知名的证券公司工作的小李，毕业于国外的一所金融学院，有着令人羡慕的教育经历，人生的天平似乎早早地倾斜在他这一边，他也是公司公认的勤奋员工。但是3年过去了，他仍然只是一名普通的职员，这是为什么呢？问题就在其工作方法上。

每一次领导布置一项任务时，小李都会以百分之百的热情投入工作，他会找到所有需要的数据进行分析，然后进行大量的统计工作。每天他都在不停地做着统计与分析，每当遇到一项复杂的数据时，他非要弄个明明白白不可。这种勤奋刻苦的精神是难能可贵的，可是效果如何呢？他似乎陷入了一种"分析陷阱"，不能自拔。随着时间一天天地过去，他并没有拿出一个切实可行的办法。

工作不同于学术研究，勤奋笃实的作风固然没错，但探究"为什么"远不如"什么对目前的工作有益"更重要。以错误的方法工作，直接导致了小李工作效率的低下，虽然消耗了大量精力，也花去了大把的时间，却没有取得应有的效果。

在我们身边经常有这样的情况发生：有的人工作很勤奋，每天都忙不停，但是由于工作方法不正确，效率很低，还常常加班加点来完成工作，工作绩效平平；有的人平时很少加班，工作方法正确，能用较少的时间来完成工作，绩效相当好。对于前者，或许最初上司会因为你的刻苦努力而欣赏你，但是长期下来，由于工作效果始终不佳，你的努力几乎等于白费。这是一个重视过程但更重视结果的年代，我们不仅要勤奋，更要用合理的方法做事。两只蚂蚁的故事就说明了这个道理。

有两只蚂蚁想翻越一段墙，到墙那头寻找食物。一只蚂蚁来到墙根就毫不犹豫地向上爬去，可是当它爬到大半时，就由于劳累、疲倦而跌落下来。可是它不气馁，一次次跌下来之后，又迅速地调整一下自己，重新开始向上爬去。

另一只蚂蚁观察了一下，决定绕过墙去。很快地，这只蚂蚁绕过墙找到食物，开始享受起来。第一只蚂蚁仍在不停的跌落中重新开始。

简单的故事却向我们昭示了一个深刻的道理：很多时候，方法比勤奋更重要。第一只蚂蚁毫不气馁的勇气值得我们借鉴，但是在不断努力、不断失败之后，我们是否该停下来想想，寻找一个更好的解决问题的方法，这样或许远比我们拥有勤奋的态度要来得有效。失败留给我们的不仅仅是要我们继续努力，更多的是经验教训，需要我们从中获得些什么、改善些什么。没有对失败的反思，总是一次次重复失败，只能是白费力气。

事物发展的速度除了取决于勤奋、坚持、勇敢以外，更需要正确的方法。也许有了一个正确的方法，发展的速度会来得比想象的更快。

当然，我们不能否认勤奋、毅力等品质对于解决问题和成功的重要性，但是在许多时候，一个好的方法能让你事半功倍，在勤奋同等的情况下获得突出的成绩。

爱因斯坦曾经提出过一个公式：W＝X+Y+Z。这里，W代表成功，X代表勤奋，Z代表不浪费时间、少说废话，Y代表方法。从这个公式中我们可以知道，正确的方法是成功的三要素之一。

如果只有勤奋刻苦的精神和脚踏实地的作风，而没有正确的方法，是不能取得成功的。成功需要的不仅仅是勤奋，也不单纯与花费的时间、精力成正比，其同样需要方法。只有正确的方法才能提高解决问题的效率，才能保证成功！

方法比敬业更重要

工作中，无论多干、少干，能够找对方法、出业绩的员工才是企业最需要的员工。在企业中最受重视的员工，并不是那些只知道忠诚敬业的员工，只有那些出成果、重成效的员工，才是最有发展前途的员工。

在美国企业中流传这样一句话："上帝不会奖励只知道努力工作、兢兢业业的人，而是会奖励找对方法工作的人。"一旦方法对路，工作中的难题也就容易解决，一个人的工作能力也就凸显出来了。

无论是世界500强企业，还是一般的民营企业，都会遇到这样的问题：员工缺乏创新意识，不会创造性地解决问题；员工只知道一味地苦干，而不知道怎样提高工作效能；员工只知道完成任务，不懂得做企业发展真正需要的事……造成这些问题的根源就在于方法上的缺失。员工在思想上只重视行动而忽略方法，只注重苦干不注重效能。方法是提升工作效能的关键，很多人工作业绩不理想并不是因为他们不勤奋、不敬业，而是因为没有找到正确的方法。

联想集团有个很有名的理念："不重过程重结果，不重苦劳重功劳。"这是写在《联想文化手册》中的核心理念之一。在这个手册中，还明确记录：这个理念，是联想公司成立半年之后开始格外强调的。联想为什么会着重强调这一理念呢？原来这一理念的提出源自联想的创始人柳传志早年刚刚创建联想的一段经历。

联想刚刚成立时，只有几十万元，却由于过于轻信他人，被人骗走了一大半资金，使公司元气大伤。毫无疑问，刚刚创业时候的联想，大家都很有干劲和热情，很有一种敬业的精神。但是，光有干劲和热情，光有敬业的精神，并不能保证财富增加与事业的成功。不仅如此，商场如战场，光有善良、热情、好心等品质，如果缺乏智慧和方法，完全可能给企业造成巨大的损失！

吸收了这一教训，联想后来做事不仅越来越冷静、踏实，而且特别重视策略、方法。联想自成立至今，它已经从几个下海的知识分子的公司，变为一家享誉海内外的高科技公司。它之所以有这样大的发展，毫无疑问与这个核心理念密切相关。

我们经常听到某些人讲：“没有功劳也有苦劳。”苦劳固然使人感动，但是在市场经济体制下，只有那些做出实际业绩，能够为企业创造实实在在业绩的人才能够赢得公司的青睐，才能够获得更好的发展。

一位曾在外企供职多年的人力资源总监颇有感触地说：“所有企业的管理者和老板，只认一样东西，就是业绩。老板给我高薪，凭什么呢？最根本的就是要看我所做的事情，能在市场上产生多大的业绩。”现在就是一个以业绩论英雄的时代，业绩是衡量人才的唯一标准。

不管你的能力如何，不管你是否敬业，你想在公司里成长、发展、实现自己的目标，需要业绩来保证实现你的梦想。只要你能创造业绩，不管在什么公司你都能得到老板的器重，得到晋升的机会，因为你创造的业绩是公司发展的决定性条件。而要创造出良好的业绩，只是单纯的敬业是不够的，关键是你要找到正确的方法。

业绩至上，方法至上。仅仅会埋头苦干、不问绩效的“老黄牛”的时代已经过去了，企业更需要能插上效益翅膀的“老黄牛”。

发现问题才有解决之道

纵观古今中外的名人，不管是自然科学家还是社会科学家，是政治家还是外交家，是哲学家还是数学家，几乎都是善于思考、观察、发现和提出问题，或是善于在他人发现的基础上提出问题并找出解决方法而获得成功的人。

爱因斯坦说：“发现问题，提出问题，比解决问题更重要……因为解决问题也许仅是一个数学上或实验上的技能而已，而提出新的问题、发现新的可能性，从新的角度去看旧的问题，都需要有创造性的想象力，而且标志着科学的真正进步。”

的确，解决问题的能力很重要，对于个人或是事物的发展和成功都是必不可少的。但发现问题并不比解决问题逊色，有时甚至比解决问题来得更重要。

解决问题是个人能力的综合，而发现问题更是个人水平的体现。无法创造性地使用知识，无法发现问题，那是毫无用处的，而且往往很容易让我们陷入问题所带来的困境。唯一让我们不陷入问题所带来的困境中的方法，就是主动寻找问题。成功需要人们寻找解决问题的方法，但成功更需要我们有超越他人的发现问题的能力。“电话之父”贝尔的成长经历就是一个很好的例子。

贝尔原是语音学教授，一天他在家修理电器时偶然发现，当电流接通或截断时，螺旋线圈会发出噪声。于是他想，是否能以电传送语音甚至发明电话？

这一设想一提出，立即遭到许多人的讥笑，说他不懂电学才会有如此奇怪的想法。贝尔的确一点儿也不懂电学，但他并没有放弃，而是千里迢迢前往华盛顿，向美国著名的物理学家、电学专家约瑟夫·亨利请教。亨利对他的想法给予了充分肯定，并鼓励贝尔去学习电学知识。

亨利的肯定对贝尔产生了很大的影响，他辞去了教授职务，一心扎入发明电话的试验中。他刻苦用功地学习着电学知识。两年后，世界上第一部电话，由贝尔试验成功。

为何电话不是由那些懂得电学知识的专家发明的，而是由一个语音学家发明的？只因为他善于发现问题，使他比别人更快地找到了“市场的标靶”和可以奋斗的目标。而相关知识，即使一时不具备，也可以去学。

一个人具有某方面的能力是很重要的。但真正要想获得成功，他还必须具备捕捉问题的能力。

当然，发现问题并不等于是解决了问题，我们也并不期许所有的问题被解决时，就是完善的、完美的。问题的解决有待社会的发展、个人能力的提高。但是不可否认，有了发现才能有所认识，提出问题才可能解决问题，发现问题是解决问题的第一步，也是重要的一步。

4000多年前，我们的祖先黄帝发现了“磁石”可指南的现象，因而设计了“指南车”，并用于战争；哥白尼发现了“地心说”的谬误而提出了“日心论”的科学假设；马克思发现了“资本的剩余价值”而提出了“科学社会主义”的构想；爱因斯坦12岁时就提出“假如我以光速追随一条光线的运动，那会看到什么现象”，这个问题最终成为他一生为之奋斗的目标，并获得巨大的成功……

创造奇迹的关键，在于具备一双发现的眼睛。生活需要发现的眼睛，解决问题也需要发现的眼睛。许多伟大的发明和创造都是从不经意的发现开始，难题的解决也基于它本身的发现，或许只是一个简单的想法、一个美丽的假设。但正是因为问题的发现，它才得到了关注和认识，才有了解决的可能。

不止一条路通向成功

解决问题的方法并不是唯一的，当我们一次次的失败之后，不妨改变一下角度，从别处综观整个问题的概貌，或许能找到一条捷径，找到另一种更有效的方法。

生活中，我们不可能总是一帆风顺，做任何事情都能获得成功。当一条路已经走不通时，如果还继续坚持，那就是走入了死胡同。此时，积极思考、大胆开拓新的道路，将会给你带来意想不到的成功与收获。物质和知识的贫穷不是最可怕的，最可怕的是想象力和创造力的贫穷。随着生活的发展，很多事物都在发展变化。如果你能够随着时代的发展而发展，寻找多条通往成功的道路，你就会永远立于不败之地。

在现实中，有许多问题、情况是我们过去遇到过或是别人遇到过的，所以我们习惯按照既定的方法或常规的思路去解决。不错，经验的确能帮助我们省去许多麻烦，但是同样也会让我们走入一种思维定式，让我们忘记，其实有许多方法都能解决问题，甚至有的方法更快更好，只是因为我们不熟悉，没有采用过，只是因为我们习惯于用某种思路或方法解决困难，所以我们固执地认为除了这种方法，根本无其他路可走。

但事实真是如此吗？许多情况下，解决问题的方法并非只有一种，就如同通往罗马的路不止一条一样。我们没有找到另一条路，是因为我们尚未发现它，而并非它不存在。下面的故事就会给我们新的启迪。

物理学家甲、工程学家乙和画家丙三个人讨论谁的智商高。他们互不服气，最后决定通过一场比赛来评判三人的智力水平。

主考官把他们领到一座塔下，并给了他们每人一只气压表，让他们依靠气压表，得到这座塔的高度。原则是：只要达到目的，什么方法都可以，但创造性最强的为胜。

比试的这三人，职业不同，知识结构也不同，各人用的方法自然也各不相同。

乙尤其高兴，也觉得这对他来说再简单不过了，于是他很快站出来，在塔底测量了大气气压，登上塔顶又测量了一次气压，得到塔底和塔顶气压的差值，再根据每升高12米气压下降1毫米汞柱的公式，计算出塔的高度。他自己觉得，这是一份最准确的答卷。

甲不慌不忙地登上塔顶，探出身来，看着手表的秒针，轻轻松手让气压表自由落下，准确记录了气压表落到地面所需的时间，再根据自由落体公式，算出塔的高度。他很得意，这个方法很不错，所得结论与塔的实际高度不会相差太远。

最后轮到丙，这可难住他了。他既没有甲的学识，又没有乙的经验，科学办法他拿不出来，眼前几乎是一个“绝境”。不过，他很镇定。没有科学条件是劣势，但没有思维定式则是优势，这就为他提供了更大的选择空间。丙想，没有正路就走偏路，反正能达到目的就是胜利。他发挥想象力，对各种可能的方法搜寻了一番，禁不住笑了起来，因为办法太简单了：他将气压表送给看守宝塔的人——作为交换条件，让守塔人到储藏间把塔的设计图找出来。就这样，画家得到了图纸，拂去设计图上的灰尘，很快得到了塔的精确高度。

比赛的结果可想而知，自然是画家丙获得了最后的胜利。

画家虽然没有物理学方面的知识，也没有工程学方面的知识，但他却能在看似无计可施的情况下，撇开原先的想法，将目光投向图纸，这是一种新发现、一种创新思维，他找到了塔的高度的精确答案。

“条条大路通罗马”，没有什么问题的解题方式一定是唯一的。如果此路不通，那么可以适时地转换思路和方法，转走他路，往往能得到意想不到的效果。

那些胸怀抱负、渴望成功的人，都会为他们的人生做一番规划。他们制订详细的步骤、严谨的计划，坚持按照计划努力，并相信只有这样才能确保成功。当他们在实施计划的过程中遇到挫折或不可避免的变化时，就会像很多书籍所鼓励的那样：坚持！再坚持！却不会发挥自己的想象力和创造力，开辟另一条通往成功的道路。在他们一再遭受挫折与失败后，不禁心灰意冷、沮丧失望，哀叹时运的不济、命运的不公。他们不知道：通向成功的路不止一条。

变通地运用方法解决问题

在善于变通地运用方法解决问题的人的世界里，不存在“困难”这样的字眼。再顽固的荆棘，也会被他们用变通的方法连根拔起。他们相信，凡事必有方法可以解决，而且能够解决得很完美。事实也一再证明，看似极其困难的事情，只要变通地运用方法，必定会有所突破。

《围炉夜话》中说：“为人循矩度，而不见精神，则登场之傀儡也；作事守章程，而不知权变，则依样之葫芦也。”一个卓越的人必是善于变通地运用方法解决问题的人。当他发现一条路不通或太挤时，就会及时转换思路，改变方法，寻求一条更为通畅的路。

杰森是一家大公司的部门经理，他面临一个两难的境地：一方面，他非常喜欢自己的工作，而且他的位置使他的薪水只增不减。另一方面，他非常讨厌他的上司，经过多年的忍受，他发觉情况已经到了忍无可忍的地步。

在经过慎重思考之后，他决定去猎头公司重新谋一个别的公司部门经理的职位。猎头公司告诉他，以他的条件，再找一个类似的职位并不难。

回到家中，杰森把这一切告诉了母亲。他的母亲是一个教师，那天刚刚教了学生如何重新界定问题，也就是把正在面对的问题换个角度思考。她把课上的内容讲给了杰森听，这给了杰森很大启发，一个大胆的创意即刻在他脑中浮现了。

第二天，杰森来到猎头公司，这次他是请猎头公司替他的上司找工作。不久，他的上司接到了猎头公司打来的电话，请他去别的公司高就。尽管他完全不知道这是他的下属和猎头公司共同努力的结果，但正好这位上司对于自己现在的工作也厌倦了，所以没有考虑多久，他就接受了这份新工作。

这件事最美妙的地方就在于，上司接受了新的工作，结果他的位置就空出来了。杰森申请了这个位置，于是他就坐上了以前上司的位置。

一流之人善于变通，末流之人故步自封。凡能变通地运用方法解决问题的人，都是能够主动创新的人，也是最受欢迎的人。凡世间取得卓越成就之人无不深知变通之理，无不熟谙变通之术。

随着社会的发展，变通地运用方法解决问题越来越显得重要，也越来越被人们所认识。只有善于变通、勤于寻找方法的人在社会上才具有更大的价值，才是社会最需要的人。

第二节　方法对了，事情就成了

借口是失败的温床

借口是失败的温床。有些人在遇到困境，或者没有按时完成任务时，都试图找出一些借口来为自己辩护，安慰自己，总想让自己轻松些、舒服些。在一个公司里，老板要的是勤奋敬业、不折不扣、认真执行任务的员工。如果一个员工经常迟到早退，对工作马马虎虎，还不时找借口说自己很忙，那么这样的员工是不会赢得老板信任和同事尊重的。

在日常生活中，我们经常会听到这样一些借口：上班迟到，会说"路上塞车"；任务完不成，会说"任务量太大"；工作状态不好，会说"心情欠佳"……我们缺少很多东西，唯独不缺的好像就是借口。殊不知，这些看似不重要的借口却为你埋下了失败的基石。借口让你获得了暂时的原谅和安慰，可是，久而久之，你却丧失了让自己改进的动力和前进的信心，只能在一个个借口中滑向失败的深渊。

刚毕业的女大学生刘闪，由于学识不错，形象也很好，所以很快被一家大公司录用。

刚开始上班时大家对刘闪印象还不错，但没过几天，她就开始迟到早退，领导几次向她提出警告，她总是找这样或那样的借口来解释。

一天，老总安排她到北京大学送材料，要跑3个地方，结果她仅仅跑了一个就回来了。老总问她怎么回事，她解释说："北大好大啊。我在传达室问了几次，才问到一个地方。"

老总生气了："这三个单位都是北大著名的单位，你跑了一下午，怎么会只找到这一个单位呢？"

她急着辩解："我真的去找了，不信您去问传达室的人！"

老总心里更有气了："你自己没有找到单位，还叫老总去核实，这是什么话？"

其他员工也好心地帮她出主意：你可以打北大的总机问三个单位的电话，然后分别联系，问好具体怎么走再去。你不是找到其中的一个单位吗？你可以向他们询问其他两家怎么走。你还可以进去之后，问老师和学生……

谁知她一点也不领会同事的好心，反而气鼓鼓地说："反正我已经尽力了……"

就在这一瞬间，老总下了辞退她的决心："既然这已经是你尽力之后达到的水平，想必你也不会有更高的水平了。那么只好请你离开公司了！"

虽然刘闪的举动让很多人难以理解，但像这种遇到问题不去想办法解决而是找借口推诿的人，在生活中并不少见。而他们的命运也显而易见——凡事找借口的人，在社会上绝对站不稳脚跟。

有了借口，就不再找方法了

平庸的人之所以平庸，是因为他们总是找出种种理由来欺骗自己。而成功的人，会想尽一切方法来解决困难，而绝不找半点借口让自己退缩。没有任何借口，是每个成功者走向成功的通行证。

任何一个社会似乎都存在两种人：成功者和失败者。根据二八法则，20%的人掌握着社会中80%的财富。什么原因让少数人比多数人更有力量？因为多数人都在找借口。20%的人和80%的人的区别在于：一种是不找借口只找方法的人，另一种是不找方法只找借口的人。而前一种人往往是成功者，后一种人往往是失败者。

须知，成功也是一种态度，整日找借口的人是很难获得成功的。你尽可以悲伤、沮丧、失望、满腹牢骚，尽可以每天为自己的失意找到一千一万个借口，但结果是你自己毫无幸福的感受可言。你需要找到方法走向成功，而不要总把失败归于别人或外在的条件。因为成功的人永远在寻找方法，失败的人永远在寻找借口，而一旦你找了借口，就不会冥思苦想地去寻找方法了，而不找方法，你就很难走向成功。

有一家名叫凯旋的天线公司，有一天总裁来到营销部，让员工们针对天线的营销工作各抒己见，畅所欲言。

营销部李部长耷拉着脑袋叹息说："人家的天线三天两头在电视上打广告，我们公司的产品毫无知名度，我看这库存的天线真够呛。"部里的其他人也随声附和。

总裁脸上布满阴霾，扫视了大伙儿一圈后，把目光驻留在进公司不久的大刘身上。总裁走到他面前，让他说说对公司营销工作的看法。

大刘直言不讳地对公司的营销工作存在的弊端提出了个人意见。总裁认真地听着，不时嘱咐秘书把要点记下来。

大刘告诉总裁，他的家乡有十几家各类天线生产企业，唯有001天线在全国知名度最高、品牌最响，其余的都是几十人或上百人的小规模天线生产企业，但无一例外都有自己的品牌，有两家小公司甚至把大幅广告做到001集团的对面墙壁上，敢与知名品牌竞争。

总裁静静地听着，挥挥手示意大刘继续讲下去。

大刘接着说："我们公司的天线今不如昔，原因颇多，但总结起来或许是我们的销售策略和市场定位不对。"

这时候，营销部李部长对大刘的这些似乎暗示了他们工作无能的话表示了愠色，并不时向大刘投来警告的一瞥，最后不无讽刺地说："你这是书生意气，只会纸上谈兵，尽讲些空道理。现在全国都在普及有线电视，天线的滞销是大环境造成的。你以为你真能把冰推销给爱斯基摩人？"

李部长的话使营销部所有人的目光都射向大刘，有的还互相窃窃私语。李部长不等大刘"还击"，便不由分说地将了他一军："公司在甘肃那边还有5000套库存，你有本事推销出去，我的位置让你坐。"

大刘朗声说道："现在全国都在搞西部开发建设，我就不信质优价廉的产品连人家小天线厂也不如，偌大的甘肃难道连区区5000套天线也推销不出去？"

几天后，大刘风尘仆仆地赶到了甘肃省兰州市中兴大厦。大厦老总一见面就向他大倒苦水，说他们厂的天线知名度太低，一年多来仅仅卖掉了一百来套，还有4000多套在各家分店积压着，并建议大刘去其他商场推销看看。

接下来，大刘跑遍了兰州几个规模较大的商场，有的即使是代销也没有回旋余地，因此几天下来毫无建树。

正当沮丧之际，某报上的一则读者来信引起了大刘的关注，信上说那儿的一个农场由于地理位置的关系，买的彩电都成了聋子的耳朵——摆设。

看到这则消息，大刘如获至宝，当即带上10来套天线样品，几经周折才打听到那个离兰州有100多公里的天运农场。信是农场场长写的，他告诉大刘，这里夏季雷电较多，以前常有彩电被雷电击毁，不少天线生产厂家也派人来查，都知道问题出在天线上，可查来查去没有眉目，使得这里的几百户人家再也不敢安装天线了，所以几年来这儿的黑白电视只能看见哈哈镜般的人影，而彩电则只是形同虚设。

大刘拆了几套被雷击的天线，发现自己公司的天线与他们的毫无二致，也就是说，他们公司的天线若安装上去，也免不了重蹈覆辙。大刘绞尽脑汁，把在电子学院几年所学的知识在脑海里重温了数遍，加上所携仪器的配合，终于使真相大白，原因是天线放大器的集成电路板上少装了一个电感应元件。这种元件一般在任何型号的天线上都是不需要的，它本身对信号放大不起任何作用，厂家在设计时根本就不会考虑雷电多发地区，没有这个元件就等于使天线成了一个引雷装置，它可直接将雷电引向电视机，导致线毁机亡。

找到了问题的症结，一切都可以迎刃而解了。不久，大刘在天线放大器上全部加装了感应元件，并将这种天线先送给场长试用了半个多月。其间曾经雷电交加，但场长的电视机却安然无恙。此后，仅这个农场就订了500多套天线。同时热心的场长还把大刘的天线推荐给存在同样问题的附近5个农林场，又给他销出2000多套天线。

一石激起千层浪，短短半个月，一些商场的老总主动向大刘要货，连一些偏远县市的商场采购员也闻风而动，原先库存的5000余套天线很快售完。

一个月后，大刘返回公司。而这时公司如同迎接凯旋的英雄一样，为他披红挂彩并夹道欢迎。营销部李部长也已经主动辞职，公司正式任命大刘为新的营销部部长。

在这个故事中，大刘之所以成功，是因为他没有跟着李部长找借口推脱责任，而是积极地寻找解决问题的方法；反之，李部长失败了，因为他只是一味地寻找借口，而不去寻找方法，自然要被找方法而不找借口的大刘取而代之。

许多杰出的人都富有开拓和创新精神，他们绝不在没有努力的情况下就事先找好借口。没有任何借口，是每个成功者走向成功的通行证。

扔掉“可是”这个借口

拒绝“可是”，拒绝借口，你才能找到解决问题的切入点，才能真正认识到自己的能力，而后准确地给自己定位。因为任何“可是”、任何借口，其实都是懒人的托词，它只能慢慢地把你推向失败的旋涡，让你处于一种疲惫且不知前进的状态。而扔掉“可是”这个借口，你才能发掘出自己的潜能，闯出属于自己的一片天地。

“我本来可以，可是……”

“我也不想这样，可是……”

“是我做的，可这不全是我的错……”

“我本来以为……可是……”

行事不顺时，我们都喜欢以“可是”这个借口来推脱责任，却很少有敢于承担后果的勇气，很少去思考解决问题的方法，就这样不断地求助于“可是”，不断地寻找各种各样的借口，糟糕的事情不断发生，生活也就不断地出现恶性循环。须知，唯有扔掉“可是”这个借口，你才能跨出心灵的囚笼，取得意想不到的辉煌成果。

对于很多善于找借口的人来说，从一件事情上入手来尝试着丢掉借口，抓紧时间，集中精力去做好手边的事，也许结果会大不相同。

一次，美国著名教育家、人际关系专家戴尔·卡耐基先生的夫人桃乐西·卡耐基女士，在她的训练学生记人名的一节课后，一位女学生跑来找她，这位女学生说：

“卡耐基太太，我希望你不要指望你能改进我对人名的记忆力，这是绝对办不到的事。”

“为什么办不到？”卡耐基夫人吃惊地问，“我相信你的记忆力会相当棒！”

“可这是遗传的呀，”女学生回答她，“我们一家人的记忆力全都不好，我爸爸、我妈妈将它遗传给我。因此，你要知道，我这方面不可能有什么更出色的表现。”

卡耐基夫人说：“小姐，你的问题不是遗传，是懒惰。你觉得责怪你的家人比用心改进自己的记忆力容易。你不要把这个‘可是’当作你的借口，请坐下来，我证明给你看。”

随后的一段时间里，卡耐基夫人专门耐心地训练这位小姐做简单的记忆练习，由于她专心练习，学习的效果很好。卡耐基夫人打破了那位小姐认为自己无法将记忆力训练得优于父母的想法。那位小姐就此学会了从自己本身找缺点，学会了自己改造自己，而不是找借口。

“可是”这个借口是人们回避困难、敷衍塞责的“挡箭牌”，是不肯自我负责的表现，是一种缺乏自尊的生活态度的反映。怎样才能不再找借口，并不是学会说“报告，没有借口”就足够了，而是要按照生活真实的法则去生活，重新寻回你与生俱来但又在成长过程中失去的自尊和责任感。

你改变不了天气，请不要说“可是”，因为你可以调整自己的着装；你改变不了风向，请不要说“可是”，因为你可以调整你的风帆；你改变不了他人，请不要说“可是”，因为你可以改变你自己。所以，面对困难，你可以调整内在的态度和信念，通过积极的行动，消除一切想要寻找借口的想法和心理，成为一个勇于承担责任的人，成为一个不抱怨、不推脱、不“可是”、不为失败找借口的人。

扔掉“可是”这个借口，让你没有退路、没有选择，让你的心灵时刻承载着巨大的压力去拼搏、去奋斗，置之死地而后生。只有这样，你的潜能才会最大限度地发挥出来，成功也会在不远的地方向你招手!

成功的人不会寻找任何借口，他们会坚毅地完成每一项简单或复杂的任务。一个追求成功的人应该确立目标，然后不顾一切地去追求目标，最终达到目标，取得成功。

拒绝说“办不到”

冲破人生难关的人一定是一个拒绝说“办不到”的人，在面对别人都不愿正视的问题或者困难时，他们勇于说“行”。他们会竭尽全力、想尽一切方法将问题解决，等待他们的也将是艰辛后的成果、付出后的收获。

实际生活中，许多人的困境都是自己造成的。如果你勤奋、肯干、刻苦，就能像蜜蜂一样，采的花越多，酿的蜜也越多，你享受到的甜美也越多。如果你以“办不到”来搪塞，不知进取，不肯付出半点儿辛劳，遇到点儿困难就退缩，那么你就永远也品尝不到成功的喜悦。

失败者的借口通常是“我能力有限，我办不到”。他们将失败的理由归结为不被人垂青，好职位总是让他人捷足先登。那些意志坚强的人则绝不会找这样的借口，他们不等待机会，也不向亲友们哀求，而是靠自己的勤奋努力去创造机会。他们深知唯有自己才能拯救自己，他们拒绝说“办不到”。文杰就是这样的一个人。

文杰在一家大型建筑公司任设计师，常常要跑工地、看现场，还要为不同的客户修改工程细节，异常辛苦，但她仍主动地做，毫无怨言。

虽然她是设计部唯一的女性，但她从不因此逃避强体力的工作。该爬楼梯就爬楼梯，该到野外就勇往直前，该去地下车库也是二话不说。她从不感到委屈，反而挺自豪，她经常说：“我的字典里没有‘办不到’这三个字。”

有一次，老板安排她为一名客户做一个可行性的设计方案，时间只有3天，这是一件很难做好的事情。接到任务后，文杰看完现场，就开始工作了。3天时间里，她都在一种异常兴奋的状态下度过。她食不知味，寝不安枕，满脑子都想着如何把这个方案弄好。她到处查资料，虚心向别人请教。3天后，她虽然眼睛布满了血丝，但还是准时把设计方案交给了老板，得到了老板的肯定。

后来，老板告诉她："我知道给你的时间很紧，但我们必须尽快把设计方案做出来。如果当初你不主动去完成这个工作，我可能会把你辞掉。你表现得非常出色，我最欣赏你这种工作认真、积极的人。"

因做事积极主动、工作认真，现在文杰已经成为公司的红人。老板不但提升了她，还将她的薪水涨了3倍。把"办不到"这三个字常常挂在嘴边，其实是在处处为自己寻找借口。事实上，世上之事，不怕办不到，只怕拿借口来取代方法。

这个故事告诉我们，自己的命运掌握在自己手中。只要你勤奋、肯干，积极寻找问题的答案，而非一味地给自己找借口、推脱责任，你就会品尝到成果所带来的喜悦感。

很多人遇到困难不知道去努力解决，而只是想到找借口推卸责任，这样的人很难成为优秀的人。许多成功者，他们都有一个共同的特点——勤奋。在这个世界上，勤奋的人面对问题善于主动找方法，勤奋的人拒绝借口说"办不到"，勤奋的人最易走向成功。

横跨曼哈顿和布鲁克林之间河流的布鲁克林大桥是个地地道道的机械工程奇迹。1883年，富有创造精神的工程师约翰·罗布林雄心勃勃地意欲着手这座雄伟大桥的设计，然而桥梁专家们却劝他趁早放弃这个"天方夜谭"般的计划。罗布林的儿子，华盛顿·罗布林，一个很有前途的工程师，确信大桥可以建成。父子俩构思着建桥的方案，琢磨着如何克服种种困难和障碍。他们设法说服银行家投资该项目，之后，他们怀着不可遏止的激情和无比旺盛的精力组织工程队，开始建造他们梦想中的大桥。然而在大桥开工仅几个月后，施工现场就发生了灾难性的事故。约翰·罗布林在事故中不幸身亡，华盛顿的大脑严重受伤，无法讲话，也不能走路了。谁都以为这项工程会因此而泡汤，因为只有罗布林父子才知道如何把这座大桥建成。然而，尽管华盛顿·罗布林丧失了活动和说话的能力，但他的思维还同以往一样敏捷。一天，他躺在病床上，忽然想出一种和别人进行交流的方式。他唯一能动的是一根手指，于是他就用那根手指敲击他妻子的手臂，通过这种密码方式由妻子把他的设计和意图转达给仍在建桥的工程师们。整整13年，华盛顿就这样用一根手指发号施令，直到雄伟壮观的布鲁克林大桥最终建成。

"办不到"是许多人最容易寻找的借口，它体现出了一个人所具有的自卑感和怯懦性，这种缺乏自信的人能否做出出色的事情呢？答案恐怕只有一个："只要有这个借口存在，他永远不可能出色。"只要一个人拒绝说"办不到"，他就会显出与别人不同的工作精神和态度，从而成就出色的事业。

只为成功找方法，不为问题找借口

制造托词来解释失败，这已是世界性的问题。这种习惯与人类的历史一样古老，这是成功的致命伤！制造借口是人类本能的习惯，这种习惯是难以打破的。柏拉图说过："征服自己是最大的胜利，被自己所征服是最大的耻辱和邪恶。"

顾凯在担任云天缝纫机有限公司销售经理期间，曾面临一种极为尴尬的情况：该公司的财务发生了困难。这件事被负责推销的销售人员知道了，并因此失去了工作的热忱，销售量开始下跌。到后来，情况更为严重，销售部门不得不召集全体销售员开一次大会。全国各地的销售员皆被召去参加这次会议，顾凯主持了这次会议。

首先，他请手下最佳的几位销售员站起来，要他们说明销售量为何会下跌。这些被叫到名字的销售员一一站起来以后，每个人都有一段令人震惊的悲惨故事要向大家倾诉：商业不景气、资金缺少、物价上涨等。

当第五个销售员开始列举使他无法完成销售配额的种种困难时，顾凯突然跳到一张桌子上，高举双手，要求大家肃静。然后，他说道："停止，我命令大会暂停10分钟，让我把我的皮鞋擦亮。"

然后，他命令坐在附近的一名小工友把他的擦鞋工具箱拿来，并要求这名工友把他的皮鞋擦亮，而他就站在桌子上不动。

在场的销售员都惊呆了，他们有些人以为顾凯发疯了，人们开始窃窃私语。这时，只见那位黑人小工友先擦亮他的第一只鞋子，然后又擦另一只鞋子，他不慌不忙地擦着，表现出第一流的擦鞋技巧。

皮鞋擦亮之后，顾凯给了小工友1元钱，然后发表他的演说。

他说："我希望你们每个人，好好看看这个小工友。他拥有在我们整个工厂及办公室内擦鞋的特权。他的前任的年纪比他大得多，尽管公司每周补贴他200元的薪水，而且工厂里有数千名员工，但他仍然无法从这个公司赚取足以维持他生活的费用。

"可是这位小工友不仅不需要公司补贴薪水，还可以赚到相当不错的收入，每周还可以存下一点儿钱来。他和他的前任的工作环境完全相同，也在同一家工厂内，工作的对象也完全相同。

"现在我问你们一个问题，那个前任拉不到更多的生意，是谁的错？是他的错，还是顾客的？"

那些推销员不约而同地大声说：

"当然了，是那个前任的错。"

"正是如此。"顾凯回答说，"现在我要告诉你们，你们现在推销缝纫机和一年前的情况完全相同：同样的地区、同样的对象以及同样的商业条件。但是，你们的销售成绩却比不上一年前。这是谁的错？是你们的错，还是顾客的错？"

同样又传来如雷般的回答：

"当然，是我们的错。"

"我很高兴，你们能坦率地承认自己的错误。"顾凯继续说，"我现在要告诉你们。你们的错误在于，你们听到了有关本公司财务发生困难的谣言，这影响了你们的工作热情，因此，你们不像以前那般努力了。只要你们回到自己的销售地区，并保证在以后30天内，每人卖出5台缝纫机，那么，本公司就不会再发生什么财务危机了。你们愿意这样做吗？"

大家都说"愿意"，后来果然也办到了。那些他们曾强调的种种借口，如商业不景气、资金缺少、物价上涨等，仿佛根本不存在似的，统统消失了。

卓越的人必定是重视找方法的人。在他们的世界里不存在"借口"这个字眼，他们相信凡事必有方法去解决，而且能够解决得最完美。事实也一再证明，看似极其困难的事情，只要用心寻找方法，必定会成功。真正杰出的人只为成功找方法，不为问题找借口，因为他们懂得：寻找借口，只会使问题变得更棘手、更难以解决。

第五章

“命”不可变，但“运”可以变

第一节　命从心生，运由心转

想要梦想成真，首先要学会不做梦

我们都需要华美的梦来装饰我们的生活，但要实现这一个个美丽的梦，不单单是拥有梦想，如果只是拥有梦想，幻想着实现梦想后的美好与成就感，那么梦想只能永远是梦想，要想梦想成真，首先要学会不做梦，需要我们脚踏实地去行动起来。

人人都渴望成功，但真正成功的人却只是少数，很多人都是碌碌无为地度过一生。仔细想想不难发现，热情和脚踏实地的努力的错位是重要的原因。人在年轻的时候，往往心气很高，但常常由于眼高手低，不能脚踏实地做人做事，而与成功的机会擦肩而过；人到中年，虽然已经奠定了一定的基础，但往往又得过且过，由于缺乏继续向前的热情，从而永远无法感受到成功的喜悦与满足。

有些人能有所作为，是因为他们从不轻易选择快捷方式，而是日复一日地持续努力，认真又脚踏实地地用坚持实践着自己的梦想，让明天比今天更好。因此，成功不是一蹴而就的瞬间辉煌，而是每一个平凡的“今天”的不断累积，脚踏实地的努力。

在钱锺书先生去世后不久，曾有人撰文纪念他“寂静”、“勤于钻研”的一生，的确，钱锺书先生可谓是脚踏实地的典范，终生专注于学术研究，从不以口舌争名求利，从不为交游虚掷光阴；览古籍、做学问、写专著，他的一生都致力于将他对于学问的苛求付诸实践，刻苦、勤奋，造就了这个学贯中西的大学者。

试想，若没有脚踏实地的孜孜以求，钱锺书先生又如何能成为中西文化的大师？司马迁含辛茹苦，埋头十几年，才一字一字地写出千古名篇《史记》；刘翔从小起步、不顾寒暑，勤学苦练，才一步一步地跑出一百米跨栏世界冠军。这些事例生动形象地说明一个道理：追求成功的脚步必须扎扎实实。

可以说，每一个卓有成就的人都将自己的梦想转化成了行动。英国剧作家莎士比亚曾向世人发出忠告：“要想登上陡峭的山峰，从一开始就需要有坚实的步伐。”一个人无论有怎样美好的追求，都不要心急火燎地去实现。而应该确定目标、探索方法、培养毅力、寻找机会，一步一个脚印地去操作、去实践。

在对成功的追求中，守株待兔不行，揠苗助长更不行。杀鸡取卵、竭泽而渔、好高骛远，都会事与愿违，与理想背道而驰，与目标遥遥无期。有的人自命不凡，可是心比天高，手比眼低，大事做不成，小事不愿做，结果是竹篮打水一场空。有的人贪求捷径，饮鸩止渴，画饼充饥，总是期待跨越式发展，一夜成名，结果是捉鸡不成蚀把米。有的人投机取巧，不愿脚踏实地喜欢闭门造车，或者寻找旁门左道，结果是四处碰壁美梦熄。还有的人总想三步并做两步走，一生目标一朝完，好大喜功、追名逐利，结果累得气喘吁吁却无功而返。

一个真正为理想而追求、为事业而奋斗的人，就懂得风物长宜、脚踏实地，埋头苦干。要懂得不积跬步，无以至千里；不积小流，无以成江海的道理。从我做起，从当下做起，不被千难万险所吓倒，也不让声色犬马诱惑，静心屏气、沉着稳健，一步一步地向前走去。在实现成功追求的路途中有毅力、有耐心，脚踏实地、任劳任怨、破釜沉舟、坚持到底。

人生就像爬坡，恒心架起通天路，勇气吹开智慧门。如果心旌摇荡，必将前功尽弃。春播、夏锄、秋收、冬储，是农业上的一个过程，如果从春天一步就迈进初冬的门槛，那么储存的也只能是一堆堆枯黄的叶子。即便你驾着汽车，在高速公路上行驶，也会被限制速度，因为超速预示着危险，也会受到惩罚。起点再美好，如果没有一个脚踏实地的过程，终点也将因此而黯然失色。

马克思曾经说过："在科学上面没有平坦的大道，只有不畏劳苦沿着陡峭山路攀登的人，才有希望到达光辉的顶点"。每个要梦想的实现，都需要脚踏实地。善于积累，善于总结工作中的点点滴滴，善于学习积累成功经验，循序渐进开展工作。充实每一个今天，日复一日地积累，就会让梦想成真。

每个人都可以与众不同

卡耐基认为，当一个人走入人群，不能很清楚地表现自己独特的一面，而只是成为人群中的一分子的话，这个人的个人形象明显存在缺憾。缺乏个人化的特质很难引起别人对你的注意，当然更谈不上成功了。

卡耐基举了这样一个例子证明个人化的重要性："你对自己，应照厄文·柏林对已故的乔治·杰许文所做的明智的劝告去做。柏林与杰许文初遇时，柏林已经成名，而杰许文则是一个正在奋斗中的青年作曲家，在亭盘巷里为着每星期35元而工作。柏林对杰许文的才能大为赞许，想请他做自己的音乐秘书，薪水已达他当时所得的三倍。'不过还是别接受这个工作的好，'柏林劝道，'假使你接受了，你可能会发展成为二流的柏林。可是你坚持做自己，总有一天你会成为一流的杰许文。'杰许文记下了柏林的忠告，没有接受这份工作，果然日后成为美国当代著名的音乐家。"

由此可见，当一个人具备了完全个人化的形象时，他至少成功了一半。当然个人化并不是那些不合时宜的论调、古怪的生活方式和令人侧目的衣着打扮，而是一些性格上的更坚强，更牢固的东西。要是一个漂亮女孩的美丽就是她的性格的话，她是失败的。而一个即使并不美丽的女孩，如果在性格上具有善良的美德，那么她个人化的品质则比前者突出得多。其实，做好了自己，就能做到与众不同。

其实每个人都具有某种潜能，所以，不要浪费时间去担忧自己与众不同。你在这世上完全是崭新的，前无古人，也将后无来者。遗传学家告诉我们，你是由48个染色体互相结合的结果，其中24个来自父亲、24个来自母亲。每个染色体里面有成百个遗传基因，每一个基因都能改变你整个生命。因此，我们的确是"不可思议，极为奇妙"的一个组合。我们是独一无二的存在，我们是"双赢"的组合。

我们如果没有了自己的生活方式、思想方式，就会无法定位自我，别人一提意见，就会无所适从、惊慌失措。如果决定了自己的生活方式，就不用在意别人的目光。不同的人有不同的生活方式，你没有必要努力达到某个所谓的标准答案。

别人的人生与自己的人生，自然是不同的。自己的人生，掌握在自己的手中，会是“成功传奇”还是“人生悲剧”，全是自己的问题。不去做你永远不知道的事情。所谓“真理唯有实践能证明，若能专心致力于自己的生活，就会有一定的效果”。

爱默生在散文《自持》中，如是说：“每个人在受教育的过程当中，都会有段时间确信：嫉妒是愚昧的，模仿只会毁了自己；每个人的好与坏，都是自身的一部分；纵使宇宙间充满了好东西，不努力你什么也得不到；你内在的力量是独一无二的，只有你知道自己能做什么，但是除非你真的去做，否则连你自己也不知道自己真的能做。”

芸芸众生，既不是翻江倒海的蛟龙，也不是称霸林中的雄狮，我们在苦海里颠簸、在丛林中避险，平凡得像是海中的一滴水、林中的一片叶。海滩上，这一粒沙与那一粒沙的区别你可能看出？旷野里，这一黄土和那一黄土的差异你是否能道明？

每个生命都很平凡，但每个生命都不卑微，所以，真正的智者不会让自己的生命陨落在无休无止的自怨自艾中，也不会甘于身心的平庸。

你见过在悬崖峭壁上卓然屹立的松树吗？它深深地扎根于岩缝之中，努力舒展着自己的躯干，任凭阳光暴晒，风吹雨打，在残酷的环境中它依旧始终保持着昂扬的斗志和积极的姿态。或许，它很平凡，只是一棵树而已，但是它并不平庸，它努力地保持着自己生命的傲然姿态。

有这样一个寓言，让我们懂得：每个生命都不卑微，每个生命都是与众不同的，都是大千世界中不可或缺的一环，都在自己的位置上发挥着自己的作用。

一只老鼠掉进了一只桶里，怎么也出不来。老鼠吱吱地叫着，它发出了求救声，可是谁也听不见。可怜的老鼠心想，这只桶大概就是自己的坟墓了。正在这时，一只大象经过桶边，用鼻子把老鼠吊了出来。

“谢谢你，大象。你救了我的命，我希望能报答你。”

大象笑着说：“你准备怎么报答我呢？你不过是一只小小的老鼠。”

过了一些日子，大象不幸被猎人捉住了。猎人用绳子把大象捆了起来，准备等天亮后运走。大象伤心地躺在地上，无论怎么挣扎，也无法把绳子扯断。

突然，小老鼠出现了。它开始咬着绳子，终于在天亮前咬断了绳子，替大象松了绑。

大象感激地说：“谢谢你救了我的性命！你真的很强大！”

“不，其实我只是一只小小的老鼠。”小老鼠平静地回答。

每个生命都有自己绽放光彩的刹那，即使一只小小的老鼠，也能够拯救比自己体型大很多的巨象。故事中的这只老鼠正是佛学大师星云法师所说的“有道者”，一个真正有道的人，即使别人看不起他，把他看成是卑贱的人，他也不受影响，因为他知道自己的人格、道德，不一定要求别人来了解、来重视。他依然会在自我的生命驿旅中将智慧的种子撒播到世间各处。坚持做自己，不人云亦云，不模仿别人，你就可以与众不同。

也许你只是一朵残缺的花，只是一片熬过旱季的叶子，或是一张简单的纸、一块无奇的布，也许你只是时间长河中一个匆匆而逝的过客，不会吸引人们半点的目光和惊叹，但只要你拥有自己的信仰，并将自己的长处发挥到极致，就会成为成功驾驭生活的勇士。

起点影响结果，但不会决定结果

印度有一句谚语：“播种行为，收获习惯；播种习惯，收获性格；播种性格，收获命运。”人的命运虽不可选择，却不是既成的。人无法选择自己的出身，也无力改变所处的环境，但人可以改变自己的思想和性格。起点可以影响结果，但不会最终决定结果，决定结果的是我们自己。当你遇到挫折时，可以让自己屈服，从此放弃努力，甘于过平庸的生活；也可以坚韧不拔地走下去，最终获得充实而卓越的人生。因此，只有把握自己的个性，才能真正把握自己的命运，把握自己的人生。

《时间简史——从大爆炸到黑洞》是一部在全世界具有影响力的科普著作，它的作者斯蒂芬·霍金患上了会使肌肉萎缩的卢伽雷氏症，全身只有右手的三个手指能动，后来又丧失了语言能力。正是这样一个身体上有缺陷的人，被科学界公认为继爱因斯坦之后最伟大的理论物理学家。每一位有幸见到他的人，都会对人类中居然有如此的灵魂而从内心受到深深的影响。霍金在21岁时被确诊为患有不可治愈的运动神经病。医生断言他只能再活两年半，而他没有被致命的挑战吓倒，以他的执着和坚定粉碎了医生的预言。他先后被选入伦敦皇家学会，被任命为卢卡逊数学教授——这是牛顿曾获得的荣誉职位。

霍金是一位划时代的英雄！他的伟大在于性格的伟大，刚毅的性格使他藐视身体的痛苦，对梦想、成功和影响力的执着追求使他拥有巨大的勇气和意志力。敢于挑战、顽强拼搏的人，就能战无不胜，而世界属于一往无前的人。

霍金身体的缺陷对他而言是无法改变的命运，但事业的成功是由自己创造的。一个坚强、勇敢、自信、宽容、谦虚的人，比起一个怯懦、自卑、自私、自大的人，成功的机遇和可能要大得多。卡耐基有一个著名的理论：一个人的成功85%归于性格，15%归于知识。性格、意志、情绪等非智力因素在一个人的成长中起决定作用，而智力和知识并不是最重要的。美国斯坦福大学某教授曾经对1000多名智商在140分以上的天才儿童进行过长达几十年的跟踪研究。在研究中，他把这些人中最有成就的150人和成就最低的150人进行了比较。他们在智力上相差甚微，而能否取得成就的原因主要在于性格特征的差别：自信不自信，自卑或不自卑，坚毅或不能坚持，是否有较强的适应能力和实现目标的动机等。可见，成功与否是由自己决定的，命运如何是由性格决定的，性格即命运。

事业上的成功离不开良好的个性品质，个人生活上的成功更离不开良好的个性。具备良好的个性才能有成功的人生。一个人对学习充满热情，就会发现学习中的乐趣。对集体利益充满热情，他的才华就会在集体中充分展示。对他人多一份关心与帮助，就会更多地得到别人的帮助与支持。以宽容和诚实之心对待别人，就会得到珍贵的友情、爱情、亲情、师生情。性格勇敢、坚强，就不会为生活中的挫折所烦恼。性格乐观则能更多地感受生活中阳光的温暖。幸福是一种对生活的体验。态度不同，性格不同，对幸福的体验就会不同。命运本身也许并无好坏，人以什么态度来对待它，才是命运好坏的根本原因。

个性具有很大的可塑性。良好个性的形成更离不开个人的主观努力。从小事做起、从现在做起、从身边做起，就可以逐渐形成通向成功的性格。如果你认为自己不够关心别人，那么当你看到别人遇到困难时，主动地伸出你的手，尽你所能去帮助他们，这样一来，你就能逐渐养成乐于助人的性格。无论在学习或生活中，遇到挫折和困难，你都要时刻提醒自己坚持下去。以宽容之心对他人、以严格之心要求自己，不断地播下个性的种子，终能收获自己有影响力的命运。

是的，我们无法选择自己的起点，许多先天条件我们没有办法改变，但是起点并不能决定终点。我们可以做的就是在既定的起点的基础上努力去改变可以改变的，有的时候只改变一点，却能产生强大的效应。成功者无不有良好的性格，就让我们从改变自己开始。

专心让今天完美，有效应对未来

生活最重要的，不是去想未来那些模糊不清的事，而是专注于今天的一切。完全投入今天的生活，才会从所做的事当中得到充分的快意与满足。大多数的人都无法专注于现在，他们总是若有所想，心不在焉，想着过去、明年甚至下半辈子的事。一位作家这样说过：“当你存心去找快乐的时候，往往找不到，唯有让自己活在现在，全神贯注于周围的事物，快乐才会不请自来。”不管你正在下棋还是和朋友说话，或是观看落日，掌握此刻是一种幸福。古希腊哲学家库里希波斯曾说：“过去与未来并不是‘存在’的东西，而是‘存在过’和‘可能存在’的东西。唯一‘存在’的是现在。”因此，集中一切将今天的工作做到极致，不要将精力花费于对不可知未来的担忧中。

有个小和尚，每天早上负责清扫寺院里的落叶。

清晨起床扫落叶实在是一件苦差事，尤其在秋冬之际，每一次起风时，树叶总是随风飞舞。每天早上都需要花费许多时间才能清扫完树叶，这让小和尚头痛不已，他一直想要找个好办法让自己轻松些。

后来有个和尚跟他说：“你明天打扫之前先用力摇树，把落叶统统摇下来，后天就可以不用扫落叶了。”小和尚觉得这是个好办法，于是隔天他起了个大早，使劲儿猛摇树，这样他就可以把今天跟明天的落叶一次扫干净了。一整天小和尚都非常开心。

第二天，小和尚到院子里一看，不禁傻眼了，院子里如往日一样满地落叶。老和尚走了过来，对小和尚说：“傻孩子，无论你今天怎么摇动树枝，明天的落叶还是会飘下来。”

老和尚的话让我们明白一个道理，世上有很多事是无法提前的，唯有专心让今天完美，专注地把握今天才是最真实的人生态度，才是应对未来的有效方法。每一分钟的我们都发生着微妙的变化，所以我们并不能活在已经成为过去的昨天，也无法透支宏大的未知的明日。宇宙每一瞬都在改变，我们只有一瞬，只活在当下。生活从来不在别处，只在眼前明明白白的每一分、每一秒。

事业上取得非凡成绩的人，往往就在于比普通人更能理解专心“活在当下”的内涵，搜狐首席执行官张朝阳说：“要能活到150岁的话，肯定是人的生活质量更高更快乐，能够活出自然给予我们人类最极限的状态，这是一件很伟大的事情。对我来说，活在当下，活得高兴就行。”其实，很多人都没意识到，抓住过去不放，活在对未来的幻想中却不付出实际行动，是为通往未来的路设置了重重障碍。专心让今天完美，让每一天都比昨天完美，才是有效应对未来的方法。

1871年春天，一个蒙特端综合医院的医学学生偶然拿起一本书，看到了书上的一句话。这句话改变了这个年轻人的一生，它使这个原来只知道担心自己的期末考试成绩、自己将来的生活何去何从的年轻的医学院的学生，最后成了他那一代最有名的医学家——他创建了举世闻名的约翰·霍普金斯学院，被聘为牛津大学医学院的钦定讲座教授，还被英国国王册封为爵士。他死后，他的一生用厚达1466页的两大卷书才记述完，他正是威廉·奥斯勒爵士，而他在1871年看到的那句话出自汤冯士·卡莱里：“人的一生最重要的不是期望模糊的未来，而是重视手边清楚的现在。”

后来，他在给耶鲁大学的学生们做演讲时说：“成功的秘诀很简单，就是活在一个‘完全独立的今天’里。用铁门把未来和过去隔断。为明日做准备的最好方法是专注于今天，把今天的工作完成，这就是你能应对的唯一有效的方法。”

人的一生中，总是会被许多过去或未来的人或事分散精力，然而，不论是在过去的废墟里搜寻再多的回忆，还是在未来的梦中播下再多的种子，也不会有丰收的喜悦。只有在今天的田野上播种，才会有收获的希望，因为只有现在属于我们，只有现在会带给我们一切。我们不知道自己的生命到底有多长，但我们却可以安排今天的生活。只要把握好现在，我们的人生就不会失色。

曾经有两位哲人游说于穷乡僻壤之中，对前来听教的人说了一句流传千古的话：“不要为明天的事烦恼，明天自有明天的事。只要全力以赴地过好今天就行了。”在这个世界上，有许多事情是我们难以预料的。你左右不了变化无常的天气，却可以调整自己的心情；你不能控制机遇，却可以掌握自己；你无法预知未来，却可以把握现在。

专心让今天完美是一种全身心地投入今天的生活态度。当你专心活在今天，而没有过去拖在你后面，也没有未来拉着你往前时，你全部的能量都集中在这一时刻，生命因此具有一种巨大的张力。在生命的航船上，关闭与过去和未来相接的通道，活在一个独立的今天里，专注于今天的每一件事情，因为只有现在才是我们唯一能有所作为的时间。

把人生的绊脚石当成自己的跳板

世事无常，我们随时都会遇到挫折。当我们碰到厄运的时候，当我们面对失败的时候，当我们承受重大灾难的时候，我们该怎样去面对呢？面对困难确实需要勇气，但这不能成为我们生命不能承受之重，只要我们仍能在自己的生命之杯中盛满希望之水，不要把自己禁锢在眼前的困苦中，眼光放远一点，就能将绊脚石转化为自己的跳板。当你看得见成功的未来远景时，便能走出困境，达到你梦想的目标。

内心充满希望，它可以为你增添一分勇气和力量，它可以支撑起你一身的傲骨。当莱特兄弟研究飞机的时候，许多人都讥笑他们是异想天开，当时甚至有句俗语说：“上帝如果有意让人飞，早就使他们长出翅膀了。”但是莱特兄弟毫不理会外界的说法，终于发明了飞机。当伽利略以望远镜观察天体，发现地球绕太阳而行的时候，教皇曾将他下狱，命令他改变主张，但是伽利略依然继续研究，并著书阐明自己的学说，他的研究成果后来终于获得了证实。最伟大的成就，常属于那些在大家都认为不可能的情况下，踢掉绊脚石，坚持到底的人。坚持就是胜利，这是成功的一条秘诀。

在一座偏僻遥远的山谷里的断崖上，不知何时，长出了一株小小的百合。它刚诞生的时候，长得和野草一模一样，但是，它心里知道自己并不是一株野草。它的内心深处，有一个纯洁的念头：“我是一株百合，不是一株野草。唯一能证明我是百合的方法，就是开出美丽的花朵。”它努力地吸收水分和阳光，深深地扎根，直直地挺着胸膛，对附近的杂草置之不理。

在野草和蜂蝶的鄙夷下，百合努力地释放内心的能量。百合说：“我要开花，是因为知道自己能开美丽的花；我要开花，是为了完成作为一株花的庄严使命；我要开花，是由于自己喜欢以花来证明自己的存在。不管你们怎样看我，我都要开花！”

终于，它开花了。它那灵性的白和秀挺的风姿，成为断崖上最美丽的风景。年年春天，百合努力地开花、结籽，最后，这里被称为“百合谷地”。因为这里到处是洁白的百合。

百合没有屈服于挫折，而是以挫折为契机，开出了花朵，实现了自己的愿望。我们生活在一个竞争十分激烈的社会，有时在某方面一时落后，有时困难重重，甚至有时被人嘲笑……无论什么时候，我们都不能放弃努力；无论什么时候，我们都应该像那株百合一样，为自己播下希望的种子。

发生在汶川的“5·12特大地震”虽然震裂了大地，但震不跨人们坚强的心。面对死亡，这对活着的人来说，他们的心要有足够强大的精神来支撑自己不要倒下，多少次的痛不欲生，多少次的跌跌撞撞，终于，他们顶住了，面对这需要珍重的新生，面对新生活，为死去的人好好活着。因为他们知道，活在痛苦中，只会让自己辜负这新生命的际遇，他们好好活着，就是对这生命最好的感恩。

在竞争中，暂时的落后并不可怕，自卑的心理才是可怕的。人生失意、挫折、失败对人是一种考验，是一种学习，更是一种财富。我们要牢记“勤能补拙”，既能正确认识自己的不足，又能放下包袱，以最大的决心和最顽强的毅力克服这些不足，弥补这些缺陷。人的缺陷不是不能改变，而是看你愿不愿意改变。只要下定决心，讲究方法，就可以弥补自己的不足。

在不断前进的人生中，凡是看得见未来的人，也能掌握现在，因为明天的方向他已经规划好了，知道自己的人生将走向何方。平凡人总是把挫折当成挫折，当作自己前进的绊脚石，而非凡的人把人生中的挫折都当成自己的跳板，借助跳板，跨越到更高的阶段。所以，留住心中的“希望种子”，相信自己会有一个无可限量的未来，心存希望，任何艰难都不会成为我们的阻碍。相信只要怀抱希望，那些暂时的绊脚石，我们终将能从上面跨过去，之后等待我们的将会是熠熠生辉的星光大道。

保持低姿态，赢得他人心

如果你想把事做成，不妨以一种低姿态出现在对方面前，表现得谦虚、平和、朴实、憨厚，甚至愚笨、毕恭毕敬，使对方感到自己受尊重，比你聪明，在谈事时也就会放松自己的警惕性，觉得自己用不着花费太多精力去对付一个“傻瓜”了。

其实，你以低姿态出现只是一种表面现象，是为了让对方从心理上感到一种满足，使他愿意与你合作。实际上越是表面谦虚的人，反而是非常聪明的人。当你表现出大智若愚来，使对方陶醉在自我感觉良好的气氛中时，你就已经受益匪浅，已经达到了你的目的。

你谦虚时，显得他高大；你朴实和气，他就愿与你相处，认为你亲切、可靠；你恭敬顺从，他的指挥欲得到满足，认为与你配合得很默契，很合得来；你愚笨，他就愿意帮助你，这种心理状态对你非常有利。

相反，你若以高姿态出现，处处高于对方，咄咄逼人，对方心里会感到紧张，做事就没把握了，而且容易产生一种逆反心理，使工作难以进行。

因此，为了把事办成，不妨常以低姿态出现在别人面前，使别人感到安全时，你自己也是安全的。

有些被求者，以为帮助了别人，有恩于你，心理上会不自觉地产生一种优越感，说不定还要对你数落一番。当你认为自己可能会被人指责时，不妨先数落自己一番，当对方发觉你已承认错误时，便不好意思再指责你了。

赫蒙是美国著名的矿冶工程师，毕业于美国的耶鲁大学，在德国的佛莱堡大学拿到了硕士学位。可是当赫蒙带齐了所有的学历去找美国西部的大矿主赫斯特的时候，却遇到了麻烦。

那位大矿主是个脾气古怪又很固执的人，他自己没有学历，所以就不相信有学历的人，更不喜欢那些文质彬彬又专爱讲理论的工程师。当赫蒙前去应聘并递上学历时，满以为老板会乐不可支，没想到赫斯特很不礼貌地对赫蒙说：“我之所以不想用你，就是因为你曾经是德国佛莱堡大学的硕士，你的脑子里装满了一大堆没有用的理论，我可不需要什么文绉绉的工程师。”

聪明的赫蒙听了不但没有生气，相反，他心平气和地回答说：“假如你答应不告诉我父亲的话，我要告诉你一个秘密。”赫斯特表示同意，于是赫蒙小声对赫斯特说：“其实我在德国的佛莱堡并没有学到什么，那三年就好像是稀里糊涂地混过来一样。”想不到赫斯特听了笑嘻嘻地说：“好，那明天你就来上班吧。”就这样，赫蒙在一个非常顽固的人面前通过了面试。

赫蒙把自己的身份降低，就赢得了大矿主的心。和赫蒙相似，美国著名政治家帕金斯30岁那年就任芝加哥大学校长，有人怀疑他那么年轻能不能胜任大学校长的职位，他知道后只说了一句：“一个30岁的人所知道的是那么少，需要依赖他的助手兼代理校长的地方是那么的多。”就这短短一句话，使那些原来怀疑他的人一下子就放心了。

许多人往往喜欢尽量表现出自己比别人强，或者努力地证明自己是有特殊才干的人，然而一个真正有能力的领袖是不会自吹自擂的，所谓“自谦则人必服，自夸则人必疑”就是这个道理。

保持低姿态，先让别人感到缺他不成，努力寻找并讲出对方的优点，就会让对方觉得有面子，感到光彩。这样一来，对方与你的关系便走近了一步。最终，得到好处、被人尊重的，还是你自己。可以说，低姿态正是胜利者的姿态，低姿态正是成功者的姿态。

在秦始皇陵兵马俑博物馆，有一尊被称为“镇馆之宝”的跪射俑。它被誉为兵马俑中的精华，中国古代雕塑艺术的杰作。陕西省就是以跪射俑作为标志的。

它左腿蹲曲，右膝跪地，右足竖起，足尖抵地。上身微左侧，双目炯炯，凝视左前方。两手在身体右侧一上一下做持弓弩状。

如今，秦兵马俑坑已经出土，清理各种陶俑1000多尊，除跪射俑外，皆有不同程度的损坏，需要人工修复。而这尊跪射俑是保存最完整的，仔细观察，就连衣纹、发丝都还清晰可见。

这究竟为何呢？

专家告诉我们，这得益于它的低姿态。首先，跪射俑身高只有1.2米，而普通立姿兵马俑的身高都在1.8～1.97米之间。天塌下来有高个子顶着，兵马俑坑都是地下坑道式土木结构建筑，当棚顶塌陷、土木俱下时，高大的立姿俑首当其冲，低姿的跪射俑受损害就小一些。其次，跪射俑做蹲跪姿，右膝、右足、左足三个支点呈等腰三角形支撑着上体，重心在下，增强了稳定性。

其实，处世也是如此，保持低姿态，避开无谓的纷争，就能避开意外的伤害，更好地发展自己。

古人常说：“谦卑者其实最高贵”。这是因为谦卑是高贵者的通行证，君子懂得谦让，因此行万里也会路途顺畅。小人好争斗，因此还未动步，路已被堵塞。君子知道屈可以为伸，因而受辱时不反击，知道谦让可以战胜对手，因而甘居人下而不犹豫。到最后时，就会转祸为福，让对手知错而成为朋友，使怨仇不传给后人，而美名远扬以至于无穷。

低姿态不仅是种手段，而且是种态度。你越充分地运用这种方法，你就越有可能赢得别人的心。

年轻人社会经验还不足，当还没有充分的实力时，低姿态就具有特别重要的战略意义。做大事者往往能够审时度势，低头挺住，办成自己的事。

你可以不成功，但不能不成长

“在人生的道路上，所有的人并不站在同一个场所——有的在山前，有的在海边，有的在平原，但是没有一个人能够站着不动，所有的人都得朝前走。”这是泰戈尔的名言。我们每个人都有自己的位置，也许低也许高，并不是所有的人都能有机会站在人生的最高顶点，但是“所有的人都得朝前走”，即不论是谁都要努力进取。我们不一定要创造丰功伟绩，但不论现在的成绩如何，我们都要不断超越现在，不断进取才有成功的机会，而安于现状被安逸生活吞噬进取心的人，则永远没有体验人生风景的机会。

有一天，沼泽向在自己身边奔流而过的河流问道：“你整天川流不息，一定累得要命吧？你一会儿背着沉重的大船，一会儿负着长长的水筏，在我眼前奔流而过。小船小划子更不用说了，它们多得没有个穷尽。你什么时候才能抛弃这种无聊的生活呢？像我这样安安逸逸地生活，你找得到吗？我是一个幸福的闲人，舒舒服服、悠悠闲闲地荡漾在柔和的泥岸之间，好比高贵的太太们窝在沙发的靠枕里一样。大船小船也罢，漂来的木头也罢，我这儿可没有这些无谓的纷扰，甚至小划子有多重我都不知道，至多偶尔有几片落叶漂浮在我的胸膛上，那是微风把它们送来和我一起休息的。一切风暴有树林挡住，一切烦恼我也沾染不上，我的命运是再好不过的了。周围的尘世不断地忙忙碌碌，我却躺在哲学的梦里养神休息。”

“哲学家，你既然懂得道理，可别忘了这条法则，”河流回答，“水只有流动才能保持新鲜，我成了伟大壮阔的河流就是因为我不躺在那儿做梦，而是按照这个法则川流不息。结果呢，我的源源不绝的水，又多又清的水，年复一年地给人们带来了幸福，因而赢得了光荣的名誉，或许我还要世世代代地川流不息下去。那时候，你的名字就不会有人知道了。”

多年以后，河流的话果然应验了，壮丽的河仍旧川流不息，沼泽却一年浅似一年。沼泽的表面浮着一层黏液，芦苇生出来了，而且生长得很快，沼泽最终干涸了。

这个故事告诉我们，一成不变能换取一时的安逸，却得不到丝毫成长，只会慢慢退步，甚至慢慢衰亡。

成功的人往往都是一些不那么“安分守己”的人，他们绝对不会因取得一些小小的成绩而沾沾自喜。每一个渴望成功的人都要谨记：只有不断“砸烂”较差的，你才能完全没有包袱，创造出更好的，走上成功的殿堂，就像下面的故事中讲到的一样。

一位雕塑家有一个12岁的儿子。儿子要爸爸给他做几件玩具，雕塑家只是慈祥地笑笑，说：“你自己不能动手试试吗？”

为了制作自己的玩具，孩子开始注意父亲的工作，常常站在大台边观看父亲运用各种工具，然后模仿着运用于玩具制作中。父亲也从来不向他讲解什么，放任自流。

一年后，孩子好像初步掌握了一些制作方法，玩具造得颇像个样子。这样，父亲偶尔会指点一二。但孩子脾气倔，从来不将父亲的话当回事，我行我素，自得其乐，父亲也不生气。

又一年，孩子的技艺显著提高，可以随心所欲地摆弄出各种人和动物形状。孩子常常将自己的“杰作”展示给别人看，引来诸多夸赞。但雕塑家总是淡淡地笑，并不在乎似的。

有一天，孩子存放在工作室的玩具全部不翼而飞，他十分惊疑！父亲说：“昨夜可能有小偷来过。”孩子没办法，只得重新制作。半年后，工作室再次被盗！又半年，工作室又失窃了。

孩子有些怀疑是父亲在捣鬼：为什么从不见父亲为失窃而吃惊、防范呢？偶然一天夜晚，儿子夜里没睡着，见工作室的灯亮着，便溜到窗边窥视：父亲背着手，在雕塑作品前踱步、观看。好一会儿，父亲仿佛做出某种决定，一转身，拾起斧子，将自己大部分作品打得稀巴烂！接着，将这些碎土块堆到一起，放上水重新混合成泥巴。孩子疑惑地站在窗外。这时，他又看见父亲走到他的那批小玩具前。只见父亲拿起每件玩具端详片刻，然后，父亲将儿子所有的自制玩具扔到泥堆里搅和起来！当父亲回头的时候，儿子已站在他身后，瞪着愤怒的眼睛。父亲有些羞愧，温和地抚摩儿子的脸蛋，吞吞吐吐道：“我……哦，是因为，只有砸烂较差的，我们才能创造更好的。”

10年之后，父亲和儿子的作品多次同获国内外大奖。

人也只有在不断进取的状态下才能够永葆生命的活力。既然生命不息，那就应该不断进取，超越自我。奔腾不息的流水才能够永葆生命的新鲜与活力，对于积极进取的人来说，每天都是一个崭新的起点，因为进取心带来的激励存在于我们人体内，它推动我们完善自我，追求完美的人生。

一个有事业进取心的人，可以把“梦”做得高些，虽然开始时是梦想，但只要不停地做，不轻易放弃，梦想终能成真。一旦我们每一个人有幸受这种伟大推动力的引导和驱使，生命就会成长、开花、结果。

胡巴特说：“这个世界愿对一件事情赠予大奖，包括金钱和荣誉，那就是‘进取心’。”进取心是存在于我们体内的一种神秘又伟大的力量。也许我们正处于人生起步，也许已经小有成就抑或许仍然平凡，无论我们处于什么样的高度，也要时刻提醒自己，生活还在继续，要一直向前，而不该原地踏步，数着自己的脚印过活。经济不景气，金融危机，这一切使得竞争更加残酷。年轻人只有让自己能够迅速地成长，不断地学习、不断地拼搏，知识面才会越广，得到的信息才越多，人生的视野才越来越开阔。

放开自己，努力成长

在成长的过程中，很多人因为遭受来自社会、家庭的议论、否定、批评和打击，奋发向上的热情便慢慢冷却，逐渐丧失了信心和勇气，对失败惶恐不安，变得懦弱、狭隘、自卑、孤僻、害怕承担责任、不思进取、不敢拼搏。事实上，他们不是输给了外界压力，而是输给了自己。很多时候，阻挡我们前进的不是别人，而是我们自己。因为怕跌倒，所以走得胆战心惊、亦步亦趋；因为怕受伤害，所以把自己裹得严严实实。殊不知，我们在封闭自己的同时，也封闭了自己的人生。

世界上最难攻破的不是那些坚固的城堡和城池，而是自己为自己编织的“心理牢笼”。因此，我们要想走上成功的道路，摆脱不顺的现状，就要勇敢地冲出“心理牢笼”。

有一条鱼在很小的时候被捕上了岸，渔人看它太小，而且很美丽，便把它当成礼物送给了女儿。

小女孩把它放在一个鱼缸里养了起来。每天，这条鱼游来游去总会碰到鱼缸的内壁，心里便有一种不愉快的感觉。

后来鱼越长越大，在鱼缸里转身都困难了，女孩便为它换了更大的鱼缸，它又可以游来游去了。可是每次碰到鱼缸的内壁，它畅快的心情便会暗淡下来。它有些讨厌这种原地转圈的生活了，索性静静地悬浮在水中，不游也不动，甚至连食物也不怎么吃了。

女孩看它很可怜，便把它放回了大海。

它在海中不停地游着，心中却一直快乐不起来。

一天它遇见了另一条鱼，那条鱼问它：“你看起来好像闷闷不乐啊！”

它叹了口气说：“啊，这个鱼缸太大了，我怎么也游不到它的边上！”

我们是不是就像那条鱼呢？在鱼缸中待久了，心也变得像鱼缸一样小了，不敢有所突破，有一天到了一个更为广阔的空间，已变得狭小的心反倒无所适从了。

其实，心有多大，世界就有多大。如果不能打碎心中的四壁，你的翅膀就舒展不开，即使给你一片大海，你也找不到自由的感觉。

放开自己，需要开放自己的胸怀。

开放，是一种心态、一种个性、一种气度、一种修养；是能正确地对待自己、他人、社会和周围的一切；是对自己的专业和周围的世界都怀有强烈的兴趣，喜欢钻研和探索；是热爱创新，不墨守成规、不故步自封、不固执僵化；是乐于和别人分享快乐，并能抚慰别人的痛苦与哀伤；是谦虚，勇于承认自己的不足，并能乐观地接受他人的意见，而且非常喜欢和别人交流；是乐于承担责任和接受挑战；是具有极强的适应性，乐意接受新的思想和新的经验，能够迅速适应新的环境；是坚强，敢于面对任何的否定和挫折，不畏惧失败。

不放开自己，一个人就不可能学会新东西，更不可能进步和成长。开放的胸怀，是学习的前提，是沟通的基础，是提升自我的起点。在一个组织里，最成功的人就是拥有开放胸怀的人，他们进步最快，人缘最好，也容易获得成功的机会。

具有开阔胸怀的人，会主动听取别人的意见，改进自己的工作。比尔·盖茨经常对微软的员工说：“客户的批评比赚钱更重要。从客户的批评中，我们可以更好地汲取失败的教训，将它转化为成功的动力。”比尔·盖茨本人就是一个心态非常开放的人，他鼓励公司里每个人畅所欲言，当别人和他有不同意见时，他会很虚心地去听。每次公开讲演之后，他都会问同事哪里讲得好，哪里讲得不好，下次应该怎样改进。这就是世界巨富的作风，也是他之所以能成为巨富的潜质。

开放的心自由自在，可以飞得又高又远；而封闭的心像一池死水，永远没有机会进步。如果你的心过于封闭，不能接纳别人的建议，就等于锁上一扇门，禁锢了你的心灵。要知道褊狭就像一把利刃，会切断许多机会及沟通的渠道。

花草因为有土壤和养分，才会茁壮成长、美丽绽放，人的心灵也需要不断接受新思想的洗礼和浇灌，否则智慧就会因为缺乏营养而枯萎死亡。

拥有开放的心，你才能充分利用成功的第一原则：一个人只要对自己的信念坚定不移，就没有做不到的事情。打开你的心，让想象力自由翱翔，让你成功的希望越飞越高。

开放的人生来源于开放的思想，开放的思想来源于开放的眼界，开放的眼界来源于开放的行动，开放的行动来源于开放的知识。生活在一个不断开放的国度里，我们也要以开放的胸襟、开放的思维、开放的勇气、开放的行动，为自己建设一个不断开放、不断进步的人生。

创新就是敢于走别人没走过的路

创新是一个民族的灵魂，更是每一个能够成功的人所拥有的重要品质。走前人走过的路，往往很难觅得一条真正能有所收获的路。我们常说，第一个吃螃蟹的人是最勇敢的人。同样，如果没有第一个吃螃蟹的人，我们就不会知道这世界上还有螃蟹这样的美食，但是没有人会记住第二个吃螃蟹的人。就如同我们会记住每一个伟大成就或者定理的发现者，但是我们不会记住他们后来的诠释者，除非能够在同一领域里有所创新。发掘新奇的，探索未知的，便能够取得成就，获得成功。

世上的路并非走的人越多，就越平坦、越顺利。跟在别人后面走，不仅很难有创新，有时还可能跌进陷阱。一位商界大亨曾这样感慨：“凡事第一个做的人是天才，第二个做的人是庸才，第三个做的人是蠢才。”要想成功，我们应以新、奇制胜，用自己独到的眼光去发现别人尚未发现的机会。

前人走过的路不一定是康庄大道，也可能荆棘满布。前人的脚印不一定全是成功的步伐，也可能是失败的铺垫。因此，正确对待已有的模式，在面临选择之时，不仅仅要以现成事物为参照，还要去发散思维，创造出更多的行为模式，并且进行正确的评估。在黑暗中前行不仅需要一颗勇敢的心，还需要一双敏锐的眼睛。正视眼前的现状，考虑所有可能的问题才能够紧紧握住自己航程的方向，从而创造不一样的人生。

几年前，荷兰一个城市发生了垃圾问题。这个城市一度相当干净，但由于人们不愿使用垃圾桶，结果垃圾四处堆积。

卫生机关对此极为关切。他们提出许多解决问题的办法，希望能使城市清洁。第一个办法是：把乱丢垃圾的人的罚金从25元提高到50元。实施后，收效甚微。第二个办法是：增加街道巡逻人员的数量。然而实施成效同样不明显。

于是，有人提出这样一个问题：假如人们把垃圾丢入垃圾桶时，可以从桶里拿到钱呢？我们可以在每一个垃圾桶上装上电子感应的退币机器，在人们倒垃圾入桶时，就可以拿到10元奖金。

但是，这个点子明显难以实施，因为假若市政府采用了这个办法，那么过不了多久就会使财政拮据或发生危机。

上述建议虽然不切实际，未被采用，但可以被用作垫脚石。他们想到：“是否有其他奖励大家用垃圾桶的办法呢？”这个问题有了答案。卫生部门设计出了电动垃圾桶，桶上装有一个感应器，每当垃圾丢进桶内，感应器就有反应而启动录音机，播出一则故事或笑话，其内容每两个星期换一次。这个设计大受欢迎。结果所有的人不论距离远近，都把垃圾丢进垃圾桶里，城市又恢复了清洁。

没有哪种方案是完美无缺的，如果你只钟爱一种方案，你就看不到其他方案的长处，你也会因此而失去许多机会。寻找新方案最稳妥的办法，就是将思维发射到四面八方，绝不要在刚找到第一种正确答案时就止步不前，而是继续寻找其他的方案。

俗话说：“三个臭皮匠顶个诸葛亮。”每个人的思维都有其自身的局限性，只有集思广益，才能克服局限缔造出最完美的方案。没有一种方案能够面面俱到，因此，在处理问题时，应该善于收集不同的解决办法，从而能够争取问题得到根本性的解决。

发散性思维是创造完美方案的必经途径。通过发散性思维找到事物之间的普遍联系，通过分析综合的方法明确各个方案中的优缺点，最后进行“去其糟粕、取其精华”的过程，那么一个能够平衡各方利益、解决各种矛盾的综合方案就会诞生。

这个过程中不仅需要发散性思维，同时也需要选择和舍弃。辨识不同方案的特点，从而能够进行有目的的斟酌。我们在当下的生活中，若在面对困境时不放弃，继续找寻；在面对成功时不停止，继续完善，便能够得到最完美的结果。

这个时代并不欠缺机会，而是欠缺创意。假如你有新奇的想法，并付诸行动，就已经成功了一半。在生活的每个角落里，都隐藏着一些新鲜的东西，如果我们能够想到这一点，不断地从偶然的机会中挖掘对自己有用的信息，不断开发自己的创新能力，就能够打破思维的桎梏，使自己的生活和工作都更有创意。

第二节　你决定不了出身，但可以把握命运

勇于尝试，打破思维定式

一艘远洋海轮不幸触礁，沉没在汪洋大海里，8位船员拼死登上一座孤岛，才得以幸存下来。

但接下来的情形更加糟糕，岛上除了石头还是石头，没有任何可以用来充饥的东西。更为要命的是，在烈日的暴晒下，每个人都口渴得冒烟，水成为最珍贵的东西。

尽管四周是水——海水，可谁都知道，海水又苦、又涩、又咸，根本不能用来解渴。当时8个人唯一的生存希望是下雨或别的过往船只发现他们。

几天过去了，没有任何下雨的迹象，他们的周围除了海水还是一望无边的海水，没有任何船只经过这个岛。渐渐地，7位船员支撑不下去了，他们纷纷渴死在孤岛上。

当最后一位船员快要渴死的时候，他实在忍受不住了，扑进海水里，“咕嘟咕嘟”地喝了一肚子水。船员喝完海水，一点儿觉不出海水的苦涩，相反觉得这海水又甘甜、又解渴。他想：也许这是自己临死前的幻觉吧，便静静地躺在岛上，等待着死神的降临。

他睡了一觉，醒来后发现自己还活着。船员非常奇怪，于是他每天靠喝这岛边的海水度日，终于等来了救援的船只。

当人们化验这水时发现，由于有地下泉水的不断翻涌，实际上，这里的海水是可口的泉水。

前面7位船员死于自己的思维定式，实在很可悲。被自己的思维定式困住的人，将永远被他人的意见和价值观左右，永远不可能有闪光的思想和新颖的创意。勇于尝试，打破思维定式，对任何人来讲都至关重要。

打破常规、独立思考的习惯一旦形成，就会产生巨大的力量。19世纪美国著名诗人及文艺批评家洛威尔曾经说过：“真知灼见，首先来自多思善疑。”爱因斯坦也非常重视独立思考，他说："高等教育必须重视培养学生具备会思考、懂探索的本领。人们解决世上所有问题用的是大脑的思维本领，而不是照搬书本。"

勇于尝试，积极而独立的思考，会使你越来越接近成功。

古语云"行成于思"，没有思考就不会有行动，当然就不会有成功。因此，要想取得成功，就要敢于打破思维定式。

有一家效益相当好的大公司，决定进一步扩大经营规模，高薪聘请营销人员。广告一打出来，报名者云集。

面对众多应聘者，公司招聘负责人说："相马不如赛马。为了能选拔出高素质的营销人员，我们出一道实践性的试题，就是想办法把梳子尽量多地卖给和尚。"

绝大多数应聘者感到困惑不解，甚至愤怒：出家人剃度为僧，要梳子有什么用处？岂不是神经错乱，拿人开涮？没过一会儿，应聘者纷纷拂袖而去，几乎散尽，最后只剩下三个应聘者：甲、乙、丙。负责人对他们三人交代："以十日为限，届时请各位将销售成果报给我。"

十日期限到。

负责人问甲："卖出去多少？"答："一把。""怎么卖的？"

甲讲述了历尽辛苦，以及受到众和尚的责骂和追打的委屈，幸好在下山途中遇到一个小和尚一边晒太阳，一边使劲儿挠着又脏又厚的头皮。甲灵机一动，赶忙递上了梳子，小和尚用后满心欢喜，于是买下一把。

负责人又问乙："卖出去多少？"答："十把。""怎么卖的？"

乙说他去了一座名山古寺，由于山高风大，进香者的头发都被吹乱了。乙找到了寺院住持说："蓬头垢面是对佛的不敬，应在每座庙的香案上放把梳子，供善男信女梳理头发。"住持采纳了乙的建议，那山共有10座庙，于是住持便买下了十把梳子。

负责人又问丙："卖出去多少？"答："一千把。"负责人惊问："怎么卖的？"

丙说他到一个久负盛名、香火极为旺盛的深山宝刹，朝圣者如云，施主络绎不绝。丙对住持说："凡来进香朝拜者，多有一颗虔诚之心，宝刹应有所回赠，以作纪念，保佑其平安吉祥，鼓励其多做善事。我有一批梳子，您的书法超群，可先刻上'积善梳'三个字，然后便可成为赠品。"住持大喜，立即买下一千把梳子，并请丙小住几天，共同出席了首次赠送"积善梳"的仪式。得到"积善梳"的施主与香客很是高兴，一传十，十传百，朝圣者更多，香火也更旺了。这还不算完，好戏还在后头。住持希望丙再多卖一些不同档次的梳子，以便分层次赠给各种类型的施主与香客。

任何一个有创造成就的人，都是战胜常规思维的高手。他们不被过去的思维所困扰，能突破思维定式的束缚，取得创新硕果。很多人抱怨思维受阻、灵感枯竭，拿不出好的创意，其实，思维没有界限，界限都是人在心里给自己设的。经验和常识可以帮助我们缩短探索的过程，少走很多弯路，但有时候也会把人们带进"习惯"的盲区。所谓"思维一转天地宽"，当思路受阻时，不妨丢弃经验，寻求没有先例的办法和措施去分析认识事物，从而获得新的认识和方法，从而锻炼和提高人的认识能力。老观念不一定对，新想法不一定错，只要打破心理枷锁，突破思维的桎梏，你一样可以成功。

没有解决办法，那就改变问题

当我们苦苦寻找解决问题的办法，却因方法不当而一次次地进行尝试时，不妨想一想能不能将问题稍加改变，使我们的方法更加适合它。

危机来临，许多问题如果找不到解决的办法怎么办？一般的人也许会告诉你："那只能放弃了。”但善于运用逆向思维的杰出人士会这样说：“找不到办法，那就改变问题！”

在19世纪30年代的欧洲大陆，一种方便、价廉的圆珠笔在书记员、银行职员甚至是富商中流行起来。制笔工厂开始大量生产圆珠笔。但不久却发现圆珠笔市场严重萎缩，原因是圆珠笔前端的钢珠在长时间的书写后，因摩擦而变小，继而脱落，导致笔芯内的油漏出来，弄得满纸油渍，给书写工作带来了极大的不便。人们开始厌烦圆珠笔，不再用它了。

一些科学家和工厂的设计师们为了改变“笔芯漏油”这种状况，做了大量的实验。他们都从圆珠笔的珠子入手，实验了上千种不同的材料来做笔前端的圆珠，以求找到寿命最长的圆珠，最后找到了钻石这种材料。钻石确实很坚硬，不会漏油，但是钻石价格太贵，而且当油墨用完时，这些空笔芯怎么办?

为此，解决圆珠笔笔芯漏油的问题一度搁浅。后来，一个叫马塞尔·比希的人却很好地将圆珠笔进行了改进，解决了漏油的问题。他的成功是得益于一个想法：既然不能延长“圆珠”的寿命，那为什么不主动控制油墨的总量呢？于是，他所做的工作只是在实验中了解一颗钢珠在书写中的“最大用油量”，然后每支笔芯所装的“油”都不超过这个“最大用油量”。结果解决了这个大难题。这样，方便、价廉又“卫生”的圆珠笔又成了人们最喜爱的书写工具之一。

马塞尔·比希发现解决足够结实又廉价的“圆珠”这个问题比较困难，便将问题转换为控制“最大用油量”，运用逆向思维使原本棘手的问题得到了巧妙的规避，并且不需要耗费过多的精力和财力。

马塞尔·比希灵活改变了着手点，就解决了问题。有一位智者说，这个世界上有两种人。一种人是看见了问题，然后界定和描述这个问题，并且抱怨这个问题，结果自己也成为这个问题的一部分。另一种人是观察问题，并立刻开始寻找解决问题的办法，结果在解决问题的过程中自己的能力得到了锻炼、品质得到了提升。你愿意成为问题的一部分，还是成为解决问题的人，这个选择决定了你是一个失败者还是成功者。

其实，现实生活往往如此，无论你做了多少研究和准备，有时事情就是不能如你所愿。如果你尽了一切努力，还是找不到一种有效的解决办法，就不妨像马塞尔·比希那样，从反方向思考出发，寻找解决问题的最佳途径。其实，思维逆转本身就是灵感的源泉。

找不到解决方法，就试着改变这个问题。还有一个故事：

某楼房自出租后，房主不断接到房客的投诉。房客说，电梯上下速度太慢，等待时间太长，要求房主尽快更换电梯，否则他们将搬走。

已经装修一新的楼房，如果再更换电梯，成本显然太高。如果不换，万一房子租不出去，更是损失惨重。房主想出了一个好办法。几天后，房主并没有更换电梯，可有关电梯的投诉再也没有接到过，剩下的空房子也很快租出去了。

为什么呢？原来，房主在每一层的电梯间外的墙上都安装了很大的穿衣镜，大家的注意力都集中到自己的仪表上，自然感觉不出电梯的上下速度是快还是慢了。

更换电梯显然不是最佳的解决方案，但问题该怎么解决呢？房主也运用了逆向思维，将视角从“换不换电梯”这一问题转换到了“该如何让房客不再觉得电梯慢”，问题变了，方案也就产生了，转移大家的注意力就可以了。

无论你做了多少研究和准备，就是达不到自己预想的结果。如果试了很多方法，还是不能有效解决问题，那就试着改变这个问题。

为问题寻找到合适的解决办法是通常使用的正向思维思考方式，但是，当难以找到解决途径时，也许最好的解决办法就是将问题改变，改变成我们能够驾驭的、容易解决的。

用能力打造自己的影响力

影响力产生的一个重要原因是别人对你的实力的认同。换言之，富有影响力的人之所以不同于一般人，重要原因之一就在于他被别人看成是独特的，甚至是独一无二的。这种信念一旦产生，人们不仅会心甘情愿地接受他，而且会做出异乎寻常的决定去追随他。因为一旦拥有对这个人坚定不移的信念，人们就会坚定地认为，他是如此非凡，他就会知道问题的全部答案，有办法变理想为现实。

问题的关键是如何才能使人们感到非同寻常，你的非同寻常，是由其非同寻常的实力造成的，能力决定了你的影响力。

影响力与人的能力素质直接相关。那些个人素养、道德品质较好，而能力低、素质差的“无能的好人”，是难以获得影响力从而赢得追随者的。

成功的领导人在领导过程中表现出了超群的领导才能，能得到上司的赏识和信任，受到下属的爱戴和拥护。这样，未来领导人的威望就会逐步树立起来。一个人的实力是一步步增强和不断展现出来的，当你在生活和工作中表现出卓越的才能，得到他人的欣赏和信任，这样你的实力就展现出来了，甚至获得了一种无形的权威。

赢得了欣赏和信任，在生活和工作中自然就会一呼百应，大家愿意心悦诚服地聚集在你的周围，这样，支持者就会越多。缺乏能力的人，生活上不如意，工作中不行，这样的人可能是个“老好人”，但多数人不喜欢和这样的人打交道，自然就树立不起威望，也不能赢得更多的支持者。

一些个人的素质或行为也会被理解成非凡的或独特的，成为构筑非权力影响力的重要因素。曾经教过比尔·盖茨的一位大学教授评价他说：“他是我所教的学生当中最好的学生，我不能想象还有比他更聪明的人。搞软件，对他来说几乎是不费力的。”比尔·盖茨的一位同学也说：“他是一位天才，问题就这么简单。他说他的脑子里尽是一些软件开发方案，而我们不能不信他。”不仅是比尔·盖茨，许多被称为魅力领导者的人也都是这样常常被熟知他们的人所议论。我们常常听人们钦佩地说起他们的老板，如“他真聪明，善于把握事物的实质，一眼就能看穿未来。”“他是与众不同的，他有非凡的理解力和卓越的战略眼光，没办法，他就是比别人聪明。”从这些话语中，我们不难看出这些人的老板以独特的能力，在其公司员工那里构筑了非凡的信誉和影响力。

有一个人是这么评价一位他非常尊敬的领导的：

他确实非常有魅力，这在两件事上明显地表现出来。一是他身上凝聚着有关制造业的全部知识，对此，他可以信手拈来，随意说出，可见，他对自己的专业了解得极为透彻。他刚一到任，就全面地更新了生产的流程，使得我们厂终于生产出自己的产品，而这在以前是从来没有过的。二是他给我们留下了深刻印象，那就是干什么他总比别人领先一步。当他和我们说出他的想法以后，很多人发自内心想说：“真希望那是我自己说的。”

确实有很多人拥有非凡的才能，但是，他们之所以被认为有非凡的才能，是因为他们获得过别人从来没有获得过的成功，而这些成功有时就被夸大地看成是超凡出众的能力造成的。

对于一个富有影响力的领导者来说，在他所有被下属所崇拜的才能中，最引人注目的是领导者的战略眼光。作为拥有较大专家影响力的领导者，他与普通领导人之间的区别，往往在于他不仅拥有非凡的战略眼光，而且拥有相应的知识及技能，这些往往被人们称为聪明或智慧。他们之所以给人如此印象，是其非凡能力使然，同时，这也说明他们在其下属那里建立起了非同寻常的专家影响力。一般来说，这种专家影响力使得下属们坚信，在这样的领导者手下，自己能够得到更大的发展，因此，他们都心甘情愿地追随领导者。

应该引起注意的是，这些领导者非凡的战略眼光既非天生，也非神授，而只能解释为是从以前的实践经验中积累起来的对现象的领悟力和对未来的预见力。这种能力往往是与实践经验一起发挥作用的。他们之所以比其下属表现得更聪明，关键是因为他们拥有其下属没有的经验和知识。

所以，我们要在成长中不断积累实力，用自己的实力塑造自己的影响力。

诚实面对情绪，正视自己的不安

畅销书《不抱怨的世界》的作者威尔·鲍温曾经接受了一家电台晨间节目的采访，采访结束后与工作人员聊天时，一位播音员对他说："我是靠抱怨维生的，而且我靠抱怨获得了非常高的薪水。"

鲍温问他："如果把快乐分成从一到十这十个等级，你在哪个等级呢？"

很明显，他愣了一下，几秒钟之后他伤感地问鲍温："有负数可以算吗？"

那一刻，鲍温感受到了这位"高薪"播音员内心的不安。对于一个常常抱怨的人来说，不安的情绪是他们每天生活必然承受的，以至于渐渐成为习惯。

其实，曾经有一段时间，鲍温也像那位播音员一样，内心充满忐忑。所以他总是想用自己的大嗓门、抱怨和对他人的指责来压抑心里的不安。当鲍温的第一任妻子离开时，她告诉鲍温在他的身边从来没有安全感，这令她身心交瘁。

从那天开始，鲍温进行了认真的反省。多年以来，他一直试图改变身边的一切以变成一个有安全感的人，但是长时间的思考之后，他才豁然明白：有安全感代表接受事物的原貌，而不是改变它。

那些内心踏实的人，往往能够认同自己的长处，接受自己的缺点，悠然自得，从来不会透过他人的目光来肯定自己；而没有安全感，内心充满不安的人，常常质疑自己的重要性，他们或者将自己的成就昭告天下，以博得赞赏，或者反复诉说不幸的遭遇，以换取同情。久而久之，他们习惯了用各种方式掩饰自己的不安，而终于成为一个爱抱怨的人。

所以，真正有安全感的人能够诚实面对自己的情绪，正视自己的不安，他们不会压抑自己内心的种种情绪，而是会自然而然地接受所有痛苦的情绪带来的不适，一旦真正接受了，自然不需要再通过其他的途径来发泄。

詹姆斯是一家餐厅的老板，有一天他忘记关上餐厅的后门，结果早上三个武装歹徒闯入抢劫，他们要挟詹姆斯打开保险箱。由于过度紧张，詹姆斯弄错了一个号码，造成抢匪的惊慌，开枪射击詹姆斯。

他躺在地板上，内心充满了绝望。但是很快，詹姆斯努力地让自己振作起来，因为在生和死面前，他还是更乐于选择前者。很快，幸运的詹姆斯被邻居发现了，被紧急送往了医院。

在被推入紧急手术间的路上，詹姆斯看到医生跟护士脸上忧虑的神情，真得被吓倒了，他们的脸上好像写着——他已经是个死人了！但是，这时候的詹姆斯特别镇定，他只有一个想法：虽然我中弹了，但是我一定能够活下来。

手术之前，有个护士用吼叫的音量询问他是否会对什么东西过敏。

詹姆斯回答说："有。"

这时，医生跟护士都停下来等待他的回答。他深深地吸了一口气，喊着："子弹！"

医生和护士们显然愣了一下，之后他们笑了起来。等他们笑完之后，詹姆斯说："我现在选择活下去，请把我当作一个活生生的人来开刀，不是一个活死人。"

经过18小时的外科手术以及长时间的悉心照顾，詹姆斯终于出院了，虽然还有块子弹留在他身上，但是詹姆斯比以前活得更加快乐了。

当詹姆斯面临着死亡的威胁时，他并没有抱怨命运的不公。虽然他的内心充满了恐惧，但他正视自己的畏惧，并坚定地告诉医生："我现在选择活下去。"还有什么比对生的渴望更有力量的呢？不是每个人都会面临死亡的威胁，但每个人都会遇到逆境和不如意。如果每当我们遇到逆境就不停地抱怨，那么逆境会永远成为逆境。所以，当你的境遇不如意时，请不要抱怨。虽然眼下的境况和你的想象有很大的差距，但是先接受它，你就会有能力改变它。

虽然有时候我们常常会因为遇到了困难而暴躁不安，可是苦难不会因为你的暴躁而消失。所以，当我们苦闷的时候可以去感受这种苦闷的心情，接受之后我们才能体会到这是很正常的事情，没有什么大不了的。

每个人的生命都是由自己掌控的，享受它，或者憎恨它，这是唯一真正属于你的权利。诚实面对你的情绪，正视内心的不安，你的快乐指数才不会成为负数。

走出心灵的牢狱，用快乐拥抱每一天

如果你遇到了挫折，遭遇了失败，心情低落到了极点，情绪坏到了不能再坏的地步，那么请先让自己冷静下来，哪怕打一针镇静剂。铺开一张纸，就好像铺开自己的心情一样，把自己的不快乐都列在这张清单上。当然，你还要找出一张纸，上面写上你可能得到幸福的事情，不要放过任何一个快乐的源泉，比如你长得漂亮、你的身体很健康、你的家人对你很好等等。紧接着，你就可以对比了。这个时候，你就会发现，让你快乐的理由远远大于悲伤和难过的，既然如此，你就不该再将自己放置在悲伤痛苦的阴影当中了。

多年以前，有一个女孩因为错手伤了人而坐牢了，尽管后来被释放，但她仍然很痛苦，就到教堂祷告，希望上帝能够分担她的痛苦。看到女孩一脸悲伤，一位牧师问她发生了什么事。这个女孩哭了，她泣不成声地说："我好惨啊，我多么的不幸啊，我这一辈子都忘不了这件事情了……"

听罢她的陈述，牧师对她说："这位小姐，是你自愿坐牢的。"

这个女孩被牧师的这句话吓了一跳，说："你说什么？我怎么可能自愿坐牢？"

牧师对她说："你尽管已经从监狱里出来了，但在你的心里，天天心甘情愿地被关在牢，那你不是自愿坐在心中的牢狱里吗？"

"这是什么意思呢？"女孩不解地问。

"在你身边发生了一件不好的事情，你好像看了一场不好的电影一样，天天在回想，这不是很笨的事情吗？这与重蹈覆辙有什么区别呢？你改变不了环境，但你可以改变自己；你改变不了事实，但你可以改变态度；你改变不了过去，但你可以改变现在；你不能控制他人，但你可以掌握自己；你不能预知明天，但你可以把握今天；你不可能样样顺利，但你可以事事尽心；你不能延伸生命的长度，但你可以决定生命的宽度；你不能左右天气，但你可以改变心情……"

心灵的牢狱比行动不自由更可怕。生活本身已经制造那么多问题了，如果我们又进一步在脑子里提炼出那么多不快乐，的确是在增加心理的负荷。每天都要面对那么多无法预测的事情，还要承受自己给自己制造的不快乐，这本身难道不是一种愚蠢的行为吗？

我们不要再强调那些制造自己不快乐的人的态度，我们来看看怎么才能停止制造不幸的过程：我们是因为想不快乐的事情，适用我们惯有的悲观情绪去想问题，所以才变得不快乐的。那么，如果我们停止再想这些问题，停止用悲观的眼睛看待世界，就会开心得多。

有两个人在沙漠的黑夜中行走，水壶中的水早就喝完了，两人又累又饿，体力渐渐不支了。在休息的时候，其中一个人问另一个人，现在你能看到什么？

被问的那个人回答道："我现在似乎看到了死亡，似乎看到死神在一步一步地向我靠近。"

发问的人却微微一笑，说："我现在看到的是满天的星星和我的妻子、儿女等待我回家的脸庞。”

两个人看到了两种景象，最后，那个说看到死亡的人真的死了，就在快要走出沙漠的时候，他用刀子匆匆结束了自己的生命；而另一个说看见星星和自己妻子、儿女脸庞的人靠着星星的方位指示成功地走出了沙漠，并成为人们心目中的英雄。

其实这两个人并没有根本的区别，仅仅是当时的心态不同，但在最后却演绎了截然不同的命运。因此，一个人的心态往往会影响一个人的命运，要想时刻都过得愉快，就得让自己的心情永远都在你的掌控之中。

有一句俗语："拥有积极心态的人像太阳，照到哪里哪里亮；拥有消极心态的人像月亮，初一十五不一样。"这句俗语生动地表明了心态可以影响我们的生活，你拥有什么样的心情，世界就会向你呈现什么样的颜色。

从故事中我们还可以看到，问题的发生，不在于事物本身，而在于我们的心态。心态不同，看到的世界就是不同的。因为报怨者的眼睛里只有消极和悲观，抱怨的人生是灰色的，他们的目光也只会为了生活中的不如意而停留，他们的生活总是被烦恼占满，他们的心理总是被沮丧和自卑充斥着。

其实一个人在任何时候都面临着选择快乐和不快乐两个方面，也许我们不能在任何环境下都选择快乐，但是我们要知道，我们在任何时候都有选择快乐的权利。既然快乐也是过一天，不快乐也是过一天，我们不如用快乐去拥抱每一天。

给自己时间，别害怕重新开始

这个世界上不会有人一生都毫无转机，穷人可能会腾达为富人，富人也可能沦落为穷人。很多事情都是发生在一瞬间。富有或贫穷，胜利或失败，光荣与耻辱，所有的改变都会在一瞬间发生。

比如，一个人要戒烟，如果他总认为戒烟是一个渐进的、缓慢的过程，要逐渐地戒，那他永远也戒不了烟；他只有在某天突然感觉到再抽下去会得癌症，肺会完全烂掉，才会痛下决断，马上采取戒烟措施，才有可能戒烟成功。

美国电视新闻网（CNN）的老板特德·特纳，年轻时是一个典型的花花公子，从不安分守己，他的父亲也拿他没办法。他曾两次被布朗大学除名。不久，他的父亲因企业债务问题而自杀，他因此受到了很大的触动。他想到父亲含辛茹苦地为家庭打拼，他却在胡作非为，不仅不能帮助父亲，反而为父亲添了无数麻烦。他决定改变自己的行为，要把父亲留给自己的公司打理好。从此他像变了一个人似的，成了一个工作狂，而且不断寻找机会，壮大父亲遗留的企业，最终将CNN从一个小企业变成了世界级的大公司。

很多人害怕改变，因为习惯了自己固定的生活习惯和生活模式，任何细小的意外都会让自己感觉被命运掌控着。只要生活如心所愿，安于常规没什么不好。但是当生活远远低于自己的期望时，不要有顾虑，不要害怕以后的生活会更糟，不尝试去改变，怎么知道结果呢？这时候，就要下定决心去追寻自己想要的生活状态。

其实，人的改变就在一瞬间，只要我们思想上有了一种强烈的要改变的意识，并下定决心，改变就会出现。一瞬间的改变可以成就一个人的一生，也可以毁灭一个人的一生，所以，我们不能忽视一瞬间的力量。

鲁迅认为中国落后是因为中国人的体格不行，被称作东亚病夫，于是他去日本学习医学。

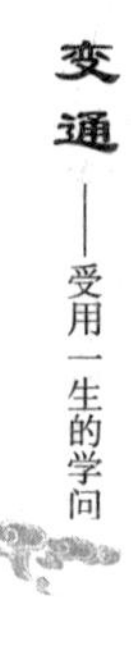

但一次在课间看电影的时候，他看到日本军人挥刀砍杀中国人，而围观的中国人却一脸的麻木，当时其他的日本同学大声地议论："只要看中国人的样子，就可以断定中国必然灭亡。"鲁迅思想上顿然发生了改变，他说："我便觉得医学并非一件紧要事，凡是愚弱的国民，即使体格如何健全，如何茁壮，也只能做毫无意义的示众的材料和看客，病死多少是不必以为不幸的，所以我的第一要素是在改变他们的精神，而善于改变精神的是，我那时以为当然要推文艺，于是想提倡文艺运动了。"从此，鲁迅决定弃医从文，以笔为枪，去唤醒沉睡中的中国，中国也多了一位伟大的思想家和文学家。

禅宗讲求顿悟，认为人的得道在于顿悟，在于一刹那的开悟。其实人生也是这样，人思想的改变就在一瞬间。当我们顿悟后，我们就能洞察生命的本性，从被奴役的生活而走向自由的道路，将蕴藏在内心中的仁慈和潜能都充分地发挥出来。

一个人想要达到成功的巅峰，也需要顿悟，从你的内心深处升起的那份卓越的渴望，将会在瞬间改变你的一生。

人生可以随时开始，即使只剩下生命中的24小时。一个人只要还能思考，还充满了梦想，就可以重新开始自己的人生。可为什么，有时我们明明知道自己已经错了，还是要继续错下去，或是已深陷痛苦之中，却仍然不愿逃离出来呢？在"不敢"或"不舍"中将自己陷于困局？如果明知这条路不适合自己，再走下去的结果也只是枉然，何不立即舍弃重新开始呢？日本作家中岛熏曾说："认为自己做不到，只是一种错觉。我们开始做某事前，往往考虑能否做到，接着就开始怀疑自己，这是十分错误的想法。"人生随时都可以重新开始，没有年龄限制，更没有性别区分，只要我们有决心和信心，梦想，即使到了70岁也能实现。

今天是一个结束，又是一个开始。昨天的成功也好，失败也好，今天都可以重新开始，重新开拓自己的人生。昨天失败了，不要紧，今天忘了它，总结失败的教训，继续新的努力。即便昨天是成功的，今天依旧要重新开始，在成功的基础上继续努力，争取更辉煌的进步。

人生就是不断重新开始的过程，随时都可以有新的开始、新的希望、新的天空。不顺的生活正是我们开始新生活的开端，我们为什么还要抱怨呢？

如果你还在抱怨中过日子，那就不妨给自己时间，试着去改变。

逆境不是结局，而是过程

失败是成功之母，这是我们从小就知道的格言，可是，当你把它运用到自己身上的时候，发现还是很困难的。从失败的惨痛中走出来重整旗鼓并不是件容易的事情。有这个勇气固然很好，但是仅凭着勇气，并不能够轻易地就扭转局面。因为更为重要的是冷静客观地分析原因，汲取失败的教训才能取得进步。

如今，市场经济风云莫测、信息瞬息万变，竞争非常激烈，人们常常用"商场如战场"来形容这种没有硝烟的战争。世上没有常胜的将军，能够从失败中汲取教训的人往往能够得到人们的青睐。

一家公司正在招聘销售主管，前来应聘的人很多，经过了层层淘汰，最终剩下三个年轻人在角逐这个职位。当然，他们三个人是不知情的。最后一轮中，主考官分别告诉他们说："对不起，你在面试中没有达到我们的要求，所以你不能被录用。"这三个人听到后，都走出了这家公司。这时候，有个满头华发的老人过来问："你们三个人怎么看着都有心事，在想什么呢？"

一个年轻人非常懊恼地说："我今天很倒霉，应聘又被刷下来了。"

另一个人急急忙忙地说："我着急再去找应聘信息呢，对不起，我要赶紧走了。"

第三个人则是若有所思地说："我在考虑他们为什么不录用我？我到底哪个环节表现得不

佳呢？”

这个老者哈哈大笑，指着第三个人说：“年轻人，你被我们录用了。”这时，这三个年轻人才知道这个老者就是公司的董事长。

故事中，最后的面试问题就是看应聘者面对失败的表现。第一个是一味地沉浸在失败的烦恼中；第二个是对失败的原因不加分析、考虑，就盲目地再去求职；而第三个人则是冷静地在思考失败的原因，而这种应对失败的品质恰恰是这家公司非常看重的品质。

三个人在经历了同样的失败后，对待失败的态度存在的差异，也就决定了他们今后面对困难、挑战的信心、智慧。一个意志坚强的人往往能够看得更远、站得更高，让自己的人生释放出夺目的光彩。

要善于让自己迎接挑战，只有在能够焕发斗志的环境状况中，你才能够激发奋斗的热情和动力，挖掘出蕴含在生命之中的潜力，开创出属于自己的一片广阔天地来。

一个小姑娘看到别人溜冰很潇洒，自己也想学，可是又害怕摔倒的疼痛。在刚开始学的时候，她就小心翼翼、战战兢兢的，不敢迈出步子去学，只能扶着墙试探着往前走。但还是会摔倒，她就痛恨自己还没有学会溜冰，就已经摔倒这么多次了。这时，教练轻盈地滑过来，看着教练优美的姿势，她很是羡慕，问教练溜冰的秘诀。

教练告诉她，没有秘诀可言，唯一的秘诀就是你每次摔倒后都要考虑这次失败的原因。如果用这种方法训练，你自己能够很快就学会。小姑娘自然是将信将疑，但她还是尝试着按照教练的方法去做，在一次次的摔倒中她都在思考原因，果然思考之后，发现动作的协调、步伐的掌握的确有了很大的进步。不到五十下的时候，她已经行动自如了。当初学者再问她溜冰秘诀的时候，她也将教练的秘诀告诉给了别人。

迎接失败的挑战过程固然艰辛，但正是这种过程，才能够让你痛定思痛，深刻地反思自己、审视自己，才能厚积薄发。你在经历了奋斗的过程后，会发现阳光总在风雨后，经历了风雨的洗礼后，挂在天空的彩虹才更加美丽。

我们要坚信我们现在的不如意、逆境、挫折乃至苦难都是你的财富！古今中外，凡成就大事业者，无一不是从苦难中走出来的。在逆境中，我们会经受各种考验与锤炼，百炼成钢，成就我们非凡的意志品质和能力，“苦其心志，劳其筋骨，饿其体肤，空乏其身……增益其所不能”。逆境并不可怕，可怕的是你把它看成是结局而不是过程。在这个过程中，我们去接受苦难并跨越它，等待我们的是美好的将来。

你要永远快乐，只有向痛苦里去找

每个人都想要幸福的生活，但生活总会给我们带来痛苦和缺憾，这些缺憾可能是身体上的、才智上的，或者是生活中的一些挫折。面对这些生活中的缺憾，是反复强调，在痛苦和自卑中艰难度日，还是正视缺陷，把它当作特别的赐予，安然地享受生活呢？感恩不但是解除痛苦的良方，还是幸福的源泉。

一位小孩罹患先天性心脏病，动过一次手术，胸前留下一道深长的伤口。孩子有一天换衣服时，从镜中看见疤痕，竟骇然而哭。“我身上的伤口这么长！我永远不会好了。”孩子想。

孩子的敏感早熟令她的妈妈惊讶异常！她心酸之余，解开自己的衣服，露出当年剖腹生产留下的刀口给孩子看。

“你看，妈妈身上也有一道这么长的伤口。因为以前你还在妈妈的肚子里的时候生病了，没有力气出来，幸好医生把妈妈的肚子剖开，把你救出来，不然你就会死在妈妈的肚子里面。妈妈一辈子都感谢这道伤口呢！同样的，你也要谢谢你的伤口，不然你的小心脏也会死掉，见不到妈妈。”

感谢伤口？这四个字如钟鼓声直撞心中，不由得使我们低下头，检视自己的伤口。它不在身上，而在心中。每一次失败都会化作伤疤留在心里，每一道伤痛都会蛰伏在心底不时隐隐作痛。然而，没有灼热的刺痛哪能体会到甘甜的舒畅，没有坎坷的人生哪能品尝得到再次成功的喜悦？感谢艰难，感谢留在心底的那道伤口，它让我们在青春的岁月里明白：痛往往是生命的重生！

苏珊是一个先天的畸形儿，长了6根手指，手指上没有任何指节。18岁之前，她已做了不下30次手术，可她的手仍旧没有恢复正常。先天的畸形成了苏珊挥之不去的阴影，最让她心痛的一件事是：临近毕业的时候，她爱上了同学汤姆，可是好朋友的话却深深刺痛了她。她说：“苏珊，你真的不明白？汤姆是不会爱上你的，因为你的手是畸形的。”

听到这样的话，苏珊的心如针扎一般。为了躲避嘲笑、掩藏自卑，她去当了一个一年级老师，因为她觉得学校是一个适合手指畸形的人待的好地方。

一天下午，苏珊教孩子们写“a”这个字母。每个人都在用心地练习，教室里显得非常安静。苏珊像往常一样向学生们望去，她发现一个叫安妮的小女孩写字的时候手指交叉着。苏珊蹑手蹑脚地走近她，弯下腰，对她小声说：“安妮，为什么你要手指交叉着写字呢？”

小女孩抬起她那双漂亮的大眼睛，看着苏珊，说：“老师，因为我想像您一样。”

安妮从来没见过畸形的手，她只是看到一个她自己不想要的特别之处。我们每个人都会有一些我们认为不那么完美的地方——我们认为那是畸形。可以觉得我们自己有些畸形，同样，我们也可以觉得那非常特别。我们理解了生活，具有了感恩的心，就可以自由把握幸福的尺度，活出生命的意义。

在这个有缺陷的世界上，没有一个人的人生是圆满的，有福报的人没有智慧，有智慧的人没有福报。书读得好的，多半是福报差一点；命运好一点的人，多半在知识上少一点，有了这一面就少了那一面。

佛说，不圆满的人生才是完美的人生。春秋时期的老子也说：大成若缺，大音希声，大智若愚，大巧若拙，大象无形。

的确，生命就像是一篇高低起伏的乐章，高低错落才会显得生动而鲜活，所谓“如不如意，只在一念间”，人生的真相便是“不如意之事十有八九”。

“我常常抱怨自己没有鞋穿，直到有一天我看到了有人没有脚”，这样的情形常常会让人心灵震撼，其实人生就是残缺的，当我们觉得自己有着众多的不如意，但是却偶尔地发现实际上别人比我们更不幸。

人常常会追求极致的完美，总觉得不够完美，而这样的完美主义总会让自己不快乐。曾经流传过这样一个故事，让不少的人突然觉得自己实际上是很幸运的。一个人从19层楼跳下去的时候看到十八层的夫妻在吵架，看到十七层的男人因为抑郁而睡不着，看到十六层的男人背着自己的老婆在偷情，看到十五层的大学生因为没有拿到毕业证而痛哭不已……到1层的时候，这个人觉得自己还是很幸运的，但是当他摔下去的时候，所有人都感慨：“原来他比我们更不幸。”

人生没有什么是完美的，在你得到的同时，自然也会有一些会失去，世界上根本就没有绝对完美的事物，而当没有缺憾的时候，生活就会变得单调乏味。

亚历山大大帝因为没有可征服的土地而痛哭；喜欢玩牌者若是只赢不输就会失去打牌的兴趣。正如西方谚语所说：“你要永远快乐，只有向痛苦里去找。”

正因为人的不圆满，才会促使人向上追求，渴望自身的圆满，不圆满从某种意义上说，正是一个人灵魂飞升的动力所在。因此，我们就应正视并珍惜自己的不圆满，努力向上，这才是真正健康的心态。

正视快乐的短暂，直面痛苦的现实

不管人们为自己树立了多么伟大的理想，最后无非是想得到快乐。有的人追求物质的快乐，有的人追求享受自然的快乐，其实人生本就是苦海，无法脱离苦的本质，所以便有很多人在对快乐的追求中迷失了自我，最后反而变得痛苦。

想要真正获得自在与欣慰，豁达和坦然面对，便是能以一种愉悦的心情看待人生的苦与乐、悲与喜的方式。这种豁达就是智慧，而真正充满智慧的人，会洞悉一切事物的本质，会对一切都充满包容，不管是苦是乐，都一样接受，都一样放在心中。

人心随着年龄、阅历的增长而越来越复杂，但生活其实十分简单。保持自然的生活方式，不因外在的影响而刻意地生活，便会懂得生命简单的快乐。

其实，人一生中，许多时候，我们并没有机会和时间去伪装自己。伪装自己是自欺欺人，自己不开心，别人也会讨厌你的虚伪。不如保持一颗质朴的心，遵循内心的声音，遵循生命自然的方式。

云照禅师是一位得道高僧，他面容慈祥，常常带着微笑。每次与信徒们开示时，他总是会说："人生中有那么多的快乐，所以要乐观地生活。"

云照禅师对待生活的积极态度感染着身边的人，所以在众人眼中，他俨然已经成为快乐的象征。可是有一次云照禅师生病了，卧病在床时，他不住地呻吟道："痛苦呀，好痛苦呀！"

这件事很快传遍了寺院，住持听说了，便忍不住前来责备他："生老病死乃是不可避免的事情，一个出家人总是喊'苦'，是不是不太合适？"

云照禅师回答："既然这是人生必不可少的经历，痛苦时为何不能叫苦？"

住持说："曾经有一次，你不慎落水，死亡面前依然面不改色，而且平时你也一直教导信徒们要快乐地生活，为什么一生病就反而一味地讲痛苦呢？"

云照禅师向着住持招了招手，说："你来，你来，请到我床前来吧。"

住持朝前走了几步，来到他床前。云照禅师轻轻地问道："住持，你刚才提到我以前一直在讲快乐，现在反而一直说痛苦，那么，请你告诉我，究竟是说快乐对呢？还是说痛苦对呢？"

快乐与痛苦没有对错，人生有苦乐的两面，无论是太过痛苦还是太过快乐，都容易物极必反。所以不苦不乐的中道生活才是很好的度日选择。苦时说说乐，让自己得到些宽慰，乐时说说苦，忆苦思甜。这才是生活在现代社会的人们应该选择的生存方式。可是我们周围的很多人却恰恰相反，遭遇挫折的时候便钻进苦痛的牛角尖，快乐的时候却开心得忘乎所以，人应该保持一颗平和的心方能获得永久的幸福，所以，应该时不时地用情绪中和一下我们的生活。

虽然不苦不乐的中道生活不是我们每个凡夫俗子都能得到的，但却可以追求。人这一生，快乐与痛苦相伴而生，若一味享受快乐的精彩，必然会在安逸的陷阱中丧失警惕；若长期沉溺于痛苦的深渊，又将在绝望的泥沼中无法自拔。生活总是苦乐参半的，不要期待只有快乐而没有痛苦，也不要偏执地认为人生毫无快乐可言。正视快乐的短暂，不回避痛苦的现实，在快乐中保持清醒，在痛苦时积极应对，这才是智慧的人生。

"对于有智慧的人来说，春天不是季节，而是内心；生命不是躯体，而是心性。"睿智如星云大师，也说不苦不乐的中道生活源自人内心的洒脱与淡定。在他看来："智慧就是对万事万物的豁达和穿透一切的力量，别人看到外，你看到内；别人看到相，你看到里；别人看到点，你看到面。"智慧是什么，就是你可以豁达地对待万事万物，苦乐皆可接受，那时你就能看到别人所看不到的事物本质，达到洞悉一切的大智慧境界。

人的心性就如一杯水，淡淡的清水里不掺杂任何杂质，就能够长久地保持洁净的状态，但如果在水中放入了一些酸甜苦辣的东西，这杯水很快就会变质。人的思想也是，想法越多越复杂，就容易变质；而乐于接受现实苦乐的人，能够坦然地面对苦乐，能享受不苦不乐的中道生活，其智慧的境界，绝对是非凡的。

想掌控未来，就要对未来有所预见

1910年，28岁的他只是一个从耶鲁大学中途辍学的木材商人。有一天，他在观看了一场飞行表演后突发奇想：为什么不把飞机改造成经济实用的交通工具呢？自此，他对飞机产生了浓厚的兴趣，并不断研究飞机的构造。因为那时飞机只处于启蒙时期，驾乘飞机只是少数人用以娱乐、运动的一种昂贵的消费，所以当时科学界对他提出的所谓“发展航空事业”嗤之以鼻。但他并未就此放弃，而是开始了十几年如一日的飞机制造。

20世纪20年代，他觉得替美国邮政运送邮件将会是一桩赚钱的生意，于是决定参加“芝加哥—旧金山邮件路线”的投标。为了赢得投标，他把运输价格压得非常低，反而引起了专家们的怀疑，他们认为他的公司必倒无疑，甚至邮政当局也怀疑他能否撑得下去，要求他交纳保证金才肯签约。但他自信满满，他对公司所研制的飞机重量进行了严格的要求，不出所料，他的邮件运送业务开始获利，很快，他从运送邮件发展到载运乘客。

二战结束后，航空工业空前委靡，他的公司也停产了。为谋生计，他不得不转为制作家具，但仍想方设法供养着公司的几个重要骨干，以保证飞机研发计划能继续进行。他身边传来各种各样的声音，大部分人认为他太过狂热，不切实际，但他坚信，航空业终究会柳暗花明，他说：“我可以预见未来……”

他就是这样特立独行、我行我素。今天，这个自以为是的人所创立的飞机制造公司成为全世界最大的商用飞机制造公司之一，他便是闻名全球的波音飞机制造公司的创始人——威廉·波音。

“除了事实之外，再也没有权威，而事实来自正确的认知，预见只能由认知而来。”这是古希腊哲人希波克拉底的话，它也曾被作为座右铭挂在威廉·波音办公室的门上。

要想比别人看得远，我们就要比别人站得高些；要想比别人走得远，我们就要比别人想得远些。一个想掌控未来的人，就应该像威廉·波音一样对自己的未来有所预见，否则，只会陷入眼前的困惑中，想不开、走不出，不仅会减缓成功的速度，也容易多走弯路，甚至遭遇险情。

培养自己预见未来的能力，要先从培养细致准确的观察力和超前思考的能力入手。众多杰出人士的共同点就是善于观察和思考，通过这两项能力，他们才能看到别人看不到的前方，才能高瞻远瞩地看清时代的发展方向。他们的思维总是超前的，所以他们能够引领时代的潮流。

生活中，那些对自己的未来没有预见的人，往往会被眼前的利益所蒙蔽，看不到远方的危险。所以，要学会高瞻远瞩，培养自己预见未来的能力，拥有开阔的眼界，只有这样才能走向成功。

在预见未来的时候，人非常容易犯想当然的错误，许多认识上的错误都是想当然造成的。事实上，貌似理所当然的事情往往并非必然，这是因为世界上的事物是错综复杂的，一个条件可得出多种结果，一果亦可能多因，影响事物变化发展的，除了必然性，还有偶然性。

一位学者指出：“要使自己有一副优秀的大脑，勿被看起来似乎理所当然的事所迷惑。”

这种想当然的猜测不是科学的预见，它会将我们的人生规划和行动引向歧途，所以我们要尽力减少想当然的错误，时时提醒自己不要轻易下结论，时时提醒自己：我的判断充分吗？我的预测合理吗？只有这样，才能做出理性的判断和有价值的预见。

“要是我早点开始就好了！”这是很多人到了一定年龄后的感叹。为了避免将来后悔，最好及早开始。当然，人的预见不可能永远正确，也会有失误的时候，不过，以失误最少者为指针，则是不变的方法。能够弥补这种失误的方法，就是多观察、多思考，用理性的头脑分析问题。成功者都是在不断的预见、不断的思考中走向人生的成功。

第六章 你无法改变别人时，可以改变自己

第一节 你就是问题的根源

抱怨生活之前，先认清你自己

我们会抱怨生活，因为它没有把我们的一切都安排得很好，没能让我们在不经过努力就获得自己想要的东西；我们抱怨工作，因为它总是不能给我们带来财富，尽管我们已经尽力了，可是薪水还是那么一点点；我们抱怨家长，因为他们没能给我们很好的生活环境，没能让我们像富家子弟那样生活；我们抱怨朋友，因为他们总是只想着自己，完全不顾及我们的感受；我们抱怨……这样一直抱怨下去，我们突然发现，身边的一切事情都让我们看不顺眼，一切都不能尽如我们的意愿。可是，怎么办呢？问题到底出在哪里？

一个女孩对父亲抱怨她的生活，抱怨事事都那么艰难，她不知该如何应付生活，想要自暴自弃了。她已厌倦抗争和奋斗，好像一个问题刚解决，新的问题就又出现了。

女孩的父亲是位厨师，他把她带进厨房。他先往三只锅里倒入一些水，然后把它们放在旺火上烧。不久锅里的水烧开了。他往一只锅里放些胡萝卜，第二只锅里放入鸡蛋，最后一只锅里放入磨碎的咖啡豆。他将它们浸入开水中煮，一句话也没说。

女孩咂咂嘴，不耐烦地等待着，纳闷父亲在做什么。大约20分钟后，他把火闭了，把胡萝卜捞出来放入一个碗内，把鸡蛋捞出来放入另一个碗内，然后又把咖啡舀到一个杯子里。做完这些后，他才转过身问女儿：“亲爱的，你看见什么了？”

“胡萝卜、鸡蛋、咖啡。”她回答。

他让她靠近些，并让她用手摸摸胡萝卜。她摸了摸，注意到它们变软了。

父亲又让女儿拿一只鸡蛋并打破它。将壳剥掉后，她看到了是只煮熟的鸡蛋。

最后，父亲让她啜饮咖啡。品尝到香浓的咖啡，女儿笑了。她问道：“父亲，这意味着什么？”

父亲解释说，这三样东西面临同样的逆境——煮沸的开水，但其反应各不相同。

胡萝卜入锅之前是强壮的、结实的，但进入开水后，它变软了，变弱了。

鸡蛋原来是易碎的。它薄薄的外壳保护着它呈液体的内脏，但是经开水一煮，它的内脏变硬了。而粉状咖啡豆则很独特，进入沸水后，它们改变了水。

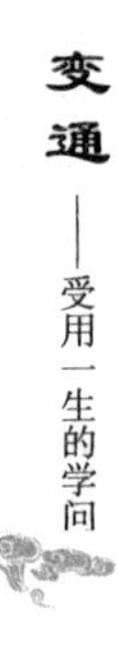

父亲的教导方法是高明的。他把生活比作了一杯水，而拿不同的物体比喻成我们。如果我们如胡萝卜一般，只能任由环境的改变，那么我们就是被动的；而当我们是粉状咖啡豆的时候，尽管在杯子里已经找不到了我们的影子，却能因为我们的变化而改变了人生的大环境。

所以说，当你开始抱怨生活的时候，先要认清楚自己，看你是容易被生活改变，还是你可以去改变生活。如果你被生活改变了，那么就不要责怪生活，而要怪你自己的不坚定，容易随波逐流。而当你确定你能够改变生活的时候，就应该放下抱怨，拿出勇气，因为生活的味道完全是你可以设计和改变的。

问题的98%是自己造成的

人类有着一个共同的特点，就是总将问题归结到别人的身上，认为别人是问题的制造者，而自己只是一个无辜的受害者。殊不知，问题的98%都是自己造成的，如果自己身上没有问题或在自己的环节将问题彻底解决，便不会出现一发不可收拾的局面了。

一本杂志曾刊登过这样一个故事：

当巴西海顺远洋运输公司派出的救援船到达出事地点时，“环大西洋”号海轮已经消失了，21名船员不见了，海面上只有一个救生电台有节奏地发着求救的信号。救援人员看着平静的大海发呆，谁也想不明白在这个海况极好的地方到底发生了什么，从而导致这条最先进的船沉没。这时有人发现电台下面绑着一个密封的瓶子，打开瓶子，里面有一张字条，21种笔迹，上面这样写着：

一水汤姆：“3月21日，我在奥克兰港私自买了一个台灯，想给妻子写信时照明用。”

二副瑟曼：“我看见汤姆拿着台灯回船，说了句‘这小台灯底座轻，船晃时别让它倒下来’，但没有干涉。”

三副帕蒂：“3月21日下午船离港，我发现救生筏施放器有问题，就将救生筏绑在架子上。”

二水戴维斯：“离岗检查时，发现水手区的闭门器损坏，用铁丝将门绑牢。”

二管轮安特尔：“我检查消防设施时，发现水手区的消火栓锈蚀，心想还有几天就到码头了，到时候再换。”

船长麦特：“起航时，工作繁忙，没有看甲板部和轮机部的安全检查报告。”

机匠丹尼尔：“3月23日上午理查德和苏勒的房间消防探头连续报警。我和瓦尔特进去后，未发现火苗，判定探头误报警，拆掉交给惠特曼，要求换新的。”

机匠瓦尔特：“我就是瓦尔特。”

大管轮惠特曼：“我说正忙着，等一会儿拿给你们。”

服务生斯科尼：3月23日13点到理查德房间找他，他不在，坐了一会儿，随手开了他的台灯。

大副克姆普：“3月23日13点半，带苏勒和罗伯特进行安全巡视，没有进理查德和苏勒的房间，说了句‘你们的房间自己进去看看’。”

一水苏勒：“我笑了笑，也没有进房间，跟在克姆普后面。”

一水罗伯特：“我也没有进房间，跟在苏勒后面。”

机电长科恩：“3月23日14点，我发现跳闸了，因为这是以前也出现过的现象，没多想，就将闸合上，没有查明原因。”

三管轮马辛：“感到空气不好，先打电话到厨房，证明没有问题后，又让机舱打开通风阀。”

大厨史若：“我接马辛电话时，开玩笑说，我们在这里有什么问题？你还不来帮我们做饭？然后问乌苏拉：‘我们这里都安全吗？’”

二厨乌苏拉：“我也感觉空气不好，但觉得我们这里很安全，就继续做饭。”

机匠努波：“我接到马辛电话后，打开通风阀。”

管事戴思蒙："14点半，我召集所有不在岗位的人到厨房帮忙做饭，晚上会餐。"

医生英里斯："我没有巡诊。"

电工荷尔因："晚上我值班时跑进了餐厅。"

最后是船长麦特写的话："19点半发现火灾时，汤姆和苏勒房间已经烧穿，一切糟糕透了，我们没有办法控制火情，而且火越烧越大，直到整条船上都是火。我们每个人都犯了一点错误，最终酿成了船毁人亡的大错。"

看完这张绝笔字条，救援人员谁也没说话，海面上死一样的寂静，大家仿佛清晰地看到了整个事故的过程。

船长麦特的最后一句话是最值得我们深思的："我们每个人都犯了一点错误，最终酿成了人毁船亡的大错。"问题出现时，不要再找借口了，因为你自己才是问题的真正根源，问题的98%都是自己造成的，"环大西洋"号的覆灭不正说明了这一点吗？

失败者的借口通常是"我没有机会"。他们将失败的理由归结为不被人垂青，好职位总是让他人捷足先登，殊不知，其失败的真正原因恰恰在于自己不够勤奋，没有好好把握得之不易的机会。而那些意志坚强的人则绝不会找这样的借口，他们不等待机会，也不向亲友们哀求，而是靠自己的勤奋努力去创造机会，因为他们深知，很多困境其实是自己造成的，唯有自己才能拯救自己。

问题面前最需要改变的是自己

英国伦敦泰晤士河南岸有座西敏寺，安葬于此的一位英国主教的墓志铭十分特别。墓碑上写着这样一段话："我年少时，意气风发，当时曾梦想要改变世界。但当我年事渐长，发觉自己根本无力改变世界，于是决定改变自己的国家。但这个目标我还是无法实现。步入中年之后，我试着改变自己身边的最亲密的人，但是，他们根本不接受改变！当我垂垂老矣，终于顿悟了一件事，我应该改变自己，以身作则影响家人。若我能为家人做榜样，也许下一步能改善我的国家，再接下来，谁又知道呢，也许我连整个世界都可以改变！"

我们也许都曾有过类似的困惑，费尽一切力气要改变别人，甚至要改变世界，让世界来顺应自己的喜好，然而，这是不现实且是最徒劳的。

我们常常意识不到自身的问题，总想着"换个环境吧，换个环境就会好了"，可是，这并不是问题的关键。

一只乌鸦打算飞往南方，途中遇到一只鸽子，一起停在树上休息。鸽子问乌鸦："你这么辛苦，要飞到哪里去？为什么要离开呢？"乌鸦愤愤不平地说："其实，我也不想离开，可是那里的人都不喜欢我的叫声。所以，我想飞到别的地方去。"鸽子好心地说："别白费力气了。如果你不改变自己的声音，飞到哪儿都不会受欢迎的。"

环境的变化，虽然对一个人的命运有一定的影响，但是，任何一个环境都有可供发展的机遇，紧紧抓住这些机遇，好好利用这些机遇，不断随环境的变化调整自己的观念，就有可能在社会竞争的舞台上开辟出一片新天地，站稳脚跟，这就需要我们自己作出妥协，进行改变。有时，你会发现，你发生了变化，一切都变得美好起来。

推销员戴尔做了一年半的业务，看到许多比他后进公司的人都晋升了职位，而且薪水也比他高许多，他百思不得其解。想想自己来了这么长时间了，客户也没少联系，可就是没有大的订单让他在业务上有所起色。

有一天，戴尔像往常一样下班就打开电视若无其事地看起来，突然有一个名为"如何使生命增值"的专家访谈引起了他的关注。

心理学专家回答记者说："我们无法控制生命的长度，但我们完全可以把握生命的深度！其实每个人都拥有超出自己想象十倍以上的力量。要使生命增值，唯一的方法就是在职业领域中努力地追求卓越！"

戴尔听完这段话后，决定从此刻作出改变。他立即关掉电视，拿出纸和笔，严格地制订了半年内的工作计划，并落实到每一天的工作中……

两个月后，戴尔的业绩明显大增，9个月后，他已为公司赚取了2500万美元的利润，年底他自然当上了公司的销售总监。

如今戴尔已拥有了自己的公司。他每次培训员工时，都不忘说："我相信你们会一天比一天更优秀，只要你决心作出改变！"于是员工信心倍增，公司的利润也飞速增长。

"我们这一代最伟大的发现是，人类可以由改变自己而改变命运。"戴尔用自己的行动印证了这句话，那就是：有些时候，面对一些棘手的问题，应该迫切改变的或许不是环境，而是我们自己。换句话说：有些时候，我们不是找不到方法去解决问题，而是在问题面前，我们没有真正地作出努力。在完善自己的同时，我们也就找到了解决问题的方法。

环境的变化虽然对一个人的命运有直接影响，但是，任何一个环境，都有可供发展的机会，紧紧抓住这些机会，好好利用这些机会，不断随环境的变化调整自己的观念，就有可能在社会竞争的舞台上开辟出一片新天地，站稳脚跟。所以，每个人在经营的过程中，必须有中途应变的准备，这是市场环境下的生存之本，也是强者的生存之本。

问题面前最需要改变的是我们自己，面对环境的发展变化，我们要及时改变自己的观点和思路，及时改变自己的生存方式，只有这样，才有可能最终走向成功。

天堂是由自己搭建的

杰克拥有一座美丽的莲花池。那其实是他在乡下住宅附近的一片天然洼地，他坚称他在乡间的宅邸为他的农场，水从远处山丘上的蓄水池中流入这片洼地，其间还要通过一个可调节水流大小的阀门开关。一切是那么的和谐美满，到了夏天澄澈的水面上就会铺满怒放的莲花，鸟儿们在池中自由嬉戏，从早到晚都能听到它们的奏鸣音。蜜蜂则在花园中的野花上忙碌不辍。极目远眺，池塘的后面是一片更加美丽的丛林，野生的浆果、灌木、蕨类植物争相盛开热闹极了。

杰克是一个平凡的人，但他拥有着一颗博爱的心。在他的领土上，你看不到"私人所有，不得擅入"或"擅入必究"的字样。取而代之的是原野尽头那让人倍感亲切的标语，"这里的莲花欢迎你"。他得到了所有人的由衷爱戴，原因很简单，他真诚地爱着所有人，并愿意与他们分享他的一切。

在这里人们常能碰到正在玩耍的天真孩子和风尘仆仆、步履蹒跚的游人，不止一次看到他们离去时脸上那与来时全然不同的神情，仿佛卸下了身上的重负，直到现在人们的耳边似乎还能听到他们离去时的低声呢喃和祝福。有些人甚至把这里称为世外桃源。闲暇时作为主人的他也会在此静坐享受夜晚的寂静。当外人离去后，他趁着皎洁的月光在园中往来踱步或坐在老式的木质长椅上伴着芬馥的野花香喝点什么。他是一个具有一切美好品质的人。用他自己的话说，这里是他一生中最伟大最成功之处，经常带给他莫名的感动。

毗邻的一切生物仿佛也能感受到这里散发出的亲善、友好、宁谧、欢欣的气氛。牛羊们会漫步到树林边古老的石栏下，张望着里面美好的景致，我想它们真的是在跟我们一起共享这份温馨。动物们面带微笑昭示着它们的心满意足和欢欣愉悦，或许这就是他的心中所求吧，因为每当此际他也会露出会心的微笑，表示他能理解它们的心满意足和欢欣愉悦。

水源的供给原本丰沛，水池的进水阀又总是开到最大，这让水流婉转而下，不仅在栏边驻足的牛羊能饮到甘甜的山泉，邻家的田园亦可受惠。

不久前杰克因事不得不离开大约一年的光景，这段时间里他把房子租给了另外一个男人，新租客是位非常“实际”的人，他决不作任何无法给他带来直接利益的事。连接莲花池与蓄水池之间的阀门被关闭了，土地再也得不到泉水的滋润和灌溉；朋友立起的“这里的莲花欢迎你”的标语也被移走；池边再也见不到嬉戏的顽童和欣慰的游人。总之，这里发生了天翻地覆的变化，再不复往昔林木欣欣向荣，泉水涓涓而流的样子。池里的花朵因失去了赖以生存的水源而日渐凋零，只有伏在池底烂泥上枯萎的花茎还在向人们诉说着往日的热闹。原本在清澈的池水中悠然而动的鱼早已化为枯骨，走近池边便能闻到它们发出的腥臭。岸边没有了绽放的鲜花，鸟儿不再停留于此，蜜蜂们已移居它处，园中亦不见蜿蜒的流水，栏外成群的牛羊再也饮不到甘甜的清泉。

如我们所见，今天的莲花池与杰克悉心照料的莲花池有天壤之别。而细究之下，造成这一切差别的原因却十分微不足道，仅仅是因为后者关闭了引水的阀门，阻止了来自山腰的水流。这个貌似简单的举动，掐断了一切生物的生命之源。它不仅毁掉了生机盎然的莲花池，还间接破坏了周遭的环境，剥夺了周遭邻居们与动物们的幸福。

看了上面的故事，你是否对生命的真谛有了新的感悟？在这个莲花池的故事中，杰克那种博爱的胸怀就是宇宙间最真、最美的东西。

其实，故事里的莲花池跟你我的生命是无法相提并论的，因为它的生命完全掌握在他人之手，只有依赖别人替它打开阀门才能生存下去。相对于莲花池的无助，我们的生命则强势许多，至少我们可以自由决定从外界汲取的能量及信息，能够掌握人生的只有我们自己的思想。

心里不是堆“垃圾”的地方

现实生活中，有些人好像从来就没有过顺心的事或顺利的时候，任何时候你与他在一起，都会听到他不停地抱怨。他们把每一件不顺心的小事都堆积在心里、挂在嘴上，搞得自己的心态和情绪都很糟。在这样一种状态下，自己很烦躁，别人也很厌烦。

“万事如意”不过是人们对生活的良好祝愿，真正现实的生活中，人们所面对的总是一些不尽完美的事情。我们虽不可能保证事事顺遂，但应该做到坦然面对，该放则放，不要把一些“垃圾”堆积在心里，把乌云挂在脸上，把牢骚挂在嘴上，否则你就会变成周围的人都不欢迎的人。

英特尔的一个分公司要进行人事调动，主管杰克对年轻的约翰说：“你把手头的工作安排一下，到销售部去报到，我觉得那里更适合你，你有什么意见吗？”约翰嘴巴动了动，心想：“我有意见有什么用，你是主管，还不是你说了算？”不过他并没有将这样的话说出来，而是默默地离开了。

当时销售部的工作也不太好做，约翰背地里想：“这一次把我调到最糟的销售部，一定是杰克在搞鬼，见我这边工作出色嫉妒我，怕我抢他的位置。哼，我们以后走着瞧！”到了销售部后，约翰整天板着脸，对所有新同事都是爱理不理，工作也不热心。慢慢地，同事们逐渐疏远他了。

有一次，一个重要的客户打电话来，让他转告杰克，让杰克第二天到客户那里参加一个洽谈会，因为关系到一大笔业务，所以要求杰克第二天必须按时赶到。约翰听后，认为这是一个绝好的报复机遇，于是装作不知道这件事，也没告诉杰克。

第二天，杰克将约翰叫到自己的办公室，非常严肃地告诉他：“约翰，客户那么重要的事情你为什么不告诉我？如果不是客户今天早晨又打电话催我，我们几乎失去了一笔上千万的生意。我本来以为你平时工作表现好，只是为人欠历练，所以把你调到销售部，考察磨炼你一下，看你是否能在以后担当重任。可你却对此心生怨恨，还故意报复，我们整个部门的前途差点就毁在你的手上。对于你的这种表现，我非常失望。我不得不告诉你，你被解雇了。”

约翰因为没有和自己的主管及时沟通，将自己对主管的怨恨情绪攒积在心里，终于做出了不理智的举动，结果使自己的前途尽毁。整天抱怨的人总是受累于情绪，似乎烦恼、压抑、失落甚至痛苦总是接二连三地袭来，于是频频抱怨生活对自己不公平，自己因而一直生活在抱怨的世界中。

心里不是堆积“垃圾”的地方，必须及时清空自己的坏情绪。情绪的控制完全在于自己，完全把握自己的情绪，积极主动，使得自己的情绪不会被别人所左右。很多乐观的人都善于控制自己的情绪，让自己活在快乐之中。人生在世，总会遇到很多悲伤与痛苦，如果不能掌控自己的情绪，就会成为情绪的奴隶。斯摩尔曾经说过：“做情绪的主人，驾驭和把握自己的方向。”

要学会清扫自己的心灵

印度一位公主的波斯猫走丢了，于是国王下令：谁要是能把猫找到，重重有赏，并叫宫廷画师画了数千幅猫像张贴在全国各地。

送猫者络绎不绝，但都不是公主丢失的。

公主于是就想：可能是捡到猫的人嫌钱少，那可是一只纯正的波斯猫。

公主把这一想法告诉国王，国王马上把奖金提高到50块金币。一个流浪儿在宫廷花园外面的墙角捡到了那只猫。

流浪儿看到了告示，第二天早上就抱着猫去领50块金币。

当他经过一家货铺时，看到墙上贴的告示已变成100块金币。

流浪儿又回到他的破茅屋，把猫重新藏好，他又跑去看告示时，奖金已涨到150块金币。接下来的几天里，流浪儿没有离开过贴告示的墙壁。

当奖金涨到使全国人民都感到惊讶时，流浪儿返回他的茅屋，准备带上猫去领奖，可是猫已经死了。

因为这只猫在公主身边吃的都是鲜鱼和鲜肉，对流浪儿从垃圾桶里捡来的东西根本消化不了。

贪心使人永远没有满足之时，因此，不能将贪心作为人生的包袱，压得太重到时候反而是什么也得不到，只有卸掉包袱才能轻装上阵。

古人曾说，二鸟在林不如一鸟在手，我们为什么不好好地珍惜已在手中的那只鸟，偏偏整日去贪图那两只遥不可及的家伙？好高骛远，不满现实，正是现代人想出来的烦恼。自己的汽车还好好的，一见邻居买了一辆新车，就想尽办法也要换辆新的；自家的房子够大也够住，但别人有了新屋，于是一定要与人家比，左思右想要买栋更漂亮的房子！人比人，气死人，这样比来比去，你永远不会满足。问题就出在“过分”二字，过分即不按理性做事，心理失去平衡，因此会增添许多不必要的压力。

人生又何尝不是如此！在人生路上，每个人都是在不断地累积东西，这些东西包括你的名誉、地位、财富、亲情、人际、健康、知识等等，当然也包括了烦恼、忧闷、挫折、沮丧、压力。这些东西，有的早该丢弃而未丢弃，有的则是早该储存而未储存。因此，对那些会拖累你的东西，必须立刻放弃，卸掉包袱，进行心灵扫除。

心灵扫除的意义，就好像是生意人的“盘点库存”。你总要了解仓库里还有什么，某些货物如果不能限期销售出去，最后很可能会因积压过多拖垮你的生意。

不过，有时候某些因素也阻碍我们放手进行扫除。譬如，太忙、太累，或者担心扫完之后，必须面对一个未知的开始，而你又不确定哪些是你想要的。

的确，心灵清扫原本就是一种挣扎与奋斗的过程。不过，你可以告诉自己：每一次的清扫，并不表示这就是最后一次。而且，没有人规定你必须一次全部扫干净。你可以每次扫一点，但你至少必须立刻丢弃那些会拖累你的东西。

生命的过程就如同参加一次旅行。你可以列出清单，决定背包里该装些什么才能让你到达目的地。但是需要记住一点，在每一次生命停泊时都要学会清理自己的背包：什么该丢，什么该留。只有卸掉一些不必要的东西，才能轻装上阵，活得更轻松、更自在。

第二节　接纳不完美的自己

你很重要，所以你没有理由不爱自己

多年以来，在我们的教育中，个人总是被否定的那一个：“面对集体，我不重要，为了集体的利益，我应该把自己个人的利益放在一边；面对他人，我不重要，为了他人能开心，只能牺牲我自己的开心；面对我自己，我也不重要，这个世界上，少了我就如同少了一只蚂蚁，没有分量的我，又有什么重要？”但是，作为独一无二的“我”，真的不重要吗？不，绝不是这样，“我”很重要。

当我们对自己说出“我很重要”这句话的时候，“我”的心灵一下子充盈了。是的，“我”很重要。

“我”是由无数星辰日月草木山川的精华汇聚而成的。只要计算一下我们一生吃进去多少谷物，饮下了多少清水，才凝聚成这么一具美轮美奂的躯体，我们一定会为那数字的庞大而惊讶。世界付出了这么多才塑造了这样一个“我”，难道“我”不重要吗？

你所做的事，别人不一定做得来；而且，你之所以为你，必定是有一些特殊的地方——我们姑且称之为特质吧！而这些特质又是别人无法模仿的。

既然别人无法完全模仿你，也不一定做得来你能做得了的事，试想，他们怎么可能给你更好的意见？他们又怎能取代你的位置，来替你做些什么呢？所以，这时你不相信自己，又有谁可以相信？

况且，每个来到这个世上的人，都是上帝赐给人类的恩宠，上帝造人时即已赋予了每个人与众不同的特质，所以每个人都会以独特的方式与他人互动，进而感动别人。要是你不相信的话，不妨想想：有谁的基因会和你完全相同？有谁的个性会和你一毫不差？

由此，我们相信：你有权活在这世上，而你存在于这世上的目的，是别人无法取代的。

不过，有时候别人（或者是整个大环境）会怀疑我们的价值，时间一长，连我们都会对自己的重要性感到怀疑。请你千万千万不要让这类事情发生在你身上，否则你会一辈子都无法抬起头来。

记住！你有权力去相信自己很重要。

“我很重要，没有人能替代我，就像我不能替代别人。”

生活就是这样的，无论是有意还是无意，我们都要发挥出对自己的信心，不要总是拿自己的短处去对比人家的长处，却忽视了自己也有人家不及的地方。自卑是心灵的腐蚀剂，自信却是心灵的发电机。所以我们无论身处何境，都不要让自卑的冰雪侵占心灵，而应燃烧自信的火

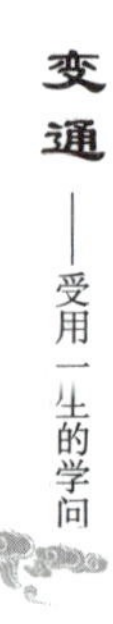

炬，始终相信自己是最优秀的，这样才能调动生命的潜能，去创造无限美好的生活。

也许我们的地位卑微，也许我们的身份渺小，但这丝毫不意味着我们不重要。重要并不是伟大的同义词，它是心灵对生命的允诺。人们常常从成就事业的角度，断定自己是否重要。但这并不应该成为标准，只要我们在时刻努力着，为光明在奋斗着，我们就是无比重要地存在着，不可替代地存在着。

让我们昂起头，对着我们这颗美丽的星球上无数的生灵，响亮地宣布：我很重要。

面对这么重要的自己，我们有什么理由不去爱自己呢！

全世界都和你一样不完美

有户人家有两个儿子。当两兄弟都成年以后，他们的父亲把他们叫到面前说：“在群山深处有绝世美玉，你们都成年了，应该做探险家，去寻求那绝世之宝，找不到就不要回来。”两兄弟次日就离家出发去了山中。

大哥是一个注重实际、不好高骛远的人。有时候，发现的是一块有残缺的玉，或者是一块成色一般的玉甚至是奇异的石头，他都统统装进行囊。过了几年，到了他和弟弟约定的会合回家的时间。此时他的行囊已经满满的了，尽管没有父亲所说的绝世完美之玉，但造型各异、成色不等的众多玉石，在他看来也可以令父亲满意了。

后来弟弟来了，两手空空一无所得。弟弟说：“你这些东西都不过是一般的珍宝，不是父亲要我们找的绝世珍品，拿回去父亲也不会满意的。

“我不回去，父亲说过，找不到绝世珍宝就不能回家，我要继续去更远更险的山中探寻，我一定要找到绝世美玉。”

哥哥带着他的那些东西回到了家中。父亲说：“你可以开一个玉石馆或一个奇石馆，那些玉石稍一加工，都是稀世之品，那些奇石也是一笔巨大的财富。”

短短几年，哥哥的玉石馆已经享誉八方，他寻找的玉石中，有一块经过加工成为不可多得的美玉，被国王御用作了传国玉玺，哥哥因此也成了倾城之富。

在哥哥回来的时候，父亲听了他介绍弟弟探宝的经历后说：“你弟弟不会回来了，他是一个不合格的探险家，他如果幸运，能中途所悟，明白‘至美是不存在的’这个道理，是他的福气。如果他不能早悟，便只能以付出一生为代价了。”

很多年以后，父亲已经奄奄一息。哥哥对父亲说要派人去寻找弟弟。

父亲说，不要去找，如果经过了这么长的时间都不能顿悟，这样的人即便回来又能做成什么事情呢？世间没有纯美的玉，没有完美的人，没有绝对的事物，为追求这种东西而耗费生命的人，何其愚蠢啊！

追求完美，是人类自身在渐渐成长过程中的一种心理特点或者说一种天性。应该说，这没有什么不好。人类正是在这种追求中，不断完善着自己，使得自身脱去了以树叶遮羞的衣服，变得越来越漂亮，成为这个世界万物之精灵。如果人只满足于现状，而失去了这种追求，那么人大概现在还只能在森林中爬行。我们对事物总是要求尽善尽美，愿意付出很大的精力去把它做到天衣无缝的地步。

但是，世界上根本就不存在任何完美的事物。为了心中的一个梦而偏执地去追求，而全然不顾你的梦是否现实，是否可行，从而浪费掉许许多多的时间和精力，最终只能在光阴蹉跎中悔恨。世界并不完美，人生当有不足。对于每个人来讲，不完美的生活是客观存在的，无需怨天尤人。

不要再继续偏执了，给自己的心留一条退路，不要因为自己的一时之错而埋怨自己，不要因为不完美而恨自己，不要因为不完美而觉得不幸福。看看那些活得幸福快乐的人，他们没有一个是十全十美的。

完美往往只会成为人生的负担，人绷紧了完美的弦，它却可能发不出声来。那些懂得爱自己、宽容别人的人，才是生活的智者，才更容易活得幸福。

你不可能让所有人满意

哲人们常把人生比作路，是路，就注定有崎岖不平。

1929年，美国芝加哥发生了一件震动全国教育界的大事。

几年前，罗勃·郝金斯，一个年轻人，半工半读地从耶鲁大学毕业，做过作家、伐木工人、家庭教师和卖成衣的售货员。现在，只经过了8年，他就被任命为全美国第四大名校——芝加哥大学的校长。他只有30岁！真叫人难以置信。

人们对他的批评就像山崩落石一样一齐打在这位"神童"的头上，说他太年轻了，经验不够，说他的教育观念很不成熟，甚至各大报纸也参加了攻击。

在罗勃·郝金斯就任的那一天，有一个朋友对他的父亲说："今天早上，我看见报上的社论攻击你的儿子，真把我吓坏了。"

"不错，"郝金斯的父亲回答说，"话说得很凶。可是请记住，从来没有人会踢一只死狗。"

确实如此，越勇猛的狗，人们踢起来就越有成就感。

曾有一个美国人，被人骂作"伪君子"、"骗子"、"比谋杀犯好不了多少"……一幅刊在报纸上的漫画把他画成伏在断头台上，一把大刀正要切下他的脑袋，街上的人群都在嘘他。他是谁？他是乔治·华盛顿。

耶鲁大学的前校长德怀特曾说："如果此人当选美国总统，我们的国家将会合法卖淫，行为可鄙，是非不分，不再敬天爱人。"听起来这似乎是在骂希特勒吧？可是他谩骂的对象竟是杰弗逊总统。

可见，没有谁的路永远是一马平川的。为他人所左右而失去自己方向的人，他将无法抵达属于自己的幸福终点。

真正成功的人生，不在于成就的大小，而在于是否努力地去实现自我，喊出属于自己的声音，走出属于自己的道路。

一名中文系的学生苦心撰写了一篇小说，请作家批评。因为作家正患眼疾，学生便将作品读给作家。读到最后一个字，学生停顿下来。作家问道："结束了吗？"听语气似乎意犹未尽，渴望下文。这一追问，煽起学生的激情，立刻灵感喷发，马上接续道："没有啊，下部分更精彩。"他以自己都难以置信的构思叙述下去。

到达一个段落，作家又似乎难以割舍地问："结束了吗？"

小说一定摄魂勾魄，叫人欲罢不能！学生更兴奋，更激昂，更富于创作激情。他不可遏止地一而再再而三地接续、接续……最后，电话铃声骤然响起，打断了学生的思绪。

有急事，作家匆匆准备出门。"那么，没读完的小说呢？""其实你的小说早该收笔，在我第一次询问你是否结束的时候，就应该结束。何必画蛇添足呢？该停则止，看来，你还没把握情节脉络，尤其是缺少决断。决断是当作家的根本，否则绵延逶迤，拖泥带水，如何打动读者？"

学生追悔莫及，自认性格过于受外界左右，作品难以把握，恐不是当作家的料。

很久以后，这名年轻人遇到另一位作家，羞愧地谈及往事，谁知作家惊呼："你的反应如此迅捷、思维如此敏锐、编造故事的能力如此之强，这些正是成为作家的天赋呀！假如正确运用，作品一定脱颖而出。”

“横看成岭侧成峰，远近高低各不同。”凡事绝难有统一定论，我们不可能让所有的人都对我们满意，所以可以拿他们的“意见”做参考，却不可以代替自己的“主见”，不要被他人的论断束缚了自己前进的步伐。追随你的热情、你的心灵，它们将带你实现梦想。

别太在意别人的眼光，那会抹杀你的光彩

在这世上，没有任何一个人可以赢得所有人的满意。跟着他人眼光晃来晃去的人，会逐渐暗淡自己的光彩。

西莉亚自幼学习艺术体操，身段匀称灵活。可是很不幸，一次意外事故导致她下肢严重受伤，一条腿留下后遗症——走路有一点瘸。为此，她十分懊丧，甚至不敢走上街去，因为害怕看见别人注视残腿的目光。作为一种逃避，西莉亚搬到了约克郡乡下。

一天，小镇上的雷诺兹老师领着一个女孩来向她学跳苏格兰舞。在他们诚恳的请求下，西莉亚勉为其难地答应了他们。为了不让他们察觉自己残疾的腿，西莉亚特意提早坐在一把藤椅上。可那个女孩偏偏天生笨拙，连起码的乐感和节奏感都没有。

当那个女孩再一次跳错时，西莉亚不由自主地站起来给对方示范那个要领——一个带旋转的交叉滑步动作。西莉亚一转身，便敏感地看见那个学生的目光正盯着自己的腿，一副惊讶的神情。她忽然意识到，自己一直刻意掩盖的残疾在刚才的瞬间已暴露无遗。这时，一种自卑让她无端地恼怒起来。西莉亚的行为伤害了女孩的自尊心，她难过地跑开了。

事后， 西莉亚满心歉疚。过了两天，西莉亚亲自来到学校，和雷诺兹老师一起等候那个女孩。西莉亚说：“把你训练成一名专业舞者恐怕不容易，但我保证，你一定会成为一个不错的非职业领舞者。”

这一次，他们就在学校操场上跳，有不少学生好奇地围观。那个女孩笨手笨脚的舞姿不时招来同学的嘲笑，她满脸通红，不断犯错，每跳一步，都如芒刺在背。西莉亚看在眼里，深深理解那种无奈的自卑感。她走过去，轻声对那个女孩说：“假如一个舞者只盯着自己的脚，就无法享受跳舞的快乐，而且别人也会跟着注意你的脚，发现你的错误。现在你仰起脸，面带微笑地跳完这支舞曲，别管步伐是不是错的。”

说完，西莉亚和那个女孩面对面站好，朝雷诺兹老师示意了一下。悠扬的手风琴音乐响起，她们踏着拍子，愉快起舞。其实那个女孩的步伐还有些错误，而且动作不是很和谐。但意外的效果出现了——那些旁观的学生被她们脸上的微笑所感染，也不再去关注舞蹈细节上的错误。渐渐地，有越来越多的学生情不自禁地加入到舞蹈中。大家尽情地跳啊跳啊，直到太阳下山。

生活在别人的眼光里，总也找不到自己的路。

其实，同一个事物，每个人的眼光都有不同。面对不同的几何图形，有人看出了圆的光滑无棱，有人看出了三角形的直线组成，有人看出了半圆的方圆兼济，有人看出了不对称图形独到的美……

同是一个甜麦圈，悲观者看见一个空洞，而乐观者却品味到它的香甜味道。

同是交战赤壁，苏轼高歌“雄姿英发，羽扇纶巾，谈笑间樯橹灰飞烟灭”；杜牧却低吟“东风不与周郎便，铜雀春深锁二乔”。

同是“谁解其中味”的《红楼梦》，有人听到了封建制度的丧钟，有人看见了宝黛的深情，有人悟到了曹雪芹的用心良苦，也有人只津津乐道于故事本身……

苏轼曾说：“横看成岭侧成峰，远近高低各不同。”人生是一个多棱镜，总是以它变幻莫测的每一面反照生活中的每一个人。不必介意别人的流言飞语，不必担心自我思维的偏差，坚信自己的眼睛、坚信自己的判断、执着自我的感悟。用敏锐的视线去审视这个世界，用心去聆听、抚摸这个多彩的人生，给自己一个富有个性的回答。

自卑是对自己的束缚

自卑就是对自己的束缚，是在心里对自己能力的一种怀疑。自卑是人生最大的跨栏，每个人都必须成功跨越才能到达人生的巅峰。

自卑的人，情绪低沉，郁郁寡欢，常因害怕别人看不起自己而不愿与人来往，只想与人疏远，缺少朋友，顾影自怜，甚至内疚、自责；自卑的人，缺乏自信，优柔寡断，毫无竞争意识，抓不住稍纵即逝的各种机会，享受不到成功的乐趣；自卑的人，常感疲劳，心灰意懒，注意力不集中，工作没有效率，缺少生活情趣。

如果一个人总是沉迷在自卑的阴影中，那无异于给自己套上了无形的枷锁。但是如果能够认清了自己，懂得换个角度看待周围的世界和自己的困境，那么许多问题就会迎刃而解了。

一位父亲带着儿子去参观梵·高故居，在看过那张小木床及裂了口的皮鞋之后，儿子问父亲：“梵·高不是位百万富翁吗？”父亲答：“梵·高是位连妻子都没娶上的穷人。”

第二年，这位父亲带儿子去丹麦，在安徒生的故居前，儿子又困惑地问：“爸爸，安徒生不是生活在皇宫里吗？”父亲答：“安徒生是位鞋匠的儿子，他就生活在这栋阁楼里。”

这位父亲是一个水手，他每年往来于大西洋各个港口；这位儿子叫伊东布拉格，是美国历史上第一位获普利策奖的黑人记者。20年后，在回忆童年时，他说：“那时我们家很穷，父母都靠卖苦力为生。有很长一段时间，我一直认为像我们这样地位卑微的黑人是不可能有什么出息的。好在父亲让我认识了梵·高和安徒生，这两个人告诉我，上帝没有轻看卑微。”

富有者并不一定伟大，贫穷者也并不一定卑微。上帝是公平的，他把机会放到了每个人面前。自卑的人也有相同的机会。

自卑常常在不经意间闯进我们的内心世界，控制着我们的生活，在我们有所决定、有所取舍的时候，向我们勒索着勇气与胆略；当我们碰到困难的时候，自卑会站在我们的背后大声地吓唬我们；当我们要大踏步向前迈进的时候，自卑会拉住我们的衣袖，叫我们小心地雷。一次偶然的挫败就会令你垂头丧气，一蹶不振，将自己的一切否定，你会觉得自己一无是处，窝囊至极，你会掉进自责自罪的旋涡。

自卑就像蛀虫一样啃噬着你的人格，它是你走向成功的绊脚石，它是快乐生活的拦路虎。一个人如果自卑，他不仅不敢有远大的目标，同时也将永远不会出类拔萃；一个民族和国家，如果自卑，只能当别国的殖民地，站不起来，也不敢站起来，只能跟在别国后边当附庸。

自卑是一种压抑，一种自我内心潜能的人为压抑，更是一种恐惧，一种损害自尊和荣誉的恐惧，所以生活中，我们只有比别人更相信并且珍爱自己，我们才能发挥自己最大的潜力，创造出属于自己的天地。当我们遭到冷遇时，当我们受到侮辱时，一定要自尊自爱，把羞辱作为奋发的动力，激励自己去战胜一个个难关。

相信自己才能成功

有一天，著名的成功学专家安东尼·罗宾在自己的办公室里接待了一个走投无路、风尘仆仆的流浪者。

那人进门打招呼说："我来这儿，是想见见这本书的作者。"说着，他从口袋中拿出一本名为《自信心》的书，那是安东尼许多年前写的。

安东尼微笑着示意流浪者坐下。流浪者激动地说："一定是命运之神在昨天下午把这本书放入我口袋中的，因为我当时决定跳到密歇根湖，了此残生。我已经看破一切，认为一切已经绝望，我什么事情都做不成，没有人能够接纳我。但还好，我看到了这本书，使我产生新的看法，为我带来了勇气及希望，并支持我度过昨天晚上。我已下定决心，只要我能见到这本书的作者，他一定能帮助我再度站起来。现在，我来了，我想知道你能替我这样的人做些什么。"

在他说话的时候，安东尼从头到脚打量了流浪者许久，发现他眼神茫然、满脸皱纹、神态紧张，一切都在向安东尼显示，他已经无可救药了。但安东尼不忍心对他这样说。

听完流浪者的话，安东尼想了想，说："虽然我没有办法帮助你，但如果你愿意的话，我可以介绍你去见本大楼的一个人，他可以帮助你东山再起，重新赢回原本属于你的一切。"安东尼刚说完，流浪者立刻跳了起来，抓住他的手，说道："看在上帝的分上，请带我去见这个人！"

他会为了"上帝的分上"而做此要求，显示他心中仍然存在着一丝希望。所以，安东尼拉着他的手，引导他来到从事个性分析的心理试验室里，和他一起站在一块布前。安东尼把布拉开，露出一面高大的镜子，流浪者可以从镜子里看到自己的全身。安东尼指着镜子说："就是这个人。在这个世界上，只有一个人能够使你东山再起，除非你学会信任他，并且觉得他能够做成任何事情。否则，你只能跳进密歇根湖里，因为如果连你自己都不能相信自己，那么这个世界上将不会再有人相信你，你也就不能再做成任何事情。这样一来，无论是对于你自己还是这个世界，你都将是一个没有任何价值的废物。"

流浪者朝着镜子走了几步，用手摸摸他长满胡须的脸孔，对着镜子里的人从头到脚打量了几分钟，然后后退几步，低下头，开始哭泣起来。过了一会儿，安东尼领他走出来，送他离去。

几天后，安东尼在街上碰到了这个人，而他已不再是一个流浪汉形象。他西装革履，步伐轻快有力，头抬得高高的，原来那种不安、紧张的神态已经消失不见。他说他非常感谢安东尼先生，是安东尼让他找回了自信，让他有勇气面对生活中的一切，并且很快找到了工作。

后来，他果然东山再起，成为芝加哥的一个大富翁。由此可见，自信对于一个人的成功是起着至关重要的作用的。

自信是成功的第一信念。《成功心理》的作者丹尼斯·华特利在书中写道："成功者都具有实现自我价值的坚定信念。他们的自信表现不会像其他人一样被失败的心理摧垮。"没错的，世界上伟大的创造性天才们都充满了自信。这种自信是一个成功者必须具备的基本条件。因为一个人如果连自己都不相信，就没办法取得别人的信任。

自信的态度，不仅会影响自己的生活，还会对周围的人产生影响。美国形象设计大师鲍尔说："成功男人的风格反映在外表，而优雅来自内在，它是你的自信及对自己的满意，它通过你的外表、举止、微笑展示。"如果在生活中认真观察，你就会发现自信是具有极大的感染力的。因为自信，你的神态、语气、仪态等等，都在无声无息地、由里向外地散发着魅力。而这种魅力的力量，就会让你更具吸引力，结交更多的朋友，获得更多同事的追随，得到上司的青睐，并最终问鼎成功。

第七章 过去无法改变，但可以把握今天

第一节 无法预知明天，但可以把握今天

无论身处何地，全然地融入当下

我们可能都遇到过这样的问题：过去犯过很严重的错误，内心深处受到了很大程度的谴责，可是又不知道应该用什么方法来弥补。这个时候，我们的内心是期待一个时间或者事件来拯救自己的。其实，这种心理上的期待是正确的，但是我们对于时间的不确定性却是错误的。因为能够拯救我们的就在此时此刻。

在新泽西州市郊的一座小镇上，一个由26个孩子组成的班级被安排在教学楼最里面一间光线昏暗的教室里。他们中所有的人都有过不光彩的历史：有人吸过毒、有人进过管教所、有一个女孩甚至在一年之内堕过3次胎。家长拿他们没办法，老师和学校也几乎放弃了他们。

就在这个时候，一个叫菲拉的女教师担任了这个班的辅导老师。新学年开始的第一天，菲拉没有像以前的老师那样，首先对这些孩子进行一顿训斥，给他们一个下马威，而是为大家出了一道题：

有3个候选人，他们分别是——

A. 笃信巫医，有两个情妇，有多年的吸烟史，而且嗜酒如命。

B. 曾经两次被赶出办公室，每天要到中午才起床，每晚都要喝大约1公升的白兰地，而且曾经有过吸食鸦片的记录。

C. 曾是国家的战斗英雄，一直保持素食习惯，热爱艺术，偶尔喝点儿酒，年轻时从未做过违法的事。

菲拉给孩子们的问题是：

如果我告诉你们，在这3个人中，有一位会成为众人敬仰的伟人，你们认为会是谁？猜想一下，这3个人将来各自会有什么样的命运？

对于第一个问题，毋庸置疑，孩子们都选择了C；对于第二个问题，大家的推论也几乎一致：A和B将来的命运肯定不妙，要么成为罪犯，要么就是需要社会照顾的废物。而C呢，一定是一个品德高尚的人，注定会成为精英。

然而，菲拉的答案却让人大吃一惊。“孩子们，你们的结论也许符合一般的判断，但事实是，你们都错了。这3个人大家都很熟悉，他们是第二次世界大战时期的3个著名人物——A是富兰克林·罗斯福，他身残志坚，连任四届美国总统；B是温斯顿·丘吉尔，英国历史上最著名的首相；C的名字大家也很熟悉，他叫阿道夫·希特勒，一个夺去了几千万无辜生命的法西斯元首。”学生们都呆呆地瞅着菲拉，他们简直不相信自己的耳朵。

“孩子们，”菲拉接着说，“你们的人生才刚刚开始，以往的过错和耻辱只能代表过去，真正能代表一个人一生的，是他现在和将来的所作所为。每个人都不是完人，连伟人也有过错。从过去的阴影里走出来吧，从现在开始，努力做自己最想做的事情，你们都将成为了不起的优秀人才……”

菲拉的这番话，改变了26个孩子一生的命运。如今这些孩子都已长大成人，他们中有的做了心理医生、有的做了法官、有的做了飞机驾驶员。值得一提的是，当年班里那个个子最矮也最爱捣乱的学生罗伯特·哈里森，后来成了华尔街上最年轻的基金经理人。

“原来我们都觉得自己已经无可救药，因为所有的人都这么认为。是菲拉老师第一次让我们觉醒：过去并不重要，我们还有可以把握的现在和将来。”孩子们长大后这样说。

过去的错误不可能影响我们的一生。如果我们一直带着对过去的愧疚，就没有办法融入现在，更不会有一个美好的未来。所以，不管我们身处何种境地，都应该全然地融入当下，从现在开始做起，改变自己，从新开始生活。

太多人习惯生活在下一个时刻

一位智者旅行时，曾途经古代一座城池的废墟。岁月已经让这个城池满目沧桑了，但依然能辨析出昔日辉煌时的风采。智者想在此休息一下，就随手搬过一个石雕坐下来。

他望着废墟，想象着曾经发生过的故事，不由得感慨万千。

忽然，他听到有人说：“先生，你感叹什么呀？”

他四下里望了望，却没有人，他疑惑着。那声音又响起来，原来声音来自那个石雕，那是一尊“双面神”像。

他从未见过双面神，就好奇地问：“你为什么会有两副面孔呢？”

双面神说：“有了两副面孔，我才能一面察看过去，牢牢吸取曾经的教训；另一面展望未来，去憧憬无限美好的明天。”

智者说：“过去的只能是现在的逝去，再也无法留住；而未来又是现在的延续，是你现在无法得到的。你不把现在放在眼里，即使你能对过去了如指掌，对未来洞察先知，又有什么实在意义呢？”

听了智者的话，双面神不由得痛哭起来：“先生啊，听了你的话，我才明白，我今天落得如此下场的根源。

“很久以前，我驻守这座城池时，自诩能够一面察看过去，一面又能展望未来，却唯独没有好好把握现在。结果这座城池便被敌人攻陷了，曾经的辉煌都成了过眼云烟，我也被人们唾骂而弃于这废墟中。”

悲观者总是活在过去，他们沉浸在已经发生过的灾难里无法自拔，不会去看现在，也看不到未来，只会反复重温已经无法弥补的伤痛。空想者总是活在未来，还没有买彩票，就开始考虑中了五百万以后要如何分配这些钱财，像极了小时候听到寓言故事里的两兄弟：看见一只雁飞过，他们便开始争吵，这只雁究竟是要清炖还是红烧，等他们吵出结果时雁早就飞走了。忽略现在的生活，似乎是很多人都会犯的通病。

威廉爵士说“人只能生存在今天的房间里”，这样就能成为一个快乐的人，满意地度过一生。

然而，太多的人好像习惯生活在下一个时刻。总是慌慌张张的，好像有永远忙不完的事。焦虑这个词，成了这个时代的流行词汇。

有时候，我们自己都要奇怪为什么我们不能活在当下，而是不停地透支烦恼？

也许人总是有欲望的，如果得不到我们想要的，就会不停地去想我们所没有的，并且保持一种空虚感。即使得到我们想要的，我们还是会在新的欲望下重新产生同样的想法。因此尽管得到了我们想要的，我们仍旧不高兴。于是我们开始浮躁，开始把希望寄托在未来。

我们总是急着等节假日的来临，总是盼望孩子快快长大，自己赶快退休在家待着。等我们真的老了时，又随时担心生命会在下一分钟结束。

我们总是忙不迭地过日子，一刻也不停地瞎转。

我们总是透支生活中的烦恼，不是为昨天的逝去而懊丧，就是为明天的到来而担忧，根本没有时间享受当下生活的轻松。

所以能认真地活在当下，简直成了一种愿望。好在这个愿望要实现起来并不困难。活在当下，就是享受你正在做的，而不是即将要做的。必须摆脱对“下一刻”的迷恋和幻想，它们大多数不切实际，有的虽然最终会得到，却剥夺了我们此刻的生活。

所以请记得不要一边吃饭一边想着办公室中的工作，不要一边工作又一边担心下班会不会塞车。

在当下，有很多值得我们体会的美好事情。

我们可以为每一天的日出欣喜不已。

我们可以分享与家人、朋友相处时的甜蜜。

我们可以学会与自然和谐共处，去聆听海浪之声，去仰望璀璨的星空……

属于当下的时间很有限，不要让欲望和烦恼挤掉它。

一切生活，唯有当下而已

时间的过去、现在和未来是互相交错不可分割的，所以说过去就是未来，未来也就是过去，现在就是过去以及未来。

但是我们很容易发现，在现实世界中，时间自然而然的流逝总让我们忽视了对生命的思索。不要被时间蒙骗，以为过去的已经过去，未来的一定会来，现在的永远不变。在时间的脉络中，我们唯一能够把握的就是现在，所以，不要牵挂过去，不要担心未来，踏实于现在，便能与过去和未来同在。

有人请教大龙禅师：“有形的东西一定会消失，世上有永恒不变的真理吗？”

大龙禅师回答：“山花开似锦，涧水湛如蓝。”

如锦缎般盛开的鲜花，虽然转眼便会凋谢，但依然不停地奔放绽开；碧玉般的溪水，虽然映照着同样蔚蓝如洗的天空，却每时每秒都在发生变化。

世界是美丽的，但似乎所有的美丽都会转瞬而逝。生命的意义在于过程，抓住瞬间消失的美丽，就是一种收获。时间像是一支弦上的箭，它是单向的，不能回头，所以我们要把握住现在、今朝，认真活在当下的每一分钟。

活在当下的人，应该放下过去的烦恼，舍弃未来的忧思，顺其自然，把全部的精力用来承担眼前的这一刻，因为失去此刻便没有下一刻，不能珍惜今生也就无法向往未来。

有人问一位禅师：什么是活在当下？

禅师回答他，吃饭就是吃饭，睡觉就是睡觉，这就叫活在当下。的确，最重要的事情，就是我们现在做的事情；最重要的人，就是现在和我们一起做事情的人；最重要的时间，就是现在。

老禅师带着两个徒弟，提着一盏灯笼行走在夜色中，一阵风吹来，灯笼被吹灭了。

徒弟问："师父，怎么办？"

师父回答说："看脚下！"

当一切变成黑暗，后面的来路，与前面的去路，都看不见，如同前世与来生，都摸不着。我们要做的是什么？唯有看脚下、看今生！

忘记无始无终的时空观念，对现有的生命悠然而受之，天冷了就添衣，天热了就脱衣，受而喜之，才能顺其自然，我们能够并且必须去把握的，唯有当下而已。

只有现时的存在，才有真实的自己

时间并不能像金钱一样让我们随意储存起来，以备不时之需。我们所能使用的只有被给予的那一瞬间，也就是今日和现在。如果我们不能充分利用今日而让时间白白虚度，那么它将一去不复返。所谓"今日"，正是"昨日"计划中的"明日"；而这个宝贵的"今日"，不久将消失在遥远的彼方。对于我们每个人来讲，得以生存的只有现在——过去早已消失，而未来尚未来临。昨天，是张作废的支票；明天，是尚未兑现的期票；只有今天，才是现金，是有流通性的价值之物。

人要学会在现时中生活，因为只有现时里才有真实的自己。需要注意的是，我们所用的"现时"一词，它更加强调的是"现在"这一时间概念。现实生活是你真正生活的关键所在。细想一下，除了"现在"，我们永远不能生活在任何其他时刻，你所能把握的只有现在的时光，其实未来也只不过是一种即将到来的"现在"。有一点可以肯定在未来到来之前，你是无法生活于未来之中的。

有时人们不得不为将来牺牲现在。细细体味采取这种态度就意味着不仅要避免目前的享受，而且要永远回避幸福——将来那一时刻一旦到来，也就成为现时，而我们到那时又必须利用那一现时为将来做准备。这样，幸福总是明日复明日，永远可望而不可即。

现时，是一种难以捉摸而又与你形影不离的时光，只有你完全沉浸于其中，才可得到一种美好的享受。因此，你应该充分享受现时的每分每秒，而不必去考虑已过去的往日和自然到来的将来。抓住现在的时光，这是你能够有所作为的唯一时刻。

回避现实往往导致对未来的一种理想化。希望、期望和惋惜都是回避现实的最为常见的方法。你可能会想象自己在今后生活中的某一时刻，会发生一个奇迹般的转变，你一下子变得事事如意、幸福无比、财富无限。或者期望自己在完成某一特别业绩——如大学毕业、结婚、有了家庭或职务晋升之后，你将重新获得一种新的生活。然而，当那一刻真正到来时，你却并没获得自己原先想象的幸福，甚至往往有些令人失望。未来永远没有你所想象的那么美好，如诗如画，它也只是一种切切实实的将要到来的"现时"。为什么许多年轻人婚后不久就哀叹生活与婚姻的不幸，其中不乏一个原因——他们曾经将婚姻和未来幻想得过于幸福美满，而当这一切真正到来时，他们却因为没有珍惜而错过了现时的快乐。

当然，如果生活中的某些方面并没有达到你原先的期望，你可以通过对未来的再一次理想化而将自己从低沉的情绪中解脱出来。但千万不要让这种恶性循环成为你的一种固定生活模式。立即采取一些现实生活的措施，打破这种恶性循环。

著名小说家亨利·詹姆斯在《大使们》一书中如此忠告：

"尽情地生活吧，否则，就是一个错误。你具体做什么都关系不大，关键是你要生活。假如没有生命，你还有什么呢……失去的就永远失去了，这是毫无疑义的……所谓适当的时刻就是人们仍然有幸得到的时刻……生活吧！”

如果你也像托尔斯泰书中的伊凡·伊里奇那样回顾自己的一生，你将会减少很多没有必要的遗憾。

“如果我到目前为止的整个生活都是错误的，那该怎么办？他忽然意识到以前在他看来完全不可能的事也许的确是真的——他也许真的没有按照他本应做的那样去生活。他忽然意识到，自己以前那些难以察觉的念头——尽管出现之后便随即被打消——或许才是真实的，而其他一切则是虚假的。他的职业义务、他的生活以及家庭的整个安排，还有他的一切社会利益和表面利益，也许完全都是虚无的。他一直在为这一切进行着辩解，然而现在，他蓦然感到自己的辩解是苍白无力的。没有什么值得辩解的……”

恰恰相反，正是那些你所没做的事情才会使你在心中耿耿于怀。如果你以自我挫败的方式度过现在的时光，就无异于永远地失去这一现时。因此，你现在应该去做的事情十分显然——行动起来！珍惜现在的时光，充分利用现在的时光，不要放过一分一秒。

过去只存在于你的印象里

淑娟是某校一位普通的学生。她曾经沉浸在考入重点大学的喜悦中，但好景不长，大一开学才两个月，她已经对自己失去了信心，连续两次与同学闹别扭，功课也不能令她满意，她对自己失望透了。

她自认为是一个坚强的女孩，很少有被吓倒的时候，但她没想到大学开学才两个月，自己就对大学四年的生活失去了信心。她曾经安慰过自己，也无数次试着让自己抱以希望，但换来的却只是一次又一次的失望。

以前在中学时，几乎所有的老师跟她的关系都很好，很喜欢她，她的学习状态也很好，学什么像什么，身边还有一群朋友，那时她感觉自己像个明星似的。但是进入大学后，一切都变了，人与人的隔阂是那样的明显，自己的学习成绩又如此糟糕。现在的她很无助，她常常这样想：我不比别人少付出，不比别人少努力，为什么别人能做到的，我却不能呢？她觉得明天已经没有希望了，她想，难道12年的拼搏奋斗注定是一场空吗？那这样对自己来说太不公平了。

进入一个新的学校，新生往往会不自觉地与以前相对比，而当困难和挫折发生时，产生“回归心理”更是一种普遍的心理状态。淑娟在新的环境中缺少安全感，不管是与人相处方面，还是自尊、自信方面，这使她长期处于一种怀旧、留恋过去的心理状态中，如果不去正视目前的困境，就会更加难以适应新的生活环境、建立新的自信。

不能尽快适应新环境，就会导致过分的怀旧。一些人在人际交往中只能做到“不忘老朋友”，但难以做到“结识新朋友”，个人的交际圈也大大缩小。此类过分的怀旧行为将阻碍着你去适应新的环境，使你很难与时代同步。回忆是属于过去的岁月的，而过去只存在你的印象里，不属于现实的生活。一个人要想在以后的生活里不断进步，就要试着走出过去的回忆，不管它是悲还是喜，不能让回忆干扰我们今天的生活。

在生活中，我们适当怀旧是正常的，也是必要的，但是因为怀旧而否认现在和将来，就会陷入病态。

不要总是表现出对现状很不满意的样子，更不要因此过于沉溺在对过去的追忆中。当你不厌其烦地重复述说往事，述说着过去如何如何时，你可能忽略了今天正在经历的体验。把过多的时间放在追忆上，会或多或少地影响你的正常生活。

我们需要做的，是尽情地享受现在。过去的再美好抑或再悲伤，那毕竟已经因为岁月的流逝而沉淀。如果你总是因为昨天错过今天，那么在不远的将来，你又会回忆着今天的错过。在这样的恶性循环中，你永远是一个迟到的人。不如积极参与现实生活，如认真地读书、看报，了解并接受新生事物，积极参与改革的实践活动，要学会从历史的高度看问题，顺应时代潮流，不能老是站在原地思考问题。如果对新事物立刻接受有困难，可以在新旧事物之间寻找一个突破口，例如思考如何再立新功、再创辉煌，不忘老朋友、发展新朋友，继承传统等，寻找一个最佳的结合点，从这个点上做起。

隆萨乐尔曾经说过："不是时间流逝，而是我们流逝。"不是吗，在已逝的岁月里，我们不可抗拒让生命在时间里一点一滴地流逝。

说穿了，回到从前也只能是一次心灵的谎言，是对现在的一种不负责的敷衍。史威福说："没有人活在现在，大家都活着为其他时间做准备。"所谓"活在现在"，就是指活在今天，今天应该好好地生活。这其实并不是一件很难的事，我们都可以轻易做到。

将过去留在记忆里，重新起程

当生活变得郁闷难受的时候，当警报把你推向万丈深渊和无限的烦恼时，你会渴望去逃避令人难以忍受的现实，这是非常自然的事情。

于是，我们开始做白日梦，想到在学校的无忧时光，想到过去某个阳光和煦的沙滩。我们也许会在某种广告、某种邮卡或某部电影中看到过它并希望我们能够身临其境。或者，我们也许会回忆起一片我们曾经到过的乐土，那时生活似乎也没有现在这么复杂。

诸如此类的暂时性逃避，在解除我们的精神紧张方面，也许很有益处。但是，持续不断地靠怀念过去来逃避现实（逃入往事的回忆之中），却是一种无益的习惯，其结果往往是使人逃避成熟的思考。

一个夏天的下午，在纽约的一家中国餐厅里，奥里森·科尔在等待着，他感到沮丧而消沉。由于他在工作中有几个地方出现错误，使他没有完成一项相当重要的项目。即使他在等待一位很重要的朋友时，也不能像平时一样感到快乐。

他的朋友终于从街那边走过来了，他是一名了不起的精神病医生。朋友的诊所就在附近，科尔知道那天他刚刚和最后一名病人谈完了话。

"怎么样，年轻人，"朋友不加寒暄就说，"什么事让你不痛快？"对朋友这种洞察心事的本领，科尔早就不意外了，因此他就直截了当地告诉朋友使自己烦恼的事情。然后，朋友说："来吧，到我的诊所去。我要看看你的反应。"

朋友从一个硬纸盒里拿出一卷录音带，塞进录音机里。"在这卷录音带上，"他说，"一共有3个来看我的人所说的话。当然没有必要说出来他们的名字。我要你注意听他们的话，看看你能不能挑出支配了这3个案例的共同因素，只有4个字。"他微笑了一下。

科尔听起来，录音带上这3个声音共有的特点是不快活。第一个是男人的声音，显示他遭到了某种生意上的损失或失败；第二个是女人的声音，说她因为照顾寡母的责任感，以至于一直没能结婚，她心酸地述说她错过了很多结婚的机会；第三个是一位母亲，因为她十几岁的儿子和警察有了冲突，她一直在责备自己。

在3个声音中，科尔听到他们一共6次用到4个文字："如果，只要。"

"你一定大感惊奇。"朋友说，"你知道我坐在这张椅子里，听到成千上万用这几个字作开头的内疚的话。他们不停地说，直到我要他们停下来。有的时候我会让他们听刚才你听的录音带，我对他们说：'如果，只要你不再说如果、只要，我们或许就能把问题解决掉！'"朋友伸伸他的腿，"用'如果，只要'这4个字的问题，"他说，"是因为这几个字不能改变既成的事实，却使我们面朝着错误的方面，向后退而不是向前进，并且只是浪费时间。最后，如果你用这几个字成了习惯，那这几个字就很可能变成阻碍你成功的真正的障碍，成为你不再去努力的借口。

“现在就拿你自己的例子来说吧。你的计划没有成功，为什么？因为你犯了一些错误。那有什么关系！每个人都会犯错误，错误能让我们学到教训。但是在你告诉我你犯了错误，而为这个遗憾、为那个懊悔的时候，你并没有从这些错误中学到什么。”

“你怎么知道？”科尔带着一点儿辩护地说。

“因为，”朋友说，“你没有脱离过去式，你没有一句话提到未来。从某些方面来说，你十分诚实，你内心里还以此为乐。我们每个人都有一点儿不太好的毛病，喜欢一再讨论过去的错误。因为不论怎么说，在叙述过去的灾难或挫折的时候，你还是主要角色，你还是整个事情的中心人物……”

在朋友的开导下，科尔终于意识到，自己沉浸在过去错失的阴影中，还没有真正走出自我，并用积极上进的态度去改变现在的处境。

以前的事情或许是美好的，或许是悲哀的，但无论如何你都不能把它们放在心灵的主祭台上，因为你不可能走进历史，经常哀叹不如意的过去，只会使人迟钝而不能使人振奋。而且总是沉湎于过去的人，会使自己脱离对他极为重要的生活。

有人说，昨天就像使用过的支票，已经没有价值，只有今天才是现金，可以马上使用。一味地留恋过去，就会错过很多美好的事物，而这无疑是对生命的一种浪费，所以，在你面对生活的磨难时，一定不要怕，不要回避今天的真实与琐碎，要懂得将过去留在记忆里，以积极热情的心态开始自己新的生活。

请关上过去的那扇门

曾为英国首相的劳合·乔治有一个习惯——随手关上身后的门。一天，有一个朋友来拜访他，两个人在院子里一边散步，一边交谈，他们每经过一扇门，乔治都会随手把门关上。

朋友很纳闷儿，不解地问乔治：“有必要把这些门都关上吗？”乔治微笑着回答：“哦，当然有这个必要。我这一生都在关我身后的门，这是必须做的事。当你关门时，也就把过去的一切留在了后面，不管是美好的成就，还是让人懊恼的失误，然后，你才可能重新开始。”

把过去的一切关在身后，也就是卸下身心上的包袱，放弃已经到手的一切，这样才能更好地开始新生活，但这个问题往往被我们忽略。大多数人总是习惯于受过去的事情牵绊，无论成功或喜悦，无论失败或烦恼，挤占在脑海里不忍抛弃，结果使身心负载过重，浪费了精力，影响了事业的发展。所以，你应该试着学会经常把身后的门关上，把过去的一切留在身后。

关上身后的门，并不是把你过去的经验和教训关在身后，这些都是你人生的宝贵财富。你应把它们融入你的血液里，让它变成一种本能，一种习惯，这样更有利于你获得成功。

不为已经失去的而悲伤，这是一种大智慧！

每个人都希望自己的美好梦想变为绚丽现实。于是，在人生路上漫步时，我们犹如天真的孩童，总瞪大好奇的眼睛期待珍宝的出现，并在行走中欣喜地将它拾起。人生经历的行囊，在不断地捡拾中变得越来越重，直到举步维艰。是断然放弃还是继续珍藏？这是每个人都无法避免的难题和麻烦。

放弃，是一种伤感的美丽……

如果曾经的心情宛如一个行者，孤身踯躅在无边的大漠，迎着风沙，艰难地跋涉。远处，残阳如血。抬眼望，遥远的一线天际空旷而寂寥，周身弥漫的是一种孤苦和凄凉。当情绪低落到极点时，为何不解决自己的问题，为何不放弃行囊中的抑郁？也许曾经收入行囊时，它们对我们来说是值得珍视的，给我们带来了欢乐。但随着岁月的流转，光阴的飞逝，它们的存在只会触痛我们的伤疤，它们的出现只能给我们留下黑夜辗转难眠时无声的泪水，为什么还要保存

着它们？放弃它们，打开尘封已久的行囊，把它们倾倒出来！也许，这会使你痛苦，但是，放弃之后，你会发现，心会如此灵动，情会如此轻松。

别给当下制造过多的痛苦

活在当下是一种全身心地投入人生的生活方式。当你活在当下，而没有过去拖在你后面，也没有未来拉着你往前时，你全部的能量都集中在这一时刻，生命因此具有一种巨大的张力。“当下”给你一个深深地潜入生命水中或是高高地飞进生命天空的机会。但是在两边都有危险——“过去”和“未来”是人类语言里最危险的两个词。生活在过去和未来之间的当下几乎就好像走在一条绳索上，在它的两边都有危险。但是一旦你尝到了“当下”这个片刻的甜蜜，你就不会去顾虑那些危险；一旦你跟生命保持同一步调，其他的就无关紧要了。对你而言，生命就是一切。

当生命走向尽头的时候，你问自己一个问题：你对这一生觉得了无遗憾吗？你认为想做的事你都做了吗？你有没有好好笑过、真正快乐过？

想想看，你这一生是怎么度过的：年轻的时候，你拼了命想挤进一流的大学；随后，你巴不得赶快毕业找一份好工作；接着，你迫不及待地结婚、生小孩；然后，你又整天盼望小孩快点儿长大，好减轻你的负担；后来，小孩长大了，你又恨不得赶快退休；最后，你真的退休了，不过，你也老得几乎连路都走不动了……当你正想停下来好好喘口气的时候，生命也快要结束了。

其实，这不就是大多数人的写照吗？他们劳碌了一生，时时刻刻为生命担忧，为未来做准备，一心一意计划着以后发生的事，却忘了把眼光放在“现在”，等到时间一分一秒地过去，才恍然大悟“时不我予”。

智者常劝世人要“活在当下”。到底什么叫作“当下”？简单地说，“当下”指的就是：你现在正在做的事、待的地方、周围一起工作和生活的人。“活在当下”就是要你把关注的焦点集中在这些人、事、物上面，全心全意认真去接纳、品尝、投入和体验这一切。

而事实上，大多数的人都无法专注于“现在”，他们总是若有所想，心不在焉，想着明天、明年甚至下半辈子的事。假若你时时刻刻都将力气耗费在未知的未来，却对眼前的一切视若无睹，你永远也不会得到快乐。一位作家这样说过：“当你存心去找快乐的时候，往往找不到，唯有让自己活在‘现在’，全神贯注于周围的事物，快乐才会不请自来。”或许人生的意义，不过是嗅嗅身旁每一朵绚丽的花，享受一路走来的点点滴滴而已。毕竟，昨日已成为历史，明日尚不可知，只有“现在”才是上天赐予我们最好的礼物。

许多人喜欢预支明天的烦恼，想要早一步解决掉明天的烦恼。其实，明天如果有烦恼，你今天是无法解决的，每一天都有每一天的人生功课要交，努力做好今天的功课再说吧！别再给当下制造过多的痛苦了，只要我们能用平常的心对待每一天，用感恩的心对待当下的生活，我们才能理解生活和快乐的真正含义！

只为生存的每一天而喝彩

生和死是一对孪生兄弟。死对他的哥哥眷恋不已，生走到哪里，他就跟到哪里。可是，生却讨厌他的这个弟弟。尤其使他扫兴的是，往往在他举杯畅饮的时候，死突然出现了，把他满斟的酒杯碰落在地，摔得粉碎。“你这个冤家，当初母亲既然生我，又何必生你，既然生你，又何必生我！”生绝望地喊道。“好哥哥，别这么说。没有我，你岂不寂寞？”死心平气和地说。“永远不！”“可是你想想，如果没有我和你竞争，你的享乐有何滋味？如果没有我和你同台演出，你的戏剧岂能精彩？如果没有我给你灵感，你心中怎会涌出美的诗歌，眼前怎会展现美的图画？”“我宁可寂寞，也不愿见到你！”“好哥哥，这可办不到。母亲怕你寂寞，才让我陪伴你。我这个孝子怎能不从母命？”于是，忍无可忍的生来到大自然母亲面前，请求她把可恶的弟弟带走，别让他再纠缠自己。然而，大自然是一位大智大慧的母亲，绝不迁就儿子的任性。生只好服从母亲的安排，但并不领会如此安排的好意，所以对死始终怀着一种无可奈何的怨恨心情。

生是人生的起点，死是人生的终点，许多时候，死是容易的，活着却很艰难。从起点到终点，犹如画了一道美丽的弧线，生命之美被淋漓尽致地展现。哲人说，生命不止一次。读不懂生命的人，认为他的生命只是一次，读懂生命的人，感叹他生涯浮沉，九死一生。活得无悔，便不会怨憎死了。

释迦牟尼曾经向在他身边修道的人问道：“人的生命有多长？”大家对这个问题的回答不尽相同。有人认为有很多年的时间，有的人则认为人的生命也不过只有几天的时间，还有的人认为是吃一顿饭的时间就没有了，又有人认为，生命其实就在呼吸之间。于是，大家都希望释迦牟尼佛能够对回答进行判断。而佛认为只有最后一个才是对的，也就是说佛认为生命就在呼吸之间。生命是非常短暂的，也是很脆弱的。即使有人能够超过一百岁，但是，在浩瀚的宇宙长河中，也就是那么一瞬间的事情而已。

所以，当我们意识到了生命的短暂之后，就要好好地珍惜自己转瞬即逝的生命，不要让自己的人生充斥着自私、阴暗、虚伪这些负面的东西。一旦我们把功名利禄这些身外之物作为人生的终极目标，我们的内心就会充满永远无法满足的欲望。相反，如果能够抵挡物质的诱惑，追求内心的富足，则能够坦然、平和地面对人生，积聚更多的慧根。这样，即使到了生命即将结束的时候，我们也能够坦然地去接受，也能够让自己从容地面对死亡。

生命从起点到终点，是一个自然的过程。没有死的悲伤就没有生的喜悦，洞悉了生与死的本质，就不会为终究要死去而坐立不安，只会为生存的每一天而喝彩、叫好。

能时常想起死亡，便能认真活于此刻

生与死是人生旅途中的一个大转折，生死齐一，齐一生死，有生必有死，有得必有失，生死是人生必经的旅程，不要把死看做是生命的终结，也可以同慧能一样，走向“另一个去处”。参透这一玄机，我们就不必天天再为生老病死而恐惧不安，或对于家庭、亲朋甚至世间的荣华富贵有所舍不得，至少可以活得开心一点儿、快乐一些。

父母给了我们了不起的生命，就是让我们学会面对生命中的一切，包括生与死的重大问题。如果父母不给我们生命，我们连死的机会都没有，现在总算给我们一个死的机会，多可贵呀！这就是看透生死的勇气。

人来到世上是偶然的，走向死亡却是必然的。人生除了生与死能引起几声欢呼、几阵哭泣外，健康地活在世上的人很少会想到死亡。因而生活中常可见到一些人，成则轻狂骄妄、得意忘形，败则一蹶不振、沮丧绝望，对得失锱铢必较，对成败患得患失，对诱惑欲壑难填，无论大事小事，整天烦恼、忧愁、痛苦、懊丧，甚至去猜忌、争斗、相互陷害。不识人生之轻重、不辨生命之真谛，真可谓一叶障目，不识泰山！

科尔和马克一起去医院看病，他们都是鼻子不舒服。在等待化验结果期间，科尔说如果是癌，立即去旅行。马克也如此表示。

结果出来了，科尔得的是鼻癌，马克长的是鼻息肉，科尔留下了一张告别人生的计划表就离开了医院，马克却住了下来，科尔的计划是：去一趟埃及和希腊，以金字塔为背影拍一张照片，在希腊参观一下苏格拉底雕像；读完莎士比亚的所有作品……

他在生命的清单后面这样写道：“我的一生有很多梦想，有的实现了，有的由于种种原因，没有实现。现在上帝给我的时间不多了，为了不遗憾地离开这个世界，我打算用生命的最

后几年去实现剩下的愿望。”科尔辞掉了公司的职务，去了埃及和希腊。现在科尔正在实现他出版一本书的夙愿。

有一天，马克在报上看到科尔写的一篇有关生命的散文，于是打电话去问科尔的病情。科尔说：“我真的无法想象，要不是这场病，我的生命该是多么的糟糕。是它提醒了我，去做自己想做的事，去实现自己想去实现的梦想。现在我才体味到什么是真正的生命和人生。你生活得也挺好吧？”

马克没有回答。他早把自己亲口说的去埃及和希腊的事放在脑后去了。

在这个世界上，每一个人最后都不可避免地要走向生命的尽头，有的人走得快，有的人走得慢。而走得快的人，看透了生死，反而活出了精彩的人生。而走得慢的人，总是想着自己还有足够的时间去实现自己的人生目标，一拖再拖，直到最后仍然没有完成，碌碌无为地度过了自己平庸的一生。这不能不说是生命的一种悲哀。

人，倘若能时常想起死亡，想到每天都有那么多人死去，而自己能健康地活着，一定会感到生命的可贵和生活的可爱，再难处理的事也会变得轻松，人自然而然就会豁达、超脱起来。人只有面对死亡，想到死亡，才能真正冷静理智、大彻大悟、超越自我。

感慨生命的短暂，不是学曹孟德“譬如朝露，去日苦多”的叹息，也不是苏东坡“人生如梦”的无奈，更不是看破红尘的消极颓废。而是想，人生苦短，生命易逝，今天能健康、自在、安乐地活着，我们就没有什么理由不去珍重生命、热爱生活、好好活着，过好生命中的每一天。

因此，当你得意或失意的时候，请站在生命的制高点上，叩问生死，思考人生。有了看透生死的勇气，才能顺应自然、重生乐生，选择超越自我的人生观，创造超越自我的人生价值。

每天都达成所愿，又何来明天烦忧

一日，弘一法师来到禅堂，为众僧讲佛。十分钟后，弘一法师敲过木鱼，环视屋内众僧，只见一小沙弥额头冒汗，双手颤抖。弘一法师问其原因，小沙弥回道：“方才听师父讲诵佛法，以为能课业圆满，没想到心思怎么也集中不到一点上，以致如此。”弘一法师微微一笑，双手合十道：“诸生烦恼，不过是纠结过多。心在当下，又何来纷扰。”

上班下班，吃饭走路，或者挤公共汽车，有人闭目却思绪万千，有人微笑却面色憔悴；望浮云而忧人生岁月，看今朝而恼明日风雨。名缰利锁，奔忙劳累，一刻不得闲。这样的人，说来终归有些感时伤世。因为感时，故牵挂太多，明天将会如何，以后还能怎样，现在的落脚之处是否会是自己终身的陋室；因为伤世，而喜怒无常，试图寻求安宁的场所，眼见人来人往，空间被压缩，似乎连呼吸都显得如此困难。就像那个小沙弥一样，心思有碍，而不能彻悟。

在古人看来，这无疑是身心的“物役”，即为自己创造的事物所困，更为自己的精神世界所扰，想要寻得简单的生活，却终究不得。他们虽然工作着、生活着，却似一群被放逐的幽灵，生活在别处。执着于不可知的将来，于是雾非雾，花非花，朴质清新的一面也逐渐被世俗的尘埃所覆盖，不知道该往哪里去。自然万物无论怎么复杂，都是起于一物，最终落于一物。落于一物即是关照现在。执着于当下，庸人自扰似的无尽烦恼和因此而发的黯然神伤还会浮现于我们的心头吗？也唯有关照现在，执着于当下，内心才不致看似充沛实则荒芜，才可以简单通达的心态面对错综复杂的人世。

一个女子得了重病，需要马上手术，当女子的丈夫在手术同意书上签字的时候，他的手都哆嗦了，因为他害怕手术会让他们生死两重天。手术很成功，女子听到了丈夫欣喜的喊声。可是她根本睁不开眼睛，因为全身麻醉。看着心爱的妻子苍白的面庞，丈夫极为心疼。等女子睁开眼睛，护士长对女子的丈夫说：“如果排气了，就可以吃东西了。”可是她没有排气，气在她肚子里就是不出来，疼得女子汗流不止。女子后来告诉丈夫，当手术结束后，她想大哭一场，因为她又活了过来，她又可以和他吵架了。丈夫紧握妻子的双手说："吃饭就吃饭，睡觉就睡觉，不许乱想、不许生气、不许生病，我要和你好好的度过每一天。"女子投入丈夫的怀抱，她想握住现在。

过去的，已经过去，未来的，还没发生！也许只有当人们遭遇不幸时，才会意识到当下时光的宝贵。就像上文中的这个女子一样，她的痛哭、她对手术能否成功的担忧。生活的起起伏伏总是很容易让我们回想过去，会让我们产生这样的叹息：为什么以前不那么做？为什么此刻才追悔莫及。慌乱和无措由此产生，继而对自己整个人生产生了怀疑。人的生命，一方面是吃食物，一方面是消化食物；人的意识亦为一方面获取，一方面付出，"获取"和"付出"是"明己"，是智慧人生的体现。每一天都达成所愿，又何来明天之烦忧？

珍视今天，勿让等待妨害人生

有个创意家，总是给人以悠闲无事的感觉，但他的收入并不少。记者问他是怎么做到的，他说："做时间的主人，别让时间做你的主人。"

这句话的意思是说，你可以决定什么时间做什么事，而不是让时间来决定你应该做什么事。时间对他而言只是桥梁，通过它，可以找到更合适的生活方式，而不仅仅是谋取财富。在他看来，时间还有更重要的使命："有时间的人是活人，没有时间的人是死人。"

宋国大夫戴盈之曾对孟子说："现在的赋税太重了，很想按照以前的井田制度，只征收十分之一的税，但是目前执行起来有困难，只能暂时减一点儿，明年再看着办，你以为如何？"孟子不置可否，只举了个例子："有一个小偷，每天都偷邻居的鸡，别人警告他，再偷就将他送官，他哀求说，从今天开始，我每个月少偷一只，明年就洗手不干了，可以吗？"

其实，等待永远是美好的最大敌人。一个小偷不会应每个月少偷鸡而成为善良之辈，时间也不会在我们的等待之中变得漫漫无期。俄国作家赫尔岑认为，时间中没有"过去"和"将来"，只有"现在"才是现实存在的时间，才是实实在在的、最有价值和最需要人们利用的时间。在这一点上，丘吉尔和爱因斯坦无疑是我们最好的榜样。

英国前首相丘吉尔平均每天工作17个小时，还使得10个秘书也整日忙得团团转。为了提高政府机构的工作效率，他在行动迟缓的官员的手杖上，都贴上了"即日行动"的签条。

1904年，正当年轻的爱因斯坦潜心于研究的时候，他的儿子出生了。于是，在家里，他常常左手抱儿子，右手做运算。在街上，他也是一边推着婴儿车，一边思考着他的研究课题。妻儿熟睡了，他还到屋外点灯撰写论文。爱因斯坦就是这样抓住每一个今天，通过一点一滴积累，在一年中完成了四篇重要的论文，引领了物理学领域的一场革命。

钟表王国瑞士有一座温特图尔钟表博物馆。在博物馆里的一些古钟上，都刻着这样一句话："如果你跟得上时间步伐，你就不会默默无闻。"这句富有哲理的话，一定早已铭刻在许多成功者的心灵深处了。

珍惜生命，珍视"今天"，不放弃每天的努力，是成功者们共同信奉的信条。今天，如果你珍视每一分钟，你的生活又会是怎样呢？

多读一分钟：书太多了，人的时间太少了，多浪费一分钟，少阅读一本书。经常省下零零星星的一分钟，拿出一本喜欢又被遗忘很久的书来阅读。多读一分钟，你会感到很惬意。

多玩一分钟：人生倏忽一百年，少得可怜。每天多留一分钟，看一看山水，看一看大海和天空，看一看星星和月亮，就能把人生演绎得美妙多情些。

多陪孩子一分钟：孩子才是人生里最重要的资产之一，多一分钟赚钱，便少一分钟与孩子相处的机会。与孩子相处，你可以返璞归真，拥有童稚之心，无忧，欢乐。

多陪爱人一分钟：爱人不是用来拌嘴的对象，她是六十亿分之一的缘分与修得五百年福分的集合，在终老之前多陪她一分钟。一个一分钟很少，一百个一分钟也不多，但是千千万万个一分钟，可就不少了。每天预留一分钟给家人，人生便多了许多一分钟的美好。

眼光是为看到现时的喜乐而存在

我们的眼光是为了看到现时的喜乐而存在的，如果始终将目光停留在消极之处，那么你只会变得越来越沮丧、自卑，无缘无故给自己增添烦恼，还会影响你的身心健康。结果，你的人生就可能被失败的阴影遮蔽它本该有的光辉。悲观失望的人在挫折面前，会陷入不能自拔的困境。

尤利乌斯是一个画家，而且是一个很不错的画家。他画快乐的世界，因为他自己就是一个快乐的人。不过没人买他的画，因此他想起来会有点儿伤感，但只是一会儿。

他的朋友们劝他：“玩玩足球彩票吧！只花两马克便可赢很多钱！”

于是尤利乌斯花两马克买了一张彩票，并真的中了彩！他赚了50万马克。

他的朋友都对他说：“你瞧！你多走运啊！现在你还经常画画吗？”

“我现在就只画支票上的数字！”尤利乌斯笑道。

尤利乌斯买了一幢别墅并对它进行了一番装修。他很有品位，买了许多好东西：阿富汗地毯、维也纳柜橱、佛罗伦萨小桌、迈森瓷器，还有古老的威尼斯吊灯。

尤利乌斯很满足地坐下来，他点燃一支香烟静静地享受他的幸福。突然他感到好孤单，便想去看看朋友。他把烟往地上一扔，在原来那个石头做的画室里他经常这样做，然后他就出去了。

燃烧着的香烟躺在地上，躺在华丽的阿富汗地毯上……一个小时以后，别墅变成一片火的海洋，它完全烧没了。

朋友们很快就知道了这个消息，他们都来安慰尤利乌斯。

“尤利乌斯，真是不幸呀！”他们说。

“怎么不幸了？”他问。

“损失呀！尤利乌斯，你现在什么都没有了。”

“什么呀？不过是损失了两个马克。”

朋友们为了失去的别墅而惋惜，可是尤利乌斯却不在意，正如他所说的，不过是两个马克，怎么能够影响他正常的生活，让他陷入悲伤之中呢？由此可见，事情本身并不重要，重要的是面对事情的态度。只要有一双能够发现美好事物的眼睛，有一颗保持乐观的心，那么即使是再悲惨的事情，也不会让我们悲伤。

我们都有这样的感受：快乐开心的人在我们的记忆里会留存很长的时间，因为我们更愿意留下快乐的而不是悲伤的记忆。每当我们回想起那些勇敢且愉快的人们时，我们总能感受到一种柔和的亲切感。

千万不要让眼光停留在消极之处，让自己心情变得越来越消沉，一旦发现有这种倾向就要马上避免。我们应该养成乐观的个性，面对所有的打击我们都要坚韧地承受，面对生活的阴影我们也要勇敢地克服。要知道，任何事物总有光明的一面，我们应该去发现光明、美好的一面。垂头丧气和心情沮丧是非常危险的，这种情绪会减少我们生活的乐趣，甚至会毁灭我们的生活。

不要奢望未来，享受此时此刻

现代人总觉得自己的生活疲惫，无暇享受此刻美好的生活，这是因为大家总是担心时间不够，就像总是觉得钱不够一样。学习停下脚步，享受已经拥有的时间、金钱与爱是生活中重要的一课。

释迦牟尼在没有成佛之前，经历过很多次的磨炼和苦修，从中领悟了许多人生的真谛。

有一天，释迦牟尼要进行一次长途的跋涉，他因为急于到达目的地，便无视于路程的遥远和艰苦，努力地赶路。

长路漫漫，释迦牟尼累得精疲力竭，终于，眼看就要到达自己想去的地方了，他松了口气。就在他心情放轻松的同时，他感觉到自己的脚下有一颗小石子磨得双脚很不舒服。那颗石子很小，小到让人根本不觉得它的存在。

其实，在刚开始赶路时，他就已经清楚地感觉到那颗小石子在鞋子里，不断地刺痛着脚底，让他觉得不舒服。然而，他一心忙着赶路，不想浪费时间脱下鞋子，索性便把那颗小石子当作是一种修行，不去理会。直到这时，他才停下急切的脚步，心想着：既然目的地已经快要抵达了，又还有一些余暇，干脆就在山路上把鞋子脱下来，把脚下的小石子从鞋子里倒出来，让自己轻松一下吧！就在他低头弯腰准备脱鞋的时候，他的眼睛不自觉地瞄向路边的水光山色，竟发现它是如此的美丽。当下，他领悟了一个重要的道理：自己这一路走来，如此匆忙，心思意念竟然只专注在赶路上，甚至完全没有发现四周优美的景色。

他把鞋子脱下，然后将那颗小石子拿在手中，不禁赞叹着说："小石头啊！真想不到，这一路走来，你不断地刺痛我的脚掌心，原来是要提醒我，慢一点儿走，注意生命中的一切美好事物啊！"

如果天上的星星一生只出现一次，那么每个人都会出去仰望，而且看过的人一定都会大谈这次经历的庄严和壮观。传媒一定提前大做宣传，而且事后许久还要大赞其美。星星果真只出现一次，我们一定不愿错过其美，不过它们每晚都闪亮，所以我们很少抬头望一眼天空。

正如罗丹所说："生活中不是缺少美，而是缺少发现。"不会欣赏每日的生活是我们最大的悲哀。其实我们不必费心地四处寻找，美是随处可见的。

可惜的是，生活中的美总是被我们忽略，我们无意中预支了"此刻的生活"。要充分享受生活，就一定要学会放慢脚步，让自己停留在一个没有过去，没有未来，只有现在的地方。当你停止疲于奔命时，你会发现生命中未被发掘出来的美；反之，当生活在欲求永无止境的状态时，我们永远都无法体会生活的"慢"妙之美。

第二节　改变不了过去，但可以珍惜当下

好好活着是一种状态

天地造化赋予人一个生命的形体，让我们劳碌度过一生，到了生命的最后才让人休息，而死亡就是最后的归宿，这就是人一生的结束。

“善吾生者，乃所以善吾死也。”这是一个重要的结论。生命是虚无而又短暂的，它在于一呼一吸之间，如流水般消逝，永远不复回。一个人真正认清了生命的意义，生命的方向，才可以好好的活着，将生命演绎得无比灿烂、无比美丽。

自然界中各种生命的历程都有着惊人的相似。虽只是大自然万千家族中极为弱小的一员，可是，它们却以其独特的生命方式向世人昭告：“生命一次，美丽一次。”

生命之旅，无论短如小花，还是长如人类，都应当珍惜这仅有一次的生存权利。让生命更精彩，我们理应在有限的时间里，绽放生命的花朵。南怀瑾先生曾说，生死是人生的一个大学问。一个真正善其身的人，能够主宰自己的生命。

她是一个年轻的护士，很多时间都是在病房里度过，病人床头的花开花谢让她深刻地感受到生命的脆弱。有时候，她甚至觉得病人床头大朵绽放的花仿佛浑然不知死亡的存在，冰冷的花蕊就像一双双嘲弄的眼睛。因此，她一点也不喜欢花。

一天，病房里一个新来的男孩送给她一盆花，她竟然没有拒绝。也许是为了他的稚气、孩子一般的笑容，也许是怕伤害对方的心。从搬进来的第一天起，她就知道他再没有机会离开这间病房了。

那次，他趁她不注意的时候偷偷地溜达到外面玩了，回来的时候正好碰见了她。他像一个做错事的孩子站在她面前，低着头一声不吭。到了傍晚，她的桌上多了一盆三色堇，紫、黄、红，斑斓交错，像蝴蝶展翅，又像一张顽皮的鬼脸，旁边还附上一张小条子：“想知道你不高兴的样子像什么吗？”她忍俊不禁。第二天她收到了他送的一盆太阳花，小小圆圆的红花，每一朵都是一个灿烂的微笑：“想知道你笑的样子像什么吗？”

后来，他带她到附近的小花店闲逛，她这才惊奇地知道，世上居然有这么多种花，玫瑰深红，康乃馨粉黄，马蹄莲幼弱婉转，郁金香艳异咄咄，栀子花香得动人魂，而七里香便是摄人心魄。她也惊奇于他谈起花时燃烧的眼睛，仿佛在那里面燃烧着生命的光芒。

他问：“你爱花吗？”

“花是无情的，不懂得生命的可贵。”

他微笑着告诉她：“懂得花的人，才会明白花的可敬。”

一个烈日炎炎的中午。她远远看见他在住院部的花园里站呆了，她刚要喊一声，他听到了脚步，急切回身，食指掩唇：“嘘——”

那是一株矮矮的灌木，缀满红色灯笼的小花，此时每一朵花囊都在爆裂，无数花子四周飞溅，仿佛一场密集的流星雨。他们默默地站着，见证了一种生命最辉煌的历程。

第二天，他送给她一个花盆，盆里只有满满的黑土。他微笑着说：“我把昨天捡回来的花籽种在盆里了，一个月后就会开花。”

三天后，深夜，他床头的急救铃声突然响起。她第一时间冲到病人的身边，在家属的眼泪中，她知道一切都已经太晚了。在生命的最后时刻，他始终保持奇异的清醒，对身边的每一个人露出了一个灿烂的笑容，像刚刚展翅便遭遇风雪的花朵，渐渐冻凝成化石。

她并没有哭，每天给那一盆土浇水。后来，她到外地出差一个星期，回来后，发现那盆花不见了。同屋的女伴看见里面什么都没有种，就把它扔到窗外了。

又过了一段时间，她打开桌前久闭的窗，整个人惊呆了——窗户下，一个摔成两半的花盆里长出了一株瘦瘦的嫩苗，青翠欲滴，还有一个羞涩的含苞，好像一盏燃起的生命之灯。这时，她忽然懂得了生命的真谛。

易朽的是生命，似那转瞬即谢的花朵；然而永存的，是对生的激情。每一朵勇敢开放的花，都是一个面对死亡的灿烂微笑。一个人看透了生死的意义，看清了生命的价值，就会将生演绎得更美丽，更灿烂。

生命是宝贵的，短暂的，重生乐生，在有限的生命岁月，创造更多更高的人生价值，使生命更有意义，不枉来世上走一趟。世间的事情永远不可能是十全十美的，也许正因为这样，才会有人一辈子都去追求完美的东西。歌德有句名言：生活在理想的世界，就是要把不能的东西当作仿佛是可能的东西来处理。别总是面对死亡而悲观，既然活着，就应该好好歌唱，活着就应该笑。因为笑是苦难最好的归宿。“笑对生活”就是乐生重生，顺其自然，追求高，看得透，想得开，活得既有意思、有价值，又比较轻松。

此刻的你也许在担忧明天，畅想未来，忘记它们，这样就能轻松一点，自在一点。享受明月清风，坐看水流云动，享受生命的自由自在，何乐而不为？

为了看看太阳，我来到世上

阳光是世界上最美好的东西，它驱除阴暗，照耀四方，让人心旷神怡；它沐浴万物，让世界充满向上和成长的力量；它坦荡无私，播撒着快乐与博爱的光芒。为了看看这太阳，我来到世上，才发现每一个人都拥有阳光，例如他们幸福时的欢畅、顺利时的激动，但也不可避免地会遭遇黑暗，比如委屈时的苦闷、挫折时的悲观和选择时的彷徨，可是他们说这就是人生。

人生就是一碗酸、甜、苦、辣、咸五味俱全的汤，每种滋味都有可能品尝到。然而，人的生活并非只是一种无奈，而是可以由自身主观努力去把握和调控的。相信前面的路途中一定还会有阳光出现，并努力去坚持，你的人生才会被太阳普照。

在弘一法师的房间里，挂着他的一幅书法作品，上面有一句偈语：花繁柳密处拨得开，方见手段；风狂雨骤时立得定，才是脚跟。意思是说，只有经得起考验的，才是最好的。

是的，人生来即是处于考验当中，第一次呼吸时，对世间空气的接纳是一场考验；在接受哺乳时，对营养的接纳又是一场考验……以后种种，历经死劫，无时无刻不处于考验之中。

在一片茫茫无垠的沙漠上，智者带领着几位弟子在那里负重跋涉。阳光很强烈，干燥的风沙漫天飞舞，而口渴如焚的智者和弟子们早已经没有了水。

水是智者他们穿越沙漠的信心和源泉，甚至是苦苦搜寻的求生目标。这时候，智者从腰间拿出一只水壶。说：“这里还有一壶水。但穿越沙漠前，谁也不能喝。”那水壶从随行的弟子们手里依次传递开来，沉沉的。一种充满生机的幸福和喜悦在每个弟子近乎绝望的脸上弥漫开来。

终于，他们一步步挣脱了死亡线，顽强地穿越了茫茫沙漠。他们喜极而泣的时候，突然想到了那壶给了他们精神和信念支撑的水。

于是，智者拧开壶盖，流出的却是满满的一壶沙。

智者对众弟子们说：“在沙漠里，干枯的沙子有时候可以是清冽的水，只要你的心里驻扎着拥有清泉的信念。”

许多人之所以难以取得成功，并不是因为能力不够，而是内心深处没有坚定的信念，不能够去顽强拼搏，所以面对困境时束手无策，甚至放弃。但是我们要知道，人生容不得我们说放弃便放弃，为了活下去，人们必须要面对种种考验和选择。

任何通向成功的道路上都布满了荆棘，充满了数不清的艰难与困苦、辛酸与煎熬，都要经历各种各样的考验。从某种意义上说，所有的成功者之所以能够获得成功则是因为他们能经得起各种考验。

大文豪巴尔扎克说过：“世界上永远没有绝对的事情，结果完全因人而异。苦难对于天才是一块垫脚石……对于能干的人是一笔财富，对弱者是一个万丈深渊。”

若一个人经得起人生的考验，他便能最终如花般绽放自己的生命。那些经不起考验的人是注定无法获得最后的成功的。奥斯特洛夫斯基曾说过：“人的生命似洪水在奔腾，而遇到岛屿与暗礁，便难以激起美丽的浪花。”是的，没有经历考验的人生是苍白的，只有经历考验而依

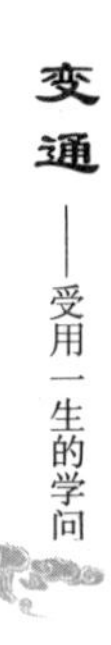

然屹立的人生才是有价值的人生。

上帝是公平的，他在把苦难撒向人间的时候，往往准备好了厚重的回报等着勇士去拿。当苦难不期而至时，我们要视苦难为财富、为机遇，向它宣战。当你成功地征服它之后，就能真切地感受到生活的甘甜、人生的价值。

战争结束后，很多国家发生了不同程度的经济危机。在美国一座曾经繁华的城市里，有一条人来人往的街道，有一个盲乞丐每天都在街边坐着。他总是笑眯眯的，每当感觉到有人走近时，他就会友好地跟他们打招呼。

大家非常好奇，为什么这个盲乞丐每天都如此快乐，他难道不为乞讨不到更多的钱而忧愁，不为自己的境况悲伤吗？于是有人猜测，那个乞丐不是凡人，所以无忧无虑，也有人说，他可能是个来自疯人院的疯子。

终于有一天，一个年轻的小伙子按捺不住自己的好奇心，上前询问盲乞丐为什么每天都如此开心。

盲乞丐开心地笑了，他说：“因为无论怎么样，我每天都能看到太阳从东方冉冉升起，我看到世界是光明的，所以就无比的快乐。”

小伙子很不解，于是又问道：“您分明是个盲人，怎么能看到太阳升起呢？”

那乞丐捋捋长须，说：“孩子，难道双目失明就无法看到这世上的阳光了吗？”

是啊，人生阳光与否，其实是一种感觉、一种心情。外部环境是一回事，我们的内心又是另外一种境界。如果我们的内心觉得满足和幸福，我们就快乐；我们的心中充满灿烂的阳光，外面的世界也就处处充满阳光。

有阳光，当然也会有阴影。也许你正在为当下生活的阴云密布而愁眉不展，殊不知挫折是人生的另一番风景。当阴影来临时，就是自我沉潜、韬光养晦的时机。就算阴影在头顶上盘旋，我们的内心至少还留有幸福的余温。无论在和平昌盛的时期，还是经济萧条下的社会，总会有种种不如意的事情给我们心头的快乐与幸福蒙上一层尘土，但我们还是要在生活中自由自在地挥洒，勇于选择和承担生活的责任，不受尘世的约束却又深情细致。在任性与认真之间，不管是守着边缘或主流的位置，都能在漂泊贫苦的生活中，快乐地体悟人生。

人类时时刻刻都置身于各种各样的考验之中，并且经受着来自各方面的考验。而真正的考验只会使你更加强大起来，使你更快地成就你的事业，并最终造就你，即使带着伤，却依旧光彩夺目。

保持快乐的心情是处理一切事情的前提

“我之所以高兴，是因为我心中的明灯没有熄灭。道路虽然艰难，但我却不停地去求索我生命中细小的快乐。如果门太矮、我会弯下腰；如果我可以挪开前进路上的绊脚石，我就会去动手挪开，如果石头太重，我可以换条路走。我在每天的生活中都可以找到高兴事。信仰使我能够以一种快乐的心态面对事物。”歌德夫人如是说。

现代社会是一个高度竞争的社会，我们很容易就被卷入了各种利益的相互交合碰撞的旋涡之中，这样势必会影响到我们的心情，而心情的好坏与否对于一个人来说至关重要，它会影响一个人在日常生活中的办事效率，甚至会影响到人的身心健康。

方晴是机关的女职员。今年27岁的她出身于农民家庭，父母文化水平较低。她自小勤奋好学，家中对她寄予的希望很大，她也想依靠自身的努力使父母生活得更好一些，因此，她自小就埋头苦读，从小学到高中、到大学，她学习都很好。但由于一心读书，方晴很少交朋友，根本没有什么知心伙伴，因此，方晴常感到很孤单、很寂寞。尤其是参加工作后，在机关上班，工资较低，仍旧无法接济父母，她心里经常自责。

另一方面，她很难与人相处，总是一个人独来独往。她也很想与人交往，但又不敢，也不知道怎样去结交朋友。四年前经人介绍和同事结婚，但俩人感情基础不好，常为一些小事吵架。因此，两年来她有一种难以言状的苦闷与忧郁感，但又说不出什么原因，总是感到前途渺茫，一切都不顺心。老是想哭，但又哭不出来，即使遇到喜事，方晴也毫无喜悦的心情。过去很有兴趣去看电影、听音乐，但后来就感到索然无味。工作上亦无法振作起来。

她深知自己如此长期忧郁愁苦会伤害身体，但又苦于无法解脱，而且还导致睡眠不好、多噩梦及胃口不开。有时她感到很悲观，甚至想一死了之，但她对人生又有留恋，觉得死得不值，因而下不了决心。

抑郁让方晴徘徊在生与死的边缘。她的痛苦，也许你已有所体验。生活在这个世界上，一个人看问题的角度不同，行动不同，其结果也会不同。如果已经意识到自己的心影响了当下的生活，便要想办法去改变它，你只有通过体内强大的生命力才可能战胜像绳索带来的那样终生的创伤。对于人而言，有很多解忧的方法。在痛苦的时候，找个朋友倾诉，找些活干；对待不幸，要有一个清醒而客观的全面认识，尽量抛掉那些怨恨、妒忌等情感负担。有一点也许是最重要的，也是最困难的：你应尽一切努力愉悦自己，真正地爱自己，只有这样，你才有可能摆脱低落的情绪，迎接新的朝阳。

其实许多事情过后，你会发现那不过是庸人自扰，从来没有你原先想象的那么复杂、困难。何苦非要与自己过不去呢？历史的长河汹涌澎湃，短暂的几十年时间也不过是转个弯而已，但却彻底地改变了整个人生。这样短暂的生命，我们是用来烦恼，把自己和烦恼牢牢捆绑在一起，还是轻松地面对输赢，微笑面对挑战？想必你已经作出了正确的、属于自己的选择。

在遭遇困苦时，乐观的人总会努力想办法让自己快乐起来，让精神的伤痛远离自己。如此，才可以伴着轻松愉悦的心情投入到眼前的事情中，让事情顺利进行。

为了获得快乐，曾经有一个年轻人不惜跋涉千山万水来到普陀山。因为那里生长着一种特殊的植物——快乐藤，只要是得到这种藤的人，都会喜形于色、笑逐颜开，从此不知烦恼为何物。

年轻人历尽千辛万苦搜寻之后，终于找到了快乐藤，但结果并非传说中的那样——他仍然不快乐。这天晚上，他在山下的一位老人家里借宿，看着手中的快乐藤，不由得长吁短叹。

他问老人：“为什么我已经得到了快乐藤，却仍然不快乐呢？”

老人一听乐了，说：“其实，快乐藤并非普陀山才有，人人心中都有，只要你有快乐根，无论走到天涯海角都能得到快乐。”

老人的话让年轻人精神一振，又问：“什么是快乐的根？”

老人就说：“心就是快乐的根。”

年轻人恍然大悟，最后笑了。

人生一世，草木一秋，能够快快乐乐、开开心心地过一生，这是每个人心中的一个梦。但如何才能求得快乐呢？“心是快乐的根”，说得多好！快不快乐，全是由你而定，你还在为自己目前的低工资而懊恼、忧郁吗？其实我们应该暗暗庆幸自己还有一份工作可以做，虽然工资低一些，但起码没有下岗失业，心情转眼就好了起来。每个人总是看重自己的痛苦，而常常忽略别人的痛苦。当自己痛苦不堪的时候，要是能够换一个角度来思考，痛苦的程度就会大大减弱。当自己兴高采烈的时候，应多向上比，会越比越进步；当自己苦恼郁闷的时候，应多向下比，会越比越开心。人生最可怜的事，不是生与死的诀别，而是面对自己所拥有的，却不知道它是多么的珍贵。

林肯曾经说过境由心造，你的心里有多快乐，你也就会得到多少快乐。这是世界上最容易做到的事情。你要是告诉自己什么事情都不顺利，没有什么事情让自己满意，那么，你肯定开心不起来。但是，如果你对自己说“事情进展良好，生活也不错，所以，我选择开心”，那么，你肯定就会快乐起来，心情好了，手中的难题在乐观与积极的陪伴下，也会迎刃而解。

无论生活给我们笑脸，还是给我们苦酒，我们都要保持一种快乐的心情，做个快乐的俏佳人！

付出彰显生命的华彩，磨难体现生命的意义

黄振宙在《一叶集》中也告诉我们，崇高的本真，是向善。

我们不是在罗列，你看到了吗？奉献与崇高之间的关系是那么的紧密，奉献的意义是那么巨大，我们会不会为之震动，重新审视一下奉献呢？我们是那么习惯去索取，去享受别人带给我们的爱与帮助，恰恰到了别人需要的时候，我们犹豫了，这合乎常理吗？一位儿童教育家曾经说道：“只知索取，不知付出；只知爱己，不知爱人，是当前独生子女的通病。”

或许，话语有些极端，却不能不想，一味地把索取放在最前卫的人是怎么热爱生命的呢？他们不喜创造，不喜奉献，又怎能体味到热爱生命原是一种意义的体现，而不是享乐主义呢？

国外一位作家曾写过这样一篇文章：

巴勒斯坦有两个海，一个是淡水，里面有鱼，名为加利利海。从山脉流下来的约旦河带着飞溅的浪花，成就了这个海。它在阳光下歌唱，人们在周围盖房子，鸟类在茂密的枝叶间筑巢，每种生物都因它而幸福。

约旦河向南流入另一个海。这里没有鱼的欢跃，没有树叶，没有鸟类的歌唱，也没有儿童的欢笑。除非事情紧急，旅行者总是选择别的路径。这里水面空气凝重，没有哪种动物愿意在此饮水。

这两个海彼此相邻，何以又如此不同？不是因为约旦河，它将同样的淡水注入。不是因为土壤，也不是因为周边的国家。区别在于：加利利海接受约旦河，但绝不把持不放，每流入一滴水，就有另一滴水流出，接受与给予同在。

另一个海则精明厉害，它吝啬地收藏每一笔收入，绝不向慷慨的冲动让步，每一滴水它都只进不出。

加利利海乐善好施，生机勃勃。另外那个则从不付出，它就是死海。

这种说法是新奇的，然而，新奇的背后你能发现些什么呢？吝啬于付出的人，他的生活也将死气沉沉，僵化而享受不到生命潮涨潮落的变化。

热爱生命，就要学着在接纳他人的爱与关怀的同时，多多奉献，让他人也拥有幸福的微笑。同时，获得自己所需的财富和精神上的满足。

生活就是这样，当你为别人付出的时候，你的人生也会因你的付出而快乐、升华，你得到的是生命的延长和增值，爱心能使人生更有意义。爱的反面不是恨，而是漠然。一个人如果失去了爱的能力，他的人生也会异常黯淡。在这个社会里，给别人以帮助和鼓励，自己不但不会有损失，反而会有所收获。并且，通常一个人给别人的帮助和鼓励越多，从别人那里得到的收获也越多。

对生命的热爱也表现在与命运的抗争过程中：

1917年10月的一天，在美国堪萨斯州洛拉镇，一家小农舍的炉灶突然发生爆炸。当时，屋里有一个8岁的小男孩，很不幸的是，他没有逃过这次劫难，孩子的身体被严重灼伤。虽然父母迅速将孩子送进医院，伤势得到了及时的控制，但医生最终仍然表示无能为力，他无奈地告

诉孩子的父母：“孩子的双腿伤势太严重，恐怕以后再也无法走路了。”

医生的话犹如晴天霹雳，父母伤心欲绝，他们不敢面对这个事实，也不敢将这个坏消息告诉儿子，但是，能隐瞒多久呢？随着双腿越来越没有知觉，小男孩终于知道了自己将要面对的悲惨现实。

生活就是这么残酷！在成长的某个阶段，也许命运会对我们不公，会让我们陷入许多难以预料的困境，但同样是困难，人们所收获的结果有时却大相径庭。面对如此的不幸，男孩没有哭，也没有就此消沉，他暗暗下定决心：一定要再次站起来。

男孩在病床上躺了好几个月，终于可以下床了。他拒绝坐轮椅，坚持要自己走。但是，他连站起来的力气都没有，怎么可能走路呢？男孩试了一次又一次，都没有成功。

看着男孩倔强的样子，医生劝他：“还是坐在轮椅上吧！以你现在的身体状况，是绝对不可能站起来的。”听到这话，母亲忍不住大声痛哭起来。男孩颓然地倒在床上，他一动不动地盯着天花板，没有任何表情，谁也不知道他在想什么。

在以后的日子里，父母看见儿子终日试图伸直双腿，不管在床上，还是在轮椅上，累了就歇一会儿，然后接着练。就这样，足足坚持了两年多，男孩终于可以伸直右腿了。这下，家人对他有了信心，只要有机会，大家都会帮着男孩练习。一段时间后，男孩竟然可以下地了，但他只能一瘸一拐地走路，很难保持平衡，走几步就会摔倒。又过了几个月，男孩能正常走路了，虽然拉伸肌肉让他疼得说不出话来。

这是生命的奇迹，也是信心的奇迹，更是钢铁般意志所创造的奇迹。精神的力量到底有多大，谁也说不清楚，但有一点可以肯定，那就是：精诚所至，金石为开。

这时，男孩想起医生说过自己再也不可能走路的话，但现在，自己做到了，他不由得脸上露出了笑容。这个胜利促使他做出一个更大胆而伟大的决定：从明天开始，每天跟着农场上的小朋友跑步，直到追上他们为止。

经过努力的锻炼，男孩腿上松弛的肌肉终于再次变得健康起来，多年之后，他的腿和从前一样强壮，仿佛从来没有发生过那次意外。男孩进入大学后，参加了学校的田径赛，他的项目是1英里赛跑，因为他立志成为一名长跑选手。从此以后，男孩的一生都和长跑运动紧密相连。这个被医生判定永远不能再走路的男孩，就是美国最伟大的长跑选手之一——格连·康宁罕。

苦难是人生中用来考验我们的一份最高含金量的试卷，只有经历过苦难磨砺的人生，才会光芒四射。命运在赐予我们苦难的同时，往往也把一把开启成功之门的钥匙，放到了我们的手中。我们每个人的一生都会遇到各种困难，有时甚至是不幸、厄运。苦难会在不经意间向活在当下的我们迎面扑来，往往让我们措手不及。如果我们畏惧逃避，它就追着我们不放；如果我们直起身子，挥舞着拳头向它大声吆喝，它就只有夹着尾巴灰溜溜地逃走。拥有对生命的热爱，苦难便对我们永远奈何不了。

人的生命之所以是无价的，是因为它所能创造的价值是无限的。至于每个人最终能创造多少价值，则完全取决于自己。我们应该拥抱生命，正确估量自己的价值，并且通过实际行动来表达自己对生命的热爱，让自己的生命持续地“增值”。只有这样才是积极的人生态度，人的生命也不会白白度过，每一天才会过得充实而有意义。

享受大自然的每一处生命

如果有一天，清晨起来，你突然想到泰山顶上看日出，沿着石阶走了很多层，清脆的鸟鸣和清新的空气已足以让你惬意万分，那么，你完全可以将你的脚步打住。站在山腰看日出一点也不逊色，展现在你眼前的未尝不会是一道绝美的风景。你没有必要将自己搞得太累，太牵强，你要做的是唱着歌下来，悠然地走好下山的路。

赫胥黎曾说："天才的秘诀，即在于能够一直保持童年的那股赤诚至老。"可惜，保留这项特质的人太少。那些自杀的、厌食的、吸毒的青少年，他们之所以如此，都是因为他们把自己的童心遗弃了。

生活在游戏世界中的儿童，是真正的贵族，他们总是心无旁骛、浑然忘我地玩乐，尽情挥洒自由的生命。

天才也往往如此，他们知道"爱玩乐"是灵感的源泉。所有的科学家、哲学家或大艺术家都是爱玩乐的。他们知道，无论发现什么、想完成什么，都要先经过"玩乐"的过程。

我们也必须学习在生命里，去给玩乐一个较高的优先权，为自己添入一抹童心的笔触，这是让心情好起来的最佳方法。

我们是生命的过客，辽远的天空留不下飞过的痕迹，带走的不过是些微的记忆。当我们停留在生命的指针重合的那一瞬，这些微的记忆将带我们回到降生的瞬间，夕阳的迷雾仍在搂抱着眷恋。

生命会前行在历史的脉络上，沿途拾起一枝一叶，留待回忆，世界的存在会清晰而具体；生命会走进时间的大门，让夕阳给出记忆的钥匙。那捆记忆的柴火那么静静地躺在地上，等生命去抽取沿途拾来的枝枝叶叶，在夕阳的指尖静静回忆，你会感觉活着是如此美好。

如果你一直想做一件事情，那么从现在开始追寻你的梦想，去你想去的地方，做一个你想做的人，因为生命只有一次，把握这一次机会去做你想做的事。

在我家附近有一个卖熟食的铺子，有时候我会去铺子里买些猪耳朵之类的食品带回家来。但我从来不用铺子里给的盒子和塑料袋，而总是拿着一个自己家的方食盒去买食品，这样回到家后也省得再把盒子里的食品腾到碟子里了。

我让老板娘给我割了一块肉。她微笑着对我说："七块两毛五。"当我拿出钱包取钱时，她用赞赏的口气说："给七块钱吧！两毛五分就算了。我想鼓励人们增强保护环境的意识，也的确希望每个人都能像你这样。"我就像一个学生得到老师的表扬一样，高兴得发狂。并且我得到了一份小小的保护奖——她给了我两角五分的折扣。

也许你会会说，两角五分算得了什么！但是我当时却真的很激动。回到家里，我就忍不住向他们夸耀我得到的这份奖金。我先给外地的女儿通了电话，把这件事告诉了她。我又向别人讲了又讲。家里人对我的行为都迷惑不解。是呀，两角五分的奖金有什么特别的呢？

我觉得在我们所有污染环境的罪过中，最容易避免的就是塑料袋。我小的时候，大人们总是带着手工编制的竹篓到集市上去买东西，豆腐和猪肉都包在绿色的荷叶里，最后它们都回到大地母亲的怀抱里。

如果你现在正在尽情地享受着大自然赐予的美，你要想到感恩就是回报。在我们享用大自然的盛宴的时候，爱护它们也是我们的职责。感恩自然，救助自然，既然好好的活着，就要好好享受这丰厚的赐予，并且用一颗悲欣之心爱护它，这样，你便能从眼睛到心灵都得到愉悦的关照了。

对那些懂得并欣赏美的人来说，融入大自然的怀抱就像是走进了一座巨大而精美，弥漫着优雅和魅力的宫殿。横展在我们面前的大自然，是这样庄严、美丽和可爱。在这里有轻风在驰骋，有泉流在激溅，有鸟在鸣啼，风的微吟、雨的低唱、虫的轻叫、水的轻诉，显得那么抑扬顿挫、长短疾徐，再加上夕阳的霞光、花的芬芳、高山的宏伟、彩虹的艳丽、空气的舒爽，构成了足以让天使陶醉的画面，而置身于其中的我们，又怎能不像喝了醇酒一般呢？但是，这种美丽和恬静是无法靠金钱来换取的。只有那些与大自然的脉搏一起跳动，心中充满了温情和爱的人们，才能真正地发现它们、欣赏它们，并拥有它们。

活着，就是一种莫大的幸福

生活得久了，便会忘记很多事情，因为琐碎而不满，甚至厌倦。然而，生命真就那么不值得欣喜吗？我的一个朋友曾经为此很是困惑，活着活着，突然感觉又苦又累又没希望，就不知道为什么活了？然而，当第二次再遇到她的时候，她已经满身青春气息了，她给我看了她的一段日记，其中收录了这么一段让心灵微微震颤的话：

清晨，当七色光洒入卧室，欢快的小鸟把我从梦中唤醒，我推开窗户，放眼蓝蓝的天，绿绿的草，晶莹剔透的露珠，含苞欲放的花朵，上天给予我一个清爽的早晨，这是美好一天的开始。

走进一片茂密的树林。薄雾笼罩，清风拂面，像走进了如诗如画的境界。葱葱青草，伟岸的大树，路边一朵朵盛开的静美白菊，金色的阳光……

草地上调皮的雾珠打湿了鞋子，一条潺潺的小河轻声流淌，一缕柔和的阳光洒进树林，我的心，突然涌起一股难言的幸福。

想想看，当我们迎来春天递来的风铃，走过夏季的热情与火辣，游走在秋日无限的落叶丛中，最终走过冬的冷酷与严肃时，又是一轮新的人生四季。

我们能不为这轮回享受的美景而雀跃吗？

能够生活在这个世界上便是最幸福、最快乐的人！因为可以从自然与生活的点点滴滴里感受出生命无限的美好！

假如我是小鸟，我会记住那出生的巢穴；假如我是树苗，我无法遗忘那滋养我的土地；假如我是江河，那雪域高原便是我记忆中最初的烙印……

原来生活中会有这么多小小的美好的东西，只是由于平日的我们只顾着埋头赶路，而忘记欣赏这么多生命中的美好了。当我们用一颗敏感而有充满着爱的心来面对这个世界的时候，这个世界就会没有那么多不幸与抱怨，只有美好。善于发现是一种智慧，它让你可以在细节中慢慢品出生活的点滴滋味……

哲人说，活着就是一种幸福，一语道出了对生命的热爱。我们应该感恩生命，让我们好好活着，生活着，此刻可以享受到爱，也可以为别人奉献自己满满的爱。想想看，在我们所处的世间，还有很多地方正在经历战争或恐怖袭击，这些地方的人们的生命随时受到威胁，相比他们，我们现在的生活有多么优待，活着有多么幸运。可以闻淡淡的花香，听悦耳的鸟鸣，沐浴在温暖的阳光里，享受亲人的爱。这种幸福，谁赋予了我们不去珍惜的权利？

一边是死亡的震撼，一边是活着的琐碎。我们很容易被死亡所震撼，然而我们更容易被活着的琐碎所淹没。不要去在意那些繁杂的纠葛，苦痛、伤害、低迷等，一切的一切仅仅是生活中小小的插曲而已。我们今天好好地活着，即意味着有追求幸福的资本和契机。活着就是幸福，我们要好好珍惜现在鲜活的生命。

终结繁冗的抱怨，开启幸福之门

回想一下，最近的经历中你遇到了多少烦心事，多少次抱怨着不公平？又遇到了多少快乐和幸福，多少次享受美好？

或许，我们常常想，为什么我们不是那些快乐的人，为什么我们的生活里充满了让人怒气冲冲的事情？

在遥远的过去，两条河流从源头出发，相约流向大海。它们穿过山涧，最后到了沙漠的边缘。面对浩瀚的沙漠，它们一筹莫展。

一条河说："这样热的天气，我们的水很快就会蒸发掉了。这里这么干，我们是无论如何也不能通过的。"于是，它干脆停下了向前的脚步，宁可在沙漠中被蒸发掉，也不想做无谓的牺牲了。"

另一条河却想："只要将水流变细，就可以减少蒸发，只要努力，就一定能流向大海。"它按照自己的方法去做，很快，它与大海相遇了。

面对困境，平庸者总是抱怨环境的恶劣，给自己找寻各种理由停止了追求的脚步，而优秀者不会为抱怨所累，他会想出解决问题的办法，并且坚持到底，直到克服困难，取得胜利。

不可否认，人生的确少不了磨难，生活的五味瓶里，除了甜，没有什么再是人们的向往，可偏偏酸甜苦辣是生活不可或缺的，它们才真正丰富了我们的人生。人生需要苦难的洗礼，正是因为那些折磨过我们的人，我们才能在挫折中找到自己的不足，才能逐渐完善自己。

画家列宾和他的朋友在雪后去散步，他的朋友瞥见路边有一片污渍，显然是狗留下来的尿迹，就顺便用靴尖挑起雪和泥土把它覆盖了，没想到列宾发现时却生气了，他说，几天来我总是到这来欣赏这一片美丽的琥珀色。

当我们老是埋怨别人给我们带来不快，或抱怨生活不如意时，想想那片狗留下的尿迹，其实，它是"污渍"，还是"一片美丽的琥珀色"，都取决于你自己的心态。这个世界上，谁才是真正的快乐者？谁是有钱人？他们整天吃的是山珍海味，穿的是名牌服装，玩的是五花八门，自然也应该享有快乐吧？可是有钱人似乎有有钱人的烦恼：交朋友要小心翼翼，唯恐被出卖；交际圈子大了，应酬也要小心翼翼……他们整天为公事烦恼，上面顶着压力，下面也不好安抚，官也不是那么好做的。那么，什么人才能拥有快乐呢？

快乐不在于你所在的位置，而在于你所朝的方向。心向太阳的人，即使是穷人，他也是快乐的；不懂得珍惜、不懂得知足的人，即使拥有了世间最宝贵的东西，他依然感受不到快乐的存在。

眼前的困难，不会成为你一辈子的障碍。所以，即使现在面临困境，也不要因为悲观而落泪，坚持一下，总会遇到自己的晴天。生命，是苦难与幸福的轮回，我们若能在逆境中坚持自己，再苦也只是一笑而过，再委屈的事情，也能用博大的胸怀去容纳，那么，人生就没有我们过不去的坎儿。

当我们走出生活的阴霾，用乐观的心重新打量这个世界的时候，我们就会发现，原来不是生活不美好，而是我们一直在抱怨中扭曲了自己。学会感恩，学会与人分享，学会在残缺中品味快乐，便能在逆境中感受幸福。

再小的生命，也不必妄自菲薄

星云大师十分推崇"小"的意义："小，不一定无用，小的威力奇大无比。所以，小人物不要自怨自艾，不要感叹自己的渺小。小小的星火可以燎原，人都有一颗小小的心灵，只要发心立愿，人间事还有什么是不可为的呢？"

即使只是阳光下一粒小小的尘埃，也能够拥有最美丽的飞翔姿态，应该让每一次的飞翔，都在蓝天白云的映衬下释放出幸福的味道。

你见过在阳光下飞扬的尘埃吗？

你见过屋檐上滴滴答答落下的水珠吗？

你见过在地上爬来爬去的蝼蚁吗？

与这茫茫宇宙相比，它们太过微小，甚至可以忽略不计，但是，它们却往往能够创造令人瞠目结舌的奇迹。

尘埃会聚，可成千年古堡；水滴虽小，足以穿石；蝼蚁卑微，却能溃堤。

这样的生命，难道不值得我们仰视？面对这样的生命，此刻的你难道没有感觉到体内油然生出的那份自信与自尊？

在星云大师眼里，做人、认识世界是必要的，而认识自己则更为重要。

这就好比三兽渡河，足有深浅，但水无深浅；三鸟飞空，迹有远近，但空无远近。因此，任何人都不要把神仙看得太虚幻高远，更不必妄自菲薄。

一扇小小的窗户，可以射进阳光；一颗小小的星星，可以点缀夜空；一朵小小的花朵，可以满室芬芳；一件小小的善行，可以扭转命运；一个小小的微笑，可以传达情意；一句小小的慰言，可以安慰苦难。所以不必小瞧“小”，那小小的，可以聚少成多，彰显奇迹，也可以温暖你当下的生活。

灯的意义在于燃烧的过程

人终归都要走向死亡，人死如灯灭，该熄灭的时候自然会熄灭。但灯灭了，并非什么都没有了。曾经的光还在你心中闪烁，灯的意义在于燃烧的过程。

星云大师说：“说到生死，在一般世人看来，生之可喜，死之可悲，但在悟道者的眼中，生固非可喜，死亦非可悲。生死是一体两面，生死循环，本是自然之理。不少禅者都说生死两者与他们都不相干。”

品味过程之美，才会懂得珍爱生命中的每一天，拒绝和抛弃那些不必要的精神压力和束缚。

一个很穷的小伙子，每天都要上班做工。

一天，他在路上捡到一把神奇的钥匙。神奇的钥匙告诉小伙子，它能满足他的一切心愿。小伙子想：“如果我现在能有好多好多的钱该多好啊，我就不用每天辛苦地做工了。”

小伙子刚这么一想，他就有了很多的钱。这时小伙子又想起了自己喜欢的姑娘：“如果她马上成为我的妻子该有多好！于是，他喜欢的姑娘立即成了他的妻子。”

小伙子又想：“我有这么多钱，又有了妻子，我不想再等了，我现在希望自己有很多孩子，以便继承我的家产。这样，小伙子又有了许多孩子。”

所有的过程都被简化了，小伙子一下子拥有了想要的一切。不过他发觉自己也已经变成一个老头子。

小伙子懊丧地说：“不，请求你，神奇的钥匙，将我变回原来的样子吧！我想每天出去做工赚钱，晚上瞒着姑娘的父母偷偷约她出去，牵着她的手在树林中散步，让这一切都慢慢来吧。”

可是，神奇的钥匙却不再理他了。

急于求成是人的一个本性。生活中大多数人都急于奔向目标而忽略了过程中的美丽风景。其实，抛弃对过去和未来的忧虑，能帮助你享受现在每一天的快乐，让你能够在它们最新鲜的时候去品尝和欣赏。

既然人生的意义在活着时彰显，那么安心地活在天地之间才是最重要的。不要总执着于死后往哪里去，那都是虚无缥缈、无踪可觅的乌有，最好趁生命还在之时，呼吸之间多为他人也多为自己做点力所能及的事情。

生也好，死也好，一切随缘。活在当下，我们尽自己的能力追求事业，不辞辛劳，为了达到心灵的超越，付出自己最大的努力，以追寻人生的意义。死亡在任何时候都有可能到来，若是一生忙碌，心灵盈实，就算面临死亡，我们也能坦然离开。

人死不可能再复生，如果随便浪费宝贵的生命，那就是对生命的亵渎。在死神召唤之前，还是竭尽我们的心力让生命燃烧起来，发光发热。

善待生命的每一分钟

在非洲有一个部落，婴儿刚生下来就“获得”60岁的寿命，从60岁算起，随着婴儿长大，以后逐年递减，直到零岁。人生大事都得在这60年内完成，此后的岁月便颐养天年了。

好独特的计岁方法！人生不过是我们从上苍手中“借来”的一段岁月而已，过一年“还”一岁，直至生命终止。可惜我们常会产生这样一种错觉：日子长着呢！于是，我们懒惰，我们懈怠，我们怯懦……无论做错什么，我们都可以原谅自己，因为来日方长，不管什么事放到明天再做也不迟。

生命既是借来的一段光阴，当然是过完现在的一天便少一天了。而面对自己日渐减少的寿命，谁又能无动于衷呢？那个倒着计岁的非洲部落，他们的人生智慧真是令人惊叹。

有这么一个故事：

“今天”与“生命”聊天，“生命”问了一句：“过得怎么样？”

“今天”答道：“到现在为止，今天是我最好的一天！”

“生命”仿佛为“今天”的答案感到吃惊。

“你最好的一天？”“生命”用一种惊诧的口气重新问道。

“是的。”他迅速而且又充满信心地回答。

“生命”又问了一遍：“你确定吗？”

“是的。”他再一次确认。

他能感觉到“生命”并不相信他讲的是真话。当然，他知道“生命”相不相信并不重要，重要的是他自己相信。

“生命”问他：“你怎么能说今天是到现在为止，你最好的一天呢？你结婚那天呢？难道不比今天更好吗？”

他答道：“我一直而且将永远记得我结婚那天，我的妻子是多么快乐。我也记得第一个孩子出生的情景。我还记得在甜品店喝奶昔，意识到自己还能做事。我记得给一只眼睛看不见的小鸭子喂食的那天。我也记得我和儿子一起爬上山顶，欣赏这美丽的世界。我一直记得当我看见刚刚犁过的、黑色的、潮湿的、肥沃的泥土，等着我们播种、收获的那天。我还记得在学年手册上读到学校里最传统的女孩写的评语，说我是高年级最好的男孩子。我还记得有个女孩对我说她尊重我，而我告诉自己，我也尊重自己。我记得那天船长公正地对待我。我记得海军军官说我不能参军，而母亲仁慈地告诉我说还有希望。我也记得其他两万多个美好的日子，每一天都成就了现在的生活。那些天里，一定有许多天可以排在我好日子列表的前面，但没有一天是最好的一天，它们中的任何一天都只能排第二。”

终有一日，死亡的阴影笼罩我们时，我们才悚然而惊：“糟了，总以为将来还长着呢，怎么死亡说来就来了。那些未尽的责任怎么办？那些未了的心愿怎么办？那些未实现的诺言怎么办……”可面对死亡通知书，人们只能踏上那条不归路。追悔也罢，遗憾也罢，那个早已写好的结局无人能够更改。面对即将降临的死神，也许人们会在迷迷糊糊中想起“譬如朝露，去日苦多”的感叹，想起“少壮不努力，老大徒伤悲”的教诲，可一切都悔之晚矣。

有人算过这样一笔账：假如人能活70岁，而每天睡觉8小时，那么70年会睡掉204400小时，合8517天，为23年零4个月。这样，人还剩下46年零8个月的时间。此外，闲聊、看病等时间，再加上退休后不工作的时间，约合36年零2个月。如此算来，一个人活到70岁，自己只有10年零6个月的时间可以用来做些事。更何况人们并不是人人都能活到70岁的。

一个人如果不懂得珍惜今天的时光，又怎么能谈得上珍惜明天的光阴呢？

由此看来，我们能真正拥有的时间寥寥无几。树枯了，有再青的机会；花谢了，有再开的时候；燕子去了，有再回来的时刻；然而，人的时间一旦逝去，就如覆水难收，无法挽回。时间对于我们每一个人来说都是最宝贵的财富，珍惜眼前的时间，爱护你的生命，利用好你当下生命中的每分每秒。

生命在，希望就在

任何生物没有不惧怕大自然的力量的。然而，当人的生命中充满了希望，当人生已经被阳光铺洒，生命之旅就会变成光明的大道，再也没有什么能让你感到害怕的了。

要主宰现在的自己，做自己的主人。沮丧的面容、苦闷的表情、恐惧的思想和焦虑的态度是你缺乏自制力的表现，是你弱点的表现，是你不能控制环境的表现。它们是你眼前生命中的敌人，要把它们抛到九霄云外。从现在开始走出阴影，沐浴在明媚的阳光中。不管过去的一切多么痛苦，多么顽固，把它们抛到九霄云外。不要让担忧、恐惧、焦虑和遗憾消耗你的精力，把你的精力投入到未来的创造中去。

让那担忧和焦虑、沉重和自私远离你，更要避免与愚蠢、虚假、错误、虚荣和肤浅为伍。勇敢地抵制使你失败的恶习和使你堕落的念头，你会惊奇地发现，你人生的旅途会变得轻松、自由，而你将变得自信。

有一个富翁，在一次生意中赔光了所有的钱，并且欠下了债，他卖掉房子、汽车，还清了债务。

此刻，他孤独一人，无儿无女，穷困潦倒，唯有一只心爱的猎狗和一本书与他相依为命。在一个漆黑的夜晚，他来到一座荒僻的村庄，找到一个避风的茅棚。他看到里面有一盏油灯，于是用身上仅存的一根火柴点燃了油灯，拿出书来准备读书。但是一阵风忽然把灯吹灭了，四周立刻漆黑一片。这位孤独的老人陷入了黑暗之中，对人生感到痛彻的绝望，他甚至想到了结束自己的生命。但是，站在身边的猎狗给了他一丝慰藉，他无奈地叹了一口气沉沉睡去。

第二天醒来，他忽然发现心爱的猎狗也被人杀死在门外。抚摸着这只相依为命的猎狗，他决定要结束自己的生命，因为世间再没有什么值得留恋的了。于是，他最后扫视了一眼周围的一切。这时，他不由发现整个村庄都沉寂在一片可怕的寂静之中。他不由急步向前，啊，太可怕了，尸体，到处是尸体，一片狼藉。显然，这个村庄昨夜遭到了匪徒的洗劫，连一个活口也没留下来。

看到这可怕的场面，老人不由心念急转："啊！我是这里唯一幸存的人，我一定要坚强地活下去。"此时，一轮红日冉冉升起，照得四周一片光亮。

老人怀着坚定的信念，迎着灿烂的太阳又出发了。

人生总有得意和失意的时候，一时的得意并不代表永久的得意；然而，在一时失意的情况下，如果你不能把心态调整过来，就很难再有得意之时。故事中的老人，在失意甚至绝望的状态下，重新寻回了希望，赶走了悲伤。这不能不说是他人生中的又一大转折。

若你此刻的生命遇到了失意或悲伤的事情，你一样要学会调整自己的心态。如果对它念念不忘，不但于事无补，还会占据你的快乐时光。抛弃它，把它们彻底赶出你的心灵。

生命在，希望就在。活着就是希望，活着就有希望。其实，世上没有绝望的处境，只有对处境绝望的人。现在请伸出你的手，摸摸自己的心，感受心跳的感觉。那是一种韵律，是一种激情，是活生生的希望在搏动。只要活着，就有实现希望与梦想的机会。

记住，明天又是新的一天

相信每一个读过美国作家玛格丽特·米切尔的《飘》的人，都会记得主人公郝思嘉在小说中多次说过的话。在面临生活困境与各种难题的时候，她都会用这句话来安慰和开脱自己，“无论如何，明天又是新的一天”，并从中获取巨大的力量。

我们一生中也会和小说中郝思嘉颠沛流离的命运一样，遇到各种各样的困难和挫折。面对这些一时难以解决的问题，逃避和消沉是解决不了问题的，唯有以阳光的心态去迎接，才有可能最终解决。阳光的人每天都拥有一个全新的太阳，积极向上，并能从生活中不断汲取前进的动力。

“不论担子有多重，每个人都能支持到夜晚的来临，”罗勃·史蒂文生写道，“不论工作有多苦，每个人都能做他那一天的工作，每一个人都能很甜美、很有耐心、很可爱、很纯洁地活到太阳下山，而这就是生命的真谛。”不错，生命对我们所要求的也就是这些。可是住在密歇根州沙支那城的薛尔德太太，在学到“要生活到上床为止”这一点之前，却感到极度的颓丧，甚至于想自杀：

1937年她丈夫死了，她觉得非常颓丧，而且她几乎一文不名。她写信给她以前的老板李奥罗区先生，请他让她回去做她以前的工作。她以前靠推销《世界百科全书》过活。两年前她丈夫生病的时候，她把汽车卖了，现在她勉强凑足钱，分期付款才买了一部旧车，又开始出去卖书。

她原本想，再回去做事或许可以帮她解脱她的困境。可是要一个人驾车，一个人吃饭，这几乎令她无法忍受。有些区域简直就做不出什么成绩来，虽然分期付款买车的数目不大，她却很难付清。

1938年的春天，她在密苏里州的维沙里市，见那儿的学校都很穷，路很坏，很难找到客户，她一个人又孤独又沮丧，有一次甚至想要自杀。她觉得成功是不可能的，活着也没有什么希望。每天早上她都很怕起床。她什么都怕，怕付不出分期付款的车钱，怕付不出房租，怕没有足够的东西吃，怕她的身体出状况而没有钱看医生。让她没有自杀的唯一理由是，她担心她的姐姐会因此而觉得很难过，而且她的姐姐也没有足够的钱来支付自己的丧葬费用。

然而有一天，她读到一篇文章，使她从消沉中振作起来，使她有勇气继续活下去。她永远感激那篇文章里那一句很令人振奋的话：“对一个聪明人来说，太阳每天都是新的。”她用打字机把这句话打下来，贴在她的车子前面的挡风玻璃上，这样，在她开车的时候，每一分钟都能看见这句话。她发现每次只活一天并不困难，她学会忘记过去，每天早上都对自己说：“今天又是新的一天。”

她成功地克服了对孤寂的恐惧和对生存的恐惧。她现在很快活，也还算成功，并对生命保持着热忱和爱。她现在知道，不论在生活上碰到什么事情，都不要害怕；她现在知道，不必怕未来；她现在知道，每次只要活一天，而“对一个聪明人来说，太阳每天都是新的”。

薛尔德太太成功克服自己恐惧心理的事情告诉我们，心理暗示的巨大作用在日常生活中可能会碰到令人兴奋的事情，也同样会碰到令人消极的、悲观的坏事，这本来是正常现象，如果我们的思维总是围着那些不如意的事情转动的话，就很容易失去前进的动力。因此，我们应尽量做到脑海想的、眼睛看的，以及口中说的都应该是光明的、乐观的、积极的，相信每天的太阳都是新的，明天又是新的一天，发扬往上看的精神才能使我们在事业中获得成功。

古希腊诗人荷马曾说过：“过去的事已经过去，过去的事无法挽回。”泰戈尔在《飞鸟集》中也写道：“只管走过去，不要逗留着去采了花朵来保存，因为一路上，花朵会继续开放的。”的确，昨日的阳光再美或者风雨再大，也移不到今日的画册，我们为何不好好把握现在，充满希望地面对未来呢？

直面痛苦，才是快乐

要想取得成功须有一种“生死搏斗”的精神，以及一种勇敢面对痛苦的心态。只有那些不畏惧失败和挫折，化不利为动力，能够在战胜困难和不幸中锤炼意志的人，才能有所作为，成就事业。在成功的道路上，人们随时会碰到事业上的失败和挫折以及生活中的困难和不幸。人生之路，不如意事常八九，一帆风顺者少，曲折坎坷者多，成功是由无数次失败构成的。在追求成功的过程中，还须正确面对失败造成的痛苦。经过苦痛历练的人，方能真正体会到成功的快乐。

破茧成蛹的过程很痛苦，但只有经受过这种痛苦才能够生出一双美丽的翅膀。

一天，一只茧上裂开了一个小口，有一个人正好看到这一幕，他一直在观察着，蝴蝶在艰难地将身体从那个小口中一点点地挣扎出来，几个小时过去了……接下来，蝴蝶似乎没有任何进展了。

看样子它似乎已经竭尽全力，不能再前进一步了。

这个人实在看得心疼，决定帮助一下蝴蝶：他拿来一把剪刀，小心翼翼地将茧破开。蝴蝶很容易地挣脱出来。

但是它的身体很臃肿，翅膀紧紧地贴着身体。他接着观察，期待着在某一时刻，蝴蝶的翅膀会打开并伸展起来，足以支撑它的身体，成为一只健康美丽的蝴蝶。然而，这一刻始终没有出现！

实际上，这只蝴蝶在余下的时间都极其可怜地拖着臃肿的身子和瘪塌的翅膀在爬行，它永远也没能飞起来。

这个好心的人并不知道，蝴蝶从茧上的小口挣扎而出，这是上天的安排，要通过这一挤压过程将血液从身体挤压到翅膀，这样它才能在脱茧而出后展翅飞翔。

想有所成就，却害怕经受痛苦，这是人性中的通病。害怕生活中的困境，害怕学业上的困难，害怕工作中的压力，只愿永远享受温馨安逸的生活。然而，无论生活还是工作，就像是化蝶的过程，需要忍受痛苦，才能生出一双美丽的翅膀。

老子在《道德经》中说：“天地不仁，以万物为刍狗。”人生在天地之间，就要面临各种各样的痛苦和压力，这些痛苦和压力对人形成了一种无形的折磨，使很多人觉得人生在世就是一种苦难。其实，我们不必这么悲观，生活中有各种各样折磨人的事，但是生命不一直在延续吗？人类不也一直在前进吗？当我们回过头来再去看的时候，就会发现，生命历经各种磨难后，更加欣欣向荣。

人生中经历一些痛苦在所难免，不要被痛苦牵扯你前进的精力。超越人生的痛苦，你就能有一个好的收获。如果我们能理智地对待很多逆境和失败，就都可以找到它们的平衡点。人们经常会有这样的忠告：不要害怕失败和逆境。多年来，人们一直以为，害怕失败和逆境始终是人类最大的弱点之一。

李斯特曾说过：“失败曾是我最大的动力来源。就像想到破产一样，我就会心生警惕，告诉自己要尽力让业绩蒸蒸日上。”他的这番话给我们很大的启示。所以，我们要修正自己的观念。其实，害怕失败和逆境并没有错，但如果是一再地想象失败，就对人生太没益处了。作为一个想要成功的人，必须超越失败，超越人生的痛苦。

一位老人在晚年罹患了关节炎，苦不堪言。后来病情加剧，以至于行走都很困难，从此拐杖和轮椅便和她形影不离。即使如此，她还是用积极的态度和乐观的眼光看待周围所有的事物。

她的房间总是满载着笑声，而访客还是如往常一样络绎不绝。有时候，她想在床上多躺一

会儿，于是，她的孙子们——四个不到10岁的小男孩就到她房里去围在床边。这时，她会说故事给其中一个听，与另一个玩扑克牌，再和一个玩游戏，同时，哄另一个睡觉。

最令人钦佩的是，她从不将自身的痛苦或烦扰变成家人的负担。到后来，病情变得更加糟糕，但她总是说："这把老骨头今天总算有点起色了。"她积极又乐观的态度，就好像磁铁，吸引了所有的人，让人不由自主地在她身旁流连。这位老人的内心一定承受着巨大的痛苦，但她什么也不说，将痛苦压在身下，以笑脸面对生活，生活也给她以最大的馈赠。

超越人生痛苦是人生的快乐秘籍，在使你的生活充满欢乐的同时，还能帮你造就卓越的成就。所以，若想成功，就得具备这种态度。

失败、挫折，甚至苦难都会不停地侵蚀一个人的心灵，痛苦可想而知，但一个人不能永远只把目光停留在痛苦之上。一个眼中只有痛苦的人，不会有什么出息，一个人若想在有生之年有所作为，必须超越人生的痛苦，站在更高的台阶上俯视一切，这样才能找准方向，一往直前。

好好感受生命带来的欢乐

庄子对人生的短暂有着深刻地认识，他说，人生于天地之间，就像骏马穿过一个狭窄的通道，瞬间而过罢了。自然而然地，全都蓬勃而生；自然而然地，全都顺应变化而死。业已变化而生长于世间，又会变化而死离人世，活着的东西为之哀叹，人们为之悲悯。但是面对终将到来的死亡，庄子并不是陷入悲观绝望，而是达观地看待这一切，他说，人的死亡，只是解脱了自然的捆束，毁坏了自然的拘括，魂魄必将消逝，于是身形也将随之而去，这就是最终归向宗本啊！既然死亡只是为了回归本源，还有什么好悲哀的呢？庄子的意思是既然你思考这个问题得不到解决，那就换一种角度去面对它吧。

可是一个人如果总是将目光局限于"死"字上，还怎么能够好好地生活呢？人生七十古来稀，生命在世不过百年，很多人甚至七十岁以前就离开人世了。如果一个人总是将眼光执着于"死"字上，就会陷入悲观、空虚的绝境中不能自拔。

从前，在杞国有一个胆子很小，而且有点神经质的人，他常会想到一些奇怪的问题，而让人觉得莫名其妙。

有一天，他吃过晚饭以后，拿了一把大蒲扇坐在门前乘凉，并且自言自语地说："假如有一天，天塌了下来，那该怎么办呢？我们岂不是无路可逃，而将活活地被压死，这不就太冤枉了吗？"

从此以后，他几乎每天为这个问题发愁、烦恼。朋友见他终日精神恍惚，脸色憔悴，都很替他担心，但是，当大家知道原因后，都跑来劝他说："老兄啊！你何必为这件事自寻烦恼呢？天空怎么会塌下来呢？再说即使天真的塌下来，那也不是你一个人忧虑发愁就可以解决的啊，想开点吧！"

可是，无论人家怎么说，他都不相信，仍然时常为这个不必要的问题担忧。

后来的人就根据上面这个故事，引申成"杞人忧天"这句成语，它的主要意义在于唤醒人们不要为一些不切实际的事情而忧愁。它与"庸人自扰"的意义大致相同。

人的生死有时就是"有定数"。要顺其自然，就是在大势已去时，想得开，别钻牛角尖，只有这样，才能以一颗豁达的心去感受这个世界，才会生活得幸福、快乐。不然，你无论如何也不能接受眼前的现实，而一切悲观消极都无济于事。

不要被死亡遮住生的视线，你就能体验到生命的快乐。当灾难降临时，不要总把死亡放在心上，享受当下明月清风，坐看今日水流云动，享受生命的大自在。

第八章 无法改变工作，但可以改变态度

第一节 你对了，世界就对了

带着怨气不如带着快乐工作

旋！旋！旋！满满的一车螺丝钉都要旋出来！对于刚做旋车工的萨姆尔来说，他似乎觉得自己的一生都要消磨在旋钉子这件琐事上了。他满腹牢骚，老想着自己干什么别的不好，偏偏一定要来这旋钉子呢？就算他把这一大堆的螺丝钉都旋完了，过一会马上又会有另一车堆在原来的地方，然后，自己又得不停地旋啊！旋啊！这一切多么可怕呀！

在第二架旋车上的旋车工荷维德听了萨姆尔的埋怨，也很郁闷地叹了口气，以表同情。他和萨姆尔一样，也很讨厌这份工作。

有什么办法呢？难道去找工头说：以自己的能力，做这种简单的体力活简直就是大材小用，因此，我希望得到另外一份更好的工作？但是，可以想象得到工头听到这些话时的轻蔑神情。要么，干脆就辞职不干了，另外再去找一份工作？这可是他费了九牛二虎之力才找到的一份工作啊！萨姆尔是绝对不能轻易辞掉的。

难道就没有别的办法来改变这种讨厌的工作吗？办法总归会有的，关键在于你肯不肯动脑子去思考。当萨姆尔想到这一点时，他立刻想出一个很聪明的方法，可以使这种单调乏味的工作变成一件很有趣味的事——他要把它变成一种游戏。他转过头来对他的同伴说：“让我们来比赛比赛吧，荷维德。你在你的旋机上磨钉子，把外面一层粗糙的东西磨下来。然后，我再把它们旋成一定的尺寸。我们比一比，看谁做得快。过一会如果你磨钉子磨烦了，我们再换着做。”

荷维德同意了他的建议，于是，他们俩之间的比赛马上就开始了。这样一来，果不其然，工作起来并不像以前那么烦闷了，而且工作效率还比以前提高了。不久，工头便给他们调换了一个较好的工作。

这位聪明的年轻人萨姆尔就是后来鲍耳文火车制造厂的厂长。

萨姆尔并不是咬紧他的牙齿，好像受酷刑一样去从事自己所痛恨的工作，而是把工作变成了一种游戏，使自己做起来饶有趣味。后来他说：“如果你不能在你所从事的工作中闯一条路出来，你就应该换一个工作试一试。”

这是一个很好的忠告，但是秘诀便在寻求的方法上，一味地埋怨和厌烦是无法找到的，而是要通过一种更好的方法去做到这一点。

安德鲁·卡内基曾说过：“如果一个人不能在他的工作中找出点‘罗曼蒂克’来，这不能怪罪于工作本身，而只能归咎于做这项工作的人。”

卡内基之所以能够取得巨大成功，主要原因就在于他既知道享受生活中的快乐，而且能以工作为乐。

决定将来的工作是一种快乐还是一种折磨，多半取决于你对工作的态度，而不在于工作本身。如果你能将你事业的第一块基石安放在有价值的生活根基上，你就可以使工作成为一种享受。

一个人的降生，便是表示他在自然界中最大的游戏——生活的游戏中被选为选手之一。如果你能让自己主动加入这一伟大的游戏中，你所体验到的震惊该会是相当巨大的！每一个黎明便是一个新的召唤，每一次跌倒后的爬起来都是一个新的起点。

你昨天失败过，那又有什么关系，今天新升的太阳又会给你带来一个崭新的机会，让你好好重新开始。如果你能将每天的生活视为一种去克服暂时的困难的机会，你每天得胜的机会便比前一天多。每天早晨，当你睁开双眼的时候，你便可以看到新的机会、新的得胜的可能、新的可得的奖品、新的可学的规则以及新的竞争者。

尽情地享受生活还是以生活为苦役，这一切都要看你自己的选择。

对于你所从事的工作，应当抱有一种积极乐观的态度，这样，你才可以做得更好。只有比别人做得更好，你才能脱颖而出。如果你能尽自己最大的努力去做自己的工作，不错过每一个机会，这样一直坚持不懈地努力下去，胜利总会在某个地方拥抱你。

是你需要工作，而不是工作需要你

清水原来是一名橡胶厂工人，后来转行做了邮差。在最初的日子里，他没有尝到多少工作的乐趣和甜头，于是在做满了一年以后，便心生厌倦和退意。这天，他看到自己的自行车信袋里只剩下一封信还没有送出去时，他便想：把这最后的一封信送完，就马上去递交辞呈。

然而这封信由于被雨水打湿，地址模糊不清，清水花费了好几个小时的时间，还是没有把信送到收信人的手中。由于这将是他邮差生涯送出的最后一封信，所以清水发誓无论如何也要把这封信送到收信人的手中。他耐心地穿越大街小巷，东打听西询问，好不容易才在黄昏的时候把信送到了目的地。原来这是一封录取通知书，被录取的年轻人已经焦急地等待好多天了。当年轻人终于拿到通知书的那一刻，他激动地和父母拥抱在了一起。

看到这感人的一幕，清水深深地体会到了邮差这份工作的意义所在。“即使是简单的几行字，也可能给收信人带来莫大的安慰和喜悦。这是多么有意义的一份工作啊！我怎么能够辞职呢？”

在这以后，清水更多地体会到了工作的意义和自己肩负的使命感，他不再觉得乏味与厌倦，他深深地领悟了职业的价值和尊严。这样他一干就是25年。从30岁当邮差到55岁，清水创下了25年全勤的空前纪录。他在得到人们普遍尊重的同时，也于1963年得到了日本天皇的召见和嘉奖。

可见，使命感是一个人积极工作的内在动力。找到了心中的使命感，明白了工作的意义，你就会充满激情地投入自己的工作中去。

下文中的费兰德这样做了，他便获得了成功。

30年前的费兰德是一个还不到13岁的少年，但谁会想到，这个孩子竟会把自己的人生目标不可思议地定在纽约大都会街区铁路公司总裁的位置上。

为了实现这个目标，费兰德从13岁开始就与一伙人一起为城市运送冰块。虽然没有上过几天学，但他总是利用一切闲暇时间学习知识来充实自己，并且想尽办法向铁路工作靠拢。

18岁那年，经朋友介绍，他进入了铁路行业，在长岛铁路公司的夜行货车上当一名装卸工，他觉得这是一个难得的机遇。尽管每天的工作又脏又累，但他始终保持着一份快乐的学习心态，因此受到上司的赏识，被安排到铁路上，开始了检查铁轨和路基的工作。虽然每天只能赚1美元，但费兰德觉得他已经在向铁路公司总裁的职位迈进了。

随后，他又被调到铁路扳道工的岗位上。在这里，他仍一如既往地勤奋工作，并利用空闲时间帮主管们做一些力所能及的工作，他认为这样可以学到一些更有价值的东西。

后来，他回忆说："记不清有多少次，我不得不工作到午夜十一二点钟，才能统计出各种关于火车的赢利与支出、发动机耗量与运转情况等相关数据。但也正是通过这些工作，我迅速地掌握了铁路各个部门具体运作情况的第一手资料。通过这种途径，我对这一行业所有部门的情况了如指掌。"

尽管在以后的工作生涯中，费兰德一直在不停地调换工作部门，但无论做什么工作，他都没有忘记自己的目标和使命，不断地补充自己的铁路知识。很快，大家都知道他是一个雄心勃勃的年轻人。现在，费兰德已是公司的总裁，他依旧废寝忘食地工作。他每天负责指挥运送100万名乘客，迄今为止也没有发生过重大的交通事故。

弗兰德的成功向我们证明：对于一个具有强烈使命感的员工而言，没有什么是不能改变的，也没有什么是不能实现的。

工作是一个价值体现的机会，应该是一种幸福的差事，我们有什么理由把它当作苦役呢？有些人抱怨工作本身太枯燥，然而，问题往往不是出在工作上，而是出在这些人自己身上。

如果你能够在工作中发现自己的使命，并努力从工作中发掘自身的价值，你就会发现工作是一件非做不可的乐事，而不是一种惹人烦恼的苦役。

任何时候，都要记住：是你需要工作，而不是工作需要你。带着这样的思想去工作，你才能成为真正敬业的员工。

蔑视工作就是否定自己

很多人都觉得自己的工作不如意，不足以让自己发挥出最大的人生价值。其实你现在的工作就是你发挥的平台，也是你实现自我价值的最佳选择。你的工作就是你的事业，是你的身份的代言人。如果不能认真努力地对待你的工作，那么你也将不能很地做自己，也不会得到别人的认可。

让·菲利普在底特律一家家电企业工作。

在他刚刚开始工作时，他只是这家企业下设的一个电器商店的普通店员。菲利普每天的工作是清扫店铺，并协助销售员搬运货物，将顾客选好的货物送到指定的地方。

菲利普努力工作了10年，在这10年里，菲利普为家用电器销售业作出了非常出色的贡献，他们的连锁店以每年1～2家的速度递增着。在连锁店开到第20家时，尽管他是这个集团的核心指挥，尽管他一直被委以重任，但他的想法却发生了转变。

菲利普回想自己全力工作的10年，他一直以工作为他的生命核心，他每天从早忙到晚，工作总是占据着他所有的时间，还有数不清的应酬——虽然他乐于交际，但这么长时间过去了，他终于开始厌倦自己的工作，他对自己说：

"我实在厌倦了商场中的利害关系，也感到了疲倦。所以我应该辞掉工作，到一个风景秀丽的小岛上，过悠闲愉快的生活。"

让·菲利普经过认真考虑，作出了决定。虽然所有人都反对他的决定，并尽力挽留他，但他还是辞掉了自己的工作，带着多年的积蓄，来到南方一个迷人的小岛上，打算在此长期生活下去。10天过去了，他却无法找到初来这里时的欣喜。因为没有任何事情可做，他闲得发慌。最后，他得出了这样的结论：以前他总是勾画在南方生活的蓝图，那只不过是对现实的逃避，也是放松自己的需要，但那并不是自己最真实的需要。当这种因为疲倦而产生的向往一旦满足，他就再也无法从中体会满足感与幸福感。

而与逃避现实的想法相比，直面现实，在现实中创造生命的价值，实现自己真正的愿望，才能给予自己真正的幸福与满足。

可见，人只有在工作中才能实现自己的价值。

美国第二代移民安松尼·阿司特，年轻时曾在纽约街上，靠着帮行人擦皮鞋为生。那时候，还不会说流利英文的他，擦鞋功夫既高明又迅速，虽然他一贫如洗，却以他的工作为荣。

即使三餐不继，他也不以贫穷为苦，虽然个性内向羞怯，有时不免自怨自艾，然而从未听到他怨天尤人。

以擦鞋工作为荣的他，凭着无比的毅力，奇迹般地以鞋油开创了自己的事业，至今他所出品的“克丽斯汀”牌鞋油，仍然畅销全球。

即使是一个平凡的岗位，也可以做出骄人的成绩，所以不要蔑视自己的工作，蔑视工作也就等于否定了自己的劳动和自己的人生价值。

不只为薪水工作，成长比成功更重要

某公司有一位员工，已经工作了10年，薪水却不见涨。有一天，他终于忍不住内心的不平，当面向老板诉苦。老板说：“你虽然在公司待了10年，但你的工作经验却不到1年，能力也只是新手的水平。”

这名可怜的员工在他最宝贵的10年青春中，除了得到10年的新员工工资外，其他一无所获。

也许，老板对这名员工的判断有失公允，但我相信，在当今这个日益开放的年代，这名员工能够忍受10年的低薪和持续的内心郁闷而没有跳槽到其他公司，足以说明他的能力的确没有得到其他公司的认可，换句话说，他的现任老板对他的评价基本上是客观的。

这就是只为薪水而工作的结果！

在一个人的事业发展过程中，能力比金钱重要万倍。

许多成功人士的一生跌宕起伏，有攀上顶峰的兴奋，也有坠落谷底的失意，但最终都能重返事业的巅峰，俯瞰人生。原因何在？是因为有一种东西永远伴随着他们，那就是能力。他们所拥有的能力，无论是创造能力、决策能力还是敏锐的洞察力，绝非一开始就拥有，也不是一蹴而就，而是在长期工作和学习中积累得到的。

一位纽约的百万富翁在回顾自己的成功历程时说，当年，他在一家百货公司的薪水最初只有每周7.5美元，后来一下子就涨到了每年10000美元，而这之间竟然没有任何的过渡，没过多久，他还成为这家百货公司的合伙人。

刚去公司的时候，他和公司签订了5年的工作合约，约定这5年内薪水保持不变。但他暗下决心：绝不满足于这每周7.5美元的低微薪水，绝不能就此不思进取。他一定要让老板知道，他绝不比公司中的任何一个人逊色，他是最优秀的人。

他卓越的工作能力很快引起了周围人的注意。3年之后，他已经如鱼得水、游刃有余，以至于另一家公司愿意以3000美元的年薪，聘用他为海外采购员。但他并没有向老板们提及此事，在5年的期限结束之前，他甚至从未向他们暗示过要终止工作协定。也许有很多人会说，不接受如此优厚的条件，他实在是太愚蠢了。但是，在5年的合同到期之后，他所在的公司给予了他每年10000美元的高薪。老板们都很清楚，这5年来他所付出的劳动要比他所领的薪水高出数倍，理所当然，他成为一个获利者。假如他当时对自己说："每周7.5美元，他们只给我这么多，既然我只领着每周7.5美元，那么我何必去考虑每周50美元的业绩呢！"如果那样，你说结局会怎样？实际上，这些话正是当下很多年轻人的想法，他们一边以玩世不恭的态度对待工作，对公司报以冷嘲热讽，频繁跳槽，蔑视敬业精神，消极懒惰，一边却怨天尤人，埋怨自己怀才不遇、生不逢时。因为老板所付不多就敷衍自己的工作，正是这种想法和做法，令成千上万的年轻人与成功绝缘。

对于一个雇员来说，还有比薪水更重要的东西，那就是工作后面的机会、工作后面的学习环境和工作后面的成长过程。工作固然也是为了生计，但比生计更重要的是品格的塑造和能力的提高。如果一个人的工作仅是为了工资的话，那么，我们可以肯定，他注定是一个平庸的人，无法走出平庸的生活模式。

让工作成为愉快的旅程

美国一家著名橡胶公司的董事会主席威尔罗格斯指出，工作应当有趣。他说："为了获得成功，你必须知道你正在做的事，喜欢你正在做的事，并相信你正在做的事。"

毋庸讳言，许多工作是重复性的，缺乏创新，没有刺激，因而很容易让人感觉单调与乏味。一个优秀的员工必须善于培养对工作的兴趣，使工作成为愉快的旅程。

大部分人都存在这样一个问题，就是对工作过分挑剔，一直在寻找完美的工作或雇主，可是并不自知他们不是完美的员工。许多人过分强调公司应当能提供优厚的福利，对于已经有工作且做得相当好的人而言，这个要求并不为过；而对于没有工作的人，如果一开始便如此要求，似乎野心过大。

兴趣是保持工作激情的源源不断的动力，也是获得成功的重要条件。没有兴趣的工作即使勉强坚持下去，过不了多久也会丧失耐心与信心，最后只能半途而废，前功尽弃。

许多员工之所以不够勤奋，最重要的原因就是他们对自己的工作没有兴趣，很多人对工作抱着完全消极的态度，如果再加上缺乏明确的职业发展规划，其工作的状态自然可想而知了。

积极的态度有积极的结果，这是因为态度有感染力，这种态度就是热情与兴趣。阿尔伯特·巴德曾说："没有一件伟大的事情不是由热情促成的。"好的传教士与伟大的传教士、好的母亲与伟大的母亲、好的演说家与伟大的演说家、好的推销员与伟大的推销员之间的最大差别，就在于热情与兴趣。

一个人如果在事业上全神贯注的话，一定会大有成就，而且能满足他们的事业心。

研究表明，能力的提高可以通过学习来实现，兴趣与热情则可以有意识地培养。比如：

1.保持乐观积极的心态

你不得不承认，心态的影响是如此之大，良好的心态无疑可使我们更加积极地面对挫折与失败，尽管客观地看，心态于事物的发展并没有直接的助益。

2.用成就感激励自己

尽管人们一直强调过程的意义，但是，与令人兴奋的结果比较起来，过程往往是平淡的、乏味的甚至是痛苦的。因此，在每一次取得成果时，要学会欣赏自己的成就，然后将过程演化为一个值得回味的经历，以激励自己继续前行。

3.努力寻找工作中的乐趣

即使再乏味的工作，只要用心体验，也可以发现其中的乐趣。有一个每天上班乘坐拥挤的公交车的人，一度把公交车上的噪声当作音乐听，虽然有点阿Q的自我解嘲意味，但就其效果而言，不失为一种缓解情绪的方法，对待工作也是如此。

4.兴趣只有在深入了解工作特点之后才会产生

对问题的一知半解很容易使我们陷入困惑之中，只有对问题深入研究和了解之后才会产生兴趣。对一些人来说，数学是一门比较枯燥的学科，不过是数字、符号堆砌起来的恼人的魔术而已。但对真正了解它的人而言，数学则是一门艺术，是世界上最完美、最严谨的艺术。这就是泛泛了解与深入研究的区别。

当你开始喜欢你的工作时，工作将成为增添生命味道的食盐。你必须爱它，它才能给予你最大的恩惠并使你获得最大的成果。

记住这样一句话：当你喜欢工作时，它会使你的生命甜美，有目标，有收益。

第二节　与其抱怨别人，不如在自己身上找原因

工作中没有“不可能”，障碍都在你心里

在工作中，“不可能”经常被人们所引用，它使人们对自己或他人失去信心，也让人们不相信奇迹的发生。但是人们应该想想过去所创造出的奇迹，如海伦·凯勒不能听见声音，看不见东西，但她创造了文学史上的奇迹；约翰·库缇斯曾被医生断言活不过一周，但他活到了34岁，成为轮椅橄榄球运动员、室内板球健将、国际著名的演讲大师，并有了妻儿……

世上没有不可能，我们应该对自己有信心。在奥运会上，运动员最不可缺少的也正是这种信念——相信“没有不可能”。

奥康企业就是一个在工作中奉行“没有什么不可能”的典型代表。在发展过程中，奥康企业创造了许多别人觉得无法做到的“神话”，而这些所谓“神话”的产生，其实正体现了敢于蔑视困难、把问题踩在脚下的精神。

我们再来看一个奥康创造的“没有什么不可能”的故事：仅用3个月，就建成了一栋7400平方米的厂房。

2006年，为了满足生产的需要，奥康准备再盖一栋厂房。

为了让厂房能够以最快的速度投入使用，奥康的高层对负责这一工程的主管下了死命令：3个月必须将厂房建好。

开始时，很多人都认为这是天方夜谭，通常盖这样一栋厂房起码需要8个月，3个月之内建好，这不是开玩笑吗?

但在奥康看来，没有什么不可能。

奥康制订出了一个详细的工作计划，什么时候该完成什么工作，都写得清清楚楚，并采取了一系列的措施。

如为了用足24小时，奥康安排工人三班倒，晚上的工资是白天的3倍。这就是奥康所信奉的“宁愿损失金钱，也不能浪费时间”。

终于，在大家的努力下，厂房如期建成了。

当时有一个工人开玩笑地说：

“奥康建房就像山里的竹笋一样，前一天还没破土，第二天就冒出来了。”

其实，除了3个月建成厂房，奥康还创造了很多个“不可能”。

西部鞋都，这个荒地上诞生的奇迹，在开始时看来也是不可能，但最后，“不可能”变成了现实。

和意大利一流制鞋企业GEOX的合作，在别人看来同样不可能。因为当时GEOX考察的中国企业有七八家，论实力，奥康比不过某些企业；论名次，奥康被排在考察的最后一位。在考察奥康之前，GEOX内部已经有了初步定论，甚至有些人提议不要去奥康了，免得浪费时间。但没有想到的是：最终，奥康成了GEOX在中国唯一的合作伙伴。

几年前，当奥康决定投资生物制药时，遭到了很多人的反对，可事实证明，投资这一领域是很有眼光和商业前景的。

黄冈商业步行街是奥康打造的100条商业步行街的第1条，之前几乎听不到赞同的声音，可是黄冈步行街的开业让所有不相信的声音都从此销声匿迹……

做大的事业，需要的正是将所有“不可能”踩在脚下的勇气和魄力！

“不可能”并非真的不可能，而是被夸大的困难吓住了前进的脚步。要想面对生活、工作中的多种“不可能”，就要相信“没有什么不可能”！只要坚信“没有什么不可能”，“不可能”就将变为可能。

不要抱怨不公平，是你的努力还不够

许多员工抱怨自己为企业辛苦工作，为企业立下“汗马功劳”，却一直得不到老板的赏识，蜗居在平凡的岗位上，似乎永远也得不到提升的机遇。其实细细思考，自己是不是在自己的岗位上持续努力，为组织带来恒久的效益了呢？在如今这个竞争激烈的年代，如果不主动升值就意味着不断贬值，那么等待你的不仅不是升职，反而是被淘汰的命运。如果躺在自己过去的“功劳簿”上，只是沉浸在过去成功的喜悦之中，“晋升”势将与自己无缘。

对于任何一个员工来说，对自己所处的职位抱怨不已是没有任何作用的。其实我们不应该将精力放在“自己没有升职”上，而应该将注意力集中在“为什么自己没有升职”上，找到自己的缺点，给自己一个准确的定位。当我们不再为现状而一味抱怨，而是为将来的“提升”做好准备工作时，我们的升职之路将会展现无限光明。

奥尼斯初进戴尔公司的时候只是一名普通的业务员，后来一步一个脚印，由业务员成长为公司的市场部经理，随后又成为公司的市场总监。奥尼斯究竟是如何一步一步成长起来的？让我们看看他从一个市场部经理成长为市场总监的过程吧。

在成为公司的市场部经理之后，奥尼斯很快就对自己的工作有了一个正确的定位：

在企业的营销过程中，市场部经理的位置十分重要，一个优秀的市场部经理，在很大程度上能够协助市场总监完成营销战略任务。奥尼斯认为一个优秀的市场部经理必须具备以下四种基本素质：

（1）具有营销策划的能力；

（2）具有品牌策划的能力；

（3）具备产品策划的能力；

（4）具有对市场消费态势潜在性的分析能力。

后来，奥尼斯又认真研究了大多数公司对市场部经理的更高要求，他觉得自己应该在目前的能力基础上进一步学习，以提升自己的工作能力。

首先，他从掌握各项营销政策入手进行学习，因为他过去从事的是广告策划工作，对营销政策知之甚少。之后，他又开始不断强化自己的执行力。另外，奥尼斯认识到自己的市场应变能力很差，缺乏市场销售过程的锤炼和亲身的市场销售体验，这是他在工作中最大的软肋。

有了这些深刻而全面的认识之后，奥尼斯开始逐步提升自己的业务素质。他首先对自身这些软弱的因素进行弥补，先让自己成为一名优秀、称职的市场部经理。后来他又用了三年的时间来亲身体验营销实践。与此同时，奥尼斯又学习了丰富的组织管理知识、全面的法律知识和财会知识，因为这些知识在工作的时候很有用处。当然了，修炼对团队的掌控能力也是奥尼斯学习的一个重要方面，如果控制不了下属团队，那么一切都是空谈。

通过几年的认真学习和实践锻炼，奥尼斯终于如愿以偿地成了公司的市场总监，他为公司的市场营销工作做出了很大的贡献。

奥尼斯成长的例子告诉我们，工作中每一步台阶都需要相应的能力匹配，让自己的能力升值，给老板一个提升你的理由。

也许你还在抱怨自己劳苦功高却职位低下，但是却对现在的环境视而不见！据统计，25周岁以下的从业人员，职业更新周期是人均一年零四个月。为公司创造的功劳永远只能代表自己的过去，只有不断为公司创造业绩，才能为自己赢得升职的机遇。

企业永远都选择最优秀的员工，并不会为了照顾某一位老员工而提升他。一些人面对自己职业上的停滞，他们更多的是埋怨企业没能给他们职位提升的空间，这种思维是不对的。“解铃还需系铃人”，要突破这种职业停滞期，我们要学会“自我革命”，只有不断地突破自我，才能够不断成长。

能力有提升，薪水自然会上涨

工作中，有很多员工总是发出“薪水太低”、“替别人卖命”等抱怨，从而对工作产生严重的抵触情绪，这样的态度永远也不能开创工作的新局面。他们不是把精力用于思考如何做好工作，而是整日抱怨，把大好的光阴和大把的精力白白浪费了。抱怨的恶习，将他们卓越的才华和创造性的智慧悉数吞噬，使之根本无法独立工作，成为没有任何价值的员工。

静下心来仔细想想我们为什么抱怨自己的薪水这么微薄，真的是“付出多，得到少”吗？其实很多时候，并不是老板故意不重视你、故意不给你加薪，而是你的能力和经验还没有提高到相应的水平。这时，如果能够抱持“抱怨工资低，不如自我增值”这样的想法，就能够获得事业的成功。

1961年，韦尔奇已经作为一名出色的工程师在GE（通用电气公司）工作一年了，他的年薪是10500美元。他发现他的薪水居然和许多工作能力不如他的人完全一样，他因此十分沮丧。于是，他一天比一天委靡，终日无心工作。

终于有一天，他意识到自己以后的路还很长，整日抱怨薪水低，无心工作，只会浪费GE这个大舞台！

他决定让自己有一个根本性的改变，这时在他面前出现了一个机遇：一个经理因成绩突出被提升到总部担任战略策划负责人，这样经理的职位就出现了空缺。

“我为什么不试试呢？”韦尔奇想。这个富有挑战性的工作实在是太有诱惑力了。他找到领导说出他的想法。

“你是在开玩笑吗？”领导问道，“杰克，你根本不熟悉市场，而这一点对于这种新产品是至关重要的。”

韦尔奇不肯接受否定的回答。他谈到了自己的资历、看市场的眼光、对人和工作的态度。他在领导的车上坐了一个多小时，试图说服他。

最后，领导似乎明白了韦尔奇是多么需要用这份工作来证明自己能为公司做些什么，他对站在街边的韦尔奇大声说道："你是我认识的下属中，第一个向我要职位的人，我会记住你的。"

在接下来的7天时间里，韦尔奇不断给领导打电话，列出他适合这个职位的其他原因。一个星期后，领导打来电话，告诉韦尔奇，他已被提升为塑料部门主管聚合物产品生产的经理。

1968年6月初，也就是韦尔奇进入GE的第八年，他被提升为主管塑料业务部的总经理。当时他年仅33岁，是这家大公司有史以来最年轻的总经理。

到1981年，他终于凭借自己对公司的卓越贡献，稳稳地站到了董事长兼首席执行官的位置上，站到了GE这个大舞台的中央。

如果你想改变不够理想的现状，获得加薪的机遇，抱怨是无济于事的。你必须认真对待自己的工作，明确自己在工作中的责任，明确自己应该为公司做什么。只有这样，你才能收获美丽"薪情"。

抱怨不会使自己的薪水得以提升。我们明白了这一点，就不会再将自己的精力放在抱怨上。

很多员工在看到别人屡次加薪时，他们就说："那是幸运。"发现有人为老板所重用，他们就说："那是机缘。"这种负面的消极态度只会让他们感觉越来越糟，工作越来越被动，收入越来越少，进而对自己的境况更加抱怨，于是便陷入了一种恶性循环中，严重影响他们的工作和生活。

在公司里，一个人的态度直接决定了他的行为，决定了他对待工作是尽心尽力还是敷衍了事，是安于现状还是积极进取。态度越积极，决心越大，对工作投入的心血也越多，从工作中所获得的回报也就相应地更为理想。

一味抱怨自己的工作并不能提升自己的薪水。专注于提升自己的能力，用兢兢业业、尽职尽责的态度去工作，才是你脱颖而出、区别于其他人、使自己变得更有竞争力、成为高薪者的一个"武器"。

抱怨别人不如反省自己

美国著名行销大师吉格讲过这样一段经历：

"我在行销业有一段非常困难的时光，但是在一位传道士启发我之后，我开始走上了成功之路。

"然后我停止成长而开始骄傲。结果很悲惨，在接下来的5年里，我到过17家不同的公司。有些公司是华而不实的，但有些是真正有潜力的。然而当时的我已骄傲地认为，天下没有可以难倒我的事。

"如果我正在工作的公司没有采纳我出色的建议，我会说：'我不必忍受这种迂腐。'然后我便离开，到自认为赏识我的公司去。当我离开的时候，我预言那家公司失败，虽然它可能已营业了50年。在5年里我更换了17家公司，我正在陷入越来越深的债务之中。最后，我决定做一件我曾经发誓决不会再做的事：回到厨具界，那个我以前享受过了不起的成功的地方。

"一位大公司的董事长给我一大笔贷款，帮我解决了窘迫的经济状况，于是我回到了厨具界。我是南卡罗来那州的经销商。在我加入团队之后不久，分区管理人来访问我，并且提供了一些建议。

"老实说，对于厨具界，我自认为比这个人懂得多，而我才应该当管理人。因此我不愿意接受他是我上司的这个事实，而且我的骄傲与态度让我无心倾听。

"他的一段叙述非常有道理。他说：'你是个很棒的售货员——我曾见过的最好的一位。但是你的骄傲使你很容易被操纵。人们吹捧你，喂养你的骄傲，并且让你相信你能够完成那些根本做不到的事。你事实上已经尝试过你可以做的每一件事，而且你的结果不是很好。'然后他说：'现在吉格，我要给你一些忠告，它是免费的……而正如你所知，大多数免费忠告的价值大约就是它的成本，但是让我给你个建议。

"'你在这一行已经留下一些纪录。你已经得到一些全国性的尊敬。但是，下一次这些好交易来到你身边的时候，试着把眼罩戴上。告诉那个人，不管他们的条件有多吸引人，你已经做出承诺。你将要留在这一行，直到你经济上稳定，并且要重建你的名声，让人觉得你是稳固可信的，而不是一闪而逝并且总在寻找下一次交易的人。如果那些交易都是好的，一年之后它们仍然是好的。而如果它们一年之后就不好了，那么它们现在也不是好的。'

"虽然我痛恨承认我有骄傲的问题，但我认可我的管理人告诉我的智慧。开头几个月并不好过，但是多亏辛苦的工作，与我决心安定下来的那个承诺，那一年，在全国超过3000多名经销商中，我是第五名。接下来的几年里，我是全美个人销售第一名。

"我的管理人给了我曾经得到过的最好的忠告，而且多年以来，我们培养了真正的友谊。如果我没有吞下我的骄傲，我将会错失更多的东西。"

上面的例子告诉我们，只有认清自己，才能在工作中实现自己的价值。

安格尔17岁进入巴黎的达维特画室，后来又到罗马进修。到了1840年，他从意大利回国，受到法国政府和民众的热烈欢迎，使他的艺术声望达到最高点，可是他仍秉持谦逊态度，以冷静心情看待这一切。

虽然获得无比的殊荣，但他并没有被名声冲昏了头。"人要有自知之明。"安格尔如此告诉自己，不能因这些虚名而放纵自己。于是，不为所动的安格尔，仍然坚持自己的风格，不向世俗妥协，尽管晚年身体虚弱，他依然锲而不舍地努力作画。70岁那年，他创作出杰出油画《泉》，把人体绘画提升到炉火纯青的境界，成为一代不朽的艺术大师。

成功的人，往往都对自己有着一个客观的评价，对于赞美要清醒地接受而不是被虚空和名利冲昏了头。而往往越是真正伟大的人越是能客观地认清自己。

不要为失败找借口

一个人做事不可能一辈子一帆风顺，就算没有大失败，也会有小失败。每个人面对失败的态度也都不一样，有些人不把失败当一回事，他们认为"胜败乃兵家之常事"；也有人拼命为自己的失败找借口，告诉自己，也告诉别人：他的失败是因为别人扯了后腿、家人不帮忙，或是身体不好、运气不佳等。总之，他们可以找出一大堆理由。

有一位在职场打拼多年的年轻人时常对自己仍是一无所成的境遇牢骚满腹，抱怨命运的不公。

有一天，他终于鼓足勇气敲开了一位富翁的门，希望能从那位白手起家的富翁那里知道一些关于成功的秘诀。

"你一定想知道我是怎样白手起家的吧？"富翁问道。

"您是怎么知道的？"这位年轻人惊讶地问道。

"因为在你之前，已经有很多位自以为一无所有的人来找过我。来时他们确实贫困潦倒而且牢骚满腹，但走时俨然个个都成了富翁。你也具有如此丰厚的财富，为什么还抱怨不止呢？"

"是什么？"年轻人问。

"是你的一双眼睛。只要你给我一只眼睛，我可以用100万元作为补偿。"

"不，我不能失去眼睛！"年轻人拒绝道。

"好，那么把你的一双手给我吧！我可以给你200万元。"

"不，双手也不能失去！"

"既然有一双眼睛，你就可以学习；既然有一双手，你就可以劳动。现在你看到了吧，你有多么丰厚的财富啊！这就是我所谓的成功秘诀。"富翁微笑着说。

这位年轻人听了，如梦初醒。

所以，不要为自己的失败找借口，成功需要自己把握。

从前，有一对贫穷的兄弟，他们以捡破烂为生。

一天，兄弟俩照旧从家里出发沿着一条街道去拾捡废品但这条偌大的街道，仅有的就是一个个寸长的小铁钉。

弟弟看到了不屑一顾地说："几个小铁钉能值多少钱？"

但是，哥哥并不嫌弃，而是弯腰一个个地捡了起来。走到了街尾，他差不多捡到了满满一袋子的铁钉。

再向前走了不久，兄弟俩几乎同时发现街尾新开了一家收购店，门口挂着一块牌子写道：本店高价回收1寸长的旧铁钉。

两手空空的弟弟只好眼睁睁地看着哥哥用那些小铁钉换回了一大把钞票。

店主问弟弟："孩子，在来的路上，难道你一个铁钉也没看到？"

弟弟非常沮丧地回答："我看到了啊。可那小铁钉并不起眼，我也没想到一路上会有那么多，我更没想到它竟然这么值钱，等我想要去捡时，铁钉全被大哥捡光了。"

在职场上，也有许多人像故事中的弟弟一样，自己不努力抓住机会，却抱怨别人抢得先机。

工作中，有人经常为自己的失败找借口，时间长了，他们会把"为失败找借口"当成一种本能习惯，认为很多失败是由客观因素造成的，无法避免，却从未想过大部分失败应是由自己的主观原因造成的。

因此，当我们在工作中面对失败之时，不要寻找借口，而应找出失败的原因。

在这一点上，我们应该学习西点军校的做法。美国西点军校不仅培养了一大批优秀的军事人才，也培养出无数商界的精英。在这所学校里有一个悠久的传统，就是学生遇到长官问话时，只能有四种回答："报告长官，是！""报告长官，不知道！""报告长官，不是！""报告长官，没有借口！"除此之外，不能多说一个字。例如，军官派一个士兵去完成一项任务，但由于种种原因，没有及时完成，当军官问他原因时，如果他为自己辩解说由于这样或那样的原因导致自己没有按时完成任务，那就错了，他只能说："报告长官，没有借口！"因为军官看重的是结果，他根本不会听你长篇大论的解释。

西点军校之所以采取这种方式，就是为了使学生学会适应压力，培养他们不达目的誓不罢休的毅力，尽量把每件事都做得更好。它也让每一位学生懂得：失败是没有任何借口的。

尽管有些困难是不可难免的，但能从困境中走出来，获得成功的往往是那些不为自己失败找借口推脱的人。

抱怨如同诅咒，越抱怨越退步

不管走到哪里，你都能发现许多才华横溢的失业者。当你和这些失业者交流时，你会发现，这些人对原有工作充满了抱怨、不满和谴责。要么就怪环境条件不够好，要么就怪老板有眼无珠，不识才，总之，牢骚一大堆，积怨满天飞。殊不知，这就是问题的关键所在——抱怨的恶习使他们丢失了责任感和使命感，只对寻找不利因素兴趣十足，从而使自己的发展道路越走越窄，在自己的抱怨声中不断退步。

我们可以发现，几乎在每一个公司里，都有"牢骚族"或"抱怨族"。他们每天轮流把"枪口"指向公司里的任何一个角落，埋怨这个、批评那个，而且从上到下，很少有人能幸免。他们的眼中处处都能看到毛病，因而处处都能看到或听到他们的批评、发怒或生气。

本来他们可能只是想发泄一下，但后来却一发而不可收。他们理直气壮地数落别人如何对不起他们、自己如何受到不公平的待遇等，牢骚越讲越多，使得他们也越来越相信，自己完全是遭受别人践踏的牺牲品。不停抱怨的“牢骚族”，他们的抱怨只会妨碍和干扰自己的阵脚，终究受害最大的还是自己。

事实上，你很难找到一个成功人士会经常大发牢骚、抱怨不停，因为成功人士都明白这样的道理：抱怨如同诅咒，越抱怨越退步。

于强在一家电器公司担任市场总监，他原本是公司的生产工人。那时，公司的规模不大，只有30多人，有许多市场等待开发，而公司又没有足够的财力和人力，每个市场只能派去一个人，于强被派往西部的一个市场。

于强在那个城市里举目无亲，吃住都成问题。没有钱坐车，他就步行去拜访客户，向客户介绍公司的电器产品。为了等待约好见面的客户，他常常顾不上吃饭。他租了一间破旧的地下室居住，晚上只要电灯一关，屋子里就有老鼠在那里载歌载舞。

那个城市的气候不好，春天沙尘暴频繁，夏天时常暴雨，冬天天气寒冷，这对于于强来说简直就是一个巨大的考验。公司提供的条件太差，远不如于强想象得那样。在这样艰苦的条件下，不抱怨几乎是不可能的，但每次抱怨时，于强都会对自己说：“开拓市场是我的责任，抱怨不能帮助我解决任何问题。”他选择了坚持。

一年后，派往各地的营销人员都回到公司，其中有很多人早已不堪忍受工作的艰辛而离职了。后来，于强凭着自己过硬的业绩当上了公司的市场总监。

即使在恶劣的环境下，于强也没有选择抱怨，对自己工作的坚持，使他在进步的阶梯上得到了飞速发展。一名员工，无论从事什么工作都应当选择不抱怨的态度，应该尽自己的最大努力去争取进步。把不抱怨的态度融入自己的本职工作中，你才能不断地进步，才能得到社会的认可，受到老板的青睐。

你是否能够让自己在公司中不断得到进步，这完全取决于你自己。如果你永远对现状不满，以抱怨的态度去做事，那你在公司的地位永远都不能变得重要，因为你根本就不能做出重要的成绩。

抱怨的人很少积极想办法去解决问题，不认为主动独立完成工作是自己的责任，却将诉苦和抱怨视为理所当然。任何一个聪明的员工都应该明白这样的道理：一个人一旦被抱怨束缚，不尽心尽力去工作，在任何单位里都会自毁前程。如果希望改变一下自己的处境，希望自己能够取得不断的进步，那么首先从不抱怨自己的工作开始吧。

抱怨只会让事情更糟

在生活中，经常会有这样一些人，他们总是抱怨自己人生的不如意，生不逢时，并由此而产生了一系列的矛盾与烦恼。

比如说，有的人对自己目前的工作不满意，认为职位低，赚钱少，比不上别人。于是就不断地抱怨，工作常常出错，上司也不喜欢他，同事也觉得他没出息。这样，他就越来越孤独，越来越被排挤，越来越远离快乐和成功。

怨恨是使自己觉得自己重要的一种方法。很多人以“别人对不起我”的感觉来达到异常的满足。从道德上来说，不公正的受害者和那些受到不公正待遇的人，似乎比那些造成不公正的人要高明。

心怀怨恨的人，是想在人生的法庭上证明他的案子，如果他有怨恨之感就证明生活对他不公平，而有一些神奇的力量将会澄清那些使他产生怨恨的事情，使他得到补偿。从这个意义上来说，怨恨是对已发生之事的一种心理反抗或排斥。

怨恨的结果是塑造劣等的自我意象。就算怨恨的是真正的不公正与错误，它也不是解决问题的好方法，因为它很快就会转变成一种习惯情绪。一个人习惯于觉得自己是不公平的受害者时，就会定位于受害者的角色上，并可能随时寻找外在的借口，即使对最无心的话在最不确定的情况中，他也能很轻易地看到不公平的证据。

抱怨会使自己的情绪恶化，看什么都不顺眼，使自己陷入一种自己制造出来的消极情境之中。

经常抱怨也会变成一种习惯，遇到压力或不如意之事，便先抱怨一番，这是最可怕的事。一位伟人曾说："有所作为是生活中的最高境界，而抱怨则是无所作为，是逃避责任，是放弃义务，是自甘沉沦。"不论我们遭遇到的是什么境况，光是喋喋不休地抱怨不已，都注定于事无补，还会把事情弄得更糟。而这绝不是我们的初衷。

倘若我们的抱怨毫无理由，就应从根本上改变自己的心态，由消极变为积极、由推诿变为主动、由事不关己变为责任在我。即使我们的抱怨拥有充足的理由，那也还是不要抱怨吧！在逆境中拼搏能够产生巨大的力量，这是人生永恒不变的法则。当你遇到某一个难题时，也许一个珍贵的机会正在悄悄地等待着你。抱怨并不能解决实际问题，尽快地停止抱怨吧，只有去行动才有解决问题的可能。

因此，我们要从现在开始记住，不要抱怨父母，不要抱怨环境。无法改变环境，就改变自己；改变不了过去，就努力改变未来。

那么怎样才能克服抱怨的毛病呢？认真完成下面的行动计划，就能帮你克服抱怨的弱点。

行动1：

写下发生在你身上的5件事，写下其中你的抱怨；对照自己写的内容，抱怨能真正帮你解决问题吗？显而易见，抱怨满腹不能解决任何问题，相反会阻碍我们成功。

行动2：

找出一直困扰住你的一件事，你要像看电影一样回忆其中的每一个细节，然后把这段过程转化为滑稽的形式。

你找一把高高的椅子坐在上面，然后满脸堆笑，气定神闲地进行这一过程。如果有个人对你说了什么坏话，你就像录像带倒带一样，让那个人说话的速度变快很多，如果不过瘾，你还可以给那个人安上米老鼠的鼻子和唐老鸭的耳朵，再配上一些古怪的音乐。这样来来回回十遍，再看这个困扰你的过程，你会发现变得非常滑稽了，你会觉得失去了抱怨的意义。

行动3：

找一个支持和值得你信赖的真挚友人作为倾诉的伙伴，把所有的抱怨、牢骚、不满都发泄出来。

行动4：

在一张纸上尽快地写出你所有的感觉，把你的每一个意见、思想和感觉尽情发泄在纸上，当你全部发泄完之后，把纸撕掉，最好把纸撕得粉碎，重复地写出来，再撕掉，直到你感觉不到激烈的情绪为止。

当你克服了抱怨的弱点后，你就真正成了一个阳光的人，一个时刻感受到快乐和幸福的人。

与其抱怨，不如实干

一位伟人曾说："有所作为是生活中的最高境界，而抱怨则是无所作为，是逃避责任，是放弃义务，是自甘沉沦。"不论我们遭遇到的是什么境况，喋喋不休地抱怨只会把事情弄得更糟。而这绝不是我们的初衷。

有一个小药店的店主，一直想找一个能干一番大事业的机会。每天早晨他一起来，就希望自己今天能够得到一个好机会。然而，好长时间过去了，他认为的机会并没有出现。对此，他抱怨不已，他认为自己有干大事业的本事，却没有干大事业的机会。大部分时间他并不是去研究市场，而是经常在花园里去做所谓的“散心”，而他经营的小药店也为此门庭冷落了。

在现实生活中，我们中的大多数人都不免多少有点儿像这个店主。看见别人的成功便无形中会生出点嫉妒，并且在这种嫉妒之余，常常还会妄自菲薄，总以为别人的工作才是最好的，而自己呢？自己总是看不到什么希望。我们总是把别人的成功归结为运气好，于是，我们也梦想着好运能早一天降临到自己的头上来。

后来，这个药店的店主战胜了自己这种消极的态度，而他接下来的所作所为，我们可以将其视为榜样。他是怎么做的呢？他的办法其实很简单：就是无论什么人，不管他们的地位是高还是低，自己都主动地去和他们接触。

有一天，他这样问自己：“我为什么一定要把自己的希望、自己未来的奋斗目标寄托在那些自己一无所知的行业上呢？为什么不能在自己现在相对熟悉的医药行业干出一番大事业来呢？”

于是，他下定决心摆脱自己以前的那种怨天尤人的心态，就从自己的药店做起，他把自己的这一事业当作一种极为有兴趣的游戏，以此来促进他生意的发展。他让自己用那种发自内心的热情告诉别人，他是如何尽量提高服务质量使顾客满意，以及他对药店这一行业有多么大的兴趣。

“如果附近的顾客打电话来要买东西，我就会一面接电话，一面举手向店里的伙计示意，并大声地回答说：‘好的，赫士博克夫人，二十片安眠药，一瓶三两的樟脑油，还要别的吗？赫士博克夫人，今天天气很好，不是吗？还有……’我尽量想些别的话题，以便能和她继续谈下去。

“在我和赫士博克夫人通电话的同时，我指挥着伙计们，让他们把顾客所需要的东西以最快的速度找出来。而这时负责送货的人，脸上带着笑容，正忙着穿外衣。在赫士博克夫人说完她所要的东西之后不到一分钟，送货的人已带着她所需要的东西上路了。而我则仍旧和她在电话中闲谈着，直到等她说：‘呵，瓦格林先生，请先等一等，我家的门铃响了。’

“于是我笑了笑，手里仍拿着话筒。不一会儿，她在电话中说：‘喂，瓦格林先生，刚才敲门的就是你们的店员，他给我送东西来了！我真不知道你怎么会这么快，实在是太不可思议了。我打电话给你还不过半分钟呢！我今天晚上一定要把这事告诉赫士博克先生。’

“因为我这里有优质的服务，过了不久，几条街以外的居民也都舍近求远地跑到我们店里来买药了。以至于后来城里好多别的药店老板都跑到我这儿来取经，他们不明白，为什么偏偏我的生意会做得这样好？”

这便是查尔斯·瓦格林成功的方法，也正是这一方法，使得他的小药店生意兴隆，其分店几乎在全美遍地开花，以前所未有的速度迅速占领了美国医药业的零售市场。在当时的美国医药零售业中，他的公司拥有的分店数量及其规模占全国第二，并且他的事业还在继续健康地发展下去。

他的医药事业之所以能够成功，有一个小小的秘诀，那就是：如果你放下了抱怨，选择了实干，那么机会不久便会站在你的门口。

抱怨的人往往是没找对方法

我们常常听到这样的抱怨：

“这份工作太难了，根本就做不好。”

"这么难，让我无从下手，可怎么做啊？"

他们认为找不到方法来解决问题，自然工作是做不好的。这些只能说是推脱之词，只有主动去找方法才会有办法。

我们说：没有解决不了的问题，只有找不到方法的人。只要拥有方法这把宝剑，工作中再大的障碍也会被夷为平地。

第25届世乒赛时，有一个戏剧性情节：中国选手容国团战胜自己的同胞队友杨瑞华。杨瑞华则大胜匈牙利老将西多，不是偶然获胜，而是每战必胜，被称为西多的克星。西多则每每战胜容国团，不是偶胜，而是常胜，两天前的团体赛就赢得很爽快，被称为容国团夺冠的拦路虎。最后的冠亚军决赛由容国团对阵西多。第一局，容国团很快就告负了。赛场预测，男单冠军必属西多无疑。可是，最后的结果却相反，容国团为我国体育代表队夺得了第一个世界冠军。这是为什么？中国队采取了什么战术？

在第一局结束后，教练傅其芳退后，队员杨瑞华临时充当教练，指导容国团。杨瑞华时而示范动作，时而侧目西多，眼中充满火药味。西多见杨瑞华为容国团面授机宜，浑身觉得不自在，心里直发怵。他双眼直盯杨瑞华，自己的教练说了什么都未能听进去，一副忧心忡忡的样子。第二局开始，荣国团士气大振，越战越勇，西多却步伐紊乱，连连失误。最后，容国团以3：1夺冠。

教练导演了一个戏剧性变化，赢得了中国体育历史上值得大书特书的一块金牌。让我们看看这一方法的根蒂：

一是场上条件不足场外补。根据历史表现与现实表现，教练断定，容国团战胜西多的概率很小，换句话说，仅靠容国团个人在场上的力量很难制伏对方。场上条件不足，但我们有场外条件优势，让它发挥出来，不无小补，这是一个极为出格的决策。

二是技术条件不足心理补。很明显，在技术条件上，容国团根本不占优势，甚至说是遇上了拦路虎。场外条件虽好，但鞭长莫及，替代不了，那就提供心理力量：教练的创新打击了西多的求胜心理。对阵的还是容国团、西多两人，两人的技术也不可能在瞬间发生很大的变化，客观条件很难改变。着力点就在主观上——让西多的克星杨瑞华站到教练席上，对西多实施精神压迫。让杨瑞华面授机宜，尽管客观上不一定发挥多大作用，这让西多听不懂、猜不透，以为自己的弱点被对方抓住了，心中没了底气。同时，安排杨瑞华"侧目怒视"，充满火药味，进一步给西多施加压力。

通过教练的计谋，增添了容国团的自信心，而有杨瑞华点破西多的破绽，自己对西多的畏惧也消除了，在杨瑞华的点拨下，他对自己的攻击力也有自信了，斗志自然更加旺盛了。

我们常常看到这样的情况：面对同一种工作，有的人认为无从下手，而有的人却可以做得很好，其中的关键差别就在于能不能转换自己的思路，并积极地寻找解决问题的方法。

相信大家都读过"把梳子卖给和尚"的故事。乍一看，这是一个难以完成的任务，却有人可以作出很不错的业绩。原因就在于，他突破了传统思维的限制，梳子除了用来梳头发还可以做什么呢？可以做纪念品。如果在其上刻上"积善梳"三字，其意义又非同寻常了，根据不同的香客身份赠送不同品种的梳子，市场也就更为广阔了。

这就是方法的力量。有了找方法的人，原来看似难以解决的困难都可以迎刃而解，看似难以完成的工作都可以顺利完成。

第三节　态度好了，幸福就来了

不是只有你最聪明

春秋时期，孔子和他的学生们周游列国。

一天，他们驾车正在赶往晋国的路上。一个孩子在路当中堆碎石瓦片玩，挡住了他们的去路。

孔子对那小孩说："你不该在路当中玩，这样就挡住了我们的车。"

孔子的学生们也觉得这个小孩没有礼貌，纷纷让他让开道路。

孩子指着地上说："老人家，您看这是什么？"

孔子一看，是用碎石瓦片摆的一座城，便说："这不过是一些瓦片堆垒的城墙而已。"

小孩又说："您说，应该是城给车让路，还是车给城让路呢？"

孔子被问住了，一时语塞。

孔子觉得这个小孩很聪明，便问："你几岁啦？"

小孩回答说："7岁。"

孔子对学生们说："他可以做我的老师啊！"

圣人且拜师，我们普通的人当然更应该有自知之明，你要认清这样一个道理，不是只有你最聪明。

下面的寓言故事告诉我们同样的道理：

狮子和人类在一起比试，夸耀自己如何有能耐。

狮子说："看看我的样子就知道我有多么威风，我是百兽之王，动物们见了我没有一个不害怕的。"

人不屑一顾地说："我们人类是最聪明的，是万物之灵长，我们是天下最有智慧的。所有的生灵，植物也好，动物也罢，乃至整个宇宙，上至太空，下至海洋，无不掌控在我们人类的手中！"

狮子和人你一言我一句争论得不可开交，最后他们经过一座庙宇，庙宇的前面有一座狮子和人的雕像。人走过去，仔仔细细地看了看，发现上面雕塑的是人类狩猎的场面，只见雕像上一个猎人手持长矛，正刺向一头狮子的心脏，狮子垂死挣扎时面目狰狞，颓然瘫倒在地上。人看见后不无得意地对狮子说："不用我多说了，看看，这就是最好的证明，你们那尖牙利爪还比不上人类手中的一根长矛！"

狮子看到那座雕像，神情变得严肃起来，它猛地扑向站在一边的人，接着把他掀翻在地，并死死地踩在脚下。人吓得直打哆嗦，惊慌地问："你要干什么？"

狮子严厉地说："我只是想让你明白，如果我们狮子愿意树立一座雕像的话，你将会看到一大堆被狮子踩在脚底下的死人的雕像。"

那些自以为聪明的人一般很少关心别人，与他人关系疏远，对人缺少热情。但人与人之间的情感是相互的，久而久之，他们会因此而被孤立起来，影响到自己的生活、学习、工作和人际交往，严重的还会影响心理健康。谦虚才能使人进步。在职场上，有一些人总认为自己比别人聪明。无论在观念上还是行动上都无理地要求别人服从自己。他们的致命弱点是不愿意改变自己的态度或接受别人的观点。接受他人意见，即是针对这一特点提出的方法。接受他人意见不是完全服从他人，只是要求那些自以为是的人能够接受别人正确的观点，通过接受别人的意见，改变过去唯我独尊的形象。

要全面认识自我，既要看到自己的优点和长处，又要看到自己的缺点和不足，不可一叶障目，不见泰山。每个人都有自己的独到之处，都有他人所不及的地方，同时也有不如人的地方。与人比较，不能总拿自己的长处去比别人的不足，把别人看得一无是处。

每个人都要把“常检点自己，不要总是归咎别人”作为一条思维和行为准则。这样做的益处很多，比如减少不必要的误解和矛盾，融洽与周围人的关系，使自己保持良好的愉快情绪，进而有益于事业的发展。

如果一个人能够常常反省自己，那么他的所言所行就会更加正确，更加符合为人处世的通常道理。无论做什么事情，无论在什么时间，如果能够在反省中修错补漏，不但会使事情发展得更顺利，而且会逐步完善自己的品质修养。

如果没有反省自己的习惯和品质，看不到自己的缺点和错误，把注意力放在观察别人的过失上，动辄妄加非议和批评，动不动就归咎他人，这样的人在职场是最容易被人厌恶的。

纪律上的约束是为了团队更好地发展

在团队中，总会有这样或那样的纪律约束着人们，让他们失去了自由。所以，很多人抱怨纪律的制定，认为对自己的利益构成伤害的，就是不合理的。其实，这样的想法是不对的。团队的发展，必须依靠纪律来约束。一个有纪律的团队必定是一个团结协作、富有战斗力和进取心的团队，如果其中一个人无视纪律，不但会毁掉整个团队的战斗力，而且会毁掉他自己的前途。

任何一个员工都应该清楚地认识到，在企业里，严明的纪律是不容忽视的。

公司要获得发展，就必须先构建有纪律的、团结有力的、无坚不摧的团队。团队要想完成任务，就必须磨砺团队中每个成员无比坚强的信念，就必须要求每个成员用严明的纪律来约束自己。通过企业的倡导和推行，纪律容易在员工群体中达成共识和自觉性，从而起到促使员工的言行举止和工作习惯向企业期望的方向和标准转化的目的。

没有规矩，不成方圆。企业的活力来源于各级员工良好的职业精神面貌、崇高的职业道德。在残酷的商业竞争中，企业需要营造员工自觉遵守纪律的文化氛围，需要建立严格的制度和规范，这些制度和规范需要你去配合遵守，这是任何一家企业不可动摇的铁的纪律。

让集体荣誉感代替抱怨

在漫长的迁徙过程中，总有一只大雁带头搏击，一只领头雁累了，就会有另一只来代替它。茫茫苍穹，每只大雁都在付出自己的努力，始终让雁队保持飞行的速度、保持明确的方向。它们仿佛是训练有素的军队，历经重重苦难，克服旅途的艰辛，雁队中，每只大雁都努力承担责任，竭尽全力。大雁给我们的启示其实是深刻的：只要自己是集体中的一分子，就应该时刻维护这个集体，时刻存有集体荣誉感，以集体利益为重，而不应该总是为了自己的利益获得而抱怨团队。

这是大雁要告诉我们的。同样，在人类社会中，像大雁一般拥有集体荣誉感的员工，他们往往会顾全大局，以公司利益为重，以团队的整体表现为约束力，而不会抱怨在工作过程中自己需要付出多少，又能获得多少。

能够维护公司利益的员工都具有强烈的荣誉感。员工是企业的代言人，员工的形象在某种程度上代表了企业的形象。员工在任何时候都不能做有损企业形象的事情，这也是一个员工最基本的职业准则。就像你不愿意让别人伤害你的形象一样，你也不能容许别人伤害你所在企业的形象。

有荣誉感的员工，他们会顾全大局，以公司利益为重，绝不会为个人的私利而损害公司的整体利益，甚至不惜牺牲自己的利益。他们知道，只有公司强大了，自己才能有更大的发展。事实上，有这种想法的员工才能被公司真正地委以重任。只有那些有集体荣誉感的员工，才知道自己真正需要什么，企业需要什么。具有集体荣誉感的人，在任何一个团队中都会受到欢迎。

同舟共济，摒弃个人主义

一个企业的成功不是靠一个人或几个人能完成的，必须通过全体员工的努力。团队效应既可以发挥每个人的最佳效能，又能产生最佳的群体效应。个体永远存在缺陷，而团队则可以创造完美。放眼一流的工作团队，他们之所以会出类拔萃，无非是他们的成员能抛开自我，彼此高度信赖，一致为整体的目标奉献心力的结果。

下文中的“法国队”便是“完美团队”的杰出代表。

在一次世界杯上，当时，巴西队成为夺冠热门，被寄予厚望，因为巴西队的队伍中拥有大小罗、卡卡、阿德里亚诺、罗比尼奥等明星球员，堪称“五星级”阵容，被媒体称为“史上最强巴西”的球队。

在夺冠的路途中，巴西队遭遇了法国队，令人始料不及的是，最终的结果是法国队以一颗点球让巴西队止步八强，巴西夺冠的梦想破灭。

为什么拥有明星阵容的巴西队会失败呢？在赛前，球王贝利就曾经表示，他对巴西和法国的相遇有不祥的预感。罗西迪对这两队的评论可以为贝利这种不祥预感加上注脚，罗西迪说：“这次他们怎么看都不像一支强队，更像一群没有凝聚在一起的天才球员。”

因为，足球从来不是单打独斗的项目，集体协作，发挥团队的效能，才有可能在风云变幻的世界杯赛场上占据优势。球星们在比赛中并没能显示出五星级的实力，核心球员状态低迷，球员之间各自为战，整体配合生涩，最终令实力最强、光芒四射的巴西队与冠军擦肩而过。而法国队却能发挥团结协作的优势，聚集团队成员的所有力量，最终获得了胜利。

全队拧成一根绳子，发挥团队的最大力量，这就是法国队获胜的秘诀！美国国务活动家韦伯斯特有一句名言：“人们在一起可以作出单独一个人所不能作出的事业；智慧、双手、力量结合在一起几乎是万能的。”一个人的力量是有限的，但是由很多人组成的群体却可以移山填海，这并不是什么奇迹，而是团结的力量。

有句俗话说得好：“众人拾柴火焰高。”个体的力量是有限的，发动团队的力量则可以实现个人难以达到的目标，所以说，作为公司里的一名员工，我们应从公司的整体利益出发，从团队的角度出发，培养团队协作意识，树立对团队工作认真负责的信念。同时，要不断培养作为企业员工的自豪感，让我们深刻体会到在这个集体中凭借着共同的努力可以战胜所有的困难，实现我们自己的人生价值。

我们每一个人都很棒，如果加入团队会更加成功。我们要记住：没有完美的个人，只有完美的团队。所以，每一位员工都必须放弃个人主义，主动加强与同事之间的合作，提高自己的团队合作精神。

自动自发地为团队服务

在商店工作的史密斯一直认为自己是一个非常优秀的工人，完成了自己应该做的事——记录顾客的购物款。于是，史密斯向经理提出了升职的要求，没想到经理竟拒绝了他，理由是他做得还不够好。史密斯非常生气。一天，史密斯像往常一样，做完了工作，和同事站在一边闲聊。正在这时，经理走了过来，他环顾了一下四周，示意史密斯跟着他。史密斯很纳闷，不知道经理葫芦里卖的什么药。只见经理一句话也没有说，就开始动手整理那些订出去的商品，然后他又走到食品区，清理柜台，将购物车清空。

史密斯惊讶地看着经理，过了很久才明白经理的用意：如果你想获得加薪和升迁的机会，你就得永远保持自动自发做事的精神。哪怕你面对的是一份最平凡的工作，“自动自发做事”的精神也会让你获得更高的成就。

成功的机会总是留给那些自动自发工作的人，只有当你主动、真诚地去做事时，成功才会相伴而来。

彼得和查理一起进入一家快餐店，当上了服务员。他俩的年龄一样大，拿着同样的薪水，可是工作时间不长，彼得就得到了老板的褒奖，很快被加薪，而查理仍然在原地踏步。查理与其他人十分不解。面对查理和周围人士的牢骚与不解，老板让他们站在一旁，看看彼得是如何完成服务工作的。

在冷饮柜台前，顾客走过来要一杯麦乳混合饮料。

彼得微笑着对顾客说：“先生，你愿意在饮料中加入一个还是两个鸡蛋呢？”顾客说：“哦，一个就够了。”这样快餐店就多卖出一个鸡蛋，在麦乳饮料中加鸡蛋是要额外收钱的。

看完彼得的工作后，经理说道：“据我观察，我们大多数服务员是这样提问的：‘先生，你愿意在你的饮料中加一个鸡蛋吗？’而这时顾客的回答通常是：‘哦，不，谢谢。’对于一个能够在工作中主动完善提高的员工，我没有理由不给他加薪。”

许多公司都努力把自己的员工培养成对待工作自动自发的人。自动自发工作的员工，会勇于负责，有独立思考的能力。他们不会像机器一样，别人吩咐什么他就做什么。他们往往会发挥创意，出色地完成任务，而不能自动自发工作的员工，则墨守成规，害怕犯错误，凡事只求忠诚于公司的规则。他们会告诉自己，老板没有让我做的事，我又何必插手呢？又没有额外的奖励！这两种不同的想法会产生不同的工作表现。

博德鲁公司是一家行业信息和图书出版公司，总部位于康涅狄格州格林尼治镇。公司的一名运务员建议说，公司在下一次重印一种图书时，应当考虑适当缩减成品纸张的尺寸，那样在交付海运时，就可以将运费费率降低一个档次。

公司采纳了他的建议，结果仅仅在第一年度，就节省了50万美元的运费！公司主席马丁·埃德斯顿感慨地说：“我在图书邮购业已经干了两三年，却压根儿不知道还有个第四类邮件运费费率。但是，每天负责运送图书的人对这个再清楚不过了！”

确实，那些自动自发工作的人，总是能为公司着想，忠心耿耿为老板考虑，主动想办法为公司节省费用，提出好的建议与信息，而且他们也往往知道公司如何才能在其他方面省钱，或者整个公司的业务如何才能更高效地完成。他们也因此会得到提升和赏识。比别人多努力一些，就会拥有更多的机会。

用沟通击破合作的"壁垒"

有效沟通是建立高效团队的前提。一个优秀的团队肯定是一个沟通良好、协调一致的团队，因为团队如果没有交流沟通，就不可能达成共识；没有共识，就不可能协调一致，就不可能有默契；没有默契，就不能发挥团队绩效，也就失去了建立团队的基础。如果没有共识，团队成员就会站在不同的立场、为着不同的目的行动，这样的话，这个"团队"就很可能会分崩离析，失去存在的基础。

传说，人类的祖先最初讲的是同一种语言。他们在底格里斯河和幼发拉底河之间发现了一块非常肥沃的土地，于是就在那里定居下来，修建城池，建造起繁华的巴比伦城。后来，他们的日子越过越好，人们为自己创造的业绩感到自豪，决定在巴比伦修一座通天的高塔，来传颂自己的赫赫威名，并作为集合全天下弟兄的标记，以免分散。因为大家语言相通，同心协力，阶梯式的通天塔修建得非常顺利，很快就高耸入云。上帝得知此事，立即从天国下凡视察。上帝一看，又惊又怒，因为上帝是不允许凡人达到自己的高度的。他看到人们这样统一、强大，心想，人们讲同样的语言，就能建起这样的巨塔，日后还有什么办不成的事情呢？于是，上帝决定让人世间的语言发生混乱，使人们互相言语不通。

人们各自讲起不同的语言，感情无法交流，思想很难统一，就难免互相猜疑，各执己见，争吵斗殴。这就是人类之间误解的开始。

修造工程因语言纷争而停止，人类合作的力量消失了，通天塔最终半途而废。

虽然这只是一个很简单的故事，但是从这个故事中我们可以看出，沟通在团队合作中扮演着极其重要的角色。事实上，人与人之间的理解与支持关键在于沟通，沟通带来理解，理解才能促进合作。如果不能有效地沟通，就无法理解对方的意图，而不理解对方的意图，就不可能进行亲密无间的合作，更不用说创造最佳效益了。

美国前总统里根被尊称为"伟大的沟通者"绝非浪得虚名。在他漫长的政治生涯中，他已深切体会到与服务对象沟通的重要性。即使身在总统任内，他还保持阅读选民来信的习惯。他请白宫秘书每天下午交给他一些信件，然后，利用晚上的时间在家里亲自回复。

克林顿基于同样的理由常常利用电讯与人民面对面交谈，目的也无非是希望了解人民的想法，并表示对他们的关怀。就算他无法解决所有人提出的问题，但是克林顿总统亲自现身，聆听、抒发他自己的想法，本身就具有沟通的意义。

这已不是什么创新之举，林肯在一百多年前就采用了类似的做法。当时，任何美国公民都可以直接向总统请愿。偶尔，林肯会请助理回复，但他大部分都是亲自回复请愿者。

因为这件事，林肯还招致一些批评。当时正值国家内战、联邦待援的非常时期，为什么要浪费时间去处理这种小事情？只因为林肯深深地明白，了解民意乃是身为总统的首要职责，而他很愿意亲自接触民情。

沟通是每个人都要面临的问题，也是每个人都应该学习的课程，应该把提高自己的沟通技能提升到战略高度——从团队协作的角度来对待沟通。只有这样，才能真正创建一个沟通良好、理解互信、高效运作的团队。人在职场，难免会被同事误解。有的是他人造成的，有的则是自己不经意间造成的，对此绝不能采取消极的听之任之的态度，更不要采取对抗的方式，而是要通过沟通来解决。

对团队负责，才能对自己负责

一位英国科学家把一盘点燃的蚊香放进了蚁巢里。开始，巢中的蚂蚁惊惶失措，过了十几分钟后，便有许多蚂蚁纷纷向火中冲去，对着点燃的蚊香，喷射出自己的蚁酸。一只蚂蚁能射出的蚁酸量十分有限，因而导致一些蚁群中的“勇士”葬身火海。但是，它们前仆后继，过了几分钟，便将火扑灭了。活下来的蚂蚁将战友们的尸体移送到附近的一块墓地，盖上薄土，安葬了。

又过了一段时间，这位科学家又将一根点燃了的蚊香放到了那个蚁巢里，并细细观察。虽然这一次的“火灾”更大，但是这群蚂蚁已经有了上一次的经验。它们用很短的时间，便协同在一起，有条不紊地作战，不到一分钟，火便被扑灭了，而蚂蚁无一殉难，这真是个奇迹。

从蚂蚁灭火的现象中我们可以发现，个体的力量是很有限的，而团队的力量可以实现个人难以达成的目标。

所以说，作为公司里的职员，我们要从团队的角度出发，树立起对团队工作认真负责的信念。每一个公司都类似于一个大家庭，每一位成员都仅仅是其中的一份子，只有每一个人都具备了团队工作的精神后，才能对团队的工作认真负责，对自己的人生和事业负责。

“就招聘员工而言，我们有一套很严格的标准，但重要的是团队精神。”微软中国研究院的张湘辉博士说，“如果一个人是天才，但其团队精神比较差，这样的人我们不要。中国IT业有很多年轻聪明的人才，但团队精神不够，所以每个简单的程序都能编得很好，但编大型程序就不行了。微软开发windows XP时有500名工程师奋斗了2年，编写了5000万行编码。软件开发需要协调不同类型、不同性格的人员共同奋斗，缺乏领军型的人才，缺乏合作精神是难以成功的。”

一位人力资源专家指出：“现在的年轻人在职场中普遍表现出来的自负，使他们在融入工作环境方面显得缓慢和困难，他们缺乏团队合作精神，项目都是自己做，不愿和同事一起想办法，每个人都会做出不同的结果，最后对公司一点儿用也没有。”

一个人是否具有团队合作的精神，也直接关系到他的工作业绩。

从前，有两个饥饿的人得到了上帝的恩赐——一根渔竿和一篓鲜活的鱼。其中一个人要了一篓鱼，另一个人则要了渔竿。带着得到的赐品，他们分开了。

得到鱼的人走了没几步，便用干树枝点起篝火，煮了鱼。他狼吞虎咽，没有好好品尝鲜鱼的香味，就连鱼带汤一扫而光。没过几天，他再也得不到新的食物，终于饿死在空鱼篓的旁边。

另一个选择渔竿的人只能继续忍饥挨饿，他一步步地向海边走去，准备钓鱼充饥。可是，当他看见不远处那蔚蓝的海水时，他最后一点儿力气也使完了，他也只能带着无尽的遗憾撒手人寰。

上帝摇了摇头，决心再发一回慈悲。于是，又有两个饥饿的人得到了上帝恩赐的一根渔竿和一篓鲜活的鱼。这次，两个人并没有各奔东西，而是商定互相协作，一起去寻找有鱼的大海。

一路上，他们每次只煮一条鱼充饥。终于，经过艰苦的跋涉，在吃完了最后一条鱼的时候，他们到达了海边。从此，两人开始了以捕鱼为生的日子，他们有了各自的家庭、子女，有了自己建造的渔船，过上了幸福安康的生活。

几十年过去了，他们居住的海边已经发展成为一个渔村。村里人都继承了两位创业者留下的传统，互相协作，取长补短，共同发展，渔村呈现出一片欣欣向荣的景象。

前面两个人因为不知道合作，所以两人都失败了；而后面两个人因为懂得合作，最终双双取得了成功。

这个小故事告诉我们：要学会与他人合作，取长补短，相携共进，才能实现双赢。毕竟，团队的力量远远大于个人的力量。

无私奉献，把团队当作家

奉献是一种真诚自愿的付出行为，具有奉献精神的员工都能树立起与公司同命运的观念，把自己当成公司的主人，把公司当成自己的家。他在任何时候都会把公司的利益放在第一位，忠于职守，自觉主动，绝不出卖公司的机密，为公司奉献最大的力量。这样的员工将得到荣誉和报酬，将会受到所有公司的欢迎。让我们来看看下面这个感人的故事，感受一下一个普通员工具有的自我奉献的精神。

2002年10月，一个公司的营销部经理带领一支队伍参加某场国际产品展示会。在开展之前，有很多事情要做，包括展位设计和布置、产品组装、资料整理和分装等，需要加班加点地工作。可营销部经理带去的那一帮安装工人中的大多数却和平日在公司时一样，不肯多干一分钟，一到下班时间，就溜回宾馆或者逛大街去了。经理要求他们干活，他们竟然说："没加班费，凭什么干啊？"甚至有人还说："你也是打工仔，不过职位比我们高一点而已，何必那么卖命呢？"

在开展的前一天晚上，公司老板亲自来到展场，检查展场的准备情况。到达展场，已经是凌晨一点，让老板感动的是，营销部经理和一个安装工人正挥汗如雨地趴在地上，细心地擦着装修时粘在地板上的涂料。而让老板吃惊的是，其他人都不在。见到老板，营销部经理站起来对老总说："我失职了，我没有能够让所有人都来参加工作。"老板拍拍他的肩膀，没有责怪他，而指着那个工人问："他是在你的要求下才留下来工作的吗？"

经理回答说，这个工人是主动留下来工作的，在他留下来时，其他工人还一个劲儿地嘲笑他是傻瓜："你卖什么命啊，老板不在这里，你累死老板也不会看到啊！还不如回宾馆美美地睡上一觉！"

老板听了，没有作出任何表示，只是招呼他的秘书和其他几名随行人员加入到工作中去。但参展结束，一回到公司，老板就开除了那天晚上没有参加劳动的所有工人和工作人员，同时，将与营销部经理一同打扫卫生的那名普通工人提拔为安装分厂的厂长。那一帮被开除的人很不服气，来找人力资源总监理论。"我们不就是多睡了几个小时的觉吗，凭什么处罚这么重？而他不过是多干了几个小时的活，凭什么当厂长？"他们说的"他"就是那个被提拔的工人。

人力资源总监对他们说："用前途去换取几个小时的懒觉，是你们自己的行为，没有人逼迫你们那么做，怪不得谁。而且，我根据这件事情推断，你们在平时的工作里偷了很多懒。他虽然只是多干了几个小时的活，但据我们考察，他一直都是一个认真负责的人，他在平日里默默地奉献了许多。比你们多干了许多活，提拔他，是对他过去默默工作的回报。"

故事里的主人公体现出了高度的奉献精神，因为有了它，这名员工就会把公司的事当作自己的事，也会树立和公司同命运、共患难的观念。如果他能把这种精神坚持下去，必然能提高他的能力，使他的品格变得更为高尚，帮助他拓展成功的前景。

不论我们是一个出色的经理人，还是一个普通的员工，如果我们奉献的总是比别人多，人们终究会回报我们更多。如果我们能为周围的人提供更多和更好的服务，则顾客必定会记住我们，老板也会视我们为不可或缺的人。

第九章 你可以平凡，但不能平庸

第一节 拒绝平庸，走向卓越

责任心是成功的关键

每一个员工都有义务、有责任履行自己的职责和义务。这种履行必须是发自内心的责任感，而不是为了获得奖赏或者别的什么。有责任感的员工，才能够得到老板的信任，才能够获得事业上的成功。

责任心是一个人成功的关键。对自己的行为负责，独自承担这些行为的哪怕是最严重的后果，正是这种素质构成了伟大人格的关键。事实上，当一个人养成了尽职尽责的习惯之后，无论从事任何工作，他都会从中发现工作的乐趣。在这种责任心的驱使下，工作能力和工作效率会得到大幅度提高，当我们把这些运用到实践当中，我们就会发现，成功已掌握在自己的手中。

一位超市的值班经理在超市视察时，看到自己的一名员工对前来购物的顾客态度极其冷淡，偶尔还向顾客发脾气，令顾客极为不满，而他自己却毫不在意。

这位经理问清原因之后，对这位员工说："你的责任就是为顾客服务，令顾客满意，并让顾客下次还到我们超市购物，但是你的所作所为是在赶走我们的顾客。你这样做，不仅没有承担起自己的责任，而且正在使企业的利益受到损害。你懈怠自己的责任，也就失去了企业对你的信任。一个不把自己当成企业一分子的人，就不能让企业把他当成自己人，你可以走了。"

这名员工由于对工作的不负责任，不但危害了企业的利益，还让自己失去了工作。可见，对工作负责就是对自己负责。

对那些刚刚进入职场的大学生来说，对工作负责不但能够使自己养成良好的职业习惯，还能为自己赢得很好的工作机会。但如果缺乏责任感，就只能面临被淘汰的危险。

晓青曾是一家软件公司的程序员。学计算机专业的晓青毕业后非常幸运地进入了这家比较大的软件公司工作。上班的第一个月，由于她刚毕业在学校还有一些事情要处理，所以经常请假，加上她住的地方离公司比较远，经常不能按时上下班。好在她专业技术过硬，和同事一起解决了不少程序上的问题，很明显，公司也很看重她的工作能力。

学校的事情处理完了，晓青上班仍像第一个月那样，有工作就来，没有工作就走，迟到，早退，甚至还在上班时间拉同事去逛街。有一次，公司来了紧急任务，上司安排工作时怎么也找不着她。事后，同事悄悄地提醒她，而她却以一句“没有什么大不了的”，让同事无言以对。她认为自己工作能力够了就行，其他的不必放在心上。结果可想而知：在试用期结束后的考评中，晓青的业务考核通过了，但在公司管理规章和制度的考核上给卡住了，她只能接受被淘汰的命运。

“没有什么大不了的”，绝不是一位初涉职场的新人或是任何一位员工在有工作任务的时候可以说的话。上班时间逛街是绝对不可以的，接到工作任务，也必须马上回公司。晓青的表现可以说是现在很多大学毕业生的通病，在学校养成的散漫、不守纪律、独来独往的习惯，使他们到团队以后，在心理上很难在短时间内改正。把公司的照顾当作福利，缺乏应有的责任感，就是能力再强，公司也只能忍痛割爱了，毕竟公司看重的是员工的团队意识。

对工作负责就是对自己负责。所以，任何一名员工都应尝试着对自己的工作负责，那时你就会发现，自己还有很多的潜能没有发挥出来，你要比自己往常出色很多倍，你会在平凡单调的工作中发现很多的乐趣。最重要的是你的自信心还会得到提升，因为你能做得更好。

当你尝试着对自己的工作负责的时候，你的生活会因此改变很多，你的工作也会因此而改变。其实，改变的不是生活和工作，而是一个人的工作态度。正是工作态度，把你和其他人区别开来。这样一种敬业、主动、负责的工作态度和精神让你的思想更开阔，工作起来更积极。尝试着对自己的工作负责，这是一种工作态度的改变，这种改变，会让你重新发现生活的乐趣、工作的美妙。

主动负责，勇于承担责任是成熟的标志。对于责任，人们往往不愿意主动承担，但对那些获益丰厚的好事，邀功请赏者却总是不乏其人。主动承担责任的人是成熟的人，他们善于把握自身的行为，能对自己的言行负责，会做自我的主宰。

李艳在一家大公司办公室从事打字复印工作。一天中午休息时间，同事们出去吃饭了，这时，一个董事经过他们部门时停了下来，想找一些资料。这并不是李艳分内的工作，但是她依然回答道：“对这些资料我不太清楚，但是，张总，让我来帮助您处理这件事情吧！我会尽快找到这些资料并将它们放在您的办公室里。”当她将董事所需要的资料放在他面前时，董事显得格外高兴。

故事到这里并没有结束，2个月后李艳被调到了一个更重要的部门工作，并且薪水提高了30%。那是谁推荐她的呢？不用说也知道，就是那位董事。在一次公司管理会上，有一个更高职位的工作空缺，董事推荐了她。

世界上很少有报酬丰厚却不需要承担任何责任的好事。想要一时不负责任当然有可能，但要免除所有责任就得付出巨大的代价。当责任从前门进来，你却从后门溜走，你失去的可能就是伴随责任而来的机会！对大部分的职位而言，报酬和所承担的责任是成正比的。

主动要求承担更多的责任或自动承担责任是成功者必备的素质。有些情况下，即使你没有被正式告知要对某件事负责，你也应该努力做好它。如果你能表现出胜任某种工作，那么责任和报酬就会接踵而至。

职场上有两种人永远无法超越别人：一种是只做别人交代的工作的人，另一种是做不好别人交代的工作的人。哪一种人更令人沮丧，实在很难说。总之，这两种人都会成为首先被淘汰的人，或是在同一个单调卑微的工作岗位上耗费终生的人。

成为上面所说的任何一种人，你或许可以躲过一时的责任，却永无成功之日。在工作中，虽然听命行事的能力相当重要，但个人的主动进取更受重视。决定哪些该做，就应该立刻采取行动，不必等到别人交代。清楚了解公司的发展规划和你的工作职责，你就能预知该做些什么，然后一一着手去做。

很多人认为自己只是公司里的一名普通员工，没有什么责任可言，只有那些管理者才要承担工作上的责任，但是他们没有意识到， 每一个普通员工都有义务、有责任履行自己的职责和义务。这种履行必须是发自内心的责任感，而不是为了获得奖赏。工作不单单是谋生的工具，除了得到金钱和地位之外，还要考虑到自己应尽的责任。老板心里最清楚自己需要什么样的员工，没有责任感的员工不可能是一个优秀的员工。就算你是一名最普通的员工，只有你担当起了你的责任，你才会是老板最需要的优秀员工。

绝对执行，不找任何借口

对于在同样的公司、做同样的工作的不同员工来说，为什么有人一路擢升、青云直上？有人却每况愈下、越发窘迫呢？虽然每个人成功的因素各不相同，但大多数成功人士都有一个共同的特点：他们从不为自己的工作寻找借口。

美国人常常讥笑那些随便找借口的人说：“狗吃了你的作业。”借口是拖延的温床，习惯找借口的人总会找出一些借口来安慰自己，总想让自己轻松一些、舒服一些。这样的人，不可能成为称职的员工，要知道，老板安排你这个职位，是为了解决问题，而不是听你关于困难的分析。不论是失败了，还是做错了，再好的借口对于事情本身也是没有丝毫用处的。

许多人都可能会有这样的经历，清晨闹钟将你从睡梦中惊醒，你虽然知道该起床了，可就是躺在温暖的被窝里面不想起来——结果上班迟到，你会对上司说你的闹钟坏了。

又一次，你上班迟到，明明是你躺在被窝里面不起来，却说路上塞车。

……

糊弄工作的人是制造借口的专家，他们总能以种种借口来为自己开脱，只要能找借口，就毫不犹豫地去找。这种借口带来的唯一“好处”，就是让你不断地为自己去寻找借口，长此以往，你可能就会形成一种寻找借口的习惯，任由借口牵着你的鼻子走。这种习惯具有很大的破坏性，它使人丧失进取心，让自己松懈、退缩甚至放弃。在这种习惯的作用下，即使是自己做了不好的事，你也会认为是理所当然的。

一旦养成找借口的习惯，你的工作就会拖拖拉拉，没有效率，做起事来就往往不诚实。这样的人不可能是好员工，他们也不可能有完美的人生。

罗斯是公司里的一位老员工了，以前专门负责跑业务，深得上司的器重。只是有一次，他把公司的一笔业务“丢”了，造成了一定的损失。事后，他很合情合理地解释了失去这笔业务的原因。那是因为他的脚伤发作，比竞争对手迟到半个钟头。以后，每当公司要他出去联系有点儿棘手的业务时，他总是以他的脚不行，不能胜任这项工作为借口而推诿。

罗斯的一只脚有点儿轻微的跛，那是一次出差途中出了车祸引起的，留下了一点儿后遗症，根本不影响他的形象，也不影响他的工作，如果不仔细看，是看不出来的。

第一次，上司比较理解他，原谅了他。罗斯很得意，他知道这是一宗比较难办的业务，他庆幸自己的明智，如果没办好，那多丢面子啊！

但如果有比较好揽的业务时，他又跑到上司面前，说脚不行，要求在业务方面有所照顾，比如就易避难、趋近避远，如此种种，他大部分的时间和精力都花在如何寻找更合理的借口上。碰到难办的业务能推的就推，好办的差事能争就争。时间一长，他的业务成绩直线下滑，没有完成任务他就怪他的腿不争气。总之，他现在已习惯因脚的问题在公司里可以迟到，可以

早退，甚至工作餐时，他还可以喝酒，因为喝点儿酒可以让他的脚舒服些。

现在的老板都是很精明的，有谁愿意要这样一个时时刻刻找借口的员工呢？罗斯被炒也是在情理之中的事。善于找借口的员工往往就像罗斯一样，因为糊弄自己的工作而“糊弄”了自己。

因此，要成功就不要找借口。不要害怕前进路上的种种困难，不要为自己的平庸寻找种种托词，也不要为自己的失败解释种种原因，抛开借口，勇往直前，你就能激发出巨大潜能，从而在前进的路上，披荆斩棘，直抵成功。

美国海军陆战队要求“毫无保留地服从”，这是一个十分简单的道理。因为没有服从的精神，就没有纪律，没有纪律的军队就没有战斗力，有效地完成任务则更无从谈起。

如果你亲眼看到过美国海军陆战队的训练和生活，让你体会最深的可能莫过于“服从”二字。

长官一声令下，队员立即无条件执行——

滂沱大雨中，士兵照常训练，执行口令不得有丝毫懈怠；

没有长官的命令，行进路上的水洼沟壑好像根本就不复存在；

新兵的第一次跳伞训练，每个人在机舱口都不得有一丝犹豫。

无论前面是生是死、是水是火，只要你是美国海军陆战队员，“毫无保留地服从”就是你的首要职责！

对于任何团体和组织，服从精神的重要性都不言而喻。职场中，我们的团队同样需要无条件地服从。对上级命令的服从，对下达任务的服从，对公司利益的服从。我们的身边常常有这样或那样企图推卸责任或拒绝服从命令的情况发生，是服从还是敷衍，这样的选择经常在一个人心头徘徊：

“这件事我不大清楚，请你问问别人。”

“老板，我星期六有事，您看看还有没有其他人选。”

“对不起，星期五下午我们不处理类似事务。”

“这个我不会。”

“学校里没教过这个。”

……

工作中，服从不仅是对上级命令的贯彻，它更多地表现为对工作积极接受的态度，意味着一个人具有不逃避责任、热情投入以及牺牲的精神。它常常在我们的生活中以另一种姿态出现，那就是“敬业”。

林红是一名保险公司的从业人员，她是大区仅有的6个顶级会员之一。当别人问起她成功的经验时，她说：“我曾是一名军人，客户的需求就是命令。对于每一项命令，我都会全力以赴，不计代价地完成，因为服从命令是我的习惯。”

服从命令的习惯不仅能让个人变得敬业，还能强化整个团队的工作能力。试想，如果团队中的每个人都具有完全的服从精神，对每项任务都认认真真去完成，谁又能不兢兢业业、竭尽所能？团队有如一部联动机，当所有的部件都能忠实履行自己的职责时，整个机器才能运转自如，而当各个部件都有超常表现时，整个机器的性能就会成倍地提高。

相反，各自为政不仅会毁掉个人的前途，也会腐蚀掉整个团队的战斗力。对分配的工作百般推脱的员工只会令老板徒增烦恼，更不可能被委以重任。同样，没有服从精神的团队，必定是一盘散沙。

在执行中，对命令的尊重与服从是至关重要的。命令是贯穿整个行动计划的关键，只有每个成员都能坚决服从命令并完成自身的任务，才能保证整体行动的顺利进行。

每一个执行者都应该意识到自己的职责就是服从，并坚定不移、不遗余力地执行好，这样才能确保集体行动和总体任务圆满完成。

放弃忠诚就等于放弃成功

忠诚是一个人在职场中最好的品牌。在这个世界上，并不缺乏有能力的人，只有那种既有能力又忠诚的人才是每一个老板都梦寐以求的理想人才。人们宁愿相信一个虽然能力差一些却足够忠诚、敬业的人，而不愿意重用一个朝三暮四、视忠诚为无物的人，哪怕他能力非凡。

在一项对世界著名企业家的调查中，当被问到“您认为员工最应具备的品质是什么”时，他们无一例外地选择了“忠诚”。

忠诚是一个人在职场中最好的品牌，同时也是最值得重视的职场美德。因为每个公司的发展和壮大都是靠员工的忠诚来维持的，如果所有的员工对公司都不忠诚，那这个公司的结局就是破产，那些不忠诚的员工自然也就会失业。

毫无疑问，大多数年轻人对自己的雇主都有一定程度的忠诚之心，至少对于他们现在所从事的工作是这样的，但这样的忠诚在很多时候都表现得微不足道。

很多人，如果你说他对雇主的忠诚不足，他会这样辩解：“忠诚有什么用呢？我又能得到什么好处？”忠诚并不是增加回报的砝码，如果是这样，那就不是忠诚，而是交换。

一家公司的人力资源部经理说：“当我看到申请人员的简历上写着一连串的工作经历时，而且是在短短的时间内，我的第一感觉就是他的工作换得太频繁了。频繁地换工作并不能代表一个人工作经验丰富，而是说明了一个人的适应性很差或者工作能力低。如果他能快速适应一份工作，就不会轻易离开，因为换一份工作的成本是很大的。”

没有哪个老板会用一个对自己公司不忠诚的人。“我们需要忠诚的员工。”这是老板们共同的心声，因为老板知道，员工的不忠诚会给公司带来什么。只要自下而上地做到了忠诚，就可以壮大一个公司；相反，就可能毁了一个公司。

在现今越来越激烈的竞争中，人才之间的较量，已经从单纯的能力较量延伸到了品德方面的较量。在所有的品德中，忠诚越来越得到各个公司的重视，从某种意义上说，忠诚更是一种能力，因为只有忠诚的人，才有资格成为优秀团队中的一员，才能更好地发挥自己的能力。

鲍勃是一家网络公司的技术总监。由于公司改变发展方向，他觉得这家公司不再适合自己，决定换一份工作。

以鲍勃的资历和在业界的影响，加上原公司的实力，找份工作并不是件困难的事情。有多家企业早就盯上他了，以前曾试图挖走鲍勃，都没成功。这一次，是鲍勃自己想离开，对这些公司来说，这真是一次绝佳的机会。

很多公司都开出了令人心动的条件，但是在优厚条件的背后总是隐藏着一些东西。鲍勃知道这是为什么，但是他不能因为优厚的条件就背弃自己一贯的原则，于是鲍勃拒绝了很多家公司对他的邀请。

最终，他决定到一家大型企业去应聘技术总监，这家企业在全美乃至世界上都有相当大的影响，很多业界人士都希望能到这家公司来工作。

对鲍勃进行面试的是该企业的人力资源部主管和负责技术方面工作的副总裁。对鲍勃的专业能力他们无可挑剔，但是他们提到了一个使鲍勃很失望的问题。

“我们很欢迎你到我们公司来工作，你的能力和资历都非常不错。我听说你以前所在的公司正在着手开发一个新的适用于大型企业的财务应用软件，据说你提了很多非常有价值的建议。我们公司也在策划这方面的工作，你能否透露一些你原来公司的情况，你知道这对我们很重要，而且这也是我们为什么看中你的一个原因。请原谅我说得这么直白。”副总裁说。

“你们问我的这个问题很令我失望，看来市场竞争的确需要一些非正当的手段。不过，我也要令你们失望了。对不起，我有义务忠诚于我的企业，任何时候我都必须这么做，即使我已经离开。与获得一份工作相比，忠诚对我而言更重要。”鲍勃说完就走了。

鲍勃的朋友都替他感到惋惜，因为能到这家企业工作是很多人的梦想。但鲍勃并没有因此而觉得可惜，他为自己所做的一切感到坦然。

没过几天，鲍勃收到了来自这家公司的一封信，信上写着：“你被录用了，不仅仅因为你的专业能力，还有你的忠诚。”

其实，这家公司在选择人才的时候，一直很看重一个人是否忠诚。他们相信，一个能对原来公司忠诚的人也可以对自己的公司忠诚。这次面试，很多人被淘汰了，就是因为他们为了获得这份工作而对原来的公司丧失了最起码的忠诚。这些人中，不乏优秀的专业人才。

由此可见，忠诚不仅不会让人失去机会，还会让人赢得机会。除此之外，他还能赢得别人对他的尊重和敬佩。人们应该意识到，取得成功最重要的因素不是一个人的能力，而是他优秀的道德品质。所以，阿尔伯特·哈伯德说：“如果能捏得起来，一盎司忠诚相当于一磅智慧。”

忠诚是员工的立身之本。一个禀赋忠诚的员工，能给他人以信赖感，让老板乐于接纳，在赢得老板信任的同时更能为自己的发展带来莫大的益处；相反，一个人如果失去了忠诚，就等于失去了一切——失去朋友，失去客户，失去工作。从某种意义上讲，一个人放弃了忠诚，就等于放弃了成功。

一个人在任何时候都应该信守忠诚，这不仅是个人品质问题，也会关系到公司的利益。忠诚不仅有道德价值，而且蕴含着巨大的经济价值和社会价值。

尽管现在有一些人无视忠诚，视利益为压倒一切的需求。但是，如果你能仔细地反省一下，你就会发现，为了利益放弃忠诚，将会成为你人生中永远都抹不去的污点，你将背负着这样一个十字架生活一辈子。

李克是一家公司的业务部副经理，刚刚上任不久。他年轻有为，然而半年之后，他却悄悄离开了公司，没有人知道他为什么离开。

李克在离开公司之后，找到了他原来关系不错的同事彼得。在酒吧里，李克喝得烂醉，他对彼得说：“知道我为什么离开吗？我非常喜欢这份工作，但是我犯了一个错误，我为了获得一点儿小利，失去了作为公司职员最重要的东西。虽然总经理没有追究我的责任，也没有公开我的事情，算是对我的宽容，但我真的很后悔，你千万别犯我这样的低级错误，不值得啊！”

彼得尽管听得不甚明白，但是他知道这一定和钱有关。后来，彼得知道了，李克在担任业务部副经理时，曾经收过一笔款项，业务部经理说可以不下账的：“没事儿，大家都这么干，你还年轻，以后多学着点儿。”李克虽然觉得这么做不妥，但是他也没拒绝，半推半就地拿了5000元钱。当然，业务部经理拿到的更多。没多久，业务部经理就辞职了。后来，总经理发现了这件事，李克就不能在公司待下去了。

事实上，无论什么原因，只要你失去了忠诚，就失去了人们对你的信任。不要为自己所获得的利益沾沾自喜，其实仔细想想，失去的远比获得的多，而且你所获得的东西可能最终还不属于你；相反，如果你在工作中一直坚持忠诚的原则，忠于公司，你必将获得老板的赏识和众人的尊敬。

拒绝平庸，绝不安于现状

在职场中，每个人都应该把自己看成是一名杰出的艺术家，而不是一个平庸的工匠，应该永远带着热情和信心去工作，那样你才能在职场走得更远。

价值是一个变数。今天，你可能是一个价值很高的人，但如果你故步自封，满足于现状，那么明天，你就会贬值，就会被一个又一个智者和勇敢者超越。今天，你可能做着看似卑微的工作，人们对你不屑一顾；而明天，你可能通过知识的不断丰富和能力的不断提高，以及修养的日益升华，让世人刮目相看。

李洋曾经在一家合资企业担任首席财务官。在成为首席财务官之前，他工作非常努力，并取得了出色的成绩。老板非常赏识他，第一年就把他提拔为财务部经理，第二年又提拔他为首席财务官。

当上首席财务官以后，拿着高薪，开着公司配备的专车，住着公司购买的豪宅，李洋的生活品质得到了很大的提升。然而，他的工作热情却一落千丈，他把更多的精力放在了享乐上面。

当朋友问他还有什么追求时，他说："我应该满足了，在这家公司里，我已经到达自己能够到达的顶点了。"李洋认为公司的CEO是董事长的侄子，自己做CEO是不可能的，能够做到首席财务官就到达顶点了。

他在首席财务官的位置上坐了差不多一年的时间，却没有干出值得一提的业绩。朋友善意地提醒他："应该上进一点了，没有业绩是危险的。"

没想到，李洋竟然说："我是公司的功臣，而且这家公司离不了我李洋，老板不会把我怎么样的！"

他甚至在心里对自己说："高薪永远属于我，车子永远属于我，房子永远属于我，没有人可以夺去，因为没有人可以替代我。"

的确，公司很多工作都离不开李洋。然而，他的糟糕表现，还是让老板动了换人的念头。终于，在一个清晨，李洋开着车，和往日一样来到公司，优越感十足地迈着方步踱进办公室里，第一眼看到的却是一份辞退通知书。

他被辞退了，高薪没了，车子不得不还给公司。而且，他还从舒适的房子里搬了出来，不得不去租一间小得可怜、上厕所都不方便的小套间。

李洋以为自己不可替代，事实上，现在这个社会最不缺的就是人才。就在他被辞退的当天，公司就又招聘了一位首席财务官。

"功臣"依然失业了。李洋不思进取而失去优越的"现状"，是不值得同情的。这个故事告诉我们，安于现状的人最终会被淘汰。无论是什么职位，如果你安于现状、不思进取的话，都逃脱不了职位被人抢走或者"铁饭碗、金饭碗"被打破的可能。

事实上，在很多企业里，"功臣"都因为安于现状而失败。这些"功臣"们在失败到来时，常常埋怨老板"不念旧情、忘记过去"，却没有想过，自己虽然昨天是"功臣"，可今天已经成了浪费企业资源的罪人了。

要避免类似于李洋那样的遭遇，有两点是必须记住的：

第一，努力奋斗，不断改变自己的"现状"。

第二，过去的成绩只能属于过去。不管你是如何功勋卓著，在你不能为企业创造新价值的时候，你就是一文不值的。老板不可能因为你昨天干得好，就把你一直养下去。

只有不断超越平庸，永远不安于现状，你才能在职场上永远处于不败之地。

不安于现状，是优秀经理人的基本素质，也是优秀员工的立身之本。任何企业所需要的，都是不断创新的人。那种必须推着才肯前进的人，肯定会被社会所淘汰。

职业人士欲想在职业领域中大显身手、功成名就，就需要坚持不懈地追求卓越！

推销员乔晓做了一年半的业务，看到许多比他后进公司的人都晋升了职位，而且薪水也比他高许多，他百思不得其解，想想自己来了这么长时间了，客户也没少联系，薪水也还够自己

开支，可就是没有大的订单让他在业务上有所起色。

有一天，乔晓像往常一样下班就打开电视若无其事地看起来，突然发现有一个频道是专题采访专家的栏目："如何使生命增值？"引起了他的关注。

心理学专家回答记者说："我们无法控制生命的长度，但我们完全可以把握生命的深度！其实每个人都拥有超出自己想象10倍以上的力量。要使生命增值的唯一方法就是在职业领域中努力地追求卓越！"

乔晓听完这段话后，信心大增，他立即关掉电视，拿出纸和笔，严格地制订了半年内的工作计划，并落实到每一天的工作中……

两个月后，乔晓的业绩明显大增，9个月后，他已为公司赚取了2500万元的利润，年底他当上了公司的销售总监。

乔晓现已拥有了自己的公司。他每次培训员工时，都不忘记说："我相信你们会一天比一天更优秀，因为你们拥有这样的能力！"于是员工们信心倍增，公司的利润也飞速递增。

市场是无情的，只有最优秀的企业，才能够在市场上生存下来。老板要让企业优秀起来，就必须挑选最优秀的员工，那些只求合格的人，必然要被淘汰。有很多人，包括职员、公务员，甚至大学教授，都因为"只求合格"而丢了工作。

要成为最优秀的职员，要想从合格迈向卓越，就必须养成事事追求卓越的习惯。一位作家这样说过："无论做什么事情，都应该尽心尽力，一丝不苟，因为究竟什么才是真正的大局，什么才是最重要的，这一点其实我们并不清楚。也许，在我们眼里微不足道的细节，实际上却可能生死攸关。"

要成为最优秀的职员，要想从合格迈向卓越，还必须把工作的磨炼视为一种锻炼。工作总有不称心的时候，没有丝毫困难就完成的工作几乎不存在，如果你视困难为磨难，你就会失去斗志，而如果你视其为一种锻炼的机会，你的心态就会平和下来，甚至能从中找到无穷的乐趣。

有什么样的目标，就有什么样的人生色彩；有什么样的追求，就能达到什么样的人生高度。在公司里，如果员工勤勤恳恳地工作，超越平庸，主动进取，就能取得职场上的成功，就会拥有精彩的人生。

在公司里，有的员工在认真完成工作的同时，主动加强自身素质的提高，比如学习管理，培养专业技能等，充实业余生活；而有的员工勉强完成了任务，就什么事也不管了。甚至有的员工在工作期间偷懒，在操作程序上偷工减料，而且也绝不会多利用一分钟来主动地把工作做好，他们只是敷衍了事，混日子，享受安逸的温室生活，殊不知有一天他们就会接受下岗的命运。

追求卓越、拒绝平庸是职场人士必备的品质。不要满足于一般的工作表现，要做就做最好，要成为老板眼中不可缺少的人物。拿破仑曾鼓励士兵："不想当将军的士兵不是好士兵。"

为什么我们在可以选择更好生活的时候，却总是选择了平庸呢？为什么我们可以在职场中纵横驰骋的时候，却总是原地踏步，徘徊不前呢？因为追求卓越的理念还没有深入我们的脑髓，要知道无论你从事何种职业，追求卓越都是你迈向成功的法宝。

把每一个细节做到完美

古人云："不积跬步无以至千里，不积小流无以成江海。"说的就是要想成大事必须从细节做起的道理。在工作中，关注细节，反映的是一种忠于职业、尽职尽责、一丝不苟、善始善终的职业道德和精神，其中也糅合了一种使命感和道德责任感。把每一件小事、每一个细节做到完美，这样，我们才有机会在工作中铸就自己的辉煌。

俗语说“一滴水可以折射整个太阳”，许多“大事”都是由微不足道的“小事”组成的。日常工作中同样如此，看似烦琐，不足挂齿的事情比比皆是。如果你对工作中的这些小事轻视怠慢，敷衍了事，到最后就会因“一着不慎”而失掉整盘棋。所以，每个员工在处理细节时，都应当引起重视。

工作中无细节，要想把每一件事情做到无懈可击，就必须从小事做起，付出你的热情和努力。士兵每天做的工作就是队列训练、战术操练、巡逻排查、擦拭枪械等小事；饭店服务员每天的工作就是对顾客微笑、回答顾客的提问、整理清扫房间、细心服务等小事；公司中你每天所做的事可能就是接听电话、整理文件、绘制图表之类的细节。但是，我们如果能很好地完成这些小事，没准儿将来你就可能是军队中的将领、饭店的总经理、公司的老总；反之，你如果对此感到乏味、厌倦不已，始终提不起精神，或者因此敷衍应付差事，勉强应对工作，将一切都推到“英雄无用武之地”的借口上，那么你现在的位置也会岌岌可危，在小事上都不能胜任，何谈在大事上“大显身手”呢？没有做好“小事”的态度和能力，做“大事”只会成为“无本之木，无源之水”，根本成不了气候。可以这样说，平时的每一件“小事”其实就是一个房子的地基，如果没有这些材料，想象中美丽的房子，只会是“空中楼阁”，根本无法变为“实物”。在职场中，每一个细节的积累，就是今后事业稳步上升的基础。

有一位老教授说起过他的经历：“在我多年来的教学实践中，发觉有许多在校时资质平凡的学生，他们的成绩大多是中等或中等偏下，没有特殊的天分，有的只是安分守己的诚实性格。这些孩子走上社会参加工作，不爱出风头，默默地奉献。他们平凡无奇，毕业之后，老师、同学都不太记得他们的名字和长相。但毕业几年、十几年后，他们却带着成功的事业回来看老师，而那些原本看来有美好前程的孩子，却一事无成。这是怎么回事？

“我常与同事一起琢磨，认为成功与在校成绩并没有什么必然的联系，但和踏实的性格密切相关。平凡的人比较务实，比较能自律，所以许多机会落在这种人身上。平凡的人如果加上勤能补拙的特质，成功之门必定会向他大方地敞开。”

人们都想做大事，而不愿意或者不屑于做小事，中国人想做大事的人太多，而愿意把小事做好的人太少。事实上，随着经济的发展，专业化程度越来越高，社会分工越来越细，真正所谓的大事实在太少，比如，一台拖拉机，有五六千个零部件，要几十个工厂进行生产协作；一辆福特牌小汽车，有上万个零件，需上百家企业生产协作；一架波音747飞机，共有450万个零部件，涉及的企业单位更多。

因此，多数人所做的工作还只是一些具体的事、琐碎的事、单调的事，它们也许过于平淡，也许鸡毛蒜皮，但这就是工作，是生活，是成就大事不可缺少的基础。所以无论做人、做事，都要注重细节，从小事做起。一个不愿做小事的人，是不可能成功的。老子就一直告诫人们：“天下难事，必作于易；天下大事，必作于细。”要想比别人更优秀，只有在每一件小事上下功夫。不会做小事的人，也做不出大事来。

只要能一心一意地做事，世间就没有做不好的事。这里所讲的事，有大事，也有小事，所谓大事、小事，只是相对而言的。很多时候，小事不一定就真的小，大事不一定就真的大，关键在于做事者的认知能力。那些一心想做大事的人，常常对小事嗤之以鼻，不屑一顾。“做事要从大处入手，小处着手”。其实连小事都做不好的人，大事是很难成功的。

克里米亚战争造成了巨大的人员伤亡和财产损失。欧洲的四大强国英国、法国、土耳其和俄国都被牵连了进来，而战争最初却是因一把钥匙而起的。

土耳其宣称，耶路撒冷圣墓中的一个神龛归土耳其的基督教会所有，于是就把神龛锁了起来，并且拒绝交出钥匙。这一行为使得希腊的教会很恼火。后来，争端不断升级。于是，俄国作为希腊的保护国，法国作为拉丁教会的代表也参与了进来，形势开始变得复杂起来。俄国要求土耳其对希腊的教会进行补偿，但土耳其拒绝这一要求。由于英国传统上就有保护土耳其人的习惯，在这场纠纷中理所当然地站在土耳其人的一边。英土结成联盟共同反对法国和俄国。就是这样的纠纷，引发了这场巨大的战争。

一个小小的细节，一件再小不过的事情，往往就蕴含着巨大的危机和决定你一生成败的因素。而那些真正伟大的人物非常清楚这个道理，他们从来都不蔑视日常生活中的各种小事情。即使常人认为很卑贱的事情，他们也都满腔热情地去干。

对于每一位职场中人，成功最重要的秘诀之一，就是去做别人不愿意做的小事。

因此，做事不可以被大小限制，被时间限制，被空间限制。人生三不朽，曰立德、立功、立言。因而，需要具有超越自我、超越时空的观念，跳出大大小小的圈子，成就最普通而又最特殊，最平凡而又最高尚，最渺小而又最伟大的事业。

不因小而失大，不因少而失多。抛弃大小的竞争，抛弃高下的念头，抛弃富贵的欲望，而一心一意从小事做起，就是洗厕所、扫大街，也会比别人打扫得更干净。

越是那种埋怨自己工作价值渺小的人，真正给他们一份棘手的工作时，他们越是退缩而不敢接受。具有十成力量的人，去做仅仅需要一成力量的工作，其中有生命的意义和悠闲的心情。在我们漫长的人生旅程中，这种生命的意义和悠闲的心情对于人格的形成与扩展，有决定性的帮助作用。认真观察你就会发现，那些成功者及伟人都是注意小事的人，因此不要看轻任何一个细小的历练，没有人可以一步登天。认真对待每一件事，你会发现自己的人生之路越来越广，成功的机遇也会接踵而来。

树立及时充电的理念

杰非逊说：“一个人拥有了别人不可替代的能力，就会使自己立于不败之地。”是的，一个能在短时间内主动学习更多的有关工作范围的知识，不单纯依赖公司培训，主动提高自身技能的人，就是公司不可替代的优秀员工。

当今社会是信息饱和与知识爆炸的时代，这使得我们除不断学习以适应这种社会环境之外，别无选择。现代科学技术发展的速度越来越快，新的科技知识和信息迅猛增加。有一些人在本科毕业、硕士毕业、博士毕业以后就以为自己的知识储备已经完成，足够去应付新时代的风风雨雨，但是事实往往并非如此。在现实社会中，只有那些不断更新自己知识，不断改进自身知识结构的人，才能真正在市场上站住脚。

人与机器的区别就在于人有自我更新的能力。如果你不能睁大双眼，以积极的心态去关注、学习新的知识与技能，那么你很快就会发现，你的价值被打了8折、7折、6折、5折甚至一文不值。这一切也许在你茫然不觉的时刻突然来临，因为不可能有一位会计会时刻为你做“折旧”财务报表提醒你，只有靠你自己主动给自己做账。

在这个知识与科技发展一日千里的时代，必须不断地学习，不断地充实自己，不断地追求成长，才能使自己在职场上始终立于不败之地。用知识及时给自己“充电”，是时下流行的新名词，也是成大事的基本要求。

在当今时代，你如果不每天学习，不断充电，那么很快就会被发展的社会所淘汰。因此，无论何时何地，每一个现代人都不要忘记给自己充电。只有那些随时充实自己、为自己奠定雄厚基础的人，才能在竞争激烈的环境中生存下去。只有严格要求自己、不断进取的人，才有资格与人比高下。

一个颇有魄力的老总在公司的总结会上说了这样一段话：

“美国的大公司，在开办新的分公司或增设分厂时，20世纪50年代出生的人，往往就任主管职位。如果现在公司任命你担任技术部长、厂长或分公司经理的话，你们会怎样回答？你会以‘尽力回报公司对我的重用，作为一个厂长，我会生产优良产品，并好好训练员工’回答我，还是以‘我能胜任厂长的职务，请安心地指派我吧’来马上回答呢？

“一直在公司工作，任职10年以上，有了10年以上工作经验的你们，平时不断地锻炼自己、不断地进修了吗？一旦被派往主管职位的时候，有跟外国任何公司一较高下、把工作做好的胆量吗？如果谁有把握，那么请举手。”

这位老总环顾了一下四周，发现没有人举手，他继续说：“各位可能是由于谦虚，所以没有举手。到目前，很多深受公司、同行和社会称赞的主管，都是因为在委以重任时，表现优异。正是由于他们的领导，公司才有现在的发展，他们都是从年轻的时候起，就在自己的工作岗位上不断进修，不断磨炼自己，认真学习工作要领的人。当他们被委以重任时，能够充分发挥自己的力量，带来良好的成果。”

从这个例子中也可以看出，只有时常激励自己，不断努力，保持不断进取的精神，才能够在工作中更上一层楼。不断进步，不断学习，这一点无论何时何地都不能改变。

在一定程度上，你的学习能力决定了你能在公司爬多高，因为任何工作都是需要学习才可以改进或者创新的。当一个人没有从外界学习新东西的能力或者兴趣时，当一个人不愿意或者没时间思考时，当一个人排斥创新时，他的进步与成长之路也就停止了。

在公司中，一个员工要想不断取得进步，就要不忘初衷，虚心学习。所谓初衷，就是公司的经营理念。只有始终不忘公司经营理念的员工，才可能谦虚地学习，才可能与同事齐心协力，也只有这样，才能实现公司的目标。不忘公司初衷，又能谦虚学习的人，才是公司最需要的员工。

当然，在职场上奋斗的人在学习上有别于在校学生的学习，因为他们缺少充裕的时间和心无杂念的专注，所以积极主动地学习尤为重要。下面是几种适用于职场的学习方法。

1.在工作中学习

工作是任何职业从业人员的第一课堂，要想在当今竞争激烈的职场中胜出，就必须学习从工作中吸取经验，探寻智慧的启发，获取有助于提升效率的资讯。

2.努力争取培训的机会

多数公司都有自己的员工培训计划，培训的费用一般列入公司人力资源开发的成本开支。而且公司培训的内容与工作紧密相关，所以争取成为公司的培训对象是十分必要的。为此你要详细了解公司的培训计划，如培训周期、人员数量、时间的长短，还要了解公司的培训对象有什么条件，是注重资历还是潜力，是关注现在还是关注将来。如果你觉得自己完全符合条件，就应该主动向老板提出申请，表达渴望学习、积极进取的愿望。老板对于这样的员工是非常欢迎的，同时技能的增长也是你晋升加薪的能力保障。

3.自费进修

在公司不能满足你的培训要求时，也不要放松下来，可以自费进修一些课程。当然首选应是与工作密切相关的科目，其他还可以考虑一些热门的或自己感兴趣的科目。这类培训更多意义上被当作一种“补品”，在以后的职场中会增加你的“分量”。

随着知识、技能的更新越来越快，不通过学习、培训进行更新，适应性自然会越来越差。而老板又时刻把目光盯向那些掌握新技能、能为公司提高竞争力的员工身上。

未来的职场竞争将不再是知识与专业技能的竞争，而是学习能力的竞争，一个人如果善于学习，他的前途必会一片光明。

把工作当成最大的乐趣

思科公司的总裁约翰·钱伯斯曾说过：“我们不能把工作看做为了五斗米折腰的事情，我们必须从工作中获得更多的意义才行。”我们得从工作当中找到乐趣、尊严、成就感以及和谐的人际关系，这是我们作为职场人士所必须承担的责任。

人生最大的价值，就是对工作有兴趣。爱迪生说：“在我的一生中，从未感觉到自己是在工作，一切都是对我的安慰……”然而，在职场中，对自己所从事的工作充满热情的人并不是太多，他们不是把工作当作乐趣，而是视工作为苦役。早上一醒来，头脑里想的第一件事就是：痛苦的一天又开始了……磨磨蹭蹭地到达公司以后，无精打采地开始一天的工作，好不容易熬到下班，立刻就高兴起来，和朋友花天酒地之时总不忘诉说自己的工作有多乏味、有多无聊。如此周而复始。

工作是一个人价值的体现，应该是一种幸福的差事，我们有什么理由把它当作苦役呢？有些人抱怨工作本身太枯燥，然而，问题往往不是出在工作上，而是出现在我们自己身上。如果你本身不能热情地对待自己的工作的话，那么即使让你做你喜欢的工作，一个月后你依然会觉得它乏味至极。

如果你始终以最佳的精神状态出现在办公室，工作有效率而且有成就，那么你周围的人一定会因此受到感染和鼓舞，工作的热情会像野火般蔓延开来。

有一个在麦当劳工作的人，他的工作是烤汉堡。他每天都很快乐地工作，尤其在烤汉堡的时候，他更是专心致志。许多顾客对他工作如此开心感到不可思议，十分好奇，纷纷问他：“烤汉堡的工作环境不好，又是件单调乏味的事，为什么你可以如此愉快地工作并充满热情呢？”

这个烤汉堡的人说：“在我每次烤汉堡时，我便会想到，如果点汉堡的人可以吃到一个精心制作的汉堡，他就会很高兴。所以我要好好地烤汉堡，使吃汉堡的人能感受到我带给他们的快乐。看到顾客吃了之后十分满足，神情愉快地离开时，我便感到十分高兴，仿佛又完成了一件重大的工作。因此，我把烤好汉堡当作我每天工作的一项使命，尽全力去做好它。”

顾客听了他的回答之后，对他能用这样的工作态度来烤汉堡，都感到非常钦佩。他们回去之后，就把这样的事情告诉周围的同事、朋友或亲人，一传十、十传百，于是很多人都喜欢来这家麦当劳店吃他烤的汉堡，同时看看“快乐烤汉堡的人”。

顾客纷纷把他们看到的这个人的认真、热情的表现，反映给公司。公司主管在收到许多顾客的反映后，也去了解情况。公司有感于他这种热情积极的工作态度，认为他值得奖励和栽培。没几年，他便升为分区经理了。

这个烤汉堡的人把每做好一个汉堡并让顾客吃得开心，当作自己工作的使命。对他而言，这是一件有意义的工作，所以他充满责任感，热情地去做工作。

如果我们也能像他一样，把工作当作人生的使命，把它做得完美，我们的成就感和信心就会愈来愈强，工作也会愈来愈顺畅。当别人看到我们热情地、全力以赴地把工作做好时，自然会受到感染。

工作并不只是谋生的手段，当我们把它看作人生的一种快乐使命并投入自己的热情时，上班就不再是一件苦差事，工作就会变成一种乐趣，就会有许多人愿意聘请你来做你所喜欢的事。工作是为了自己更快乐！做快乐而又成功的工作，是一个多么合算的事啊！

积极的态度会得到积极的结果，这是因为态度有感染力，这种态度就是热情与兴趣。阿尔伯特·巴德曾说：“没有一件伟大的事情不是由热情促成的。”这里的热情就来源于对所从事职业的兴趣。好的传教士与伟大的传教士、好的母亲与伟大的母亲、好的演说家与伟大的演说家、好的推销员与伟大的推销员之间的最大差别，就在于热情与兴趣。

露茜女士在为美国一家电视台主持一个节目的过程中，介绍了50种帮助人们体会工作乐趣、提高工作效率的方法。下面是她最看重的几条原则。

1.真诚的善意之举

如果你在下班后主动留下来帮助他人完成某项工作，那么即使今后你得罪了他，心存感激的他也不会嫉恨你。帮助别人一次，也许你就会赢得一个一辈子的朋友。

2.利用“情感之墙”

一位家庭护士抱怨说她受不了这份工作了，想转行。但问题是，在她每周看护的30位病人里，其实只有3位真正给她的工作带来了压力。露茜建议她每次去这3位病人的家里之前，都下意识地为自己竖起一堵“情感之墙”，对自己说：“我没必要把太多的感情投入这个病人身上，因为这对谁都没什么帮助，还是保持一段距离吧。”她照着去做了，几天后她告诉露茜她觉得没必要转行了。

3.激发创意

有一次，一个朋友邀请露茜去她的新家玩，在那里露茜看到一面墙上挂满了她在工作中获得的各种奖励，便随口问：“你成功的秘密是什么？”其实当时露茜并不是真的期待什么答案。没想到她真的给了一个很好的答案：“每次我得到一个新工作时，我都会要求做一个自己感兴趣的项目。我第一次做销售的时候，我问老板我是否能采访一下其他的销售人员，把他们的销售技巧整理成小册子发给大家。结果我的这本小册子使我在老板眼里，不再仅仅是一个普通的销售员。”

4.学会放弃

困难是我们工作中最常见的一种现象。例如当我们最初接到一个项目时，通常只是其中的几个部分比较具有挑战性。当碰到难题时，你应该咬紧牙关与之斗争。不过，如果经过努力还没有取得任何进展，那么也许再多的努力也是白搭。在这种时候，你就该寻求他人的帮助，或者寻求绕过这个难题也能完成项目的办法。

工作中的乐趣需要我们去发现，除非你喜欢痛苦的工作。一个高效能人士应当时刻为寻找工作乐趣做好准备，考虑清楚有关自己理想职业的每一件事——从工作形式到工作环境，然后确定自己所追求的职业的标准或目的。例如，我们可以观察一下自己是否能调到另一个部门，或者先谋个较低的职务，然后找机会进修，最低限度也要找出妨碍你日后发展的不利因素。当然，循序渐进是获得工作乐趣的最好方法。

规划自己的职业生涯

欲想成就一番不平凡的事业，拥有一个成功的人生，必须对自己的职业生涯有个合理规划。因为，只有这样你才会有一个坚定的目标，并且能够扬长避短，朝着这个目标持续前进。

社会的不断开放与发展，决定了我们的一生当中很有可能会从事多份不同的工作。也许每过几年就会换一次工作，或者是公司内部调动，或者跳槽到其他公司，或者干脆转行，这些情况都有可能发生。面对这么多的变化，你现在的知识和技能最终都会被时间所淘汰。为了使自己不被淘汰，你必须不断学习新的知识和技能。

为了防患于未然，你应该经常问自己这样一个问题：“我的下一份工作会是什么？”然后根据周围情况的变化和你现在工作的新需要，还有未来的潮流来决定你一年以后将从事什么工作，5年以后从事什么工作。

然后你可以这么问自己：“我的下一份事业会是什么？”由于你所在的行业处于不断的变化之中，为了能够拥有成功而幸福的生活，你是否必须进入一个全新的领域？哪个领域最吸引你？如果你能在任何一个行业就业，你会选择哪个行业？

在这些问题里面，也许最重要的一个问题是：为了能够在以后的日子里拥有高质量的生活，我必须在哪些方面非常优秀？

只有对自己的未来有计划性，你才会有一个美好的未来，而预测未来的最好的方法就是自己创建未来。

职业生涯设计的目的绝不只是协助个人达到和实现个人目标，更重要的是帮助个人真正了解自己，并进一步评估内外环境的优势、限制，在“衡外情，量己力”的情形下，设计出合理且可行的职业生涯发展方向。

作家贾平凹的职业生涯的最终定位就充分说明了这一点。他在上大学的时候，因为在校刊上发表了一首顺口溜，于是便开始努力写诗。两年之中写了上千首诗，却反应平平；接着，他写起古诗来，也不怎么样；后来，学写评论、散文、随笔，同样没有突出的成绩；当他的第一个短篇小说发表之后，他才意识到，这种文学形式才是最适合自己的，于是便一发而不可收，写了大批短篇小说，从而开始在中国文坛上崭露头角。

贾平凹的经历说明，每一个人不见得都能完全认识到自己的才能。“知己”如同“知彼”一样，绝非易事。正因为这样，每个人根据自身的特点，选择适合成才的目标，是要经过一番摸索、实践的。人无全才，各有所长，亦有所短。所谓发现自己，就是充分认识自己所长，扬长避短。如果你有自知之明，善于找到自己最擅长的工作，你就会获得成功。

在人生的各个阶段，每位当事人多少得掂掂自己的分量，并分析所追求的目标及价值。我们大多数人都认为对自己已有足够的了解，但其实不然，许多错误的人生抉择即发生在对自己的认识不清上。

正确的自我认识，越来越受到各界的关注。哈佛大学的入学申请要求必须剖析自己的优缺点，列举个人兴趣爱好，还要列出3项成就并做出说明，自我认识的重要性从中可见一斑。通过对自己以往的经历及经验的分析，找出自己的专业特长与兴趣点，这是职业设计的第一步。在第一步的基础上，再对环境、人际关系等方面进行分析，就可以完成自己的职业设计。

我们找到一份工作，虽然意味着求职历程的结束，但却只是一个人职业生涯的开始。工作的目的并不仅仅是混口饭吃，因此求职者要坚决摒弃那种“有奶便是娘”的想法，必须在求职之初就为自己的职业生涯做好规划，这样才可能使你的人生更精彩。事实上，求职绝不是一个孤立的环节，它跟你的整个人生密切相关。对每一个人来说，职业生涯都有着不同的阶段，不同的阶段都会遇到不同的问题，这些问题就是职业生涯为了考验你而赋予你的任务。如何完成这些任务将关系到你职业生涯的发展方向，你未来的前途也将在不断的提出问题和解决问题的过程中，逐渐露出它清晰的面目。

在开始设计职业规划的周期性任务之前，每个人都必须对职场生命有一个清晰的认识，只有这样你才不至于在工作中感到无所适从。因此在这里我们引入了“职业周期阶段”这一概念，从而把每个人的职业生涯分成不同的周期和阶段。也就是说，你在实现职业生涯宏伟目标的过程中，将会经历不同的阶段。在这些周期阶段中，你将会面对一些清晰可见的任务，这些不同的阶段任务组成了你向职业生涯顶峰攀登的一条崎岖之路，它们也将决定你未来职业生涯的方向。

那么，如何规划你的职业蓝图呢？

1.20岁至30岁，走好第一步

这一阶段的主要特征，是从学校走上工作岗位，是人生事业发展的起点。如何起步，直接关系到今后的成败。这一阶段的主要任务之一，就是选择职业。在充分做好自我分析和内外环境分析的基础上，选择适合自己的职业，设定人生目标，制定人生计划。

2.30岁至40岁，不可忽视修订目标

这个时期是一个人风华正茂之时，是充分展现自己的才能、获得晋升、事业得到迅速发展之时。此时的任务，除发愤图强、展示才能、拓展事业以外，对很多人来说，还有一个调整职业、修订目标的任务。人到30多岁时，应当对自己、对环境有更清楚的了解。看一看自己所选择的职业、所选择的人生路线、所确定的人生目标是否符合现实，如有出入，应尽快调整。

3.40岁至50岁，及时充电

这一阶段，是人生的收获季节，也是事业上获得成功的人大显身手的时期。到了这个年龄仍一无所得、事业无成的人应深刻反省一下原因何在？重点在自己身上找原因，对环境因素也要做客观分析，切勿将一切原因都归咎于外界因素、他人之过。只有正确认识自己，找出客观原因，才能解决问题，把握今后的努力方向。此阶段的另一个任务是继续“充电”。

很多人在此阶段都会遇到知识更新问题，特别是近年来科学技术高速发展，知识更新的周期日趋缩短，如不及时充电，将难以满足工作需要，甚至影响事业的发展。

4.50岁至60岁，做好晚年生涯规划

此阶段是人生的转折期，无论是在事业上继续发展，还是准备退休，都面临转折问题。由于医学的进步，生活水平的提高，很多人此时乃至以后的十几年，身体都能健康，照样工作，所以做好晚年生涯规划十分重要。主要内容应包括以下几个方面：一是确定退休后的二三十年内，你准备干点什么事情，然后根据目标，制订行动方案；二是学习退休后的工作技能，最好是在退休前3年开始着手学习；三是了解退休后再就业的有关政策；四是寻找退休后再就业的工作机会。

正如前面列出的职业生涯中的周期阶段、问题和任务中所见，职业生涯周期中每一个阶段的年龄范围都相当宽泛。不同职业的人经历这些阶段的速度不同，个人方面的因素还强烈地影响着职业生涯的运动速度。个人如何与何时穿越一个组织包含的等级和职能边界，将取决于组织的职业开发程序、个人才干和工作的动机，何时何处需要何种人的情境因素，以及其他难以预料的情况。因此，分析职业生涯的阶段时，最好把它们看做每个人都会以各种不同的方式碰到的一系列范围广泛的共同问题，而不是谋求把它们与特定的年龄或其他生命阶段相符合。

把工作当作自己的事业

工作是一个人的使命所在，要热爱并用心地做好自己的工作。把工作当成自己的事业来看待，你的工作就会变得更有效率，你也更乐于工作，而且更容易取得成功。

几乎所有老板心目中卓越员工的标准都是：热爱自己的工作！当你把自己的职业当成事业看待时，你就会对工作充满激情，工作越做越好，你也会变得越来越卓越。

在一个小镇上有3个石匠正在努力工作，一个过路人问他们在干什么。第一个石匠说：“我每天都枯燥地搬石头砌墙。”第二个石匠说：“我的工作很重要，我要把墙垒好，这样房子才结实。”第三个石匠则很自豪地说：“我的责任十分重大，这是镇上的第一所教堂，我要将它建成小镇的标志！”

同样是砌墙，3个人看待这件事的态度却不一样。第三个石匠心中有百年大教堂，他把自己的工作当一项伟大的事业来干，因此他不仅不觉得枯燥无味，反而很有自豪感，他一定会为了心中的那个教堂兢兢业业地干活，并且不会有一丝懈怠，因此他必将是那3个石匠中干得最出色的一个。

工作是每一个人的使命所在。正如蜜蜂的天职是采花粉酿蜜一样。人的天职是工作，如果你不一味地把工作当作一种负担，而是把它当成自己的事业来看待时，你就会产生工作的动力和激情，并从中找到乐趣。日本的“经营之神”松下幸之助的经营哲学是：把职业当成自己毕生为之奋斗的事业，日积月累，用心做好每一天的事。松下幸之助常说，自己之所以成功，是因为他从内心里把自己的职业当成事业。他指出：“我并没有那么长远的规划。只是珍视每一个日日夜夜，做好每一项工作，这是今日我能辉煌的秘诀。当年，我仿佛并没有什么要建一座大工厂的远大规划。创业初期，一天的营业额仅1日元，后来又期盼一天有2日元，达到2日元又渴望3日元，如此而已，我只不过是努力地做好每一天的工作。”他在一次演讲中还说道：“迄今每遇到难题的时候，我都扪心自问：自己是否以生命为赌注全力对待这项工作？当我感到非常烦恼苦闷时，往往是因为没有全身心地投入工作。由此我便洗心革面，全力向困难挑战。有了勇气，困难便不称其为困难了。”松下幸之助就是这样去工作，才取得了事业的成功。然而，职场中很多人都没有意识到这一点，他们都认为成功只属于少数人，是那些大老板、明星、政府官员们的事情，而自己仅仅是一名为了生存而工作的打工仔，自己辛勤劳动、付出时间以及提供相应的能力，就是为了换取一份老板或公司给予的薪水而已。事实上，当你在思想上认为工作只是谋生的一种手段时，你就只能靠那点微薄的工资勉强度日，永远也不能取得事业上的成功。

真正聪明的员工会善待自己的工作并把工作当成自己的事业。他会让自己忙起来，在忙碌中体会生命的力量和工作的愉悦。他感到他的工作如此快乐，以至于他没有空闲的工夫来诉说自己是怎样劳苦的，我们也就不会听见他有什么抱怨。喜欢发牢骚的总是那些没有做什么工作，而又喜欢干着急的人。他们之所以痛苦并不是因为工作本身，而是由于自己的着急。美国西北大学的校长沃尔特·司科特说：“过度工作并不像一般人所想象的那样危险，也不像很多人认为的那样普遍。有许多人把工作过度和实际工作过少而担心工作过多混为一谈。如果一个人一天做完事后很有成就感，那么不管这一天的工作有多么辛苦，他的内心都是舒适和满足的。反之，如果一天下来无所事事，没有成就感，即使这一天过得再清闲，他的内心都是焦灼而失望的；要是一个人对工作怀有浓厚的兴趣，觉得战胜工作的困难就是一种快乐，那么，他不仅不会觉得疲倦，反而会觉得轻松一些。”

然而，大多数人认为工作就是为了赚钱，或者认为自己辛辛苦苦，只是为了老板而工作，自己并没有从工作中获益多少。如果我们被这种心理和观念统治，我们的眼光必然变得短浅，看不清自己的发展道路。

事实上，工作是为老板，更是为自己。若为了工资而工作，不但对老板是一种伤害，长此下去也是一种对自己生命的摧毁，会使事业的生命日渐枯萎，白白断送掉自己的前程。为薪水工作的人，很容易被动地工作，刚刚上班就盼望着下班，工作时不愿意付出自己的全部力量，最终埋没了自己的全部才能，磨灭掉了自己的创造力。

员工为老板工作，老板必须付给员工报酬，这是员工价值的一种体现。但是，除工资之外，任何一家公司和老板其实还给了每一位员工很多很多东西。员工在工作中获得的报酬除了金钱，最大的收获就是经验，还有就是良好的培训、个人职业品质的提高和个人品德的完善。这些东西，如果员工在企业里工作时能够很好地获得，将会使自己一生受益匪浅。这些无形的东西，再多的金钱都买不来。

一个人要把工作作为谋求长远发展的事业，不用过分考虑自己的薪水有多少，而应该关注工作本身带给自己的报酬，应该时常想到“工作是为老板更是为自己”。

以老板的心态对待工作

工作是一个人安身立命的基石，当你是一个职员时，要学会以老板的心态对待工作，时刻想着公司的利益，这样的话你就可以获得老板的器重，成为老板的得力助手。时机成熟时，你还可以拥有自己的事业，自己成为老板。

每个人都在从事两种不同的工作：一是你正在做的工作，另一种则是你真正想做的工作。如果把该做的工作和想做的工作结合起来，两者兼顾，那你不想成功都很难。你要明白，你正在为你的未来做准备，你正在学习的东西将使你可以超越自我，甚至超越老板。

如果你以老板的心态来工作，那么，你就不会拒绝上司安排给你的工作。你会认为这是表现自己工作能力、锻炼自己技能和毅力的一次机会。有了这样的心态，你就会因工作做得出色而使薪水得到提升，即便没有，你综观全局的领导能力也会得到培养、锻炼和提升，从而为你将来自己创业准备条件。

世界著名的成功学专家拿破仑·希尔曾经聘用了一位年轻的小姐当助手，替他拆阅、分类及回复他的大部分私人信件。当时，她的工作是听拿破仑·希尔口述，记录信的内容，她的薪水和其他从事类似工作的人大致相同。有一天，拿破仑·希尔口述了下面这句格言，并要求她用打字机打印出来："记住，你唯一的限制就是你自己脑海中所设立的那个限制。"

她把打好的纸张交还给拿破仑·希尔时说："你的格言使我有了一个想法，这对你我都很有价值。"

这件事并未在拿破仑·希尔脑中留下特别深刻的印象，但从那天起，拿破仑·希尔可以看得出来，这件事在她脑中留下了极为深刻的印象。她开始在用完晚餐后回到办公室来，从事不是她分内而且也没有报酬的工作。她开始把写好的回信送到拿破仑·希尔的办公桌上。

她已经研究过拿破仑·希尔的风格，因此，这些信回复得跟拿破仑·希尔自己所写的一样好，有时甚至更好。她一直保持着这个习惯，直到拿破仑·希尔的私人秘书辞职为止。当拿破仑·希尔开始找人来补这位秘书的空缺时，他很自然地想到这位小姐。在拿破仑·希尔还未正式给她这项职位之前，她已经主动地接收了它。由于她在下班之后，在没有支领加班费的情况下，对自己加以训练，终于使自己有资格出任拿破仑·希尔的秘书。

以老板的心态工作，既是为了得到那份薪水，也是为自己独立创业准备条件。作为一名渴望在事业上有所发展的年轻人，应该时刻提醒自己以老板的心态来工作，这样，不仅能把自己分内的工作干好，而且对自己的综合能力也是一个很好的提升。

以老板的心态对待公司，这样，你就会成为老板的得力助手，老板也会因为你的忠诚而器重你。以这样的心态工作，就可以坦然地面对老板，因为你对公司尽了自己最大的努力。

我们时刻要以老板的标准要求自己，将它看成是对自己能力的一个更高层次的要求。我们不妨对照一下自己，看看自己与老板的差距在哪里。学习别人的优点，改正自己的缺点，自己才会变得更强大。所以，除非老板有着他人所不能容忍的道德品质问题，否则我们最好还是接受他并向他学点什么，这对我们有好处。

如果我们想取得像老板今天这样的成就，办法只有一个，那就是比老板更积极主动地工作。不管我们在哪里工作，都不要把自己当成员工——应该把公司看做自己开的一样。

我们每天都必须和好多同行竞争，只不过竞争是无声的，但可以在市场竞争战中感觉到这种力量的存在。因此，不断提升自己的价值，建立自己的竞争优势，就要学会虚心求教于身边每一位同事，还有向老板学习。

比如，为了提高工作效率，每当我们在接受一份新工作时，不妨问一问老板，以他的标准，做到你这个职位的雇员应该有怎样的表现才算理想，作为员工应该怎样做才算最好？该向老板请教哪些工作，哪些方面是自己首先应该改进和注意的，其次是什么，再次是什么？当工作中又出现新任务时，同样要这么做。我们要随时了解上司的想法和对我们的期望，这样我们就可以有的放矢地把精力集中在这些事上，而不是在其他事上白费时间。"公司是老板的，我只是替别人工作。工作得再多、再出色，得好处的还是老板，于我何益？"这样的想法是要不得的。

以老板的标准来要求自己，可以让一个人在职场中取得更大的进步，这其中包括：具有更强的责任心；努力争取更上一层楼；更加重视对顾客的服务；心智得到更大的提高；赢得更加广泛的尊重；取得更多的合作机会等。

科比就是一位用老板的眼光来看待自己的工作的人，他相信机会来自努力工作，要有更大的发展空间，必须从现在就开始做起。

科比曾是一家贸易公司的部门经理，虽然他完全可以安排其他人去完成所有的工作，但他对进货出货的细节全部都要把关，在与客户的沟通中他也始终保持良好的服务态度。在内部问题的管理上，他也做得井井有条、有声有色，办公室的人际氛围十分和谐，员工在工作中都能抱成团。几年后，因为科比的优异表现，他被调到了总公司工作，职位也得到了相应的提升。

那么在工作中，我们如何才能做到以老板的标准要求自己呢？这需要我们对自己的行为准则有更深刻的认识。你可以在工作中尝试问自己下列问题：

如果我是老板，会怎样对待态度恶劣、无理取闹的客户？

如果我是老板，目前这个项目是不是需要先优化一下，再做是否投资的决定？

如果我是老板，面对公司中无谓的浪费，是不是应该立即采取必要的措施加以制止？

如果我是老板，是不是应当保证自己的言行举止符合公司要求，代表公司的利益，以免对公司产生不良的影响？

……

我们无法在此一一列举出老板应该思考的所有问题，但是毫无疑问的是，当你以老板的角度思考问题时，应该对你的工作态度、工作方式以及工作成果，提出更高的要求。只要你深入思考，积极行动，那么你所获得的评价一定也会提高，你很快就会脱颖而出。

自动自发地工作

优秀员工与普通员工的区别就在于，当别人都在静待老板的指令和吩咐时，他们已经发挥了自己的主观能动性，出色地完成了任务。任何时候，他们永远比别人更自觉。

在西方国家，有句谚语说：“你看见主动自觉的人了吗？他必定站在君王的身边。”的确，主动的人才可能得到赏识，自觉是他通向成功的通行证。当主动成为一种习惯时，我们就能从中学到更多的知识，积累更多的经验，就能从全身心投入工作的过程中找到快乐。让主动成为习惯，你将因此受益无穷。

如果你想登上成功之梯的最高阶，就要永远保持主动。即使你面对的是毫无挑战和毫无生趣的工作，如果你能够做到自动自发，最后一定能获得回报。

美国标准石油公司有一位被大家称为“每桶4美元”的员工。他只是一个小职员，之所以得到这样的称号，是因为这位员工在出差住旅馆的时候，或在写信和签收据的时候——在一切需要签名的时候，总会在自己名字的下方加注“标准石油每桶4美元”的字样。久而久之，大家都知道了他的这个习惯，于是戏称他为“每桶4美元”，他的真名反而没人叫了。这个名字传到了公司董事长洛克菲勒的耳朵里，他说：“想不到竟然有员工这样不遗余力地为公司进行宣传，我要见见他。”于是，洛克菲勒邀请那位员工共进晚餐。

后来，洛克菲勒从标准石油公司卸任，他的继任者就是那个被称为“每桶4美元”的人，他的名字叫阿基伯特。

在阿基伯特的心中，身为标准石油公司的员工，自己就有义务这样宣传自己公司的产品。尽管老板并没有分配他在签名时署上“标准石油每桶4美元油”的任务，但是他自动自觉地去做了，而机会也自然而然地到来了。他不但得到了老板的注意，还成为老板的继任者。成功的机会不会白白降临，只有积极主动工作的员工才有获得更多更好机会的可能。如果你总是只在老板注意时才有好的表现，那么你永远也无法取得你想要的成功。如果你能够做到比老板期望的还要多，那么你就永远不用担心会没有机会。在任何一个公司里，那些不必老板交代就自己找事做的员工；那些接到任务时不会找借口的员工；那些永远也不问“怎么办”而是自己动手去克服困难的员工；那些主动请命为公司工作的员工就是老板心目中最优秀的员工，在有升职机会时，老板第一个想到的就是这些人。

每个老板都喜欢积极主动、善解人意的员工，每个人也都愿意和这种人共事。如果你总能保持主动率先的工作精神，比自己分内的工作多做一点，比别人期待的多服务一点，你就可以吸引老板的注意，得到加薪和升迁的机会。

著名企业家奥·丹尼尔在他那篇著名的《员工的终极期望》一文中这样写道：“亲爱的员工，我们之所以聘用你，是因为你能满足我们一些紧迫的需求。如果没有你也能顺利满足要求，我们就不必费这个劲了。但是，我们深信需要有一个拥有你那样的技能和经验的人，并且认为你正是帮助我们实现目标的最佳人选。于是，我们给了你这个职位，而你欣然接受了。谢谢！

在你任职期间，你会被要求做许多事情：一般性的职责，特别的任务，团队和个人项目。你会有很多机会超越他人，显示你的优秀，并向我们证明当初聘用你的决定是多么明智。

然而，有一项最重要的职责，或许你的上司永远都会对你秘而不宣，但你自己要始终牢牢地记在心里。那就是企业对你的终极期望——永远做非常需要做的事，而不必等待别人要求你去做。”

这个被丹尼尔称为终极期望的理念蕴含着这样一个重要的道理：企业中每个人都很重要。作为企业的一分子，你绝对不需要任何人的许可，就可以把工作做得漂亮出色。无论你在哪里工作，无论你的老板是谁，管理阶层都期望你始终运用个人的最佳判断和努力，为了公司的成功而把需要做的事情做好。

尽管这听起来或许有点儿奇怪，但事实是，今天每一个老板要找的人，基本上是同一种类型的，即那些能够不等老板吩咐就可以主动地出色完成任务的人。当然，不同老板的需求因人而异，正如他们所招聘的员工的技能各不相同，但是，从根本上说，他们要找的是同一种人。那些能沉浸在工作状态中、独立自主地把事情做好的员工——无论他们的背景、训练或技能如何——将会成为老板最需要的人，获得更多的奖赏。有这样一个故事：

有一个偏远山区的小姑娘到城市打工，由于没有什么特殊技能，于是选择了餐馆服务员这个职业。在常人看来，这是一个不需要什么技能的职业，只要招待好客人就可以了。许多人已经从事这个职业很多年了，但很少有人会真正认真地投入这份工作中，因为这份工作看起来实在没有什么需要投入的。

这个小姑娘恰恰相反，她一开始就表现出了极大的耐心，并且彻底将自己投入工作之中。一段时间以后，她不但能熟悉常来的客人，而且掌握了他们的口味，只要客人光顾，她总是千方百计地使他们高兴而来，满意而去。不但赢得顾客的满口称赞，也为饭店增加了收益——她总是能够使顾客多点一两道菜，并且在别的服务员只照顾一桌客人的时候，她却能够独自招待几桌的客人。

就在老板逐渐认识到其才能，准备提拔她做店内主管的时候，她却婉言谢绝了这个任命。原来，一位投资餐饮业的顾客看中了她的才干，准备投资与她合作，资金完全由对方投入，她负责管理和员工培训，并且郑重承诺：她将获得新店25%的股份。

现在，她已经成为一家大型餐饮企业的老板。

一个普通的餐馆服务员之所以能够脱颖而出，关键在于她充分发挥了自己的积极性与主动性。在本职工作之外，她思考更多的是如何完善服务和实现服务的突破，而不是只做一些老板交代的事。相比那些只知道招呼客人的服务员而言，其完成工作的效率与质量是不同的。这是因为，她在做好自己工作的同时，收集了大量顾客的信息，并且利用这些信息改善服务质量，使服务更加人性化、亲情化和个性化，通过一次或数次服务，为饭店创造了更大的价值——赢得顾客的忠诚，这才是最重要的。

如果公司的员工只做老板吩咐的事，老板没交代就被动敷衍，糊弄自己的工作，那么这样的员工就不可能有大的发展。今天，对于许多领域的市场来说，激烈的竞争环境、越来越多的变数、紧张的商业节奏、都要求员工不能事事等待老板的吩咐。那些员工仅把老板交代的事做好的公司，就好像站在危险的流沙上，早晚会被淘汰、淹没。上天赋予人们掌握思想的权利，同时也赋予了人们自觉自发的意识。有成功潜质的人，总是能够不只做老板交代的事。他们能够比别人多付出一些，自觉自发地为自己和公司争取更大的进步与利益。

像老板一样思考

像老板一样思考是一种重要的工作态度。每一位老板都希望自己的员工可以像自己一样，随时随地都能够站在公司发展的角度来看问题。像老板一样思考不仅是员工个人能力提升的一条重要准则，同时也是提高工作绩效的关键。

像老板一样思考是对员工能力的一个较高层次的要求，它要求员工站在老板的立场和角度上思考、行动，把公司的问题当成自己的问题来思考。它不仅是员工个人能力提升的重要准则，也是提高工作绩效的关键。

在IBM公司，每一个员工都有一种意识——我就是公司的主人，并且对同事的工作和目标有所了解。员工主动接触高级管理人员，与上司保持有效沟通，对所从事的工作更是积极主动，并能保持高度的工作热情。

每一位老板都希望自己的员工可以像自己一样，随时随地都站在公司发展的角度来考虑问题。然而由于角色、地位和对公司所有权的不同，员工的心态很难与管理者完全一致。在许多员工的思想中，“公司的发展是由员工决定的”之类的话只不过是一句空话，这是他们拒绝从老板的角度思考问题的主要理由。

彼得是一位颇有才华的年轻人，但是对待工作总是显得漫不经心。为此，他的老师汤姆专门找他交流，他的回答是：“这又不是我的公司，我没有必要为老板拼命。如果是我自己的公司，我相信自己一定会比他更努力，做得更好。”

一年以后，彼得写信告诉汤姆他离开了原来的公司，自己独立创业，开办了一家小公司。“我会很用心地做好它，因为它是我自己的。”在信的末尾他这样写道。汤姆回信对他表示祝贺，同时也提醒他注意，对未来可能遭遇的挫折一定要有足够的思想准备。

半年以后，汤姆又一次得到了彼得的消息，彼得告诉汤姆自己一个月前关闭了公司，重新回到了打工族群体，理由是：“我发现原来有那么多的事要我去做，我实在是应付不了。”

许多员工的态度十分明确：“我是不可能永远打工的，打工只是过程，当老板才是目的。我每干一份工作都在为自己挣经验和关系，等到机会成熟，我会毫不犹豫地自己干。”这是一种值得敬佩的创业激情，但是如果抱着“如果自己当老板，我会更努力”的想法则可能适得其反。很多情况下，我们需要和老板进行“换位思考”，试着站在老板的角度去考虑问题。这样我们每做一件事都会成为日后创业的宝贵经验，等到时机成熟后，我们就可以拥有自己的事业。

我们经常听到公司员工有这样的说法：

我这么辛苦，但收入却和我的付出不成比例，我努力工作还有必要吗？

这又不是我的公司，我这么辛苦是为了什么？

公司推行各式各样管理我们的政策，这表明公司根本就不信任我们。

公司与员工经常会有冲突，员工常常感到公司没有给予自己公正的待遇，其实，产生这样的想法是因为你和公司所处的角度不同。公司的老板希望你比现在更努力地工作，更加为公司着想，甚至把公司当成自己的事业来奉献。而你站在员工个人的角度来考虑问题，你自认为已经很努力了，工作占用了你大部分的精力和时间，但公司只给了你不相称的待遇。

你可能感慨自己的付出和受到的肯定与获得的报酬并不成正比，在这里，我们提出的理念是希望员工学习站在公司的角度思考问题，换个角度，你得出的结论就会不同。如果你是老板，一定会希望员工能和自己一样，将公司当成自己的事业，更加努力、更加勤奋、更加积极主动。现在，当你的老板向你提出这样或那样的要求时，你还会抱怨吗？还会产生刚才的想法吗？

我们没有必要把自己的想法强加给别人，但是却必须学会从别人的立场来看待问题，这样可以避免很多不必要的冲突。

从公司的角度出发，将公司视为己有并尽职尽责完成工作的人，才是老板真正器重的人，是终将会获得成功的人。

很多情况下，你的老板就代表了公司，你不要抱怨公司对你的不公，抱怨上司不给你机会，而要积极主动地寻求改变。从自身出发，尽职尽责完成工作，并站在公司的角度，发现公司需要怎样的员工，进而使自己变得对于公司、上司不可或缺，无可替代。这样，你不仅对于公司更有价值，而且会实现公司和个人的双赢，这才是优秀员工应有的表现。因此，站在公司的角度，我们要经常地问自己下列问题：

（1）如果我是老板，我对自己今天所做的工作完全满意吗？

（2）回顾一天的工作，我是否付出了全部的精力和智慧？

（3）我是否完成了企业给自己、自己给自己所设定的目标？

（4）我的言行举止是否代表了企业的利益，是否符合老板的立场？

站在公司的角度看问题要求我们能够坦率沟通并解决问题。很多时候，沟通的不顺畅为我们带来了许多不必要的麻烦。你不知道你的老板希望你做什么，不知道公司需要你成为怎样的员工。沉默不能带来顺畅的沟通，更无法让别人知道你或为你带来机会。

老板的立场代表着公司的利益，你要学着从公司的角度看问题，就要主动找你的上司或老板，了解他们需要怎样的员工，他们最希望你做些什么。积极主动地改进你的工作，你会发现不仅是你的工作改变了，同事、上司、老板对你的看法也改变了，你离成功更近了，你对于老板而言变得不可替代了。

有时，无须老板一而再、再而三地告诉你要做些什么，你可以主动调整你的工作，在完成本职工作的基础上，向更高的工作目标挑战，熟悉更多其他的工作。当你完全能够胜任更好的工作时，你就获得了成功。当你的工作态度改变，你对于老板的重要性改变时，你的人生也将随之改变。

不要把问题留给老板

英国有一句谚语是这样说的：“如果你不能成为解决问题的一部分，那么你就是问题的一部分。”我们要做到像老板一样思考，必须有较强的任务意识。当工作中出现问题时，要挺身而出，尽快将其妥善处理，而不是把问题留给别人。

那些具有任务意识，积极主动，从不把问题留给老板的员工是最受老板器重的。因为他们不会只看到自己的工作，还有着一种超前的眼光，把目光盯向目标。他们非常看重自己应该承担的责任，常常会反躬自问：“我是否对企业做出了积极的贡献，这种贡献是否对企业的业绩和成果产生了深远的影响？”

有一天，通用汽车公司客服部收到一封顾客的投诉信，上面是这样写的：

“我们家有一个传统的习惯，就是我们每天在吃完晚餐后，都会以冰淇淋来当我们的饭后甜点。但自从我最近买了一部你们的庞帝雅克汽车后，在去买冰淇淋的这段路程上，问题就发生了。每当我买的冰淇淋是香草口味时，从店里出来车子就发动不了。但如果我买的是其他的口味，车子发动就顺利得很。为什么？为什么……”

很快，客服部派出工程师汤姆森去查看究竟。当汤姆森去找写信的人时，对方刚好用完晚餐，准备去买今天的冰淇淋。于是，汤姆森和客户一起上车。结果，买好香草冰淇淋回到车上后，车子果然又不能发动了。

随后，汤姆森又依约来了3个晚上。

第一晚，巧克力冰淇淋，车子没事。

第二晚，草莓冰淇淋，车子也没事。

第三晚，香草冰淇淋，车子发动不了。

……

这到底是怎么回事？汤姆森忙了好多天，依然没有找到解决的办法。他有点儿气馁，不知是不是该放弃，转而接受退车的现实。

神圣的职业使命感使他安静下来，他开始研究从问题开始到现在的种种详细资料，如时间、车子使用油的种类、车子开出及开回的时间。不久，汤姆森发现，买香草冰淇淋所花的时间比买其他口味的要少。因为，香草冰淇淋是所有冰淇淋口味中最畅销的口味，店家为了让顾客每次都能很快地拿取，将香草口味特别分开陈列在单独的冰柜里，并将冰柜放置在店的前端。

现在，汤姆森所要知道的问题是，为什么这部车会因为从熄火到重新激活的时间较短就不能发动？原因很清楚，绝对不是因为香草冰淇淋的关系，汤姆森很快地在心中浮现出答案：应该是“蒸汽锁”。买其他口味的冰淇淋由于花费时间较多，引擎有足够的时间散热，重新发动时就没有太大的问题。但是买香草口味时，由于时间较短，引擎太热以至于“蒸汽锁”没有足够的散热时间。于是，汤姆森改进了设备，这样便解决了这一棘手问题，他的职位也因此得到了提升。

这个事件给我们的启发是：一名员工要提升解决问题的能力，不要总把自己当成公司的局外人，不要总想着把重大的问题留给老板去解决。而应站在公司的立场行事，使承担责任成为自己的习惯，并在这份责任和使命感的驱动下，积极思考，主动寻找解决问题的办法。

第二节　行动起来，一切皆有可能

行动永远是第一位的

一个人的行为影响他的态度，行动能带来回馈和成就感，也能带来喜悦，通过潜心的工作得到自我满足和快乐，这是其他方法不可取代的。这么说来，如果你想寻找快乐，如果你想发挥潜能，如果你想获得成功，就必须积极行动，全力以赴。

英国前首相本杰明·迪斯雷利曾指出，虽然行动不一定能带来令人满意的结果，但不采取行动就绝无满意的结果可言。

因此，如果你想取得成功，就必须先从行动开始。

每天不知会有多少人把自己辛苦得来的新构想取消，因为他们不敢执行。过了一段时间以后，这些构想又会回来折磨他们。

天下最可悲的一句话就是：“我当时真应该那么做，但我却没有那么做。”经常会听到有人说：“如果我当年就开始那笔生意，早就发财了！”一个好创意胎死腹中，真的会叫人叹息不已，永远不能忘怀。一个人被生活的困苦折磨久了，如果有了一个想要改变的梦想，那他已经走出了第一步，但是若想看见成功的大海，只走一步又有什么用呢？

因此，你有了梦想，只有行动起来，最终才能摆脱受折磨的命运。

连绵秋雨已经下了几天，在一个大院子里，有一个年轻人浑身淋得透湿，但他似乎毫无察觉，满天怒气地指着天空，高声大骂着：

“你这该千刀万剐的老天呀，我要让你下十八层地狱！你已经连续下了几天雨了，弄得我屋也漏了，粮食也霉了，柴火也湿了，衣服也没得换了，你让我怎么活呀？我要骂你、咒你，让你不得好死……”

年轻人骂得越来越起劲，火气越来越大，但雨依旧淅淅沥沥，毫不停歇。

这时，一位智者对年轻人说：“你湿淋淋地站在雨中骂天，过两天，下雨的龙王一定会被你气死，再也不敢下雨了。”

“哼！它才不会生气呢，它根本听不见我在骂它，我骂它其实也没什么用！”年轻人气呼呼地说。

“既然明知没有用，为什么还在这里做蠢事呢？”

“……”年轻人无言以对。

“与其浪费力气在这里骂天，不如为自己撑起一把雨伞。自己动手去把屋顶修好，去邻家借些干柴，把衣服和粮食烘干，好好吃上一顿饭。”智者说。

“与其浪费力气在这里骂天，不如为自己撑起一把雨伞。”智者的话对于我们来说，不失为一句“醒世恒言”。与其在困境中哀叹命运不公，为什么不把这些精力用在改变困境的行动上呢？

坐着不动是永远也改变不了现状的，同样，坐着不动也是永远做不成事业的。只有傻瓜才寄希望于天上掉馅饼。俗话说：“一分耕耘，一分收获。”没有耕耘，就是没有行动，那就自然不会有收获。不论你是运用大脑，还是运用体力，你一定要“动”起来才行。

一位哲人曾这样说过：“我们生活在行动中，而不是生活在岁月里。”要改变你的生活，你首先要行动起来，只有行动才是改变你现状的捷径。

曾亲眼目睹两位老友因车祸去世而患上抑郁症的美国男子沃特，在无休止的暴饮暴食后，体重迅速膨胀到了无法自抑的地步，直线逼近200公斤。当逛一次超市就足以让沃特气喘吁吁缓不过气儿时，沃特意识到自己已经到了绝境。绝望之中的沃特再也无法平静，他决定做点什么。

打开年轻时的相册，里面的自己是一个多么英俊的小伙子啊！深受刺激的沃特决定开始徒步全美国的减肥之旅，他迅速收拾好行囊，带着接近200公斤的庞大身躯出发了。穿越了加利福尼亚的山脉，行走了新墨西哥的沙漠，踏过了都市乡村、旷野郊外……整整一年时间，沃特都在路上。他住廉价旅馆，或者就在路边野营。他曾数次遇到危险，一次在新墨西哥州，他险些被一条剧毒的眼镜蛇咬伤，幸亏他及时开枪将之打死。至于小的伤痛简直就是家常便饭，但是他坚持走过了这一年，一年后，他步行到了纽约。

他的事情被媒体曝光后，深深触动了美国人的神经。这个徒步行走立志减肥的中年男子，被《华盛顿邮报》、《纽约时报》等媒体誉为“美国英雄”，他的故事感动了美国。不计其数的美国人成为沃特的支持者，他们从四面八方赶来，为的就是能和这个胖男人一起走上一段路。每到一个地方，就会有沃特的支持者们在那里迎接他。

当他被美国一个知名电视节目请到现场时，全场掌声雷动，为这个执着的男人欢呼。出版商邀请他写自传，电视台找他拍摄专辑……更不可思议的是，他的体重成功减掉50公斤，这是一个多么惊人的数字！

许多美国人称：沃特的故事使他们深受激励，原来只要行动，生活就可以过得如此潇洒。沃特说这一切让他感到意外："人们都把我看作一个美国英雄式的人物，但我只是一个普通人，现在我意识到，这是一次精神的旅行，而不仅仅是肉体上的。"他的个人网站"行走中的胖子"，吸引了无数访问者，很多慵懒的胖子开始质问自己："沃特可以，为什么我不可以？"

徒步行走这一年，沃特的生活发生了巨变。从一个行动迟缓的胖子到一个堪比"现代阿甘"的传奇式人物，沃特用了一年的时间，他的收获绝不仅仅是减肥成功这么简单。放弃舒适的固有生活，做一种人生的改变，人人都可以做到，但未必人人愿意行动。所以，沃特成功了。

你也是，只要付诸行动，没有什么不可以。勇敢行动起来，创造自己生命的奇迹吧！

业精于勤荒于嬉

懒惰是人的一种劣根性，为了做成某件事，必须与它抗争，超越这种劣性的钳制。但是这种抗衡和超越一开始总要由一些外力来强制，进而才能逐渐内化为恒定的精神和行为习惯。

对很多人来说，懒惰是生活的常态。懒惰的人总是寄希望于明天，在幻想中沉迷于未来的美好；还有的人，虽然极力想克服这种状态，但往往不知道如何做起，因而日复一日，得过且过。

"业精于勤荒于嬉"出自韩愈的《劝学解》，意思是说学业由于勤奋而精通，但它却荒废在嬉笑声中。古往今来，多少人都是依靠勤奋成就了事业。有个很好的典故说的也是这个道理。战国时期的苏秦，虽然很有雄心壮志，但由于学识浅薄，找了许多地方都无法得到重用。后来他下决心发奋读书，有时读书读到深夜，困得坚持不下去的时候，苏秦就用锥子刺自己的大腿。他就是用这种办法，驱逐睡意，振作精神，后来终于成了著名的政治家。

懒惰，从某种意义上讲就是一种堕落、一种具有毁灭性的东西，它就像一种精神腐蚀剂一样，慢慢地侵蚀着你。一旦背上了懒惰的包袱，生活将是为你掘下的坟墓。马歇尔·霍尔博士认为："没有什么比无所事事、懒惰、空虚无聊更为有害的了。"

一位母亲在出门前，怕自己的儿子饿着，给他烙了几张足以吃半个月的大饼；又怕儿子懒得动手，就给他套在了脖子上。然而当她一周后回家时，看到儿子已经饿死了，大饼却剩下一大半。原来儿子只将脖前的饼啃掉，啃完后又懒得用自己的手去转一下，以便吃到另一面。结果就被饿死了。

这个故事虽然有些夸张，却说明了懒惰的恶劣本质。一个连自己的手都懒得抬起，害怕或不愿意付出相应劳动的人，还能奢望拥有什么呢？

懒惰者是不能成大事的，因为懒惰的人总是贪图安逸，遇到一点儿风险就吓破了胆。另外，这些人还缺乏吃苦实干的精神，总存有侥幸心理。而成大事之人，他们更相信"勤奋是金"。不经历风雨怎么见彩虹，一个人怎能随随便便成功？所以在被懒惰摧毁之前，你要先学会摧毁懒惰。从现在开始，摆脱懒惰的纠缠，不能有片刻的松懈。

业精于勤荒于"懒"。懒惰是学习的大敌，是工作的大敌，是生活的大敌。一个人的懒惰只是个人的不幸，一个民族的懒惰，则是整个民族的悲哀！我们肩负着中华民族伟大复兴的历史使命，全面建设小康社会，需要我们每个人打起十二分的精神，艰苦创业，勤奋工作。

"懒惰"是个很有诱惑力的怪物，一生中谁都会与这个怪物相遇。比如，早上躺在床上不想起来，起床后什么事也不想干，能拖到明天的事今天不做，能推给别人的事自己不做，不懂的事自己不想懂，不会做的事自己不想做……"懒惰"是人类最难克服的一个敌人，许多本来可以做到的事，都因为一次又一次的懒惰拖延而错过了成功的机会。所以，要想改变懒惰的现状，一定要走上勤奋的道路。

一位哲人曾经说过："世界上能登上金字塔顶的生物只有两种，一种是鹰，一种是蜗牛。不管是天资奇佳的鹰，还是资质平庸的蜗牛，能登上塔尖，极目四望，俯视万里，都离不开两个字——勤奋。"

一个人的成长与发展，天赋、环境、机遇、学识等因素固然重要，但更重要的是自身的勤奋与努力。没有自身的勤奋，就算是天资奇佳的雄鹰也只能空振双翅；有了勤奋的精神，就算是行动迟缓的蜗牛也能雄踞塔顶，观千山暮雪，渺万里层云。成功不单纯依靠能力和智慧，更要依靠每一个人自身孜孜不倦的勤奋工作。

"勤奋是通往荣誉圣殿的必经之路！"

这是古罗马皇帝临终前留下的遗言。古罗马人有两座圣殿，一座是勤奋的圣殿，另一座是荣誉的圣殿。他们在安排座位时有一个顺序，必须经过前者的座位，才能到达后者的——勤奋是通往荣誉圣殿的必经之路。

人生路上，要想到达成功的圣殿，唯一的一条道路也是勤奋。

艾伦是一个公司的速记员。一个星期六下午，同事们约好了去看球赛，这时一位律师走进来问艾伦，去哪儿能找到一位速记员来帮忙。艾伦告诉他，公司所有的速记员都去看球赛了，如果晚来5分钟，自己也会走。艾伦又说："球赛随时都可以看，工作第一，让我来帮你吧。"

律师问应该付多少钱给艾伦，艾伦开玩笑地回答："哦，既然是你的工作，大约1000元吧。换了别人，我就免费帮忙。"律师笑了笑，向艾伦表示谢意。

艾伦确实是在开玩笑，他早把1000元的事忘得一干二净。但在6个月后，律师却支付他1000元，还邀请艾伦到自己的公司工作，薪水比现在的高一倍。

艾伦只是在不经意间多做了一点点事情，结果却得到如此巨大的回报。这样看来，比别人勤奋一点点，你将会受益匪浅。

很多人认为，只要完成分配的任务就可以了，其实只想这些还远远不够，你还需要多做一些事情，多承担些责任。也许你的付出无法立刻得到相应的回报，但不要灰心失望，只要你一如既往地投入，回报可能会在不经意间，以出人意料的方式出现。你付出的努力如同存在银行里的钱，当你需要的时候，它随时都会为你服务；当你不需要时，它也会为你储蓄升值。所以拒绝懒惰，走向勤奋吧，只有这样，你才能拥有一个美好的明天。

避免好高骛远

人往往很容易把自己看得很高，因而也容易好高骛远，贪多求大，总想在事业起步时就能站在高起点上。可这样做的结果，往往是适得其反，大多时候难以如愿以偿。由于对未来的期望值过高、要求太多，反而容易急功近利、心浮气躁，这样做的结果当然是攀不上成功的巅峰。

有一个年轻人，给自己定下的目标是做一个伟大的政治家。

在这样一个和平的时代，要做一个伟大的政治家，他就应该先读大学的政治专业，或者别的文科专业，然后在分配的时候努力进入一个能够得到晋升的政府机关，然后在单位进行各个方面的努力。

而这个年轻人，在定下这个目标之后，他竟然什么都没有去做。

这时他还在读高中，成绩平平。家里人督促他学习的时候，他是这么说的："我的目标是做一个伟大的政治家，做一个伟大人物，读书做什么？"

哦，他的这个目标看来是来自那些伟大人物的激发。奇怪的是，他到底是怎么想的呢？怎么才能达到目标呢？

高三时，他已不专心学习，似乎也不想去考大学了，只是看课外书，他看的课外书当然都是一些政治人物传记，像《林肯传》《丘吉尔传》等。除了看伟人传记，他所做的就是玩了。

他想，很多取得大成就的人也没有读多少书呀？

在生活中，他也开始用大人物的眼光来看待人和事物。比如，他的妹妹和小姐妹闹矛盾了，他以领导者的口气说："你们两个，吵什么嘛！要团结，要和平，不要闹矛盾！"

当老师批评他学习不用功的时候，他也总是"据理力争"。

而他，由于沉浸在伟人梦中，不好好读书，结果当然没考上大学。一个没受过高等教育的青年，在现在的和平年代里，有可能成为一个伟大的政治人物吗？

也许有可能。但即使有，也是对那些肯上进、求进取的青年来说的，却不是他这样的青年。那么，他是个什么样的青年呢？

从他的表现来看，毫无疑问，他是个典型的好高骛远的人。所谓好高骛远，就是不切实际地追求过高的目标。每个人都有自己的极限，超过自己极限的事，当然是不可能做到的。叫一个从来没有念过书的人去做爱因斯坦，这可能吗？

很多人都想在生活中寻找一条成功的捷径，其实成功的捷径很简单，那就是勤于积累，脚踏实地。

很多身陷贫穷，没有取得成功的人常常都想通过买彩票、买股票等投机方法获得成功。但往往通过这种方式成功的人却没有几个。

这些人的想法和做法其实离获取成功的方法很远。那成功的捷径到底是什么呢？答案其实很简单，那就是一步一个脚印地前进。

事情往往是这样的，那些心存侥幸、渴望点石成金的人往往会一无所获、两手空空；而那些看似没有多少进步的人，积累一段时间以后，就会获得成功。因此，生活中的有心人必须记住：踏实跨出你的每一步，你就能积少成多，获得成功。

消除犹豫不决的行动障碍

行动能使人走向成功，这似乎是人尽皆知的道理，但当人们面临行动时，往往就会犹豫不决，畏葸不前。"语言的巨人，行动的矮子"不在少数。你总是在无意识地寻找各种维持现状的理由，其实是因为你没有决心，没有勇气。你根本不需要考虑这么多，只要付诸行动，一切的犹豫就会自行消散。

世界上有许多人没能意识到自己的潜力，过分的谨慎阻碍了他们前进的脚步。他们知道自己能干得更好，但他们从没有向前进取过。同那些比他们成功的人相比，他们有同样的能力取得事业上的成功，但他们自觉不如，总是找很多的理由说服自己。他们看见了机遇，但不去抓住它们。他们看到老朋友成功了，就纳闷自己为什么不行。他们想拥有万贯家财，但就是不采取行动。

从很大程度上看，他们的惰性和忧虑是直接的。惰性指的是物体保持自身原有的运动状态的性质，不受外力作用就不会变化。惰性的原理也适用于人，也许就适用于你。要想在工作中取得很大的变化，也许得下大决心、花大力气。

在面对是否采取行动的问题上，特别是当这种行动涉及冒险时，我们会发现自己容易犹豫不决、错失良机。在这种情况中，是传统的观点在作怪：不要轻易去尝试，不要轻易鲁莽行动，这里很可能有危险。

缺乏信心是人们常常犹豫不决的原因。我们能完全意识到我们的弱点，而怀疑就经常从这里产生。我们对一切了解得太多，所以我们生性谨慎，宁愿推迟重大的决定，有时甚至无动于衷。

怎样才能知道别人比你决心更大呢？如果你既了解自己，也了解他人，你可能不会对他们的恶习和弱点感到吃惊，他们完全有可能比你更加踌躇。问题是，你对你的一切知道得又具体又透彻，而对他人的一切却了解甚微。其实，你与“那人”可能十分相同，只要你有相同的成功机遇，你完全可以同他一决高下。

大自然中没有任何一种事情可以自己行动，即使我们天天要用的几十种机械设备也离不开这个原理。因此，每一个行动前面都有另一个行动。

如果你想调节家里的室温，你必须选择行动；如果你想让你的汽车变速，那么你必须换挡才可以。这个原理同样也适用于我们的心理，先使心理平静，才能理顺思路，发挥作用。

有一位幽默大师曾说：“每天最大的困难是离开温暖的被窝走到冰冷的房间。”他说得不错，当你躺在床上认为起床是件不愉快的事时，它就真的变成一件困难的事了。就是这么简单的起床动作，即把棉被掀开，同时把脚伸到地上的自动反应，都足以击退你的恐惧。

凡成功者都不会等到精神好时才去做事，而是推动自己的精神去做事。

为了养成行动的好习惯，你可以遵照以下两点去做。

第一，用自动反应去完成简单的、烦人的杂务。

不要想它烦人的一面，什么都不想就直接投入，一眨眼就完成了。

大部分的家庭主妇都不喜欢洗碗，拿破仑·希尔的母亲也不例外。但她自己发明了一套做法来解决这个问题，以便有时间做她喜欢做的事。

她离开饭桌时，便带着空盘子，在她根本没想到洗碗这个工作时，就已经开始洗碗了，几分钟就可以洗好。这种做法不是比清洗一大堆堆了很久的脏盘子更好吗？

现在就开始练习，先做一件你不喜欢的工作，在还没想到它讨厌之前就赶快做，这是处理杂务最有效的方法。

第二，将这种方法推而广之。

把这种方法应用到“设计新构想”“拟订新计划”“解决新问题”，以至于应用到需要仔细推敲的工作上。不能等精神来推动你去做，要推动你的精神去做。

这里有个技巧保证有效，用一支铅笔和白纸去计划。铅笔是使你“全神贯注”的最好工具。潜能激励大师安东尼·罗宾认为，如果要从“布置豪华、设备完善的办公室”跟“铅笔与纸”中任选一项来提高工作效率的话，他宁肯选择铅笔与纸，因为用铅笔与纸可以把心思牢牢专注在一个问题上。

把你的想法写在纸上时，你的注意力就会集中在上面，你的潜能也会因此而被发掘出来。因为我们无法一心二用，何况你在纸上写东西时，也会同时将它写在心里。如果把相关的想法同时写出来，就可以记得更久、记得更准确，这是许多实验已经证实并得出的结论。

一旦养成这个习惯，你的思想就会促使你行动，你的行动就会引发新的行动。

克服拖延的毛病

人生总有许多理想和憧憬，假使你能够将一切憧憬都抓住，将一切理想都实现，将一切计划都执行，那你事业上的成就，真不知要怎样的宏大；你的生命，真不知要怎样的伟大！然而，总是有很多人有憧憬而不去抓住，有理想而不去实现，有计划而不去执行，最终使各种憧憬、理想、计划破灭掉。

《明日歌》曾经写道：“明日复明日，明日何其多！我生待明日，万事成蹉跎。”这里就在说明拖延给我们的生活带来的影响。生活中拖延的现象屡见不鲜，但拖延久了，事事拖延，就养成了一种习惯，这种习惯势必让你产生病态的拖延心理。拖延心理会让人一事无成，甚至毁掉你的前程。所以生活中一定要克制拖延，克制拖延你才能成功。

每个人的生命都是有限的，当拖延成为你的习惯时，死神也就在不知不觉中来临了。你可以给自己时间，但生命却不会给你时间，正如中国古代诗人李商隐所吟诵的“人间桑海朝朝变，莫遣佳期更后期”。

人为什么会被“拖延”的恶魔所纠缠，很大的原因在于当认识到目标的艰巨时所采取的一种逃避心理——能以后再面对的就以后再面对，只要今天舒服就行。拖延就这样成为了“逃避今天的法宝”，而逃避是弱者最明显的特征。

有些事情你的确想做，绝非别人要求你做，尽管你想，但却总是在拖延。你不去做现在可以做的事情，却想着将来某个时间再做。这样你就可以避免马上采取行动，同时你安慰自己并没有真正放弃决心。你会跟自己说：“我知道我要做这件事，可是我也许会做不好或不愿意现在就做。应该准备好再做，于是，我当然可以心安理得了。”每当你需要完成某个艰苦的工作时，你都可以求助于这种所谓的“拖延法宝”，这个法宝成了你最容易也是最好的逃避方式。

人的本质都是懦弱的，从这一点上说，拖延和犹豫是人类最合乎人性的弱点，但是正因为它合乎人性，没有明显的危害，所以无形中耽误了许多事情，因此而引起的烦恼，其实比明显的罪恶还要厉害。你拖延得了一时，却拖延不过一世，今天你利用拖延这张证件避免了危险和失败，但这样做又能达到怎样的目的呢？在你避免可能遭到失败的同时，你也失去了取得成功的机会。

不要逃避今天的责任而等到明天去做，因为，明天是永远不会来临的。现在就采取行动吧，即使你的行动不会使你马上成功，但是总比坐以待毙要好。即使成功可能不是行动所摘下来的那个果子，但是，没有行动，任何果子都会在枝上烂掉。

现在必须采取行动。你要一遍又一遍，每一小时、每一天，重复这句话，一直等到这句话像你的呼吸一样融入你的生命。而跟在它后面的行动，要像你眨眼睛那种本能一样迅速。任何时刻，当你感到推脱苟且的恶习正悄悄地向你靠近，或者此恶习已迅速缠上你，使你动弹不得之际，你都需要用这句话提醒自己。

总有很多事需要完成，如果你正受到怠惰的钳制，那么不妨从碰见的任何一件事开始着手。这是件什么事并不重要，重要的是，你要突破无所事事的恶习。从另一个角度来说，如果你想规避某项杂务，那么你就应该从这项杂务着手，立即进行。否则，事情还是会不断地困扰你，使你觉得烦琐无趣而不愿动手。

当你养成“现在就动手做”的习惯，那么你就将掌握个人主动进取的精髓。

生命中真正的财富往往属于那些能以行动积极寻求的人。成功不会由挂着皇家徽章的管弦乐队伴随着而来，它往往属于长期艰苦努力工作的人。

采取主动，就能创造属于自己的机会。缜密思虑下策划的行动，是没有任何东西可以取代的。

你可以用尽各种方法，告诉全世界，你有多么优秀，但是你必须通过行动。要让别人知道你的成就，你应该先付诸行动，让人从行动中看到你的成就。

不要等待“时来运转”，也不要由于等不到而觉得恼火和委屈，要从小事做起，要用行动争取胜利。

记住，立即行动！

用目标为你的行动导航

目标对于事业来说，具有举足轻重的作用。目标是成功人生的起点，是一个人奋斗的阶梯。忽视目标定位的人，或是始终确定不了目标的人，他的努力就会事倍功半，绝难达到理想的彼岸。确立目标，是人生设计的第一乐章。

每一个走向成功的人，无疑都会面临一个选择方向、确定目标的问题。正如空气、阳光之于生命那样，人生须臾不能离开目标的引导。

有了目标，人们才会下定决心攻占事业高地；有了目标，深藏在内心的力量才会找到“用武之地”。若没有目标，你绝不会采取真正的实际行动，自然与成功无缘。

早在40多年前，生活在洛杉矶的15岁的少年约翰·戈达德对自己一生中计划要做的事列了一张清单，上面有127个要实现的目标，他将此清单称为“我的生命清单”。59岁时戈达德已实现了106个目标。他说：“我在少年时开列的生命清单，反映了一个少年人的兴趣。尽管有些事情我是永远也无法做到的，如登上珠穆朗玛峰和访问月球。然而，确定的目标往往是这样的，有些事情可能超出你的能力。但那并不意味着你得放弃整个梦想。”现在，他仍然不放弃确定的目标，努力实现目标，包括参观中国的万里长城和访问月球。

可见，是目标所蕴含的神奇推力使戈达德勇往直前，虽然他已不再年轻，但却仍然能够信心十足。

只要你选准了目标，选对了适合自己的道路，并不顾一切地走下去，终能走向成功。确立了目标并坚定地“咬住”目标的人，才是最有力量的人。目标，是一切行动的前提。事业有成，是目标的赠予。确立了有价值的目标，才能较好地分配自己有限的时间和精力，较准确地寻觅突破口，找到聚光的“焦点”，专心致志地向既定方向猛打猛冲。那些目标如一的人，能抛除一切杂念，聚积起自己的所有力量，全力以赴地向目标高地挺进。

一个人只要不丧失使命感，或者说还保持着较为清醒的头脑，就决然不会把人生之船长期停泊在某个温暖的港湾，而是重新扬起风帆，驶向生活的惊涛骇浪，领略其间的无限风光。人，不仅要战胜失败，而且要超越胜利。只有目标始终如一，才能焕发出极大的活力；只有超越生命本身，人生才可以不朽。

有目标的人，就会产生一股巨大的、无形的力量，将自身与事业有机地“融合”为一体。

目标，能唤醒人、能调动人、能塑造人，目标的伟大力量是难以估计的。有明确目标的人，生活必然充实有劲，绝不会因无所事事而无聊。目标能使人不沉湎于现状，能激励人不断进取，能引导人不断开发自身的潜能，去摘取成功的桂冠。

一个人要成功就要设定目标，没有目标是不会成功的。目标就是方向，就是成功的彼岸，就是生命的价值和使命。

而目标的设定也是需要技巧的，当你确立了自己人生的终极目标之后，你就应该为了你的终极目标制定多个向总目标一步步接近的具体目标，然后慢慢执行，最后达到终极目标。

你的计划应根据不同时间长度而有所分别，如1小时、1星期、1年、10年。显然，考虑明年1年的计划与考虑今后10年的计划，是有很大不同的。你能够而且应该超前计划10年，但是你不能想得很精细，因为不确定的因素太多了。温斯顿·丘吉尔在谈到筹划国家事务时曾经说：“人总是要向前看的，但是要预见眼前看不见的东西又总是困难的。”你能够而且应该计划1个小时内要做的事，你也能够很精确地制订这个计划，但是，1个小时对你当然不会有太大的影响。

你可以将自己的目标大致做如下分类：

1.长期目标

长期目标仍然与所追求的整个生活方式密切相关——你想从事的职业类型，你是否想结婚，你向往的家庭类型，你追求的生活境况。设计将来应当有一些总体性的考虑，在考虑长远计划时，不必拘泥于细节，因为以后的变化太多。应该有一个全局性的计划，但又要具有一定的灵活性。

2.中期目标

中期目标是5年左右的目标，它包括你正渴望得到的那种专门的训练和教育，你生活历程中的经验。你要能够较好地把握住这些目标，并且在实施中预见你能否达到目标，并按照情况的变化不断调整努力的方向。

3.短期目标

短期目标指的是1个月至1年的目标。你要很现实地确定这些目标，并且能够迅速明晰地说

出你是否正在实现它们。不要为自己设立不可能实现的目标。人总是希望自己有所进步，但也不能要求过高，以免达不到而挫伤信心。目标要实际，但更要不惜一切去实现。

4.小目标

小目标指的是1天到1个月的目标。控制这些目标比控制较长远的目标容易得多。你能列出下一个星期或一个月要做的事，并且你完成计划也是大有可能的（假如你的计划是合理的话）。假如你发现你的计划过大，以后要修改它。考虑到的整块时间越小，你就越能控制每一块的时间。

制订切实可行的计划

现代社会，人类生活工作的节奏越来越快，要做的事越来越多，如何从纷繁复杂的大小事中确定你真正要做的事，冲破迷雾明确人生目标呢？这时你需要的是计划，短至日常工作计划，长至人生计划，由它们指引你在人生路上取得节节胜利。

法国作家雨果说过："有些人每天早上计划好一天的工作，然后照此实行。他们是有效利用时间的人。而那些平时毫无计划，靠遇到事现打主意过日子的人，只有'混乱'二字。"

在明确工作目的和任务后，能不能实现它就在于能否进行合理的组织工作。

美国生物学家沃森在回顾自己的职业生涯时说："我的助手有一个非常好的习惯，这也是我一直没有替换他的主要原因。他有一本形影不离的工作日记，每天早晨，他都会把前一天写好的工作计划再翻看一遍，而在一天的工作结束后，他要对这一天的工作进行总结，同时把下一天的计划再做出来。"

制订计划是一种很好的行为，它能有效地引导我们的行动，使我们的生活变得井井有条起来。那么，我们又该如何制订切实可行的计划呢?

史蒂芬·柯维说："我赞美彻底和有条理的工作方式。一旦在某些事情上投下了心血，就可以减少重复，开启更大和更佳的工作任务之门。"

培根也说过："选择时间就等于节省时间，而不合乎时宜的举动则等于乱打空气。"

没有一个明确可行的工作计划，必然会浪费时间，要高效率地工作就更不可能了。试想，如果一个搞文字工作的人把资料乱放，就是找个材料都会花半天工夫，那么他的工作是没有效率可言的。工作的有序性，体现在对时间的支配上，首先要有明确的目的性，很多成功人士就指出：如果能把自己的工作任务清楚地写下来，便是很好地进行了自我管理，就会使得工作条理化，因而使得个人的能力得到很大的提高。

只有明确自己的工作是什么，才能认识自己工作的全貌，从全局着眼观察整个工作，防止每天陷于杂乱的事务之中。明确的办事目的将使你正确地掂量各个工作之间的不同侧重，弄清工作的主要目标在哪里，防止不分轻重缓急，耗费时间又办不好事情。

在制订工作计划的过程中，我们不仅要明确自己的工作是什么，还要明确每年、每季度、每月、每周、每日的工作及工作进程，并通过有条理的连续工作，来保证以正常速度执行任务。在这里，要为日常工作和下一步进行的项目编出目录，这不但是一种不可低估的时间节约措施，也是一种提醒我们记住某些事情的方法，可见，制定一个合理的工作日程是多么重要。

工作日程与计划不同，计划在于对工作的长期计算，而工作日程表是指怎样处理现在的问题。比如今天还有明天的工作，就是逐日推进的计划。有许多人抱怨工作太多又太杂乱，实际是由于他们不善于制定日程表，无法安排好日常工作，有时候反而抓住没有意义的事情不放，不得不被工作压得喘不过气来。

菲尔德爵士指出："制订计划是为了达成计划，计划制订好之后，就要付诸行动去实现它。如果不化计划为行动，那么所制订的计划就失去了意义。"

实际上，制订计划相对容易，难的是付诸行动。制订计划可以坐下来用脑子去想、用笔去写，实施计划却需要扎扎实实的行动，只有行动才能化计划为现实。

很多人都制订了自己的人生计划，但制订了计划之后，便把计划束之高阁，并没有投入实际行动中去，到头来仍然是一事无成。

在这个世界上，想成功没有别的途径，只有行动才是达成计划的唯一途径。

计划制订好后，就不能有一丝一毫的犹豫，而要坚决地投入行动。观望、徘徊或者畏缩都会使你延误时间，以致使计划化为泡影。

不论做什么事情，都必须拼命去做，如果半途而废，还不如不做。最重要的是把全部精神集中在自己的计划上。当你决定是否去做某一件事情时，它要么一定有去做的价值，要么就是没有去做的价值。所以，一旦决定了去做之后，就要集中精神去做。例如，当你在阅读《荷马史诗》时，应将全部精神集中于这部作品上，一边想着它所写的是否正确，一边学习其优美的措辞和诗句，绝对不可以将心神转移到别的作品上。

很多人都有过这样的经验，刚订好计划时颇有磨刀霍霍的干劲，可是过了3个星期后就没劲了，更别提实现计划的自信了。当你拟妥一项计划后，首要的步骤就是把它写在纸上，当你把计划写下来之后，随之而来最重要的一步就是立即让自己行动起来，向着实现计划的方向拿出具体的行动，可别一拖再拖。一个真正的决定必然是有行动的，并且是立即的行动，此时你就要针对自己的计划采取积极的行动。你先别管要行动到什么程度，最重要的是要行动起来，打一个电话或拟一份行动方案都是可行的，只要在接下去的10天内每天都有持续的行动。当你能这么做时，这10天的行动必然会形成习惯，最终把你带向成功。

把计划转化为行动，可尝试按以下步骤进行：

1.将没有开始行动的若干原因写下来

为什么我当时没有行动？是不是当时有什么困难？回答这些问题有助于你认识未付诸行动的原因，乃是跟去做的痛苦有关，因此宁可拖延。如果你认为这跟痛苦无关的话，那么不妨再多想一想，或许是这个痛苦在你眼里微不足道，以至于你并不认为那是痛苦。

2.写出如果你不马上改变所造成的后果

如果你再不停止吃那么多的糖分和脂肪，那么会怎么样？如果你不停止抽烟，后果会如何？如果你不打通认为应该打的电话会怎样？如果你不每天运动的话，对健康会有什么影响？2年、3年、4年及5年后会生出什么样的毛病？如果你不改变的话，在人际关系上得付出什么样的代价？在自我形象上会付出什么样的代价？在钱财上会付出什么样的代价？对这些问题你要怎么回答呢？找出能使你感到痛苦的答案，那么痛苦便会成为你的朋友，帮助你改掉不能马上改变的坏习惯，以实现人生计划。

第十章

左右不了天气，但可以改变心情

第一节　做乐观的人

心小难成大器

人常常被困在有名和无名的忧烦之中，它一旦出现，人生的欢乐便不翼而飞，生活中仿佛再没有了晴朗的天，真是吃饭不香，喝酒没味，工作没劲，事业无心，连游戏也失去意思。这一切，只因为我们陷入了细小的忧烦之中。

平锐克里斯在2400年前说过：“来吧，各位！我们在小事情上耽搁得太久了。”一点也不错，我们的确是这样的。

哈瑞·爱默生·傅斯狄克博士曾说过这样一个故事，讲述了森林里的一个“巨人”在战争中怎样得胜、怎样失败的过程。

“在科罗拉多州长山的山坡上，躺着一棵大树的残躯。自然学家告诉我们，它曾经有400多年的历史。初发芽的时候，哥伦布刚在美洲登陆；第一批移民到美国来的时候，它才长了一半大。在它漫长的生命里，曾经被闪电击过14次；400年来，无数的狂风暴雨侵袭过它，它都能战胜它们。但是在最后，一小队甲虫攻击这棵树，使它倒在地上。那些甲虫从根部往里面咬，渐渐伤了树的元气。虽然它们很小，但持续不断地攻击。这样一个森林里的巨人，岁月不曾使它枯萎，闪电不曾将它击倒，狂风暴雨没有伤着它，却因一小队可以用大拇指跟食指就能捏死的小甲虫而终于倒了下来。”

我们岂不都像森林中的那棵身经百战的大树吗？我们也经历过生命中无数狂风暴雨和闪电的打击，但都撑过来了。可是却会让我们的心被微小的小甲虫咬噬——那些用大拇指跟食指就可以捏死的小甲虫。

几年以前，有人有机会去怀俄明州的提顿国家公园游玩。和他一起去的，是怀俄明州公路局局长查尔斯·西费德，还有其他的朋友。他们本来要一起参观洛克菲勒坐落的那公园的一栋房子的，可是他坐的那部车子转错了一个弯，迷了路。等到达到那座房子的时候，已经比其他车子晚了一个小时。西费德先生没有开那座大门的钥匙，所以他们又在那个又热又有好多蚊子的森林里等了一个小时，等这位迷了路的朋友到达。那里的蚊子多得可以让一个圣人都发疯。

可是它们没有办法赢过查尔斯·西费德。在等待迷了路的朋友的时候，他拆下一段白杨树枝，做成一根小笛子，当迷路者到达的时候，他不是忙着赶蚊子，而正在吹笛，当作一个纪念品，纪念一个知道如何不理会那些小事的人。

解除忧虑与烦恼，记住规则："不要让自己因为一些应该丢开和忘记的小事烦心。"

没错的，生活中小事不断，如果事事烦心，那么我们将没有快乐可言，更不会有时间和经历去做其他的事情，那么到最后，我们可能就因为那些小事而一事无成。

不要让小事情牵着鼻子走

在非洲草原上，有一种不起眼的动物叫吸血蝙蝠，它的身体极小，却是野马的天敌。这种蝙蝠靠吸动物的血生存。在攻击野马时，它常附在野马腿上，用锋利的牙齿迅速、敏捷地刺入野马腿，然后用尖尖的嘴吸食血液。无论野马怎么狂奔、暴跳，都无法赶走这种蝙蝠，蝙蝠可以从容地吸附在野马身上，直到吸饱才满意而去。野马往往是在暴怒、狂奔、流血中无奈地死去。

动物学家们百思不得其解，小小的吸血蝙蝠怎么会让庞大的野马毙命呢？于是，他们进行了一次实验，观察野马死亡的整个过程。结果发现，吸血蝙蝠所吸的血量是微不足道的，远远不会使野马毙命。动物学家们在分析这一问题时，一致认为野马的死亡是它暴躁的习性和狂奔所致，而不是因为蝙蝠吸血致死。

一个理智的人，必定能控制住自己的情绪与行为，不会像野马那样为一点小事抓狂。当你在镜子前仔细地审视自己时，你会发现自己既是你最好的朋友，也是你最大的敌人。

上班时堵车堵得厉害，交通指挥灯仍然亮着红灯，而时间很紧，你烦躁地看着手表的秒针。终于亮起了绿灯，可是你前面的车子迟迟不启动，因为开车的人思想不集中，你愤怒地按响了喇叭，那个似乎在打瞌睡的人终于惊醒了，仓促地挂上了一挡，而你却在几秒钟里把自己置于紧张而不愉快的情绪之中。

美国研究应激反应的专家理查德·卡尔森说："我们的恼怒有80%是自己造成的。"这位加利福尼亚人在讨论会上教人们如何不生气。卡尔森把防止激动的方法归结为这样的话："请冷静下来！要承认生活是不公正的。任何人都不是完美的，任何事情都不会按计划进行。""应激反应"这个词从20世纪50年代起才被医务人员用来说明身体和精神对极端刺激（噪声、时间压力和冲突）的防卫反应。

现在研究人员知道，应激反应是在头脑中产生的。在即使是非常轻微的恼怒情绪中，大脑也会命令分泌出更多的应激激素。这时呼吸道扩张，使大脑、心脏和肌肉系统吸入更多的氧气，血管扩大，心脏加快跳动，血糖水平升高。

埃森医学心理学研究所所长曼弗雷德·舍德洛夫斯基说："短时间的应激反应是无害的。"他说："使人受到压力是长时间的应激反应。"他的研究所的调查结果表明：61%的德国人感到在工作中不能胜任；有30%的人因为觉得不能处理好工作和家庭的关系而有压力；20%的人抱怨同上级关系紧张；16%的人说在路途中精神紧张。

理查德·卡尔森的一条黄金规则是："不要让小事情牵着鼻子走。"他说："要冷静，要理解别人。"他的建议是：表现出感激之情，别人会感觉到高兴，你的自我感觉会更好。

学会倾听别人的意见，这样不仅会使你的生活更加有意思，而且别人也会更喜欢你。每天至少对一个人说，你为什么赏识他，不要试图把一切都弄得滴水不漏。不要顽固地坚持自己的权利，这会花费许多不必要的精力。不要老是纠正别人，常给陌生人一个微笑，不要打断别人的讲话，不要让别人为你的不顺利负责。要接受不成功的事实，天不会因此而塌下来；请忘记事事都必须完美的想法，你自己也不是完美的。这样生活会突然变得轻松许多。当你抑制不住自己的情绪时，你要学会问自己：一年前抓狂时的事情在现在看来还是那么重要吗？不为小事抓狂，你就可以对许多事情得出正确的看法。

现在，把你曾经为一些小事抓狂的经历写在这里，然后把你现在对这些事的看法也写下来，对比之下，相信你会有更深的认识，这也正是我们这一节内容所要传递的精神所在。

冷静从容地应对危难

也许，就在此刻，你的人生遇到了难以形容的危机，它将决定今生的成就到底有多大，或者预示着你以后幸福与否。在这样的时刻，保持一颗冷静的心，比任何办法都更有效。唯有冷静，你的头脑才能保持清醒，你的生命潜能才能得到自由发挥。

这是一个在印度广为流传的故事，故事的发生地就在印度。

一对英国殖民地官员夫妇在家中举办一次丰盛的宴会。地点设在他们宽敞的餐厅里，那儿铺着明亮的大理石地板，房顶吊着不加任何修饰的椽子，出口处是一扇通向走廊的玻璃门。客人中有当地的陆军军官、政府官员及其夫人，另外还有一名美国自然学家。

午餐中，一位年轻女士同一位上校进行了激烈的辩论。这位女士的观点是如今的妇女已经有所进步，不再像以前那样，一见到老鼠就从椅子上跳起来。可上校却认为妇女们没有什么改变，他说："不论碰到任何危险，妇女们总是一声尖叫，然后惊慌失措。而男士们碰到相同情形时，虽也有类似的感觉，但他们却多了一点勇气，能够适时地控制自己，冷静对待。可见，男士的这点勇气是最重要的。"

那位美国学者没有加入这次辩论，他默默地坐在一旁，仔细观察着在座的每一位。这时，他发现女主人露出奇怪的表情，两眼直视前方，显得十分紧张。很快，她招手叫来身后的一位男仆，对其一番耳语。仆人的双眼露出惊恐之色，他很快离开了房间。

除了美国学者，没有其他客人发现这一细节，当然也就没有其他人看到那位仆人把一碗牛奶放在门外的走廊上。

美国学者突然一惊。在印度，地上放一碗牛奶只代表一个意思，即引诱一条蛇。也就是说，这间房子里肯定有一条毒蛇。他首先抬头看屋顶，那里是毒蛇经常出没的地方，可现在那儿光秃秃的，什么也没有；再看饭厅的四个角，前三个角落都空空如也，第四个角落也站满了仆人，正忙着上菜下菜。现在只剩下最后一个地方他还没看了，那就是坐满客人的餐桌下面。

美国学者的第一反应便是向后跳出去，同时警告其他人。但他转念一想，这样肯定就会惊动桌下的毒蛇，而受惊的毒蛇很容易咬人。于是他一动不动，迅速地向大家说了一段话，语气十分严肃，以至于大家都安静了下来。

"我想试一试在座诸位的控制力有多大。我从1数到300，这会花去5分钟，这段时间里，谁都不能动一下，否则就罚他50个卢比。预备，开始！"

美国学者不急不缓地数着数，餐桌上的20个人，全都像雕像一样一动不动。当数到288时，学者终于看见一条眼镜蛇向门外的牛奶爬去。他飞快地跑过去，把通向走廊的门一下子关上。蛇被关在了外面，室内立即发出一片尖叫。

"上校，事实证实了你的观点。"男主人这时叹道，"正是一个男人，刚才给我们做出了从容镇定的榜样。"

"且慢！"美国学者说，然后转身朝向女主人："温兹女士，你是怎么发现屋里有条蛇的呢？"

女主人脸上露出一抹浅浅的微笑："因为它从我的脚背上爬了过去。"

俗话说，天有不测风云。在那样的危急时刻，女主人和美国学者所表现出来的冷静和勇气值得我们尊敬。在生活中，每个人都可能遇到许多意外的事情。这时，能保持一颗冷静镇定的心去应付一切，该是多么难能可贵。

冷静处事，是一个人素质的体现，也是情感睿智的反映。冷静是知识、智慧的独到涵养，更是理性、大度的深刻感悟。面对着一个高速发展的物质世界，我们必须具备人性的成熟美。否则，就是成功送到我们面前，还是难免会遭遇失败。

在琐事之中获得生活的满足

有人说，生活如麻，总有解不开的疙瘩。也有人说，生活如虹，总有看不尽的风景。为什么同是生活，论说不同？这是因为有些人懂得变通，能在琐事之中获得生活的满足，而不懂变通的人，生活永远像麻绳拧成的疙瘩。究竟怎样在琐事中享受快乐，让我们一起来看看本尼特的生活。

一辆汽车在宾夕法尼亚州瑞克托镇本尼特家的老房子门前停下。驾车的男人下车就问："乔治在吗？"

"舅舅在屋后车库修车。"本尼特回答。舅舅乔治走出来，跟这位从195公里外赶来的芝加哥来客握手，客人把一些草图摊在引擎罩上。他们认真地讨论，一直谈到深夜，然后那人不停地向乔治道谢，开车走了。

似乎人人都要向乔治·麦唐纳请教。乔治舅舅是一家之主。本尼特的生父在他出世前就离开了母亲，哥哥理查以及本尼特和罗杰这对孪生兄弟都由母亲抚养，乔治就一直舅代父职。本尼特自小就常听到别人说："这件事我们去找乔治商量。"或者"看看乔治有什么意见"。经济大萧条期间，他的舅舅上夜校，成了工程绘图员。

本尼特的舅舅有一张和善的宽脸，笑容可掬。他对事物的内部构造有浓厚的兴趣，也很能引起别人的兴趣。他有时会指着一架机器，一件工具，或者纸夹之类最普通的东西说："试想想发明这件东西要花多少心思。"他也会教人一些常识，而绝不令人觉得枯燥。

本尼特的舅舅似乎总能从最细微的事物得到快乐与满足。比如，刚从菜圃摘下的番茄的味道；透过溪畔悬铃木的晨曦；驾车上石南山喝泉水，等等。他欣赏别人拥有的东西，例如他自知永远没希望拥有的华贵大轿车，但只是赞赏那些东西而已，并没有丝毫妒忌之意。舅舅对别人的工作和兴趣总是兴致勃勃，因此朋友有什么梦想、遇到什么困难，都会讲给他听。

本尼特的舅舅那一代人，凡是本尼特认识的，都偶尔会说起在经济大萧条时期所受的煎熬。他的舅舅也有过同样的遭遇，但从来不提。舅舅在烟雾笼罩的钢铁城北布勒道克长大，童年时外公就去世了，从此他挑起养家的责任，尝尽了艰苦。他很少提起童年，提起的都是最快乐的事。直到本尼特被大学录取，舅舅为他高兴时，本尼特才发觉，舅舅其实很渴望自己当年也有这么一个机会。

可以说，舅舅从来没有赚过很多钱，也从没得过任何荣誉，但他是个真正快乐的人。夏日周末的晚上，他和街坊在自家的厨房里一面听收音机播出的田园民歌，一面煮蚝汤。打烊时分，他坐在蒙莱杂货店柜台前，吃着乳酪和饼干，跟蒙莱聊天。深夜，他坐在卧室的油灯旁读《圣经》。

有一次，舅舅向人借了一个大望远镜，选了个无云的夏夜，在后院架起来，和孩子们一起仰望火星、金星和一弯新月，听着蟋蟀唧唧叫。黑暗中一道手电筒光向他们照射过来，原来是邻居甘博正赶来参加他们的聚会。他们举头望着浩瀚的银河，舅舅说："本尼特，你知道吗，这真合算，我们都有个永恒不朽的机会。"言语中充满了乐观。

本尼特刚毕业时，舅舅突然逝世。

第二天，本尼特走进舅舅的卧室。他的办公桌上放着他的怀表、罗盘、丁字尺和工程人员手册，在他那书页折了角、用铅笔画出重要字句的书里，有用来做书签的纸片，他在纸上写了这样的话："……我无论在什么境况下都可以满足，这我已经学会了。"就在这一刻，本尼特恍然大悟，舅舅的秘密——令他这么快乐的秘密。

在生活的琐事中也可以感到满足，在平凡的生活中也可以享受快乐，生活本是一连串的小事组成，幸福也并非是大起大落、大富大贵这类让人心跳加快的突降之福。琐事本是生活的折射，懂得从琐事中享受生活的人，懂得从平淡之中安闲乐适的人，才是有好心态的人。这样的人，任何困难都不会阻挡他前进的步伐。

第二节 告诉自己，我可以坚持

失败了也要昂首挺胸

面对失败，我们是退缩不前，还是鼓起勇气？有这样一则故事，给了我们答案：

巴西足球队第一次赢得世界杯冠军回国时，专机一进入国境，16架喷气式战斗机立即为之护航，当飞机降落在道加勒机场时，聚集在机场上的欢迎者达3万人。从机场到首都广场不到20公里的道路上，自动聚集起来的人群超过了100万。多么宏大和激动人心的场面！然而前一届的欢迎仪式却是另一番景象。

1954年，巴西人都认为巴西队能获得世界杯赛冠军。可是，天有不测风云，在半决赛中巴西队却意外地败给法国队，结果那个金灿灿的奖杯没有被带回巴西。球员们悲痛至极。他们想，去迎接球迷的辱骂、嘲笑和汽水瓶吧，足球可是巴西的国魂。

飞机进入巴西领空，他们坐立不安，因为他们的心里清楚，这次回国不知要降临什么样的景象。可是当飞机降落在首都机场的时候，映入他们眼帘的却是另一种景象。巴西总统和两万名球迷默默地站在机场，他们看到总统和球迷共举一条大横幅，上书：失败了也要昂首挺胸。

队员们见此情景顿时泪流满面。总统和球迷们都没有讲话，他们默默地目送着球员们离开机场。4年后，他们终于捧回了冠军奖杯。

失败并不可怕，可怕的是失败了之后你会消沉下去，一蹶不振。要学会摆脱失败的阴影，在失败面前昂首挺胸。

人生的成功道路上难免会有失败的乌云笼罩。面对失败，想要获得成功的人需与暴雨相随，与狂风对抗，方能攀上自我实现的高峰。那么，为什么一遇到行动上的阻力你便会退缩呢？为什么你的意志力会如此脆弱呢？因为你缺少成功的信念，成功的信念将会使你坚定向前，而无惧于沿途所遭逢的困难，想要获得成功，需与暴雨相随，与狂风对抗——昂首面对失败的挑战。

世界上有无数强者，即使丧失了他们所拥有的一切东西，也还不能把他们叫作失败者，因为他们仍然有不可屈服的意志，有着一种坚忍不拔的精神，而这些足以使他们从失败中崛起，走向更伟大的成功。

第二次世界大战刚刚结束的时候，德国到处是一片废墟。有两名美国记者访问了一家住在地下室的德国居民。离开那里之后，两个人在路上谈起感受。

甲问道："你看他们能重建家园吗？"

乙说："一定能。"

甲就问："为什么回答得这么肯定呢？"

乙反问道：“你看到他们在黑暗的地下室的桌子上放着什么吗？”

甲说：“一瓶鲜花。”

乙接着说：“任何一个民族，如果处于这样困苦的境地，还没有忘记鲜花，那他们就一定能够在这片废墟上重建家园。”

面对苦难和失败，依然摆放鲜花，昂首面对，这样的民族必然会重新崛起。

世间真正伟大的强者，对于所谓的是非成败并不介意，他们能够做到“不以成败论英雄”。这种人无论面对多么大的失败，绝不失去镇静，这样的人终能获得最后的胜利。在狂风暴雨的袭击下，心灵脆弱的人们唯有束手待毙，但这些人的自信、镇静，却依然存在，这种精神使得他们能够克服外在的一切困难，而得以成功。

要想真正战胜失败，关键是要学会昂首挺胸，正视失败，从中吸取教训，下次不再犯同样的错误。只有愚蠢到不可救药的人才会在同一个地方被同一块石头绊倒两次，这样的人也不会从失败中把握未来，实现命运的转折。

坚强，唤起坚不可摧的希望

面对生活之中的磨难，你或许会有所动摇，开始被困难吓到。这个时候，你可以想想他，一个饱受生活折磨的人：他刚出生时只有可乐罐子那么大，躺在观察室里奄奄一息。他的腿是畸形，没有肛门（医生只好给他割了道深口，让他能痛苦地排便），而且他的膀胱和肠也不正常。医生断言，孩子几乎不可能活过24小时！然而，他挣扎着，活过了一周，又是一周……他顽强地活了下来。

男孩实在太弱太小了，胆怯的他对任何比他大的东西都充满恐惧，甚至家里的狗也经常欺负他。父亲经常对他说：“孩子，你必须自己面对一切恐惧，勇敢起来！”

当他进入学校时，他压根也没有想到迎接自己的却是噩梦。个头矮小的他成了学校调皮学生的玩偶：他们掀翻他的轮椅，弄坏他轮椅上的刹车，让他从走廊直接“飞”进老师办公室；最可怕的一次是几个同学用绳子绑住他的手，用胶纸封住他的嘴，把他扔进垃圾箱里，接着在垃圾箱外点起了火，滚滚浓烟令他窒息，他万分惊恐，直到一位老师将他解救出来……男孩终于无法忍受了，回到家，想着自己一次次被折磨、被侮辱的遭遇，他放声大哭。他想到了自杀，但，他还是舍不得疼爱他的双亲……

高中毕业后，他决定给自己找个工作。每天早上，他爬在滑板上，敲开一家又一家的店门，问店主是否愿意雇用他。可等人家打开门时，根本就没有发现几乎趴在地上的他，就又把门关上了。

在经过无数次应聘失败后，他终于找到自己的第一份工作。他每天凌晨四点半起床，赶火车到镇上，然后爬上他的滑板，从车站赶到几公里外的工厂。尽管生活艰辛，但是能够自食其力，他勇敢而快乐地活着。

从12岁起，他就开始打室内板球，后来还喜欢上了举重与轮椅橄榄球。他对运动的执着热爱，使他取得了一系列好成绩，相继获得了1994年澳大利亚残疾人网球赛的冠军以及2000年全国健康举重比赛第二名。他就是约翰·库缇斯。

是坚强，让约翰·库缇斯看到了生活的希望，也是坚强，让他成为人们心目当中的英雄。在生活中，我们也会遇到各种各样的困难，但是我们能否拿出约翰·库缇斯那样的勇气，坚强地面对自己的人生呢？

2008年，韩国明星自杀事件一直在升温，很多曾经给我们留下了美好的幻想的年轻偶像们，以一种非常极端的方式结束了自己的生命。虽然每个人都给出了他们离世的理由：舆论压力、事业危机、炒股破产，但是不管是怎样的理由，选择死亡本身就是对生活最懦弱的表现。

这个世界上，没有什么门槛是迈不过去的，没有什么难关是攻克不了的。所以不要遇到一点困难就觉得生活已经没有希望了，也不要因为一点压力就觉得自己挺不过去了。其实很多时候，困难并没有我们想象中那么可怕，只要你勇敢一点，坚强一点，再撑一撑，痛苦的一页很快就会翻过去了。

我们的生活里，逆境多于顺境，这是一种人生规律。就像航行的帆船，需要接受惊涛骇浪的考验，有波折的生活才富有创造的魅力。经历挫折的时候，鼓足勇气，去面对生活，而不是逃避。困难就像是弹簧，你变得强大了，它就会缩小，你不敢去面对了，它就会变得越来越难以战胜，直到遮盖了你心中所有的希望。

所以，面对挫折与磨难，我们要学会坚强，给自己一个精神的支点，把自己的眼光投给希望。因为生命的严冬终究会过去，等到下一年，雁，依然会从南方飞回；花，依然会在夏天盛开；叶，依然会在春天走向青绿，我们的生活，也依然会镀上一层灿烂的阳光。

不放弃万分之一的成功机会

生活中我们缺少的就是这种坚持，当希望的事情没有实现之后，就放弃了，伤心，失落，甚至抱怨，觉得命运的不公平。可是，只有懂得坚持的人，才能赢得事业上的成功。

我们当中的很多人，不仅自己不去为看似不可能实现的事情努力，反而去嘲笑那些为了梦想而努力的人们，觉得他们的愚蠢。或许有一天，当你再次见到那个曾经被你嘲笑过的人时，会突然间发现他已经成为了一个非常成功的人。就像《士兵突击》中的许三多，他是一个别人眼中的“三呆子”，他很重视每一次机会，即使在别人眼中他永远是一个笨手笨脚的人，一个在起初连正步都走不好的人，他认为自己不是马而是骡子，所以他加倍努力，做什么就和抓住了救命的稻草一样珍惜，最终他超越了当初嘲笑他的许多人。

生活中有无数的挑战，也有无数次与你擦肩而过的机会，有些人视而不见，而另外一些人却牢牢地抓住了它。有时候一次机会就会造就一个人的命运，很多人空有一身本领，却不懂得如何抓住机会，所以一生“怀才不遇”，而一些人虽然不是“学富五车”，但却总走得比别人远，也并非投机取巧，而是他善于抓住不远处的机会，每一次都不错过，所以我们常常会看到这样的现象，一些人并不是很出色但却能走到高处，做出成绩，而那些“才高八斗”的人却总是失意，就是因为不懂得运用机会。

不过，机会或时机又是难以察觉和捕捉的，它不会自己跑来敲你的门，也不会大喊大叫把你惊醒。它像不经意间掠过你面前的一阵风，又像一条水中的游鱼，似乎抓住了却又从你手中溜走。机会的确是成功的催化剂，成功人士凭借机会可以更快地达到目标。有一句格言说得好：“幸运之神会光顾世界上的每一个人，但如果她发现这个人并没有准备好要迎接她时，她就会从大门里走进来，然后从窗子里飞出去。”台塑董事长王永庆就算得上是一个善于抓住机遇的人。

1980年，美国经济陷入低潮，石化工业普遍不景气，关闭、停产的化工厂比比皆是。经济萧条期间，许多企业家抱着观望的态度，不敢贸然行动，那些濒临倒闭的石化厂虽然亏本出售，却仍无人问津。但是王永庆却发动攻势，以出人意料的低价，买下得克萨斯州休斯敦的一个石化厂。得克萨斯州是美国石油蕴藏量最丰富的一个州，而且油质非常好。王永庆在那儿筹建全世界规模最大的PVC塑胶工厂，年产量48万吨。

王永庆在第二年又以迅雷不及掩耳的速度在美国的路易斯安那州和特拉华州各买下了一个石化厂。1982年，王永庆更以1950万美元买下了美国JM塑胶管公司的八个PVC下游厂。王永庆的这些大胆举动令同行大为不解，他们用疑惑的目光注视着他，议论纷纷。

可王永庆认为：在经济不景气的时候进行投资，收购或建厂的成本比较低，可增加产品的竞争能力；而且，经济景气大都遵循一定的周期规律，有落必有涨，兴建一座现代化工厂约需要一年半到两年时间，在经济不景气时建厂，等到建设结束时，市场又在复苏之中，正好赶上销售良机。

不过经济复苏却花了很长的一段时间，加上收购的工厂出现了一系列的问题，例如：石化厂机器老化、设备残旧等等，让他一年时间亏损了800万美元。不过，这时的王永庆并没有灰心，他通过改制，让工厂的面貌有了彻底改观，生产很快走上了正轨。

经过台塑人的辛勤奋斗，到1983年底，王永庆在美国的PVC厂每年的产量共计达39万吨，加上台塑原有的55万吨生产能力，合计年产量达到94万吨，台塑企业成了世界上产量最大的PVC制造商。

机会对于我们每一个人来说，都是来之不易的，哪怕它是多么的微小，都值得一试。只有尝试才会有希望，放弃机会就等于放弃了成功的可能。

成功属于那些坚忍不拔的人

生活陷入困顿，人生陷入低谷，这个时候你在想些什么？就打算这样过一辈子吗？当然不能。面对生活的不幸，我们只有依靠坚韧的态度来承担风雨，才有机会重见阳光。

世界上最容易、最有可能取得成功的人，就是那些坚忍不拔的人。无论你现在的境况如何，都要坚定不移、百折不挠。

莎莉·拉斐尔是美国著名的电视节目主持人，曾经两度获奖，在美国、加拿大和英国每天有800万观众收看她的节目。可是她在30年的职业生涯中，却曾被辞退18次。

刚开始，美国大陆的无线电台都认定女性主持不能吸引观众，因此没有一家愿意雇用她。她便迁到波多黎各，苦练西班牙语。有一次，多米尼亚共和国发生暴乱事件，她想去采访，可通讯社拒绝她的申请，于是她自己凑够旅费飞到那里，采访后将报道卖给电台。

1981年她被一家纽约电台辞退，无事可做的时候，她有了一个节目构想。虽然很多国家广播公司觉得她的构想不错，但碍于她是女性，所以最终还是放弃了。最后她终于说服了一家公司，受到了雇用，但她只能在政治台主持节目。尽管她对政治不熟，但还是勇敢尝试。1982年夏，她的节目终于开播。她充分发挥自己的长处，畅谈7月4日美国国庆对自己的意义，还请观众打来电话互动交流。令人想不到的是，节目很成功，观众非常喜欢她的主持方式，所以她很快成名了。

当别人问她成功的经验时，她发自内心地说：“我被人辞退了18次，本来大有可能被这些遭遇所吓退，做不成我想做的事情。但结果恰恰相反，我让它们鞭策我前进。”

正是这种不屈不挠的性格使莎莉在逆境中避免了一蹶不振、默默无闻的一生，走向了成功。

任何成功的人在达到成功之前，没有不遭遇失败的。爱迪生在经历了一万多次失败后才发明了灯泡，沙克也是在试用了无数介质之后，才培养出小儿麻痹疫苗。

“你应把挫折当作是使你发现你思想的特质，以及你的思想和你明确目标之间关系的测试机会。”如果你真能理解这句话，它就能调整你对逆境的反应，并且能使你继续为目标努力，挫折绝对不等于失败，除非你自己这么认为。

爱默生说过：“我们的力量来自我们的软弱，直到我们被戳、被刺，甚至被伤害到疼痛的程度时，才会唤醒包藏着神秘力量的愤怒。伟大的人物总是愿意被当成小人物看待，当他坐在占有优势的椅子中时会昏昏睡去，当他被摇醒、被折磨、被击败时，便有机会可以学习一些东西了；此时他必须运用自己的智慧，发挥他的刚毅精神，他会了解事实真相，从他的无知中学习经验，治疗好他的自负精神病。最后，他会调整自己并且学到真正的技巧。”

因此，无论经历怎样的失败和挫折，你都要从精神上去战胜它，别把它当一回事，甩甩手从头再来，成功终究会来临。

屡败屡战，绝不放弃

菲尔德从商界引退的时候，他已经积累了大量的财富。而这时他却对在大西洋中铺设海底电缆这一构想发生了极大的兴趣，这样一来欧洲和美洲就能建立电报联系。菲尔德倾其所有来完成这一事业。前期的准备工作包括建造一条从纽约到纽芬兰的圣约翰的电话线路，全长1000多英里。这其中有400多英里需要穿过一片原始森林，为此他们不得不在铺设电话线的同时修建一条穿越纽芬兰的道路。这条线路中还有140多英里要通过法国的布列塔尼，建设者们在那儿也投入了大量的人力，与此相同的还要铺设通过圣劳伦斯的电缆。

通过艰苦的努力，菲尔德得到了英国政府对他的公司的援助。但是在国会里，他曾经遭到了一个很有影响力的团体的强烈反对，在参议院表决时，菲尔德的方案仅以一票的优势获得通过。英国海军派出了驻塞瓦斯托波尔舰队的旗舰阿伽门农号来铺设电缆，而美国则由新建的护卫舰尼亚加拉号来承担这一工作。但是由于一次意外，已铺设了5英里长的电缆卡在了机器里，被折断了。在第二次实验中，船只驶出200英里时，电流突然消失了，人们在甲板上焦急沮丧地来回走动，似乎死期就要来临。正当菲尔德先生要下令切断电缆的时候，电流就像它消失时那样，突然又神奇地恢复了。接下来的一个晚上，船只以每小时4英里的速度移动，而电缆以每小时6英里的速度延伸，但由于刹车过于突然，船只猛烈地倾斜了一下，电缆又被卡断了。

菲尔德不是一个轻言放弃的人。他重新购买了700多英里长的电缆，委托一位精通此行的专家设计一套更好的铺设电缆的机器设备。美国和英国的发明家齐心协力地工作，最后决定从大西洋中央开始铺设两段电缆。于是两艘船开始分头工作，一艘往爱尔兰方面，另一艘驶往纽芬兰，每艘船都各自承担一头的铺设工作。大家希望这样能够把两个大陆连接起来。就在两艘船相距3英里时，电缆断了。人们重新连上了电缆，但是当两艘船相距80英里时，电流又消失了。电缆再次连上了，大约又铺设了200英里之后，在距阿伽门农号20英尺处，不幸电缆又断了，阿伽门农号随即返回了爱尔兰海岸。

项目负责人都感到非常沮丧，公众开始怀疑，投资商开始退却。如果不是菲尔德先生不屈不挠、夜以继日、废寝忘食地工作，说服众人，整个工程项目早就被放弃了。终于开始了第三次尝试，这一次成功了，整条电缆线顺利地铺设完成。几个信号在大西洋上传送了将近700多里之后，突然电流中断了。

大家都失去了信心，只有菲尔德先生和他的一两个朋友仍然对此抱有希望。他们继续坚持工作，并且说服了人们继续投资进行试验。一条崭新的更为高级的电缆由大东部号负责铺设。大东部号慢慢地驶向大西洋，一边前进一边铺设。一切都进行得很顺利，直到距离纽芬兰600英里处，电缆突然折断沉入海底。几次捞起电缆的尝试都失败了，这一项目也因此停顿了将近一年。

但是菲尔德先生并没有被这些困难吓倒，他继续为自己的目标努力。他组建了新公司，并制造了一条当时最为先进的电缆。1866年7月13日，试验开始了，这一次成功地向纽约传送了信息，全文如下：

无比满足，7月27日。
我们于早上9点到达，一切顺利。感谢上帝！电缆铺设成功，运行良好。
菲尔德

那条旧的电缆也找到了，重新连接起来，通往纽芬兰。这两条线路现在仍在使用，而且将来也会有用。

人生在世，不可能事事如愿。遇见了什么失望的事情，你也不必灰心丧气。你应当下个决心，想办法争回这口气才对。

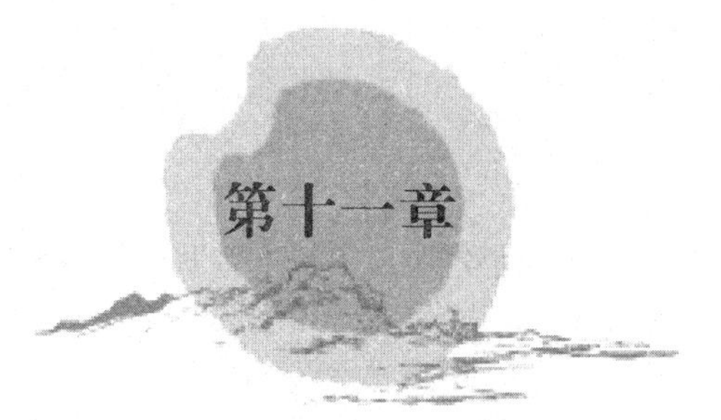

第十一章

灵活应变，才能路路畅通

第一节 以变应变，上乘变术

根据事情的变化采取不同的行动

相同的事情，别人做得很顺利，到你做的时候一定不要照搬，因为可能事情已经发生变化了。

事物都是处在不断地变化和发展之中，如果凡事都照搬教条，而不知随机应变，具体情况具体分析，那就难免失策。形势瞬息万变，波谲云诡，所以必须从实际出发，相机行事，照搬教条只能使人自食恶果。在付诸实践时也应灵活机动，切忌僵化不变，形而上学。

有这样一个历史故事：

战国时代，有施氏和孟氏两家邻居。

施家有两个儿子，一个儿子学文，另一个儿子学武。学文的儿子去游说鲁国的国君，阐明了以仁道治国的道理，鲁国国君重用了他。那个学武的儿子去了楚国，那时楚国正好与邻邦作战，楚王见他武艺高强，有勇有谋，就提升他为军官。施家因两个儿子显贵，满门荣耀。

施氏的邻居孟氏也有两个儿子长大成人了。这两个儿子也是一个学文，另一个学武。孟氏看见施氏的两个儿子都成才，就向施氏讨教，施氏向他说明了两个儿子的经历。孟氏记在心里。

孟氏回家以后，也向两个儿子传授机宜。于是，他那个学文的儿子就去了秦国，秦王当时正准备吞并各诸侯，对文道一点儿也听不进去，认为这是阻碍他的大业，就将这人砍掉了一只脚，逐出了秦国。他学武的儿子到了赵国，赵国早已因为连年征战，民困国乏，厌烦了战争，这个儿子的尚武精神引起了赵王的厌烦，砍掉了他的一只胳膊，逐出了赵国。

孟氏之子与邻居的儿子条件一样，却得到两种结果，这是为什么呢？

施氏后来听说了之后，说道："大凡能把握时机的就能昌盛，而断送时机的就会灭亡。你的儿子们跟我的儿子们学问一样，但建立的功业却大不相同。原因是他们错过了时机，并非他们在方法上有何错误。况且天下的道理并非永远是对的，天下的事情也非永远是错的。以前所用，今天或许就会被抛弃；今天被抛弃的，也许以后还会派上用场，这种用与不用，并无绝对的客观标准。一个人必须能够见机行事，懂得权衡变化，因为处世并无固定法则，这些都取决于智慧。假如智慧不足，即使拥有孔丘那么渊博的学问、拥有姜尚那么精湛的战术，也难免会遭遇挫折。”而孟氏两个儿子正是不懂变化之道而遭此惨事的。

现实生活中，也有这样因时过境迁，自己却不能适应变化，重走老路，而导致自己生活不幸的情况发生。

曾经有这么一位妇女，20世纪50年代在大学读书时和一位男同学热恋了，但是后来这位男同学被划为右派，遣送到边疆劳动改造，他们的恋爱关系不得不中断了。20多年后他们又见面了，这位妇女也早已有了丈夫和孩子，家庭生活是愉快和睦的。但是当她看到这位昔日恋人至今还是孑然一身时，她被同情、追悔的心情支配着，和丈夫离了婚，和这位已经平反了的昔日恋人结了婚。

但是，这种结合并没有给她带来什么幸福，她反而更加痛苦了——一方面，她背上了对不起原来的丈夫和孩子的“十字架”，这个“十字架”比她过去对昔日恋人的思念和负疚之情还要重上许多倍；另一方面，她在重新结婚以后，发现这位昔日恋人的性格、脾气等许多方面和青年时代相比，已经有了很大变化，他们已经合不来了，但是这时，她已经是进退两难了。

职场也是如此，都要从变化的角度来考虑，如果依然按照过去的眼光、想法、办法来处理，就可能四处碰壁。所以，一定要面对现实，从变化的角度想问题，办事情。

办事不要走极端

商朝时期，伯夷、叔齐是孤竹君的两个儿子。父亲想要立叔齐为国君，等到父亲死了，叔齐要把君位让给伯夷。伯夷说：“这是父亲的遗命啊！”于是逃走了。叔齐也不肯继承君位逃走了。国人只好拥立孤竹君的次子。这时，伯夷、叔齐听说西伯昌能够很好地赡养老人，就想何不去投奔他呢！可是到了那里，西伯昌已经死了，他的儿子武王追尊西伯昌为文王，并把他的木制灵牌载在兵车上，向东方进兵去讨伐殷纣。伯夷、叔齐勒住武王的马缰谏诤说：“父亲死了不葬，就发动战争，能说是孝顺吗？作为臣子去杀害君主，能说是仁义吗？”武王身边的随从们要杀掉他们。太公吕尚说：“这是有节义的人啊。”于是搀扶着他们离去。等到武王平定了商纣的暴乱，天下都归顺了周朝，可是伯夷、叔齐却认为这是耻辱的事情，他们坚持仁义，不吃周朝的粮食，隐居在首阳山上，靠采摘野菜充饥。到了快要饿死的时候，作了一首歌，那歌词是：“登上那西山啊，采摘那里的薇菜。以暴臣换暴君啊，竟认识不到那是错误。神农、虞、夏的太平盛世转眼消失了，哪里才是我们的归宿？唉呀，只有死啊，命运是这样的不济！”于是饿死在首阳山上。

追求仁德是圣贤所为，但凡事都不应钻牛角尖，伯夷、叔齐就是因为太强调仁德不会变通，才饿死在首阳山上。

出牌就要出奇牌

商界有句名言：“谁聪明谁才能赚，谁独特谁才能赢。”成功者之所以在众多的竞争者中一枝独秀，就是因为他们跳脱常理，不按牌理出牌，找到自己的“聪明”和“独特”之处。

智利有一家独特的餐厅，除收款人与厨师外，一律使用动物服务员，顾客刚进餐厅，门前就有两只鹦鹉分别用英语、法语、西班牙语向顾客问好。然后，一只金丝猴殷勤地上前，为顾客脱下外套并挂在衣帽钩上。顾客落座之后，一只温顺的长耳犬立刻嘴叼菜单迎上前来，恭请顾客点菜。紧接着，两只身材高大、腰系围裙的长毛猴就会把美味的饮料与食品依次送上。等到顾客用餐完毕，金丝猴还会把客人的衣帽送还，并递上一个银盘，礼貌地索取餐费。

显然，这是一种十分独特的服务，由于只此一家别无分号，慕名者接踵而至，饭店效益极佳。

在印度的一些旅游区，经营者也有绝招，就是设法利用聪明的猴子招徕游客。

其特点是，在峰回路转的旅途中，每当旅游者迷失了方向，就会有身穿西装背心的猴子走来为你指引方向，充当导游；当旅游者饿了，只要用手拍拍肚子，猴子就会引你直奔餐厅；如果游客将手放在脑后做出睡觉的样子，猴子就会领你去找旅店；如果游客做出一个举杯畅饮的姿势，它们就会立刻为你指点酒吧的方向。

那么，这些猴子为何如此聪明？原来它们毕业于“猴子旅游专科学校”。在学校受过长达三年的“专业训练”。当游客留意这些猴子时，会发现它们皆持有真正的“合格证”，所穿背心的正面写有它们的名字，贴有照片，照片背后记录着它们的“毕业成绩”，而且，背心上还有一个专门用来收费的口袋。

如此奇猴，天下少见。自然就冲着这一点，旅游者纷纷而来并赞不绝口。

日常生活中，我们往往见于平常，行于平常，在平常中“泯然众人矣”，平平常常、普普通通只能让你沦为平庸之列，因而想要获取成功，就要不按牌理出牌，走一条与众不同的道路，这样才能“万绿丛中一点红”，增强自身吸引力。

可是，在生活和工作中，多数人习惯了常规的做事方式，甚至抱残守缺，不进行变通，这样他们永远不会有新的突破，只能是逐渐“泯然于众”。其实，做到不按牌理出牌并不难，只要我们不墨守成规，敢于变通，就会找到一条属于自己的独特道路。

此路不通，另寻他路

前进的道路上总会遇到一只又一只的拦路虎，按照正常思路，我们往往不得其法。既然无法冲过去，何不另外找寻一条路呢？解决问题并非无路可走，只是在有些时候，那条道路还尚未被发现。现实生活中，高智商的人做事未必高效，不懂变通也会让他们的高智商无用武之地。所以面对此路不通的情况，我们可以另寻他路，也许会找到一个合适的方法。

一个犹太人走进纽约的一家银行，来到贷款部。

“请问先生，我可以为你做点儿什么？”经理一边问，一边打量着这个西装革履满身名牌的来者。

“我想借些钱。”

“好啊，你要借多少？”

“1美元。”

“只需要1美元？”

“不错，只借1美元，不可以吗？”

“噢，当然，不过您需要有担保。”经理虽然有些惊奇，但是根据银行规定，犹太人的要求他无法拒绝。

“好吧，这些做担保可以吗？”

犹太人接着从豪华的皮包里取出一堆股票、国债等，放在经理的写字台上。

“总共50万美元，够了吧？”

“当然，当然！不过，你真的只借1美元吗？”经理疑惑地看着眼前的怪人。

“是的。”说着，犹太人接过了1美元。

“年息为6%，只要您付出6%的利息，一年后归还，我们就可以把这些股票退还给您。”

“谢谢。”

犹太人说完准备离开银行。

但是经理越想越不明白，拥有50万美元的人，怎么会来银行借1美元，于是他慌慌张张地追上前去，对犹太人说：

“啊，这位先生……”

“有什么事吗？”

“我实在弄不清楚，你拥有50万美元，为什么只借1美元呢？你不认为这样做你很吃亏吗？要是你想借30万、40万美元的话，我们也会很乐意……”

犹太人笑了：“我来纽约办些事情，可是这么多东西带在身上很不方便，但是保险箱的租金都很昂贵。所以，我就准备在贵行寄存这些东西，一年只需要花6美分，租金简直是太便宜了。”

对于这位犹太人来说，他的目的是让那些股票、债券安全，而存放到保险箱无疑是个最“正常”的方法，但是对这个犹太人来说代价却太过昂贵，令他无法接受。于是他另辟蹊径，通过贷款1美元的新奇方法，让自己的巨额财富安全地存放在银行。目的地一样，走的路却不同，而且是更便捷、代价更小的那条路。

换个思路，垃圾变美金

同样的事情，用一种思路来看，可能只是平常；但若换个思路，结果往往迥然不同！懂得变通的人，常常善于转换思路可以从看似平淡的事情中，找到巨大的商机！

在平常人看起来，不过是一钱不值的一堆垃圾，可是对于懂得变通的人来说，稍微换个思路，垃圾也能卖出美金的价钱。

1946年，休斯敦有一对做铜器生意的父子俩。一天，父亲问儿子：“一磅铜的价格是多少？”儿子答：“35美分。”父亲说：“对，整个得克萨斯州都知道每磅铜的价格是35美分，但你应该说3.5美元。你试着把一磅铜做成门把看看。”

20年后，父亲死了，儿子独自经营铜器店。他做过铜鼓、做过瑞士钟表上的簧片、做过奥运会的奖牌。他曾把一磅铜卖到3500美元，这时他已是麦考尔公司的董事长了。

然而，真正使他扬名的，是纽约州的一堆垃圾。

1974年，美国政府为清理那些给自由女神像翻新扔下的废料，向社会广泛招标。但好几个月过去了，没人应标。正在法国旅行的儿子听说后，立即飞往纽约，看到自由女神像下堆积如山的铜块、螺丝和木料后，未提任何条件，立即就签了字。

当时不少人对他的这一举动暗自发笑。因为在纽约州处理垃圾有严格的规定，弄不好会受到环保组织的起诉。

就在一些人等着看他的笑话时，他开始组织工人对废料进行分类。他让人把废铜熔化，铸成小自由女神像；再把木头加工成木座；废铅、废铝做成纽约广场的钥匙。最后他甚至把从自由女神像身上扫下的灰尘都包装起来，出售给花店。

不到3个月时间，他将这堆废料变成了350万美元，每磅铜的价格整整翻了1万倍。

揭开“垃圾变黄金”的奥秘，背后往往是一些简单而实用的方法。一堆垃圾，经过简单的处理，身价倍增。

“除了妻儿，一切都要变”

生活是无情的，它不允许任何人停止前进的步伐，否则就会被它抛弃。这种情况下，唯一的应变之道就是快速适应变化。随着情况的变化而变化，甚至在情况变化之前改变，这样才能制胜、无敌。

IT业界流传着韩国三星集团总裁李健熙的一句名言：“除了妻儿，一切都要变。”这句话，也正是当年李健熙下定决心带领三星集团励精图治、发奋改革的真实写照。

1987年，李健熙从父亲李秉喆手中接过三星集团这个大摊子，1993年开始重塑三星，并且提出了这个“除了妻儿，一切都要变”的口号。

当时，李健熙决心“给沉睡中的三星一剂猛药，一个改革的信号弹”。于是，变革就从改变上下班工作时间开始，将原来的“朝九晚五”变成“朝七晚四”，20万名员工都将提前两小时上班。进行这种大规模的变革会遇到很多方面的阻力，但是李健熙相信，如果下不了这个决心，振兴三星的日子就会遥不可及。

三星人从此意识到“改革开始了”，很多人从以前的闲散的心态中恢复过来，开始利用早下班的时间学习外语、培训进修，这些努力为日后三星集团扩展海外市场打下了坚实的基础。

1997年时，韩国受到东南亚金融危机的强烈影响，很多韩国大企业纷纷破产倒闭，举国上下损失严重，三星集团也难免受到影响。危机重重下，李健熙决心再次重整三星，他对员工说：“为了公司，生命、财产，甚至名誉都可以抛弃。”

李健熙拥有如此强烈的危机感与决心，在他的带领下，三星集团制定了明确的战略方向，坚定不移地执行战略，变革在不断推进，影响深远。

直到2002年底，三星集团已经跻身全球IT行业前20名，连一向骄傲的索尼都为之汗颜。

“除了妻儿，一切都要变”是一种变化的决心，也是一种应对市场变化的信念和心态。失去了“变化”的心态，无论曾经有多么辉煌，也无法抵挡竞争的浪潮，终将被湮灭。

计划赶不上变化

要获得成功，就要顺势而变、顺时而变。抱着老条框走路，是断然不会成功的。

一位作家曾这样谈起他的创作：“一旦在我的头脑（计划）中有了些什么，那么要释放它们，顺其自然，这可能很难做到。我所受的教育是成功，成功地完成一项计划需要坚持不懈。然而，随之而来的不变通会制造出大量的内部压力，常常会惹恼他人或感觉迟钝。”

“我喜欢将我写作的大部分工作放在凌晨去做。我可能是怀着这样一个目的，而现实情况如何呢？以这本书为例，我在别人还在睡梦中的时候完成一两章的写作。但是如果我的四岁女儿提早醒来，跑上楼看我，那会怎么样？我的计划确实改动了，但是我如何来反映呢？或者，我可能会有在上班前出去跑一会儿步的想法。若是从办公室来个紧急电话，必须略过跑步，那么又会怎样呢？”

工作中没有一成不变的计划，生活也是一样。让这些计划变得更加灵活些吧，然后一些美妙的事情就开始发生——你会觉得轻松许多。

1919年，希尔顿来到了当时因发现石油而兴盛的得克萨斯州，那里云集着大批来发石油财的冒险家们。得州似乎遍地都是黄金。希尔顿迫不及待地想以买进卖出银行而致富，他连续跑了两个城镇，问了十几家银行，回答都是不卖。他碰了一鼻子灰，却并未因此而气馁，他又来到第三个城镇——锡斯科。

锡斯科这片热情的土地拥抱了希尔顿。他刚下火车，走进当地第一家银行询问，就被告知它正待出售。卖主不住这儿，要价是7.5万美元。希尔顿知道这价格一点儿也不高。他立即给卖主发了份电报，愿按其要价买这家银行。

然而，没过多久，卖主在回电中却将售价涨至8万美元。希尔顿气得火冒三丈，当即决定彻底放弃当银行家的念头。他后来回忆道："就这样，那封回电改变了我一生的命运。"

在碰壁之后，希尔顿余怒未消地来到马路对面的一家名为"莫布利"的旅馆准备投宿，谁知客已经满了。

看到一个先生在清理、驱赶人群，他忽然灵机一动地问："你是这家旅馆的老板吗？"对方却诉起苦来："是的。我赚不到什么钱，不如抽资金到油田去赚更多的钱。""你的意思是，"希尔顿心中猛地一喜，压抑住自己的兴奋，故意慢条斯理地问："这家旅馆准备出售？""任何人出5万美元，今晚就可以拥有这儿的一切。"

3个小时后，希尔顿在仔细查阅了莫布利旅馆账簿的基础上，经过一番讨价还价，卖主最后同意以4万美元出售。这以后，希尔顿立即四处筹借现金，终于在期限截止前几分钟将钱全部送到。莫布利旅馆易了主，希尔顿干起了旅馆业。他随即给母亲打电报报喜："新世界已经找到，锡斯科可谓水深港阔，第一艘大船已在此下水。"

当天晚上，莫布利旅馆全部客满，连希尔顿的床也让给客人住下了。他只好睡在办公室里。就这样，希尔顿开始了他旅馆大王的第一页。看起来好似阴差阳错，实则凸显出希尔顿灵活机变的头脑。

人生的旅程是一个不断变幻的景观，向前跨进，就会看到不同的风景，因此，我们要顺利达到自己的目的，就必须随时随地检视自己的选择是否有偏差，合理调整目标，放弃无谓的固执，轻松抵达目的地。

以己变应万变

世界上的任何事情都不会完全按照我们的主观意志发展变化。我们要获得成功，就要首先认识事情的性质和特点，然后根据实际情况调整自己的思路和行为方式。只有如此，我们才能在顺应事物变化的同时，驾驭变化。

动物学家们在做青蛙与蜥蜴的比较实验时发现：青蛙在捕食时，四平八稳、目不斜视、呆若木鸡，直到有小虫子自动飞到它的嘴边时，才猛地伸出舌头，粘住飞虫吃下去。之后，它又开始那目不斜视的等待，看得出来，青蛙是在"等饭吃"。而蜥蜴则完全不同，它们整天奔忙在私人住宅区、老式办公楼、蓄水池边等地方，四处游荡搜寻猎物。一旦发现目标，它们就会狂奔猛追，直到吃到嘴里为止。吃完后，它们在略事休息、喝口水后，就整装待发，又去"找饭吃"了。

我们不妨将青蛙与蜥蜴的捕食方法当作两种不同的处世风格。青蛙的捕食方法也有可能会吃饱，但它对环境的依赖性过高，不能对随时变化的环境做出迅速的反应，池塘一旦干涸，青蛙也就消失了；而蜥蜴的方法却很灵活，它们能够快速适应变化的环境，所以，即使这一片池塘干涸了，蜥蜴仍能够活跃在另外一个池塘边。

我们生活的社会瞬息万变，别人在变，自己不变，自己就会成为别人的垫脚石；环境改变，自己不变，最后只能惨遭淘汰。

改变自己，然后才能改变命运。有时候，迫切应该改变的或许不是环境，而是我们自己。不学会去变，或者没有能力去变，终将被社会淘汰。

第二节　面对危机，应变有道

缜密推理，摆脱困境

想了解或者想告诉别人事情的真相，口说无凭，在找不着证据的情况下，就按照事情发展变化的逻辑，层层推理，同样能让人心服口服。

晋文公在位的时候，曾遇到过一起发生在自己身边的陷害案。

一天，一个侍从在御膳间端了一盘烤肉，恭恭敬敬送到晋文公面前请其就餐。晋文公拿起餐刀正准备切肉，忽然发现肉上沾着不少头发。他立即放下手中的小刀，命人去找膳吏。

那个膳吏看到传召的侍从脸色不好，一路上不停地琢磨这次晋王召见的原因。究竟是刚送去的烤肉火功不够，还是烧烤时用料不当、口味欠佳呢？

他哪知道一见晋文公就遭到一阵责骂。晋文公气势汹汹地说道："你是存心想噎死我吗？为什么在烤肉上有这么多头发？"

膳吏一听，原来发生了一件自己没有料到的祸事。虽然他明知道这件事里面有鬼，但在君王的气头上是不能辩白的，否则如果把握不好，很容易招致横祸。因此，膳吏急忙跪拜叩头，口中却似是而非、旁敲侧击地说道："请君王息怒，奴才真是该死。烤肉上缠着头发，我有三条罪责。我用最好的磨石把刀磨得比利剑还快，它切肉如泥，可就是切不断毛发，这是我的第一大罪过。我在用木棍去穿肉块的时候，竟然没有发现肉上有一根毛发，这是我的第二大罪过。我守着炭火通红、烈焰炙人的炉子把肉烤得油光可鉴、吱吱有声、香味扑鼻，然而就是烤不焦、烧不掉肉上的毛发，这是我的第三大罪过。不过我还想补充一句，您是一位明察秋毫的贤明君主，您能不能把堂下的臣仆观察一遍，看看其中是否有恨我的人呢？"

晋文公觉得膳吏所言话外有音，所以对案情产生了怀疑。他立即召集属下进行追问，不出膳吏所料，果然找出了那个想陷害膳吏的侍从。晋文公下令杀了那个人。

这个聪明的膳吏在危机面前，正是由于推理缜密，向晋文公证明了自己绝无可能是放头发的那个人，若他一味申辩，晋文公则会恼羞成怒，膳吏怕是小命也难保了。

三国时期，吴国的国君孙亮的思维判断能力也非常令人折服。孙亮非常聪明，观察和分析事物都非常深入细致，常常能使疑难事物得出正确的结论，为一般人所不及。

一次，孙亮想要吃生梅子，吩咐黄门官去库房把浸着蜂蜜的蜜汁梅取来。这个黄门官心术不正而且心胸狭窄，是个喜欢记仇的小人。他和掌管库房的库吏素有嫌隙，平时两人见面经常发生口角。他怀恨在心，一直伺机报复。这次可让他逮到机会了，他从库吏那里取了蜜汁梅后，悄悄找了几颗老鼠屎放了进去，然后才拿去给孙亮。

不出他所料，孙亮没吃几口就发现蜂蜜里面有老鼠屎，果然勃然大怒："是谁这么大胆，竟敢欺负到我的头上，简直反了！"

心怀鬼胎的黄门官忙跪下奏道："库吏一向不忠于职责，常常游手好闲，四处闲逛，一定是他的渎职才使老鼠屎掉进了蜂蜜里，既败坏主公的雅兴又有损您的健康，实在是罪不容恕，请您治他的罪，好好教训教训他！"

孙亮马上将库吏召来审问老鼠屎的情况，问他道："刚才黄门官是不是从你那里取的蜜呢？"

库吏早就吓得脸色惨白，他磕头如捣蒜，结结巴巴地回答说："是……是的，但是我给他……的时候，里面……里面肯定没有老鼠屎。”

黄门官抢着说：“不对！库吏是在撒谎，鼠屎早就在蜜中了！”

两人争执不下，都说自己说的是真话。

侍中官刁玄和张邠出主意说：“既然黄门官和库吏争不出个结果，分不清到底是谁的罪责，不如把他们俩都关押起来，一起治罪。”

孙亮略一沉思，微笑着说：“其实，要弄清楚鼠屎是谁放的这件事很简单，只要把老鼠屎剖开就可以了。”

他叫人当着大家的面把鼠屎切开，大家仔细一看，只见鼠屎外面沾着一层蜂蜜，是湿润的，里面却是干燥的。

孙亮笑着解释说：“如果鼠屎早就掉在蜜中，浸的时间长了，一定早湿透了。现在它却是内干外湿，很明显是黄门官刚放进去的，这样陷害，实在是太不像话了！”

这时的黄门官早吓昏了头，跪在地上如实交代了陷害库吏、欺君罔上的罪行。

每种事物都有其发展、变化的内在逻辑性，将之逐一展示，环环相扣的事实能揭示真相，令人信服，使无辜者摆脱困境。

隐藏自我，无为之治

庄子说：“直木先伐，甘井先竭。”意思是人们伐木时多半选挺直的树木，因而使之遭到破坏；吃水也会选择甘甜的井水，因而使之干涸。因此，做人一定要会隐藏自我，即使必须抛头露面，也可奉行无为之治。这样或许会无功，但绝对不会有过，也就绝对不会惹来麻烦。

三国有一个又瘦又黑的司马懿，当曹爽掌权时，就伪装成重病在身，耳聋目呆的样子，曹爽看他有病将亡，就不把他放在心上。当曹爽外出时，司马懿就发动政变，杀了曹爽，夺得军政大权。

人都有一颗不安分的心，时间一长，不免不愿受人控制，总想自己干一番事业，因此，要在高位上做到无所作为真是一件很不容易的事。

汉景帝时，郎中令中，有个叫周文的。最初，他是文帝的御医，后来被任命为太子的医生。太子即位，成了景帝，他就被升为郎中令。周文言谈十分谨慎，他总是穿着补丁衣服，故意弄得很邋遢。这样，景帝很放心，连寝室都让他随便出入，做房事时也让他在旁边侍候。景帝每问他对于臣儒们的意见时，他就说：“请您自己判断吧”，从不说牵扯大臣们命运的话，为此景帝两次专程去访问，表示敬意。

武帝即位后，他作为先帝的宠臣仍很受器重。像周文这样能被三个皇帝器重的“不倒翁”，靠的是什么？当然是隐藏自己，不露声色。试想，换了别人，他看了皇帝的房事出门来会对另外的人说吗？一说，就要被杀头。再者，他与皇帝那样亲近，官居郎中令，却一点儿也不过问朝政，这不是无为又是什么呢？

但无所作为这种做法，若用之不当，也不能起到应有的效果。

张作霖当了大帅后，要论功行赏，大封部下，但手下的一个秘书长，却被撤了职。几个朋友替秘书长去说情：“大帅待人一向厚道，秘书长撤职后，未派其他差使，生活都成问题。”张作霖说：“我对他并没有什么，不过他做了8年的秘书长，没有同我抬过一回杠，难道我8年之中，就没有做错一件事吗？这样的秘书长，又有何益？”

周文与这个秘书长，采用了相同的方法，两者结果却大不相同。看来，应用应变学也要从实际出发，不可死搬硬套啊！

随机转变，化险为夷

“人有失足，马有失蹄。”但有时错失会给人带来杀身之祸。只有及时而巧妙地挽回错失，才能处于安全境地。

据说，司马昭与阮籍有一次同上早朝，忽然有侍者前来报告：“有人杀死了母亲！”

放荡不羁的阮籍不假思索便说：“杀父亲也就罢了，怎么能杀母亲呢？”

此言一出，满朝文武大哗，认为他“有悖孝道”。阮籍也意识到自己言语的失误，忙解释说：“我的意思是说，禽兽只知其母而不知其父。杀父就如同禽兽一般，杀死母亲呢，就连禽兽也不如了。”

一席话，竟使众人无可辩驳，阮籍也因此避免了杀身之祸。

当然，有时候仅靠口舌解释难于挽回失误，这时就要动脑筋采取适当的行动了。

郭德成是元末明初人，他性格豁达，十分机敏，特别喜爱喝酒。在元末动乱的年代里，他和哥哥郭兴一起随朱元璋转战沙场，立了不少战功。

朱元璋做了明朝开国皇帝后，原先的将领纷纷加官晋爵，待遇优厚，成为朝中达官贵人。郭德成仅仅做了戏骑舍人这样一个普通的官员。

一次，朱元璋召见郭德成，说道：“德成啊，你的功劳不小，我让你做个大官吧。”

郭德成连忙推辞说：“感谢皇上对我的厚爱，但是我脑袋瓜不灵，整天不问政事，只知道喝酒，一旦做大官，那不是害了国家又害了自己嘛！”

朱元璋见他辞官坚决，内心赞叹，于是将大量好酒和钱财赏给郭德成，还经常邀请郭德成到皇家后花园喝酒。

一次，郭德成兴冲冲赶到皇家后花园陪朱元璋喝酒。眼见花园内景色优美，桌上美酒香味四溢，他忍不住酒性大发，连声说道：“好酒，好酒！”随即陪朱元璋喝起酒来。

杯来盏去，渐渐地，郭德成脸色发红，醉眼蒙眬，但他依然一杯接一杯喝个不停。眼看时间不早，郭德成烂醉如泥，踉踉跄跄地走到朱元璋面前，弯下身子，低头辞谢，结结巴巴地说道：“谢谢皇上赏酒！”

朱元璋见他醉态十足，衣冠不整，头发纷乱，笑道：“看你头发披散，语无伦次，真是个醉鬼疯汉。”

郭德成摸了摸散乱的头发，脱口而出：“皇上，我最恨这乱糟糟的头发，要是剃成光头，那才痛快呢。”

朱元璋一听此话，脸涨得通红，心想，这小子怎么敢这样大胆地侮辱自己。他正想发怒，看见郭德成仍然傻乎乎地说着，便沉默下来，转而一想：也许是郭德成酒后失言，不妨冷静观察，以后再整治他不迟。想到这里，朱元璋虽然闷闷不乐，还是高抬贵手，让郭德成回了家。

郭德成酒醉醒来，一想到自己在皇上面前失言，恐惧万分，冷汗直流。原来，朱元璋少时在皇觉寺做和尚，最忌讳的就是“光”“僧”等字眼。郭德成怎么也想不到，今天这样糊涂、这样大胆，竟然戳了皇上的痛处。

郭德成知道朱元璋对这件事不会轻易放过，自己以后难免有杀身之祸，怎么办呢？他深深地思考着：向皇上解释，不行，更会增加皇上的嫉恨；不解释，自己已经铸成大错。难道真的要为这事赔上身家性命不成？郭德成左右为难，苦苦地为保全自身寻找妙计。

过了几天，郭德成继续喝酒，狂放不羁，和过去一样，只是进寺庙剃光了头，真的做了和尚，整日身披袈裟，念着佛经。

朱元璋看见郭德成真做了和尚，心中的疑虑、嫉恨全消，还向自己的妃子赞叹说：“德成真是个奇男子，原先我以为他讨厌头发是假，想不到真是个醉鬼和尚。”说完，哈哈大笑。

后来，朱元璋猜忌有功之臣，原来的许多大将们纷纷被他找借口杀掉了，而郭德成竟保全了性命。这是由于他能够从小的祸事看到以后事态的发展，提前避祸，才不至于招来杀身之祸。

加之不怒，宠辱不惊

生活中每个人都有被陷害、被冤枉或被误解的时候，当发现有人攻击和诬陷我们的时候，不要惊慌，要冷静地进行解释和辩解，尽快消除一切误会，这样才能保护自己的利益。

战国时候，张仪和陈轸都投靠到秦惠王门下，受到重用。

不久，张仪便产生了嫉妒心，因为他发现陈轸很有才干，甚至比自己还要强，他担心日子一长，秦王会冷落自己，喜欢陈轸。

于是，他便找机会在秦王面前说陈轸的坏话，进谗言。

一天，张仪对秦惠王说：“大王经常让陈轸往来于秦国和楚国之间，可现在楚国对秦国并不比以前友好，但对陈轸却特别好。可见陈轸的所作所为全是为了他自己，并不是诚心诚意为我们秦国做事。听说陈轸还常常把秦国的机密泄露给楚国。作为您的臣子，怎么能这样做呢？我不愿再同这样的人在一起做事。最近我又听说他打算离开秦国到楚国去。要是这样，大王还不如杀掉他。”

听了张仪的这番话，秦王自然很生气，马上传令召见陈轸。一见面，秦王就对陈轸说：“听说你想离开我这儿，准备上哪儿去呢？告诉我吧，我好为你准备车马呀！”

陈轸一听莫名其妙，两眼直盯着秦王。但他很快明白了，这里面话中有话，于是镇定地回答：“我准备到楚国去。”

果然如此！秦王对张仪的话更加相信了。于是慢条斯理地说：“那张仪的话是真的。”

原来是张仪在捣鬼！陈轸心里完全清楚了。他没有马上回答秦王的话，而是定了定神，然后不慌不忙地解释说：“这事不单是张仪知道，连过路的人都知道。我如果不忠于大王您，楚王又怎么会要我做他的臣子呢？我一片忠心，却被怀疑，我不去楚国又到哪里去呢？”

秦王听了，觉得有理，点头称是，但又想起张仪讲的泄密的事，便又问：“既然这样，那你为什么将我秦国的机密泄露给楚国呢？”

陈轸坦然一笑，对秦王说：“大王，我这样做，正是为了顺从张仪的计谋，用来证明我是不是楚国的同党呀！”

秦王一听，却糊涂了，望着陈轸发愣。

陈轸还是不紧不慢地说：“据说楚国有个人有两个妾。有人勾引那个年纪大一些的妾，却被那个妾大骂了一顿。他又去勾引那个年纪轻一点的妾，年轻的对他很友好。后来，楚国那个人死了。有人就问那个勾引两个妾的：‘如果你要娶她们做妻子的话，是娶那个年纪大的呢，还是娶那个年纪轻的呢？’他回答说：‘娶那个年纪大些的。’这个人又问他：‘年纪大的骂你，年纪轻的喜欢你，你为什么要娶那个年纪大的呢？’他说：‘处在她那时的地位，我当然希望她答应我。她骂我，说明她对丈夫很忠诚。现在要做我的妻子了，我当然也希望她对我忠贞不贰，而对那些勾引她的人破口大骂。’大王您想想看，我身为楚国的臣子，如果我常把秦国的机密泄露给楚国，楚国会信任我、重用我吗？楚国会收留我吗？我是不是楚国的同党，大王您该明白了吧？”

秦惠王听陈轸这么一说，不仅消除了疑虑，而且更加信任陈轸，给了他更优厚的待遇。陈轸巧妙的一席话，既击破了谗言，又保全了自己。

临危不乱，以智取胜

在危及自己生命的紧要关头，力争机智自保。

朱元璋打败陈友谅、张士诚，定鼎南京，建号称帝，由刘伯温亲自选定风水宝地，开工兴建宫殿。朱元璋住进建好的皇宫后，没事便到处走走，熟悉一下环境。

一天他走到一间刚完工的大殿里，看着雕梁画栋，金碧辉煌，回想自己当年当和尚的情景，不禁感慨丛生，四下顾望无人，便信口把心中所想说了出来："唉，我当年不过为饥寒所迫，想当个盗贼，沿江抢掠些金银财物而已，哪曾想能有今日这番气象。"

说完后，仰面观看棚壁，却吓了一跳。原来有一个漆匠正在一个大梁上做最后的油漆工作，由于梁木宽大，朱元璋先前竟没发现他。

朱元璋马上意识到自己一时冲动失言，一番只能藏在心底，不能让任何人知道的真实想法可能都已经落入这名漆匠耳中了。如果不杀人灭口，势必会传扬得四海皆知，那可是丢人丢脸又不利于自己以天命愚弄百姓的大事。

他开口让那名漆匠下来，连喊了几遍，漆匠充耳不闻，继续慢条斯理地做着手中的活。朱元璋大怒，加大了音量喊，那名漆匠仿佛才听到声音，忙下来跪在朱元璋面前，叩头说："小人不知陛下驾到，没有及时避开，冒犯了陛下，请陛下恕罪。"

朱元璋怒声道："你耳聋了怎的？我叫了你几遍你都不下来？"

漆匠叩头说："陛下真是英明皇帝，连小人耳朵有点儿聋都知道。陛下圣明，这是小人和万民的莫大福份。"

朱元璋生性多疑，但看漆匠脸上神色并无太大变化，心想他骤然听到这样大的秘密，自然知道厉害，不吓得掉下来，也会面无人色，不会如此平静，看来他真是耳朵有些不灵敏的人呢。

也是朱元璋心情好，又见漆匠把自己的宫殿活做得也不错，又很会说话，便摆摆手让他继续干活。

这名漆匠当晚找个借口逃出皇宫，连夜逃回家中，携带妻小躲避他乡。而朱元璋后来因为国事繁忙，根本记不得这件事了。

那名漆匠骤然听到天大的秘密却不惊不慌的态度，真有"泰山崩于前而色不变"的大将风度，马上又想到用耳聋来保护自己。这份机智也是人所难及的。

善意谎言，化险为夷

有些时候，面对极其不利的事情，危难压境，群心恻然，这时不如来点善意的谎言，重新点燃大家的希望，反而比道出实情更能使事情往积极的方向发展。

北宋年间，朝廷遣能征惯战的将军狄青领兵南征。当时朝廷中主和、妥协派势力颇强，狄青所部亦有些将领怯战，有的甚至散播谣言，说什么"梦见神人指示，宋兵南征必败"。军中不少有迷信思想的官兵尽皆惶然，笃信此次南征"凶多吉少，难操胜券"，一时军心涣散。狄青一再训说："我军乃正义之师，战必胜，攻必克。"无奈官兵迷信思想极重，收效甚微。

为此，狄青和几员心腹大将十分忧虑。大军途经桂林，恰逢大雨滂沱，一连数天，乌云蔽日，无法行军。此时军中谣言更甚，都说出师不利，天降凶雨，旨在回师……

这天黄昏，狄青带领几员偏将冒雨巡视，路经一座古庙，见冒雨进香占卜者不少，便进庙询问。庙中和尚说，都说这座庙神佛灵验，有求必应，所以终年拜佛占卜者络绎不绝。

狄青听罢，心中顿生妙计。次日清晨，他全身披挂，领将士入庙拜佛，虔诚地供香跪拜后，便对将士们说："本帅当众占卜一卦，欲知南征凶吉。"说毕，他请庙祝捧出百枚铜钱，说明一面涂红，一面涂黑，然后当众合掌祈祷："狄青此次出兵南征，如能大获全胜，百枚铜钱当红面向上！"只见他将铜钱一掷，落地有声，果然全都是红色。将士们惊异万分，兴高采烈，奔走相告，一时士气大振。

狄青当即下令不准再动铜钱，以免冒犯神灵，同时令心腹将士取来百枚长钉，把铜钱牢钉在地，然后对全军说道："此战必胜，这是上天助我！等到班师之日，再来感谢神灵取钱吧！"

第二天雨过天晴，宋军士气高昂，直压边境。两军对阵，宋军将士无不奋勇当先，所向披靡，直把入侵者杀得丢盔弃甲，溃不成军，乖乖地立下降书，自称永不敢再犯大宋边境。

宋军班师回朝，狄青高兴地带领一班将校到古庙谢神还愿，拔钉取钱时，一位偏将忽然惊呼："奇怪，奇怪！这百枚铜钱怎么两面都是红色？"

狄青哈哈大笑道："此举绝非神灵，其实是本将军借神佛之灵，鼓舞士气罢了！"此时大家才恍然大悟，原来狄将军私下和几位心腹将士暗将铜钱两面都涂成红色，故弄玄虚，利用将士们的迷信心理，化厌战情绪为勇战情绪，一鼓作气战胜侵略军。

以上故事深有启发，只要我们开动智慧的头脑，抓住人们的心理，利用契机进行正面的暗示，就一定能唤起大家的力量，让我们无往不利。

第十二章 没有办不到的事，只有不会变通的人

第一节 多想一步，巧思一分

没有笨死的牛，只有愚死的汉

《易经》说：“穷则变，变则通。”的确，天无绝人之路，遇到问题时，只要肯找方法，上天总会给有心人一个解决问题、取得成功的机会。

人们都渴望成功，那么，成功有没有秘诀？其实，成功的一个很重要的秘诀就是寻找解决问题的方法。俗话说：“没有笨死的牛，只有愚死的汉。”任何成功者都不是天生的，只要你积极地开动脑筋，寻找方法，终会“守得云开见月明”。

世间没有死胡同，就看你如何寻找方法，寻找出路。且看下文故事中的林松是如何打破人们心中“愚”的瓶颈，从而找到自己成功的出路。

有一年，山丘市经济萧条，不少工厂和商店纷纷倒闭，商人们被迫贱价抛售自己堆积如山的存货，价钱低到1元钱可以买到10条毛巾。

那时，林松还是一家纺织厂的小技师。他马上用自己积蓄的钱收购低价货物，人们见到他这样做，都嘲笑他是个蠢材。

林松对别人的嘲笑一笑置之，依旧收购抛售的货物，并租了很大的货仓来贮存。

他母亲劝他不要购入这些别人廉价抛售的东西，因为他们历年积蓄下来的钱数量有限，而且是准备给林松办婚事用的。如果此举血本无归，那么后果便不堪设想。

林松安慰她说：“3个月以后，我们就可以靠这些廉价货物发大财了。”

林松的话似乎兑现不了。

过了10多天后，那些商人即使降价抛售也找不到买主了，他们便把所有存货用车运走烧掉。

他母亲看到别人已经在焚烧货物，不由得焦急万分，便抱怨起林松。对于母亲的抱怨，林松一言不发。

终于，政府采取了紧急行动，稳定了山丘市的物价，并且大力支持那里的经济复苏。

这时，山丘市因焚烧的货物过多，商品紧缺，物价一天天飞涨。林松马上把自己库存的大量货物抛售出去，一来赚了一大笔钱，二来使市场物价得以稳定，不致暴涨不断。

在他决定抛售货物时，他母亲又劝告他暂时不忙把货物出售，因为物价还在一天一天飞涨。

他平静地说："是抛售的时候了，再拖延一段时间，就会后悔莫及。"

果然，林松的存货刚刚售完，物价便跌了下来。

后来，林松用这笔赚来的钱，开设了5家百货商店，生意十分兴隆。

如今，林松已是当地举足轻重的商业巨子了。

面对问题，成功者总是比别人多想一点，老王就是这样的人。

老王是当地颇有名气的水果大王，尤其是他的高原苹果色泽红润，味道甜美，供不应求。有一年，一场突如其来的冰雹把将要采摘的苹果砸开了许多伤口，这无疑是一场毁灭性的灾难。然而面对这样的问题，老王没有坐以待毙，而是积极地寻找解决这一问题的方法，不久，他便打出了这样的一则广告，并将之贴满了大街小巷。

广告上这样写道："亲爱的顾客，你们注意到了吗？在我们的脸上有一道道伤疤，这是上天馈赠给我们高原苹果的吻痕——高原常有冰雹，只有高原苹果才有美丽的吻痕。味美香甜是我们独特的风味，那么请记住我们的正宗商标——伤疤！"

从苹果的角度出发，让苹果说话，这则妙不可言的广告再一次使老王的苹果供不应求。

世上无难事，只怕有心人。面对问题，如果你只是沮丧地待在屋子里，便会有禁锢的感觉，自然找不到解决问题的正确方法。如果将你的心锁打开，开动脑筋，勇敢地走出自己固定思维的枷锁，你将收获很多。

三分苦干，七分巧干

很多人认为，只有苦干才能成功。但无数成功者的经验表明，一个人要走向成功不能只会苦干，更要学会巧干。因为现在是"巧干"升值的时代，比别人会巧干的人会少走弯路，更快地走向成功。

人们常说：一件事情需要三分的苦干加七分的巧干才能完美。意思是做事要注重寻找解决问题的方法，用巧妙灵活的方法解决难题，不要一味地蛮干。也就是说，"苦"的坚韧离不开"巧"的灵活。一个人做事，若只知下苦功夫，则易走入死道，若只知用巧，则难免缺乏"根基"，唯有三分苦加上七分巧才能更容易达到自己的目标。王勉就是深知此道理的人。

王勉是一家医药公司的推销员。一次他坐飞机回公司，竟遇到了意想不到的劫机。通过各界的努力，问题终于得以解决。就在要走出机舱的一瞬间，他突然想到：劫机这样的事件非常重大，应该有不少记者前来采访，为什么不好好利用这次机会宣传一下自己公司的形象呢？

于是，他立即从箱子里找出一张大纸，在上面写了一行大字："我是××公司的王勉，我和公司的××牌医药品安然无恙，非常感谢搭救我们的人！"

他打着这样的牌子一出机舱，立即就被电视台的镜头捕捉住了。他立刻成了这次劫机事件的明星，很多家新闻媒体都争相对他进行采访报道。

等他回到公司的时候，受到了公司隆重的欢迎。原来，他在机场别出心裁的举动，使得公司和产品的名字几乎在一瞬间家喻户晓了。公司的电话都快打爆了，客户的订单更是一个接一个。董事长当场宣读了对他的任命书：主管营销和公关的副总经理。事后，公司还奖励了他一笔丰厚的奖金。

王勉的故事，说明了一个道理：做任何事情，都要将“苦”与“巧”巧妙结合。正所谓“三分苦干，七分巧干”，“苦”在卖力，“巧”在灵活地寻找方法，只有这样，才最容易找到走向成功的捷径。陈良的故事就说明了这个道理。

陈良出生在一个穷困的山村，从小家里就很困难。17岁那年，他独自一人带着8个窝窝头，骑着一辆破自行车，从小山村到离家100公里外的城里去谋生。

城里的工作本来就不好找，加上他连高中都没有毕业，学历这么低，要想找到一份好的工作是难上加难。

他好不容易在建筑工地上找到了一份打杂的活。一天的工钱是两元钱，这只够他吃饭，但他还是想尽办法每天省下一元钱接济家人。

尽管生活十分艰难，但他还是不断地鼓励自己会有出人头地的一天。为此，他付出了比别人更多的努力。两个月后，他被提升为材料员，每天的工资加了一元钱。

靠着自己的不懈努力，他初步站稳了脚跟。之后，他就开始重视方法。他认为：要在新单位站稳脚跟，更多地得到大家的认可，就不能只靠苦干，更要靠巧干。那么，怎样才能做到这点呢？

冥思苦想之后，他终于想到了一个点子。工地的生活十分枯燥，他想，能不能让大家的业余生活过得丰富一点呢？想到这里，他拿出自己省下来的一点钱，买了《三国演义》、《水浒传》等名著，认真阅读后，就给大家讲故事。这一来，晚饭后的时间，总是大家最开心的时间。每天，工地上都洋溢着工友们欢乐的笑声。

一天，老板来工地检查工作，发现他有非常好的口才，于是决定将他提升为公关业务员。

一个小点子付诸实践后就能有这样的效果，他极受鼓舞。于是，他便将主动找方法，并运用到工作的各个方面。

对工地上的所有问题，他都抱着一种主人翁的心态去处理。夜班工友有随地小便的习惯，怎么说都没有用，他便想尽各种方法让大家文明上厕；一个工友性格暴躁，喝酒后要与承包方拼命，他想办法平息矛盾，做到使各方都满意……

别看这些都是小事，但领导都看在眼里。慢慢地，他成了领导的左膀右臂。

由于他经常主动找方法，终于等来了一个创业的良机。有一天，工地领导告诉他，公司本来承包了一个工程，但由于各种原因，难度太大，决定放弃。

作为一个凡事都爱“三分苦干，七分巧干”的人，他力劝领导别放弃。领导看着他充满热情，突然说了一句话：“这个项目我没有把握做好。如果你看得准，由你牵头来做，我可以为你提供帮助。”

他几乎不敢相信自己的耳朵：这不是给自己提供了一个可以自行创业的绝好机会吗？他毫不犹豫地接下了这个项目，然后信心百倍地干了起来。

但遇到的困难是出乎意料的，仅仅是报批程序中需要盖的公章就有15个，但他还是想尽办法，一个个都盖下来了。终于项目如期完成了，他掘到了人生的第一桶金。

不久，他便成立了自己的建筑公司，并且事业做得越来越大。

所谓没有办法就是没有想出新方法

是真的没办法吗？还是我们根本没有好好动脑筋想新方法？事实上，只要我们用一种大的视野、一种综观全局的胸怀来看待问题，用一种灵动多变的思考方式、一种随机应变的智慧去分析判断问题，就不会找不到解决问题的新方法。

“实在是没办法！”

“一点办法也没有！”

这样的话，你是否熟悉？你的身边是否经常有这样的声音？

当你向别人提出某种要求时，得到这样的回答，你是不是会觉得很失望？

当你的上级给你下达某个任务，或者你的同事、顾客向你提出某个要求时，你是否也会这样回答？

当你这样回答时，你是否能够体到会别人对你的失望？一句“没办法”，我们似乎为自己找到了可以不做的理由。是真的没办法吗？只有暂时没有找到解决办法的困难，而没有解决不了的困难。一句“没办法”，浇灭了很多创造的火花，阻碍了我们前进的步伐！是真的没办法吗？还是我们根本没有好好动脑筋想办法？发动机只有发动起来才会产生动力，同样，想办法才会有办法！下面的故事就给我们以新的启迪。

一家位于北京市内商业闹市区、开业近两年的美容店，吸引了附近一大批稳定的客户，每天店内生意不断，美容师难得休息，加上店老板经营有方，每月收入颇丰，利润可观。但由于经营场所限制，始终无法扩大经营，该店老板很想增开一家分店，可此店开业不长，资金有限，还不够另开一间分店。

店老板苦思冥想，如何筹集到开分店的启动资金呢？他突然想到，平时不是有不少熟客都要求美容店打折优惠吗？自己都是很爽快地打了9折优惠。他灵机一动，推出10次卡和20次卡：一次性预收客户10次美容的钱，对客户给予8折优惠；一次性预收客户20次的钱，给予7折优惠。对于客户来讲，如果不购美容卡，一次美容要40元，如果购买10次卡（一次性支付320元，即10次×40元／次×0.8=320元），平均每次只要32元，10次美容可以省下80元；如果购买20次卡（一次性支付560元，即20次×40元／次×0.7=560元），平均每次美容只要28元，20次美容可以省下240元。

通过这种优惠让利活动，吸引了许多新、老客户购买美容卡，结果大获成功，两个月内，该店共收到美容预付款达7万元，解决了开办分店的资金问题，同时也拥有了一批固定的客源。

就是用这种办法，店老板先后开办了5家美容分店。

有一位智者说，这个世界上有两种人：

一种人是看见了问题，然后界定和描述这个问题，并且抱怨这个问题，结果自己也成为这个问题的一部分。

另一种人是观察问题，并立刻开始寻找解决问题的办法，结果在解决问题的过程中自己的能力得到了锻炼、品位得到了提升。

你愿意成为问题的一部分，还是成为解决问题的人，这个选择决定了你是一个推动公司发展的关键员工，还是一个拖公司后腿的问题员工。

在一次企业管理培训课上，一位蛋糕店的老板陈先生和大家一起分享了他的创业经验。他深有感触地说：“我很幸运，有一位善于找方法解决问题的员工。那次如果没有她，我的店很可能早就关门了。”

原来，陈老板开了一家蛋糕店。这个行业，竞争本来就十分激烈，加上陈老板当初在选择店址上有些小小的失误，开在了一个比较偏僻的胡同里，因此，自从蛋糕店开张后，生意一直不好，不到半年，就支撑不下去了。面对收支严重失衡的状况，陈老板无奈地想结束生意。这时，店里负责卖糕点的一个女员工给他提了一个建议。

原来，这个员工在卖蛋糕的时候曾经碰到过一个女客人，想给男朋友买一个生日蛋糕。当这个员工问她想在蛋糕上写些什么字的时候，女客人嗫嚅了半天才不好意思地说：“我想写上：‘亲爱的，我爱你’。”

员工一下子明白了女客人的心思，原来她想写一些很亲热的话，又不好意思让旁人知道。

有这种想法的客人肯定不止一人，现在，各个蛋糕店的祝福词都是千篇一律的“生日快乐”、“幸福平安”之类，为何不尝试用点特别的祝福语？

于是，这个员工送走女客人后，就向陈老板建议：“我们店里糕点师用来在蛋糕上写字的专用工具，可不可以多进一些呢？只要顾客来买蛋糕，就赠送一支，这样客人就可以自己在蛋糕上写一些祝福语，即使是隐私的话也不怕被人看到了。”

一开始，陈老板并没有将这个创意太当回事，只是抱着尝试的心理同意了，并做了一些简单的宣传。没想到，在接下来的一个星期中，顾客比平时增加了两倍，每个客人都是冲着那支可以在蛋糕上写字的笔来的。

陈老板说：“从那以后，我的生意简直可以用奇迹来形容。我本来都做好关门的心理准备了，没想到我的店员帮了我大忙。现在，她成了我的左膀右臂，好主意层出不穷，我都觉得我离不开她了。”

西方流传着一句十分有名的谚语，叫作：“Use your head（请动动脑筋）。”许多成功者一生都在遵循着这句话，解决了很多被认为是根本解决不了的问题。在现代社会，每个人都在想尽一切办法来解决生活中的一切问题，而且，最终的强者也将是善于寻找新方法的那部分人。

对问题束手无策的6种人

面对困难，一个人解决问题的能力就会突显出来。他可能并不缺少工作的热情，也绝对的敬业，但工作成效却不尽如人意，面对问题也往往束手无策。

在工作和生活中，有些人在面对问题时，不去积极地开动脑筋，主动寻求解决的方法，而是一味抱怨，或找出种种自以为冠冕堂皇的理由来推脱，所以很难成就什么大事。在此，我们将这些人具体分为以下六类，以示警醒。

第一种人：爱找借口的人

生活中，不知有多少人抱怨自己缺乏机会，并努力为自己的失败寻找借口。为什么他们总是如此煞费苦心地找寻借口，却无法将工作做好呢？如果每个人都善于寻找借口，那么努力尝试用找借口的创造力来找出解决困难的办法，也许情形会大大地不同。如果你存心拖延、逃避，你自己就会找出成千上万个理由来辩解为什么不能够把事情完成。事实上，把事情“太困难、太无头绪、太麻烦、太花费时间”等种种理由合理化，确实要比相信“只要我们足够努力、勤奋，就能做成任何事”的信念要容易得多。但如果我们经常为自己找借口，我们就做不成任何事，这对我们以后的职业生涯也是极为不利的。

如果你常常发现，自己会为没做或没完成的某些事而制造借口，或想出成百上千个理由为事情未能照计划实施而辩解，那么，你自己不妨还是多做自我批评，多多地自我反省吧！

第二种人：凡事拖延的人

拖延是解决问题的最大敌人，它不仅会影响工作的执行，更会带来个人精力的极大浪费。

拖延并不能使问题消失，也不能使解决问题变得容易起来，而只会使问题深化，给工作造成严重的危害。我们没解决的问题会由小变大，由简单变复杂，像滚雪球那样越滚越大，解决起来也越来越难。而且，没有任何人会为我们承担拖延的损失，拖延的后果可想而知。

社会学家库尔特·卢因曾经提出一个概念，叫作“力场分析法”。在这里面，他描述了两种力量：阻力和动力。他说，有些人一生都踩着刹车前进，比如被拖延、害怕和消极的想法捆住手脚；有的人则是一路踩着油门呼啸前进，比如始终保持积极、合理和自信的心态。这一分析同样适用于工作。

第三种人：投机取巧的人

古罗马人有两座圣殿，分别是勤奋的圣殿和荣誉的圣殿，在安排座位时，他们有一个顺序：必须经过前者，才能到达后者。荣誉的必经之路是勤奋，试图投机取巧，想绕过勤奋就获得荣誉的人，总是被荣誉拒之门外。

许多生活中的实例证明，不管面临什么样的问题，如果总想投机取巧，表面上看，也许会节省一些时间或精力，但最终往往会导致更大的浪费。而且，投机取巧会使我们的能力日渐消退。只有努力寻找方法，将工作做到完美，我们才会收获得更多。

第四种人：浅尝辄止的人

在自然界，每一个物种都在发展和加强自己的新特征，以求适应环境，获得生存空间。生命的演化如此，生活和事业的发展也是如此。社会对个人的知识和经验不断提出了更高、更广、更深的要求，泛泛地了解一些知识和经验，是远远不够的。企图掌握好几十种职业技能，还不如精通其中一两种。什么事情都知道些皮毛，还不如在某一方面懂得更多，理解得更透彻。因为这样，我们就能将精力集中在一个方向上，从而使得前进路上的方法总比问题多，就足以使自己获得巨大的成功。

有一位发明家，他尝试着发明一种新型的榨汁机，但是经受多次挫折后，他丧失了耐心，在离成功只有一步之遥时，他放弃了努力。他将长时间积累的职业经验和资源都舍弃了，自然也就无法形成自己的核心能力。

许多“离成功只有一步之遥”的人，恰恰因为缺乏最后跨入成功门槛的勇气而功败垂成，这是他们为浅尝辄止所付出的沉重代价。

第五种人：消极怠慢的人

王峰毕业后在一家服装公司从事销售工作，虽然这与他当初的理想和目标相距甚远，但他没有消极悲观，他满怀热情并全心全意地投入自己的工作中。他把热情与活力带到了公司，传递给了客户，使每一个和他接触的人都能感受他的活力。正因为如此，尽管他才工作了一年，就被破格提升为销售部主管。

而同样很年轻的李远，也在短期内被提升为公司的管理层。有人问到他成功的秘诀时，他答道：“在试用期内，我发现每天下班后其他人都走了，而老板却常常工作到深夜。我希望能够有更多的时间学习一些业务上的东西，就留在办公室里，同时给老板提供一些帮助。尽管没人这么要求我，而且我的行为还受到一些同事的议论，但我相信我是对的，并坚持了下来。长时间下来，我和老板配合得很好，他也渐渐习惯要我负责一些事……”

在很长一段时间里，李远并未因积极主动的工作而获取任何酬劳，可他学到了很多知识并获得了老板的赏识与信任，赢得了升职的机会。

大多数人并不像王峰和李远，他们常常以一种怠惰而被动的态度来对待自己的工作，在遇到问题时也不急于寻求解决之道。其实他们不是没有自己的理想，但很容易一遇困难就要放弃，他们缺少一种精神支柱，缺少克服困难、解决问题的主动性。

一个人在工作时所表现出来的精神面貌，不仅会对工作效率和工作质量有影响，而且对他品格的形成也有很大影响。不管你的工作和地位是如何的平凡，倘若你能够全心全意投入你的工作，就像艺术家投身于他的作品，那么所有的疲劳与懈怠都会消失。其实，我们在各行各业都有施展才华和升职的机会，关键要看你是不是以积极主动的态度来对待你的工作，以积极主动的态度来寻找解决问题的方法。

第六种人：畏惧问题的人

获得成功，谈何容易？这需要克服各种困难，解决各种问题。

可不是吗？好比赤手空拳去建立自己的王国，你要招揽人才，建立军队，开辟领地，确立制度，发展经济，治理国民，每一项工作都存在着许多困难和问题，需要你去克服解决。

不管你的王国是建立在哪种行业上，情形都是一样，当然，王国的规模愈大，问题就愈多、愈复杂。

在关键的地方无法解决问题，便会招致失败。即使这个问题解决了，又会有新问题出现。总之，在你面前，经常潜伏着失败的阴影。

胆怯的人，一想到要面对重重困难，想到失败的可怕，便会停下脚步，不敢往前走。结果，未起步的，永远停在原地；已起步的，就半途而废。

方法就在你自己身上

解决问题的关键不仅在于问题本身，更在于我们有没有解开自己的心结，在于我们有没有用心去“想”。不怕问题困难，就怕不想。就好像一把钥匙开一把锁，每一个问题都会有解决的办法，而这把解决问题的钥匙，就在我们自己身上。

王明在一家广告公司做创意文案。一次，一个著名的洗衣粉制造商委托王明所在的公司做广告宣传，负责这个广告创意的好几位文案创意人员拿出的东西都不能令制造商满意。没办法，经理让王明把手中的事务先搁置几天，专心完成这个创意文案。

连着几天，王明在办公室里抚弄着一整袋的洗衣粉想：“这个产品在市场上已经非常畅销了，以前的许多广告词也非常富有创意。那么，我该怎么下手才能重新找到一个切入点，做出既与众不同、又令人满意的广告创意呢？”

有一天，他在苦思之余，把手中的洗衣粉袋放在办公桌上，又翻来覆去地看了几遍，突然间灵光闪现，他想把这袋洗衣粉打开看一看。于是他找了一张报纸铺在桌面上，然后，撕开洗衣粉袋，倒出了一些洗衣粉，一边用手揉搓着这些粉末，一边轻轻嗅着它的味道，寻找感觉。

突然，在射进办公室的阳光下，他发现了洗衣粉的粉末间遍布着一些特别微小的蓝色晶体。审视了一番后，证实的确不是自己看花了眼，他便立刻起身，亲自跑到制造商那儿问这到底是什么东西。他被告知这些蓝色小晶体是一些“活力去污因子”，因为有了它们，这一次新推出的洗衣粉才具有了超强洁白的效果。

了解了这个情况后，王明回去便从这一点下手，绞尽脑汁，寻找到最好的广告创意，因此推出了非常成功的广告。

王明的例子给我们这样一个启示：解决问题的关键不在于问题本身，更在于我们没有解开自己的心结，在于我们没有用心去“想”。在美国也有这样的故事。

在美国，有一位年轻的铁路邮务生叫佛尔，他曾经和其他邮务生一样，用传统的方法分发信件，结果使许多信件被耽误几天或几周之久。

佛尔不满意这种现状，并想尽办法要改变它。很快，他发明了一种把信件集合寄递的办法，极大地提高了信件的投递速度。

鉴于他对邮电局的贡献，领导很快提升了他的职位。

是的，当谁都认为工作只需要按部就班做下去的时候，偏偏总有一些优秀的人，会找到更有效的方法，将效率大大提高，将问题解决得更完美！正因为他们有这种“找方法”的意识和能力，所以他们以最快的速度得到了认可！

“与其诅咒黑暗，不如点起一支蜡烛。”这句话是克里斯托弗斯的座右铭，它也应当成为指导我们工作和生活的一条准则。诅咒和抱怨，并不能解决问题，黑暗和恐惧仍然存在，而且还会因为人们的逃避和夸大而增加解决的难度。

然而，如果我们果断地采取行动，及时寻找解决问题的办法，哪怕我们只做了一点点努力，也会使我们朝着克服困难、解决问题的方向迈进一步。同时，我们还可能在积极努力的过程中寻找到不同的、更便捷的解决问题的方式，因为解决问题的方法就在我们自己身上。

找对方法，问题迎刃而解

同样的工作，采用不同的方法，所取得的效果是不一样的。可见，工作中方法比什么都重要。很多人工作很努力，业绩却并不太理想，其中最主要的原因就是因为他们没有找到正确的方法。

王琰和李然在同一家公司上班，在同一办公室里做着相同的工作。这天，她们面临着同样的事情：

（1）给分公司打电话，并答复他们的询问。

（2）做出下季度的部门工作计划，第二天上午交给上司。

（3）约见一个重要的客户。

（4）11：30去机场接许多年没见面的高中同学，并送她到酒店里。

（5）要去一趟医院，诊治花粉过敏症。

（6）去银行办理相关的手续。

（7）下班后和先生约会，因为今天是个纪念日。

先看王琰是怎么做的：

因为前一天晚上睡晚了，所以王琰早晨起床有些迟，她匆忙打车到公司，还是迟到了5分钟。一进办公室的门，就听到电话响，是上司，提醒她明天一上班就要交计划书。

她打开电脑，上网到自己的信箱里，开始一一回复客户和公司的邮件，不停地打电话答复分公司的问询。最后一个电话结束，已经11点了。向上司告假一小会儿，匆忙赶到机场，还好刚过10分钟，打同学的手机看看，原来是飞机晚点。12点见到同学，送到酒店，一起吃饭。这顿饭有点心不在焉，因为14：30要和客户见面，所以一边吃饭一边打电话和客户约定地点。14点跟同学告别，赶到约定地点。因为花粉过敏，和客户约见的时候一个劲儿打喷嚏，连说sorry，非常狼狈。回到公司，刚刚坐定，想写工作计划，银行打电话来催了。赶到银行，银行突然需加一份文件，气得她跟银行工作人员理论了半天，又返回公司。这时差一个小时就下班了，她觉得太累了，不想再写那份计划书了，先给同学打了一个电话，聊聊天感觉好了许多。放下电话，看到满桌堆着的文件，忽然觉得特烦，决定整理已拖了几个星期的文件。整理完文件，已经到了下班时间。18：00跟老公约会，一起吃晚饭庆祝纪念日，有点累，不断打哈欠。回到家，老公休息了，她却不得不泡了一杯浓浓的咖啡，坐在电脑前，继续完成工作计划。

看了王琰忙乱的一天，我们再来看看李然是怎么做的：

李然在前一天晚上睡觉前就把今天要做的重要的事情在脑海里过一遍。准时上班后，开始打电话。先给各分公司打电话，请他们将相关材料通过电子邮件传送过来，并且告知上午不再接受他们的其他询问，下午她会给予答复。然后给客户打电话约时间、地点，将客户约见地点安排在同学预订酒店的楼下咖啡店里。再给机场打电话，确定班机到达时间。最后给银行打电话，确定相关手续及要准备的材料。打完电话后，抓紧写工作计划，因为前一周已经零星写得差不多了，所以很快完成，并传给上司。中间除了几个要接的电话，其他工作全部暂停。11点离开公司时顺便拿上了到银行的所有资料。因为知道飞机晚点半小时，所以先去医院看花粉过敏症。从医院出来，直接到机场接同学，在酒店吃了一个快乐的怀旧午餐，然后直接到旁边的咖啡店和客户谈事情。去银行办完手续后，回到公司，将上午各分公司的事务集中处理完结。17：30，接到老公打来的电话，到洗手间把自己重新打扮一番，漂漂亮亮地跟老公约会，过了一个有情调的纪念日。

同样的工作，采用不同的方法，所取得的效果是不一样的。因此，要想快速高效地解决问题，实现组织和个人的目标，方法就比什么都重要。如果方法不对，结果就只能是费力不讨好。因此，找对方法是高效解决问题的关键。这是任何组织能够成为行业领先者并获得持续增长的核心原则，也是任何个人要取得突出业绩与卓越成就的关键因素。

问题在发展，方法要更新

方法是需要不断更新的，对于同样的问题，随着时代和科技的进步，我们采用的解决方法也越来越科学。今天是最佳的方法，并不代表永远是最佳的方法，我们必须树立一种与时俱进的态度，不断学习，不断更新，永远追求更好的方法。

时代在前进，人们所掌握的知识越来越多，许多过去我们无法给出答案或是给出了错误答案的一系列问题，在今天都已不再是难题。既然问题在不断变化，人们掌握的东西也在不断发展，那方法也必定是在不断更新的。

1928年的暑假，天气格外闷热，英国伦敦赖特研究中心的弗莱明医生心情异常烦躁，他胡乱放下手中的实验，准备去郊外避暑。实验台上的器皿杂乱无章地放着，这在一向细心的弗莱明20多年的科研生涯中还是第一次。

9月初，天气渐凉。弗莱明回到了实验室。一进门，他习惯性地来到工作台前，看看那些盛有培养液的培养皿。望着已经发霉长毛的培养皿，他后悔在度假前没把它们收拾好，但是一只长了一团团青绿色霉花的培养皿却引起了弗莱明的注意，他觉得这只被污染了的培养皿有些不同寻常。

他走到窗前，对着亮光，发现了一个奇特的现象：在霉花的周围出现了一圈空白，原先生长旺盛的葡萄球菌不见了。会不会是这些葡萄球菌被某种霉菌杀死了呢？弗莱明抑制住内心的惊喜，急忙把这只培养皿放到显微镜下观察，发现霉花周围的葡萄球菌果然全部死掉了！

于是，弗莱明特地将这些青绿色的霉菌培养了许多，然后把过滤过的培养液滴到葡萄球菌中去。奇迹出现了：几小时内，葡萄球菌全部死亡！他又把培养液稀释10倍、100倍……直至800倍，逐一滴到葡萄球菌中，观察它们的杀菌效果，结果表明，它们均能将葡萄球菌全部杀死。

进一步的动物实验表明，这种霉菌对细菌有相当大的毒性，而对白细胞却没有丝毫影响，就是说它对动物是无害的。

一天，弗莱明的妻子因手被玻璃划伤而开始化脓，肿痛得很厉害——这无疑是感染了细菌。弗莱明看着妻子红肿的手背，取来一根玻璃棒，蘸了些实验用的霉菌培养液。第二天，妻子兴奋地跑来告诉弗莱明："亲爱的，您的药真灵！瞧，我的手背好了。您用的是什么灵丹妙药啊？"望着妻子消尽了红肿的手背，弗莱明高兴地说："我给它命名为盘尼西林（青霉素）！"

现实中，每天都会产生出许多新问题，也会发现许多新方法。在青霉素发明之前，人们遇到细菌感染问题采用的是另一类方法，而在青霉素被发现之后，细菌感染的问题有了新的也是更有效的解决方法。

再举一个简单的例子。大家在电视剧里看到古代常用一种"滴血认亲"的方式来判断两者的亲属关系。我们姑且不论这个方法是否科学，但随着科技的日新月异，要解决这个问题，已经不再采用古老的方法，而改用全新的科学技术，进行DNA对比。它们解决的是同一个问题，却是用了不同的方法。由于古代科学技术的限制，我们不可能要求他们能运用当今的科技。同样，因为新技术的诞生，旧的方法也被新技术所取代。

第二节　做人不要太死板

做生意靠推销，做人也靠推销

有自我推销意识的人，绝对不会被动地听从命运的摆布，而是主动地去创造自己的命运，当自己命运的主人。他们主动握手，在别人还没有伸出手前，以此表达自己的热情和力量。他们勇于搭建自己的舞台。

现代社会是一个推销社会，所以每个人都需要学会推销，而且每个人也都在从事推销。人们无时无刻不在推销自己的思想、观点、产品、成就、服务、主张、感情等。对于我们而言，自我推销，是其人生出路的必经之处。

从出生的那刻起，我们就一直在推销。婴儿又哭又闹，于是妈妈把他抱在怀里，将奶瓶塞到他嘴里。小时候，你用哭闹向妈妈推销，接到的“订单”就是牛奶和妈妈温暖的怀抱；当你稍大一点的时候，你就装模作样，向妈妈推销你的天真、活泼和可爱的天性；当你知道钱可买东西的时候，你又采取“赖皮式推销法”一直哭到父母给零花钱为止；后来，你又向你母亲推销你的看法，哄取钱来买这买那；你向恋人推销感情，你的第一次约会就是推销，说服对方相信你能给她（或他）带来“安全、幸福和快乐的一生”；你向朋友推销你的“坦率和真诚”；你向爱人推销“忠诚、关心、体贴和永不磨灭的爱情”；你向上司推销你的建议；你向儿女们推销为人处世的道理；你向部下推销你的决策；你向社会推销你的理论。

演员向观众推销表演艺术；发明家推销自己的发明；律师向法官推销辩护理由；老师向学生推销科学文化知识；传教士推销宗教教义和“进入天堂的门票”；政治家推销政见；作家推销故事情节；画家推销美感；男人推销自己的风度和才华；女人推销自己的温柔和美丽；服装模特儿推销骄人的线条和流行款式、色调……

推销现象无时不在、无处不在，上至国家元首，下至平民百姓，无一不需要推销。日本著名推销家齐藤竹之助在介绍销售经验时曾说：“人们无论是什么工作，实际上都是在进行自我推销，不管你是什么人，从事何种工作，无论你的愿望是什么，若要达到你的目的，就要具备向别人进行自我推销的能力，只有通过显示自己，也就是通过自我推销，才能达到你的目的。实际上每个人都是‘推销员’。”

可以说，只要你从事一项事业，你就是一位推销员。这不是可以由你选择的事。也许你是一位基层干部、工程师、厂长、秘书、木匠、化学家、设计员、副总经理——任何职位都无关紧要，重要的是记得你是一位“推销员”。

做生意靠推销，做人也靠推销。美国钢铁大王卡内基曾说过：“了解推销的技巧和方法，你就能够获得成功，并且名利双收。”

“推销”就是把产品“卖出去”。从传统、狭义的观点来看推销员，他是企业和消费者之间的桥梁，是将商品或服务卖给顾客的人。但是，若以现代、广义的角度来看人生或社会上的各行各业，我们将不难发现，推销员的定义已无法局限在只是销售贩卖商品的人。换句话说，不管任何人，也不管从事什么行业，若想获得成功，都不得不走入推销的领域，学习推销的观念、技巧和方法，使自己成为一位杰出的“推销员”。

只有学会做一个“推销员”，才知道如何将商品、观念、智慧、才干传送给适当的顾客。杰出伟大的政治家、外交官是如此，从事其他行业的人又何尝不是如此呢？

“推销”的意义，用现代商场流行的术语来说，就是“卖”。“推销员”就是把自己独特的人格、形象、观念、才能或商品、服务，推销给顾客。因此，不管是企业家、政治家、艺术家、宗教家、科学家、思想家……若想攀登事业的巅峰成为顶尖人物，一定要懂得“推销术”，也一定要以“专业的推销员”自我衡量。

成功的人，不管是企业家、政治家、外交官，甚至科学家、艺术家、宗教家、学者专家、演艺人员……他们的成功无不是善于推销的结果。不管他们推销的是商品、服务、观念、政策、知识、人格、娱乐……如果他们不懂推销，不善于自我推销，甚至不从事推销，那么，他们只能在自己的象牙塔中孤芳自赏，自我陶醉，绝不可能发挥才能，实现自身价值。换句话说，成功的人，必定是善于把自己“卖”给顾客的“推销员”。这在科技突飞猛进，信息发达，新产品推陈出新，传播技术日新月异的今天，尤其能显出其中的意义和重要性。

要成为杰出伟大的“推销员”，就要懂得“卖”的方法和技巧，要熟悉“卖”的原理原则、战略战术。亦即所谓的“专业推销术”。“人生无处不推销”，只要你能效法杰出推销员的推销风格，并且培养推销员应具备的条件，使自己成为拥有创意、信心、智慧、坚持、热情及特色的“推销员”，未来的世界必定是属于你的。

政治家、外交官，因为深谙推销的原理、原则，且能将之应用在自己的工作和目标之上，得以施展抱负、推行政策、实现理想，个人更因此而功成名就，名垂青史。从事其他的工作或事业，又何尝不能学习他们，为自己开创光明的事业前程呢？

就像一位很成功的外国女企业家写的那样，这个世界是由四种人组成的：第一种人让事情发生；第二种人看着事情发生；第三种人想知道发生了什么事情；第四种人则全然不知发生了什么事情。她说，她相信上帝在第一种人身上，而这种子是否发芽、开花、结果，则全在于我们自己。生活中的大多数人所拥有的才能，比他们实际拥有的多得多。而他们成功与否，关键不在于他们拥有多少才能，而在于他们如何运用自己的才能。

所以，自我推销是一种关键的能力，这种能力会让你成为第一种人，成为主动者和掌控者，成为能够把握自己命运的强者。不要为自己身上拥有的才能沾沾自喜，而是应该主动进行自我推销，为自己的才能找到一个好的归宿，从而让它升值。

三十六计，“走”为上策

我们生活在世上，难免需要面对各种各样险恶的环境，聪明的做法是克己用“忍”，审时度势，善于把握事态，使之朝着有利于自己的方向发展。然而，即便如此，也会有一些棘手的、甚至是解决不了的难事从天而降，这个时候我们最好不要死挺硬扛，实在不行就采取“走为上计”的策略。

清代名臣曾国藩便是一位精通保身之道的聪明人，他的经历足以给我们一个很好的示范效应。

曾氏兄弟攻下金陵之后，声望可说是如日中天，达于极盛，曾国藩甚至被封为一等侯爵，世袭罔替，所有湘军大小将领及有功人员，莫不论功行赏。但是树大招风，朝廷的猜忌与朝臣的妒忌随之而来。颇有心计的曾国藩应对从容，他意识到鸡蛋是不能与石头碰的，既然不能碰，就必须改变思路，以求自保。于是马上就采取了一个裁军之计。不等朝廷的防范措施下来，就先来了一个自我裁军。可以说曾国藩的处世哲学深得老庄之道精髓，正如他所说：“长江三千里，几无一船不张鄙人之旗帜，外间疑敝处兵权过重，权力过大，盖谓四省厘金，络绎输送，各处兵将，一呼百诺，其相疑者良非无因。”

正是由于曾国藩明白以己之力不足与朝廷相抗衡，唯有自己主动裁军，方能消除清政府对他的猜疑，不至于最终吃亏而丢官甚至送性命。正所谓：“好汉不吃眼前亏”，惹不起总能躲得起，就要记住，在自己的力量远不如对手的力量时，不要和对手硬拼，以卵击石，自取失败，应该采取“走”的策略，避开是非，另开新路。

“躲开”并不仅仅是面对对手的选择，在人生的旅途中，会面临很多需要“躲开”的时候，暂时离开不利于自己发展的环境，是为了在下一个阶段，前进得更多。

1990年，安德斯·通斯特罗姆被瑞典乒乓球队聘为主教练。由于通斯特罗姆平时对运动员指导有方，再加上其战略战术比较高明，所以瑞典乒乓球队连年凯歌高奏。在1991年世乒赛上，他率领的瑞典男队赢得了所有项目的冠军。在1992年夏季奥运会上，他们又夺得男子单打金牌，这块金牌也是瑞典在这届奥运会上获得的唯一一枚金牌。

然而，正当瑞典国民向通斯特罗姆投以更热切期望的时候，他却突然宣布将于1993年5月世乒赛结束后辞职。通斯特罗姆的业绩如此辉煌，瑞典乒乓球联合会已向他表示：“非常愿望”延长其雇用合同，那么他为什么要在春风得意时突然提出辞职呢？许多人对此感到迷惑。

后来，人们才知道，正是通斯特罗姆连年的成功促使他做出了辞职的决定，他透露说，自他担任主教练以来，瑞典乒乓球队取得一次又一次的胜利，但是“现在我已感到很难激发我自己和运动员去争取新的引人注目的胜利。瑞典乒乓球队需要更新，需要一个新人来领导”。

在这里，主教练通斯特罗姆用的正是“走为上”的计策。在体育赛场上，没有永远不败的常胜将军。通斯特罗姆在感到很难再去“争取新的引人注目的胜利”之际，果断地退下来，无疑是明智之举。这样，既可以保持住自己的声望，又可以使瑞典队得以更新。

这样的例子在我国古代，更是举不胜举。无数的历史经验告诉人们，躲避，有时并非懦弱与害怕，只是保存实力的举措之一。只有留得片片青山，才会有源源不断的柴烧；只有于危机中避开，才有可能走出困境，重塑生活。切记：走是为了等待时机，创造条件，不是为了躲避困难，寻求安逸。

世界变化太快，计划要比变化更快

俗话说，计划赶不上变化。工作中没有一成不变的计划，生活也是一样。所以，我们可以让这些计划变得更加灵活，接着一些美妙的事情就开始发生，我们也会觉得轻松了许多。

人生的旅程是一个不断变幻的景观，向前跨进，就会看到不同的风景。因此，要顺利达到自己的目的，就要随时随地检视自己的选择是否有偏差，合理调整目标，放弃无谓的固执，轻松抵达目的地。

别为“计划赶不上变化”苦恼，学会变通，你会发现那些苦恼其实是机会。

有这样一个故事：

一天，公司一名仓库保管员上顶楼大房间里去取东西。

他打开门一看，只见密密麻麻的一大群鸽子停在这间房里，到处是鸽子粪、羽毛。

这名保管员想把鸽子轰出去，可是又怕弄乱了仓库，于是就把这件事汇报给了总经理。总经理一听，也想不出可以妥善处理掉鸽子的办法，正在一片沉默之时，一个主意涌上了总经理心头，既然解决不掉，何不去加以利用呢？

于是他们立即打电话给动物保护委员会，请他们迅速派人前来协助处理这件有关保护动物的“大事”。动物保护委员会也从未听说过如此稀奇的事，立即派人带上工具前往大楼捕捉鸽子。

与此同时，公司又电告各大小电台、报纸等媒体，说在本公司总部大楼发生了一件以前从未发生过的有趣而又有重大意义的捕捉鸽子“事件”。报社、电台等新闻机构纷纷派出记者现场采访和报道。

在房间里为什么会聚集这么多的鸽子？难道这是动物世界的神秘现象？这些疑问吸引着众多的市民，他们都想了解这一事件的情况。

这家公司把这件事演变成了人们茶余饭后的谈话资料。人们每天都收看收听有关的新闻报道，每天都议论。

从捕捉第一只鸽子起，到最后一只鸽子落网，花了三天时间，各新闻媒介也对捕捉鸽子的事件进行了连续报道。到最后一天，他们还别出心裁地搞了一个盛大而隆重的“鸽子放生活动”，邀请了许多人参加。电台以直播的形式报道了这一事件。影响之大可想而知。

他们还在公司内部成立了一个动物保护协会分会。深化公司这次事件所获得的影响。他们还制造了纪念章，以纪念这次奇特事件。许多动物爱好者争相收藏，他们知道这种纪念章很有收藏价值，将来一定会增值。这些都扩大了联合碳化物公司的影响。

他们预料到“保护动物”这一大众感情会流向社会各个领域，变成其他商品，如介绍动物的电视节目；图书、或动物悦耳的叫声的录音带，或动物笼子、动物饲料、宠物交易等等商品都会引起一阵热潮；许多商品制成动物形状，或与动物有关，或是贴上有动物的商标、商品名称就是动物的名字。这些都有潜在的利润，这些都是可以开发的点子。

后来他们在动物保护上做了许多工作，如拍摄电视节目，出版书籍、录音带，与举办活动等。这在保护动物的宣传同时，再次提高了这家公司知名度。

这个故事告诉我们，世界变化太快，所以只有你的计划比它更快的时候，计划才有可能得以实现。那些恪守计划的人，是不懂变通的。所以，即使有衔着希望之信的鸽子飞到了他的眼前，他也不会抓住机遇。而只有懂得变化，才能利用这次机会给自己宣传造势，让自己从中获利。

所以，在生活里要学会改变自己的做事态度，不要总是死守你的计划，这个世界变化太快，所以注定你的计划要比变化还快。某些时候适当的变通，将会给自己带来成功的机会。

勇敢站出来，不做沉默的大多数

每个经历挫折后取得成功的人都有一个共同的体会：信心和勇气产生力量，只要相信自己，勇于挑战自己，即使追求的目标如移山倒海，你也能脱颖而出，相反，一味的沉默退避则只会让你与成功失之交臂。

信心与勇气是一种最坚强的内在力量，它能够帮助我们度过最艰难困苦的时期，直到曙光最终出现。它会使我们发现自身的价值和潜能，取得成功。

自信与勇气，都是一个成功者必备的优秀品质。如果我们能在言语中表现出自信来，能用行动展示你的勇气，脱颖而出并不是一句空话。任何时候，当人们都在观望而不敢向前的时候，我们更应该鼓起勇气，展现自信，不做沉默的大多数。

高中毕业生杜欣禾，到深圳后就兴冲冲地抱着简历去参加人才交流会。整个会场人如潮涌，唯有家乐福公司的展台前冷冷清清，与会场的气氛形成了鲜明的对比。

杜欣禾好奇地走过去，看家乐福招聘启事上的内容，当即吓了一跳。它招聘20名业务代表，却指明要名校毕业生，并且还得有3年以上从事零售业的工作经验。条件那么苛刻，难怪没有人敢贸然应聘。

杜欣禾揣摩了一番，虽然没一条够得上，可家乐福公司业务代表的工作对她却很具吸引力。她心一横，决定试一试，真要被拒绝，就当是一次锻炼好了。

杜欣禾径直走到应聘席前坐下，那位中年主管看了她一眼，面无表情地指了指那招聘启事问：“看过了吗？”她点点头说：“我看过了，不过很遗憾，我既不是名校毕业，也没有从事过零售工作，只有高中文凭。”

那位主管看了她好半天，才说：“那你还敢来应聘？”

杜欣禾微微一笑：“我之所以还敢来应聘，是因为我喜欢这份工作，而且相信自己有能力

胜任这份工作。”停了停，她又说，“如果求职者真要具备启事上所有的条件，那他肯定不会应聘业务代表，至少是公司主管了。”

说完，杜欣禾就把自己的简历递了过去，那位主管竟然没有拒绝，而且微笑着收下了。

第二天，杜欣禾就接到了录用通知书。后来她才知道，那些苛刻的招聘条件只不过是公司故意设置的门槛罢了，其实当她和主管谈完话之后，她就已经通过了公司的两项测试：勇于挑战条款的信心和勇气以及分析问题的能力。

作为一名业务代表，每天都得与形形色色的商家打交道，如果那天杜欣禾没有信心去敲家乐福公司的门，如果她和其他的大多数人一样选择沉默，选择望而生畏，她又怎能最终得到那个施展自己的机会，又岂能有勇气去敲各个商家的大门？当然，不甘沉默，展现自信和勇气是一种难得的品质，可以得到别人的好感。但说出自信绝不是夸夸其谈的事，你只有做出来，才可能让人彻底信服。

一个年轻人去一家广告公司应聘方案策划。老板问他：“你以前做过这份工作吗？”年轻人说：“没有，但我有信心做好。”

“既然你没有做过，信心何来？”

“以前我也是搞文化工作的，跟方案策划相近。这样吧，如果不能让您满意，我一分钱不要就卷铺盖走人。”

老板同意了，并交给他一项文案创意的任务。他不敢掉以轻心，当他把稿子交给老板时，老板仔细看了一遍，半天没吭声。年轻人心里不禁紧张起来：难道老板不满意？这时，老板吁了一口气，说：“你是这方面的天才，好好干吧！”

这个故事告诉我们，人应该有自信，更应当有勇气，当别人选择沉默的时候，你就该勇敢站出来，展现自己，挑战成功。这似乎是一个成功学里的真理，可是对我们来说，自信与勇气要怎么表现出来呢？更多的时候这首先是靠你说出来的。试想如果你自信满满地说：“我能行。”和犹豫地说：“我试试吧。”你觉得哪种说话方式会让对方把机会留给你？无疑是前者。所以当我们自己对一件事情很有把握的时候，就不要推托还欠火候，而应该勇敢说出：“交给我完成，没问题。”不做沉默的大多数，敢说自己优秀，你才会真的成为一个可造之才，也才真正地让自己脱颖而出。

左右为难时，不如绕着走

“两难”问题就是不论你回答“是”或“否”，都可能给你带来麻烦。回答这类问题就要用心。很多时候，问这种问题的人总是别有用心，话中有话，听出对方的言外之意，是难点之一。而回答这种问题，“左”也不是，“右”也不是，该如何选择，这又是难点之二。如果问题来自于你不能得罪的人，或者在公众场合被问到，更会让你的回答难上加难。所以，在回答此类问题时要有一套适当的方法，否则莽莽撞撞，极有可能使自己陷入左右不是人的尴尬处境。

那么如何改变自己太老实的做事习惯，让自己在左右为难的选择面前从容而退呢？

方法一：回避正题。

在那些不宜完全根据对方的问题来答话的场合可采用回避正题的模糊回答，它能让你巧妙避开对方问题中的确指性内容，让对方感觉到你没有拒绝他的问题，但又不是他期望的答案。

方法二：假装糊涂。

两难问题中有一种复杂问语，是指利用“沉锚效应”，隐含着某种错误假定的问语。对这种问语，无论采取肯定还是否定的答复，结果都得承认问语中的错误假定，从而落入提问者圈套。如一个人被告偷窃了别人的东西，但他又死不承认偷过。这时审问者便问：“那么你以后还偷不偷别人的东西？”无论其回答“偷”还是“不偷”，都陷入审问者问语中隐含的“你偷了别人的东西”的这个错误假定中。

一次邻居盗走了华盛顿的马。华盛顿和警察一起在邻居的农场里找到了马，可是邻居硬说马是自己的，不肯把马交出。华盛顿想了一下，用双手将马的双眼捂住说：“既然这马是你的，那么，你说出它的哪只眼睛是瞎的？”“右眼。”邻居回答说。华盛顿把手从马的右眼离开，马的右眼光彩照人。“啊，我弄错了，”邻居纠正说，“是左眼！”华盛顿把左手也移开，马的左眼也光亮亮的。“糟糕！我又错了。”邻居为自己辩解说。“够了够了！”警察说，“这已经足以证明这马不属于你！华盛顿先生，我们把马牵走吧！”

邻居为什么被识破？因为华盛顿善于利用思维定式，先使邻居在心理上认定马的眼睛有一只是瞎的，这在心理学上被称为“沉锚效应”。邻居受一句“它的哪只眼睛是瞎的”暗示，认定了“马有一只眼睛是瞎的”，所以，猜完了右眼猜左眼，就是想不到马的眼睛根本没瞎，华盛顿只不过是要让他当场现原形。

因此，对这类问题，要注意，不能直接回答，而是选择反问对方，或假装糊涂，不明白对方的意思。

方法三：自嘲圆场。

有时一些两难问题被问及，无论怎样回答都会让人觉得脸面无光。此时不妨自嘲一下，给自己圆圆场。

某先生酷爱下棋，但又死好面子。一次与一高手对弈，连输三局。别人问他胜败如何，他回答道：“第一局，他没有输；第二局，我没有赢；第三局，本是和局，可他又不肯。”乍一听来，似乎他一局也没有输：第一局对手没输，不等于他输，因下棋还有个和局；第二局他没赢，也不等于他输，还有和局；第三局也不等于他输，本是和局，可对手争强好胜，他让对手了。

方法四：迂回出击法。

现实生活中对于一些不能得罪的人提出的难题或者无理的要求，不要急于作正面反击。可以采取迂回的技巧，避免与对方正面冲突，在抓住对方漏洞的前提下，不动声色地反击，从而反败为胜。

方法五：相似问题反击。

面对别人的刁难，面对两难问题，有时不必去苦思冥想，只要采用与他相似的问题进行反击，以其人之道，还治其人之身，让对方承受自己设计的圈套，从而使自己轻轻松松得到解脱。

方法六：巧用对比。

有些问题，如果直接回答，无论是哪种答案都不妥，这时，巧用对比不失为一个解脱的好办法。最好能选用一些人们熟悉的事物进行对比，重要的是这些事物还恰恰能包含或说明自己的观点或态度。

在面对非“左”即“右”的问题时，切忌习惯式在对方问题所提供的选择中作被动的单一选择，因为无论是“左”还是“右”，都正中了对方的圈套。

做人宜持守，做事当善变

第一节　识时务者为俊杰，通机变者为英豪

静观全局

把自己藏在别人注意不到的地方，别人在明我在暗，不仅能看清局势，且不易受人干扰。被人忽视的最大好处就是可以积累自己的实力。

“一鸣惊人”的故事，就是一个很好的例子。

春秋战国时期的楚庄王即位后，不理国政，每日不是在宫中奏乐饮酒，与妃妾们寻欢作乐，便是率领卫士于深山大泽中打猎。

楚国的大臣们纷纷劝谏，楚庄王置之不理，我行我素。

国王不理朝政，下面自然乱作一团：权臣们借机树党争权，小人们则逢迎拍马，捞取官职，贪官们更是浑水摸鱼、中饱私囊。楚国的政治陷入了混乱无序的状态。

楚国的大夫伍举实在忍不住了，决定入宫进谏。他入宫见到楚王时，楚庄王正一边喝着美酒，一边听乐师们奏乐。见到伍举，楚庄王问道：“大夫是想喝美酒，还是要听奏乐？”

伍举笑道：“臣既不想喝酒，也不想听奏乐，臣听人们说大王智慧过人，所以想请大王猜个谜语。”

“在楚国的一座高山上，停落一只大鸟，它羽毛五彩缤纷，异常华丽，可是三年来它既不鸣叫，也不飞走，臣实在不明白其中的原因。”

楚庄王沉思片刻，说道：“这不是一只平凡的鸟，它三年不鸣，是在积蓄自己的力量；三年不飞，是等待看清方向。这只鸟不鸣则已，一鸣惊人；不飞则已，一飞冲天。你去吧，你的意思我都明白了。”

伍举听完楚庄王的解释后非常高兴，他知道了国王是很有头脑的人，他是在等待时机，而绝不是一个沉溺于酒色的荒淫君主，楚国还是大有希望的。

几个月过去了，楚庄王不但没有丝毫改变，反而更加荒淫无度。伍举的朋友苏从感觉到了欺骗，他全无顾忌，舍身直闯王宫，直言进谏：“您身为国王，不理国政，只知道享受声色犬马之乐，却不知道乐在眼前，忧在不远，不久就会民众叛于内、敌国攻于外，楚国离灭亡不远了。”

楚庄王勃然大怒，拔出长剑，指着苏从的鼻尖，厉声叱道：“难道你不怕死吗？”

苏从凛然正色道：“假如我的死能让君王悔悟，能让楚国富强，我的死就是值得的。”

楚庄王看了苏从半晌，忽然扔下长剑道：“我等的就是大夫这样忠于国家、不怕死的栋梁。”他挥手斥退舞女，与苏从谈论起楚国的政务。苏从这才惊异地发现：国王对国家上下的了解比自己还要多。

楚庄王随后发布一系列政令，把那些谄谀小人、贪官和不称职的官员该杀的杀，该罢职的罢职，把那些包括伍举、苏从在内的忠于国家、有才能、刚直不阿的人提拔上来。一番改革后，楚国的政治从贪浊混乱走到清明。

楚国国内基础巩固后，国力日渐强盛，最后楚庄王成为“春秋五霸”之一。

个性不可随意张扬

即使是再“可爱”的个性，随意张扬也会招人厌恶。你的个性到了有些环境里，也许如鱼得水，可以淋漓尽致地发挥，但多数人都是普通人，尤其是在互相不了解的情况下往往为人误解，做人还是平和点好。

若一个人太自负了，就很容易陷入一种莫名其妙的自我陶醉之中，变得自高自大起来，他会无视所有人对他的不满和提醒，终日沉浸在自我满足之中，对一切功名利禄都要捷足先登，这样的人反而永远也得不到人们对他的理解和尊重。

自傲者对自我失去了客观评价，觉得在这个世界上，唯我最大，舍我其谁，一副不知天高地厚的架势，以显示自己伟大的魄力和气度。可是靠说空话解决不了任何问题，反而因为不自量力，最终害了自己。

一只蝴蝶与一只苍蝇同时落在桌子上一本打开的书上，这是一本哲学书。

蝴蝶指着打开的书说：“看看吧，上面是这么写的：一只蝴蝶在大洋的另一边扇动翅膀，可能会引起美国气候的改变。看到没有，可以引起美国气候的改变，以前我不知道自己有这个能力，没想到我是这么的厉害。现在我还怕什么人类，我只消轻轻地扇动一下我的翅膀，哈哈，他们就会被吹到九霄云外……”

“可是，可是，你以前吹走过人吗？”苍蝇打断他的话。

“那是因为我以前不知道，也没有试过，不自信。现在我很有自信，让我们去找个人试试，我要打败人类，我们蝴蝶要统治世界。哈哈……”蝴蝶狂笑着。

这时，一只蜘蛛出现了，苍蝇看到后飞了起来，叫蝴蝶：“快逃跑啊，有蜘蛛！”蝴蝶很傲慢地看了蜘蛛一眼：“哼！我要打败人类，一只小小的蜘蛛能拿我怎么样？正好拿你做试验，看我不把你扇到世界的尽头去！”

蝴蝶不但不飞走，反而扇动着翅膀非常自信地向蜘蛛走去，结果被黏在蜘蛛网上，看着蜘蛛一步步向它靠近……

苍蝇叹了口气，飞走了。

风轻轻地吹进书房，哲学书翻到了下一页……

自负的蝴蝶终于付出了惨重的代价，原以为自己很渺小的蝴蝶竟然在看了一本哲学书后断送了自己的性命，这不能不说是蝴蝶的咎由自取。试想，若蝴蝶对哲学书断章取义，若蝴蝶能够听得进苍蝇的劝阻，至少，它不会如此轻易地提前结束活着的旅程。

以逸待劳，择时而动

“逸”并非无所事事，而是等待时机时所做的必要的精神准备。以逸待劳是一种高明的韬晦之道，可以最大限度地节省精力和时间，看似消极平静，实则精细机敏。

晋朝时的奇人王猛年轻时，曾经路过后赵的都城，徐统见了他以后，认为他是一个了不起的人物，便召他为功曹，可王猛不仅不应徐统的征召，反而逃到西岳华山隐居起来。因为他认为凭自己的才能不应该仅仅做个功曹。所以他暂时隐居，看看社会风云的变化，等候时机的到来。

公元354年，东晋的大将军桓温带兵北伐，击败了苻健的军队，把部队驻扎在灞上，王猛身穿麻短衣，径直到桓温的大营求见。桓温请他谈谈对当时社会局势的看法。王猛在大庭广众之下，一边把手伸到衣襟里去捉虱子，一边纵谈天下大事，滔滔不绝，旁若无人。

桓温见此情景，心中暗暗称奇。他问王猛：“我遵照皇帝的命令，率领10万精兵来讨伐逆贼，为百姓除害，可是关中豪杰却没有人到我这里来效劳，这是什么缘故呢？”王猛回答：“您不远千里来讨伐敌寇，长安城近在眼前，您却不渡过灞水把它拿下来，大家摸不透您的心思所以不来。”王猛的话说中了桓温的心思。

桓温更觉得面前这位穷书生非同凡响，就想请王猛辅佐他。王猛却拒绝了桓温的邀请，继续隐居华山。

王猛这次拜见桓温，本来是想出山显露才华，干一番事业的，但最后还是打消了这个念头。因为他在考察桓温和分析东晋的形势之后，认为桓温不忠于朝廷，怀有篡权野心，未必能够成功，自己在桓温那里很难有所作为。

桓温退走的第二年，前秦的苻健去世。继位的是暴君苻生。他昏庸残暴，杀人如麻。苻健的侄儿苻坚想除掉这个暴君，于是广召贤才，以壮大自己的实力。他听说王猛后，就请王猛出山。苻坚与王猛一见如故，他们谈论天下大事，双方意见不谋而合。苻坚觉得自己遇到王猛好像三国时刘备遇到了诸葛亮；王猛觉得眼前的苻坚才是值得自己一生效力的对象，于是他留在苻坚的身边出谋划策。公元357年，苻坚一举消灭了暴君苻生，自己做了前秦的君主，而王猛成了中书侍郎，掌管国家机密，参与朝廷大事。之后王猛又做了前秦的尚书左仆射辅国将军、司隶校尉，为苻坚治理天下，干出一番轰轰烈烈的大事业，成为中国封建社会杰出的政治家之一。

公元375年，王猛因病去世，苻坚为失去这位得力的助手十分痛心，经常悲伤流泪，连头发都斑白了。

平易近人，积聚人气

平易近人，是与人相处的一种技巧，也是一种修养。骄横狂妄、不可一世的人最容易树敌。一旦有了敌人，你的日子就埋下了隐患，一旦爆发，就不可收拾。

许多大人物深知平易近人的重要性。

林肯刚刚当选总统的时候，有一天接到一个小女孩的来信，信里写着：“总统先生，我是葛丽丝，住在纽约州的西费尔德村，我写这封信，是想建议您留胡子。如果您留胡子，相信一定会很英俊。”

林肯给孩子回了信，用语非常恳切：“葛丽丝，你好，很高兴收到你的来信。我很希望采纳你的意见，可是这样一来，可能会有许多选民不认识我了。”

过了几天，林肯又接到了小女孩的来信："总统先生，我相信别的女孩和我一样，会害怕一位没有胡子的总统。"

后来林肯搭乘火车到华盛顿就职时，顺便让火车在西费尔德村停下来，林肯站在火车尾端的车台上对蜂拥而至的民众高呼："有叫葛丽丝的女孩，你在吗？请你站出来好吗？"

一位兴奋得满脸通红的小女孩走了出来。"嗨！葛丽丝。"林肯弯下腰，由栏杆间伸出手去握住女孩的小手，并且说："你看，我特别为你留了胡子，是不是比较英俊呢？"

这件事情被人们传为美谈，林肯也从此成了"平民总统"的代表。

里根也是一位平民总统，人缘极好，幽默而且平易近人。

在一次晚宴上，有位记者见到里根总统就随意地夸他的新西服漂亮。里根说："这不是新西服，已经穿了四年了。"回到白宫后，他又打电话给那位记者说："我纠正一下，那件西服不是穿了四年，而应该是五年。"那位记者感到很惊奇，只是一句很随意的话，而作为总统的里根居然这么认真。他立刻就为里根平易近人的态度倾倒了。

很多人都觉得里根为了这样的小事打电话不好，但他自己并不这样认为，正是这些小事让人们觉得他随和、平民化而且容易接近。里根竞选总统能够获胜所依靠的就是在群众面前树立的平民总统形象。

炫耀易遭嫉

所谓"花要半开，酒要半醉"，凡是鲜花盛开娇艳的时候，不是立即被人采摘而去，就是衰败的开始。炫耀除了获得一时的自我满足的快感之外，没有任何意义。

年羹尧是清代康熙、雍正年间人，他文才出众，又为朝廷屡立军功，雍正皇帝登基之初，对年羹尧非常宠爱。不但年羹尧的亲属备受恩宠，就连家仆也有通过保荐做了大官的。

年羹尧对此不但不知收敛，反而得意忘形，骄横无比，甚至蒙古王公见到他都要先下跪，因此他渐渐引起了群臣的愤怒和非议，弹劾他的奏章多似雪片。

年羹尧在军中及川陕用人自专，称为"年选"，形成庞大的年羹尧集团。而且，他在皇帝面前"无人臣礼"，藐视并进而威胁皇权，甚至有自立为帝之心。

他还令雍正帝派来的侍卫前引后随，牵马坠镫。按清代制度，凡上谕到达地方，地方大员须迎诏，行三跪九叩全礼，跪请圣安，但雍正帝的恩诏两次到西宁，年羹尧竟"不行宣读晓谕"。他在与督抚、将军往来的咨文中，擅用令谕，语气模仿皇帝。更有甚者，他曾就一些书籍代雍正帝拟就序言，要雍正帝颁布天下。

于是，群臣联合上书弹劾年羹尧，部议尽革他的官职。雍正三年十月，雍正帝命逮年羹尧来京审讯。十二月，案成。议政王大臣等定年羹尧罪共九十二款。

雍正三年十二月，皇帝差步兵统领阿尔图，来到关押年羹尧的囚室传旨说："年羹尧仰仗皇帝宠爱，骄纵炫耀无度，置国法君威于不顾，看在以往的功劳的分上，令其自裁。"

年羹尧接旨后即自杀。此案涉及年家亲属及友人，其父年遐龄、兄年希尧罢官，其子年富立斩，诸子年十五以上者遣戍极边，子孙未满十五者待至时照例发遣，族中文武官员俱革职。

年羹尧的悲惨结局发人深省。他原本有大好前程，军功赫赫，皇上重用有加，再三加官晋爵，年羹尧在此风口浪尖上不但不知收敛，反而任意招摇炫耀，终于惹来杀身之祸，也是自作自受。

厚积才能薄发

成功者都懂得“三年不鸣，一鸣惊人”的道理。知识储备是有限的，释放的能量越多，存留的能量就越少；储存的能量够深厚，释放出来的能量才够强大。

王湛是西晋开国功臣王浑的弟弟，他平时寡言少语，状类痴愚，遂以痴著名。

王湛的父亲死后，王浑不顾忌父亲的面子，一家人更觉得王湛是累赘，最后把王湛赶到父亲坟墓旁的一间小茅草房里居住。

王浑的儿子王济是当时的名士，他也不把王湛放在眼里，更不把王湛当成长辈去探望。后来，王济有一次上坟，忽然心血来潮，便去看望叔叔，在聊天之时，王湛不仅对答如流，而且“调极华美”。

王济大出意外，又和他纵论天下大事。王湛语出惊人，分析事情一针见血。

王济从小就听说叔叔痴愚，而今骤闻其高谈阔论，大为惊骇，当夜便住在叔叔的茅屋里，把酒长谈，越谈越是惊喜，一连住了好几天，自叹不如，慨叹道：“家有名士三十年却没人知道。”

他临行时，王湛送到门口。王济带来的马匹中有一匹烈马，很难驾驭。王济随口问道：“叔叔也懂得骑马吗？”王湛说：“还算懂一些吧！”他接过烈马的缰绳，跃身上马，控御自如，骑术比那些有名的骑士技艺还要高超。王济更是觉得叔叔的才能深不可测。

王济回到家后，王浑奇怪地问：“你怎么耽搁了这么多日子？”

王济回答说：“儿子今天才得到一个叔叔。”

王浑更是奇怪，问他原因，王济便从头到尾细说一遍，极口夸赞王湛是名士。王浑不服气地问：“比得上我吗？”

王济委婉地说：“比我强多了。”

晋武帝司马炎也知道王湛的痴名，并且总喜欢拿此事与王济开玩笑。每次见到王济，总是打趣说：“你那位痴叔死了没有？”王济总是无言以对。

此番王济进宫，司马炎照例打趣他：“你家那位痴叔死了没有？”

王济微微一笑，昂然说道：“臣叔不痴，其实是位名士。”便把自己和王湛的交谈略述一遍。

司马炎也颇为意外，问道：“你叔叔比得上谁呢？”

王济答道：“山涛之下，魏舒以上。”

从此王湛成为名闻天下的名士，后来当了汝南内史。

不露声色，不惹祸端

喜怒形于色，固然可以得到“率性”的美名，但暴露了自己的情绪就等于暴露了自己的心事，实在是有弊无利。

“书圣”王羲之的家族，是东晋有名的望族，他的伯父王敦当时任大将军，掌管东晋的兵马大权。

王敦虽已位极人臣，享尽荣华，但他的野心很大。王敦从未放弃过做皇帝的欲望，而他的谋士钱凤，一直在给王敦鼓动打气。二人气味相投，经常在一起商讨篡权之事。

一天早晨，王敦起床不久，钱凤就急急地来找他。二人关起门来，谈起了“谋反”的机密。

钱凤用极为神秘的口气，对王敦说着一些他刚掌握的动向。二人谈了好一阵子。王敦听了钱凤带来的情报，非常激动，猛地站起身，正要开口说话，突然停了下来。他透过窗子，看到对面房间里垂着的帐子动了一动。这使他想起侄儿王羲之还在床上睡觉。

王羲之这年才十一二岁，平时最受王敦器重。王敦把聪明机灵、悟性极高的王羲之看做王家的接班人。他经常把王羲之带在身边，留在自己府中生活。这一次，王羲之已连续几天吃住在王敦家中了。他的卧室恰好紧挨着客厅。当钱凤到来时，因为双方都紧张，王敦便把王羲之在屋里睡觉的事忘得一干二净，直到这时才想起来。王敦大惊失色，对钱凤说："羲之还在这里睡觉。我们刚才说的话，让他听去了可怎么办？"

经王敦这么一说，钱凤也急了，他说："大将军，计划泄露出去，我们死无葬身之地！量小非君子，无毒不丈夫啊！干脆一不做，二不休……"

听了钱凤的话，王敦想了又想，到最后终于心一横说："对，不能儿女情长。"转头向着王羲之睡觉的那个房间点点头。"羲儿呀，你就莫怪我这做伯伯的无情无义了！"王敦说着，拔出了宝剑，提剑直奔王羲之睡觉的床前。

王敦撩起帐子，忽然看见王羲之睡得正香甜。王敦掀起帐子，王羲之也毫无反应。王敦看着十分钟爱的侄儿，庆幸自己的密谋并没有被侄儿听去，于是，打消了杀侄儿的念头。王敦收回宝剑，插入鞘中，走了出去。

其实打钱凤进门时起，王羲之就醒来，无意中偷听到了伯父与钱凤的话。很快，王羲之意识到了自己的处境非常危险，幸亏他及时使自己平静下来，神态自若，完全像睡着一样，一点儿破绽也没有露出来，王敦才没有下手。

让敌人轻看，让自己安全

被领导重视是好事，被敌人重视——小心了，他随时都在虎视眈眈地盯着你，你稍有不慎就会遭到攻击。让敌人轻视自己，则会让敌人对自己放松警惕，自然安全的多。

《三国演义》中有一段"曹操煮酒论英雄"的故事。刘备落难投靠曹操，曹操收留了刘备，却并没有对刘备完全放心。曹操生性多疑，他害怕刘备有朝一日重整旗鼓，会和自己争天下。刘备住在许都，为防曹操猜忌，就在后园种菜，每日亲自浇灌，做出一副躲避世事纷扰的样子来迷惑曹操。

一日，曹操约刘备入府饮酒，以龙喻人，评论谁为当世之英雄。曹操征求刘备的意见，刘备点遍袁术、袁绍、刘表、孙策、刘璋、张绣、张鲁、韩遂，均被曹操一一贬低。曹操指出英雄的标准是："胸怀大志，腹有良谋，有包藏宇宙之机，吞吐天地之志。"刘备问："谁人当之？"曹操意味深长地一笑，说自己与刘备才是英雄。刘备以为曹操看破了自己的心事，吓得把匙箸也丢落到了地下，恰好当时大雨将至，雷声大作。刘备拾起匙箸，战战兢兢地说："一震之威，乃至于此。"曹操哈哈大笑，大大减轻了对刘备的戒意，认定天下再无人能与己争。

在强者面前，尤其是与自己有利益冲突的强者面前，一定要示弱，满足对方的成就感和虚荣心，为自己争得安全。

刘邦入函谷关后，他的手下将官曹无伤想投靠项羽，偷偷地派人到项羽那儿去告密，说："这次沛公进入咸阳，是想在关中做王。"

项羽听了，就下决心要把刘邦的兵力消灭。那时候，项羽的兵马四十万，驻扎在鸿门；刘邦的兵马只有十万，驻扎在灞上。双方相隔只有四十里地，兵力悬殊。刘邦的处境十分危险。

刘邦得知项羽的想法后，带着张良、樊哙和一百多个随从，到了鸿门拜见项羽。刘邦说："我跟将军同心协力攻打秦国，将军在河北，我在河南。我自己也没有想到能够先进了关。今天在这儿和将军相见，真是件令人高兴的事。哪知道有人在您面前挑拨，叫您生了气，这实在太不幸了。”

项羽见刘邦低声下气向他说话，满肚子气都消了。他相信了刘邦的服弱之心，还把曹无伤也供了出来。

当天，项羽就留刘邦在军营喝酒，还请范增、项伯、张良作陪。

酒席上，范增一再向项羽使眼色，并且举起他身上佩戴的玉玦，要项羽下决心，趁机把刘邦杀掉，可是项羽只当没看见。

后来刘邦的车夫樊哙到项羽帐中，说了一番替刘邦示弱、骂项羽欺人太甚的话，直说得项羽无言以对，觉得不该对“弱小”的刘邦下狠手。

经过刘邦这一番自轻自贱，项羽完全不把他视为与自己争天下的敌人了，心一软，把他给放了。

虽然居功，不可自傲

功劳不用自己说，大家心里都明了。居功自傲不仅会在大家心日中留下不好的印象，抵消曾经的功劳，还容易招致反感和忌恨。

明朝的开国功臣徐达就很明白这个道理，他虽功高过人，却仍恭谨谦和，最终得以善终。

徐达出生于濠州（今安徽凤阳）一个农家，儿时曾与后来做了大明皇帝的朱元璋一起放牛。他有勇有谋，为明朝的创建立下赫赫战功，深得朱元璋宠爱。

徐达虽战功累累，却从不居功自傲。他每年春天挂帅出征，暮冬之际还朝。回来后立即将帅印交还，回到家里过着极为俭朴的生活。

朱元璋曾对他说：“徐达兄建立了盖世奇功，从未好好休息过，我就把过去的旧宅邸赐给你，让你好好享几年清福吧。”

朱元璋口中的这些旧邸，是其登基前当吴王时居住的府邸，徐达不肯接受。朱元璋请徐达到旧府邸饮酒，将其灌醉。徐达半夜酒醒问周围的人自己住的是什么地方，内侍说：“这是旧邸。”

徐达大吃一惊，连忙跳下床，伏在地上自呼死罪。朱元璋见其如此谦恭，心里十分高兴，即命人在此旧邸前修建一所宅第，门前立一牌坊，并亲书“大功”二字。

朱元璋曾赐予徐达一块沙洲，由于正处于农民水路必经之地，徐达的家臣以此擅谋其利。徐达知道后，立即将此地上缴官府。

1385年，徐达病逝于南京。朱元璋为之辍朝，悲恸不已，追封徐达为中山王，并将其肖像陈列于功臣庙第一位，称之为“开国功臣第一”。

朱元璋登基后，从1380年至1390年，因清洗丞相胡惟庸牵连被杀的功臣、官僚共达3万人；1393年，有赫赫战功的将领蓝玉及其有关的人士均被杀，先后牵连被杀的竟有1~5万多人；洪武十五年的空印案，洪武十八年的郭桓案，被杀者更多达8万之众。

朱元璋为强化其统治用严刑重罚，杀了包括功臣在内的十多万人，从小与朱元璋在一起的徐达，当然十分清楚“伴君如伴虎”的道理。如果居功自傲，无异于引火烧身。

倚仗自己曾有的贡献不知收敛，终会引祸上身。

暂时的隐匿，只为日后的崛起

日本著名科学家系川英夫在他所著的《一位开拓者的思考》一书中，讲了一段极富哲理的话：“人生的重挫酷似游客翻船，为使身体不致被水流动所产生的吸力紧紧地吸附于船底，造成窒息性死亡，就要在落水后借助坠落的劲儿蜷缩身体一沉到底，然后再顺着水流浮出水面，以求摆脱葬身鱼腹的命运。”

这里的“蜷缩身体”、“一沉到底”，看上去好像非常卑微、猥琐，一副无所作为、听天由命的样子，其实是最好的求生之道。如果不顾客观实际，落水之后就拼命地胡乱扑腾，那只能是事与愿违，落得个葬身鱼腹的下场。

同样的道理，当人生处于逆境时，如果硬要违背客观规律，非要蛮干硬顶，结果不仅无助于事情的解决，反而会加剧事态的进一步恶化。按照系川英夫的观点，逆境之中最关键的就是顺应所处的环境并暗中积蓄力量。这一点恰好暗合“韬光养晦”的道理。

韬光养晦，是说隐藏自己的才能，不使其外露。作为一条军事谋略，则是指在对敌斗争中，要通过各种欺骗的手段，表面上收敛锋芒，隐蔽实力和企图，解除对敌方所造成的威胁感，麻痹其意，等待合适的时机，再图大举。

由此可见，韬光养晦并不是一味消极等待，而是通过暂时的隐匿，以图日后的崛起。

1966年1月，印度总理夏斯特里突然去世。消息传出，印度政坛各派便摩拳擦掌，试图在角逐新总理职位中过关斩将，一举成功。

当时，处于争夺总理职位的人是国大党派最有资历的德赛和代总理南达。而英迪拉就其政治实力而言，位居下风。英迪拉向她的幕僚们表示了角逐总理职位的雄心。然而，对手十分强大，如何才能实现政坛登龙的夙愿呢？在冷静的分析之后，英迪拉决定不过早地投入角逐，韬光养晦，等到政敌们两败俱伤时再予以出击。主意已定，她按兵不动，超然自若，好像无意参加角逐，而暗地里她却在养精蓄锐，等待时机到来。

形势的发展果然如英迪拉之所料。德赛骄横固执，以唯一候选人的身份自居，不愿与人分享权力。德赛的表现大伤人心，尤其伤害了党内辛迪加派的感情。辛迪加派在党内和政府中有较大的势力，并且擅长于幕后操纵。辛迪加派对德赛的表现很不满，决定阻止德赛上台，并开始物色新的候选人。

当时的代总理南达也不甘示弱，四处奔走为其升任正式总理摇唇鼓舌，与其政敌斗得你死我活。各派争斗愈发激烈，互相攻击各不相让。在一旁静观的英迪拉由于没有过早地出击，政坛各派以为她无意问津，因而无人向她发难。

在公众心目中她仍是一个有谦恭风范的政治家。在局势快要明朗的情况下，英迪拉不失时机地开始行动。她凭借大名鼎鼎的尼赫鲁之女的特殊身份，党内各派及社会舆论对她无恶感等有利条件，施展其卓越的政治才华。她说服了辛迪加派和担心专横的德赛上台的人，并得到了他们的支持。接着，她又利用政治手腕把国大党的多数党员笼络在自己的麾下。经过辛迪加派的疏通，国大党执政的10个邦的首席部长表示愿意支持英迪拉。南达见称雄政坛无望便退出了竞选。唯有德赛欲与英迪拉决一死战。德赛对英迪拉大肆攻击和谩骂，意在抓住英迪拉反击时露出的破绽而大做文章。而英迪拉仍然保持谦和的风度，令公众舆论大加赞赏。

结果英迪拉以压倒性的优势当选为印度总理。

英迪拉的成功之处在于她处于劣弱时善于守拙，深藏不露，静待时机。当政敌互相倾轧而元气大伤时，她果断出击，大做文章，最终顺利地登上了最高权力的宝座。

第二节　善变之中得转机，善变之中得事成

麻痹对手，抢得先机

在竞争对手面前，利用有效的方式麻痹对方，令其放松警惕，常常能抢得制胜的先机。

明武宗因为自己没有儿子，所以在病死前，决定让两个亲王中的一个继位，然而究竟立谁为好呢？他想了一个法子，立下遗诏，同时给两个亲王发出。遗诏中规定：先到京者为君，后到京者为臣。这两个亲王，一个是冀王，冀王府在河北，离北京只有一二百里；另一个是兴王，兴王府在湖广，离北京有一两千里。如此同时下诏，等兴王府接到诏书的时候，冀王早就入京为君了，可见武宗想立的是冀王，而不是兴王。然而结果是，兴王抢先入京做了皇帝。这是何故呢？

事实上，当兴王府接到诏书的时候，冀王已经在入都称帝的途中了。兴王朱厚熜听到这个消息，心灰意冷，打消了当皇帝的念头。

一天，他百无聊赖地在大街转悠，遇到一个摆地摊测字的先生。这测字先生见朱厚熜走来，便迎上前笑着说："看您福人贵相，何不测一字来看看！"

朱厚熜道："再贵相到此时又有什么用呢？"

测字先生道："您测测看看！"朱厚熜盛情难却，便让其测一"问"字。

测字先生看了他写的字后，忽然跪倒在地，向他祝贺道："我看出来了，您一定是千岁，这个'问'（問）字从中间拆开，左看是君，右看还是君，您马上就要当皇帝了。"

朱厚熜道："可惜为时已晚，皇帝已经上路，可能现在已经入京了。"

测字先生说道："有福不忙，无福跑断肠。如果您答应让我当丞相，我就担保让你当上皇帝。"

朱厚熜一听十分高兴，忙问："请问先生大名？"

测字先生说："小民严嵩。"

朱厚熜说道："咱们一言为定，本王如果当了皇帝，一定封你为相。"严嵩当即叩头谢封。

朱厚熜带严嵩来到王府，写好封严嵩为相的"圣旨"，然后就问严嵩如何称帝。严嵩笑着说："臣已知王爷接到诏书，也已探听到冀王已经接诏上路。他虽离京很近，却自以为帝位非自己莫属，便要大张旗鼓地进京，沿途官员自然都要挽留接风，然后送行，如今半个月都过去了，他们才走了不到百里的路程。照此下去，再有半个月，也不一定能到京城。因此，王爷若火速入京，还来得及。为防止途中停留，您可扮成'钦犯'，日夜兼程，马不停蹄，由臣下相陪，最迟不过六七天便可以入京，就一定能出其不意地抢在冀王前面称帝。"朱厚熜听罢，拍案叫绝，当即打点入京。

兴王朱厚熜来到京都，恰遇众大臣出城迎接。他由东安门入居文华殿，由张太后传出懿旨，由众臣簇拥到奉天殿即位，这就是明世宗，改次年为嘉靖元年，大赦天下。而那位测字先生严嵩，也因此被召入朝为相。

历史常有惊人相似的一幕。在此2000年以前的齐国也发生了这样的事情：管仲和鲍叔牙是十分要好的朋友，分别在齐襄公的两个儿子公子纠和公子小白手下做事。公子纠和公子小白是同父异母兄弟。由于襄公昏庸无道，两兄弟和大臣纷纷避走他国。管仲保护公子纠到了鲁国，鲍叔牙则随同公子小白逃亡吕国。公元前686年，齐国爆发内乱，襄公被杀，公子小白和公子纠两人立刻动身，准备回国即位。两路人马途中相遇，管仲眼明手快，对准公子小白当胸就是一箭，小白应声倒下。管仲以为公子小白已死，便护卫公子纠不慌不忙地赶路。等六天路程走完，回到临淄，才知小白竟已先到，并即位为君，称为齐桓公。

公子小白为何没有死呢？原来管仲那支箭恰恰射在小白腰带的铜质带钩上，小白毫发无伤，但小白却借机中箭倒下装死，使得管仲误以为竞争对手已死，便放松了警惕，贻误了时机。等管仲和公子纠一走，公子小白便日夜兼程，赶往临淄，抢在了公子纠前面。

审时度势，把握良机

机遇对每个人来说都是稍纵即逝的，只有善于把握者，才能利用良机成大事。

公元前208年，秦将章邯率军攻打赵国巨鹿。赵王歇向楚国求救。楚怀王任命宋义为上将军，项羽为次将军，率军去营救赵国。楚军到达安阳后，宋义畏缩不前，驻留此地长达46天之久。项羽劝说宋义立即攻秦救赵，被宋义拒绝了。当时天寒多雨，将士挨冻受饿，痛苦不堪。而宋义却亲自跑到无盐大摆宴席，为自己的儿子到齐国做相送行，并借机扩展个人势力。

趁宋义离开之际，项羽鼓动将士们说："我们奉命攻打秦军，救援赵国，现在却留在这里不能前进。这里遇到灾荒，将士只能吃个半饱，军中存粮也不多。上将军对此丝毫不放在心上，只顾饮酒作乐，根本没想到要率军去赵国征粮，并与赵军合力抗秦，反而美其名曰'等待秦军疲惫之机再打'。如果强大的秦国攻击刚刚复国不久的赵国，必然能把赵国灭掉。赵国灭掉之后，秦军只会更加强大，根本无机可乘。况且我军刚刚在定陶吃了大败仗，大王正坐卧不安，国家安危，就在此一举了。将全军交给上将军指挥，不料上将军却如此不爱惜将士，只顾徇私，这样的人怎么能做社稷之臣！"

项羽的话立刻在全军中引起共鸣。当宋义返回安阳时，项羽乘机将其杀死，然后号令全军，说道："宋义与齐国密谋反楚，楚王命令我将其杀死！"将士上下无不服从。消息传回国内，楚怀王只好正式任命项羽为上将军去营救赵国。此后，项羽破釜沉舟，九战九捷，歼灭了秦军主力，解除了巨鹿之围。

楚怀王是秦末农民起义军首领项梁听从谋士范增之计拥立的。楚怀王名为皇帝，实为傀儡。但他趁项梁战死后，在彭城夺取项羽、吕臣的兵权，改用宋义为上将军，项羽当然心怀不满，伺机夺回兵权。而这时的形势，正是动手发动兵变的好时机：一方面，宋义在紧急关头，徇私误国，违背军令，贻误战机，罪该问斩；另一方面，士兵在寒风冷雨中煎熬，而宋义却饮酒作乐，大摆宴席，士兵的反叛心理经项羽一鼓动就旺盛起来了。于是，杀宋义、取兵权的主客观条件一应俱全，项羽审时度势，把握住了时机。项羽既杀了宋义，夺取了兵权，又歼灭了秦军，解除了巨鹿之围，可谓一箭双雕，两全其美。

用机智摆脱困境

人生陷入困境之中时，我们需要尽快做出反应。具有高超机变智慧的人，能同时处理好几方面的关系。

战国时期，除了七雄之外，还存在着几个微不足道的小国，中山国便是其中之一。中山国虽小，却能在强雄的夹缝中生存，原因之一就是中山国拥有超一流的智者，相国司马熹便是其中最杰出的一位。

在司马熹治理国家期间，由于他能应付各种复杂的局势，使弹丸之地得以长期独立，中山国王对他十分信任。但司马熹也遇到了一位十分忌恨自己的人，这人就是最受中山国国王宠爱的姬妾阴简。司马熹无意中得罪了阴简，这位国王的宠姬时时不忘在国君面前进谗言，毁谤司马熹。

有一天，赵国派来了一位使者，司马熹负责陪同。在宴会上，司马熹趁酒酣之际问使者："听说你们赵国擅长歌舞、音乐的美女很多。现在我们中山国，也有一位足可叫贵国大吃一惊的美女。她的相貌之美、人品之好，就是仙女也比不上，可称得上是绝代佳人。她的眉毛、眼睛、鼻子、头形、前额、脸蛋无可挑剔，真是一副王后的福相，绝非诸侯妃姬。这个人叫阴简，她就是当今鄗国国君的宠姬。"

这位使者听了司马熹的话，暗自高兴，心想真是不虚此行。回国后，向赵国国王详细报告，还没等使者汇报完毕，赵王已经动心了。他于是派遣特使到中山国，请求中山国君把阴简送给自己。

中山王听到赵王的要求后，一反过去卑弱的态度，坚决反对这个要求，表示不可能答应赵王的这一请求。如此一来，形势一时变得复杂紧张起来。大臣们都感到惊慌，若得罪了赵国，弄不好，兴兵来伐，中山国就要蒙难了。举国上下都束手无策，群臣只是七嘴八舌，拿不出一个主意。

胸有成竹的司马熹却暗自欣喜，他选定在这个关键时刻向国王进谏，他说："时至如今，请大王把阴简正式封为王后。既封为王后，拒绝赵王的要求绝不会被他们找到借口，赵王不能夺他国的王后，也就死心了。这样回绝赵国才不会惹他们生气，又可以保护我国免遭兵祸。"此言一出，中山王赞不绝口。

次日，中山王便封阴简为王后，并以厚礼打发走赵国使者。使者回禀赵王，赵王除了遗憾外，也不便采取更强硬的措施，中山国得以保全。

从此以后，阴简对司马熹不仅没有再说半句坏话，而且处处流露出她的感恩戴德之情。她心想，这回升到王后，多亏司马熹出了大力。

临危不惧，处之泰然

为人处世最难做到的事情之一就是临危不惧、威武不屈。这不仅需要胆量，更需要智慧。

战国时期，晋楚展开大战，晋军大败，知罃被俘。知罃的父亲荀首为晋军大夫，率兵团战，射死楚大夫连尹襄老，射伤楚公子谷臣，且将二者一并带回去，预备以后用他们换回知罃。于是，荀首成了中军统帅。当时晋军虽败，但势力并不虚弱，楚军惧怕荀首的声威，便答应了晋军换回知罃的要求。

楚王见知罃要回晋国，知道他将来一定能立下大业，在把知罃送出时，他也换了一副面孔满面和气地问知罃："你会怨恨我吧？"

知罃回答道："两国之间作战，是因我没有才能，才沦为俘虏。大王不把我杀死用血涂在鼓上激励将士，使我回晋受罪，这是大王的恩惠，我哪里还敢怨恨你呢？"

楚王听了这话很为得意，进而问道："既然如此，那么你将会感激我的恩德喽？"

知罃正色答道："两国都是为国家利益打算，以使百姓安心度日。现在晋楚二国既已和好，各自后悔当初的怨恨，不应互相为战，那么就应互相宽恕为是。现在我们两国都在力求这样做，双方互释战囚以成其好。两国之间的政事，与我私人无关，我来感激谁呢？"

楚王又问："你这番话我听得有点儿不对了，明明是要换你回去，可你却说与你无关，但这也毕竟是两国之间的大事。那么，你回去之后如何来报答我的恩情呢？"

知罃说："臣无从受怨，也无从受德，无怨无德，不知所报。"

楚王笑着说："这是哪里的话？"

知罃说道："若是我的国君把我杀掉，我就是身死掉，这个大恩是不会腐朽的。假使听从你的好意而免我一死，来赐给我的父亲荀首，若他把我戮于宗庙，我虽死掉，你的恩德也会不朽的。假使轮到我担任国家大事的时候，带领部分军队保卫边疆，如果碰上楚国的将帅，我也是不会逃避而不打的，我会不惜牺牲地去拼杀，没有二心，以此来尽我的为臣之礼，这就是我对大王的回报。"

楚王从知罃口中得不到什么千金许诺，但知罃的话句句入情入理，不好反驳，只好送知罃回去，叹口气说："晋未可与之争。"

不露声色地把危机消弭于无形

生活谋略中占有首要地位的经典信条就是："未雨绸缪，防患于未然。"不管是谁，都要有预见危机的能力，这才是最高明的应付危机的策略。

陈平在当初投奔汉王刘邦的时候，曾发生过一宗很危险的事。

那时正是春夏之交的时节。一天中午，天空灰蒙蒙的，碧绿的田野一片静寂。这时，从楚王项羽的军营里走出一个人，身穿将军服，佩带一把宝剑，警戒地四下看着，顺着田间小路，急匆匆地向黄河岸边赶去，这个人就是陈平。他准备偷渡黄河去投奔汉王刘邦。

陈平赶到河边，轻声叫来一艘渡船。只见船上有四五个人，都是粗蛮大汉，脸上露出凶相。当时陈平早已觉察到，上这条船有些不妙，但又没有别的去路。他担心误了时间，楚兵会很快追赶上来，只好上了船。

船只慢慢离开了岸，陈平总算松了口气，但他敏锐地观察到，船上这几个人窃窃私语，相互递着眼色，流露出不怀好意的神色。

"看来是个大官，偷跑出来的。"

"估计他怀里有不少珍宝和钱，嘿嘿。"

坐在舱内的陈平听到船尾两个人这样低声议论，并发出阴险的笑声时，不禁有些紧张。心想："他们要谋财害命！我虽然身上没有什么财物和珍宝，但我只是独自一人，只有一把剑，肯定敌不过他们。如何安全地摆脱危险的困境呢？"

当船到了河中央时，速度明显地减缓了。

"他们要下手了，怎么办？"陈平急中生智，考虑了一个计策。

他从船内站起来，走出船舱说："舱内好闷热啊！热得我都快要出汗了。"

陈平边说边佯作若无其事地摘下宝剑，脱掉大衣，倚放在船舷上，并伸手帮他们摇船。

这一举动，出乎船上壮汉们的预料，使他们一时不知道该怎么办才好。

陈平很用力地摇船。过了一会儿，他又说："天闷热，看来要来一场大雨了。"说着，又脱下一件上衣，放在那件外衣之上。过了一会儿，再脱下一件。最后，他索性脱光了上衣，赤着身子，帮他们摇船。

船上那几个人，见陈平根本没有什么财物可图，就打消了谋害他的念头，很快把船划到对岸了。

纲举目张，执本末从

抓住网纲撒网，网眼自然张开；抓住了树的根，枝叶自然会跟从。

刘邦平定天下以后，开始论功封赏功臣。他向大臣们说："运筹帷幄之中，决胜千里之外，这是张良的功劳，应封三万户。"

张良连忙起身拜谢："臣开始逃亡下邳，有幸与陛下相会，这是上天让臣跟随陛下。陛下用臣的计策，幸而时中。臣愿封留地足矣，不敢当三万户。"

刘邦对张良的辞让很满意，就封他为留侯。接着又封赏了二十多位有功之臣。这时，其他的文臣武将日夜争功不停，弄得刘邦心烦意乱，寝食难安。

一天，刘邦在洛阳南宫，从阁道望见几位将领坐在沙中窃窃私语，觉得奇怪，就问张良："他们说什么？"

张良不安地说："陛下难道不明白？他们在商量谋反的事呀！"

刘邦大惊失色："天下刚刚安定，为什么要谋反？"

张良提醒刘邦道："陛下起于布衣，是依靠这些武将取得天下。现在您是天子，所封的侯爵全是像萧何、曹参那样的同乡、故人和您所喜欢的，而您诛杀的尽是平生所愤恨的仇人。现今军吏计功，有功的不能普遍受封，许多人担心得不到封赏，又害怕您抓住他们的过失而诛杀他们，所以他们才打算铤而走险，聚众谋反哪……"

刘邦愁容满面，如坐针毡："这……如何是好？"

张良深思熟虑地说："陛下不要担心，臣已经有办法了。"

"快说给朕听！"刘邦急不可耐。

"陛下平生最憎恨的，而又是群臣所共知的人是谁？"

"当然是雍齿这个人。雍齿与我有旧仇，他侮辱过我，只是因为他功劳大，才不忍杀他，这事群臣都知道……"刘邦不假思索地告诉张良。

张良霍地站起身，胸有成竹地说："陛下，谋划就在此人身上！立即封赏雍齿，给群臣诸将摆个样子。像雍齿这样的仇人，陛下都能不计前怨，为他封功晋爵，别人还会有什么顾虑呢？他们必会心平气和，解除疑虑！"

刘邦立即下令设置酒宴，召集文武百官，当众宣布命令，封雍齿为什方侯。接着又催促丞相、御史定功行封。

酒宴散后，大臣、将军欢天喜地，奔走相告："雍齿都能封侯，我等还担心什么呢！"

找最佳的角度解决难题

换一种角度去思考问题，我们能看到新的洞天。

相传古时候，有一个国王，长得十分丑陋。他一只眼睛瞎了，一条腿是瘸的。然而，就这样的一个国王，有一天，竟召集全国的画师来为他画像，并且发出话来：画得好的有赏，画得不好的要杀头。

有一个画家想："国王的威严谁敢冒犯！尽管国王长相丑陋，我还是给他画张漂亮的吧。"于是，他画了一张画像呈献给国王。只见画像上的国王不瞎不瘸也不丑，仪态端庄，威严无比。国王一看勃然大怒道："善于弄虚作假、阿谀奉承的人，一定是个有野心的小人，留着有什么用？拉出去斩首！"

第一个画师就这样被杀了。

这时，第二个画师想："既然画虚假的画像国王恼怒，那么我就给他如实画吧。"第二个画师又画了一张画像呈献给国王。只见画像上的国王瞎着一只眼，瘸着一条腿，哪里有一点儿一国之主的威严？国王一看怒火中烧，大喝道："竟敢丑化国王，冒犯天威，此等狂妄之徒，留着有什么用？拉出去斩首！"

第二个画师也被杀了。

画师们见此情景，个个吓得魂不附体，哪个还敢冒险为国王画像？然而不画也不行，违抗圣命，照样会被杀头的呀！正在众画师为难之时，人群中闪出一个人来，他双手呈上一幅画像给国王。

国王一看这幅画像，不禁连连称叹，赞不绝口，并将画像赐给群臣观赏。

这是一幅国王狩猎图。只见国王一条腿站在地上，一条腿蹬着大石，一只眼眯着做瞄准状，刚好掩盖了国王的缺陷，充分展现了国王雄姿英发的一面。结果不言而喻，国王赐给这个画师千两黄金作为奖赏。

第十四章 人生最怕自己框住自己

第一节 发散思维，变通为用

树立雄心，突破生命困境

害怕暗礁而躲在港湾中，虽然不会有什么危险，但是你永远也不能到达渴望的目的地。

很多时候，阻挡我们前进的不是别人，而是我们自己。自我可以使你走向成功的坦途，同时，它也可能会让你坠入失败的深渊。

在一棵干枯的桑树上住着一只蜗牛，这只蜗牛自出生以来就一直住在这棵树上。

一天，风和日丽，蜗牛小心翼翼地伸出头来看了看，慢吞吞地爬到地面上，把一节身子从硬壳里伸到外面懒洋洋地晒太阳。

这时，蚂蚁正在紧张地劳动，一队接着一队急速地从蜗牛身边走过。看见蚂蚁在阳光下来回走动的样子，蜗牛不觉有些羡慕起来，于是，它放开嗓门对蚂蚁说："喂，蚂蚁老弟，看见你们这样，我真羡慕你们啊！"

一只蚂蚁听到了，就停在蜗牛旁边，仰着头对蜗牛说："来，朋友，咱们一起干活吧！"

蜗牛听了，不由自主地把头往回缩了一下，有点惊慌地说："不，你们要到很远的地方去，我不能跟你们一起去。"

蚂蚁奇怪地问："为什么啊？走不动吗？"

蜗牛犹豫了半天，吞吞吐吐地说："离家远了，要是天热了怎么办呢？要是下雨了怎么办啊？"

蚂蚁听了，没好气地说："要是这样，那你就躲到你的那个硬壳里好好睡觉吧！"说完，匆匆追赶自己的大部队去了。

对于蚂蚁的话，蜗牛倒也不怎么在乎。不过，蜗牛实在想到远处看看。经过深思熟虑之后，蜗牛终于大着胆子把自己的另一节身子也从硬壳里伸了出来。正在这时，几片树叶落在地上，发出轻微的响声。蜗牛吓得像遭遇了雷击一样，一下子就把整个身子缩回硬壳里去了。

过了好久，蜗牛才小心翼翼地把头伸到外面，外面仍然像先前一样的晴朗和宁静，并没有发生什么事情。只是蚂蚁已经走得很远了，看不见了。

蜗牛悠悠地叹了一口气说："唉！我真羡慕你们啊！可惜我不能和你们一起走。"说完，依旧懒洋洋地晒太阳。

蜗牛的壳是保护自己的最重要的"盾牌"，也是它最恋恋不舍的"家"，然而也正是这个家，绊住了它前进的脚步。

人类的心理有时和蜗牛的心理差不多，总是喜欢安于现状，对于突破自我可能遇到的困难总是下意识地逃避，就好像手碰到火、触到电会缩回去一样。但是人生的某些挫折并不会因为你的逃避而消失，相反，它还会因为你的逃避而由意识变为潜意识，再不知不觉地由潜意识变成无意识，最终它会一辈子跟随你，使你逐渐地步入人生的荒漠。

每个人都需要一颗渴望成功的心

心界决定一个人的世界。只有渴望成功，你才能有成功的机会。

《庄子》里说北方有一个大海，海中有一条叫作鲲的大鱼，宽几千里，没有人知道它有多长。它变成鸟，叫作鹏，它的背像泰山，翅膀像天边的云，飞起来，乘风直上九万里的高空，超绝云气，背负青天，飞往南海。

蝉和斑鸠讥笑它说："我们愿意飞的时候就飞，碰到松树、檀树就停在上边；有时力气不够，飞不到树上，就落在地上，何必要高飞九万里，又何必飞到那遥远的南海呢？"

那些心中有着远大理想的人常常是不能为常人所理解的，就像目光短浅的麻雀无法理解大鹏的鸿鹄之志一样，更无法想象大鹏靠什么飞往遥远的南海。因而，像大鹏一样的人必定要比常人忍受更多的艰难曲折，忍受心灵上的寂寞与孤独。因而，他们必须要坚强，把这种坚强潜移到他的远大志向中去，这就铸成了坚强的信念。这些信念熔铸而成的理想将带给大鹏一颗伟大的心灵，而成功者正脱胎于这些伟大的心灵。

本·霍根是世界上最伟大的高尔夫选手之一。他并没有其他选手那么好的体能，能力上也有一点缺陷，但他在坚毅、决心特别是追求成功的强烈愿望方面高人一筹。

本·霍根在他的巅峰时期，不幸遭遇了一场车祸。在一个有雾的早晨，他跟太太维拉丽开车行驶在公路上，当他在一个拐弯处掉头时，突然看到一辆巴士迎面驶来。本·霍根想这下可惨了，他本能地把身体挡在太太前面来保护她。这个举动反而救了他，因为方向盘深深地嵌入了驾驶座。事后他昏迷不醒，过了好几天才脱离险境。医生们认为他的高尔夫生涯从此结束了，甚至断定如果他能站起来走路就已经很幸运了。

但是他们并未将本·霍根的意志与需要考虑进去。他刚能站起来走几步，就萌发了出人头地的梦想。他不停地练习，并增强臂力。无论到哪里工作，他都保留高尔夫俱乐部会员的资格。起初他还站得不稳，再次回到球场时，也只能在高尔夫球场蹒跚而行。后来他稍微能工作、走路，就走到高尔夫球场练习。开始只打几球，但是他每次去都比上一次多打几球。最后，当他重新参加比赛时，名次很快地升上去了。理由很简单，他有必赢的强烈愿望，他知道他又会回到高手之列。是的，成功者跟普通人的差别就是有无这种强烈的成功愿望。

成功学大师卡耐基曾说："欲望是开拓命运的力量，有了强烈的欲望，就容易成功。"成功是努力的结果，而努力又大都产生于强烈的欲望。正因为这样，强烈的创富欲望，便成了成功创富最基本的条件。如果你不想再过贫穷的日子，就要有创富的欲望，并让这种欲望时时刻刻激励你，让你向着这一目标坚持不懈地前进。许多成功者有一个共同的体会，那就是创富的欲望是创造和拥有财富的源泉。

20世纪人类的一项重大发现，就是认识到思想能够控制行动。你怎样思考，你就会怎样去行动。你要是强烈渴望致富，你就会调动自己的一切能量去创富，使自己的一切行动、情感、个性、才能与创富的欲望相吻合。对于一些与创富的欲望相冲突的东西，你会竭尽全力去克服；对于有助于创富的东西，你会竭尽全力地去扶植。这样，经过长期的努力，你便会成为一个创富者，使创富的愿望变成现实。相反，要是你创富的愿望不强烈，一遇到挫折，便会偃旗息鼓，将创富的愿望压抑下去。

保持一颗持久的渴望成功的心，你就能获得成功。

大成功来自高层次的需要

一个人能取得多大的成功，不是取决于一个人才能的高低，而是取决于他有多高层次的需要。

在同样的一个社会，一些人成就大业，一些人取得小成功，一些人一事无成。不少人为了一个远大的目标，能经受住长年累月的奋斗考验，作长期的努力；也有不少人虽向往成功，却经受不起几次挫折便向困难投降。

你的需要是什么？产生的内在动力是强还是弱？一匹小马达，也许可以带动一辆小拖车，但绝对带动不了一列火车。

你想成就大业，很好。但你必须了解带动火车飞速前进的动力机车与一般小马达的区别。确切地说，你必须了解你内心世界能推动你前进的动力是什么，有多大。

一般情况下，人们必须先生存后发展，所以人的低层次的生理需要、安全需要比高层次的爱的需要、尊重的需要更加强烈。自我实现的需要，一般要在前面四个层次的需要得到基本满足之后才会产生。

有些人由于长期没有得到低层次需要的满足，可能会永久地失去对高层次需要的追求。

然而，从成功的大小来说，高层次的需要推动大成功，低层次的需要推动小成功。

有一位名叫麦克法兰的世界级运动员，两岁半便双目失明，但他硬是在母亲的鼓励和父亲的帮助下，以自己身体各个部分的“肌肉记忆”感知世界，他不仅获得了顽强的生存本领，而且在摔跤、滑水、游泳、掷铁饼、掷标枪等体育项目中获得了国内和国际比赛的103枚金牌，改变了盲人只能靠拐杖或导盲犬生活的命运，创造了许多健全者也难以做到的奇迹……

另一位著名人物的经历也很感人。

1921年8月，一位39岁的美国人突然患了小儿麻痹症，双腿僵直，肌肉萎缩，臀部以下完全麻木了。而这个沉重的打击发生在他作为民主党的副总统候选人参加竞选而败北以后，他的亲属、挚友都陷入极度失望之中，医生也说他能保住性命就已是万幸。但他不屈服于命运的坚强意志使他无论如何也“不相信这种娃娃病能整倒一个堂堂男子汉”。

为了活动四肢，他经常练习爬行；为了锻炼意志，他把家里的人都叫来看他与刚学会走路的儿子进行比赛，一次次都爬得气喘吁吁，汗如雨下……目睹那催人泪下的场面时，谁也没想到10余年以后，他奇迹般地当选为美国第三十二任总统，坐着轮椅进入白宫。他就是美国历史上唯一一位连任四届的总统富兰克林·罗斯福。

欲望的力量是惊人的，只要你用强大的欲望之力去推动你成功的车轮，你就可以平步青云，攀上成功之峰，改变生活的一切。

像罗斯福这样的例子还有很多很多。如果把世界上类似的奇迹都倒推回它们刚刚开始出现的那种状态，我们就会惊奇地发现：一切都是从似乎“不可能”开始的。穿过开始和结局之间那个充满了拼搏奋斗、挫折失败和一个个小成功的漫长过程，我们所发现的这句凡人格言总是会得到证明：欲望可以改变一切。

在你的头脑中也有自我实现的钥匙，在你的身边也埋藏着无数愿望，把它们发掘出来加以培养，转化成强烈的欲望，这是打开成功之门的另一把钥匙。

拨正心中的指南针

很多时候我们已经很努力，可是成绩并不可观，这就是弄错了方向。自己不擅长的事，想做好一定很难，所以做事之前一定要选对方向。

“没有比漫无目的地徘徊更令人无法忍受的了”这是荷马史诗《奥德赛》中的一句至理名言。高尔夫球教练也总是说：“方向是最重要的。”其实，人生何尝不是如此。然而在现实生活中，有很多的人都做着毫无方向的事情，过着漫无目的的生活。这种没有方向的人生注定是失败的人生。

人生并不是什么时候都需要坚强的毅力，毅力和坚持只在正确的方向下才会有用。在必败的领域里，毅力和坚持只会让人南辕北辙，输得更惨。大多数情况下，人更需要的是分辨方向的智慧。很多时候我们已经很努力，可是成绩并不可观，这就是弄错了方向。自己不擅长的事，想做好一定很难，所以做事之前一定要选对方向。

在20世纪40年代，有一个年轻人，先后在慕尼黑和巴黎的美术学校学习画画。“二战”结束后，他靠卖自己的画为生。

一日，他的一幅未署名的画，被他人误认为是毕加索的画而出高价买走。这件事情给了他一个启发。于是他开始大量地模仿毕加索的画，并且一模仿就是20多年。

20多年后，他一个人来到西班牙的一个小岛，他渴望安顿下来，筑一个巢。他又拿起画笔，画了一些风景和肖像画，每幅都签上了自己的真名。但是这些画过于感伤，主题也不明确，没有得到认可。更不幸的是，当局查出他就是那位躲在幕后的假画制造者，考虑到他是一个流亡者，所以没有判他永久的驱逐，而给了他两个月的监禁。

这个人就是埃尔米尔·霍里。毋庸置疑，埃尔米尔有独特的天赋和才华，但是由于没有找准自己努力的方向，终于陷进泥淖，不能自拔，并终究难逃败露的结局。最可惜的是，他在长时间模仿他人的过程中渐渐迷失了自己，再也画不出真正属于自己的作品了。

对人生而言，努力固然重要，但是更重要的则是选择努力的方向。

有一个年轻人痴迷于写作，每天笔耕不辍，用钢笔把稿件誊写得清清楚楚，寄给全国各地的杂志、报刊，然而，投出的稿子不是泥牛入海，就是只收到一纸不予采用的通知。他很苦恼，拿着稿子去专门请教一位名作家。作家看了他的稿子，只说了一句话：“你为什么不去练习书法呢？”

5年以后，他凭着自己出众的硬笔书法作品加入了省书法协会。

一粒种子的方向是冲出土壤，寻找阳光；而一条根的方向是伸向土层，汲取更多的水分。人生亦如此，正确的方向让我们事半功倍，而错误的方向会让我们误入歧途，甚至误人一生。

对高尔夫球手来讲，方向就是门洞所在的位置，就是要击进下一个球；而对于人生而言，方向就是目标，就是在朝着长远目标的方向逐步实现、完成的一个个小目标。

耶鲁大学历时20余年做过这样一项调查：在开始的时候，研究人员向参与调查的学生问了这样一个问题：“你们有目标吗？”对于这个问题，只有10%的学生确认他们有目标。然后研究人员又问了学生第二个问题："如果你们有目标，那么，你们是否把自己的目标写下来了呢？"这次总共有4%的学生的回答是肯定的。20年后，当耶鲁大学的研究人员在世界各地追访当年参与调查的学生时，他们发现，当年把自己人生目标写下来的那些人，无论是从事业发展还是生活水平上来说，都远远超过了另外那些没有这样做的同龄人。令人惊讶的是，这4%的人所拥有的财富居然超过了余下96%的人的总和。

上帝是公平的，它给予了我们每个人一样的天空、一样的阳光、一样的雨露、一样的时间。成功的人之所以能实现生命的梦想，关键是他们在生命起程的那一刻就找准了前行的目标，尽管在前行的道路上会遇到各种各样难以预料的挫折与磨难，但是有了方向的引领，再大的风雨也阻挡不了他们前行的勇气。古今中外，无数名人志士，无一不是在人生方向的指引下，拨开云雾，实现自己的目标。著名的物理学家爱因斯坦在5岁时，父亲送给他一个罗盘。当他发现指南针总是指着固定的方向时，感到非常惊奇，觉得一定有什么东西深深地隐藏在这现象后面，他顽固地想要知道指南针为什么能指南。从那时起，他就把对电磁学等物理现象研究作为他人生的方向，并一直执着地追求着这个目标，最终成了世界物理科学的旗手。

人生的方向因人而异，各有不同。找准方向，是让我们根据自己的实际情况，确立一个合理的目标，而不是不切实际的空想；找准方向，我们才能在生命的征程中沿着轨迹稳步前行；找准方向，我们才能用一生的力量去实现最大的梦想。

人生的方向，需要用心去找，愿每个人都能找准自己的方向。

金钱并不是人生中最重要的

在人的一生中，金钱并不是最重要的东西，不要把金钱看得太重。

当一个人处于社会中弱势群体一边时，他势必对金钱拥有强烈的欲望，因为一旦拥有金钱，他就可以改变自己的地位，使自己不再被人呼来喝去，使自我认知发生天翻地覆的变化。

但金钱真的是最重要的吗？其实未必。人一定不能因为想要迫切改变现状而被金钱冲昏了头脑。对待金钱，人们既要热爱它，但又必须冷静地对待它。就像翁纳西斯说的："人们不应该追着金钱跑，而要迎面向它走去。"

金钱并不是人生中最重要的东西，你要掌握金钱，而不能让金钱掌握你。

一笔有限的收入有两种安排法：一种是精打细算地将衣、食、住、行小心翼翼地考虑进去，虽然事事顾全了，但最终觉得无收获；另一种是把钱花在自己喜好的事情上，如果难以做到兼顾的话，还不如先满足重要的方面，而在其他的方面克制一下。

安妮的父亲失业后，全家靠吃羊市上卖剩的羊杂碎过活。一天，她在一个商场的柜台内看到了一只带红色塑料花的小发卡，顿时她便发疯般地迷上了它。安妮赶紧跑回家去央求妈妈给一元钱，母亲叹了口气，说："一元钱能买半斤羊杂碎呢。"但父亲说："给她钱吧，要知道这么便宜的价格就能为孩子买到快乐，今后是不会再碰上的。"那时，安妮才明白，这一元钱所能买到的是比金子还贵重的快乐。

钱在生活中并不是决定一切的。只要有眼光，看准了那些能使你幸福的东西，就应不惜金钱去得到它。

"股神"沃伦·巴菲特2006年6月26日在纽约的公共图书馆举行会议，邀请包括比尔·盖茨夫妇在内的各方人士见证他签署捐赠文件，将其大部分财产捐赠给慈善机构。他将从2006年7月起，逐步将其掌握的伯克希尔·哈撒韦公司的股票的大部分，捐赠给比尔·盖茨基金会，以及另外4个由巴菲特的子女及亲属管理的慈善机构。这笔捐赠据估计高达370亿美元，占巴菲特全部资产的85%。

沃伦·巴菲特有一颗清醒的头脑，他知道金钱可以用来做什么，也知道金钱在自己生命中的地位，所以他将这些钱捐赠了出来，他的生命价值不但不会在公众的心目中有所下降，反而更加受人尊重了。金钱并非最重要的，你一定要清楚地认识它。

第二节　突破常规，灵活变通

依赖别人，不如期待自己

在遇到困难的时候，依赖别人不如依赖自己，因为只有自己最清楚自己的境遇，只有自己最了解自己。

很多人处于不利的困境，总期待借助别人的力量去改变现状。殊不知在这个世界上，最可靠的人不是别人，而是你自己，你想着依赖别人，怎不想着依赖自己呢？

美国总统约翰·肯尼迪的父亲从小就注意对儿子独立性格和精神状态的培养。有一次他赶着马车带儿子出去游玩。在一个拐弯处，因为马车速度很快，猛地把小肯尼迪甩了出去。当马车停住时，儿子以为父亲会下来把他扶起来，但父亲却坐在车上悠闲地掏出烟吸起来。

儿子叫道："爸爸，快来扶我。"

"你摔疼了吗？"

"是的，我感觉自己已站不起来了。"儿子带着哭腔说。

"那也要坚持站起来，重新爬上马车。"

儿子挣扎着自己站了起来，摇摇晃晃地走近马车，艰难地爬了上来。

父亲摇动着鞭子问："你知道为什么让你这么做吗？"

儿子摇了摇头。

父亲接着说："人生就是这样，跌倒、爬起来、奔跑，再跌倒、再爬起来、再奔跑。在任何时候都要全靠自己，没人会去扶你的。"

从那时起，父亲就更加注重对儿子的培养，如经常带着他参加一些大的社交活动，教他如何向客人打招呼、道别，与不同身份的客人应该怎样交谈，如何展示自己的精神风貌、气质和风度，如何坚定自己的信仰，等等。有人问他的父亲："你每天要做的事情那么多，怎么有耐心教孩子做这些鸡毛蒜皮的小事？"

谁料约翰·肯尼迪的父亲一语惊人："我是在训练他做总统。"

每个人对别人都有一种依赖性，在家依赖父母，依赖爱人；在外依赖朋友，依赖同事。然而，生活中最大的危险，就是依赖他人来保障自己。将希望寄托于他人的帮助，便会形成惰性，失去独立思考和行动的能力；将希望寄托于某种强大的外力上，意志力就会被无情地吞噬掉。

不要与自己对抗

积极心态伟大的功效之一，就是教导人们停止与自己对抗。事实上，很多人需要练习如何打败自己。因为他们坚信自己无法摆脱困境，他们已经被自己的心灵击败了。

生活中，一些人被困难击败的主要原因之一就是他们自认为可以被打败。而克服困难的一个最大的诀窍，就是要学会相信自己可以击败困难，在得到上帝的帮助之后，便可以征服任何困难，为了做到这一点，你的心理及精神就要不断地成长。成长是你可以做得到的事。你可以在心灵方面茁壮成长，战胜任何难题。换句话说，你必须比所遇到的困难更高、更壮才行。

如果你可以因为成长而克服困难，则困难就是激励你成长的要素。俄罗斯有一句谚语说："铁锤能打破玻璃，更能铸造精钢。"如果你像钢铁一样，有足够的坚强作为打造的品质，去克服人生中的困难，那么这些困难正好可以磨炼你的意志和力量。

很多杰出的人都遵循这条人生哲学。

艾森豪威尔曾把自己的母亲看作是最明智的人，她的明智来源于她的信仰。她在家庭里制造出一种神奇的力量，而她就是这种力量的中心。

艾森豪威尔在回忆录中说，有一天晚上一家人玩牌，他埋怨自己手气不好。母亲突然停下，告诉他玩牌的时候要接受自己抓来的牌，并说生活也是这样，上帝为每个人发牌，而你只能尽自己最大努力玩好自己的牌。

艾森豪威尔说他从来没有忘记过这条教诲，并且一直遵循它。

发明家爱迪生也是奉行这个法则的伟人，他同时是一个坚毅、积极的思考者。

1914年12月9日的晚上，西橘城规模庞大的爱迪生工厂遭大火，工厂几乎全毁了。那一晚，老爱迪生损失了200万美元，他许多精心的研究也付之一炬。更令人伤痛的是，他的工厂保险投资很少，每一块钱只保了一角钱，因为那些厂房是钢筋水泥所造，当时人们认为那是可以防火的。

查尔斯·爱迪生当时24岁，他的父亲已经67岁。当小爱迪生紧张地跑来跑去找他的父亲时，他发现父亲站在火场附近，满面通红，满头白发在寒风中飘扬。查尔斯说："我的心情很悲痛，他已经不再年轻，所有的心血却毁于一旦。可是他一看到我却大叫：'查尔斯，你妈呢？'我说：'我不知道。'他又在叫：'快去找她，立刻找她来，她这一生不可能再看到这种场面了。'"

第二天一早，老爱迪生走过火场，看着所有的希望和梦想毁于一旦。却说："这场火灾绝对有价值。我们所有的过错，都随着火灾而毁灭。感谢上帝，我们可以从头做起。"3周后，也就是那场大火之后的第21天，他制造了世界上第一部留声机。

积极心态伟大的功效之一，就是教导人们停止与自己对抗。事实上，很多人需要练习如何战胜自己。因为他们坚信自己无法处理自己的困境，他们已经被自己的心灵击败了。

拒绝跟自己对抗，如果你可以因为成长而克服困难，则困难就是激励你成长的要素。

执着不一定是好事

学会变通是做人的一大准则，如果你做事不知道变通，只会导致一意孤行，品尝失败的苦果。

执着是一种很好的品质，但有的时候并不一定是好事。无论是做人，还是做事，都要学会变通。因为，只有变通才会找到方法，才会获得一条捷径。

变通，就是以变化自己为途径，通向成功。哲学家讲："你改变不了过去，但你可以改变现在；你想要改变环境，就必须改变自己。"

种子落在土里长成树苗后最好不要轻易移动，一动就很难成活。而人就不同了，人有脑子，遇到了问题可以灵活地处理，用这个方法不成就换一个方法，总有一个方法是对的。做人做事要学会变通，不能太死板，要具体问题具体分析，前面已经是悬崖了，难道你还要跳下去吗？

不要被经验束缚了头脑，要冲出习惯性思维的樊篱。执着很重要，但盲目的执着是不可取的。

有这样一则寓言故事：

战国时期，秦国有个人叫孙阳，精通相马，无论什么样的马，他一眼就能分出优劣。他常常被人请去识马、选马，人们都称他为伯乐。

有一天，孙阳外出打猎，一匹拖着盐车的老马突然向他走来，在他面前停下后，冲他叫个不停。孙阳摸了摸马背，断定是匹千里马，只是年龄稍大了点。老马专注地看着孙阳，眼神充满了期待和无奈。孙阳觉得太委屈这匹千里马了，它本是可以奔跑于战场的宝马良驹，现在却因为没有遇到伯乐而默默无闻地拖着盐车，慢慢地消耗着它的锐气和体力，实在可惜！孙阳想到这里，难过得落下泪来。

这次事件之后孙阳深有感触，他想，这世间到底还有多少千里马被庸人所埋没呢？为了让更多的人学会相马，孙阳把自己多年积累的相马经验和知识写成了一本书，配上各种马的形态图，书名叫《相马经》。目的是使真正的千里马能够被人发现，尽其所才，也为了自己一身的相马技术能够流传后世。

孙阳的儿子看了父亲写的《相马经》，以为相马很容易。他想，有了这本书，还愁找不到好马吗？于是，就拿着这本书到处找好马。他按照书上所画的图形去找，没有找到。又按书中所写的特征去找，最后在野外发现一只癞蛤蟆，与父亲在书中写的千里马的特征非常像，便兴奋地把癞蛤蟆带回家，对父亲说："我找到一匹千里马，只是马蹄短了些。"父亲一看，气不打一处来，没想到儿子竟如此愚蠢，悲伤地感叹道："所谓按图索骥也。"

这个故事出自明朝杨慎的《艺林伐山》，也是成语"按图索骥"的由来。这个寓言有两层寓意，一是比喻按照某种线索去寻找事物，二是讽刺那些本本主义的人，机械地照书本办事，不知变通。

记载商鞅思想言论的《商君书》中有一段名言："聪明的人创造法度，而愚昧的人受法度的制裁；贤人改革礼制，而庸人受礼制的约束。"是的，圣人创造"规矩"，开创未来；常人遵从"规矩"，重复历史。为什么孔子是圣人，而他的三千弟子不是？道理就在于思想是否解放，是否敢于创新，敢于自主地、实事求是地思考分析问题。

许多成功人士一生不败，关键就在于用绝了为人处世的变通之道，进退之时，俯仰之间，都超人一等，让左右暗自佩服，以之为师。

学会为人处世的变通之道不是"空头支票"，而是决定你能否从人群中挺立起来的第一关键；反之，凡不知为人处世的变通之道者，一定会在许多重要时刻碰得头破血流，跌入失败之境。

学会变通，是做人做事之诀窍。尤其是当你身处困境之时，灵活变通的能力能为你带来成功的机会。

要改变命运，先改变自己

命运就掌握在你自己手中，要想改变你的命运，必须先改变你自己。

生活不如意的人，总会认为自己的命不好。其实，命运就掌握在你自己手中，你的命运只有你自己才能改变。要想改变你的命运，必须先改变你自己。

是改变你的世界，还是让世界改变你？

年轻人经常谈到这个问题，如果你想改变你的世界，首先就应该改变你自己。如果你是正确的，你的世界也会是正确的。这就是积极态度所谈及和强调的主要问题。

绿草如茵的草地上，住着一群羊，还住着一群狼。对这群羊来说，狼吃羊是天经地义的事，每隔几天总有些羊被吃掉。日子就这样过下去。

直到有一天，一只叫奥托的羊想：为什么羊要被狼吃掉？羊可不可以不被狼吃？于是它去问其他羊。第一只羊说："自古以来就是这样。"第二只羊说："因为狼比我们聪明。"第三只羊说："因为狼比我们跑得快，也比我们合群。"第四只羊说："狼比我们学得快，也学得好，我们永远不可能超过它们。"

经过不断地询问、收集资料以及深入思索研究，奥托终于明白，只要羊学得比狼快、比狼好，羊就不会被吃掉，而且这是经过努力可以做得到的。于是，它召开羊群大会，告诉所有的羊它的梦想。

后来，它们共同行动，努力学习，尽可能快跑，还根据每到雨季狼不来吃羊的现象，找出狼不会游水的特性，又在居住地周围挖出一条护城河，筑起堤坝，现在，在绿草如茵的家园，这群羊过着幸福快乐的日子。

人生中不如意者十之八九，这时很多人都会慨叹命运不公，同时又感叹那些有车有房者命真好。其实，命运何尝厚此薄彼，每个人的命运都掌握在自己手中。你只要充分发挥自己的主观能动性，主动改变自己，那么你的命运也会随之改变。

第十五章 变通借力，顺势成事

第一节 善假于物者机巧，善借他人之力者灵便

命运并不完全掌握在自己手里

美国老牌影星寇克·道格拉斯年轻时落魄潦倒，包括许多知名大导演在内，没有人认为他会成为明星。有一天，寇克·道格拉斯乘火车去某地，与他同座的是一位女士。由于旅途漫漫，时间难以打发，于是他便主动地与身边的女士攀谈起来，没想到这一聊就聊出了一个重大机会。没过几天，寇克·道格拉斯被邀请到制片厂报到——原来，这位女士是位知名制片人。

从此，道格拉斯的事业有了一个新的起点。在这位女制片人的帮助和提携下，他很快获得了更好的发展。不久之后，他因在《冠军》一片中扮演残酷无情的拳击手而一举成名。后来，他又出演了《生活的欲望》、《光荣之路》等电影。

这位女制片人就是道格拉斯生命中的贵人，因为她的出现，道格拉斯的人生得以彻底改变。

好莱坞流行一句话：一个人能否成功，不在于他知道什么，而在于他认识谁。一个人的能力终究是有限的，更何况即使有足够的能力，也不一定会有展现才华的机会。当一个人确立了自己的奋斗方向，并朝着正确的方向努力奋斗时，如果他费尽心思、耗尽心力都无法取得成功，那么这时，他就需要一位贵人来指点他、帮助他、提携他。这正应了那句俗话“万事俱备，只欠东风”。在人生中，“贵人”就是这“东风”，借助他的力量，你可以更好地实现自己的梦想。

每个人的生命中，都可能存在着许多贵人，他可能是你并不在意的朋友、你的上司、你的同事，甚至是你的下属。不管有道理、没道理，是好人、是坏人，只要能教导你领悟一些事情的人，能够让你发生正向变化的人，其实都是你命中的贵人！

名人的故事在普通人的眼里总是有几分传奇色彩，道格拉斯遇贵人而成名这样的事看似难以置信，其实却在现实生活中确确实实地存在着。每个人的生命中都有无数贵人，关键在于你能否找到他们、发现他们、让他们帮助自己。

雷丽是北京一所名牌大学外语系的学生，她来自农村，家境贫寒，但学习十分刻苦用心，大学期间屡次获得奖学金。大三的时候，同学们都开始为毕业后的工作做准备，但雷丽心里特别希望能够出国深造。因为她感觉到如果能够出国，一来可以开阔眼界，学习到本专业的世界前沿知识，了解先进理念；二来到外语环境中熏陶几年，自己的外语水平一定能上一个新的台阶。但是苦于囊中羞涩，这几年勤工俭学的薪水也只是勉强够她的生活费用而已，至于出国的费用，那对她来说简直是天文数字。她为此一筹莫展，几欲放弃这个念头。

周末的时候，她和往常一样去作家教。这份家教她已经做了2年，学生的母亲是个女强人，不到40岁就已经拥有了一份丰厚的家业。她事务繁忙，无暇照顾孩子，但雷丽却帮助她的孩子提高了成绩，所以这位母亲很感激雷丽。也许正因如此，有一天，当她知道了雷丽想要出国的想法之后，主动提出资助雷丽，这是雷丽没有想到的。她说："你帮我的儿子提高了成绩，我本来就希望能有一个机会表示一下我的感谢。何况，这笔钱对我来说只是一个小数目，对你的意义却十分重大。我只当成是一种投资，他日你学成归来，或许还可以助我一臂之力呢！即使不能，我也算是做了一件好事。"雷丽十分感动，她抓住了这个千载难逢的机会，靠这位家长的资助在国外完成了学业。

这位家长就是雷丽的贵人。类似的事例还有很多：一个乞丐被一个商人的话语点醒，从此发愤图强，成为大企业家；一个小职员由于尽职尽责的小细节感动了前来视察的总裁，从此步步高升，成为领导人物；一个小偷被慈祥的长者所感化，从此改邪归正，为社会造福……

无数事实证明：贵人确实能够改变人的命运；贵人确实就在我们身边。

既然如此，我们是不是只要坐等贵人的降临，整天做着白日梦，就能麻雀变凤凰呢？抱着这种心态的人就大错特错了。

"不要先问别人能为我做什么，而是问问自己能为别人做什么。"这是畅销书《别自个儿用餐》的作者克斯·法拉利摸索出的最重要的结识贵人之道。

事实上，提升自我、广结善缘，就是为结识贵人而做的最好的准备。

基于此，我们应该：

怀有渴望之心。若你是一个愿意去相信他人的人，贵人就有可能真的会从天上掉下来。

懂得欣赏他人的优点，以谦卑的心向人请教，贵人自然会靠近。

学习欲望强烈。先不要判断贵人对你是不是有所帮助，而要问自己，是不是能耐下心性多方学习，吸纳消化他人的智慧。不要让自己的脑袋成为别人思想的跑马场。

不断提升自己、充实自己。只有自己能力强了，成为一匹真正的"千里马"，在贵人到来之时，才有展现才华、脱颖而出的机会。要知道：贵人不会帮助一个一无是处的人。

成功可以抄近路

张良，字子房，是西汉初年的重要谋臣。张良为战国时期韩国人，秦灭韩以后，张良曾组织刺客暗杀秦始皇，却没能成功。以他当时的力量，想灭掉秦国是十分困难的，于是他隐姓埋名，藏匿下邳。就在这时，他遇到了生命中的第一位贵人。

有一次，张良独自散步，走到一座大桥上，见一位穿土黄色大褂的老人坐在桥头上。他见张良走过来，故意将一只脚向后一缩，让一只鞋掉到桥下去了。

老人不客气地对张良说："年轻人，下去把我的鞋子捡上来。"

张良听了有点不高兴，可是一想，他是老人，不必多计较，就到桥下拾起鞋子，走上来递给老人。

谁知那老人不接鞋子，却把脚一伸，说："给我穿上。"

张良没说什么，又顺从地给老人穿上了鞋。

那老人这才微微一笑，站起身来走了。

张良觉得这位老人好奇怪，不是一般人，所以就站着没动，目送老人走远。

谁知老人走了很远又返回来了，对张良说："年轻人，不错呀，我倒乐意教导教导你。过5天，天一亮，你到桥上来见我。"

张良听后忙跪下答应了。

第5天，张良一早来到桥上，谁知那老人已先到了。他生气地对张良说："你跟老人约会，怎么叫老人等你呢？"

张良急忙认错。老人说："走吧，再过5天，早点儿来。"说完，一甩袖子走了。

又过了5天，张良一听鸡叫就跑向大桥，但还没上桥，就看见老人了。老人瞪了他一眼，说："过5天再来吧！"

到了第4天半夜，张良就来到桥上等。一会儿，他才看见老人一步步走来了。这次老人露出了慈祥的笑容，对张良说："这才对了。"然后他从袖子里掏出一部书交给张良，说："回去好好读，将来可为国家出点儿力。"

张良还想再问，老人却不再说话，头也不回地走了。

这时天才亮，张良趁着晨光一看，这部书原来是一部珍贵的兵书——周朝姜太公编的《兵法》。

从此，张良刻苦钻研《兵法》。后来他成了有名的军事家，为灭秦和建立汉朝立下了汗马功劳。

古希腊诗人荷马在史诗《奥德赛》中讲述了奥德赛在特洛伊战争后，回家途中的种种经历。奥德赛临终前，把爱子泰莱马科斯托付给忠实的朋友门特抚养。直至今天，"门特"一词仍旧用来形容受欢迎的老师、具有洞察力的朋友、经验丰富的教育家、成熟老练的向导。在每个人的人生中，都会有不同的"门特"在我们最需要的时刻出现，给我们以帮助。

这些"门特"就是我们生命中的贵人。他们在关键的时刻为我们指引前进的方向，讲解解决问题的方法，从而在我们的生命中发挥极其重要的作用。

在人生的道路上，如果得到此类贵人的指点和帮助，就能使你少走弯路。历史上不乏这样的例子，有的人竭尽平生之力也在事业上一筹莫展，结果朋友的一句话却使他茅塞顿开。"听君一席话，胜读十年书"就是这个意思。

莫泊桑在拜福楼拜为师以后，才学会了"观察"这项文学基本功；罗曼·罗兰也是在托尔斯泰的指引和鼓励下，才坚定了学习写作的信念；卡内基追随斯考特先生后，才在事业上不断获得新发展。这些例子就是有力的证明。

指点迷津的贵人就在你身边，他们看似平凡、普通，却在你的生命中发挥着很大的作用。贵人可以向你传授他的知识和智慧，可以锻造你的人格，可以帮你指点错误，可以教给你方法，为你指引方向，使你的成功来得更快。

陈池大学毕业以后就开始自己创业，开了一家广告公司。

做了一番市场调查之后，他从父亲那里借了2万块钱，租了一间小小的门面，搬来自己入学时买的一台旧电脑，另外又购置了一些必要的办公设备，最后挂了个广告公司的招牌。

可是，开张1个多月，他竟然没有任何业绩。那一阵子，他除了焦急，便是坐在店里望着街上来来往往的行人发呆。正在一筹莫展、走投无路时，他突然想起了自己一位做企划的朋友。他向朋友诉说了自己生意上的烦恼，朋友听了没多说什么，只是说第二天要陪他上一天班。

第二天，在朋友的陪伴下，陈池像平常一样坐在自己广告公司的门口，看着街上来来往往的行人。他偶尔看见一两个人在公司门口驻足观望，也懒得走上前去搭理。当时，他认为：如果别人想做广告，肯定会走进店里来主动询问；如果只是在门口张望，大多是出于好奇，并没有做广告的意向。就这样，他又闲坐了一天，依然没有业绩。

朋友在旁边观察了一天，晚上向他指出了失败的原因，并为他提出了两条建议：第一，要热情。只要有人在公司门口驻足观望，就要迎上前去，用最简洁的话告诉他们公司的业务范围，并了解一下客户的需求。即使客户暂时不想做广告，只要他们驻足观望，就说明他们有这方面的隐性需求，以后他们想做时，也会考虑到这里来，这无形之中就等于做了免费宣传。第二，自己一定要忙碌起来。即使没有一点事情可做，也要假装忙碌。一旦你闲坐在那里，就会让人产生一种错觉：这家公司承接业务的能力很差，或许是广告的制作水平不高。这样，即使别人有制作广告的意向，也不会把业务放心地交给这样的公司。久而久之，就会形成恶性循环，自然也就没什么业务了。

陈池听了朋友的忠告，茅塞顿开。他改变了原来那些不良的做法，变得热情和忙碌起来。不久，他就拿到了第一个订单，生意很快有了起色。1年之后，陈池成了一位有名的广告人。

可见，能遇到贵人的人不一定是叱咤风云的大人物，普通人的身边也有很多贵人。只要善于发现，朋友、同事、老师、上司……都能成为你的贵人。

指点迷津的贵人就在每个人身边的人群之中，但这个人可能默默无闻，可能貌不惊人，只有真正的有心人才能发现他们，让他们帮助自己。

下面几条建议会对你寻找贵人有所帮助：

1.认清“贵人”的含义

“贵人”不是指大富大贵之人，也并非特指一般意义上的功成名就之士，“贵人”是指能够帮助你、提携你、指点你，对你产生正确影响的人物。所以，对于那些阅历丰富的长者、那些有着非凡业绩的人士、那些在某一领域有特殊专长的小人物、那些公司里比你更有经验的同事，你都要足够地重视，因为在这些人群中，最容易出现贵人。

2.尊重并求助于那些“好为人师”的人

虽然在传统的观念中，“好为人师”几乎是一个贬义词，但这样的人一般都比较热心，乐于帮助别人。而且，他们大多经验丰富。前人的经验是通向成功的最便捷途径。但是，在与这一类人交往时要注意，对于他们的建议和想法要去粗取精、去伪存真，以找到对自己有帮助且正确的那一部分。

每个人的身边都有一座金矿

比尔·盖茨成为世界首富，是因为他掌握了世界的大趋势以及他在电脑上的智慧和执着。但是，比尔·盖茨之所以成功，除这些原因之外，还有一个最重要的原因，那就是比尔·盖茨遇到了一些“贵人”。

比尔·盖茨创立微软公司的时候，只是一个无名小卒。后来，他借助了一些“贵人”的力量，不断地获得了大的发展。

第一，比尔·盖茨的母亲就是他的贵人。

他20岁时签到了第1份合同，这份合同是跟当时全世界第一强电脑公司——IBM签的。

当时，他还是个在大学读书的学生，没有太多的人脉资源。他怎能钓到这么大的“鲸鱼”？可能很多人不知道：原来，比尔·盖茨之所以可以签到这份合同，中间有一个介绍人——比尔·盖茨的母亲。比尔·盖茨的母亲是IBM的董事会董事，母亲介绍儿子认识董事长，这是很自然的事情。

第二，他的合作伙伴也是他的贵人。

比尔·盖茨最重要的合伙人——保罗·艾伦及史蒂芬，他们不仅为微软贡献他们的聪明才智，也贡献他们的人脉资源。

第三，发展国外的朋友，让他们去调查和开拓国外市场。这些朋友也是他的重要贵人。

比尔·盖茨有一个非常好的日本朋友叫彦西，他为比尔·盖茨讲解了很多日本市场的特点，为比尔·盖茨找到了第1个日本个人电脑项目，以此来开辟日本市场。

第四，雇用非常聪明、能独立工作、有潜力的人来一起工作，让下属成为自己的贵人。

比尔·盖茨说："在我的事业中，我不得不说我最好的经营决策是挑选人才，拥有一个可以完全信任的人、一个可以委以重任的人、一个为你分担忧愁的人。"

没有人可以靠一己之力取得成功，再聪明、再能干的人也需要借助他人的力量，连世界首富也不例外。

智商、能力、眼光、学识……都可能成为开启成功之门的钥匙，但贵人却是获得成功的隐形密码。不知道这一密码的人，只能在奋斗的道路上左冲右突，接连碰壁，空耗才华和精力，慨叹"世道无常、怀才不遇"，陷入"斯人独憔悴"的悲凉境地。

财富是每个人的梦想，任何人都有获得财富的权利和机会，关键是你能否把握得住获取财富的捷径。不要靠非法手段牟取暴利，那样只会害人害己，而要借助贵人的力量。无论是创业、经商还是投资，拥有贵人的帮助，都会令你事半功倍。

贵人就是一座金矿，这些金矿在每个人的身边都有分布，但只有发现它们、开采它们的人才有可能摆脱贫困，成为真正的富人。

能够帮助你实现"财富梦"的贵人往往存在于以下几种人群之中：

1.已经拥有财富而又希望赢得声望的人

对于这一类人来讲，金钱已经不是那么重要，他们愿意用金钱去帮助他人、赞助慈善事业、为自己树立良好的公众形象。很多成名的企业家和大牌明星都属于这一类型。

2.拥有财富并希望通过招揽人才增长财富的人

如果你是一个人才，他们会愿意投入资金栽培你，希望他日你能够帮助他们将事业做大做强。

3.拥有小额财富并想通过投资获取更多财富的人

这些人需要合作伙伴，如果你手中握有某项技术、较大范围的人际关系或者某一领域的丰富知识，他们有可能看中其中一点，与你合作，从而实现双赢。

贵人是成事的关键人物

西汉初年，刘邦登基后，立长子刘盈为太子，封次子如意为赵王。后来，见刘盈天性懦弱，才华平庸，而次子如意却聪明过人，才学出众，他有意废刘盈而立如意。刘盈的母亲吕后听闻，非常着急，便遵照开国大臣张良的主意，聘请了"商山四皓"。商山四皓，指的是秦末汉初（公元前200年左右）的东园公、里先生、绮里季和夏黄公4位著名学者。他们不愿意当官，长期隐居在商山，出山时都已80有余，眉皓发白，故被称为"商山四皓"。刘邦久闻四皓的大名，曾请他们出山为官，却遭拒绝。有一天，刘邦与太子一起饮宴，他见太子背后有4位白发苍苍的老人，问后才知是商山四皓。四皓上前谢罪道："我们听说太子是个仁人志士，又有孝心、礼贤下士，我们就一齐来做太子的宾客。"刘邦本来就知道大家很同情太子，又见太子有4位大贤辅佐，于是消除了改立赵王如意为太子的念头。后来刘盈继位，为惠帝。

贵人是成事的关键人物。就像故事里讲的那样，如果没有张良出的主意和"商山四皓"的帮忙，刘盈虽然也有可能维持太子的地位，但希望已经十分渺茫。有了这些贵人的帮助，他才真正在太子的位子上坐稳，并顺顺当当地成了下一任皇帝。

在生活中，人们常常遇到这样的情况：为了做成某一件事，自己已经费尽心思、耗尽力量，无奈此时离成功尚差一步。这时，如果有一双贵人的手伸出来推自己一把，就很容易到达成功的彼岸；如果没有，就只能在中途停下，望着胜利的曙光深深叹息。

人生变幻无常，成败之间往往有数种力量和因素在融合、抗衡。当你徘徊在成功边缘却无力前进时，贵人就是适时出手相助的正面力量和推动因素。有了他们，你才能对成功有更大的把握。

想要办事成功，就必须找对帮助你办事的贵人。这一类贵人没有固定的特征，要根据自己要做的事情来具体选择。

1.寻找此类贵人必须有明确的针对性

有些人的能力很强，但他总是有不太擅长的方面。所以，千万不要请他办这些不擅长的事，否则是不会取得理想的效果的。

2.尽量找一些“直接”的贵人

就是说你找到的贵人可以直接帮助你，而无须再求助于其他人。当然，有时人求人的情况在所难免。只是你要尽量缩短这一“求人链条”，免得付出过高的成本，毕竟两点之间最短的距离是直线。

3.找到热心助人的贵人

在你锁定了几个有能力帮助你的贵人之后，要凭借经验和智慧选择其中最有可能帮助你的一位，这就需要一点识人的本领。这本领来自于平日生活的积累。找到了有能力帮你且愿意帮助你的贵人，你才不至于步步受阻。

借他人之力激发生命潜能

海伦·凯勒生于美国亚拉巴马州北部的一个城镇，出生后的第十九个月，一场突如其来的高烧使她变成了一个又盲、又聋、又哑的残疾人。在没有声音、没有光明、没有交流的世界里，海伦·凯勒却成长为一名慈善家、演讲家、教育家。1904年6月，她以优等成绩从哈佛大学拉德克利夫女子学院毕业。1906年，美国海外盲人基金会颁发了“国际海伦·凯勒奖金”，以奖励那些为盲人公共事业做出杰出贡献的人。1964年，林登·崔元总统授予了她“总统自由奖章”，这是美国公民所能获得的最高荣誉。她去世后，《华盛顿邮报》撰文道：“她的一生不愧是我们这个时代最伟大的辉煌之一，她的辞世是整个世界的损失。”

海伦·凯勒在黑暗中摸索着长大。本来她对自己的人生感到十分绝望，不认为自己还能有什么作为，但是，7岁那年，家里为她请了一位家庭教师，也就是影响海伦一生的沙利文老师。沙利文在小时候眼睛也差点失明，所以她了解失去光明的痛苦。在她辛苦的指导下，海伦用手触摸学会手语，摸点字卡学会了读书，后来又用手摸别人的嘴唇，终于学会了说话。

沙利文老师为了让海伦接近大自然，就让她在草地上打滚，在田野中跑跑跳跳，在地里埋下种子，爬到树上吃饭；还带她去摸刚出生的小猪，到河边去玩水。海伦在老师爱的关怀下，竟然克服失明与失聪的障碍，完成了学业。

沙利文老师用极大的爱心、耐心和毅力，从尊重孩子的天性、引导孩子的兴趣出发，在摸索中成功地将海伦·凯勒从一个心智未开、任性无知的小女孩逐渐培养成一个知书达理、才华横溢的少女，直至她进入大学。之后，沙利文老师又陪伴并辅导海伦·凯勒完成了大学课程，并多次陪海伦·凯勒进行巡回演讲。

沙利文成了海伦·凯勒的导师和伙伴，为海伦·凯勒的成功提供了莫大的助力。

每个人的生命都蕴藏着丰富的潜能，就连海伦·凯勒这样高度残疾的人都不例外，更不用说身体健全的普通人了。每个人都有成功的基因。

据科学家研究发现，人脑蕴藏着无穷巨大的潜能，其中绝大部分仍未被人们发掘利用。据统计，人的大脑一生可储存1000万亿信息单位，相当于全世界图书馆所藏的7.7亿册书，仅人脑的网络系统就比北美洲的全部电话、电报通信网络还要复杂。但遗憾的是，人脑的相当一部分潜能未被利用，这部分约占90%。为此，美国心理学家陆哥感叹说：“我们最大的悲剧不是令人恐惧的地震、连年的战争……而是千千万万的人们活着然后死去，却从未意识到存在于他自身的人类未开发的巨大潜力。”

受到知识面、性格、心态等因素的限制，多数人无法认识乃至开掘自身的潜能，而“贵人”正是在这一方面起到了重要作用。有些贵人就像顶级的激励高手，他们认识到人们潜藏的能力，并挖掘这些才能，增长人的自信，鼓励人们做到以前自认为做不到的事。这一类贵人也是不可或缺的，他们是人不断向前发展的重要推动力。

一般来讲，下列几种人可以成为助你挖掘潜能的贵人：

1.有自觉的“潜能意识”的人

就是说这一类人懂得潜能理论或者是成功励志方面的高手，他们能够用专业的眼光看到他人某一方面的潜能并助其不断挑战自我。这一类贵人对人的帮助就像心理医生治病一样，是目标明确、有的放矢的。

2.乐观上进的人

这一类人就是在你提出某种计划和设想以后，为你增强信心的人。在遇到问题的时候，他们不会提出反对或消极的建议，而是会不断鼓舞你战胜困难并积极地寻找解决问题的方法。他们对生命充满热忱，并能够以此种情绪影响他人。

3.不断给你更高挑战的人

这一类贵人常常给你一些看似不可能完成的任务，从而使你在挑战新高度的同时，将自身的潜能也在无形之中挖掘出来。

4.你的对手

在某一领域你倘若有竞争者，那么为了赢得竞争的胜利，你自然会用尽全部心智，这也是开发潜能的一个大好机会。

成功也要借助外力

唐代大诗人王维年轻的时候到京城长安，投靠好友张九龄。张九龄当时在朝野中颇有声望，他为人热心，愿意提携有才华的年轻人。但王维的才学并不为人所知，张九龄为此很是着急。

一天，京城来了一位卖胡琴的，索价百万。许多有钱有势的人都竞相传看，但没有识货的。张九龄得知后，就倾尽所有积蓄，买下了这把胡琴。许多熟悉他的人都觉得奇怪：你又不会演奏这种乐器，花这么多钱买它干什么？

张九龄说：“我虽不会演奏，但我的一位朋友是演奏它的专家。明天我在酒楼里设宴，请大家来欣赏演奏。”

第二天，长安许多官宦名流都赶到酒楼，想一睹演奏胡琴者的风采。张九龄却对大家说：“我这位朋友王维是写诗的好手，有上百首好诗等着请大家欣赏。可他来到京城后，却一直淹没在世俗人群之中，不被大家所了解。而弹琴的技艺，是低贱乐工的事情，哪是大诗人所为呀！”

他说着，猛地把价值连城的胡琴举起，摔得粉碎，然后把王维的诗稿分给大家。就这样，王维的名声传遍了京城。

在人生路上，能遇到张九龄这样的贵人真是一大幸事。成功之路从来都不是一帆风顺的，上天在每个人的人生路上都布置了关口和障碍。对于年轻人来说，扫除这些障碍并不是一件容易的事。王维成功的障碍就在于他的不知名，张九龄想方设法让他名声大振，也因此成就了王维的前程。

贵人们往往能够通过自己从前的经历，总结出成功的方法。他们知道初涉世事的年轻人最需要什么，由此帮助年轻人实现他们的梦想。

有这样的贵人相助，就像走一条铺得很厚的雪路，靠自己当然会深一脚浅一脚，费尽周折。而如果有一位贵人帮助就大不一样了。他们或者熟悉方向和路程，率先走了出去，后人只要踏着他们的足印前进就可以了；或者拿出工具，把积雪清扫干净，开出一条好走的小路来，从而使后人可以轻松通过。

每个人都渴望成功，但这并不意味着每个人都必须在成功之路上筚路蓝缕、披荆斩棘。这样做既虚耗时间，又浪费资源。与其这样大费周折，不如借别人开辟的道路取得成功。也许这会需要你交些学费，却是一条难得的捷径。

陆明和李孚是从小一起长大的朋友，也是大学同学，毕业几年之后春节相聚在一起，大家都有了很大的变化。大学毕业后的李孚去了南方，经过几年艰辛的打拼，她终于从一名普通的公司职员一步步走到了一家跨国公司技术部门主管的位置。她通过自己的努力和聪慧的头脑赢得了好的发展。而毕业后的陆明则选择了回家乡教书。老家的生活是安安静静的，一份比较稳定的工作让他可以守着家门过着淡然而轻松的小城生活。这次春节相会，他们之间聊了很多。和李孚的聊天、攀谈中，陆明觉得自己获益匪浅。他和李孚是同一个专业，看看李孚的成就，陆明觉得自己不应该就这样满足于现状。于是他向她说了说自己的想法，希望能跟李孚一块儿去实现自己新的梦想。李孚答应了。

春节之后，陆明和李孚一起南下。刚到南方的陆明举目无亲，只认识李孚一人。在李孚的帮助下，陆明在这个陌生的城市里开始寻求自己的事业。李孚通过自己的客户给陆明介绍了一份工作。陆明凭着自己的那份耐力和专业上的功底，现在已经成为这家公司的部门经理。这对于一个刚开始新的事业、在新的环境下生存的人来说是非常难得的成就了。

如今，陆明谈起这件事，总会满脸的感激之情，说是李孚改变了自己的现状，改变了自己的人生轨迹。

寻找能够帮助你开辟道路的贵人，可以从以下几类人入手：

1.在你即将涉足的领域已经取得较好业绩的成功人士

他们从自己开辟的道路走向成功，这条道路即使不完全适合你，也会为你提供有益的启示。

2.那些有开拓精神、敢于冒险尝试的人物

这些人走在时代潮流的前端，敢为天下先，能在没有道路的地方开辟出道路来。正是这些人，凭借勇气和胆识取得了非凡的成就，也正是这些人，成为了同一领域后继者的贵人。

3.不畏困难、不服输的朋友

当你的事业遭遇阻碍时，他们会鼓励你，给你打气，帮助你找方法解决困难，而不是找借口纵容自己去逃避。他们会为你驱除前方的“拦路虎”，让你在成功之路上走得更加顺畅。

不是怀才不遇，是没找到贵人

2001年，美国总统布什提名赖斯担任新一任国务卿。

赖斯出生于美国阿拉巴马州伯明翰市的一个黑人家庭，父母从小就培养她的自信心和远大志向。母亲经常这样教育她：“你要拥有这样的自信：即使我现在不能从伍尔沃斯连锁店获得一份汉堡包，但我总有一天会成为美国总统。”

赖斯像常人一样，有她的爱好，喜欢疯狂购物，喜欢穿艳丽的服装，喜欢用黄金珠宝来装饰自己，她也喜欢看足球比赛，喜欢体育锻炼，但她最喜欢的还是音乐。

3岁时，赖斯就开始学习钢琴，并曾经获得美国青少年钢琴大赛第1名；2002年，她曾和世界著名的大提琴演奏家马友友一起表演过二重奏。因此，赖斯曾梦想当一名职业钢琴家。

然而，一场主题为“斯大林时代与政治”的讲座改变了她的志向，使她决定弃乐从政。此后，赖斯开始攻读政治学，并获得了博士学位。

她知道，在美国政坛，如果没有贵人相助是很难成功的，特别是像她这样一个黑人家庭出身的女人。于是她开始积极寻找她生命中的贵人。1995年，她去得克萨斯州拜访前总统老布什。在那里，她第一次见到了现任总统小布什，但当时小布什还是新当选的得州州长。他们那次相谈甚欢，但话题不是政治，而是他们都最喜欢的体育。

1998年，赖斯和小布什第二次相见。当时小布什已开始将目光瞄准白宫，两人在老布什位于缅因州的夏季度假别墅见了面。赖斯回忆那次见面时说道：“除了打网球，我们还常出去划船，并坐在别墅后门廊上进行了多次聊天，话题是下一任美国总统将面临的外交政策。”就这样，随着小布什当选总统，赖斯的政治梦想也得以实现，并迅速问鼎了国务卿这一宝座。

一匹好马可以带领你到达你梦想的地方，一个贵人可以带你实现自己的愿望。

在现实生活中，大多数人都有属于自己的梦想和愿望，其中也有一部分人像赖斯那样，拥有十分远大的理想和抱负。但是最后，能够达成自己所愿的人并不多，很多人对此的解释是没有机遇。

是的，机遇是人梦想成真的关键，但机遇不是某个人守株待兔等来的，而是需要自己去创造。要想创造机遇，就必须首先认识到贵人的重要性，因为贵人就是机遇的潜台词。

贵人与机遇的关系虽然是隐性的、并非显而易见的，但是这种关系确实存在，并发挥着常人难以想象的作用。

无数成功者的成功历程，就是无数场伯乐相马的故事的大集合。如果你拥有梦想，拥有成功的“野心”，即使你只是个普通人，也必须鼓起勇气，找到自己的贵人，以获取通向成功的关键门票。

机遇贵人并非可遇而不可求，他们往往就在我们身边。只要学会辨识和利用，你也可以为自己赢得成功的机遇。

上司和领导是最好的贵人，他们往往能够为你提供好的发展机遇。

如果有机会，不妨多认识一些在你较感兴趣的领域工作的朋友，尤其是从事人力资源工作的人士，因为他们对于“职位空缺”有最早的感知，可以为你提供有用的信息。

主动结交善于编织人际关系网的交际高手，因为他们往往乐于雇用将来可能对自己有利的人。这样，一旦自己需要寻求别人的帮助时，往往不费吹灰之力便能得到。即使他们由于某种原因不能直接提携你，也有可能把你介绍给其他朋友。这样，你的机会就更多了。

山重水复疑无路，友人相助又逢生

1915年5月，袁世凯为了换取日本对他称帝的支持，接受了灭亡中国的《二十一条》。全国民众尤其是那些爱国人士纷纷谴责他卖国求荣的无耻罪行。有一位爱国将领叫蔡锷，当时是国民政府参议院的议员，他对此事件表现出了强烈的愤慨，力主拒绝这个丧权辱国的条约，还制订了秘密的作战计划，并上书袁世凯，希望他回心转意，以国家和民族的命运为重，采纳自己的意见。结果，袁世凯对蔡锷顿生敌意。他借助商议国事的机会，将蔡锷及其全家调进北京，予以软禁。蔡锷终于看清了袁世凯这个窃国大盗的庐山真面目。为攘除奸凶，他寝食难安，生命安全也受到了严重威胁。后来，他很幸运地遇到了一个人，并因此得以脱险。此人便是小凤仙。

蔡锷为了迷惑袁世凯，经常在京城的风月场中闲逛，他就是在这个时候遇到了小凤仙。小凤仙见到这位客人时，就感到他与普通的客人不同，心事很重，谈及国事时则表情很不自然。而蔡锷本人也是非常惊讶，原来只知道“商女不知亡国恨”，没想到眼前这位女子却悉知天下之事，确实不简单。小凤仙通过向来者求字，终于知道眼前这位客人就是大名鼎鼎的蔡锷将军。最后两人谈到深夜，相见恨晚。后来，两人经常在一起。

袁世凯得知这些消息后，以为蔡锷已沉醉于温柔乡中，丧失了斗志，所以心里暗自高兴。然而，他哪里知道蔡锷却在暗中紧急联络反袁势力。当被袁世凯觉察到一些蛛丝马迹后，蔡锷清楚地知道，留在京城时刻都有生命危险。但是蔡母、蔡夫人和子女都在袁世凯的监控之下，如何得以脱身呢？小凤仙为蔡锷想出了一条妙计：蔡府上下闹翻了天，蔡夫人大骂蔡锷道德败坏、留恋娼妓、抛妻弃子，蔡锷则暴跳如雷，大打出手。蔡夫人恼羞成怒，砸碎了家里所有的瓷器和古玩，把家里弄得不像样子。后来经过调解，蔡夫人提出与蔡锷离婚，其母也因为对儿子不满而与蔡夫人一起带着儿女回到了云南老家。这一出戏更乐坏了窃国大盗袁世凯，他欣慰地说道：“松坡（蔡锷字松坡）家事尚不能了，哪顾得了国事！”但就在他放松警惕的时候，蔡锷悄悄离开了京城，东渡去了日本。

就这样，蔡锷一家在小凤仙的掩护下，得以顺利脱险。如果没有小凤仙的出现，蔡锷也许就会被袁世凯杀害了。如果那样，不仅他家人的性命不保，连后来轰轰烈烈的革命事业的历史恐怕也要彻底改写了。

这个故事告诉我们：当艰难险境来临之时，一位挺身而出的贵人可以帮助你摆脱厄运，从而改变你的命运。

有的时候，人会面临人生的困境乃至绝境，但在你以为山穷水尽、无路可走之时，贵人的出现却会给你的人生带来希望和转机。对于这样的贵人，你一定要加倍珍惜。

所以说，有的时候找到了贵人，就等于让自己的生命多了层保障，多了份保险，多了个护身符。

天有不测风云，谁又能肯定自己的路就一定畅通无阻？谁能防患于未然？恐怕没有人能够十分肯定地回答这个问题。

贵人对于人的帮助并不只限于“生命”这一方面，也许有很多人都能平平安安地度过一生，很少遇到大灾大难。即使当你遇到一些小挫折时，贵人也会挺身而出，帮助你摆脱困境。

比如，当一个人的生活落入困顿的时候，当创业者偶尔周转不灵的时候，当有人遇到事业上的重大发展阻碍的时候，如果在此之前，他结交了贵人或在他的身边存在着贵人，那么这时候贵人就有可能助他化险为夷。

在普通人的身边并不缺乏此类助人绝处逢生的贵人，以下几类贵人尤其能在关键时刻设法助人一臂之力：

1.有侠义心肠或慈善心的人

“大侠”在现代社会虽然不存在，但那种济困扶危的侠义精神还没有消失，人们身边的那些疾恶如仇者就很可能是其中之一。慈善的人乐于做好事，所以在别人遇到困难时，他们乐于伸出援助之手。

2.亲人关系

十分亲近的亲人当然不用多说，即使那些不甚相熟或者来往不多的亲戚，一般也会由于血缘或者情感的原因，不遗余力地帮助那些困境中的亲人。

3.生死之交、有通财之谊的朋友

这些朋友是至交，可能有人一生也只有一两个这样的朋友。他们愿意为你的事竭尽全力，在关键时刻甚至愿意付出巨大的代价助你脱险。

第二节　好风凭借力，送我上青天

拓展你的交际版图

卡耐基训练大中华地区负责人黑幼龙曾经说：“完整的人际关系包含3个阶段，发掘人脉、经营交情、出现贵人。”

无论做什么都是向别人传递信息的机会，一个懂得把握机会，同时又善于经营人际关系的人，最后才可能依靠人脉开创事业的舞台。

贵人可能出现在陌生人中，但那属于一种个别的情况。大多数时候，贵人是出现在你的人际网络中，贵人最有可能是你认识的人、与你有交情的人。所以说，你的“人际版图”越大，在其中出现贵人的几率也就越大。贵人的数量几乎与朋友的数量成正比，这也正是强调人脉网的重要性的原因所在。

人脉网的关键在于高品质，要多结交一些成功人士、有能力的人、在某一方面强于自己的人。并且你必须保证这些人愿意在关键时刻帮助你，否则，即使他们的能力再强，也与你的发展无关。结交那些不能帮助自己的朋友，是徒劳无功的。

生活中，我们谁都缺不了贵人。多交一个贵人就多一条路，在你困难的时候，往往是你的贵人帮助了你；离开了贵人，你往往就会陷入无助之中。贵人，是你人生中不可或缺的关键人物。

刘师傅下岗1年多了，如今他又上班了。令他想不到的是，这次居然是工作主动找他的，当然这得益于几年前刘师傅结识的一位朋友。

5年前刘师傅为了给儿子筹集上大学的学费，决定将自己的房子出租。在出租房子时，刘师傅认识了一家房屋中介公司的陈女士。在会谈中，双方商谈得十分愉快。后来，刘师傅把家搬到了别的地方，与陈女士的公司离得远了，双方联系得也少了。

不久后，刘师傅工作的厂子破产，个人承包之后，刘师傅被迫下岗了，赋闲在家。一次刘师傅去河西办事，又遇到了陈女士，双方聊了起来。在得知刘师傅下岗在家待业后，陈女士说自己的公司正在扩大，需要一个办理产权手续的员工，不知道刘师傅是否愿意屈就。刘师傅想，自己和人家只是为了出租房子打过几次交道，双方又有好长时间未曾谋面，认为这不过是一句客套话。因此，他并未往心里去，只是口头应承着说回家考虑一下。

可是，刘师傅刚办完事回到家，陈女士就打电话问他是否下个星期就能上班。陈女士说，办房产手续对公司而言是一个重要岗位，交给陌生人不放心，刘师傅是个热心肠，又是熟人，如果方便的话，可以马上上班。

就这样，过了1周，刘师傅就到陈女士的公司上班了。如今陈女士的公司又扩大了，刘师傅成了河西分部的经理。

对此，刘师傅深有感触地说：朋友多了路好走，这话一点儿也不假呀。

扩大交际网的前提是培养、提升自己的气质，改善自己的交际。如果你希望拓展人脉，那么照着以下建议去做，你就会有意想不到的收获。

1.乐于结交朋友

采取主动的姿态参与各种社交活动是拓展交际的一个必然途径。可以选择一个社团，加入一个集邮社或健身俱乐部，等等。被动的方式最常见的是，旅途中，必须学会和陌生人相处。所以，要乐于结交朋友，无论何时何地，如果有人想主动结识你，绝不要当场拒绝，而应马上作出友善的回应，向对方展示你的友善和真诚。永远记住，多善待一个希望结识你的人，你就能多增加一份人脉，并可能因此多得一次事业良机。

2.自信

每个人都有一套拓展人脉的方式，接待人的特点和方式也都不同，但是有一点可以肯定，善于社交的人必然是个自信、开朗的人，一个腼腆、保守的人很少进入社交界。对抗这种“社交紧张症”的最根本方法是培养自己的信心。一个人如果很不自信，他就不愿意走出去主动与人交往，更甭说拓展人脉了。

3.培养受欢迎的性格

俗话说：“千人千面，各人各性。”有一种人尽管有很高的社交要求，但他们仍然会觉得和别人交际来往会让他们心神不宁，会带给他们莫名的紧张。对于这类人，锻炼自己的耐性，可以让自己在人际交往上得到长足的发展。

4.以开放的心态容纳朋友

开放的心态包括要勇于听取朋友们的意见和批评。只有善于吸收意见的人，才成长得最快。如果你想有更多更好的朋友，就应该养成开放宽容的心态。建设人脉的目的之一就是为自己增加发展的外力，能够为自己提意见的朋友是世界上最珍贵的朋友。处处寻找朋友，并听取他们的建议，才是理性和成熟的体现。

5.多参加应酬

生活中的应酬是一门人情练达的学问。为人处世有许多事需要应酬，张三结婚、李四生日、王五喜得贵子、马六新升了职务，这些事要避当然也能避开，但别人会说你不懂得人情世故。那些善于社交的人，常常会热衷于这些事情，使双方都皆大欢喜。为什么？因为他们懂得，日常生活中的应酬可以帮助他们在感情账户上多存储资源。

多搭几次头等舱

彼克出生于贫穷的家庭，在贫民区长大。他只上过6年学，为生计所迫，他从小就干杂工、当报童。这样一个苦孩子，看起来命运十分惨淡。但是，他13岁时，看了《全美名人传记大成》后突发奇想，要直接和许多名人交往。他的主要办法就是写信，每写一封信都要提出一两个让收信人感兴趣的具体问题。结果许多名人纷纷给他回信。再一个做法是，凡是有名人到他所在的城市来参加活动，他总要想办法与他所仰慕的名人见上一面，只说两三句话，不给人家更多的打扰。就这样，他认识了社会各界的许多名人。成年后，他创办了《家庭与妇女》杂志，约请他所认识的许多名人撰稿，从而使这份杂志特别畅销。就这样，彼克自己也成了名人和富翁。

彼克是一个聪明人，他的聪明主要表现在两个方面：第一，他了解到凭借自己的地位和经济条件很难取得成功，所以必须求助于贵人；第二，他知道要主动接近贵人，并且知道到哪里去寻找他的贵人。由于抓住了写信和名人做活动的机会，他成功地实现了自己的目标。

彼克的做法和“搭乘头等舱”的做法是一个道理，这就是所谓的“醉翁之意不在酒”。彼克参加活动是为了结识名人，人们搭乘头等舱也是为了结识名流，而不是为了活动和旅行本身。因为搭乘头等舱的乘客大都是政界人物、企业总裁、社会名流，他们身上可能存在许多重要的资源。由此，搭乘头等舱就可能为自己搭建更高层、更高品质、更高价值的人脉关系网，因为这里出现“贵人”的频率要远远高于其他场所。

这样的例子并不少见，有的人在短短几个小时的飞行中就能说成几笔生意，或者结下难得的友谊，而这在经济舱内的旅行团体中是很难完成的。

在现代社会，越来越多的人懂得了这个道理。所以，读MBA的人可能不是为了充电，考托福的人也未必想出国，考司法的人也不一定要当律师。这些人中，许多原本是为了一张证书进入了这个圈子，后来却变成了融入这个圈子，顺便拿张证书。证书对于他们来说，仿佛已经不是一张许可证，而更像是一张融入某个社交群体的准入证。

当然“搭乘头等舱”的意思并不狭义地指出入高级场所，而是指找到贵人出现频率最高的地方和最易接近贵人的方法，这也算是寻找贵人的一个小窍门。

某电子商务有限公司总经理刘建30岁以前就拥有了1000万元的资产，那时的他真的有点骄傲得不知天高地厚。后来，当他参加了EMBA（高级管理人员工商管理硕士）班，才知道“天外有天”。刘建原打算读MBA，但最后还是多花10万元选择了EMBA。2年下来，许多同学成了他的股东，刘建的生意也越做越大。这是因为读MBA的同学一般是二三十岁，工作没几年，实践经验也不多，还没形成自己的风格；而来读EMBA的人层次就大不一样了，他们都有8年以上工作经历，很成熟，而且都是某个领域的开拓者和领头羊。和比自己更成功、更出色的人在一起，刘建的收获大大超过付出。

刘建认为，受什么样的教育并不重要，关键是和谁做同学。他花巨资就是为了改变自己的“社会交往结构”。“要知道，在这里汇集的都是中国管理层的精英，今日的同学关系也许就意味着明日的财富，‘同桌的你’、‘同班的你’都很重要。”刘建说道。

“搭乘头等舱”的做法看起来很容易，但懂得这个道理的人未必都能做到，这就需要掌握一些相应的要领了。

1.要舍得付出，不要计较一些“小账”和眼前利益

去乘头等舱，出入高级场所，当然需要比较大的花销，但这笔花销会使你大开眼界，物超所值。所以，如果你总是舍不得手里的一些小钱，便等于将自己与贵人划清了界限，缩小了自己的格局。

2.要历练自己的风度和气质，让自己成为一个举止优雅、文明大方的人

这样才能在一个较高层次的场合如鱼得水。要努力让自己融进这个场合，而不是被这里的人嘲笑、被这里排斥。试问，一个在餐桌上表现失态的人，怎么可能与一位更高层次的贵人相谈甚欢呢？

3.不要表现得过于急功近利

无论你抱有什么样的目的，付出了多么大的代价，结交贵人都不是一天两天就可以大功告成的事。如果过于急切地表明自己的意图，甚至不惜作出谄媚的样子，那么你将失去贵人对你的好感和尊重，最终得不偿失。

用显微镜看他人的优点

歌德与席勒之间的友谊向来为人称颂，歌德是一个善于发现他人“闪光点”的人。

歌德比席勒年长10岁，当席勒还是一个小青年的时候，歌德已名扬天下。作为后起之秀，席勒的才华并不亚于当年的歌德，他21岁就以剧作《强盗》一举成名，接着又写了《阴谋与爱情》等3部风靡一时的悲剧。

文人难免相轻，两人相处不再如从前那样长期共存自如了，感情上也产生了距离。不过，歌德毕竟具有伟大的胸怀，他钦佩席勒的长处——不受周围环境的影响，专心致志努力创作，同时忘记了席勒的短处——骄傲自满、目中无人。

若干年后，他还保持着与席勒深挚的友谊。他对席勒说：“你给了我第二次青春，使我作为诗人复活了。”

两人在写作上多次合作，成为终身好友，死后还同葬在一起。

歌德的宽容和欣赏既促进了他与席勒之间的友谊，也为两人提供了相互学习和促进的机会。

对一个人感兴趣才会去发现对方的优点。而你对对方的关注，更是你重视对方的一种表现，这会让对方感之于心而发于情，从而对你产生很深的好感。

这让人想起了小说《飘》中充满积极人生态度的梅兰的一句话："假如你用挑剔的眼光看待这个世界，那么，你眼中将遍地荆棘。"这句话告诉我们：要用欣赏的眼光看世界。

在我们的生活中，最平常的人身上也有闪光点。你可以尝试真诚地欣赏你周围的每一个人、每一件事，以使对方备受鼓舞。这时，你也会发现，欣赏会让你的生活更加美好。

欣赏别人，可以建立一种健康和谐的人际关系。在节奏飞快的现代社会，在一个无暇沟通的生活环境中，学会欣赏别人尤为重要。只有这样，人与人之间才会多一分融洽、少一分隔阂。

对于处理与贵人之间的关系也是如此。在结识贵人以前，你应努力去挖掘他人身上的优点，或者向他们学习，或者让这样的优点、优势为我所用，那么这些人就成了你为自己"创造"的贵人。

在结识贵人之后，努力发现并指出他们身上的优点，会让他们感到更加自信，从而促使彼此之间的关系向更深的方向发展。这是一件一举两得的好事，何乐而不为呢？

有一次，维克去邮局寄一封挂号信，他发现那儿的工作人员对自己的工作感到很不耐烦。见此情景，维克心里说："我要使这位仁兄喜欢我。显然，要使他喜欢我，我必须说一些好听的话。"

维克问自己："他有什么值得我欣赏的吗？"维克仔细寻找着，立刻找到了工作人员能让他欣赏的优点。

当工作人员在磅秤上称维克的信件时，维克很热情地说："我真希望有你这种头发。"

那人听后抬起头，有点惊讶，面孔露出微笑，说："嗯，不过它不像以前那么好看了！"

维克说："虽然失去了一点光泽，但看上去仍然很好看。"

那人听后高兴极了，他们愉快地交谈起来，就像相识多年的老朋友一样。

要想培养欣赏他人的修养，就要注意以下几点：

1.提醒自己欣赏他人优点

应该将互补者的优点一一列举出来，并时刻提醒自己，他们哪些优点是自己不具备的。也正是这些优点值得自己学习，并让他们看起来更可爱。

2.理解他人也是欣赏他人的一个基础

心理学家研究发现，关系转淡的朋友有一半左右是因为彼此的个性比较强，因为彼此看不惯而相处得很别扭。

要学会欣赏他人尤其是贵人，还要明白我们身边的贵人是最切实的老师，要以他们为荣，这样才能以真挚的友情加上谦虚的态度去学习。有一些人不但不会欣赏贵人，反而排斥贵人的成就和优点，这种做法是不可取的。

3.欣赏别人如果变成了廉价的吹捧、无原则的夸奖，那就成了拍马屁，只会适得其反

欣赏贵人并不是投其所好的精神按摩，更不是卑躬屈膝的精神行贿。欣赏贵人是要发现贵人的长处，并真心加以尊重和学习，使之变成促进自己进步的力量。

寻找帮助也要对症下药

莫尔是一位美国商人，他看中了中东石油带来的利益，于是便移居沙特。

莫尔移居沙特后，人生地不熟，所以一连在几个地区都没能获得石油开采权。如果向沙漠纵深开采，那必须得到当地政府的特批许可。

通过一名外国朋友，莫尔认识了一位王子。莫尔得知，王子喜欢枪支，于是他便特地从德国高价买来镶有钻石的手枪和无弹壳的新式冲锋枪相赠。哪知王子无动于衷，因为给他送枪的人太多了。

随后，莫尔在法国购进一辆奔驰6005型防弹车。王子虽然收下了礼物， 却没有多少特别的表示。

不久，莫尔又从非洲买来几头狮子，送到王子的私人动物园。最后，莫尔为王子订制了一架小型豪华客机。他将订单送到王子手里，并说明了自己的意图。

王子问莫尔："你送我的礼物都很值钱，既然你这么有钱，为什么还想着地下的石油？"

莫尔说："为陛下送礼物，我已负债累累。"

王子说："难得你这么专一和诚心，我就给你想个办法吧。"

终于，莫尔拿到了沙漠深处的石油开采特批许可证，达到了自己的目的。

贵人能给予我们提携和帮助，所以找到贵人是很重要的，但需要注意的是，找"对"贵人才是重中之重。

"对症下药"是医学词汇，指根据病人的不同症状来开药才能够保证药到病除。找贵人也要遵循这个道理，即根据自己的需要寻找能为自己办事的贵人。

在你遇到棘手之事的时候，可能身边会有几位贵人可以帮你的忙或者可以通过关系网络找到几位贵人，但是究竟让哪一位贵人来办这件事能收到最佳效果，就需要用心思考、反复思量了。

找到一个不合适的贵人，只会空赔人情，对事情的解决没有用处；找到一位勉强合适的贵人，可能会将事情办好，但你要为这种"可能"提心吊胆，因为他没有办成的把握，更糟糕的是，最终事情也可能办得不那么如意；只有找到最合适的贵人，像莫尔找到中东王子那样，才能将事情办得精彩、漂亮，超乎寻常地好。

一个偏僻的小学破烂不堪，校长多次按规矩层层请示拨款事项，却始终没有结果。无奈之下，他决定向本市木材厂的厂长求援。校长之所以打算找该厂长，是因为这位厂长重视教育，曾捐款1万元发起成立"奖教基金会"。

遗憾的是，最近该厂经营出现了一定的困难。校长虽然深感希望渺茫，但也只好"背水一战"了。

于是，校长敲开了厂长办公室的门。

校长开门就夸："厂长，我近日在省城开会时听到教育界同仁对您的称赞，实是钦佩！今日途经贵公司，特来拜访。"

厂长说："不敢当！过奖了。"

校长又说："厂长您真是一位有远见、有卓识的人，首创'奖教基金会'，不但在本市能实实在在地支持教育事业，更重要的是，您的思想影响还很大。'奖教基金会'由您始创，如今已由点到面，由本市到外市，甚至发展到全国许多地区了，真可谓香飘万里……"

校长紧紧围绕厂长颇感得意之处，从各个方面予以充分肯定，夸得厂长满心欢喜。

此时，校长诉说了自己的"无能"和悔恨："身为校长，明知校舍摇摇欲坠，危及师生的生命安全，我却毫无良策排忧解难。要是教育界领导都能像厂长您这样支援教育，只要拨1万元钱就能卸下我心头的重石，可是至今申报十几次，仍不见分文。"

这时，厂长的脸上立刻起了微妙的变化。他沉默了一会儿，然后说："校长，既然如此，你就不必再打报告求三拜四了，1万元钱我捐献给你们。"校长听完后，紧紧握住厂长的手，满意地笑了。

"对症下药"这一原则在结交贵人时是十分重要的，它涉及的范围很广，以下几个问题就是其中的重要方面：

1.寻找贵人时要"对症下药"

即首先找到自己遇到问题时的"症结点"，然后根据自己需要的帮助找到合适的人。比如需要资金要找有钱的商人，需要职务调动要找人力资源管理方面的高手，这样做才不至于缘木求鱼，找错方向。

2.结交贵人也要“对症下药”

即了解自己的贵人，根据贵人的为人与爱好来与之相处。

3.有较强的分析问题和识人的能力

只有把自己的问题分析清楚，把自己的贵人看透，才谈得上“对症下药”。所以，培养自身的这两种能力是重中之重。

你慷慨助人，别人自会慷慨助你

简单地说，善待他人的人可以分为两种：一种是商人，他从商业利益的角度考虑问题，希望得到他馈赠的人们帮助他宣传产品，从而扩大产品的知名度和营业额；另一种是纯粹无求的人，他们只是发自内心地希望帮别人一把，并不希望有一天会得到什么回报。但是，无论是哪一种人，他们总有一天会得到他人的帮助。在这个世界上，仿佛真的存在一个“帮助”的链条，它的首尾两端扣在一起，如果你帮助了A先生，A先生帮助了B小姐……他人帮助的对象沿着链条绕一圈，最终还会回到原点——你的身上。而那些你曾帮助过的人们，也就因此成了你的贵人。

“善有善报，恶有恶报”是事实，但这些“报”不是上天或者超自然力干预的结果，而是人际关系在起作用。

做了好事的人，会得到他人的感激，从而使自己在遇到困难的时候能够得到自己曾帮助过的人的回报，这些人就是他的贵人。做的好事越多，他的贵人就会越多；相反，总做恶事的人，贵人也会越来越少，到最后也许就没有人能帮他，只剩他自己单打独斗，这样他遭遇困境时就很难摆脱。

这也就是“晴天留人情，雨天好借伞”的道理。

吴春和胡榆是老乡，都来自西北地区一个偏僻的小县城。大学毕业后他们一起工作，但胡榆比吴春早到公司5年左右。由于同在一个办公室上班，因此他们联系得更加密切。胡榆是个非常敬业的人，几乎每天都会加班，尽管有时候工作并不是很忙，但他依然毫无例外地每个星期天都会去办公室看看，以致大家都认为他是个地地道道的“工作狂”。生活中，他又是一个非常爽快、好结交朋友的人，经常跟朋友一块儿打牌、玩球。周末，胡榆又经常会把吴春这帮单身者招呼到他家吃饭。有一次，一下子涌到他家30平方米左右的屋子里20多人。年轻人在一起总是喜欢闹腾，一顿饭就吃了他们家半袋面——学做西北拉面。他的妻子也为此忙得团团转。正因为如此，大家常来常往，所以都非常了解胡榆的为人。后来，单位调来了一位领导，居然是吴春爸爸的同学，这实在是个凑巧。一次吴春去看望这位长辈，谈话间提到了胡榆，吴春只是按照自己的观点表达了对胡榆的看法，完全是拉家常，没有任何目的或是意图。但没想到这成了一次机缘，胡榆被安排担任了一个项目的负责人。他本来就是一个天分极高的人，又非常勤奋上进，所以更加得到了上上下下的赞赏和钦佩。现在胡榆已经升为项目开发部经理了。胡榆总认为是吴春帮了他不少的忙，其实，那纯粹属于偶然。但正是由于这些，吴春和胡榆的个人感情更深、交往更密了。

善待他人是每个人必须做的事，这种“善待”有时并不是只靠心地善良就可以表现出来的，还有一些具体的问题需要注意：

1.既要对他人好，又要尊重对方的人格和意愿

既不要过分热情，让他人心生厌烦，也不能将自己的主观意愿强加于人，甚至让对方有被怜悯、被救助的受辱之感。

2.善待所有人，而不仅仅是那些你认为可能成为贵人的人

因为那样做既有趋炎附势的嫌疑，又容易让一些貌不惊人的贵人与自己擦肩而过。

3.帮人要帮到点子上

要进行真诚的、实实在在的帮助，让对方感受到你的诚意。比如对方一时缺钱的时候，用好听的话去安慰他就不会起到作用；当对方事务缠身的时候，打电话找他谈心的结果肯定适得其反。

实力才是王牌

有一年，世界歌王帕瓦罗蒂到北京顺便去了趟北京音乐学院，很多家长都想让这位歌王听听自己子女唱歌。帕瓦罗蒂出于礼节，耐着性子听，不置可否。

来自陕北的黑海涛，凭着自己的刻苦努力考入这所著名的音乐学院。他也想得到帕瓦罗蒂的指点，但他知道自己没有背景，很难得到与歌王见面的机会。但是，难道白白浪费这么好的机会吗？黑海涛不甘心，他灵机一动，就在窗外引吭高歌世界名曲《今夜无人入睡》。听到窗外的歌声，帕瓦罗蒂很是欣赏，了解之后亲自为黑海涛联系出国深造事宜。

每个人的身边都有贵人，但大多数时候，这些贵人是潜在的、隐形的，我们很难发现他们的所在。既然寻找贵人这么难，为什么不运用逆向思维，反其道而行之，想办法让贵人来发现我们呢？

自古以来，才俊之间往往惺惺相惜，如果你真的是人才，有能力，那不妨亮出自己的实力。贵人看到你的实力之后，一定不会无动于衷，他们一定不会错过那些自己赏识的人。多数贵人都有识才、惜才之心，因为或许当年他们就是由于某位识才贵人的赏识才得以出人头地的，如今异地而处，当然也一定会对有才华的年轻人施以提拔和帮助。

所以，贵人是你“吸引”来的，而不是等来的，或者碰运气碰来的。如果你一直没有贵人相助，那么你只能怪自己，怪自己没有实力或者没有抓住机会将实力表现出来。

马克应聘一家房地产公司的主管职位。由于待遇丰厚，接待大厅被应聘者挤得水泄不通。马克灵机一动，走到入口处高声喊道：“请大家自觉遵守秩序！前来应聘的人排成3排。”应聘者看到马克与公司的工作人员站在一起，以为他也是考官，便很快排好了队。接着，马克又把大家的简历收在一起，把自己的简历放在最上面，这样他便得到了第1个面试的机会。考官已将马克刚才的行为看在眼里，看了他的简历后，便说：“你被录用了。”

用实力吸引贵人还要注意以下几个方面的问题：

1.展示你最优秀的一面

如果你没有“关系”，又想在竞争中取胜，那你只有依靠自身的“软件”了，比如你有没有团队精神，是否知道编织自己的人际关系网，等等。当然，你所拥有的这些“软件”一定要是对手所没有的，这样才能体现你的优势，然后再通过适当的途径把它们展示出来即可。

一个人可能有多方面的能力，但你对贵人展示的必须是自己的优势和强项，因为实力足够强，才可能在瞬间对贵人产生强大的冲击力，让他被你打动。

2.要注意实力和贵人的搭配

就是说你应该首先对自己的贵人有所了解，然后在他面前展现出他所熟悉或者从事的领域的实力。比如黑海涛在歌唱家面前展现歌唱实力，马克在人力资源考官面前展现组织能力，都是很恰当的。因为只有这样，贵人才会看到并了解他们的长处。所以，如果贵人酷爱书法，你不妨写上几笔大字；如果贵人喜欢读书，你不妨与他谈谈名著，这样你的才能便会更容易被他发现。

3.实事求是地表现实力

无论你的实力有多强，只要照实际情况表现出来就好了，千万不要自我吹嘘，也不要表现出骄矜的样子，那样容易引起贵人的反感，对自己有百害而无一益。

结交贵人，多多益善

商鞅在秦国实行变法之初，反对者成千上万，连太子也不以为然，一再触法。商鞅说："变法的法令之所以不能贯彻执行，是由于上层有人故意抵抗。"于是他便想把太子刑之以法，以杀一儆百。可是太子是国君的接班人，是不能施刑的，所以他便拿太子的老师公子虔和公孙贾当替罪羊，他们一个被割掉了鼻子，一个脸上被刺了字。可由于当时商鞅甚得秦孝公的宠信，权势极盛，太子拿他也万般无奈。

商鞅的变法取得了巨大的成功，经过十几年的时间，秦国的国力得到极大的扩充，兵力也得到极大的增强，由一个西部的边陲小国一跃成为七雄之首。

然而，正当商鞅的权势如日中天之时，秦孝公死了，太子继位，也就是秦惠文王。他一上台，他的老师——那个被割掉了鼻子的公子虔便出面告发，于是惠文王便下了逮捕令。无奈之下，商鞅匆匆忙忙逃离咸阳。但当他来到潼关附近想要投宿时，旅店的主人却拒绝收留他，并说道："根据商君的法令，留宿没有证件的客人是要进监狱的！"

商鞅这才觉得自己是自作自受，他开始后悔当初得罪太子。想想看，如果当时他能像别人那样对太子稍稍奉承几句，那也不会落到今天这步田地了。但世上没有卖后悔药的，当初不知结交，今日只能无奈"坐收其害"了。最终，商鞅走投无路被收捕，车裂（即五马分尸）于咸阳街头。

秦孝公重用商鞅，让他主持变法得以施展自己的才华，可以说是他的大贵人。但是商鞅却因此只剩下这一个贵人，身边的其他人大多都成了他的敌人。所以当秦孝公去世之后，他就陷入了四面楚歌的境地，走投无路了。

因而，找贵人也需要用心衡量，既要照顾到方方面面的利益，又要瞻前顾后，考虑事情细腻周到，不能只在一棵树上吊死，也不能一条道走到黑。即千万不要仅仅依靠一座大山，若有许多可以利用的关系就不要因粗心大意而忽略。

同时，面对同一个贵人，采用一种方法进攻失败，就要考虑另外的方法。不要随意地放弃贵人，要知道，放弃贵人就意味着你的事情永远没有希望成功。

在结交贵人的时候应该注意：

1.为自己多结交几个贵人

"贵人"是永远不嫌多的，多一个贵人就多一条路，也多一个靠山。此路不通时，可以换另一条路。

2.懂得变通，不要认死理

贵人只是能够帮助你、提携你的人，与你并没有什么必然的联系，更没有忠诚不忠诚之说。一个贵人遇到了麻烦，陷入了困境，你当然需要以朋友的身份帮助他。但这不代表你不能结交其他贵人，而只能被一个贵人牵制、牵连。

3.让自己成为举足轻重的人

争取在每一位贵人心中都占有一席之地，并积极促进多个贵人之间的联系，力求让你的贵人们能因你的存在而扩大交际网络，变得更加强大。这样，你的地位更加举足轻重。

远离禁闭室，呼吸新鲜空气

有一位女孩叫阿莲，读高中一年级。随着青春期的到来，她慢慢地产生了摆脱父母的心理，有了自己的书房和小书桌后，每天偷偷地写日记，写完后将日记本藏在抽屉中，不让妈妈看。她希望用自己的内心去感受世界，可是面对形形色色的现实世界、繁杂的人际关系以及沉重的学习压力，阿莲又感到一种内心的不安全。于是，她开始变得孤僻，害怕人际交往，心中产生一种莫名其妙的封闭心理。有时，一个人跑到小河边望着静静的河水流泪，顾影自怜。她渴望与同学进行交往，羡慕其他同学快快乐乐、轻轻松松地参加集体活动，可她却又害怕主动与别人交往，还抱怨别人对她不理解、不接纳。

这种心理特征就是心理自我封闭，与外界隔绝，生活在个人的小天地里，难以与人交往。发展到一定程度，就会形成一种疾病。

因为阿莲给自己营造了禁闭室！把自己锁在了安全的窝里，把外界想象得过于深不可测，其实外面的世界很精彩，尝试从你的禁闭室走出去，呼吸一下外面的新鲜空气，说不定有意外的收获。

在一个小村庄里，由于过去曾发生过几件不愉快的事，导致村民之间相处得很不融洽，家家户户自扫门前雪，别说互相帮助了，见了面也熟视无睹而且还时不时为一些芝麻绿豆大的小事争得面红耳赤，闹得整个村落鸡犬不宁。

村长很想改善目前的窘境，不希望这股相敬如“冰”的风气继续蔓延下去，于是请来了一个外地人帮忙。

这个外地人自称是技艺精湛的魔术师，并通告乡里说：“我有一个神奇的魔法铲，用这个铲子炒出来的菜，会是天底下最美味的一道菜。口说无凭，我可以当场试验给你们看！”

村里的人听说了这件神奇的事，开始议论纷纷，有人搬来了家里的大锅，有人搬来了家里的大炉子，有人自愿提供木材，有人点火，全村的人围着村子中央的空地，静心等待魔术师的精彩表演。

魔术师煞有介事地在锅里放了油，把青菜放入锅中，魔法铲翻炒几下，然后带着遗憾的神情对大家说：“这么一点点哪里够这么多人吃？如果可以再多一点菜，那么大家就都可以吃得到了。”

于是，有人飞快地从家里拿了青菜出来。魔术师把青菜放入锅中翻炒，试了一口，然后兴奋地说：“味道真是太好了！如果可以再加一点盐，或是一点肉丝，那就更可口了。”

大伙儿听了口水直流，盐、肉和其他的调味料也很快地送到了魔术师的手上。

没多久，魔术师的锅里已经装满了佳肴。

这盘菜刚端上桌，就已经被大家你一口、我一口，吃得盘底朝天，村民们发现，这果真是天底下最好吃的一道菜！

虽然是一则小小的故事，但它的寓意很深奥，各家自扫门前雪，各家吃各家的饭，天天都一样的菜，一样的调料，当然吃不出新鲜来。但如果和大家一起吃，那肯定有滋有味。

人际交往也是一个道理，一个人整天蒙在自己狭小的圈子里，如井底之蛙，当然不知道井口之外的天是多么的奇妙，但是和大家一起分享，把你知道的和他知道的汇合，那就不只是井口大的天了。

如何走出舒适圈呢？

1.初步建立人脉网

有米才成炊，人脉网要靠自己一点点聚拢才能成型。已故的台湾报界名人高信疆，在创办《人间副刊》之初，没人愿意为其投稿，只能自己“造米下锅”。但他坚持不懈，每天会写20

封信，不管认识不认识，不管能否接到回信。坚持的结果是，“米多锅少”，就一再扩版，成就了以副刊带动整个报纸的辉煌。而他自己的人脉网也同时扩大了规模。另外你可以推而广之，每天发20封电子邮件，不怕陌生、不怕不熟。联系多了，顺其自然就成了你熟悉的人了。

成功建立关系网的关键是和适当的人建立稳固的关系。很好的人际关系能提高你生活的情趣，让你了解周围所发生的一切，并提高交流的能力。

2.扩大人脉网

人脉网不能一成不变，像盖好的楼盘，要想着开发二期。在打造关系网的过程中，已经认识的人很重要。你目前的联络网是奠定你未来关系网的原料。他们都有自己的熟人，而他们所熟识的人又有自己的熟人。总是几张熟得不能再熟的脸相对，哪里还有新鲜？你的熟人中不可能只认识你一个，不妨互相交换，带好各自的朋友扩大联盟。这样交叉着，你的人脉网很容易扩张，你的获得就永远新鲜。

3.拥有不同的人脉网

物以类聚，人以群分，这个“分”当然有其特定的标准和规则。但当这个标准或规则太具有功利性时，人脉网有时就会从网住共同东西的领域变成了阻碍人迈出脚步的绳索。这时，人脉网便不知不觉变成了绳索。不让绳索套住你的最好办法，就是拥有几个不同的人脉网。涉猎广泛一些，发挥自己不同的侧面，就很容易拥有不同的人脉网。

与恰当的人建立稳固关系对成功至为关键。

不想做个平庸的人，那就走出来吧！

社交馈赠也需要窍门

中华民族向来是礼仪之邦，“礼”文化也源远流长。即使在今天，礼尚往来，也是人际交往的一项重要内容，俗话说：“礼轻情义重”，我们既可以体味到人情缔结的温馨，又可以享受友好往来的愉快。但是，有时也会因为方法不当、时机不对、礼品不妥而事与愿违，反而人情未结，芥蒂又生，真是赔了夫人又折兵，有些不值得。

送礼作为一种社会现象，有其约定俗成的规矩。比如送给谁，送什么，怎么送，这些都很有讲究，千万不能小看，绝不能随心所欲，盲目瞎送，从这个角度讲，送礼也需要技巧。社交馈赠也是需要一定窍门的。

社交馈赠一定得明白几点：礼品如何选择才能用礼达意，赠礼的时间选择在何时比较恰当，既不打扰别人还能起到很好的效果，还有一点就是赠礼的方式到底该选择哪一种，这些都是进行社交馈赠时应该考虑的。

1.礼品选择

针对送礼对象的特点，侧重于礼品的现实价值和纪念意义，这是选择礼品时要注意的两个最基本的问题。具体来说，选择礼品应该注意以下几个问题：

（1）要明确双方之间的关系。在选择礼品时，如果忽略了自己与受赠对象之间关系的性质、类型与状态，就容易选礼不当。对待公务交往的对象与私人交往的对象、老友与新朋、异性与同性、中国人与外国人……选择礼品时一定要有所区别，具体关系具体选择。

（2）要恰到好处。如果所赠礼品符合了受赠对象的兴趣与爱好，受赠对象会格外满意，因为他感到你尊重他，而且与他有更深的情义。1990年2月，美国总统布什接见了在法国网球公开赛中获得冠军的美籍华裔张德培。张德培把在法国公开赛中使用过的球拍作为礼物，送给这位爱好网球运动的总统。布什不禁露出了顽童般的高兴神态，说：“老天，太棒了！”

不过，要是为了对受赠对象投其所好，而超出了个人能力或彼此关系的界限，去不择手段地向对方赠送能满足其兴趣爱好的礼品，不仅毫无必要，弄不好还容易被对方及旁观者怀疑为另有所图。

自古“宝剑赠英雄，红粉赠佳人”，送人礼物必须确知能令对方感到满意，才能实现该份礼物的价值。如果将一双崭新的溜冰鞋送给一老翁；买一只贵重的瑞士手表，赠予初次见面的朋友；或者送内向保守型的教授一辆山地自行车……这些不恰当的东西，都只会适得其反。何况，男女老少有所不同，个人的爱好也不是放之四海而皆准，购买前必须仔细考虑，才能为受礼人带来无比的温馨。

（3）不要触犯受赠对象的禁忌。禁忌，就是因某种原因（尤其是文化因素）而对某些事物所产生的顾忌。禁忌的产生大致有两个方面的原因。

一是纯粹由受赠对象个人原因所形成的禁忌。例如，向一位从来忌恨烟酒的人赠送烟酒，向一位刚刚中年丧妻的男士赠送情侣表、情侣帽、情侣上衣，都会令对方心情大坏。有些是由于受赠对象某些方面的自尊和不足造成的禁忌。1989年，英国首相撒切尔夫人送给法国总统密特朗英国作家狄更斯1859年撰写的一本小说《双城记》，这部小说把法国大革命时期的暴力和恐怖同当时英国生活的平静作了比较。法新社评论说：“这份礼物不能平息法英两国在本周末巴黎七国首脑会议上的争执，甚至可能适得其反。”

二是由于风俗习惯、宗教信仰、文化背景以及职业道德等影响下逐渐形成的禁忌，那就要顾及习俗礼俗，入乡随俗，才能真正打动对方。

比如，礼品的选择，要针对不同的受礼对象区别对待。一般说来，对家贫者，以实惠为佳；对富裕者，以精巧为佳；对恋人、爱人、情人，以纪念性为佳；对朋友，以趣味性为佳：对老人，以实用为佳；对孩子，以启智新奇为佳；对外宾，以特色为佳。

还有比如中国还有“好事成双”的说法，因而凡是大贺大喜之事，所送之礼，均好双忌单，但广东人则忌讳“4”这个偶数。因为在广东话中，“4”听起来就像是“死”，是不吉利的。再者，白色虽有纯洁无瑕之意，但中国人比较忌讳，因为在中国，白色常是大悲之色。同样，黑色也被视为不吉利，是凶灾之色、哀丧之色。而红色，则是喜庆、祥和、欢庆的象征，受到人们的普遍喜爱。另外，中国人还常常讲究给老人不能送钟表，给夫妻或恋人不能送梨，因“送钟”与“送终”、“梨”与“离”谐音，是不吉利的。还有，如不能为健康人送药品，不能为异性朋友送贴身用品等。

（4）要重视礼品的现实价值和纪念意义。礼品的本质价值在于寄寓和传输意识、情感、交情而不在于其使用价值。因此，在选择、定制礼品时，要着重考虑它的深刻本意。

（5）赠礼一定要态度友善，说话有分寸。送礼时要注意态度、动作和语言的表达。平和友善、落落大方的动作并伴有礼节性的语言表达，才是受礼方乐于接受的。那种做贼似的悄悄地将礼品置于桌下或房间某个角落的做法，不仅达不到馈赠的目的，甚至会适得其反。在中国一般习惯上，送礼时自己总会过分谦虚地说：“不足挂齿！”“只是一点小意思”或“很对不起”……这种做法最好避免。当然，如果在赠送时以一种近乎骄傲的口吻说“这是价值连城的东西”也不合适。在对所赠送的礼品进行介绍时，应该强调的是自己对受赠一方所怀有的好感与情义，而不是强调礼物的实际价值，否则，就落入了重礼而轻义的地步，甚至会使对方有一种受贿的感觉。

（6）礼物也要有包装。礼物是你真情的代言者，礼物的选择显得尤为重要。不过，如果你能在礼物的包装上再用点心思，那么你的礼物一定能够更有效、更深刻地打动对方的心。

譬如，鲜红的玫瑰花配上红色包装纸，是象征燃烧的热情；绑上粉红色的蝴蝶结，是你那颗跳动的爱心。又如，大胆地采用黑与白来包装，把你难以启齿的爱慕装进里面，不就可以送到那个人的心扉里吗？

包装的材料有蝴蝶结、可爱的小盒子、透明的小箱子……还适合各种用途的卡片、贴纸。

想要包装哪一种礼物，就从这些包装的材料当中，挑出适合赠品颜色和形状的各种材料，按照自己喜欢的方式包装好绑上缎带。

包装的好坏，虽然与是否能灵巧地使用包装纸和绑蝴蝶结有关。但是，更重要的在于色彩感觉的好坏，这与包装得漂亮与否有直接关系。

2.时机的挑选

一般情况下，以下时候适宜向受礼者赠送礼品：

（1）应当道喜之时，如交往对象结婚、生育的时候。

（2）应当道贺之时，如交往对象升学、晋级、乔迁、出国、事业取得成功或是过生日、过节日时。

（3）应当道谢之时，如受到他人提携、照顾、帮助之后，可在适当时机，以礼相赠，表示谢意。

（4）应当慰问、鼓励之时，交往对象遇到困难、失败、身处逆境时，可以赠送适当礼品表示慰问或鼓励。

（5）应当纪念之时，久别重逢、参观访问、临行话别之际，可以赠送礼品，以为纪念。

（6）在遇到传统节日，如春节等，可向交往对象赠送一些礼品、纪念品。

3.方式的选择

（1）面送礼仪。

当面赠送宾客礼品时应表现得自然大方，正确表达礼品的含意、用途以及赠送礼品所表达的情意，增加彼此友谊，使对方欣然收下礼品。切忌当面赠送礼品时表情紧张，鬼鬼祟祟，令旁人和宾客内心起疑，那样就失去了赠送礼品、增加情意的意义。

（2）代送礼品。

当自己不能当面赠送礼品时可委托他人代送礼品。在代送礼品之前，应向受礼人讲明自己赠送礼品的原因、礼品的相关意义、自己不能当面赠送的理由，使对方能够理解，并收下礼品。

（3）邮送礼仪。

赠送异地友人礼品时可通过邮寄的方式。在邮寄礼品时应包裹得当，以免礼品在运输途中被损坏。对方的地址、姓名、联系方式及自己的相关信息应写清楚，以免寄错、丢失。在礼品寄出后应立该给对方打电话，告诉其关于礼品的相关信息，使其对礼品有所了解，不至于收到后“零星看花”。

4.地点的选择

赠送他人礼品时，如果选择的赠送地点不合适，会严重影响赠送礼品的效果。一般情况下，公务交往赠送礼品时应在工作场所或交往地点进行，而私人交往赠送礼品则宜在私下里进行。切忌不分场合地赠送他人礼品，这会造成难堪的局面。

整个礼物馈赠的最后一环，送得好，方法适当，会皆大欢喜，境界全出。送得不好，受礼者不愿接受，或严词拒绝，或婉言推卸，或事后返回，都会令送礼者难堪，落得个赔了夫人又折兵。所以，只有巧妙掌握社交馈赠的技巧，才能把整个送礼过程画上一个完满的句号。

第十六章

通权达变，出奇制胜

第一节　见机行事，随势而变

人生变幻莫测，需随机应变处之

人们常说“人生变幻莫测”，那我们如何在这种变幻中安身立命呢？答曰：唯有随机应变！我们只有时刻留心身边的变化，才能在人海中绕暗礁，劈风浪，直挂云帆济沧海，同时，也能在身处危境时，在无声无息中化险为夷。

郭德成是元末明初人，他性格豁达，十分机敏，且特别喜欢喝酒。在元末动乱的年代里，他和哥哥郭兴一起随朱元璋转战沙场，立下了不少战功。

朱元璋做了明朝开国皇帝后，当初追随他打天下的将领纷纷加官晋爵，待遇优厚，成为朝中达官贵人，郭德成却仅仅做了戏骑舍人这样一个普通的官。

一次，朱元璋召见郭德成，说道：“德成啊，你的功劳不小，我给你个大官做吧。”

郭德成连忙推辞说：“感谢皇上对我的厚爱，但是我脑袋瓜不灵，整天不问政事，只知道喝酒，一旦做大官，那不是害了国家又害了自己吗？”

朱元璋见他坚辞不受，内心十分赞叹，于是将大量好酒和钱财赏给郭德成，还经常邀请郭德成到御花园喝酒。

一次，郭德成兴冲冲赶到御花园陪朱元璋喝酒。眼见花园内景色优美，桌上美酒芳香四溢，他忍不住酒性大发，连声说道：“好酒，好酒！”随即陪朱元璋痛饮起来。

杯来盏去，渐渐地，郭德成脸色发红，但他依然一杯接一杯喝个不停。眼看时间不早，郭德成烂醉如泥，踉踉跄跄地走到朱元璋面前，弯下身子，低头辞谢，结结巴巴地说道：“谢谢皇上赏酒！”

朱元璋见他醉态十足，衣冠不整，头发零乱，笑道：“看你头发披散，语无伦次，真是个醉鬼疯汉。”

郭德成摸了摸散乱的头发，脱口而出：“皇上，我最恨这乱糟糟的头发，要是剃成光头，那才痛快呢。”

朱元璋一听此话，脸涨得通红，心想，这小子怎么敢这样大胆地侮辱自己。他正想发怒，看见郭德成仍然傻乎乎地说着，便沉默下来，转而一想：也许是郭德成酒后失言，不妨冷静观察，以后再整治他不迟。想到这里，朱元璋虽然闷闷不乐，还是高抬贵手，让郭德成回了家。

郭德成酒醉醒来，一想到自己在皇上面前失言，恐惧万分，冷汗直流。原来，朱元璋少时曾在皇觉寺做和尚，最忌讳的就是“光”、“僧”等字眼。因这些字眼获罪的大有人在。郭德成怎么也想不到，自己这样糊涂，这样大胆，竟然戳了皇上的痛处。

郭德成知道朱元璋不会轻易放过自己，以后难免有杀身之祸。他仔细地想着脱身之法：向皇上解释，不行，更会增加皇上的嫉恨；不解释，自己已经铸成大错。难道真的要为这事赔上身家性命不成？郭德成左右为难，苦苦地为保全自身寻找妙计。

过了几天，郭德成继续喝酒，狂放不羁。后来，他进寺庙剃光了头，真的做了和尚，整日身披袈裟，口念佛经。

朱元璋看见郭德成真做了和尚，心中的疑虑、嫉恨全消，还向自己的妃子赞叹说：“德成真是个奇男子，原先我以为他讨厌头发是假，想不到真是个醉鬼和尚。”说完，哈哈大笑起来。

后来，朱元璋猜忌有功之臣，原来的许多大将纷纷被他找借口杀掉了，而郭德成竟保全了性命。

郭德成之所以能在朱元璋的铁腕下保住自己的性命，是因为他能够从小的祸事看到以后事态的发展，因此不贪恋官位，随机应变，提前避开了灾祸。

俗话说，“人有失足，马有失蹄”。人的一生之中总会遇到种种困境，会有许多过失，有时某些过失可能会给自己带来大祸。如何从这些祸事中脱身非常重要，而智者善于随机应变，利用现时条件培养避祸的急智，从而使自己处于安全的境地。

不拘泥于规则也是一种规则

在规则之下，人们往往形成一种思维定式。这时，如果打破这种思维定式，不按规则出牌，往往会出奇制胜，占得上风。

隆美尔是纳粹德国的著名将领，在第二次世界大战中参加和指挥过进攻波兰、西欧、北非和抗击诺曼底登陆等重要战役。1941年到1943年间，他担任北非德国远征军司令，曾多次打败占有优势的英军。由于他作战机警狡诈，善于出奇制胜，被称为“沙漠之狐”。

1941年3月的一天，意属的北非利比亚首府的黎波里政府大楼前广场上，正举行隆重的阅兵式。隆美尔在众人的簇拥下，不时向强大的装甲部队挥手致意。1940年12月，退守埃及的英军向意军发起反击，毫无准备的意军措手不及，一溃千里，北非告急。希特勒应墨索里尼之邀，派隆美尔率这支以坦克为主的部队远征非洲。

检阅持续了数小时，坦克一批批从检阅台前开过，发出震耳欲聋的轰鸣，经过主要街道和围观的人群，向东开往前线。几天后，英军侦察机在黎波里以东发现了隆美尔的坦克群，五六百辆摆成一片，指挥车、加油车在其间穿来绕去。很显然，强大的德军坦克兵团正在途中补给，似乎对英军的大规模进攻迫在眉睫。情报由英国在黎波里的谍报人员和侦察机迅速传到设在开罗的英军中东司令部。固守阿格拉前线的英军心慌意乱，与隆美尔军队刚一接触便溃不成军。隆美尔大军穷追猛打两个星期，前进800公里，包围了英军在北非的战略据点托卜鲁克，进逼埃及。

其实，英军上了隆美尔的当。1941年春，希特勒正筹划大举入侵苏联，能调往北非的坦克极为有限。在黎波里的大规模检阅，正是隆美尔的疑兵之计。他让当时仅有的第2装甲师的一个坦克团在检阅台前环绕着反复经过，虚张声势骗过了英国间谍。而侦察机发现的坦克群，绝大部分是假的，有些是经过精心伪装的卡车，有些则是木头和纸板搭成的模型。狡猾的“沙漠之狐”就是这样以假乱真，欺骗了英国人。

时隔不久，退守埃及的英军获得大批增援，开始向德军发起代号为“战斧作战计划”的反攻。英军这次信心十足，不仅因为他们摸清了隆美尔非洲军的真正实力，而且紧急援助北非的200多辆坦克中，大部分是被誉为“坚不可摧”的马蒂尔达重型坦克。德军当时装备用的37毫米反坦克炮对这种坦克无能为力。

6月15日，成群的马蒂尔达坦克直扑濒临地中海的哈勒法亚山口。这是通往利比亚的唯一通道，由德军把守。攻下此山口，英军即可解托卜鲁克之围，直下利比亚，大败德军。哈勒法亚山口前一马平川，马蒂尔达坦克喷着火舌，涌向山口，德军的坦克火力微弱，胜利眼看唾手可得。突然，德军阵地前一阵连续巨响，冲在最前面的五辆英军坦克立即瘫痪在火海里。

后面的未及撤退，一排炮弹打来，又有六辆顿时报销。哈勒法亚山口前激战三天，英军共损失马蒂尔达坦克91辆，“战斧作战计划”就此破产。

德军使用的究竟是什么火炮，英国人百思不得其解。一名被俘的英军少校要求看看击毁坦克的秘密武器。结果让他大跌眼镜，隆美尔利用德军88毫米高射炮进行平射，摧毁了英军这些“坚不可摧”的庞然大物。少校面对88毫米高炮愤怒地高叫：“太不公平了，你们竟用打飞机的高射炮来打我们的坦克！”

“沙漠之狐”隆美尔在阅兵时让坦克绕过去，用高射炮打坦克，都是没按武器使用的“规则”做事，结果把英军打得晕头转向。

这告诉我们，学会适当的变通，让对手永远猜不透我们在想什么，永远不能跟上我们的节奏，打破他们的规则，这样往往更容易实现目标。

懂得变通退避，趋福避祸

在不利的形势下，善于变通、果断退避，是一个人心怀博大、大智若愚的具体体现。一个人在客观条件不允许继续前进，或再前进时就危及自身的情况下，就应当自觉地、主动地退避。

历史和现实都一再表明，善于退与善于进，具有同等的谋略价值，只善于进而不善于退的人，绝非高明之人，而只有把两者有机地结合在一起并加以灵活运用的人，才称得上高明，才能趋福避祸。

明朝年间，在江苏常州地方，有一位姓尤的老翁开了个当铺，很多年了，生意一直不错。某年年关将近，有一天，尤翁忽然听见铺堂上人声嘈杂，走出来一看，原来是站柜台的伙计同一个邻居吵了起来。伙计连忙上前对尤翁说：“这个人前些时候典当了一些东西，今天空手来取典当之物，不给就破口大骂，一点道理都不讲。”那人见了尤翁，仍然骂骂咧咧，不认情面。

尤翁却笑脸相迎，好言好语地对他说：“我晓得你的意思，不过是为了度过年关。街坊邻居，区区小事，还用得着争吵吗？”于是叫伙计找出他典当的东西，共有四五件。尤翁指着棉袄说：“这是过冬不可少的衣服。”又指着长袍说：“这件给你拜年用。其他东西现在不急用，不如暂放这里，棉袄、长袍先拿回去穿吧！”

邻居拿了两件衣服，一声不响地走了。当天夜里，他竟突然死在另一个人家里。为此，死者的亲属同这个人打了一年多官司，害得那家人花了不少冤枉钱。

原来这个邻人欠了人家很多债，无法偿还，走投无路，事先已经服毒，知道尤家殷实，想用死来敲诈一笔钱财，结果只得了两件衣服。他只好到另一家去扯皮，那家人不肯相让，结果就死在那里了。

后来有人问尤翁说：“你怎么能有先见之明，向这种人低头呢？”尤翁回答说：“凡是蛮横无理来挑衅的人，他一定是有所恃而来的。如果在小事上争强斗胜，那么灾祸就可能接踵而至。”人们听了这一席话，无不佩服尤翁的聪明。

按常理，人们都会与故事中无理的邻居吵起来，但尤翁偏偏没有。他认为邻人蛮横无理地挑衅，必事出有因，所以打破常规，故意笑颜避开争端，这就是巧妙避祸的智慧。

不过，讲究趋福避祸之道并不是说一看前方有危险，便急忙后退，一退再退，以致放弃原来的目标、路线，改变方向、道路（而这个方向、道路与原来坚持的方向、道路已有本质的区别），如果这样那就是知难而退了，就不具谋略价值，而是逃跑主义了。所以，在趋福避祸的问题上也要分清勇敢与怯懦、高明和愚笨。一般来说，要做到这一点，就必须具备较高的修养，善于克制、约束自己。

所以，隐避不是消极地避凶就吉，而是要懂得变通，暂时收敛锋芒，隐匿踪迹，养精蓄锐，待机而动。

冷静观察，抓住隐藏于常规中的机遇

如今，很多人抱怨自己怀才不遇，遇不上机会。在这世界上，难道真的没有机会吗？那为何成千上万的穷人发财致富，卖报纸的少年被选入美国国会，出身卑微的人获得高官厚禄……

对于聪明人来说，世界到处都是门路，机遇就隐藏在变通之中。上天赋予我们每个人独特的能力。聪明人将其充分利用，最终成为了强者；弱者却未能依靠自己的能力尽享美好人生，而是一味依赖外界的帮助，使本来摆在眼前的机会悄悄遛走。许多人认为自己贫穷，实际上他们有许多机会，只是需要他们在平时转变一下思路，在打破常规中发掘机会。

据统计，在美国东部的大城市中，至少94%的人第一次挣大钱是在家中，或在离家不远处，而且是为了满足日常的、普通的需求。对于那些看不到身边机会，一心以为只有远走他乡才能发迹的人，不啻是当头一棒。

哈佛的阿加西兹教授曾讲过一个农夫的故事。这个农夫有一处几百英亩的农庄，里面尽是些石头和不值钱的树，他决定把农庄卖掉去从事更赚钱的煤油买卖。他开始关注煤层和煤油油藏，并进行了长时间的研究。他把农庄以200美元的价格卖掉，然后跑到200英里外的地方开展新业务。不久，买下农庄的人在农庄里发现了大量煤油，而以前那个农夫却还在异乡钻研煤油买卖，且一无所获。

上面这个例子中，买下农庄的人就是发现了身边隐藏的机遇，最终发家致富。

保罗·迪克刚刚从祖父手中继承了美丽的“森林庄园”，就被一场雷电引发的山火化为灰烬。面对焦黑的树桩，保罗欲哭无泪，年轻的他不甘心百年基业毁于一旦，决心倾其所有也要修复庄园，于是他向银行提交了贷款申请，但银行却无情地拒绝了他。接下来，他四处求亲告友，依然是一无所获……

所有可能的办法全都试过了，保罗始终找不到一条出路，他的心在无尽的黑暗中挣扎。他知道，自己以后再也看不到那郁郁葱葱的树林了。为此，他闭门不出，茶饭不思，眼睛熬出了血丝。

一个多月过去了，年已古稀的外祖母获悉此事，意味深长地对保罗说：“小伙子，庄园成了废墟并不可怕，可怕的是你的眼睛失去了光泽，一天天地老去。一双老去的眼睛，怎么可能看得见希望呢？”

保罗在外祖母的劝说下，一个人走出了庄园，走上了深秋的街道。他漫无目的地闲逛着，在一条街道的拐角处，他看见一家店铺的门前人头攒动，他下意识地走了过去。原来，是一些家庭妇女正在排队购买木炭。那一块块躺在纸箱里的木炭忽然让保罗眼睛一亮，他看到了一线希望。

在接下来的两个多星期里，保罗雇了几名烧炭工，将庄园里烧焦的树加工成优质的木炭，分装成箱，送到集市上的木炭经销店。结果，木炭被一抢而空，他因此得到了一笔不菲的收入。不久，他用这笔收入购买了一大批新树苗，一个新的庄园又初具规模了。几年以后，“森林庄园”再度绿意盎然。

一场天灾使家业毁于一旦，但由于保罗能够慧眼识机遇，使他成功地化险为夷，重新崛起。

把一块固体浸入装满水的容器，人人都会注意到水溢了出来，但从未有人想到浸在水盆中的固体的体积等同于溢出的水的体积这一道理，只有阿基米德注意到这一现象，并提出了计算不规则物体体积的简易方法。在欧洲，没有一位水手不曾对大西洋彼岸充满遐想，但只有哥伦布大胆地驶入茫茫大海，发现了新大陆。从树上落下的苹果不计其数，但只有牛顿领会到苹果落地是受到地心引力的支配。

有人到一位雕塑家家中参观，看到众神之中有一位脸被头发遮住，脚上长着翅膀的雕像，便问："他叫什么名字？"

雕塑家答道："机会之神。"

"为什么他的脸不露出来？"

"因为当他到来时，人们很少认识他。"

"为什么他的脚上长着翅膀？"

"因为他很快就会离去，而一旦离去，就不会被追上。"

"机会女神的头发长在前面，"一位拉丁诗人也说过，"后面却是光秃秃的。如果抓前面的头发，你就可以抓住她；但如果让她逃脱，那么即使主神朱庇特本人也抓不到她。"

不要坐等机会，越善于从司空见惯的事物中变通，你利用的机会就越多，创造的新机会也就越多，成就非凡的可能性也就越大。对于懒惰的人来说，再好的机会也一文不值；对于勤奋的人来说，再普通的机会也仿佛千载难逢。

记住：机会总是隐藏在周围琐碎的小事里，抱怨是没有用的，让思想变通一下，把握住每一个可能的机会，再平凡的你也能做出不平凡的事来。

因环境而变，具体问题具体分析

面对不同的场合不同的环境，必须学会变通，做到具体问题具体分析，而不能过于拘泥僵化，否则只能南辕北辙，离成功越来越远。那么我们具体怎么做呢？

1.根据地理环境因地制宜

20世纪80年代末，皖南山区一些村民们发现：山区有座石头山，山上的石头奇形怪状。城里人用这些石头垒成假山，售价不菲。于是，这些村民也学着垒假山出售，赚了不少钱。几年后，该村的村民家庭年收入翻了几番。村民们更乐了，他们同时也明白了靠山吃山、靠水吃水这个道理。随着山上的石头越开采越少，村民们认识到，他们不能盲目地出售山石了，而应该有计划、有步骤地开发家乡资源。如今，山里的人利用山石资源积累起来的资金，办起了各种乡镇企业，使整个地区的农民很快走上富裕的道路。

事例中，皖南山区的村民之所以能成功地走上富裕道路，正是受益于他们能够变通地利用地理环境。

这就告诉我们，很多时候，要变通地看待周围的地理环境，找到其背后的潜在价值并加以利用，这样往往会得到意想不到的成功。

2. 学会适应社会环境

人类社会是在不断发展中前进的。科学技术水平随着人类的不断发展而提高，而不断提高的科学技术水平又促使人们产生更高的生活要求。所以，一个人只有不断进步才能跟上社会的发展，不可墨守成规而被固定的形式所束缚。

3. 特殊环境灵活应变

在现实生活中，人们经常会被莫名其妙地置于尴尬境地，不知所措。倘若你没有思想准备，不具备临场应急的经验和措施，你就不能从容、洒脱地应付意外的窘境，打破僵局。

老诗人严阵和青年作家铁凝访问美国时，参观了一所博物馆。由于正值开馆时间，他们在广场上碰巧遇到两位美国老人在此休息。见他们是中国人，两位美国老人便主动上来交谈，说他们尊敬中国人，其中有一位老人为表达这种尊敬的感情，还热烈地拥抱了铁凝，并亲吻了一下。这使铁凝十分尴尬，不知所措。而对方就像犯错误的小孩一样，呆立在一旁。严阵赶紧走上前去微笑着说："呵，尊敬的老先生，你刚才吻的不是铁凝，而是中国对吧？"一句话打破了僵局。那老人马上笑答："对，对！我吻的是铁凝，也是中国！两种成分都有。"尴尬气氛在笑声中化解。

具体问题具体对待，做事时懂得融原则性与灵活性为一体，这才是变通的精髓所在。如果做到这一点，许多难办的事就容易对付了。

有备用方案就不会措手不及

做人做事必须要有"备用方案"——为自己多考虑几条安全通道。但要想在人与人之间不偏不倚又游刃有余，没有一定的平衡技巧是行不通的。因此，在对待比较复杂的人际关系问题上，多准备几手，适度中立，方能有备无患。

人在职场会遇到很多种情况，拥有"备用方案"会让你游刃有余。下面是美国职员克多尔讲的关于自己的一个很好的例子：

"您好，"我对老总说，"昨天我交给您的文件签了吗？"老总转动眼睛想了想，然后装模作样翻箱倒柜地在办公室里折腾了一番，最后他耸了耸肩，摊开两手无奈地说："对不起，我找过了，我从未见过你的文件。"如果是刚从学校毕业的我，我会义正辞严地说："我看着您的秘书将文件摆在桌子上的，怎么会找不到呢？您可能将它卷进废纸篓了！"可我现在才不会这样说呢。既然老总能睁眼说瞎话，我又何必与他计较呢？我要的是他的签字。于是我平静地说："那好吧，我回去找找那份文件。"于是，我下楼回到自己办公室，把电脑中的文件重新调出再次打印，当我再把文件放到杰克先生面前时，他连看都没看就签了字，其实他比我更清楚文件原稿的去向。但我却一点都不生气。

是的，用自己的"备用方案"，在关键时刻解决问题让自己从困境中走出来，这就是我们在与上司发生冲突时的解决方式。不要在冲突发生以后一走了之，因为在新环境里还会出现老问题，到那时你又怎样呢？也不要为了争一口气大闹一场，因为吵闹不能解决问题，反倒有可能断送了前途。在职场中，谁是谁非并不重要，即便你的上司错了，你也要开动脑筋为上司找一个台阶下，这样才能尽早解决问题。

拥有"备用方案"能让你在关键时刻摆脱困境，从而避免那些无谓的争论。世上最大的空耗之一就是与人反复争论。正如卡耐基所说："争论的结果是使双方比以前更相信自己绝对正确。要是输了，当然你就输了，如果赢了，你还是输了，因为争论赢不了他的心。"因此，做人应当避开反复争论的空耗，在处理冲突的问题上应该冷静，绝不能像个孩子一样在冲突中放任自己，要运用自己的智慧和团队精神与上司及同事尽量合作，让他们发现你其实是个理想的合作伙伴，这样做的同时也就给自己创造了一个良好的工作空间。

是的，想想吧，没有先期的计划和应对方案，就会让你手足无措，引发无谓的争论。有了备用方案，在关键时刻会让你从容应对并赢得先机。

总之一句话：凡事多想一步，多预备应急方案。

第二节　以变制变，出路自现

征服群敌的规则：擒贼先擒王

打击一个群体，按照常规是需要带领一个比目标群体更强大的群体进行全面冲杀性攻击。然而，最明智、最有效的策略却是先把目标群体中最强的除掉，方予自己可乘之机，这就是所谓的“擒贼先擒王”了。就像羊群一样，一旦失去了领头羊，就等于失去了核心，就会茫然不知所措，四处奔逃。

唐代诗人杜甫《前出塞》中有云：“挽弓当挽强，用箭当用长，射人先射马，擒贼先擒王。”民间有“蛇打七寸”、的说法，都是一个意思。“蛇打七寸”、“打蛇打三寸”，都是说打蛇要命中要害。蛇的三寸，是蛇的脊椎骨上最脆弱、最容易打断的地方，击中这个部位会使它的神经中枢和身体其他部分的通道被破坏；而蛇的七寸，是其心脏所在，所以被击中七寸的蛇必死无疑。这种打击事物关键之策略，也是三十六计其中一计。世间无论任何事物，只要失去了核心，都将四分五裂。对准核心人物，将他击垮，这是控制整个局面的一个最重要的法则。

教皇卜尼法斯八世便通晓利用这种方法来维护统治，他手段强硬，为人机敏。上任后不久欧洲强权纷纷妥协，德意志和奥地利甚至割让领土以求生存。在这种大势所归的情景下，意大利最富饶的地区多斯加尼却拒不臣服，这让他感到恼火。

多斯加尼最强大的城市是佛罗伦萨。如果卜尼法斯八世能够征服佛罗伦萨，就能够让多斯加尼臣服。佛罗伦萨的一部分富裕市民希望城市独立，不愿意受制于教皇，成立了“白党”；另一部分没落户，希望借助教皇的势力翻身，成立了“黑党”。两派长期争斗，由于但丁热烈主张独立自由，因此成为白党的中坚。

1300年，但丁成为城市6名执政官中的一员，掌控了实际权力。他用感人肺腑的语言揭露教皇的阴谋，号召人民组织起来抵抗教皇，在教皇的强权下竭力维持着佛罗伦萨的独立。第二年，教皇亲自请法国国王的弟弟亲王查理·德·瓦卢斯协助他维持欧洲的秩序。查理的军队让佛罗伦萨人紧张不安，佛罗伦萨的妥协派推选但丁作为代表前去罗马求和。万般无奈之下，但丁去了罗马。

教皇温和地对城市代表团说：“在我面前跪下来，我告诉你们，说真的，我没有别的意思，只是想要促进和平。”最后教皇指名要但丁留下，其他人都回去了。查理用钱贿赂某些官员瓦解了白党，黑党巩固了权力。这个时候教皇才放势单力薄的但丁离开。黑党宣布：只要但丁踏入佛罗伦萨一步，就要将他处以极刑。但丁被放逐了。他所热爱的国家，被教皇控制了。最后但丁于1321年客死他乡，在意大利东北部腊万纳去世。

蛇无头不走，鸟无头不飞。没有但丁的白党，就等于失去了核心支柱。所以教皇将矛头指向了但丁，打击了白党之中的“王者”，其他人自然不足为虑。试想如果教皇以强取豪夺的方式侵占多斯加尼，必然会引起它的国民的反抗。这样即使教皇得到了多斯加尼，这个国家也必定变成一片废墟，再也不是他心中理想的梦幻国度。所以教皇选择以软禁但丁的方式，叫多斯加尼不战而亡，的确是一个高明的计策。

因此，我们在做事情的时候，要学会打破常规思维，看到事物的关键之处，认清控制整个事件的核心，然后对其发动全面而迅捷的攻击，这样便能令其整体迅速折服。

一剑封喉，速战速决

《孙子兵法》说："兵贵胜，不贵久。"意思是打仗要速战速决，迅速出手，让对手没有做准备和缓口气的时间，这是成功的关键所在。

清代红顶商人胡雪岩富可敌国，可他的崩溃也极其迅速。原因就在于，他的对手盛宣怀抓住要害、迅速出击，使他短时间内力不能支，最终一发不可收拾，财富大厦轰然倒塌。

胡雪岩每年都要囤积大量生丝，生意越做越大，垄断了生丝市场，控制了生丝价格。盛宣怀掌握了胡雪岩生丝买卖的情况，一边收购生丝，向胡雪岩的客户出售，一边联络各地商人和洋行买办，叫他们今年不买胡雪岩的生丝，致使胡雪岩的生丝库存日多、资金日紧、苦不堪言。

胡雪岩因为做生意向汇丰银行借了近千万两银子，这些借款都以各省协饷作担保。这时，胡雪岩历年为左宗棠行军打仗所筹集的80万两还款正赶上到期，这笔借款每年由协饷来补偿给胡雪岩。上海道台府在每年的固定时间把钱送给胡雪岩，以备他还款之用。盛宣怀在其中动了手脚，他找到上海道台邵友濂，直言李鸿章有意缓发这笔协饷，时间是20天。邵友濂是李鸿章的人，虽然畏惧左宗棠，但想想缓发20天也不算什么事，自然照办了。

对于盛宣怀来说，20天已经足够了，他已经串通好外国银行，向胡雪岩催款。由于事出突然，胡雪岩只好将阜康银行各地钱庄的钱调来80万两银子，先补上了这个窟窿。他想协饷反正要给的，不过是晚发20天而已。

盛宣怀通过电报，对胡雪岩一切调款活动都了如指掌，估计胡雪岩调动的银子陆续出了阜康银行，阜康银行金库空虚之际，就托人到银行提款挤兑。

这些提款的人都是绅商大户，少则数千，多则上万。盛宣怀还四处放出风声，说胡雪岩积囤生丝大赔血本，只好挪用阜康银行存款，如今尚欠外国银行贷款80万，阜康银行倒闭在即。

人们相信了盛宣怀的说法，纷纷开始提款。

挤兑先在上海开始。盛宣怀在上海坐镇，自然把声势搞得很大。

胡雪岩到了杭州，还没来得及休息，又星夜赶回上海，让总管高达去催上海道台邵友濂发协饷。邵友濂叫下人假称自己不在。胡雪岩这时候想起了左宗棠，又叫高达赶快去发电报。殊不知盛宣怀暗中叫人将电报扣下，左宗棠始终没能收到这份电报。

第二天胡雪岩见左宗棠那边没有回音，这才真的急了，亲自去上海道台府催讨。但这一回邵友濂借口视察制造局，溜之大吉了。胡雪岩此时只好把他的地契和房产押了出去，同时廉价卖掉积存的生丝，希望能够挨过挤兑风潮。不想这次风潮竟是愈演愈烈，各地阜康银行早已经人山人海。胡雪岩这才明白，有人做了他的手脚。打听之下，才知道是盛宣怀，他不禁暗自叹了口气，知道这一回是彻底完了。此后不久，胡雪岩即在忧愤中死去。

胡雪岩死后，盛宣怀少了一个有力的竞争者，从此独占生意场上的霸主位置。

让进攻速度再快一些，让对手可应对的时间再少一些，对手在你快如闪电的连环拳下避之不及，失败也是自然而然的了。

不走寻常路，让对方无计可施

在非常时刻，循规蹈矩只会浪费时间，打破常规、撒泼使赖的"流氓路线"，却可以让对手挠破头皮却无计可施，是取胜的“奇招”。

郑庄公曾在废立太子问题上犹豫不决。他晚年想废掉太子忽，立次子突，结果被谋臣祭足劝住，但自此给小兄弟俩留下芥蒂。庄公一死，太子忽即位，因公子突的母亲雍是宋国人，突便跑到宋国去了。

后来宋国国君答应帮公子突坐上郑国国君的宝座，但他想索要些好处，否则不但不帮他为王，还会把他献给郑国，以得到郑国三座城邑的犒赏。公子突便答应宋国国君，只要宋君帮他为王，他便给宋君“六座城邑，年年贡奉粮食”。宋君听后十分高兴，满口答应设法让公子突回国即位，好白得许多好处。

宋君派人去郑国，告诉各位大臣宋国将派兵送回公子突。那时宋国正强盛，郑国哪里是它的对手，所以大臣们纷纷倒戈拥护公子突。太子忽见大势已去，便跑到卫国避难去了。

这年秋天，公子突回国即君位，是为厉公。

宋国一面派人来称贺，一面索要厉公应诺的城邑和粮食。

厉公当时许诺城邑时，并未打算真给宋国，如今他刚即位为君，就拱手送出六座城邑，怎么向群臣交代，他自己又如何立得住脚呢？所以他假意说要与卿大夫们商量，城邑的事情暂缓，先送点粮食。

宋君一看厉公反悔抵赖，十分生气，联合齐国准备攻打郑国。郑国与鲁国联合起来抵抗，打败宋齐联军，城邑的事也就没人再提了。

宋国乘人之危，制造事端威胁利诱，妄图坐收渔人之利，白得好处。郑厉公在紧迫形势下，假意承诺，取得宋国支持，达到了自己的目的，而后过河拆桥，一反前诺，既保全了国土，又夺得了君位。

对付乘人之危之人，就该走诺而不行的“流氓路线”，反正自身已处安全地带，谅他也奈何不了我。而中国历史上另一人物刘邦，可谓把流氓路线走得炉火纯青，而最终身为“伟丈夫”的项羽被他们打败，虽是情理之外，但也在意料之中。

《史记》载：“项羽问汉王曰：‘天下匈匈数岁，徒以吾两人耳，愿与汉王挑战决雌雄。’汉王笑谢曰：‘吾宁斗智不斗力。’”这里，刘邦的狡猾跃然纸上。后来双方盟约鸿沟为界楚汉讲和，项羽把刘邦的父亲、妻子放了，引兵东归，刘邦突然毁约，以大兵随后攻之，把项羽逼死于乌江。

楚、汉两军对峙的时候，项羽曾把刘邦的父亲捉拿到军中，想以此来要挟刘邦。一次，两军对阵，项羽把刘邦的父亲推到阵前说：“你如果不撤兵，我就把你父亲烹煮了。”刘邦竟然毫不犹豫地回答道：“我们俩曾经结拜为兄弟，我爸爸就是你爸爸，你爸爸就是我爸爸，你若把你爸爸煮了来吃，请把肉汤分一杯给我喝。”

刘邦之无赖可见一斑。也正是他的这种无赖，才能让他大败项羽，最终将项羽逼死乌江。

“流氓路线”即不循章法，抛开顾虑，百无禁忌。如此行事，对手不知从何下手，为己方的反击争取机会。

碰到语言困境，巧言撤退不损自身

古人云：敌势全胜，我不能战，则必降、必和、必走。降则全败，和则半败，走则未败。未败者，胜之转机也。意思是说：在我方处于不利地位时，有降、和、走三种可供选择的方式，只有主动地、有计划地撤出，才是最上策。这对我们很有启示意义。

谈话的时候，无论我们多么小心，也有失策的时候，何况在许多时候大家又都是有口无心。如果不及时处理，就会造成更大的失误。所谓“走为上策”，就是在非常不利的情况下，如果一味地纠缠不休，就会越陷越深，无法挽回，不如采用简单明了的方法，及时地避开，走为上策。只要找准时机，采取主动巧言撤出的方式，就不至于陷入被动。

有些时候，因为我们自己的难堪，造成整个气氛的不和谐，可能会有知趣的人站出来，及时替你解围，这时，就应该机智地抓住时机，顺着他人的解围，及时巧言撤出。

小明喜欢和他人诡辩，并且以此为乐事。一天中午，小可深有感触地说：“人是铁，饭是钢，一天不吃饿得慌。”小明接着说：“这句话就不对了，据科学分析，人是可以饿七天的。”小可说：“那你饿七天看看。”小明接着说：“这句话，你又错了，你也可以饿七天的。”小可说：“我才不那么傻呢。只有疯子才干这样的蠢事。”小明又说：“历史上，很多当时被认作疯子的人，后人把他们看做是伟人。”小明就这样无限地推演下去，哪知小可的个性淳朴，不喜欢这样饶舌，后来就有点无法忍受了。这时小明的好友小冬见状，凑过来说：“我们的小可最大的‘优点’，就是说错了话还不承认。”小可接过话头说：“小冬真是了解我。”说着对小明一笑，走开了。

让人下不了台的事大多发生在人们料想不到的时候，但是，只要能及时转换角度，巧说妙解，不但能给自己找个台阶，甚至能为生活增添某种乐趣。

有一对夫妻因小事争执不下，在家吵闹不休。正当妻子向丈夫做狮吼状时，有一位朋友来访，丈夫尴尬得无地自容。好在妻子也顾及到丈夫的面子，看朋友到来连忙改口，但对丈夫来说，终究一时无法从窘境中摆脱。朋友见状，笑着说：“听你俩交流还挺热烈，我来得可真不是时候啊！”此话一出，其妻先红了脸，无语离去。丈夫马上调侃地对朋友说：“打是亲骂是爱，我们刚才是在打情骂俏呢！别看她刚才那么凶，其实正表示她对我的关心，不信你问她。”这时他妻子从里屋出来也与朋友打哈哈，争吵便化为云烟。

丈夫的“打是亲骂是爱”，把他和妻子的争吵说成是一种“亲”和“爱”，朋友自然不会信以为真，但这样转换了角度，给自己找了一个台阶，也似乎多了一些生活情趣。想来，朋友走后，他们也不会再争吵了。

在谈话中，当我们需要撤出时，还可以主动要求对方打住，虽然这等于在向对方认输，但它不是真正意义上的输。我们要记住，跟我们谈话的并不时时刻刻都是我们的敌人，对方不会因此而穷追不舍的，而我们的心里也不会留下“输”了这个既成事实的阴影。

多年不见的老朋友一见面总喜欢相互打趣，甚至互揭老底儿，口无遮拦。有一次，徐君去参加一个会议，没想到在会议上出人意料地遇到了两位多年没见的老同学——陈君和田君，他们也是应邀来参加会议，大家都格外高兴。会议结束后，大家坐到一起闲聊，说着说着，就说到了当年在校时的是是非非。其中有一件事，徐君至今还没弄清楚，本来也不在意，可是经老同学东扯西拉，旧话重提，徐君就问另两位：“你们清楚吗？那是怎么回事儿？”另两位都参与了此事，而且田君还在其中充当了不光彩的角色，因此陈君就没接话碴，是田君开口解释，说到后来，就说到自己身上，不好再往下讲，就对另两位说：“这话就说到这儿，就此打住吧！”徐君也意识到再说下去，田君就有点不好看了，主动将话题一转，又高兴地聊了起来。

俗话说：“识时务者为俊杰。”当你陷入困境时，切记不要死撑。有时，机智灵活一点，巧言撤退是最好的策略。

以变制变，出路自现

从前，有一个出海打鱼的好手，他听说最近市场上墨鱼的价格最贵，就发誓这次出海只打墨鱼。然而很不幸，这次他打到的全是螃蟹，渔夫很失望地空手而归。当他上岸后才知道螃蟹的价格比墨鱼还要贵很多。于是，第二次出海他发誓只打螃蟹，可是他打到的只有墨鱼，渔夫又一次空手而归。第三次出海前，他再次发誓这次不管是螃蟹还是墨鱼都要，但是，他打到的只是一些马鲛鱼，渔夫第三次失望地空手而归，可怜的渔夫没有等到第四次出海，就已经饥寒交迫地离开了人世。

变，是事物的本质特征。面对瞬息万变的社会，聪明的人有三种策略性思维：一是以不变应万变。如果没有实力的支撑，这只是一种最消极的态度。二是以变应变。这种策略其实也只能算作无奈的选择。比如说人家拿出了新产品，你跟在后面来个“东施效颦”；人家降价了，你慌不迭地也来个大甩卖，变来变去始终是被动应付，在这种情况下只要能够不被拖垮就已经是不错了，新局面是难以看到的。三是以变制变。一个“制”字，情况就大不一样了，它所反映出来的只是一种主动进取的精神，是一种度势控变的能力，其效果是变反倒成了一种机遇，在变中获得新的发展。

在上面的故事中，如果渔夫第一次就打些螃蟹拿回来卖掉，最起码可以保证吃饱穿暖；如果他能在第二次打些墨鱼拿回来卖掉，那以后的一段时间中，可以不用为饿肚子而犯难；如果他第三次出海捕些马鲛鱼拿回来卖掉，也可以填饱肚子。如果他能够以变制变，也就不会到最后被饿死。

由此可见，当今社会瞬息万变，一个人要想在生活中过得顺心，就必须具有灵活应变的能力。在生活中是这样，在商战中亦是这样。市场竞争，风云多变，只有灵活应变、全面兼顾，才能掌握主动权。这是一种经营之道，更是一种生存之道。

在一家大公司的CEO招聘会上，有200多个人落选，只有一个人被相中了。

这家公司在招聘时，为了考察应聘者的随机应变能力出了这样一道题：如果在一个下大雨的晚上，你下班开车路过一个车站，看见车站里有3个人，一个人是曾经救过你命的医生，一个是生命垂危的病人，一个是你做梦都心爱着的人。请问，在你的车只能坐两个人的情况下，你会选择谁来坐你的车？

在那些应聘者当中，有的人说选老头，先把老头送进医院再说；有的人选择医生，因为这位医生曾经救过他的命，把医生送到医院再叫救护车救那个老头；有的人选心爱的人……这些答案都被考官们一一否定了。

直到有个年轻人进门后，仔细地看了看题，然后抬起头自信地说：“我会把车交给医生，让他送老者去医院抢救，至于我，会陪着心爱的人一起等车。”考官们听后，露出了高兴的笑容，这个年轻人被录取了。

世上的事，常常是风云突变，叫人难以把握。因此，我们很难知道未来是什么样子，很难知道明天我们将面临什么困难，也就经常陷入进退两难的困境。为了在困境中作出明智的决策，我们就要运用正确的策略性思维，以变应变，根据实际情况合理安排。只有做到了“因利而制权”，伺机而动，才能让自己有更大的发展。

第十七章 机动处世，随机应变好办事

第一节 以迂为直，变通成事

委婉地向对方求助

委婉地向对方求助就是不直接道出目的，而是绕开对方可能不应允的事情，选一个临时想出的虚假目的做幌子，让对方答应，等对方进入圈套以后，你的目的就达到了。现实生活中这样的例子很多。

美国《纽约日报》总编辑雷特身边缺少一位精明干练的助理，后来他把目光瞄准了年轻的约翰·海。而当时约翰刚从西班牙首都马德里卸除外交官职，正准备回到家乡伊利诺伊州从事律师职业。

打定主意后，雷特就请约翰到联盟俱乐部吃饭。饭后，他提议请约翰·海到报社去玩玩。坐在办公桌前，雷特从许多电讯中间找到了一条重要消息。那时“恰巧”负责国外新闻的编辑不在，于是他对约翰说：“请坐下来，为明天的报纸写一段关于这则消息的社论吧。”约翰自然无法拒绝，于是提起笔来就写。社论写得很棒，雷特看后大加赞赏，于是请他再帮忙顶缺一个星期、一个月……渐渐地干脆让他担任了这一职务。约翰就这样在不知不觉中放弃了回家乡做律师的计划，而留在纽约做新闻记者了。

由此可以得出一条求人办事的技巧：委婉地向对方求助。

在运用这一策略的时候，要注意的是：在诱导别人的时候，首先应当引起别人的兴趣。

当你要诱导别人去做一些很容易的事情时，先得给他一点小胜利；当你要诱导别人做一件重大的事情时，你最好给他一个强烈的刺激，使他对做这件事有一个渴望成功的企求。在此情形下，他已经被一种渴望成功的意识刺激了，于是，他就会很主动地为了获取成功而努力。

总之，要引起别人对你的计划的热心参与，必须先诱导他们尝试一下，可能的话，不妨使他们先从做一点容易的事入手，先让他尝到一些成功的喜悦。

假如你一见到对方就贸然地开口求他办事，有可能会遭到断然拒绝，陷入尴尬的境地。有些话不能直言，便得拐弯抹角地去讲；有些人不易接近，就要逢山开道、遇水搭桥；搞不清对方葫芦里卖的是什么药，就要投石问路、摸清底细……总之，不能直接相求的事情就应委婉地提出。

明朝隆庆年间，给事中李乐清正廉洁。有一次他发现科考舞弊，立即写奏章给皇帝，皇帝对此事不予理睬。他又面奏，结果把皇帝惹火了，怪他多嘴，传旨把李乐的嘴巴贴上封条，并规定谁也不准去揭。封了嘴巴，不能进食，就等于给他定了死罪。当时皇帝正在发脾气，两旁的文武官员谁也不敢为李乐求情。这时，旁边站出一个官员，走到李乐面前，不分青红皂白，大声责骂："君前多言，罪有应得！"一边大骂，一边啪啪地打了李乐两记耳光，当即把封条打破了。由于他是帮助皇帝责骂李乐，皇帝当然不好怪罪。

其实此人是李乐的学生，在这关键时刻，他"曲"意逢迎，巧妙地救下了自己的老师。如果他不顾情势，直接求皇帝，结果非但救不了老师，自己怕也难脱连累。

所以，当你直接请求别人不成时，就应该换个思路，委婉地向别人提出请求，否则是很难得到别人帮助的。

迂回说服别人帮自己办事

狐狸是很聪明的动物，由于它没有力气，个子矮小，因此处境不利。在森林中，狐狸得不到尊敬，没人真正把它放在眼里。为了克服这一点，对于狐狸来说，其中的一个办法就是说服老虎与它做朋友。通过与力大无比、令人敬畏的老虎密切交往，狐狸可以伴随老虎左右在丛林中四处行走，而且享受众兽给予老虎的同样提心吊胆的尊敬。即使老虎不在狐狸身边，凭借狐狸与老虎交往甚密，也足以保证狐狸在旷野中得以生存。

假如狐狸不能够与老虎交朋友，那么这只狐狸就应该制造一种跟老虎密切交往的假象，小心翼翼地跟在老虎的后边；与此同时，大吹大擂他们之间有着笃深的友谊，这样做，它便制造出一种假象，即它的安危得到老虎极大的关注。

这就是狐狸的生存法则，但是对于人类来说狐假虎威也是可以利用的。尤其在你求人办事的时候，如果来一招狐假虎威的把戏，借助于大人物的影响力，那么事情就会很容易地办成。

萨洛蒙·安德烈是19世纪末20世纪初瑞典著名探险家，有一次，他为了得到北极圈内有关的科学数据，填补地图上的空白，组织了一次北极探险。

那是1895年，经过周密计算和安排，安德烈在瑞典科学院正式提出乘飞艇到北极探险的计划。在此之前，安德烈曾在美国学习了有关航空学的全部理论，并且制造过由气球而发展起来的飞艇，有关飞行试验在美国和欧洲曾引起轰动。随之而来的便是经费问题，由于人们对此不信任和不关心，因此也就很少有人愿意提供经费。

安德烈整天奔波，挨家挨户去找那些大富豪和大企业家，但有谁愿意投资一项与己毫无关系的事业呢？又有谁愿意投资一项也许没有任何成功机会的冒险事业呢？安德烈每天总是带着失望和疲倦回到家里。

经过很长时间的奔波，总算有一位好心而开明的大企业家表示愿意提供赞助，他甚至表示愿意承担全部费用，同时他还向安德烈提了一个很重要的建议：希望这项冒险计划得到人们的关注，如果就这样悄无声息地进行了，是不是就削弱了这次探险的意义呢？

安德烈听完觉得很有道理，于是两人经过商量，决定让安德烈继续去募捐、扩大影响。但是，尽管安德烈想尽办法、跑遍全城，人们的反应仍然很冷淡，安德烈非常着急，情急生智，他想出了一个大胆的办法，就是把自己的探险计划写成一篇极其详细严谨的论文，用大量证据论证了这项计划的可行性及其意义，然后，他请那位开明的企业家想方设法把这份文章呈献给国王。

经过一番周折，国王终于见到了这篇文章，他对这个大胆的计划感到很新奇，于是召见了安德烈，并询问有关探险的一些具体情况。两个人谈得很投机，最后安德烈要求国王象征性地提供一些小小的赞助，国王慨然应允。

这个消息很快就传开了，新闻界对国王关注此事予以报道。既然国王都对这件事感兴趣，那么许多名流、富豪也都跟着对探险一事纷纷予以关注，捐赠了大笔费用。许多普通民众也因此开始对这项计划感兴趣了，大家都明白了探险的意义。安德烈的事业终于不再是他一个人苦苦奔波的事业，而是变成了一项公众的事业。就这样，安德烈终于成功了！

巧借他人的力量和威名以达到自己的目的，这是一种韬略。安德烈正是借助国王的力量，才使自己的探险事业取得了成功。

所以，当你去求人办事时，不妨试一下狐假虎威的办法去换取别人的帮助。那么，在现实生活中，什么东西是可以“借用”的“老虎”呢？你可以参考下面列举的几个主要类型：

（1）“老虎”可以是一位强大而有权有势者。他与你抱有同样的梦想，而且愿意帮助你的事业。

“老虎”可能是一位有权有势者，为了双方共同的利益，情愿伸出手来，助你一臂之力。与此相似，你是否注意到许许多多的小鸟在大水牛的背上，它们吃掉水牛背上的虱子和蚊子，让水牛免遭虱蚊噬咬之苦，而水牛则为小鸟提供栖身之处和保护。

（2）“老虎”也许是一个组织或者协会。它的梦想和观点与你的一模一样。通过跟别人携手合作，同心协力，你能够制造出这样一种必不可少的形势，即老虎就在你后面。

（3）“老虎”或许是你的职位或者工作头衔。孤家寡人常常势单力薄，微不足道。然而，如果你为一位能够呼风唤雨、有权有势的雇主工作，你就不再仅仅是一位无能为力的孤家寡人了。

（4）“老虎”也许是你的才智，或者是你的工作。假使艾萨克·斯特恩从来没有拉过小提琴，那么他永远也不会成为我们今天所认识的艾萨克·斯特恩。通过精通这种乐器的本领，艾萨克·斯特恩成为举世闻名的人物。由于同样的原因，不管你从事哪种专业，你的工作都能成为你的“老虎”。

由此可见，“老虎”并非仅仅指的是达官贵人、社会名流，这是值得给予重视的一点。生活中的“老虎”当然不仅限于以上几种，我们应该时刻注意那些能让我们提高声誉和形象的人及事情。他们都有可能是我们能求助的“老虎”。

婉转地达到自己的目的

求人办事常常会遇到一些令人不满意的情况，此时，如果你学会了委婉的表达方法，旁敲侧击，也许能起到意料不到的效果。

战国时期，各国都修建城墙。韩国也不例外，而且完工的期限规定得很死，不能超过半个月。大臣段乔负责主管此事。结果还算顺利，就是有一个县拖延了两天。于是段乔就逮捕了这个县的主管官员，将其囚禁起来。这个官员的儿子为了解救父亲，就找到管理疆界的官员子高，让子高去替父亲求情。子高答应了这件事。

第二天，子高就去拜见段乔，两人见面后，子高并不直接提及释人的事，而是和段乔共同登上城墙，故意左右张望，然后说：“这墙修得太漂亮了，真算得上是一件了不起的功劳。功劳这样大，并且整个工程结束后又未曾处罚过一个人，这确实让人敬佩不已。不过，我听说大人将一个县里主管工程的官员叫来审查，我看大可不必，整个工程修建得这样好，出现一点小小的纰漏是不足为奇的，又何必为一点小事影响您的功劳呢。”

段乔听子高如此评价他的工作，心中甚是高兴，觉得子高的见解也在情理之中，很快便把那个官员放了。

这个故事中，失职官员之所以能够获免，归功于子高的求情。子高为求情先给段乔戴上一顶高帽子，然后就事论事，深得要领，不能不令人拍案叫绝。

其实，一般人都存在顺承心理和斥异心理，对那些合自己心意的就容易接受。因此，在求人办事时，完全可以旁敲侧击，巧言游说，便容易成功。

所以，在办事的时候，不容易采取正面措施直接达到目的，就可以用旁敲侧击的方法，这样就能比较容易地办成事。

声东击西，出对方意料之外

在这个世界上，没有人是不求人的。比如说，小时候对不会做的功课，我们求人讲解；长大后，为成家，我们求人说媒；工作时，我们求人合作，求人推销……我们求人的事太多了。

但求人请托要想获得好的效果也不是件容易的事，所以，要使对方心甘情愿地为你帮忙，你必须练就一副铜牙铁齿。如果你没有口才，只一味地谈自己的事，并不停地对对方说“劳你大驾，请你帮忙”之类的话，只会让人感到反感。

巧妙地说服别人帮你办事有很多技巧，其中有一种很重要的方法就是声东击西。对于固执己见或执迷不悟者，最好的说服办法是声东击西，明说是“东”，其暗示的却是“西”，让人从中领悟到你的用意，从而接受你的意见。

下面的这个故事就是声东击西的范例。

五代后唐的开国皇帝庄宗李存勖，有一次打猎兴致来了，纵马奔驰。等到中牟县，鞭急马快，老百姓田地的庄稼被他践踏了一大片。中牟县令为民请命，挡马劝阻。没想到引起庄宗大怒，当面斥退县令，并要将县令斩首示众，随行大臣没有一人敢进谏言。过了一会儿，伶人中一个叫敬新磨的从背后转到庄宗马前，并立即率人追回将被砍头的县令，押至庄宗马前，愤怒地指责县令道：“你身为一个县官，难道还不知道我们的天子喜欢打猎吗？你为什么纵使老百姓在田地里种庄稼来缴纳国家的赋税呢？你为什么不让你们县的老百姓饿着肚子而空着地，好让天子来此驰骋打猎取乐呢？你的罪的确该死！”

怒斥之后，他请庄宗对中牟县令立即行刑，其他伶人也随声附和。庄宗听着、看着，然后哈哈一笑，遂免了中牟县令的罪纵马而去。

敬新磨对皇帝的一段谏言，奇特新颖，他指东说西，逗乐了庄宗皇帝，又免去了中牟县令的死罪。由此也可见敬新磨的良苦用心。

所以，当你在求人遇到阻碍时，完全可以采用这种背道而驰、指东说西的方法，让对方从你的话中领悟出内在道理，从而改变所有的决定。

利用边缘人物疏通

求人办事，最好是针对关键人物下工夫，突破关键人物这道关卡，谋求关键人物的赞同和协助，问题往往很容易得到解决。

但是有的时候，关键人物不好找，也可以找与关键人物密切接触的边缘人物。

因此，要想在解决问题过程中稳操胜券，除了着眼于主管、领导一类正式组织身份的负责人外，还应该争取足以影响主管领导的非正式的“权威人物”的同情、支持和帮助。通过当事人或上级主管人的亲友故旧，来说服当事人，成功的可能性就大得多。

从某一方面说，有些时候，即使是上级主管和具体办事人员同意解决的问题，也会由于下属某一环节作梗而搁置下来。负责这一环节的人不论职位大小，也就变成了解决问题所必须疏通的“关键人物”。

这时候你切不可因他无权无职，就以为可以随便应付，否则你的好事就可能坏在他的手中。

一天，一位办理房地产转让的房地产公司推销员来到一位客户家，带着这位客户的朋友的介绍信。彼此一番寒暄客套之后，就听他讲开了：“此次幸会，是因为我的同学孙某极为敬佩您，叮嘱我若拜访阁下时，务请您在这个雕像上签个名……”边说边从公文包里取出这位朋友最近才完工的一个小型雕像。于是这位朋友不由自主地信任起他来。在这里，孙某的仰慕和签名的要求只不过是个借口，目的是说明自己与孙某的关系，并且对这位朋友进行恭维，使他开怀。

素不相识，陌路相逢，如何让所求之人了解你与他是朋友的朋友、亲戚的亲戚，显然十分牵强，但一般人不会驳朋友的面子，更不至于让你吃闭门羹。这是一条求人的捷径。

托人办事通过第三者的言谈，来传达自己的心情和愿望，在办事过程中是常有的事。人们会不自觉地发挥这一技巧。比如“我听同学老张说，你是个热心人，求你办这件事肯定错不了。”但要当心，这种话不是说说而已的，也不能太离谱，有时有必要事先做些调查研究。为了事先了解对方，可向他人打听有关对方的情况。第三者提供的情况是很重要的，尤其是与被求者的初次会面有重大意义时，更应该尽可能多方收集对方的资料。但是，对于第三者提供的情况，也不能全部端来当话说，还要根据需要有所取舍，配合自己的临场观察、切身体验灵活引用。同时，还必须切实弄清这个第三者与被托付者之间的关系。这一点非常重要，不然，说不定效果会适得其反。

俗话说得好，托人办事，不能在“一棵树上吊死”。盯死主要目标，全力以赴，固然很重要，但是对于目标周围的那些“边缘人物”，也要多多花费心思，有时甚至能起到意想不到的作用。他们就像一条条地道，可以顺利地把你送到成功的彼岸。

懂得进取也要善于采用曲折的方式

在现实生活中总会有这样一些人，他们在自己富贵发达之后，就逐渐与原先那些状况没有多大改善的老朋友疏远了，甚至是已经淡忘了。在这样的关系下，要想求助于他们可能就很难，但是办法总是会有的。

俗话说：“远行之人，必遇坎坷。”当我们遇到高山挡路时，自然会想办法绕过去，或动脑筋另辟蹊径。这种做法应用在求人办事中，便是绕着圈子达到目标，即懂得进取也要善于采用曲折的方式。

尤其是生活中那些“直肠子”“一根筋”，10头公牛也拉不回来的人。这样的人就更应该学学曲线求人的技巧，以达到顺利把事情办好的目的。

总之，绕几个圈子保证你能在求人办事中得到最大的实惠。

有一次，林肯在某个报纸编辑大会上发言，指出自己不是一个编辑，所以他出席这次会议，是很不相称的。为了说明他不出席这次会议的理由，他给大家讲了一个小故事：

“有一次，我在森林中遇到了一个骑马的妇女，我停下来让路，可是她也停了下来，目不转睛地盯着我的面孔看。

"她说：'我现在才相信你是我见到过的最丑的人！'

"我说：'你大概讲对了，但是我又有什么办法呢？'

"她说：'当然你已生就这副丑相是没有办法改变的，但你还是可以待在家里不要出来嘛！'"

大家为林肯幽默的自嘲而哑然失笑。林肯在这里巧妙地运用了自嘲来表达自己的拒绝意图。既没让人难堪，又让人在愉快的氛围中领悟到了自己的意图。

世上之事，有时乱如麻，而且绝大多数时候让你理不出头绪。因此，"直来直去"的方法是万万行不通的。你必须开动脑筋，学会多绕几个圈子，用"迂回曲折"之法逼近你的目的地，以防硬撞到南墙上。在特定语言环境中，为了避免不必要的麻烦，将真话变为错话，曲折地说出来，往往能收到意想不到的效果。

著名幽默大师林语堂总结中国人（尤其是读书人）求人办事，像写八股文一样。中国人办事很少像外国人那样"此来为某事"那样直截了当开题，因为这样不风雅。如果是关系疏远的朋友就更显冒昧了。中国人的求人讲究在话里做文章，以曲线的方式求助于对方，这往往很奏效。所以，平时求人时为了避免难堪或伤害，那么就要学会采取曲折的方式求人。

第二节　忍小谋大，以忍图强

忍一时之气，免百日之忧

从某种意义上说，忍耐是保全人生的一种策略，忍一时之气，可免百日之忧。忍耐是一种弹性前进策略，就像战争中的防御和后退，有时恰恰是迎取胜利的一种必要姿态。

汉高祖刘邦去世后，吕后临朝称制。匈奴单于冒顿本已很轻视刘邦，现在一妇人上台执政，他便更加肆无忌惮，想挑起战端。他派使者给吕后送去一封信，信上说："孤独苦闷的君王，生于荒野大泽之中，长于旷野牛马蕃育的区域，多次到达边境，希望能游览中国。陛下独立，孤独苦闷孀居。两位君主都不高兴，也没办法让自己快乐起来，希望以我的所有，换你的所无。"

吕后见信后勃然大怒："好一个不知死活的匈奴冒顿，竟敢调戏到孤家头上，想是活得不耐烦了。"于是，她召集群臣商议，要大举讨伐匈奴以雪此辱，以泄此恨。

吕后的妹夫樊哙率先请命道："我愿带十万人马，横行匈奴之中。"

吕后大喜，季布却怒声叱道："樊哙理应斩首。"

朝堂上的人都吓了一跳，季布撞邪了吧，竟要斩元勋国戚。

季布接着说："当年高帝率三十万精兵讨伐匈奴，却被围困在平城七日七夜。那时樊将军也在军中，却无计可施。今日为何就能以十万人马横行匈奴之中呢？这不过是当面阿谀陛下，犯了欺君之罪，按律当斩。"

樊哙无言以对，其他众将也纷纷附和说，以高帝之英武，尚被困于平城，匈奴势力强盛，委实不宜挑起战端。

吕后见众将意思一致，回头细想也确实如此，便忍下这口恶气，退朝回到宫内，不再提讨伐匈奴的事了。

过后吕后为安抚单于冒顿，居然放下架子卑词婉约地写了一封和解信，说："单于不忘我中国，赐给书信，我等国人都很恐惧，我自思自忖，身体老迈，气息也衰弱，牙齿也脱落得差不多了，走路的步子都不均匀，单于听信了传言，我实在不足以使您自污。我国无罪，应在您赦免之列。我有自己坐的车两辆、马八匹，送给您平时乘坐。”然后她派宦官张泽送去。

单于冒顿原以为汉朝一定会倾竭国力攻击自己，所以严加戒备，没想到等来的却是这般礼遇。再想想，如若自己与汉硬拼，实在也占不得什么便宜，便派使者送给吕后好马，回信说：“我生长于荒野，没听过中国的礼仪，多亏陛下赦免了我。”便又和汉朝和亲。

吕后性格刚毅、心狠手辣，汉初三大功臣有两位直接死在她手上，即韩信和彭越。然而面对匈奴单于的侮辱和挑衅，她不但采纳众将的意思忍耐住了，而且以谦卑的姿态回了一封信，倒使得冒顿心生惭愧，回信谢罪，并达成了和亲。吕后执政时边塞得以无事，民众得以休养生息，就是因为吕后能够忍下单于之气。

王林从单位辞职以后来到深圳打工，他在一家私人企业做了几天文员后，就被解雇了。过了一段时间他仍然没有找到工作，已经到了山穷水尽的地步。

一天，他身无分文，坐在街心公园歇息。忽然间想到这里还有一个老乡在某个报社做编辑，于是他强打精神去找那个老乡借钱。他好不容易找到了那位老乡，但老乡一见他的狼狈样就知道是来借钱的，于是就故意装作没有看见他。在王林小心地打了招呼后，老乡才问他有什么事。于是王林更加小心地讲明了自己的困境。老乡不耐烦地掏出10元钱扔在桌子上，说自己今天身上没有多带钱并且马上要出差。王林知道这是在下逐客令，心里气急了，真想把那10元钱抓起来砸在对方的脸上。但现实的残酷让他强压住怒火，拿起那10元钱，默默地转身走了。

王林先用2元钱买了1千克馒头，然后用1元钱买了1支圆珠笔，用2元钱买了一叠稿纸。他待在自己租的房子里，用了1天1夜的时间写了4篇反映自己打工经历的稿子，次日早上亲自将这些稿件送到一家专门发表打工者故事的杂志社。负责该栏目的编辑看了稿件后决定4篇都采用，并先付给了王林一半的稿费。拿着这些稿费，王林维持了一段时间，并在此期间找到了一份工作。

事物总是在不断地运动和变化，机会存在于忍耐之中。对于垂钓者来说，最好的进攻方式就是忍耐。大机会往往蕴藏在大忍耐之中，所谓“天将降大任于斯人也，必先苦其心志，劳其筋骨，饿其体肤……”就是这个道理。大丈夫志在四方，岂可为鸡毛蒜皮的小事而误了大谋！春秋末期最后一个霸主越王勾践卧薪尝胆的故事正好诠释了忍耐保全人生的要义——忍耐不是停止、不是逃避、不是无为，而是守弱、蓄积、迂回前进。当命运陷入不可掌控之时，就要心平气和地接纳这种弱势，坚强地忍耐弱者的地位，在守弱的基础上累积实力、发愤图强，使自己脱离弱者的不利地位，并适时出击，争取赢得新的成功机会。

懂得忍耐有利于成就事业，意气用事只会错失良机。面对别人的侮辱和伤害，我们没必要急急忙忙以一种对抗的方式来证明自己并非软弱可欺。因为路遥知马力，日久见人心，有效地忍耐，会使我们获得更多的收益。

小不忍则乱大谋

“小不忍则乱大谋”这句话我们都听说过，它的道理是：生活中，有些东西我们只有去忍一时，才会见到等在后面的成功。

如果能忍这一时，能将痛苦忍一忍，能将小事忍一忍，那么就不会有“小不忍则乱大谋”这样的失败之事了。

能够忍让的人，事情一般都能够做好。至于别人是否正确，那也是无所谓的事。能够宽容待人，忍一时风浪，迎来广阔天空，这是古人的经验，也是今人欲成大事需养成的习惯之一。

在楚汉相争中，刘邦由于势单力薄，经常吃败仗。汉高祖四年（公元前203年），刘邦兵败，被项羽围困在荥阳。而他的大将韩信自领一军，北上作战，捷报频传，攻下魏、赵、燕诸国，最后又占领了齐国全境。

五月，韩信派使者来见刘邦，说："齐人狡诈反复，齐国又与强楚为邻，如果不设王威慑，不足以镇抚齐地，请大王允许我暂代齐王。"

刘邦一听，当然不依，如今大敌当前，这小子竟敢"趁火打劫"，胁迫我分权与他！刘邦气愤不过，便破口大骂："我坐困荥阳，日夜盼望你韩信带兵来增援，你不但不来，反要自立为王！我……"

正骂着，刘邦感到自己的脚被人踩了一下。他恶狠狠的目光一扫，张良向他示意了一下。刘邦知道他一定有重要的话要告诉自己，便打住了话题。

张良清楚地知道韩信是当世首屈一指的将才，目前又拥有强大的兵力，处在举足轻重的地位上。刘邦如与韩信翻脸，轻则形成刘邦、韩信、项羽三强鼎立，重则导致项羽、韩信联合攻汉。无论出现哪一种情况，都于刘邦大为不利；反之，如果能调动韩信的兵马，就能拖住楚军，重创楚军。于是，张良果断地用脚踩刘邦，制止他骂出那些无法收场的话来。

张良靠近刘邦，悄声说："大王，韩信手握重兵，右投则大王胜，左投则项羽胜。我们对他的要求要慎重考虑。"

刘邦是个个性坚忍的人，他压住怒火，当即下令派张良为使节，带着印绶到齐地去，立韩信为齐王，并征调韩信的军队。结果战争形势很快便发生了重大转折：汉军由劣势向优势转变，逐渐对楚形成了包围之势。

经过几年激战，刘邦终于在垓下全歼楚军，取得了战争的最后胜利。

君子有所忍有所不忍，在利于大局的情况下，忍是一种智慧；在鸡毛蒜皮的小事上，忍是一种涵养；在人际交往中，忍是一种气度。有修养的人，从来不会在毫无意义的事情上发火动怒。只有生活中的智者，才能品味出忍的力量。

隋朝末年，李渊从太原起兵后不久，便选准关中作为长远发展的基地。因此，借"前往长安，拥立代王"为名，他率军西行。

李渊西行入关，面临的困难和危险主要有三个：第一，长安的代王并不相信李渊会真心"尊隋"，于是派精兵予以坚决阻击；第二，当时势力最大的瓦岗军半路杀出，纠缠不清；第三，瓦岗军还用一方面主力部队袭奔晋阳重镇，威胁着李渊的后方根据地。

这三大危险中，隋军的阻击虽已成为现实，但军队数量有限，且根据种种迹象判断，隋廷没有继续派遣大量迎击部队的征兆。但后两个危险却是主要的，瓦岗军的人数在李渊的十倍以上，第二种或者第三种危险中，任何一个的进一步演化都将使李渊进军关中的行动夭折，甚至全军覆没。

为了能扭转形势，李渊急忙写信给瓦岗军首领李密，详细通报了自己的起兵情况，并表示了希望与瓦岗军友好相处的强烈愿望。

不久，使臣带着李密的回信又来到了唐营。李密在信中劝说李渊应同意并听从他的领导，并速速表态。

当时，李密拥有洛口要隘，附近的仓中粮帛丰盈，控制着河南大部。向东可以阻击或奔袭在扬州的隋炀帝，向西则可以轻而易举地进取已被李渊视之为发家基地的关中。

李渊深知此时情况于己十分不利，如若此时再与李密树敌，后果将是"灭顶之灾"。眼下之计，只有先假意屈服于李密，日后再与他算账不迟。于是，李渊对次子李世民说："李密妄自尊大，绝非一纸书信便能招来为我效力的。我现在急于夺取关中，不能立即与他断交，增加一个劲敌。"于是，李渊回信道："天生庶民，必有司牧，当今为牧，非子而谁？老夫年逾知命，愿不及此。欣戴大弟，攀鳞附翼，唯弟早膺图箓，以宁兆民。宗盟之长，属籍见容。复封于唐，斯荣足矣。殪商辛于牧野，所不忍言；执子婴于咸阳，未敢闻命。汾晋左右，尚需安绢，盟津之会，未有卜期。谨此致覆！”大意是当今能称皇为帝的只能是你李密，而我则年已五十有余，无此愿望，只求到时能再封为唐公便心满意足，希望你能早登大位。因为附近尚需平定，所以暂时无法脱身前来会盟。这封信巧妙地掩藏了李渊争夺天下的野心，使李密放下了心。

李世民看了信说：“此书一去，李密必专意图隋，我可无东顾之忧了。”果然，李密得书之后十分高兴，对将佐们说：“唐公见推，天下不足定矣！”

李渊授李密之好，卑词推奖，不仅消除了李密争夺关中的危险，而且为李渊西进牵掣住了洛阳城中可能增援长安的隋军，从而达到了“乘虚入关”的目的。李密自以为聪明，实际自己中了李渊之计。他对李渊信任有加，常给李渊通信息，更无攻伐行为，只专力与隋朝主力决斗。之后几年中，李密消灭了隋王朝最精锐的主力部队。而自己也被打得只剩2万人马。而李渊则利用有利时机发展成了最有实力的势力，不费吹灰之力便收降了李密余部。

“小不忍则乱大谋”，这句话在民间极为流行，甚至成为一些人用以告诫自己的座右铭。有志向、有理想的人，不应斤斤计较个人得失，更不应在小事上纠缠不清，而应有开阔的胸襟和远大的抱负。只有如此，才能成就大事，从而实现自己的梦想。

克制自己的不利情绪

古人说：“自行本忍者为上。”做人要忍，尤其是那些性情暴躁之人，一定要控制好自己的不利情绪。当然在人生当中，不利的情绪有很多种，我们在此暂不一一而论，只谈谈愤怒对于人生的不利影响。

遇事不要轻易发火，要学会自制，得罪的人多了，将不利于自己日后的发展。现实生活中，一时愤怒酿成大错或大祸的事绝非少见。其中，美国著名的巴顿将军就有过这么一次。

巴顿将军某日来到前线医院看望伤员。他走到一病号前，病号正在抽泣。

巴顿将军问：“为什么抽泣？”病号抽泣着说：“我的神经不好。”巴顿又问：“你说什么？”病号回答说:“我的神经不好，我听不得炮声。”

巴顿将军立刻毫无理智地大发雷霆:“对你的神经我无能为力，但你是个胆小鬼，你是混蛋！”之后，巴顿依然难以泄愤，又给了这个病号一个耳光，并喊道：“我不允许一个王八蛋在我们这些勇敢的战士面前抽泣。”他又毫不犹豫地给了那个病号一耳光，还把病号的军帽丢至门外，接着大声对医务人员说：“你们以后不用接收这种龟儿子，他们一点儿事也没有。我不允许这种没有半点儿男子汉气概的王八蛋在医院内占位置。”

临出门前，巴顿将军转头又对病号吼道：“你必须到前线去，你可能被打死，但你必须上前线。如果你不去，我就命令行刑队把你毙了。说实话，我真想亲手把你毙了。”

这件事很快被披露，并在美国国内引起了强烈的反响。好多母亲要求撤巴顿的职，有一个人权团体还要求对巴顿进行军法审判。尽管后来马歇尔从大局出发，巧妙化解了这件事，但巴顿还是因为打骂士兵而声名狼藉。这种轻率、浮躁的作风以及政治上的偏见，也为他战后被撤职埋下了祸根。

轻易动怒，既伤身又损财，明智的人是不会那么冲动，随便宣泄自己愤怒的情绪的。因为一些小事而跟人争斗甚至打官司，是不利于延年益寿的。

对待别人的小过失，我们不能斤斤计较，而应该采取忍耐、宽容的态度。

一个人，如果身为领导而不能克制自己的情绪的话，就会危害到他手下的人；如果作为一个普通员工而不能克制自己的情绪的话，就会冲撞到他的上司；一个家庭，如果成员之间不能互敬互爱、相互理解，就会导致家庭的混乱甚至破裂;国家之间，如果不能互相谅解和宽容，就会引发战争，使老百姓蒙受灾难，生灵涂炭。

轻易发怒有百害而无一利。为此，我们可以学学古人，看看他们是怎么做的。

富弼是北宋仁宗时一位品行优良的宰相，然而富弼年轻的时候因能言善辩在无意间得罪了不少人，从而给自己的事业、生活带来了不利影响。经过长时期的自省，他的性格逐渐变得宽厚谦和。后来当有人告诉他谁在说他的坏话时，他总是笑着回答："怎么会呢，他怎么会随便说我呢？"

一次，一个穷秀才想当众羞辱富弼，便在街心拦住他道："听说你博学多识，我想请教你一个问题。"

富弼知道来者不善，但也不能不理会，只好答应了。

秀才问富弼："请问，欲正其心必先诚其意，所谓诚意即毋自欺也，是即为是，非即为非。如果有人骂你，你会怎样？"富弼想了想，答道："我会装作没有听见。"秀才哈哈笑道："竟然有人说你熟读四书，通晓五经，原来纯属虚妄。富弼才智驽钝，充其量不过是个庸人而已！"说完，大笑而去。

富弼的仆人埋怨主人道："您真是难以理解，这么简单的问题我都可以回答，怎么您却装作不知呢？"

富弼说道："此人乃轻狂之士，若与他以理辩论，必会剑拔弩张、面红耳赤，无论谁把谁驳得哑口无言，都是口服心不服。书生心胸狭窄，必会记仇，这是徒劳无益的事，又何必争呢？"

几天后，那秀才在街上又遇见了富弼。富弼主动上前打招呼，秀才不理，扭头而去。走了不远，他又回头看着富弼大声讥讽道："富弼乃一乌龟耳！"

有人告诉富弼那个秀才在骂他。

"是骂别人吧！"

"他指名道姓骂你，怎么会是骂别人呢？"

"天下难道就没有同名同姓之人吗？"

他边说边走，丝毫不理会秀才的辱骂。秀才见无趣，也不白费力气，便走开了。

人的一生谁都难免遇上难堪的误解，遭到他人不公正的批评甚至辱骂。不论是卑鄙的、恶毒的、残酷的，你都千万不要被对方一句不公正的批评或难听的辱骂而激得像对方一样失去理智。获胜的唯一战术，就是保持沉默，不和别人发生正面冲突，就连多余的解释也没必要。因为在这种情况下，相互争吵、辱骂既不会给任何一方带来快乐，也不会给任何一方带来胜利，只会带来更大的烦恼、更大的怨恨、更大的伤害。退一步讲，在对骂中没有占上风的一方，必会因当众出丑而对自己的鲁莽行为深感悔恨。而占了上风的一方虽然把对方骂得体无完肤，但结果又能怎么样？只能加深对方的对立情绪，加深对方的怨恨。

清朝光绪年间流行一首歌曲："他人气我我不气，我本无心他来气。倘若生气中他计，气出病来无人替。请来大夫将病医，他说气病治非易。气之为害太可惧，不气不气真不气。"这首歌通俗易懂，寓意深刻，其中虽然有消极的一面，但仍不失为有益的养身之道，尤其对那些一遇事就跳、一说就叫的人，可算是一剂良方。

行事不可放纵

人生于天地之间，要想成就一番大事业，不是轻而易举的。这要求我们能够不断战胜人自身所具有的各种劣根性，克服各种不良嗜好，严格地约束自己，以求更大的发展。

秦朝末年，陈胜、吴广在大泽乡揭竿起义以后，各地的英雄豪杰纷纷响应。没多久，反秦的风暴便席卷了大半个中国。

公元前206年，刘邦率领着一帮人马最先开进了秦王朝的首都咸阳。都城中恢宏壮丽的建筑群、珠宝充盈的仓库使大家大开眼界，众人纷纷钻进皇宫和仓库中抢金夺银，闹得咸阳城内鸡犬不宁。刘邦在卫士们的簇拥下，进了占地数十里的秦宫殿。他先来到前殿阿房宫，看见雕梁画栋的巨大殿堂、奢华无比的陈设、数以千计的美丽宫女，喜得头晕目眩、忘乎所以。

刘邦正浮想联翩之时，他的部将樊哙闯了进来。一见刘邦那神不守舍的样儿，樊哙便直着嗓子喊了起来："沛公！"

"什么事？"刘邦头也不回，心不在焉地问道。

樊哙说："你是要打天下，还是只想当个富家翁？"

"我当然想打天下。"刘邦口中说着，眼睛却没有离开婀娜娇羞的宫女。

樊哙说："臣下跟着沛公进了秦皇宫，您留意的不是珠玉珍宝，就是美娇娃，而这正是秦朝皇帝丢失天下的原因。沛公留此，就是重蹈亡秦的覆辙！恳请沛公立即出宫，到郊外驻扎。"

樊哙虽是刘邦的患难兄弟和亲戚，刘邦却认为他只不过是一员有勇无谋的战将，所以根本听不进去他的话。刘邦很不高兴地说："我们从关东打到关中，太累了。我只想在这儿歇几天，你就把我比做亡国的秦朝皇帝，真是胡说八道！"

樊哙又急又气，找来张良。张良对刘邦说："沛公，您想过没有，您是怎样得以进入这座宫殿的？"

刘邦说："是举义旗，兴义兵，一路攻杀换来的。"

张良说："这正是秦王朝君臣荒淫无度、声色犬马，触怒了天下的老百姓，才使您得到举义旗、兴义兵的机会啊！秦朝皇帝因为骄奢失去了民心，沛公想取秦而代之，就要反其道而行，以节俭有度来争取民心。现在，我们的人马刚刚进入秦朝首都，沛公就带头享乐，老百姓会怎么看？他们会认为我们与秦朝君臣是一丘之貉，就会转而憎恨我们、反对我们。失去民心，您就失了天下啊！"

刘邦听了悚然动容。

张良又说："上行下效，沛公要享用秦宫殿中的财产、美人，将士们就会抢劫仓库与民宅。他们腰囊填满之日，也就是我们这支军队瓦解之时。如今，素来忌恨您的项羽正率领四十万大军，日夜兼程、过关斩将地逼近咸阳。一旦双方干戈相见，我方军心涣散，如何抵挡得住项羽的四十万强兵悍将？那时，沛公纵然愿意放弃天下，想去做个富家翁，也欲求无门了！"

刘邦听了，惊得一身冷汗，问："照你说，该怎么办？"

张良说："'良药苦口利于病，忠言逆耳利于行'，樊将军的话说得很对，希望您听从他的劝告，立即离开宫殿，赶快好好考虑一下，采取一些措施来安抚关中人民，争取天下的民心。"

刘邦听完张良的话，马上醒悟过来。他立即下令撤出宫殿，封闭仓库，并命所有部队都回到郊外的灞上驻扎。

世界上唯有自己最可怕，也唯有自己最难以对付。那些体悟佛理的人都知道，佛学的道理并不高深，也不需要特别去做。这样说起来似乎得道成佛很简单，可实际上却几乎没有人能做得到，其中原因就在于没有人能够把自己完全控制住，人们难免会放纵自己的欲望。

为佛之道，在一"空"字。功名利禄、酒色财气，说放下就放下，从此不再留恋牵挂。这就是四大皆空的"空"。

可是很多明白这个道理的人，却往往办不到。比如说要远离美色，本不是件很难的事，但是情欲一来，很多人就会马上缴械投降。挣钱养家的事，大家也觉得挺俗气，但是一有赚钱的好机会，也没有多少人会放弃。

七情六欲固然乃人之常情，但人也有些想法超出了自身条件所许可的范围。自制，就是要控制住自己的这种过分欲望。食色美味、高屋亮堂，凡人即使想得也应得之有度，更何况远景之事，不可操之过急，须知欲速则不达也。否则，举自身全力，力竭精衰，事不能成，耗费枉然。又有些奢华之事，如着华衣、娱耳目，实乃人生之琐事，但又非凡人所能自克。而一旦沉溺其中而不能自拔，就不是力竭精衰的小事了，人必然会颓废不振、空耗一生。

学会约束自己的欲望

汤玛斯·富勒说：“满足不在于多加燃料，而在于减少火苗；不在于累积财富，而在于减少欲念。”

贪欲会使人的精力和体力双重透支。放下贪欲，追求平实简朴的生活，是获得快乐的最简单的方法。

当欲望产生时，再大的胃口都无法填满，贪多的结果只会是无穷尽的烦恼和麻烦；学会接纳自己，欣赏自己，使自己从欲念的无底深渊中得到释放与自由，是快乐的始发站。

据说上帝在创造蜈蚣时，并没有为它造脚，但是它仍可以爬得和蛇一样快速。有一天，它看到羚羊、梅花鹿和其他有脚的动物都跑得比它快，心里就很不高兴，便嫉妒地说：“哼！脚那么多，当然跑得快。”

于是它向上帝祷告说：“上帝啊！我希望拥有比其他动物更多的脚。”

上帝答应了蜈蚣的请求，他把好多好多的脚放在蜈蚣面前，任凭它自由取用。

蜈蚣迫不及待地拿起这些脚，一只一只地往身上贴去，从头一直贴到尾，直到再也没有地方可贴了，它才依依不舍地停止。

它心满意足地看着满身是脚的自己，心中暗暗窃喜：“现在我可以像箭一样地飞出去了！”

但是，等它一开始要跑步时，才发觉自己完全无法控制这些脚。这些脚都各走各的，它非得全神贯注，才能使一大堆脚不致互相绊跌而顺利地往前走。

这样一来，它走得比以前更慢了。

过度的欲望让蜈蚣步伐缓慢、举步维艰，而人的心里一旦产生过分的欲望，终有一天也会出现超载的现象，而这种负荷的结果是不堪设想的。

古人云“人心不足蛇吞象”，私欲的沟壑是填不满的。如果每天都去注意自己的欲望是否得到满足，那么我们将时刻处在痛苦的煎熬之中。因为旧的欲望满足了，新的欲望又会出现，而且会一次比一次大、一次比一次难以满足。所谓欲壑难填，就是这个道理。这样一来，人生哪里还有什么快乐、幸福可言？

有一位禁欲苦行的修道者准备离开他所住的村庄，到无人居住的山中去隐居修行。他只带了一块布当作衣服，就一个人到山中居住了。

后来他想到，当他要洗衣服的时候，他需要另外一块布来替换，于是他就下山到村庄中，向村民们乞讨一块布当作衣服。村民们都知道他是虔诚的修道者，于是毫不犹豫地就给了他一块布，当作换洗穿的衣服。

这位修道者回到山中之后，发觉在他居住的茅屋里面有一只老鼠，常常会在他专心打坐的时候来咬他那件准备换洗的衣服。可由于他早就发誓一生遵守不杀生的戒律，因此他不愿意去伤害那只老鼠。但是他又没有办法赶走那只老鼠，所以他回到村庄中，向村民要一只猫来饲养。

得到了一只猫之后，他又想了——“猫要吃什么呢？我并不想让猫去吃老鼠，但总不能跟我一样只吃一些水果与野菜吧！”于是他又向村民要了一只乳牛，这样那只猫就可以靠牛奶维生。

但是，在山中居住了一段时间以后，他发觉每天都要花很多的时间来照顾那只母牛，于是他又回到村庄中，找到了一个可怜的流浪汉来帮他照顾乳牛。

那个流浪汉在山中居住了一段时间之后，跟修道者抱怨说：“我跟你不一样，我需要一个太太，我要过正常的家庭生活。”

修道者想一想也有道理，他不能强迫别人跟他一样，过着禁欲苦行的生活……

这个故事就这样继续发展下去，结果你可能也猜到了：到了后来，整个村庄都搬到了山上。而这个修道者最初的愿望也不可能实现了。这一切都是因为欲望。欲望就像是一条锁链，一个连着一个，永远都不能满足。

我们每个人都有欲望，但欲望太多了，人生就会变得疲惫不堪。每个人都应学会轻载，更应该学会知足常乐，因为心灵之舟载不动太多的重荷。

《菜根谭》中指出：“人生减省一分，便超脱一分。”在人生旅程中，如果什么都减省一些，便能超越尘事的羁绊。一旦超脱尘世，精神便会更空灵。简言之，即一个人不要太贪心。洪自诚曾说：“减少实际应酬，可以避免不必要的纠纷；减少口舌，可以少受责难；减少判断，可以减轻心理负担；减少智慧，可以保全本真。不去减省而一味地增加的人，可谓作茧自缚。”

人们无论做什么事，均有不得不增加的倾向。其实，只要减省某些部分，大都能收到意想不到的效果。倘若这里也想插手，那里也要兼顾，就不得不动脑筋，过度地使用智慧，而这就容易促生奸邪欺诈。所以，只有凡事稍微减省些，才能回复本来的人性，即“返璞归真”。

《呻吟语》的作者吕坤说过：“福莫大于无祸，祸莫大于求福。”意即没有不幸的灾祸降临，就是最大的幸福;一天到晚四处钻营的人，比任何人都更加不幸。

所以，人一定要忍耐住自己的欲望，不要为欲望所驱使、所奴役。心灵一旦被欲望侵蚀，就无法超脱红尘，而只能为欲望所吞灭。只有降低欲望，在现实中追求真正有意义的人生目的，人才会活得快乐。

隐忍待机，在逆境中壮大势力

《周易》说：“天行健，君子以自强不息。”就是说天道运行强健不息，君子也应该积极奋发向上，永不停止进步。

人的一生中，总会遇到各种各样不尽如人意的事情，无论是来自自身的，还是来自外界的，都会令你烦闷不堪。能不能忍受一时的不顺利，这就要看你是否具有百折不挠的雄心与意志。一个真正想成就一番事业的人，面对挫折必然会忍辱负重，以坚忍不拔之气克服重重障碍，直至梦想成真。

西汉时期，北方匈奴冒顿单于执政时，匈奴尚国力衰弱。东胡国王想趁机灭掉匈奴，便故意找碴儿。他听说匈奴有一匹千里马，便派使者来索要。冒顿知道东胡国的阴谋，对手下那班愤愤不平的群臣说：“东胡跟我国十分友好，所以才向我们索要宝马。我们怎么能因为一匹马而影响与邻国的关系呢？”于是，他将宝马拱手送给东胡。

东胡国王一计不成，又生一计，派使者索要冒顿的妻子为妃。这个要求太过分了，就算一个普通男人，也不能忍受这般蛮横无理的羞辱！匈奴的文臣武将忍无可忍，表示要好好教训一下东胡。冒顿却十分冷静，对那些喊打喊杀的臣子们说：“天下女子多的是，东胡却只要一个。为了与东胡国睦邻友好，我愿意献出我的妻子。”

东胡国王得到宝马与美妻后，暂时没再给冒顿找麻烦。趁此时机，冒顿励精图治，使匈奴国力渐强。东胡国王得知后顿感不安，又来挑衅。他派使者求见冒顿，说：“你我两国边境之间有块空地，有一千多里，你匈奴也到不了那里，就把这块地送给我吧。”

冒顿又问左右大臣该如何。

左右大臣们见冒顿从前事事懦弱忍让，也全无斗志，便说：“这本来就是块无用的土地，给他也可以，不给也可以。”

冒顿闻言大怒，说道："土地是国家的根本，怎么能把土地送给别人？"

于是，凡是说可以把地给东胡的大臣都被他斩首了。然后他传令集中兵马，有敢迟到者一律斩首，后亲率大军袭击东胡。东胡素来轻视匈奴，全然不加防备。结果冒顿一举消灭了东胡，把东胡占为己有。

"忍"有时候会被认为是屈服、软弱的投降动作，但若从长远来看，"忍"其实是非常务实、通权达变的智慧。凡是智者，都懂得在恰当时机忍耐，毕竟获取胜利靠的是理性，而不是意气。忍耐常有附带条件，如果你是弱者，并且主动提出忍耐，那么虽然可能要付出相当大的代价，但却可以换得"存在"的空间和余地。"存在"是一切的根本，没有"存在"，就没有明天，没有未来。也许这种附带条件的忍耐对你不公平，让你感到屈辱，但用屈辱换得存在、换得希望，显然也是值得的。

忍是一种强者才具有的精神品质。那些表面上气势汹汹、不可一世的人，其实是色厉内荏、不堪一击。忍，有时看似是吃了亏，其实一个人敢于吃亏，不去占眼前的便宜，大多是因为他们有更高的境界和更高的追求。而那种事事处处都想占别人便宜、不愿吃亏的人，到头来往往只能收获些蝇头小利，从大处看则反而是吃了大亏。

"忍"是一种做人的智慧，即使是强者，在问题无法通过积极的方式解决时，也应该采取暂时忍耐的方式处理。这可以避免时间、精力等"资源"的继续投入。在胜利不可得而资源消耗殆尽时，忍耐可以立即停止消耗，使自己有喘息、休整的机会。也许你会认为强者不需要忍耐，因为他们资源丰富而不怕消耗。虽然理论上是这样，实际上问题却是，当弱者以破釜沉舟之势咬住你时，强者纵然得胜，也是损失不小的"惨胜"。所以，强者在某些状况下也需要忍耐，因为这可以借忍耐的和平时期来改变对你不利的因素。总而言之，无论是谁，在局势不利的情况下都要善于忍耐，正所谓"识时务者为俊杰"，与其作无谓牺牲，不如在逆境中养精蓄锐，发展壮大自己。这样一旦时机来临，你就能拥有足够的力量，扭转"颓势"，改写人生。

忍人所不能忍，始成人所不能成之事

一个人生活在社会中，就不可避免地要同其他个体发生千丝万缕的联系。事物总是相互制约的，人在社会上同样不能随心所欲、无拘无束。大到参政议政，小到柴米油盐的芝麻小事，要想"顺风顺水"一些，都离不开一个"忍"字。而一个人想成就一番事业，就更要能够吃常人不能吃之苦、流常人不愿流之汗。这就好比体育竞技中的世界冠军，没有平时的吃苦忍耐，哪来冠盖群雄的风采？因此，要想成功，一定要能忍。

东汉建安六年（201年），司马懿在河内郡被举为上计掾。此时他年仅二十三岁，但已是声名远播。当时曹操在汉献帝朝廷中担任司空，极需网罗人才为其效力。他听说司马懿是个青年才俊，很想请他出山，授以要职。但司马懿对此时的曹操并不看重，所以不愿过早地将自己的命运交付给曹氏，而只想等待观望，看准可投之主。

为了不开罪于曹操而招致杀身之祸，司马懿使出韬晦手段，推辞说自己身患风痹，不能起居。曹操乃老谋深算之辈，他秘密派刺客假装行刺，以探察司马懿生病的真情。当夜深人静之际，刺客偷偷潜入司马懿的内房，手持利剑，装出要行刺司马懿的姿势。机警的司马懿很快觉察到这是曹操派来探听虚实的探子，因而他仍然直挺挺地躺着，根本不加反抗。刺客由此认定司马懿真的患了严重的风痹病，便收起利剑，回去向曹操如实禀报了。曹操一时被蒙骗过去，而司马懿得以逃避了曹操的第一次征用。

建安十三年（208年），曹操担任了献帝的丞相，他四处物色贤士，又决定请司马懿担任文学掾，并严厉地对使者说："如果司马懿还是推三阻四，再耍花招，就把他绑来见我！"此时曹氏已今非昔比，他独揽汉室大权已成事实，即使逐鹿中原也稳操胜券，所以中原许多大族名士均已投靠曹操，并视其为实际君主，认为曹氏代汉只是时间问题了。

看清了形势的司马懿应召前往。曹操对司马懿的应召固然十分高兴，但他一向认为此人城府很深，不容易被人探知其内心活动，所以对他既使用又疑忌。司马懿虽然谨慎小心，但仍被曹操深深猜忌。

一天晚上，曹操梦见三匹马共食一槽。因“槽”与“曹”同音，曹操遂产生了“马”吃“曹”的联想，认为司马氏终有一天会侵蚀曹氏的权柄，所以心里更加不快。

司马懿对自己的处境当然明了。为了消除曹操的猜疑，他假装对权势地位无所用心，只是勤勤恳恳、恪尽职守，埋头于日常公务，为人也注意谦恭抑损，这才逐渐淡化了曹操的敌视态度。

曹丕即位后，虽然司马懿与曹丕关系不错，得到曹丕的重用，地位日益显赫，但他的防范心理并没有因此而懈怠。在征辽东公孙渊凯旋时，一些士兵因天气寒冷，乞求司马懿赏给襦衣。这本来不算过分的要求，但他却未答应。当别人对此表示不解时，他表明不能让皇帝认为他是用国库的衣物为自己收买人心。可见他为人十分精细。

二十余年后，到了魏明帝曹睿的儿子曹芳登位时，司马懿已官至太尉，与宗室曹爽同为顾命大臣，辅助魏王曹芳。两人实际共同掌握了曹魏的军政大权。

当时，曹爽门下有清客五百人，其中毕轨、何晏、邓扬、丁谧等常在曹爽周围，为他出谋划策。他们不断向曹爽进言，认为司马懿有一定的野心，而且在社会上有很高声望，对皇室是潜在的威胁，不可对他推诚信任。

曹爽遂于景初三年（239年）二月使魏帝下诏使司马懿从太尉升为太傅。这一明升暗降的办法，使司马懿的兵权被剥夺，实际权势被架空。

司马懿为曹家天下立过汗马功劳，德高望重，此次被架空实权，虽然大为不满，但他深知曹爽重权在握，自己难以抗衡，所以只好暗中组织人马，以待机行事。为防不测，他称病居家，对朝政不闻不问，并告诫二子司马师和司马昭安分守己，不可争强斗胜。

时隔不久，传来边境告急的军情。东吴军队分兵两路进攻六安和淮南，边境请求朝中发兵边关救急。一时间曹爽急得不知所措，赶紧召集众臣商议对策。可退兵之计还未落实，又有人传来急报，说樊城又遭东吴攻击，连连告退。这时局势已如同火上浇油，曹爽无计可施之下，只好以皇帝的名义派人去请司马懿来朝议事。

司马懿老谋深算，对战局了如指掌，同时也料定曹爽必来相请。他认为借此时机出战，一来可以打击曹爽的气焰，二来可以树立自己的威望，所以二话不说就答应了。司马懿来到朝中后，决定亲自带兵出征。无计可施的满朝文武见司马懿亲征边关，深信定可退敌，所以人心振奋，为司马懿举行了隆重的出征仪式。曹爽亲自将他送出津阳门外。司马懿率军直奔樊城，对东吴部队采取出其不意的突袭，很快打败了围城的吴军。然后他又转战六安，解了重围。前后不足一个月，司马懿就解了边关之危。班师回朝后，他的声望更是大增。

曹爽为了夺取皇位，进一步独专朝政，排斥异己，并在军机要地安置亲信。朝中大臣对曹爽的专横和野心看得清楚，但却敢怒不敢言。曹爽唯一的顾忌就是司马懿。于是，他命心腹河南尹李胜出任荆州刺史，并借向司马懿辞行之机前去探听虚实。

自边关出征得胜回朝后，司马懿的兵权又被曹爽剥夺，他一直采取忍耐退让的策略，称病居家，不问政事。得知李胜来访，深知其实质用意的他作了一番苦心安排。

当李胜被引到司马懿的卧室时，只见司马懿病容满面，头发散乱地躺在床上，并由两名侍女服侍着。李胜说：“好久没来拜望，不知您病得这么严重。现在我被任命为荆州刺史，特来向您辞行。”司马懿假装听错了，说道：“并州是近境要地，一定要抓好防务。”李胜忙说：“是荆州，不是并州。”司马懿还是装作听不明白。这时，两个侍女给他喂药，他吞得很艰难，汤水还从口中流出。他装作有气无力地说：“我已命在旦夕，我死之后，请你转告大将军，一定要多多照顾我的孩子们。”

李胜回去向曹爽做了汇报，曹爽喜不自胜，说道：“只要这老头一死，我就没有什么好担

心的了。”

不久，魏少帝曹芳前往洛阳南山拜谒魏明帝高平陵，曹爽以及他的弟弟曹义、曹彦和心腹亲信一同随行。

司马懿见时机已到，就以太后的名义传布诏令闭锁城门，发动了兵变。他派其子司马师、司马昭统领数千禁军占领城中要害部位，解除了曹爽和其亲信的兵权。控制城中以后，他又亲自出城劝降曹爽，并向曹爽保证只要投降，绝不伤害他的性命。曹爽部将力劝曹爽调兵平叛司马懿，曹爽犹豫再三，终究投降。曹爽自以为免除官职后也可当个富家翁，坐享清福，然而事与愿违，时过不久，司马懿便以曹爽大逆不道、图谋篡位的罪名将其连同亲信党羽全部诛杀了。

这场为期长达数年的争权，最终以曹爽惨败而告终。曹爽失败的致命错误是紧要关头缺乏冷静，过于轻信司马懿的计谋。但司马懿以忍为退的策略也巧妙地迷惑了曹爽，使其解除戒心，疏于防范，从而为自己赢得了时间。而不失时机地断然起事，则是他制胜的关键所在。

人生在世，谁都会有不顺遂的时候，但身处逆境正是促使自己身心成熟、准备大展宏图的机会。

身处逆境中最忌讳的反应是：第一，意志萧条；第二，焦躁不安；第三，惊慌失措，盲目挣扎。若是犯了这3项大忌中的任何一项，则不仅无法自逆境中脱困，反而会堕入万劫不复的深渊中。

而最关键的是要沉着地等待时机。就像《菜根谭》中所讲的那样，“伏久者飞必高，开先者谢独早。知此，可以免蹭蹬之忧，可以消躁急之念。”长久潜伏林中的鸟一旦展翅高飞，必然一飞冲天；迫不及待绽开的花朵，必然早早凋谢。了解了这个道理，就会知道凡事焦躁是无用的，身处横逆之中，只要能储备精力，重展身手的机会一定会来临，所以能够使自己的力量持久才是最重要的。只有抱着这种信念，才会安全跑完人生这段漫长的旅程。

忍亦有度，忍无可忍则无须再忍

在人与人之间的日常交往中，宽容忍让是一种可取的人生态度。正是这种精神，使我们的家庭关系稳定、人际关系和谐。

不过，虽然做人处世要忍，但忍让也要有度，倘若一味忍气吞声、逆来顺受，就变成了一种懦弱，特别是在原则问题和大是大非面前，切不可缩手缩脚。

齐国的相国晏子将出使楚国。楚王知道这个消息后，便对他左右的人说：“晏婴是齐国很善于言辞的人，现在正动身来我国。我想侮辱他，用什么办法呢？”左右的人出了个主意。

晏子来到了楚国，楚王举行酒宴来招待他。正当大家酒兴正浓的时候，两个差人捆着1个人，走到了楚王的面前。楚王故意问道：“你们捆绑的这人是干什么的？”差人回答说：“他是齐国人，犯了偷盗罪。”

楚王笑嘻嘻地望着晏子，说：“齐国人本来就善于偷盗，是吗？”

晏子站起来离开席位，郑重其事地回答说：“我曾听说橘树生长在淮河以南是橘树，生长在淮河以北就成了枳树。橘树和枳树虽然长得很像，但它们结出的果实味道却大不相同，橘子甜，枳子酸。为什么呢？由于水土不同啊！如今，在齐国土生土长的人在齐国时不做贼，一到楚国就又偷又盗，莫不是楚国的水土使老百姓惯于做贼吗？”

楚王听后苦笑着说：“德才兼备的人，是不能同他开玩笑的。我现在是有些自讨没趣了。”

为人不可过于宽厚，面对他人的无理挑衅时，不要一味忍让，要懂得捍卫自己的尊严与利益。

那么，如何掌握忍让这个度呢？它要求有一种对具体环境、具体事情做出具体分析的能力。

比如，在牵涉到个人尊严、人格、权益的事情上不要忍让。当别人出于恶意损害了你的个人利益时，你还一味地忍让，他打你的左脸，你还送上右脸，这便是缺乏自尊、软弱无能的表现了。在现代社会，我们每个人都应当学会利用法律、政策以及其他有效办法来维护自己的合法权益、捍卫自己的尊严，这是现代人在社会上求生存、求发展必须学习的新内容。比如老板无理扣压薪金、遭遇上司猥亵、物业管理乱收费、居住环境受污染等，都是不应该忍让的事情。从大的方面来说，每个人在维护自己合法权益的同时也是在捍卫法律的尊严，只有全民大众都这样做，法律才能真正地服务于社会，社会才能更完善，而个人的人际关系也才能更融洽。

以忍图强，在磨难中铸就摧枯拉朽的才干

忍让不是一个抽象的概念，而是内涵丰富的一种谋略，忍让不是消极沉默，而是蓄势待发。忍让实质上是一种动态的平衡，当量积累到一定的时候必然会发生质的转换。忍让是意志的磨炼、爆发力的积蓄，忍让是无奈时的智慧选择，是暴风雨中明丽彩虹的酝酿，在忍耐时最重要的是我们要耐得住寂寞、失落，甚至屈辱和辛苦，等待和把握好进攻的最佳时机。

周敬王二十四年（公元前496年），吴王阖闾统领大军亲征越国，越王勾践迎战。这次战争以吴王阖闾大败而告终。阖闾在退兵回吴的途中，由于病情恶化，命殒黄泉。

阖闾死后，按照遗嘱，太子夫差接替了王位。夫差将阖闾葬于海涌山。

服丧期间，夫差念念不忘杀父之仇，并对天盟誓："一定要灭掉越国，为父报仇！"

为了早日实现复仇的愿望，夫差日夜操练兵马，储备粮草，铸造武器。经过三年多的充分准备，夫差于周敬王二十七年（公元前493年）进攻越国，由大将伍子胥和伯嚭率军三十万，向越国进发。

吴越两军相距十里，摆开了阵式。吴王夫差亲自擂鼓助威，吴国将士士气高涨。此时，吴军又处顺风，如同猛虎下山，杀得越军只有招架之式，没有还手之力。激战良久，越军兵士死伤无数，吴军则越战越勇，势如破竹，穷追不舍，将勾践藏身的会稽山围得水泄不通。勾践走投无路，只得束手就擒。

后来双方达成了和议。议和的条件是，勾践和他的妻子到吴国来做奴仆，大夫范蠡随行。吴王夫差让勾践夫妇到自己的父亲吴王阖闾的坟旁，为自己养马。那是一座破烂的石屋，冬天如冰窟，夏天似蒸笼，勾践夫妇和大夫范蠡一直在这里生活了三年。除了每天一身土、两手粪以外，夫差出门坐车时，勾践还得在前面为他拉马。每当从人群中走过的时候，就会有人讥笑："看，那个牵马的就是越国国王！"

这实在是够能屈的了，由一国之君变成奴仆了，还为人养马、备受奴役。而勾践之所以会强忍着这所有的一切屈辱，为的就是日后的崛起。

一次，夫差病了，勾践在背地里让范蠡预测一下，知道此病不久就会好。于是他就亲自去见夫差，探问病情，并亲口尝了尝夫差的粪便，然后向夫差道贺，说他的病很快就会好的。夫差问他怎么知道。勾践就胡编说："我曾经跟名医学过医道，只要尝一尝病人的粪便，就能知道病的轻重。刚才我尝了大王的粪便，味酸而稍微有点儿苦，用医生的话说是得了'时气之症'，所以病会好。大王不必担心。"果然不出几天，夫差的病就好了。由此，夫差认为勾践比自己的儿子还孝顺，所以深受感动，就把勾践放回了国去。

越王深为会稽山之耻而痛苦，一心伺机报仇。他睡不好觉，吃不好饭，不亲近美色，不看歌舞。他苦心劳力，对内安抚群臣，对下教养百姓，历时三年，终得民心。

为了更好地笼络群臣百姓，每当有甘美的食物，如果不够分，勾践自己就不敢独吃；有酒，则把它倒入江中，与人民共饮。勾践靠自己耕种吃饭，靠妻子亲手织布穿衣，吃喝不求山

珍海味，衣服不穿绫罗绸缎。为了坚持锻炼自己的斗志，勾践不过舒服的生活，连褥子都不用，床上铺的是柴草。他还经常预备一个苦胆，随时尝一尝苦味，以提醒自己不忘所受之苦。他还经常外出巡视，并让随从车辆装着食物去探望孤寡老弱病残之人，以送给他们食物吃。最后，他召集诸大夫，向他们宣告说："我准备和吴国开战，拼一死活，希望士大夫们能和我一起战斗。跟吴王决斗，这是我最大的愿望。如果这些办不到，我将抛弃国家，离开群臣，身带佩剑，手举利刀，改变容貌，更换姓名，去当仆役。我会拿着箕帚侍奉吴王，以便找机会跟吴王决战。我虽然知道这样做危险很大，要被天下人所羞辱，但是我的决心已定，一定要想办法实现！"

经过"十年生聚"（发展生产力和集聚国力），"十年教训"（教育训练和武装百姓），勾践认为时机已经成熟，便出兵伐吴。他一举打败了吴国，雪耻前仇。吴王夫差兵败自杀，越国也因此跃升为当时最强的国家。

古人云："能忍辱者，必能立天下之事。"人的一生像月亮一样有盈有亏，若是不能估测自身实力、审时度势，受一点儿欺侮就"揭竿而起"，势必招来惨痛的灾祸。因此，要想获得成功，一方面我们要能够沉下心来努力地修炼自己，提高自己的才能；另一方面我们也要耐得住性子，以等待合适自己的机会。这样人生才可能取得成功。

退让是"会忍"

善忍是成大事者必备的习惯之一。我们常说"忍一时风平浪静，退一步海阔天空"，可是，又有几个人能真正做到呢?

"忍"其实就是一种自我控制，也是成功的基础，更是经过千锤百炼而形成的一种习惯。"忍"字常是一些有修养的人的一种品质。不仅对他们，对于每一个人，"忍"字都有着它特定的意义。

忍有其功用，但也有其缺点，我们要学会活用"忍"字。其实人生并不能一味地忍，如果人一味地忍那就毫无生气可言了。那"忍气吞声"的原因是什么呢？俗话说："天有不测风云，人有旦夕祸福。""十年河东，十年河西。"事物是不断发展变化的。因此，若忍住了暂时不利的局势，机会总会来临。不要耐不住等待，当你羽翼未丰时，以卵击石，强行对抗，到头来吃亏的总是你。因而我们说，人要"能忍"，更要"会忍"。

公元1224年，宋宁宗病死。由于他的八个儿子都早早地死了，权相史弥远便千方百计地在绍兴民间找到一个叫赵与莒的十七岁少年，系宋太祖的第十世孙。史弥远把他召到临安，改名赵贵诚，拥立为太子。后来又不顾杨太后的反对，强行拥立赵贵诚为皇帝，并改名为赵昀，这就是宋理宗。理宗青年嗣位，尚未成婚，直到服丧告终后才议选中宫。一班大臣贵戚听说皇上选中宫，都将生有殊色的爱女送入宫中。左相谢深甫有一孙女，待人谦和，贤淑宽厚。杨太后当年在做皇后时曾得到过谢深甫的不少帮助，因此她想立谢氏为皇后。除了谢氏外，当时被选入宫的美女共有六人。宁宗时的制置使贾涉的女儿长得颇有姿色，而且善解人意，理宗对他十分满意，一心想册立她为皇后。

可是杨太后却说："立皇后应以德为重，封妃可以色为主。贾女姿容艳丽，体态轻盈，但尚欠庄重。而谢氏则丰容端庄，理应位居中宫。"理宗听后马上表现出醒悟的样子，非常高兴地顺从了杨太后的意愿，册立谢氏为皇后，另封贾女为贵妃。其实，理宗心里一千个不愿意，但是他为什么又答应了杨太后的要求呢？原来，理宗心想，自己即帝位本就有诸多争议，此时如果不顺从太后的意愿，与她抗争，太后必定会忌恨于自己，说不定会废除自己的皇位，另立天子。大丈夫能屈能伸，为什么自己不能忍耐一下，答应她的要求呢？总有一天，她是要死的，到时候，谁还能管得了自己？

宋理宗就是按照这一想法行事的，大礼完毕后，理宗对谢后一直是客客气气，全按礼数办，并能像例行公事似的时时在谢后那儿逗留一晚，使杨太后更加感到自己决定的正确。过了两年，杨太后撒手人寰，此时羽翼已丰的理宗，见此时机，便天天与贾妃在一起，无所忌惮地宠幸贾妃。

忍显示着一种力量，是内心充实、无所畏惧的表现。忍是一种强者才具有的精神品质。“忍”不是目的，而是手段。忍是因为目前还无力反抗或不必反抗，而当具备了相当实力，就可以一举翻身、扬眉吐气了。

形势不利时，忍为上策

人的一生只有短短数十年，谁不想在这世上干出一番事业，留下一世英名？可是这世界上的人能做事的不少，能成大业者却微乎其微。为何会如此呢？因为能成事者除了要有各方面的主客观条件外，还必须具有过人的心理素质，忍让便是其中之一。

孔子曾说：“小不忍，则乱大谋。”意思就是如果不能忍受一时一事的干扰，不能忍住一星一点的欲望需求，就会因此而影响全局，以至于扰乱即成的大事。

忍小谋大，就是要用远大的眼光来看待目前的小是小非，不计一时一事的得失，排除各种干扰，忍住各种小功利的诱惑，为实现大目标、成就大事业扫清障碍，铺平道路。

忍小谋大，就是要“一忍制百勇，一静制百动”。不因小失大，也不因大而无谓丧失信心与勇气，由此便放弃努力。更不要慑于市井之言，使自己的目标遥遥无期、终不可及。

米洛斯岛居于地中海心脏地区，它的地理位置具有十分重要的战略意义。斯巴达最初统治了米洛斯。后来，雅典慢慢地成为地中海的主宰。它想要与米洛斯结盟，共同对付斯巴达。但是米洛斯人拒绝与雅典结盟。于是雅典决定攻打米洛斯。在发动全面攻击之前，雅典使节前去劝说米洛斯人投降。米洛斯不肯投降，他们坚信斯巴达人不会坐视不管。雅典使节警告他们：“保守又现实的斯巴达民族是绝对不会帮助米洛斯的，你们抵抗只能遭受更多的损失，”雅典人还说，“弃暗投明是明智者最好的选择，我们提供的条件是很合理的，屈服于希腊这样伟大的城邦，应该是一种荣耀，而不是耻辱。”但最后，米洛斯还是拒绝了雅典的提议。

之后，在雅典军队入侵米洛斯的斗争中，斯巴达果真没有伸出援助之手。在雅典的猛烈攻击下，米洛斯人最后选择了投降。为了惩罚米洛斯人，雅典人宣布将米洛斯族所有男子一律处死，所有女人和小孩均卖为奴隶。

弱小的势力如果能够正确地把握自己，就可以成为强大的势力。米洛斯人如果顺从了雅典，就能够变得和雅典一样强大，所以结盟对米洛斯人大有好处。但是他们却错过了这样的机会。强者往往在一段时间后就会成为弱者，到那时再报仇雪恨也不晚。事实上雅典在几年后就衰微了，可惜米洛斯人再也没有了复仇的机会。因此，要想使自己取得最后的胜利，识实务是很重要的。

宋代著名大文学家苏东坡在评论楚汉之争时就曾说：“汉高祖刘邦之所以能胜，关键在于能忍。项羽不能忍，所以白白浪费了自己百战百胜的勇猛；刘邦能忍，养精蓄锐，等待时机，直攻项羽弊端，所以最后夺取了胜利。”

下面几件事足以说明刘邦与项羽的不同。

楚汉战争之前，高阳人郦食其拜见刘邦，献计献策。一进门他却看见刘邦坐在床边，侍女正在为他洗脚，便很不高兴地说：“这就是你的待客之礼吗？”刘邦听了并未生气，而是忙起身整装致歉，请郦食其坐上座，虚心求教，并按郦食其的意见去攻打陈留，将秦积聚的粮食弄到手。

与刘邦容忍的态度相反，项羽刚愎自用、自以为是。一个有识之士建议项羽在关中建都以成霸业，项羽不听。那人便出来发牢骚:“人们说‘楚人是沐猴而冠’，果然！”结果项羽知道了大怒，立即将那人杀掉了。楚军进攻咸阳时到了新安，只因投降的秦军有些议论，项羽就起了杀心，一夜之间把二十多万秦兵全部活埋了。从此他的残暴名闻天下。他怨恨田荣，因此不封他，致使田荣反叛。他甚至连身边最忠实的范增也怀疑不用，结果错过了鸿门宴杀刘邦的机会。最后范增被气走，项羽成了孤家寡人。

刘邦也不是不食人间烟火的圣人，据《史记》记载，刘邦在沛县乡里做亭长时，好酒好色。当刘邦军进了咸阳时，他也曾被阿房宫的富丽堂皇和美貌如天仙的宫女弄得眼花缭乱，有些迈不动步。但在部下张良的提醒下，他立时醒悟，忍住了贪图享乐的念头，吩咐手下封了仓库和宫殿，然后带着将士仍旧回到灞上的军营里。

而项羽一进咸阳就杀了秦王子婴，烧了阿房宫，收取了秦宫的金银财宝，掳取了宫娥美女，并带回关东。相比之下，他怎能不失人心呢？

楚汉战争中，刘邦的实力远不如项羽，所以当项羽听说刘邦已先入关，怒火冲天的他决心要将刘邦的兵力消灭。当时项羽四十万兵马驻扎在鸿门，刘邦十万兵马驻扎在灞上，双方只相隔四十里。兵力悬殊，刘邦危在旦夕。但在这种情况下，刘邦能做到“得时则行，失时则蟠”。他先是请张良陪同去见项羽的叔叔项伯，再三表白自己没有反对项羽的意思，并与之结成儿女亲家，请项伯在项羽面前说句好话。然后，第二天一清早，他又带着张良、樊哙和一百多个随从，拿着礼物到鸿门去拜见项羽，低声下气地赔礼道歉，化解了项羽的怒气，缓和了与项羽的关系。表面上看来，刘邦忍气吞声，项羽挣足了面子，实际上刘邦却是以小忍换来了自己和军队的安全，赢得了发展和壮大力量的时间。甚至是当自己胸部受了重伤时，刘邦也能忍着伤痛，在楚军阵前故意弓着腰、摸着脚骂道：“贼人射中了我的脚趾。”他以此来麻痹敌人，回到自己大营后又忍着伤痛巡视军营，以稳定军心。他对不利条件的隐忍，对暂时失败的坚忍，反映了他对敌斗争的谋略，也体现了他巨大的心理承受力，这是成就大业者必备的一种心理素质。

相比之下，项羽则能伸不能屈，赢得起而输不起，所以连连中计。听到“四面楚歌”，他就怀疑楚被汉灭、一败涂地，进而自己先大放悲歌；被刘邦追到乌江时，一亭长要用船送他过河，他却认为“天要亡我，我渡过去有什么用”，遂自动放弃了重整旗鼓、卷土重来的唯一机会，拔剑自刎。这个勇武过人、不可一世的楚霸王，最终被自己打败了。可怜的是，他至死也没明白，他首先是输在自己手里的。

前面我们已经说过，形势不利时要暂时妥协，形势有利时就大踏步前进。以刘邦为例，在楚汉之争的前半期，他明显处于下风，于是他处处忍让退避。当形势一点点扭转，他可以与项羽一较高下时，他便毫不手软地重拳出击，并夺得天下。刘邦以忍图强，他的这种忍术对于政治、军事、商业竞争来说，是尤为重要的。这种战术，我们将其用通俗的方式表述出来，就是“打得赢就打，打不赢就忍”。那么，如何判断“打得赢”还是“打不赢”呢？有位将军说，他从不打没有把握的仗。他判断有无把握是建立在几个基础上面的：

（1）对己方实力的了解。

（2）对敌情的了解。包括敌方实力大小、武器装备、统帅性格等。

（3）对自己有信心。在打不赢也不能走时，要相信自己能创造奇迹，更应全力以赴，以求凭勇气取胜。

（4）知道自己该怎么做。也就是在知己知彼后，知道如何以己之长攻敌之短，打赢这场仗。

（5）理智决策。若是己方实力不足，又找不到制胜之方，就选择退却，不打无把握之仗。

以上5条，对我们很有借鉴作用。只要悟其精髓，我们也可以做到不办无把握之事。那么，具体应如何做呢？

（1）对自身条件的了解。如参加比赛，你要了解自己是怎样一个选手；自己的特点是哪些;强项是什么，弱项又是什么等一系列的问题。

（2）增进对自己所做之事的了解。例如你要开发一个新产品，你就要了解这种产品的前景如何，对手如何，需要投资多少。

（3）对自己有信心。“有把握”，自然会有信心。对非做不可的事，如果没有退路，就要相信自己能够创造奇迹。历史上以弱胜强的事例不胜枚举，要相信自己也可能成为其中一分子。

（4）知道自己该怎么做。即应该怎么去进行投资，怎么去说服对方，怎么去打那场球。

（5）理智选择进退之策。如果有胜算，就努力去做；没有胜算，就不要勉强！比如参加田径比赛日程已经定好了，不去不行，除非弃权。但你可以选择输得不那么惨，你可以保持好的状态，放松身心。比赛时尽力去拼，赢了固然好，输了也没关系，问心无愧就好。

以屈求伸，退中求进

在现实生活中，放着直路不走走弯路，无疑是个十足的傻瓜。然而，在漫漫人生中，尤其是在官场生活中，两点间的最短距离往往不是直线，而是曲线。什么时候应当强硬，什么时候又需要妥协，都不是一成不变的，暂时的妥协不过是为了将来的强硬。因为面对悬崖峭壁，如果直着走过去，不仅不能到达对面，反而会被摔得粉身碎骨。所谓“以屈求伸”、“以曲为直”、“以退为进”、“将欲取之，必先与之”等，都是围绕着“迂”和“直”两个字做的文章。

尤其值得提醒的是：退却是指半途而止，并不是半途而废，它包含着积极的内涵，而不是消极地夹着尾巴逃跑。为了把握好这一点，让我们再重温一下浪里白条张顺“退中求胜”，智胜黑旋风的故事。

《水浒》第三十七回有“黑旋风斗浪里白条”的情节，十分精彩。其文描写李逵与戴宗、宋江三人在靠江琵琶亭酒馆饮酒，李逵到江边渔船抢鱼，后趁着酒兴闹将起来：

正热闹时，只见一个人从小路里走出来，众人看见叫道：“主人来了，这黑大汉在此抢鱼，都赶散了渔船。”那人道：“什么黑大汉，敢如此无礼？”众人把手指道：“那厮兀自在岸边寻人厮打。”那人正来卖鱼，见了李逵在那里横七竖八打人，便把秤递与行贩接了，赶上前来大喝道：“你这厮要打谁？”李逵不回话，抢过竹篙往那人便打。那人抢过去，早夺了竹篙。李逵一把揪住那人头发，那人便奔他下三面，要跌李逵。可他怎敌得李逵水牛般气力，直被推将开去，不能够拢身。那人又往李逵肋下擢得几拳，李逵哪里看在眼里。那人又飞起脚来踢，被李逵直把头按将下去，提起铁锤般大小拳头，去那人脊梁上擂鼓似的打。那人怎生挣扎？李逵正打的起兴，被一个人在背后劈腰抱住，另一个人也来帮忙，喝道：“使不得，使不得！”李逵回头看时，却是宋江、戴宗，便放了手。那人略得脱身，一道烟走了。

戴宗埋怨李逵道：“我教你休来讨鱼，又在这里和人厮打。倘或一拳打死了人，你不去偿命坐牢？”李逵应道：“你怕我连累你吧？我自打死了一个，我自去承当。”宋江便道：“兄弟休要论口，拿了布衫，且去吃酒。”李逵向那柳树根头拾起布衫，搭在胳膊上，跟了宋江、戴宗便走。行不得数十步，只听得背后有人叫骂道：“黑杀才，我今番要和你见个输赢。”李逵回头看时，便是那人脱得赤条条的，匾扎起一条水儿，露出一身雪练似的白肉……在江边独自一个把竹篙撑着一只渔船赶将来，口里大骂道：“千刀万剐的黑杀才，老爷怕你的，不算好汉！走的，不是好男子！”李逵听了大怒，吼了一声，撇了布衫，抢转身来。那人便把船略拢来，凑在岸边，一手把竹篙点定了船，口里大骂着。李逵也骂道：“好汉便上岸来。”那人把竹篙去李逵腿上便搠，撩拨得李逵火起，突的跳在船上。说时迟，那时快，那人只要诱得李逵上船，便把竹篙往岸边一点，双脚一蹬。李逵当时慌了手脚。那人更不叫骂，撇了竹篙叫声：“你来，今番和你定要见个输赢。”便把李逵胳膊拿住，口里说道：“且不和你厮打，先教你吃些水。”说着他用两只脚把船只一晃，顿时船底朝天，英雄落水，两个好汉扑通地都翻筋斗撞下江里去。宋江、戴宗急忙赶至岸边，见那只船已翻在江里，两个便只在岸上叫苦。江岸边早拥上三五百人在柳阴底下看，都道：“这黑大汉今番却着道儿，便挣扎得性命，也吃了一肚皮水。”宋江、戴宗在岸边看时，只见江面开处，那人把李逵提将起来，又淹将下去，两个正在江心里面清波碧浪中间，一个显浑身黑肉，一个露遍体霜肤。两个打作一团，绞做一块，看得江岸上那三五百人没一个不喝彩。

浪里白条张顺，将“陆战”变成“水战”，在一退一进之间创造战机，扬长避短，找到了战胜李逵的上策。号称“铁牛”的李逵毕竟不是水牛，他被灌饱江水，吃够了苦头。

退与进是一对矛盾，二者既相互对立，又相互统一。不能将后退的举动一概视为怯懦和软弱。在无法前进的情况下，适当地后退往往是一种必要的、理智的行为。

刘备、诸葛亮火烧博望坡后，曹操发兵数十万，以曹仁为先锋大举南下，兵锋直指刘备的屯兵之地——新野。根据诸葛亮的提议，刘备退居樊城，同时火烧新野击败曹仁。鉴于刘表已死，荆州新主刘琮投降曹操，刘备集团失去了后盾，诸葛亮建议再行后退。刘备率军兵和百姓弃樊城，过汉江，退往襄阳。刘琮拒不接纳刘备入城，诸葛亮主张向江陵撤退。由于刘备不肯舍弃跟随的百姓，退却的速度很慢，致使江陵被曹操抢占。刘备与诸葛亮等商定后，全军退往汉江与长江的交汇处——夏口，取得了休养生息、壮大力量的机会。在休整兵马、加强防备的同时，诸葛亮乘孙权派鲁肃来夏口探听虚实之机，随鲁肃到江东，一番游说使孙刘结成联盟，在赤壁大破曹军，实现了刘备、诸葛亮打败曹操的目的。曹军败退后，刘备集团得以长驱大进，夺取了荆州。至此，半生漂泊的刘备终于得到了一块真正属于自己的地盘。

可见，在前进受阻时，退后一步再图进取，往往能相对容易地达到目的，这就是以退为进。如果刘备不从新野、樊城主动后退，不仅无法打败曹操，而且会使刘备政权无法继续生存下去。因为小小的新野、樊城连同那少得可怜的兵马，根本不在曹操大军的话下。

相比之下，南下的曹操却只知进取，不懂后退。当他进到长江边上，兵马虽多，但都已疲惫不堪，已是“强弩之末，势不能穿鲁缟”。这时候，他本该停顿下来或稍稍后退，但曹操仍然劳师远征，试图将孙权、刘备一举消灭。结果在赤壁以众败寡，狼狈至极。赤壁一战后，曹操不得不退回中原，终其一生，到底未能消灭孙权和刘备。

这无疑是告诉我们必须处理好退与进的关系：退，向对手让步，是避敌锋芒、摆脱劣势的手段，是赢得进的积极行动。可是一般人在谋划时喜进而厌退，认为退是怯弱的表现。殊不知退的软弱正可以被利用来麻痹对手，掩盖自己对进的准备和行动。如此看来，其实在“软弱”中也可能蕴藏着力量。

古代哲学家老子提出“进道若退”，他力主以柔克刚、以退为进，这又岂是只知猛冲猛打的人所能理解的呢？

无论是战场还是商场，也无论是胜利后的退却还是失败后的退却，只要“退”仅是手段，而不是最后目的，只要有利于整体目标的实现，“退”又何尝不是上策呢？大自然中的狼族有许多的成功猎捕，正是由“退中求胜”所换取的。

因此，退中求胜的积极意义可概括为：保存实力、重整旗鼓以及待机战胜。

不必事事明了于心，要难得糊涂

第一节 水至清则无鱼，人至察则无徒

大事精明，小事尽可糊涂些

吕端，北宋初期幽州人。他幼时聪明好学，成年后风度翩翩，对于家庭琐碎小事毫不在意，心胸豁达，乐善好施。

宋太宗赵光义时代，吕端被任命为协助丞相管理朝政的参知政事。当时老臣赵普推荐吕端时，曾对宋太宗说："吕端不管得到奖赏还是受到挫折，都能够十分冷静地处理政务，是辅佐朝政难得的人才。"

宋太宗听后，便有意提拔吕端做丞相。有的大臣认为吕端"平时没有什么机敏之处"，太宗却认为："吕端大事不糊涂！"

终于，吕端成为宋太宗的宰相。在处理军国大事时，吕端充分体现出机敏、果敢的才能。每当朝廷大臣遇事难以决策时，吕端常常能较圆满地解决问题。

998年，太宗驾崩，李皇后与内侍王继恩等密谋废太子，"端知有变"，即将王继恩拘禁起来，辅佐宋真宗即位，挫败李皇后等人阴谋，可见吕端的确"大事不糊涂"。后来，"大事不糊涂"就成了典故；"大事清楚，小事糊涂"，也成了人们处世的一个潜智慧。

其实"大事不糊涂"者怎么可能"小事糊涂"呢？须知大事就是小事积聚起来的啊！所谓小事糊涂，只是装糊涂而已，因为真正的智者不屑在小事上浪费时间和精力。

人的精力有限，如果事必躬亲会活得很累。诸葛亮在中国人的心目中是智慧的象征，但是他治理蜀国事必躬亲，最后活活累死了。而他死后不久，"蜀中无大将，廖化作先锋"，在三国中最先灭亡。

在处理大事与小事的关系上，有人提出了一种论点：大事小事都精明——少；大事精明小事糊涂——好；大事糊涂小事精明——糟。在古罗马律法中就有"行政长官不宜过问细节"一条。在现实生活中，不仅仅是领导者，普通人也时时面对自己所谓大事和小事，我们也就没有必要老是在鸡毛蒜皮的事情上耗着了。

何为大事？影响全局的事为大事，决定整体的事为大事，范围内的工作之重为大事，也就是说以结果来评价事之大小，而不是以事之大小决定。对于一个企业管理者来讲，不管其工作性质如何、内容多寡，其工作程序和本质是不变的。工作的关键环节和关键行为应视为大，在这些问题上，思路必须清楚，不能糊涂。

“嘻哈”风格，掩藏真实观点

“不得不说”然又“不能说之”的状况在生活中经常遇到，这时就要学会和对方打“语言太极”，嘻嘻哈哈，含含糊糊，让对方不知道你究竟在想什么。

某校某班在一次高考中，数学和外语成绩突出，名列前茅。校长在评功总结会上这样说：“数学考得好，是老师教得好；外语考得好，是学生基础好。”

在座教师听罢沸沸扬扬，都认为校长的说法有失公正。刘老师起身反驳：“同一个班，师生条件基本相同。相同的条件产生了相同的结果，原是很自然的事，不公平的对待，实在令人费解。原有的基础与而后的提高，有相互联系，不能设想学生某一学科基础差而能提高得快，也不能设想学生某一学科基础好而不需要良好的教学就能提高。校长对待教师的劳动不一视同仁，将不利于团结，不能调动广大教师的积极性。”

刘老师的这一席话说到大家心里去了，可是刘老师毕竟挑战了校长的尊严，大家都很担心，会场一时陷入了沉默，这时校长“嘿嘿”地笑起来，他说：“大家都看到了吧，刘老师能言善辩，真是好口才。很好，很好！言者无罪，言者无罪。”

老师们看校长没有恼怒，都松了一口气，会场的尴尬气氛缓解了。

尽管别人猜不透校长说这话的真实意思，然而却不得不佩服他的应变能力。他为自己铺了台阶，而且下得又快又好。听了校长对刘老师质问的回答后，没有人再就此问题对校长跟踪追击了。

遇到别人的质疑或者追问时，走“嘻哈路线”是一种很有效的策略。轻轻一闪，就会把对方千斤的力量化于无形，同时还为自己争取到思考对策的宝贵时间。另外，“嘻哈”风格的姿态会给对方制造一种高深莫测的感觉，使其对自己的行为产生怀疑。

会避世，不如会避事

世事纷扰，即使图清静不去惹事，事也会来惹你。对那些找上门来的“事”，惹不起却躲得起，然而避事也是要讲方法的。

三国时，魏国的大将司马懿，出身大士族。曹操刚刚掌权的时候，曾经征召司马懿出来做官。那时候，司马懿嫌曹操出身低微，不愿意应召，但是又不敢得罪曹操，就托词说自己得了风瘫病。

曹操怀疑司马懿有意推托，派了一个刺客深夜闯进司马懿的卧室去察看，果然看到司马懿直挺挺地躺在床上。刺客还不相信，拔出佩刀，架在司马懿的身上，装出要劈下去的样子。司马懿只瞪着眼睛望着刺客，身体纹丝不动。刺客这才相信他是真瘫，收起刀向曹操回报去了。

司马懿知道曹操不会就此放过他。过了一段时期，让人传出消息，说风瘫病已经好了。等曹操再一次召他的时候，他就不拒绝了。

司马懿先后在曹操和魏文帝曹丕手下担任了重要职位，到了魏明帝即位时，魏国兵权已大部分落在他手里。后来，魏明帝将死之即，把司马懿和皇族大臣曹爽叫到床边，嘱咐他们共同辅助太子曹芳。

魏明帝死后，太子曹芳即了位，就是魏少帝。司马懿和宗室曹爽同为顾命大臣，一同执政。曹爽对司马懿这个外人不大放心，便用魏少帝的名义提升司马懿为太傅，实际上是夺去他的兵权。自兵权落到曹爽手里之后，司马懿就托病在家休养。

恰在这时，李胜升任青州刺史，前来辞行。曹爽觉得这是个好机会，就让他借出任荆州刺史之机，以向司马懿辞行为由，前去探听虚实。

司马懿知道李胜来访的真实意图，于是做了一番精心安排，李胜来到司马懿的居室，只见司马懿正在两个丫鬟服侍下更衣，他浑身颤抖，久久地穿不上衣服。他又称口渴，待丫鬟捧上粥来，他以口去接，将粥弄翻，流了一身，样子十分狼狈。

李胜看着欣喜，说："听说您风痹旧病复发，没想到病情竟这样严重，我受皇帝恩典，委为荆州刺史，今天是特来向您告辞的。"

司马懿故意装作气力不济的样子说："我年老体衰活不了多久，你调任并州，并州临近胡邦，要多加防范，以免给胡人制造进犯的机会啊！恐怕我们再难相见，拜托你今后替我照顾两个儿子司马师和司马昭。"

李胜说："我是出任荆州，不是并州啊！"

司马懿说："我精神恍惚，没有听清楚你的话。以你的才能，可以大建一番功业。"

李胜回去后，将所见所闻的详情告诉了上司，曹爽听后大喜，从此对司马懿消除戒心，不加防范。

公元249年新年，魏少帝曹芳到城外去祭扫祖先的陵墓，曹爽和他的兄弟、亲信大臣全跟了去。司马懿既然"病"得厉害，当然也没有人请他去。

等曹爽一帮人一出皇城，太傅司马懿的"病"全好了，他披戴起盔甲，抖擞精神，带着他的两个儿子司马师、司马昭，率领兵马占领了城门和兵库，并且假传皇太后的诏令，把曹爽的大将军职务撤了。

又过了几天，就有人告发曹爽一伙谋反，司马懿派人把曹爽一伙人全下了监狱处死。这样一来，魏国的政权名义上还是曹氏的，实际上已经转到司马懿手里。

聪明反被聪明误，枉送了卿卿性命

为人处世不可"逞能"，须知"聪明反被聪明误"的事例屡见不鲜。因为"逞能"之时就是感觉最良好之时，感觉最良好之时即精神最松懈之时，因得意而无防备，危险就来临了。

在三国时代，有个绝顶聪明的人叫杨修，在曹操手下为官。

有一次，曹操建造了一座花园，造成后他去观看，未置可否，只是在门上写了一个"活"字就离开了。众人都不解其意，杨修说："'门'内添'活'字，乃'阔'字也。丞相是嫌门太宽了。"监工立即命令工匠们重建，曹操再去看时，大喜，问："谁知吾意？"左右告之："杨修也。"曹操虽喜，心甚忌之。

还有一件事，平时曹操担心被人暗害，便对左右的人说："吾梦中好杀人，凡吾睡着汝等切勿靠近。"一日，他午睡时被子落在地下，一近侍给他拾起复盖在身。曹操拔剑杀之，然后又倒头入睡。起床后，假意问道："是谁杀了我的近侍？"众人以实相告，曹操痛哭，命人厚葬。众人都以为曹操是梦中误杀，今见曹操又是痛哭，又是厚葬，不但不怪曹操，还多有称赞之辞。临葬时，杨修指着死者说："丞相非在梦中，君乃在梦中耳。"曹操听后，愈加嫉恨，便想找机会惩治这位"能人"。

后来曹操的军队与刘备在汉水作战，两军对峙，久战不胜，曹操是进是退心中犹豫，适逢厨子送进鸡汤，见碗中有鸡肋，因而有感于怀。正沉吟间，夏侯惇入帐问夜间口令。曹操随口说道："鸡肋！"行军主簿杨修一听夜间口令为"鸡肋"，便立即让士兵收拾行装，准备归程。夏侯惇忙问其故。杨修曰："鸡肋者，食之无肉，弃之可惜。丞相的意思是如今进不能胜，退恐人笑，在此无益，不如早归。来日魏王必班师矣。"本来曹操在进退两难之际，真有班师北归之意，但见杨修又说破他的心思，非常气恼，便大声呵斥道："汝怎敢造言，乱我军心。"喝令刀斧手推出斩之。

出头的椽子先烂

大家都在观望局势之时，千万不可做那出头的椽子，因为极有可能被拿下以作杀鸡吓猴之用。

市场部换了新经理。这个经理的作风和之前的完全不同，李明和他的同事们有些不习惯。而且新经理对待下属极其严格，动辄高声批评，弄得人很没面子。但是他对上司满脸堆笑，极尽阿谀谄媚之事。更为可气的是他自己明明水平有限，却总是摆出一副内行专家的样子。

李明他们最害怕的是新经理把自己关在屋里若干个时辰，然后很兴奋地拿出一份计划表，要求下属们在几天内完成。李明他们照计划去做时，又很难行得通。

李明本来就是个习惯仗义执言的人，他实在忍受不住了。有一天，他敲开经理室的房门，直截了当地告诉他大家的意见。没想到经理的脸由白变红再恢复正常之后，很虚心地接受了李明提出的意见。

从此之后，新经理果然变了：对待下属温和多了，构想新的计划时也找来大家一起商议。同事们都很感激李明，可李明还是感觉到经理对自己日渐冷淡，偶尔在办公楼里碰见也很尴尬。

时间久了，李明觉得特别别扭，只好找了个理由主动辞职，离开了这家他工作多年的单位。

糊涂下面掩藏清醒

人的一生精力有限，若对什么事都斤斤计较，那就太累了，不如"抓大放小"，小事糊涂而大事清醒，既显得宽容大度，又能保全自己。

在一次宴会上，楚庄王命令他所宠爱的美人给群臣和武士们敬酒。傍晚时分，一阵狂风把灯烛吹灭了，大厅里一片漆黑，黑暗中不知是谁用手拽住了美人的衣袖。美人急中生智把那人系帽子的带子扯断，然后来到楚庄王的身边，向他哭诉了被人调戏的经过，并说那个人的帽带被扯断，只要点上灯烛就可以查出此人是谁。

楚庄王安慰了美人几句，便向大家高声说："今天喝酒定要尽兴，谁的冠缨不断，就是没喝足酒。"群臣众将为讨好楚庄王，纷纷扯断冠缨，喝得烂醉如泥。等点灯时，大家的冠缨都断了，就是美人自己想查出调戏她的那个人，也无从下手了。

三年后，楚国与晋国开战，楚军有一位勇士一马当先，总是冲在前头。

楚庄王很奇怪，问他为什么如此拼命？勇士回答说："末将该死，三年前我在宴会上酒醉失礼，大王不但不治我的罪，还为我掩盖过失，我只有奋勇杀敌才能报答大王。"

在这个事件中，楚庄王听说有人调戏美人，而且他系帽子的带子已被扯断，是可以查出谁犯了错的。但楚庄王在这件事上采取"糊涂"的态度，因为他认为酒醉失礼是难免的，所以不想追究下属的过错，故意让大家扯断冠缨。楚庄王的宽容大度后来得到了应有的报偿。他的这种"糊涂"其实是一种富有远见的"精明"。

有些看似糊涂的人，做的却是聪明的事。那些笑他糊涂的人，不知道自己才是真糊涂。有一则有趣的小故事就说明了这个道理。

美国第九届总统威廉·亨利·哈里逊出生在一个小镇上。小时候，他是一个很文静又怕羞的孩子，人们都把他看做傻瓜。镇上的人常常喜欢捉弄他。他们经常把一枚5分的硬币和一枚1角的硬币扔在他面前，让他任意选一个。威廉总是捡那个5分的，于是大家都嘲笑他“傻”。

有一天，一位妇人看到他可怜，便对他说：“威廉，难道你不知道一角钱要比5分钱多吗？”

“当然知道！”威廉慢条斯理地说，“不过，如果我捡了那个一角的，恐怕他们就再也没有兴趣扔钱给我了。”

乐于成全别人

当有些东西对别人来说性命攸关，而对自己来说可有可无时，就成全别人好了，否则，“兔子急了也咬人”，惹急了别人，对自己也没有好处。

汉文帝时，袁盎曾经做过吴王刘濞的丞相，他的从使与他的侍妾私通。那个从使怕袁盎开罪于他，就畏罪逃跑了。袁盎知道消息后，亲自带人将他追了回来，将侍妾给了他，对他仍像过去那样倚重。

汉景帝时，袁盎入朝担任太常，奉命出使吴国。吴王当时正在谋划反叛朝廷，想将袁盎杀掉。他派500人包围了袁盎的住所，袁盎对此事毫无察觉。恰好那个从使在围守袁盎的军队中担任校尉司马，就买来200石好酒请这500个兵卒开怀畅饮。围兵们一个个喝得酩酊大醉，瘫倒在地。当晚，从使悄悄溜进了袁盎的卧室，将他唤醒，对他说：“你赶快逃走吧，天一亮吴王就会将你斩首。”袁盎问：“你为什么要救我呢？”从使对他说：“我就是以前那个偷了你的侍妾的从使呀！”袁盎大惊，赶快逃离吴国，脱了险。

必要时装装糊涂

古今中外，凡是能成大事的人都具有一种优秀的品质，那就是能够不与人较真，容人所不能容，忍人所不能忍，善于求大同存小异。这些人有胸怀，有魄力，豁达而不拘小节，做事总是从大处着眼。他们从不斤斤计较，目光短浅，纠缠于非原则的琐事。因为他们需要腾出更多的精力，全力以赴地去做比与人计较更重要的事。

孔子在东游列国的时候，有一天碰到两个猎人因为一道题目而争吵起来。二人自执己见，互不相让，争得面红耳赤，唾沫横飞。看见孔子走过来，就让他做裁定，如果谁说得对，对方便将所打的猎物全部奉上。

孔子赶忙问他们在为什么而争论。其中高个儿的猎人说：“我说三八等于二十三，可他却偏偏说三八等于二十四。”孔子听后，便对矮个儿猎人说：“你错了，把猎物全部奉上吧。”矮个儿猎人心中虽不情愿，但这是圣人的裁定，只好听从。高个儿猎人高兴地拿着一堆猎物走了。

这时候，矮个儿猎人指责孔子说：“三八二十四，这是连小孩子都懂得的道理，你是圣人，却如此糊涂，真是徒有虚名啊！”

不料孔子却笑着说：“你说的没错，三八等于二十四是小孩子都懂得的道理。所以说，你坚持道理就行了，干吗还要与一个根本就不值得认真对待的人，讨论这种不用讨论也再明显不过的问题呢？有这个时间，你可能又打到新猎物了。”

矮个儿猎人听了这话，顿时醒悟了过来。接着，孔子又说："他虽然得到了你的一点儿猎物，却得到了一生的糊涂错误；你虽然失去了一点猎物，但得到的却是深刻的教训啊！"

镜子看起来很平整，但在高倍放大镜下，就变成了凹凸不平的"山峦"；肉眼看很干净的东西，拿到显微镜下，满目都是细菌。试想，如果我们总是"戴"着放大镜、显微镜生活，那么恐怕连饭都不敢吃了。再用这些去放大别人的缺点，恐怕对方一定是罪不容诛、无可救药了。如此一来，生活还将如何得以继续呢？

人非圣贤，孰能无过？与人相处就要懂得适时变通，要经常以"难得糊涂"自勉，抓大放小，求大同存小异，有度量，能容人。只有这样，才会有更多的人与你为伍，才会左右逢源，诸事遂愿。

所以说，世事明了于心，有时装装糊涂也是未尝不可的，而且这也是为人处世的一种大智慧。

第二节　容人所不能容，忍人所不能忍

糊涂是聪明人的百变战术

糊涂是一门处世艺术，假装愚钝，让人以为自己浅薄无能，从而忽视自己的存在。

建安十三年，曹操亲率大军攻打江南。当时东吴的孙权对于是战是和还举棋不定。踌躇万分的孙权，按照母亲吴太夫人的指示，遵照哥哥孙策"内事不决问张昭，外事不决问周瑜"的遗言，把周瑜叫来共商国是。

周瑜是吴军的大都督，掌握着吴国的军事大权。诸葛亮非常明白，要想说服孙权奋起联合抗曹，必须先说服周瑜，可是当时诸葛亮不太了解周瑜的个性和态度，于是，就想试投"一石"以观效果。

一天晚上，诸葛亮由鲁肃引见去会周瑜。鲁肃问周瑜："如今曹操驻兵南侵，是战是和，将军欲如何？"周瑜说道："操挟天子以令诸侯，难以抗命。而且兵力强大，不可轻敌。战则必败，和则易安。我们意见和为上策。"鲁肃大惊道："将军之言错矣！江东三世基业，岂可一朝白白送给他人？"周瑜说道："江东六郡，千百万生命财产，如遭到战祸之毁，大家都会责备我的。因此，我决心讲和为好。"诸葛亮听完，觉得周瑜若不是抗曹的决心未定，便是一种有意试探。此时如果不另辟蹊径，而只是讲一通孙刘联合抗曹的意义，夸周瑜为盖世英雄，或是说明东吴地形险要，战则必胜的道理，那肯定难以奏效。

于是，他采用迂回战术旁敲侧击，激怒了周瑜，让他下了联合抗曹的决心。诸葛亮说道："我有一条妙计，只需差一名特使，驾一叶扁舟，送两个人过江，曹操得到那两个人，百万大军必然卷旗而撤。"周瑜急问是哪两个人。诸葛亮说道："曹操本是一名好色之徒，自从听到江东乔公有两位千金，大乔和小乔，长得美丽动人，便发誓说：'我有两个志向，一是要扫平四海，创立帝业，流芳百世；二是要得到江东二乔，以娱晚年。'曹操目前领兵百万，进逼江南，其实就是为乔家的两位千金而来的。将军何不找到乔公，花上千两黄金买到那两名女子，差人送给曹操？江东失去这两个人，就像大树飘落一两片黄叶，如同大海减少一两滴水珠，丝毫无损大局；而曹操得到这两人必然心满意足，欢欢喜喜地班师北返。"

周瑜问："曹操想得二乔，有什么证据可说明这一点？"

诸葛亮答曰："有诗为证。曹操的儿子曹植，十分会写文章，曹操在漳河岸上建造了一座铜雀台，雕梁画栋，十分壮丽，并挑选许多美女安置其中，又令曹植作了一篇《铜雀台赋》，文中之意就是说他会做天子，立誓要娶'二乔'。"

周瑜问："那篇赋是怎么写的，你可记得？"

诸葛亮说道："因为我十分喜爱赋中华丽文笔，曾偷偷地背熟了。赋略云：'从明后以嬉游兮，登层台以娱情……临漳水之长流兮，望园果之滋荣。立双台于左右兮，有玉龙与金凤。连二桥于东西兮，若长空之虾蝀……'"

周瑜听罢，勃然大怒，霍地站立起来指着北方大骂道："曹操老贼欺我太甚！"诸葛亮急忙阻止，说道："都督忘了，古时候单于多次侵犯边境，汉天子许配公主和亲，你又何必可惜民间的两名女子呢？"周瑜说道："你有所不知，大乔是孙伯符将军夫人，小乔就是我的爱妻！"

诸葛亮佯作失言，请罪道："真没想到这回事，我真是该死该死！"周瑜怒道："我与曹操老贼势不两立！"诸葛亮却故作姿态地劝道："请都督不可意气用事，望三思而后行，世上绝无卖后悔药的！"周瑜说道："承蒙伯符重托，岂有屈服曹操之理？我早有北伐之心，就是刀剑架在脖子上，也不会变卦的。劳驾先生助我一臂之力，同心合力共破曹操。"于是，在周瑜等人推动下，孙、刘结成抗曹联盟，赢得了赤壁之战的重大胜利，奠定了三国鼎立的基础。

诸葛亮用不知二乔的身份这个"糊涂"来掩饰一个巨大的骗局，掩盖真正的目的和意图，从而收到以静制动、以暗处明、以柔克刚、以反处正的功效。其实，在生活中，聪明的人总是能够巧妙地利用糊涂，以掩盖自己的身份、意图、感情，让别人在不知不觉中掉入自己的圈套之中。

糊涂是聪明人的百变战术，所以在深陷危机时，我们也可以利用"糊涂"来掩饰自己的聪明，让别人对我们失去戒心。

不给别人留余地，自己就可能没有立足之地

如果想让自己以后的路越走越宽，就要多给别人留出余地，别人有了落脚和行走的空间，才会有你的发展之地。

韩非子的《说林·下篇》中有这样一段话："桓赫曰：'刻削之道，鼻莫如大，目莫如小。鼻大可小，小不可大也；目小可大，大不可小也。'举事亦然，为其后不可复者也，则事寡败矣。"这段话的大意是说，工艺木雕的要领，首先在于鼻子要大，眼睛要小，鼻子雕刻大了，还可以改小，如果一开始便把鼻子给刻小了，就没有办法补救了。同样道理，初刻时眼睛要小，小了还可加大。如果刚开始雕刻时，就把眼睛弄得很大，后面就无法缩小了。为人处世，也是一个道理，凡事要留有余地，留有后路，只有这样，才不至于遭遇失败。

范雎是魏国人，早年有意效力于魏王，由于出身贫贱，无缘直达魏王，便投靠在中大夫须贾的门下。

有一年，他随须贾出使齐国，齐襄王知范雎之贤，馈以重金及牛、酒等物，范雎辞谢没有接受。须贾得知此事后，以为范雎一定向齐国泄露了魏国的秘密，便将此事报告了魏的相国魏齐。魏齐不问青红皂白，令人将范雎一阵毒打，直打得范雎肋断齿落。范雎装死，被用破席卷裹，丢弃在茅厕中。须贾目睹了这一幕，不置一词，还往范雎的身上撒尿。

范雎强忍着一时之气。他待众人走后，从破席中伸出头对看守茅厕的人说："公公若能将我救出，以后定当重谢。"守厕人便去请求魏齐，允许让他将厕中的"尸体"运出。

范雎历经千辛万苦来到了秦国都城咸阳，并改名换姓为张禄。范雎看出秦国是最具实力的

国家，秦昭王也不是一个无所作为的国君。几经周折，范雎终于见到了秦昭王。他以其出色的辩才向秦昭王指出秦国政策的失误，并提出了自己内政外交等一系列主张。

秦昭王立即采取果断措施，废太后，驱逐穰侯、高陵、华阳、径阳四人于关外，将大权收归己有，并拜范雎为相。范雎所提出的外交政策，便是闻名于后世的“远交近攻”，而他所要进攻的第一个目标，便是他的故国魏国。魏国大恐，派使臣须贾来向秦国求和。不过，须贾只知道秦的相国叫张禄，而不知他就是范雎。

范雎得知须贾到来，便换了一身破旧衣服，也不带随从，独自一人来到须贾的住处。须贾一见大惊，问道：“范叔别后还好吗？”范雎道：“勉强活着吧！”须贾又问：“范叔想游说于秦国吗？”范雎道：“没有。我自得罪魏的相国以后，逃亡至此，哪里还敢游说。”须贾问：“你现在干什么呢？”范雎道：“给别人帮工。”须贾不由得起了一丝怜悯之情，便留范雎吃饭，说道：“没想到范叔贫寒至此！”同时送给他一件丝袍。

席间，须贾问：“秦的相国张禄，你认识吗？我听说如今天下之事，皆取决于这位张相国，我此行的成败也取决于他，你有什么朋友与这位相国认识吗？”范雎道：“我的主人同他很熟，我倒也见过他，我可以设法让你见到相国。”

第二天，范雎赶来一辆驷马大车，将须贾送往相国府。到了相府大堂前，范雎说：“你等一下，我先进去替你通报一声。”须贾在门外等了好久，也不见有人出来，便向守门人问道：“这位范先生怎么这么半天也不出来？”这时才明白刚才拉他进来的“范先生”就是他要找的相国。

须贾大惊失色，于是脱衣袒背，一副罪人的打扮，请守门人带他进去请罪。范雎雄踞堂上，身旁侍从如云。须贾膝行至范雎座前，叩头道：“小人有必死之罪，请将我放逐到荒远之地，是死是活都由大人安排！”范雎道：“本来我是要处死你的，但我今天之所以不处死你，是因为你昨天送了我一件丝袍，看来你还没忘旧情，我可以放你回去，不过你替我转告魏王，赶快将魏齐的脑袋送来！要不然，我就要发兵血洗魏都大梁城！”

魏齐吓得仓皇出逃，可赵、楚等国畏于秦国的兵威，谁也不敢收留他，魏齐终于被迫自杀。

凡事要留有余地，给别人留余地的同时也是给自己留余地。任何事情都不要做绝。故事里的须贾当初没有帮范雎，还往他的“尸体”上撒尿。这也就直接导致范雎的报复，然而须贾仁慈尚存，再遇到范雎时以为他落魄，还送他丝袍、留他吃饭。这点儿怜悯恰恰挽救了须贾的性命。试想如果须贾看到范叔的“落魄”而嘲笑和加害于他，那他的性命也就丢掉了。

可见，如果想让自己以后的路越走越宽，就要多给别人留出余地，别人有了落脚和行走的空间，才会有你的发展之地。倘若仗势欺人或者得理不饶人，非要把对方逼到绝路上，那自己离绝路也就不远了。

做不到的，先后退

如果前方的横栏已经超过了你的极限，那么不妨先后退一步，等到蓄积了更多的力量，再来挑战。

“没有做不到的事情，只有想不到的事情。”教育工作者为了鼓励学生敢作敢为，经常用上这句话。所以经常看到有些人不顾一切地向前冲，即使已经撞到南墙了，也以为自己一定可以把南墙撞出个洞来。

可是在生活中，很多事情并不是我们努力了就一定能做好的，也不是你一路向前冲就一定能够到达理想的目的地。如果环境和其他的外在条件不允许，或者说我们的坚持有可能给自己带来灾难的时候，不如先往后退一步，保存实力，以备来日之需。

汉惠帝六年，相国曹参去世。陈平升任左丞相，安国侯王陵做了右丞相，位在陈平之上。

王陵、陈平并相的第二年，汉惠帝去世，太子刘恭即位。少帝刘恭还是个婴儿，不能处理政事，吕太后名正言顺地替他临朝，主持朝政。

吕太后为了巩固自己的统治，打算封自己娘家侄儿为诸侯王，首先征询右丞相王陵的意见。王陵性情耿直，直截了当地说："高帝（刘邦的庙号）在世时，杀白马和大臣们立下盟约，非刘氏而王，天下共击之。现在立姓吕的人为王，违背高帝的盟约。"

吕后听了很不高兴，转而询问左丞相陈平的看法。陈平说："高帝平定天下，分封刘姓子弟为王，现在太后临朝，分封吕姓子弟为王也没什么不可以。"吕后点了点头，十分高兴。退朝以后，王陵责备陈平为奉承太后愧对高帝。听了王陵的责备，陈平一点儿也没生气，而是真诚地劝了王陵一番。

陈平看得很清楚，在当时的情况下，根本不可能阻止吕后封诸吕为王，只有保住自己的官职，才能和诸吕进行长期的斗争。因此，眼前不宜触怒吕后，暂且迎合她，以后再伺机而动，方为上策。

事实证明，陈平采取的斗争策略是高明的。吕后恨直言进谏的王陵不顺她的旨意，假意提拔王陵做少帝的老师，实际上夺去了他的相权。王陵被罢相之后，吕后提升陈平为右丞相，同时任命自己的亲信辟阳侯审食其为左丞相。陈平知道，吕后狡诈阴毒，生性多疑，栋梁干臣如果锋芒毕露，就会因为震主之威而遭到疑忌，导致不测之祸，必须韬光养晦，使吕后放松警觉，才能保住自己的地位。

吕后的妹妹吕须恨陈平当初替刘邦谋划擒拿她的丈夫樊哙，多次在吕后面前进谗言："陈平做丞相不理政事，每天老是喝酒，和妇女游乐。"

吕后听人报告陈平的行为，喜在心头，认为陈平贪图享受，不过是个酒色之徒。一次，她竟然当着吕须的面，和陈平套交情说："俗话说，妇女和小孩子的话，万万不可听信。您和我是什么关系，用不着怕吕须的谗言。"

陈平将计就计，假意顺从吕后。吕后封诸吕为王，陈平无不从命。他费尽心机固守相位，暗中保护刘氏子弟，等待时机恢复刘氏政权。

公元前180年，吕后一死，陈平就和太尉周勃合谋，诛灭吕氏家族，拥立代王为孝文皇帝，恢复了刘氏天下。

压力面前后退一步，可为自己赢得生存和发展的机会。千万不可为了一时意气盲目向前，那样既于事无补，又让自己反受其害。

迂回中获胜

不跟对手硬拼，是一种低调，也是一种智慧。

在生活中，我们难免会因为一些竞争而与对手针锋相对。矛盾也许不可避免，但是我们真的没有必要非跟别人斗个你死我活。如果真的躲不过去，也不要跟对手硬拼，要懂得利用智慧和技巧，在方法上取胜。

聪明的人总是懂得在危险中保护自己，而愚蠢的人总是喜欢依靠蛮力，耗掉自己全部的精力也要与对手拼出个高下，弄得自己没有回旋的余地。

一位搏击高手参加锦标赛，自以为稳操胜券，一定可以夺得冠军。

出乎意料，在最后的决赛中，他遇到一个实力相当的对手，双方竭尽全力出招攻击。当对方打到了中途，搏击高手意识到，自己竟然找不到对方招式中的破绽，对方的攻击却往往能够突破自己防守中的漏洞，有选择地打中自己。

比赛的结果可想而知，这个搏击高手惨败在对方手下，当然也就无法得到冠军的奖杯。他愤愤不平地找到自己的师傅，一招一式地将对方和他搏击的过程再次演练给师傅看，并请求师傅帮他找出对方招式中的破绽。他决心根据这些破绽，苦练出足以攻克对方的新招，决心在下次比赛时，打倒对方，夺取冠军的奖杯。

师傅笑而不语，在地上画了一道线，要他在不能擦掉这道线的情况下，设法让这条线变短。

搏击高手百思不得其解，怎么会有像师傅所说的办法，能使地上的线变短呢？最后，他无可奈何地放弃了思考，转向师傅请教。

师傅在原先那道线的旁边，又画了一道更长的线。两者相比较，原先的那道线，看起来变得短了许多。

师傅开口道："夺得冠军的关键，不仅仅在于如何攻击对方的弱点，正如地上的那条线一样，如果你不能在符合要求的情况下使这条线变短，就要懂得放弃从这条线上做文章，寻找另一条更长的线。那就是只有你自己变得更强，对方就如原先的那道线一样，也就在相比之下变得较短了。如何使自己更强，才是你需要苦练的根本。"

徒弟恍然大悟。

师傅笑道："搏击要用脑，要学会选择，攻击其弱点。同时要懂得放弃，不跟对方硬拼，以自己之强攻其弱，你才能夺取冠军。"

在获得成功的过程中，在夺取冠军的道路上，有无数的坎坷与障碍，需要我们去跨越、去征服。人们通常走的路有两条：

一条路是学会选择攻击对手的薄弱环节。正如故事中的那位搏击高手，可找出对方的破绽，给予其致命的一击，用最直接、最锐利的技术或技巧，快速解决问题。

另一条路是懂得放弃，不跟对方硬拼，全面增强自身实力，在人格上、知识上、智慧上、实力上使自己加倍地成长，变得更加成熟、更加强大，以己之强攻敌之弱，使许多问题迎刃而解。

不跟对手硬拼，是一种低调，也是一种智慧。适当地给对手留有余地，也许可以将对方感化，从而化僵持为友好，将敌人变成朋友。适当地给自己留有一些余地，我们才有机会东山再起，才能把握好更多的机遇。

第十九章

进退有道，变通有术

第一节　掌握主动，赢得先机

杀鸡儆猴，震慑人心

杀鸡儆猴，是统治者用来镇压民众或威慑人心的惯常手段。人们一旦提起，总感觉其带有些阴暗的色彩。但如果“杀鸡儆猴”这一潜规则运用得当，不仅能起到震慑人心的作用，更能让自己处于人生的主动地位。

齐国人孙武是我国古代伟大的军事家，被誉为兵学的鼻祖。他因内乱逃到吴国，把自己所著的兵法敬献给吴王阖闾。阖闾说：“您写的兵法十三篇，我都细细读过了，您能当场演习一下阵法吗？”孙武回答说：“可以。”吴王又问：“可以用妇女进行试练吗？”孙武又答道：“可以。”于是吴王派出宫中美女一百八十人，让孙武演练阵法。

孙武把她们分成两队，让吴王最宠爱的两个妃子担任队长，每位宫女手拿一把戟。孙武问她们：“你们知道自己的心、左右手和背的部位吗？”她们都回答说：“知道。”孙武说：“演习阵法时，我击鼓发令：让你们向前，你们就看着心所对的方向；让你们向左，就看着左手所对的方向；让你们向右，就看着右手所对的方向；让你们向后，就转向后背的方向。”她们都齐声说：“是。”

孙武将规定宣布完后，便陈设斧钺，又反复强调军法。一切准备妥当后，孙武击鼓发令向右，宫女们却嬉笑不止，不遵奉命令。孙武说：“规定不明确，口令不熟悉，这是主将的责任。”于是他重新申明号令，并击鼓发令向左，宫女们仍然嬉笑不止。孙武说：“规定不明确，口令不熟悉，这是主将的责任；现在既然已经明确，你们仍然不服从命令，那就是队长和士兵的过错了。”说罢，命令斩杀两名队长。

当时吴王正站在观操台上，见孙武要斩杀他的两个爱妃，大吃一惊，急忙派人向孙武传令：“我已经知道将军善于用兵了。没有这两个爱妃，我连吃饭也没有味道，请您不要杀掉她们。”孙武回答说：“臣既然已经受命为将帅，就应该尽职尽责做好分内的事。将帅在处理军中的事务时，君主的命令如果不利于治军，可以不接受。”说完，仍命令斩杀两名队长示众，并重新任命两名宫女担任队长。孙武再次击鼓发令，宫女们按照鼓声向左向右、向前向后，跪

下起立整齐划一，一举一动完全符合孙武的要求，没有一个人敢发出嬉笑声。

春秋时期，齐景公任命田穰苴为将，带兵攻打晋、燕联军，又派宠臣庄贾做监军。穰苴与庄贾约定，第二天中午在营门集合。第二天，临行前，穰苴早早到了营中，命令装好作为计时用的标杆和滴漏盆。约定时间已过，可是庄贾迟迟不到。穰苴几次派人催促，直到黄昏时分，庄贾才带着醉容到达营门。穰苴问他为何不按时到军营来，庄贾一脸无所谓，只说什么亲戚朋友都来为他设宴饯行，他总得应酬应酬吧？穰苴非常气愤，斥责他身为国家大臣，负有监军重任，却只恋自己的小家，不以国家大事为重。庄贾认为这是区区小事，仗着自己是国王的宠臣亲信，对穰苴的话不以为然。穰苴当着全军将士的面，叫来军法官，问："无故延误时间，按照军法应当如何处理？"军法官答道："该斩！"穰苴当即命令拿下庄贾。庄贾吓得浑身发抖，他的随从见势不妙，连忙飞马进宫，向齐景公报告情况，请求景公派人救命。在景公派的使者赶到之前，穰苴已经下令将庄贾斩首示众。全军将士看到主将敢杀违反军令的大臣，个个吓得发抖，谁还敢不遵将令？

景公派来的使臣飞马闯入军营，拿景公的命令叫穰苴放了庄贾。穰苴沉着地应道："将在外，君命有所不受。"他见使臣骄狂，便又叫来军法官，问道："乱在军营跑马，按军法应当如何处理？"军法官答道："该斩！"使臣吓得面如土色。穰苴不慌不忙地说道："君王派来的使者，可以不杀。"于是下令杀了他的随从和马匹，并毁掉马车，让倒霉的使者回去报告情况。

激励士气，哀兵必胜

拿破仑曾经说："一支军队的实力，四分之三是由士气构成的。"这种说法似有夸张，但不无道理。士气是构成战斗力的基本要素，一支军队士气的高低，直接影响着战争的胜负。古今中外的军事家，都把挫伤敌人的锐气、激励己方的士气，作为运筹决策的重要内容。

公元前279年，齐国田单所率军队被燕军围于即墨。田单首先派间谍向外宣传说："我最怕燕军俘虏齐军士兵后，把他们的鼻子割掉，再把他们放到攻击部队的前头，那样即墨就要被击破了！"燕军听说后，果真这样去做，令人将俘虏的鼻子全割掉，推到阵前恐吓齐军。城中军民看到被俘的士兵被割去鼻子，异常愤怒，死守不屈。

田单又派出间谍四处散布言论说："我最怕燕军挖即墨城外的坟墓，那会使城中军民人人寒心，失去斗志。"燕军将领听说后，不仅下令挖掉齐人的坟墓，还焚烧掉骸骨，威逼齐人投降。城中齐国军民见此情景，悲痛涕零，义愤填膺，决心同燕军决一死战。田单看到高昂的士气上来了，便率领军民大举反攻。燕军溃败，齐军很快收复了所有失地。

认清形势，掌握主动

在进攻之时，不妨对敌我之间的各种利害关系进行灵活把握，这样才能用最省力的方法成为主动的一方。

袁绍在仓亭被曹操打败之后，心情抑郁，不久便得病身亡。临死前，袁绍立幼子袁尚为继承人，任命其为大司马将军。曹操这时斗志正旺，亲率大军前来讨伐袁氏兄弟，企图一举平定河北。曹军以破竹之势攻占了黎阳，很快便兵临冀州城下。袁尚、袁潭、袁熙、高干等带领四路人马合力死守，曹操一连几天都攻打不下。

曹操的谋士郭嘉献计说："袁绍废长子立幼子，兄弟之间必然会为争夺权力相互争斗，各自树立自己的势力帮派，他们之间情况危急时刻还可相救，一旦危机解除就会彼此相互争斗；不如先举兵南下去攻打荆州，征讨刘表，等袁氏兄弟相互争斗发生变故之后，再来攻打他们，就能一举而定。”曹操认为郭嘉言之有理，便留下贾诩镇守黎阳，曹洪镇守官渡，自己则率军征讨刘表去了。果然，曹操大军一撤走，长子袁谭便同袁尚为争夺继承权大动干戈，互相残杀起来。袁谭打不过袁尚，派人向曹操求救。曹操乘机再次出兵北进，杀死袁谭，袁熙、袁尚逃往辽东投奔公孙康，曹军很快占领了河北。

平定河北之后，夏侯惇等人劝曹操说：“辽东太守公孙康一直没有臣服我们。现在袁熙、袁尚又去投奔他，必定成为我们的后患。不如趁他们还没有防备之际就去讨伐，这样就能取得辽东了。”曹操却笑着说：“不烦你们再次出兵了。几天之后，公孙康会把二袁的首级亲自送来。”诸将都不相信。没过几天，公孙康果然派人将袁熙和袁尚的首级送来了。众将大惊，都佩服曹操料事如神。曹操大笑说：“果然不出奉孝所料！”说着，拿出郭嘉临死前留给他的一封信。郭嘉在信中写道：“如果听说袁熙、袁尚去投靠辽东，主公千万不要加兵。公孙康一直担心袁氏被吞并之后，二袁去投奔他。倘若率兵去攻打他，他们肯定并力迎敌，欲速则不达；倘若慢慢地谋取，公孙康、袁氏兄弟必然会互相图谋对方。”

原来，袁绍在世之日就一直有吞并辽东之心，公孙康对袁氏家族恨之入骨。这次袁氏二兄弟去投奔，公孙康就存心想除掉他们，但又担心曹操引军攻打辽东，想利用二人助己一臂之力。所以，袁熙、袁尚二人来到辽东，公孙康并没有马上相见，而是派人迅速前去探听曹军的动静。当探子回报曹操并无攻打辽东之意时，公孙康立即将袁熙、袁尚斩首，使曹操兵不血刃便达到了目的。

出击要果断

在战争中，当时机成熟的时候，一定要果断重拳出击，只有这样才不会陷入被动。

春秋时，齐桓公死后，宋襄公不自量力，想接替齐桓公当霸主。但是，遭到了各国的反对。宋襄公发现郑国支持楚国做盟主最积极，便想找机会征伐郑国出口气。

周襄王十四年，宋襄公亲自带兵去征伐郑国。楚成王见势，发兵去救郑国。但他没有直接去救郑国，却率领大队人马直奔宋国。宋襄公慌了手脚，只得带领宋军连夜往回赶。等宋军在泓水（今河南柘城西北）扎好了营寨时，楚国兵马也开到了对岸。公孙固劝宋襄公说：“楚兵到这里来，不过是为了援救郑国。咱们从郑国撤回了军队，楚国的目的也就达到了。咱们力量小，不如和楚国讲和算了。”

宋襄公说：“楚国虽说兵强马壮，可是他们缺乏仁义；咱们虽说兵力不足，但举的是仁义大旗。他们的不义之兵，怎么打得过咱们这仁义之师呢？”宋襄公还下令做了一面大旗，绣上“仁义”二字，准备用“仁义”去打败楚国的军队。天亮以后，楚军开始过河了。公孙固对宋襄公说：“楚国人白天渡河，明明是瞧不起咱们。咱们乘他们渡到一半时，迎头打过去，一定会胜利。”宋襄公还没等公孙固说完，便指着飘扬的大旗说：“你难道没见到旗上的‘仁义’二字吗？人家过河还没过完，咱们就打人家，还算什么‘仁义’之师呢？”

楚兵全部渡过了河，在岸上布起阵来。公孙固见楚兵乱哄哄地还没整好队伍，赶忙又对宋襄公说：“楚军还没布好阵势，咱们抓住这个机会，赶快发起冲锋，还可以取胜。”宋襄公瞪着眼睛大骂道：“你这个家伙，怎么净出歪主意！人家还没布好阵就去攻打，这算仁义吗？”

正说着，楚军已经排好队伍，洪水般地冲了过来。宋国的士兵吓破了胆，一个个扭头就跑。宋襄公手提长矛，催着战车，想要攻打过去。可还没来得及往前冲，就被楚兵团团围住，大腿上早中了一箭，身上还受了好几处伤。多亏了宋国的几员大将奋力冲杀，才把他救出来。等他逃出战场，宋国的兵车已经损失了十之八九，兵器、粮草也全部丢光，将士们死的死，伤的伤，溃不成军，那面“仁义”大旗也早已无影无踪。老百姓见此惨状，对宋襄公骂不停口。可宋襄公还觉得他的“仁义”取胜了。公孙固搀扶着他，他还一瘸一拐地边走边说：“讲仁义的军队就得以德服人。人家受伤了，就不能再去伤害他；头发花白的老兵，就不能去抓他。我以仁义打仗，怎么能乘人危难的时候去攻打人家呢？”那些跟着逃跑的将士，听了宋襄公的话，都哭笑不得，心想：我们平日打仗，靠拼命才能打败敌人，这回主公靠“仁义”打仗，害得我们差点儿丢掉性命。

将欲擒之，先予纵之

在做许多决定时，如果过早地行动，会让我们悖于道义、有违民心而陷入被动的处境。智者做事不会操之过急，他们懂得“欲擒故纵”的道理，在运用“将欲擒之，先予纵之”这一潜规则时总是得心应手。

郑庄公的母亲姜氏生有两个儿子，老大就是庄公，老二叫共叔段。姜氏对共叔段特别偏爱，几次请求郑武公立共叔段为世子，武公都没有同意。

武公死后，长子寤生继位，是为郑庄公。姜氏见扶植共叔段的计划失败，转而请求庄公将京邑封给共叔段，庄公不好推辞，只好答应了。

郑国大夫知道后，立即面见庄公说：“分封的都城，它的周围超过300丈，就会对国家有害。按照先王的制度规定，国内大城不能超过国都的三分之一，中城不能超过国都的五分之一，小城不能超过国都的九分之一。现在将京邑封给共叔段，不合法度。这样下去恐怕您将控制不住他。”

庄公答道：“母亲喜欢这样，我怎么能让她不高兴呢？”

大夫又说：“姜氏哪里有满足的时候！不如早想办法处置，不要使她滋长蔓延，蔓延了就很难解决，就像蔓草不能除得干净一样。”

庄公沉吟了一会儿，说：“多行不义必自毙。你姑且等着吧！”

其实，郑庄公心里早已有了对付共叔段的方略。他知道自己现在力量还不够强大，共叔段又有母后的支持，要除掉共叔段还比较困难，不如先让他尽力表演，等到其罪恶昭著后，再进行讨伐，一举除之。

共叔段到了京邑后，将城进一步扩大，还逐渐把郑国的西部和北部的一些地方据为己有。

公子吕见此情形十分着急，对庄公说：“国家不能使人民有两个君主统治的情况出现，您要怎么办？请早下决心。要把国家传给共叔段，那么就让我奉他为君，如果不传给他，就请除掉他。不要使人民产生二心。”

庄公回答说：“你不用担心，也不用除他，他会遭受祸端的。”

此后，共叔段又将他的地盘向东北扩展到与卫国接壤。此时，子封又来见庄公，说：“应该除掉共叔段了，让他再扩大土地，就要得到民心了。”

庄公说：“他多行不义，人民不会拥护他。土地虽然扩大了，但一定会崩溃的。”

共叔段见庄公屡屡退让，以为庄公怕他，更加有恃无恐。他集合民众，修缮城墙，收集粮草，修整装备武器，编组战车，并与母亲姜氏约定日期作为内应，企图偷袭郑国都城，篡位夺权。

庄公对共叔段的一举一动早已看在眼里，并有防备。当他得知共叔段与姜氏约定的行动日期后，就命大将子封率领二百乘兵车提前进攻京邑，历数共叔段的叛君罪行，京邑的人民也起来响应，反攻共叔段，共叔段弃城而逃，后畏罪自杀。他的母亲姜氏也因无颜见庄公而离开宫廷。

防患于未然

害人之心不可有，防人之心不可无。只有防患于未然，才能够免受其害。

楚国的春申君黄歇，门下有三千门客，是战国著名的“四公子”之一。当时楚国考烈王没有子女，春申君就四处搜寻美女献给楚王。当时有个赵国人，叫李园，他有个妹妹长得很漂亮。李园本想把妹妹献给楚王，但是他临时改变了主意，把妹妹献给了春申君。

春申君宠幸这个美女，没过多久，她就怀孕了。美人想到了一条妙计，和她哥哥偷偷商量后，对春申君说：“夫君，楚王跟您的感情真是好啊！”春申君动情地说：“是啊，我和楚王的感情就连亲兄弟也比不上。”美人又说：“可是楚王没有儿子，他死后只有让自己的亲兄弟做国君。新国君一定只重用自己身边的人，哪轮得到您呢？而且您现在的地位这么高，肯定有对楚王的兄弟不够礼貌的地方，那您的处境岂不是更危险了吗？”春申君听了，说：“是呀，可是又有什么办法呢？”美女眨了眨眼睛，说：“办法倒是有一个。我已经怀孕了，如果楚王现在喜欢上我，那我生下的孩子就可以当上国君。那您就不用担心以后的前途啦。”

春申君照这个美女说的，把她献给了楚王。美女果然很快就得到了楚王的宠爱。后来，这个美女在王宫生了一个男孩。随后这孩子被立为太子，美女也就当上了王后。楚王又提拔她的哥哥李园当了高官。但是，李园是个有野心的人，他一来想夺取春申君的权位，二来也怕春申君泄露秘密，便在私底下养了许多杀手，计划伺机杀他灭口。

此时的春申君还蒙在鼓里。他的一个门客朱英对他说：“您做楚国的丞相已经二十多年了，一人之下，万人之上。有一天楚王死了，您就要辅佐年幼的太子，直到他长大成人。这是您的福气，但这其中也可能隐藏着灾祸。正所谓祸兮福之所倚，福兮祸之所伏。”春申君没有将他的话放在心上，满不在乎地说：“我现在过得很好啊，至于将来，会有什么不幸呢？”朱英忧心忡忡地说：“李园一直想夺取您手中的权力，他早就偷偷养了许多杀手，只等楚王一死，便将矛头指向您。这就是我说的灾祸啊。不过，现在挽救还来得及，您只要先把我派到楚王的身边，替您干掉李园，先下手为强，免除您的后顾之忧。”春申君听了，哈哈一笑，拍拍朱英的肩膀说：“先生多虑了。我了解李园，他是个胆小、温和的人，我又一直对他那么好，他不会做出什么对不起我的事。”

过了十几天，楚考烈王死了。李园先到宫里，安排杀手埋伏在宫门内。春申君匆忙进宫，刚走进宫门，李园的杀手就从两旁杀出来。春申君还没来得及喊救命，头就被割了下来，连他的家人也没能逃过这场血光之灾。

战国四公子之一的春申君就这样被杀掉了，更为悲惨的是他可能到死也不知道是谁杀死他的，因为在他的印象中，李园是胆小温和且自己对其有恩的人。

张扬得体，事半功倍

在一个凸显自我价值的时代，借助各种力量“捧”火自己，是一种变人生被动为主动的学问。

战国时，齐王受秦国和楚国谗言的欺骗，认为孟尝君的名望高过他自己，而且在齐国专权，就罢免了孟尝君的职位。孟尝君的门客知道这个消息，纷纷散去，只剩冯谖一个人留了下来。

冯谖对孟尝君说：“请借给我一辆车，让我到魏国去，我一定让你重新受到国君的重用，增加封地，你愿意吗？”

孟尝君于是准备了车子和礼物，派他去魏国。

冯谖对魏国梁惠王说：“天下的游士驱车入魏，都想使魏国强盛，使齐国削弱；而驱车入齐的却都想使齐国强盛，使魏国削弱。这是因为魏、齐两国势不两立，谁能称雄谁就能拥有天下。”

梁惠王听了，单膝跪地请教说：“怎样才能使魏国称雄呢？”

冯谖反问道：“大王知道齐国罢免孟尝君的事吗？”

梁惠王答：“知道。”

冯谖说：“辅佐齐国使之在天下举足轻重，都是孟尝君的功劳。现在齐王听信别人的诽谤，罢免孟尝君。孟尝君心中怨恨，一定会背叛齐国。如果他能投奔魏国，齐国的人心自然随之倒向魏国，齐国的国土就在魏王掌握之中了，岂只是称雄而已？大王应该赶快派使者带着厚礼，去迎聘孟尝君，千万不要错失良机。否则，如果齐国醒悟过来，再次重用孟尝君，那么魏、齐两国谁能称雄天下，就未可预料了。”

梁惠王听了很高兴，当即派出十辆车，载着百镒黄金去齐国迎聘孟尝君。

冯谖辞别魏王，先行赶回齐国，游说齐王：“天下的游士驱车入齐的，都想使齐国强盛，使魏国削弱；驱车入魏的，则想使魏国强盛，使齐国削弱。这是因为齐、魏两国势不两立，一旦魏国强盛，齐国就会因此而削弱。现在我听说魏国派遣专使，带十辆车，载着黄金百镒来迎聘孟尝君。孟尝君不去魏国就罢了，一旦他去辅佐魏王，天下人都会去归附他。到那时魏国强盛，齐国削弱，齐国的临淄、即墨地区就危险了。大王何不在魏国使者到来之前，恢复孟尝君的职位，增加他的封邑，向他表示歉意呢？这样做，孟尝君一定会欣然接受。魏国再强大，又怎么能强请别国臣子去当丞相呢？”

齐王说：“好。”

当即召见孟尝君，恢复他原来的相国职位和封地，还增加一千户封邑。魏国使者恰好在这时来到齐国，听说此事，只好返回。

门客冯谖凭三寸不烂之舌，说服魏王派出十辆车，又载百镒黄金去迎聘刚刚被齐王解除相国权位的孟尝君；之后，冯谖又去面见齐王，报告魏王要重用孟尝君的事情，同时劝说齐王恢复孟尝君的职位。这是一种策略，用现代的话说，冯谖必须先把已经下野的孟尝君在魏王那里“炒”起来，给齐王施加压力，让齐王认识到孟尝君的价值，这样，齐王才能再度起用孟尝君。

第二节　势头不妙，该退就退

后退一步是为了前进三步

就像运动员起跑前要先往后迈一步一样，后退往往是前行的动力。为了前进过程中的持久而强劲，有时需要先后退一步。

《菜根谭》中说：“经路窄处，留一步与人行；滋味浓时，减三分让人尝。此是涉世一极安乐法。”妥协从退让开始，以胜利告终，表面是以对方利益为重，实际是为自己的利益开道。以小步的退却换取大踏步的前进，何乐而不为呢？

王蓉是一个化妆品公司的推销员，她所在的公司几次想与一家业内知名的大型化妆品公司合作，却一直未能如愿。经过王蓉的不懈努力，该公司终于答应与王蓉的公司合作，但有一个要求：要在王蓉所在公司的化妆品广告词中加上该公司的名字。

王蓉公司的老总却不同意，认为这是花钱替别人打广告。协商又陷入僵局，合作公司要求王蓉的公司两天内回话。

王蓉听到这个消息，直接找到老总，让他赶紧答应，否则会错失良机。老总不乐意地说：“我坚决不妥协，他们这是以强欺弱。”

王蓉认为把自己的产品和一个著名的品牌绑在一起是有利的，经她的劝说，老总终于同意了合作的条件。事情正像王蓉预料的那样，和这家大型化妆品公司的合作也提高了自家公司的信誉度，公司的效益蒸蒸日上，销售额直线上升，王蓉也因此被提升为业务总经理。

尊重并突出别人的观点和利益，这是我们欲求他人合作的最有力的法宝。人们常常不会正确使用这一法宝，是因为他们常常忘记了，如果我们过分强调自己的需要，那别人对此即便本来是有兴趣的，也会改变态度。

功成名就，适时全身而退

争天下时，务求得人，礼爵有加；一旦政权在握，转而大肆屠戮功臣，诛灭异己。在中国的历史舞台上，统治者与开国功臣之间常常玩起“兔死狗烹”的游戏，懂得了游戏规则，才能占据博弈中的主动权。

越王勾践卧薪尝胆，灭吴复国，这其中起了关键作用的是他的两大功臣：范蠡和文种。当勾践被围会稽山上，弹尽粮绝之时，是文种提出以乞和求降之计来保住性命，使勾践得以生还。当勾践被拘往吴国，是文种留在越国，救死抚孤，耕战自备，愤发图存。当勾践从吴国归来之后，是文种提出了消灭吴国的七种办法：一是以金银相贿赂，讨好其君臣；二是花高价购买吴国粮食，使其仓储空虚；三是赠送美女，去迷惑吴王夫差的心志；四是派遣能工巧匠去帮助吴国修建宫殿，以消耗其财富；五是拉拢吴国的奸臣，以破坏他们的计谋；六是故意推崇吴国的忠臣，使吴王疑心而加以杀害，来削弱吴国的辅佐力量；七是自己要积财练兵，等待时机反攻。

勾践打败了吴国，称霸一时。就在欢庆胜利的时刻，范蠡急流勇退，隐姓埋名，弃政经商去了。

他出逃之后，曾给文种送来一封信说：“狡兔死，走狗烹；飞鸟尽，良弓藏；敌国破，谋臣亡。越王可与共患难，不可与共欢乐，你如果不赶快离开，将有大祸临头。”

文种以为范蠡太多心了，不过，从此以后他也不大过问国事了，终日称病在家。可是，勾践并没有放过他。于是，他借探病为名，来见文种，问他：“先生曾以灭吴的七种手段指教过我，我只采用了其中的三种，便将吴国灭了，剩下四种，你打算再怎么去使用呀？”文种说：“我看不出它们还有什么用处。”

勾践说：“请先生带了这四种手段，到九泉之下去辅佐我的先人吧！”说罢起身登车而去，留下了一把名为“属镂”的利剑。

文种明白，勾践容不下他了，便自刎而死。

其实勾践这个人杀功臣的手腕不大高明，他直率地表达了他对文种高明智谋的畏惧，而不像后代一些屠杀功臣的掌权者们，还要给受害者扣上“造反”“通敌”之类的大帽子，因此，他被后代视为忘恩负义的典型。说起来，他比那些后来者要仁慈得多，因为他没有动用酷刑、凌迟之类的残忍手段，只留下一把宝剑，由文种自行就死，而且他也罪止文种一人，而没有大肆株连。所以，知晓“兔死狗烹”的游戏规则，不与人共富贵才能全身而退。

别做他人的替罪羊

慈禧登上权力宝座的开始，就与洋人打上了交道。长期以来慈禧一直处于洋人压制之下，因此，当义和团运动从山东爆发以来，起初慈禧的态度是坚决剿灭，但当她听说义和团有“刀枪不入”的护体神功之后，心怀狡诈的慈禧立即想出一条毒辣之计——利用义和团去抵挡洋人，最好是让双方拼个两败俱伤，她则坐收渔翁之利。

于是，慈禧的主剿态度发生了微妙的变化，她在上谕中称：“谕内阁：西人传教，历有年所，该教士无非劝人为善，而教民等亦无从恃教滋事，敢尔民教均克相安，各行其道。近来各省教堂林立，教民繁多，遂有不逞之徒，溷迹其间，教士亦难遍查其优劣。而该匪徒借入教为名，欺压平民，在嘉庆年间，亦曾例禁。近因其练艺保身，守护乡里，并未滋生事端，是以屡降谕旨，饬令各地方官，妥为弹压。无论其会不会，但论其匪不匪。如有借端滋事，即应严拿惩办。是教民、拳民，均为国家赤子，朝廷一视同仁，不分教、会。”

慈禧在上谕中称教民、拳民“均为国家赤子”，可见慈禧对义和团的态度已有了重大变化，表明她已下定决心利用义和团来打击洋人。

为了取得朝廷大臣的支持，慈禧先后多次召开御前会议，但意见难以统一。最后慈禧干脆亮出了自己的底牌：“今日之事诸大臣均闻之矣。我为江山社稷，不得已而宣战，顾事未可知。有如战之后，江山社稷仍不保，诸公今日皆在此，当知我苦心，勿归咎予一人，谓皇太后送祖宗三百年天下。”

可是她又担心万一失败，洋人算战争账时将她定为祸首，于是又预先留了一手——“有如战之后，江山社稷仍不保……勿归咎予一人”。说白了，就是不能让她去当“替罪羊”，如此用心，不可谓不毒辣。

由于义和团的“刀枪不入”神功根本不能抵挡洋人的枪炮，拳民伤亡惨重，加上奉慈禧之命攻打洋人的荣禄不尽力，使战争一败涂地。

后来，荣禄奉慈禧的暗中指示，立即转而限制清军，致使洋人反扑，不久进入北京，到处抢掠烧杀，无恶不作。慈禧见事情发展到这种地步，想跳河自尽，被人劝住，只好扮成一乡妇逃出京城，向西安亡命。

在西逃过程中，慈禧立即命李鸿章、荣禄、崇绮与洋人议和。八国联军提出应惩办罪魁祸首，也就是逃亡的慈禧，但在李鸿章等晓以利害的情况下，他们决定不惩办慈禧，但要求对其他人严加治罪。

既然洋人都表态不追究慈禧的首罪，慈禧也就要表达自己的知恩图报了。于是她不仅下令屠杀义和团，还颁旨宣布了一大批洋人点名要的“人”。在她宣布的第一批“替罪羊”中有主张抗战的载漪、载勋、刚毅、赵舒翘等，一一作了严重的处罚。

这样，“替罪羊”们受到了处治，慈禧派的议和大臣又曲意奉承，洋人的怒气总算有所平息。1901年8月，双方终于签订了《辛丑条约》，慈禧还大言不惭地说：“量中华之物力，结与国之欢心！”卖国嘴脸尽展无遗！

为了取悦洋人，慈禧又作出了一番表现：当她在回銮途中从河北正定乘车回北京，经过使馆人员站立的阳台时，这位一向不苟言笑的老太婆从轿中欠起身来，“非常和蔼”地面带笑容向洋人回礼，刚到京就在宫中接见各国驻华使节，整个仪式从头到尾“都是在格外多礼、格外庄严和给予外国代表以前所未有的更大敬意的情况下”进行的。

尤其令人气愤的是，在这次接见过程中，慈禧还“非常亲切地”接见了外交使节的夫人，向这些曾被她命令的义和团围攻、受到万分惊吓的夫人们表示问候。此时，慈禧早已没有了对洋人宣战的那股狂傲，有的只是如何尽力满足洋人的需求，但求保住自己的权力地位。而她这一目的的实现，却是以牺牲民族利益为代价的。因此，慈禧尽管精于算计，但她终究没有逃脱后人的指责和唾骂。

弃暗投明，禽择良木而栖

公元前209年，陈胜揭竿而起，宣告了一个群雄争霸时代的到来。就在这时，阳武县一位名叫陈平的年轻人，前去投奔魏王咎，被任命为太仆，替魏王执掌乘舆和马政。陈平十分聪慧，年少就胸怀大志，而且勤奋读书。他来投靠魏王，原本想有一番成就，但他屡次献计献策都没有被采纳，反而遭到他人的排斥、诋毁。陈平认识到魏王咎是个平庸之人，于是便毅然出走，投奔到项羽麾下，参加了有名的巨鹿之战，跟随项羽入军关中，击败秦军。项羽赐给他卿一级的爵位，但这种职位徒有虚名，并没有实权。

公元前206年4月，楚汉之战正式开始。第二年春天，殷王司马印背楚投汉。项羽大怒，封陈平为信武君，率领魏王咎留在楚国的部下进击殷王，收降司马印。陈平取胜后因功被拜为都尉。过了不久，汉王刘邦又率部攻占了殷地，司马印被迫投降。司马印的反复无常激怒了项羽，以至于迁怒陈平，要斩以前参加平定殷地的全体将士。陈平害怕被杀，又看到项羽刚愎自用，尽逞匹夫之勇，难成大气候，于是封裹其所得黄金和官印，派人送还项羽，自己独自提剑抄小路逃走。

陈平一路直奔修武，因为当时刘邦正率领部队驻扎在那里。他通过汉军将领魏无知见了刘邦。刘邦赐给他酒食，并说："吃完了，就休息去吧。"

陈平说："我为要事而来，我对您要说的事不能挨过今天。"

刘邦听他这么一说，就跟他谈起来，两人纵论天下大事，谈得非常投机。刘邦问陈平："你在楚军里担任什么官职？"

陈平回答说："担任都尉。"

当日刘邦就任命陈平担任都尉，让他当自己的骖乘，主管监督联络各部将领的事。

这事一传出，帐下将领不禁大哗，纷纷对刘邦说："大王得到楚军一个逃兵，还不知道他本领有多大，就与他坐一辆车子，反倒来监督我们这些老将。"

刘邦听到这些议论后，反而更加亲近陈平，同他一道东伐项王。这样一来，将领们越发不服气。过了一段时间，他们推举周勃、灌婴晋见刘邦说："陈平虽然美如冠玉，恐怕是徒有其表，未必有什么真才实学。我们听说他在家时就德行不佳，与嫂子通奸，而且反复无常，侍奉魏王不能容身，逃出来归顺楚王，归顺楚王不行又来投奔汉王。如今大王器重他，给予他高官，他就利用职权接收将领的贿赂。这样的人，汉王怎么能加以重用呢？"

经这么多人一说，刘邦也不惧不怀疑起陈平来，他把推荐人魏无知叫来训斥了一番。魏无知根据刘邦豁达大度、不拘小节的特点，以及求贤若渴、争夺人才的特殊形势，回答得非常精彩。他说："我所说的是才能，陛下所问的是品行。这两者在争夺天下的过程中，哪一方最重要呢？我推荐奇谋之士，是为了有利于国家，哪里还管他是偷还是接受贿赂呢？"

对于魏无知的回答，刘邦也没有什么好说的。他又责备陈平说："先生您侍奉魏王不终，又去追随楚王；追随楚王不终，现在又来与我共事，讲信用的人应该如此三心二意吗？"

陈平听后回答说："我侍奉魏王，而魏王不能采纳我的主张，所以我离开他去侍奉楚王。楚王不信任人，所以我弃楚归汉，封金还印，只落得形单影只。听说汉王善用人，故来投靠汉王。我空手而来，不接收金钱便没有可供花销的。假如我的计策值得采纳，大王您就采纳；如果没有，钱还在，我可以封存起来送到官府，请求辞职。"

刘邦听陈平说完这段话后，立即表示道歉，并说："你能帮助我成就大业，我也要叫你衣锦还乡。"

于是，更加厚赐陈平，把他升为护军都尉。从此以后，诸将领再也不敢说什么了。

陈平出奇谋，使刘邦多次转危为安。

公元前204年正是楚汉战争打得最激烈的一年，双方在荥阳争夺得你死我活。刘邦心里非常焦急，他问陈平："天下纷争不定，什么时候才能真正安定呢？"

陈平从容地分析说："我想楚国存在着可扰乱的因素。项王身边就那么几个刚直之臣，如范增、钟离昧、龙目、周殷之辈。如果大王舍得花几万斤金钱，可施行反间计，离间他们君臣关系，使之上下离心。项王本来爱猜忌怀疑，容易听信谗言，这样，必定会引起内讧和残杀，到那时，我军再乘机进攻，定能获胜。"

刘邦对陈平的分析大加赞赏，于是拿出四万斤黄金给陈平，让其任意处置。

陈平巧设反间计，除掉了项羽唯一的谋士范增。

如果你自觉是个人才，那么就要找到那个值得你为之效力的人，然后奉献你的才智。

懂得后退，避开阻力

鲁莽不是美德，"傻大胆"更不是英雄。人性社会也有自己的生物链，一个人若蔑视一切，觉得"老子天下第一"，那么失败于他是肯定的了。

深海中有一种鱼叫马嘉鱼，外形非常漂亮，它们平时生活于深海中，春夏之前溯流产卵，随着海潮浮到浅水面。渔人捕捉马嘉鱼的方法很简单：用一张十寸见方、孔目粗疏的竹帘，下端系上铁坠，放入水中，由两只小艇拖着，拦截鱼群。马嘉鱼的"个性"很强，不爱转弯，即使触入罗网中也不会停止，所以一只只前仆后继钻入帘孔中，帘孔随之紧缩。孔越紧，马嘉鱼越被激怒，瞪起明眸，张开脊鳍，更加拼命往前冲，终于被牢牢卡死，为渔人所获。

马嘉鱼的悲哀就在于它不懂生存的进退之道。常有人抱怨人生路越走越窄，看不到成功的希望，却仍然习惯在老路上一直走下去，不思改变。为人处世要灵活，千万不要"一根筋"，认准一条道走到底，最终碰得头破血流。退一步也许有一片更为广阔的天地。

唐高祖李渊建立唐王朝后，太子李建成和齐王李元吉勾结，多次迫害有功的秦王李世民，兄弟间一场生死拼杀在所难免。

李世民身边的文臣武将都十分着急，生怕秦王心存仁念，坐失良机。李世民把他的心腹将领尉迟敬德等人找来，对他们说："我们安排未妥，事无头绪之时，又怎能草率行事呢？事若不密，为人察觉，只怕我们先得人头落地了。还望各位详加筹划，切勿泄露。"

李世民边忍边动，加紧布置。由于他表面从容，处处示弱，李建成、李元吉果真上当，暗中得意。他们按部就班，一步步地实施整倒李世民的计划，心想：天长日久，不愁大事不成。

不久，有报说突厥兵犯境，李建成便保举李元吉为帅，带兵迎敌。齐王请求李渊把秦王李世民的兵马交归他指挥，李渊答应了他的要求。李世民和他的文臣武将一眼便看穿了他们的阴谋，李世民见群情激奋，便故作痛苦地安抚众人说：

"皇上既然同意，看来我只能坐以待毙了。这是天意，我又能怎么样呢？"

众人见此，信以为真，不禁泣泪；有的还要告辞而去，以示抗议。只有几个知情者以目示意，不露声色。

这时又有人进来密告李世民，说太子与齐王早已设下计谋，只等李世民等人给齐王出征送行时，便密伏勇士，趁机杀掉李世民，然后太子登位，封齐王为太弟。

众人听此言，皆发怒大喝，情绪更为激动。李世民见火候已到，这才长叹一声，对众人说："我是被逼至此，各位都是明证。事已至此，只有先发制人，我们才能铲除强敌，保全性命。"

李世民分派伏兵于玄武门。第二天，李建成、李元吉上朝由此经过，伏兵齐出，他们二人猝不及防，李建成被李世民射死，李元吉被尉迟敬德砍杀。

李世民除掉了与之竞争的对手，终于坐上了皇帝的位置。

李世民不愧是一代明帝，他知道以他的力量很难随便就击败两位兄弟，于是以退为进，终于实现了自己的愿望。

再退一步，做个旁观者

退居一旁是为了保持清醒的头脑，把握形势。做一个旁观者，看清局势再进攻，进攻时就能做到成竹在胸。

齐国相国邹忌，身高八尺，相貌堂堂，却心胸狭窄，私心极重。

随着孙膑、田忌威望的提高，邹忌担心自己的相位不稳，因此欲除掉田忌、孙膑而后快。可能因为孙膑身有残疾，同邹忌争夺相位的可能性不大，所以邹忌将目标首先对准了风头甚劲的田忌。

马陵之战结束不久，邹忌派人到市中找卖卜者算卦，扬言是田忌派他去算的，要算算田忌如果要谋反，是吉还是凶。邹忌则随后派人将此人抓获，送到齐威王那里。

齐威王这时年纪大了，有点儿老糊涂了。他本来就对田忌手握重兵心有疑惧，听了邹忌的话，遂相信田忌有谋反的意图。而这时田忌正率兵在外，于是齐威王遣召田忌回临淄，准备等田忌回到临淄后再审问此事。

孙膑此时也在田忌军中。他对齐国的政局及邹忌、田忌之间的矛盾洞若观火，及见齐威王无缘无故忽然派人来召田忌回临淄，感觉齐威王一定是听信了邹忌的谄言，认为田忌如果回到临淄，将凶多吉少，于是就提醒田忌说，齐王一定听信了邹忌的谄言，千万不要贸然回临淄。

田忌对孙膑早已佩服得五体投地，对他言听计从。他依孙膑之言，率兵攻打临淄。

但邹忌也不是等闲之辈，早已做好了守城准备，田忌攻城不胜，眼见各地勤王之兵大集，只好弃军逃亡到了楚国。而孙膑于田忌攻临淄之时就已不知去向。

第二十章

暂时妥协也是一种变通

第一节　面对风雨，不妨调整一下思路

学会忍耐，磨难变财富

再怎么成功的人，也会有不顺心的时候，也会有徒劳无功的时候，也会经历磨难的侵扰，但这些人不会太在意这些逆境的信息，而是将其视为不完美的结果，坚持着忍耐下去，并且坦然面对，累积这些“结果”，达到最后的成功。

李嘉诚的亚洲首富不是凭空杜撰的，比尔·盖茨的几百亿美元更不是海风吹来的。他们都经过了生活的历练，都经过了不如意的侵扰。在漫长的忍耐中，厚积薄发，最后一鸣惊人。

比尔·盖茨刚刚离开哈佛与保罗·艾伦一起经营微软之初，处处不如意。因为公司很小，BASIC的发明并未引起轰动，当时的IBM与苹果公司甚至不屑与可怜的微软合作。这些不如意都没能让比尔·盖茨困惑，他在忍耐中不断探求。终于，在Win95推出后，比尔·盖茨让全世界的人认识了自己！

商业本身就充满了各种不确定因素，因此磨难必不可少，纵观千古成功的商人，忍耐几乎是必不可少的手段，经历过痛苦的磨炼，财运会随之而来。如果只是挣硬气、好面子，不懂得忍耐之道，不知晓伸缩之理，那么，你会看见钞票从眼前哗哗流过而自己一无所获。

事理相通，商场的忍耐推而广之，就是成功之道。磨难并不可怕，关键看你能否忍耐，有一颗“隐忍”的心，那么，成功唾手可得。

为什么拿破仑能够突破重重阻力而叱咤风云？为什么海伦·凯勒在双目失明的情况下，心中依然有光明之梦？一个共同之处就是他们都经历过一个又一个的磨难，并且在磨难的打击中迅速成长起来。也正因为如此，伟人们镇定自若，“泰山崩于前而色不变，猛虎趋于后而心不惊。”

“宝剑锋从磨砺出，梅花香自苦寒来。”磨难就是财富，受宫刑之辱的司马迁痛定思痛，写出了千古名篇：“盖西伯拘而演《周易》；仲尼厄而作《春秋》；屈原放逐，乃赋《离骚》；左丘失明，厥有《国语》；孙子膑脚，《兵法》修列；不韦迁蜀，世传《吕览》；韩非囚秦，《说难》、《孤愤》。《诗》三百篇，大抵贤圣发愤之所为作也。此皆意有所郁结，不得通其道，故述往事，思来者。”

张海迪在轮椅上完成了一部外国名著《海边诊所》的翻译；贝多芬丧失听力后，写出了传世的《命运交响曲》；陈景润在极其困难的环境中，完成了哥德巴赫猜想的论证；海伦·凯勒是一个又盲又聋又哑的人，而她写出了鼓舞了千万人的《假如给我三天光明》。他们用自己的亲身经历，唤醒了许多对生活失去信心的人；他们用自己的奋斗经历，谱写了拼搏人生、战胜宿命的凯歌。

安逸舒适的环境容易消磨人的意志，最后导致人一无所成。接受命运的挑战是我们磨炼自己、施展抱负、实现梦想的最佳方法。

磨难能成就文人学者，同样会成就市井商人，只要你学会忍耐，磨难都是一笔财富。温州人能赚钱，一个重要原因就是特别能忍耐磨难。为了能赚钱，他们忍受种种痛苦：浪迹天涯、抛妻别子的思乡之苦；脏活累活苦活全干的身体之苦；屡遭白眼与冷嘲热讽的心理之苦……

任何一个成大事者必须具备忍耐挫折，忍耐成功前的艰辛的能力，更要具备忍耐不如意的时时侵扰。假如你想赚钱、想创业、想成名，一定要先掂量掂量自己：面对从肉体到精神上的全面折磨，你有没有那样一种宠辱不惊的“定力”与“忍耐力”。因为，创业要比一般人承受更多的困难、挫折乃至痛苦和孤独。无论遇到什么事情，哪怕是违背自己本意的事情，都得控制自己的情绪，不得有过激的言行；否则，你很有可能会前功尽弃。

人生不可能一帆风顺，机会也不会总顺风而来，蕴藏在逆境中的机会有时更加巨大，足以改变人的一生，所以，对于逆境也应该抱着一种忍耐的态度。磨难虽苦，但却可以化为人生的财富。

以不抱怨迎接生命中的挑战

罗曼·罗丹曾说：“只有把抱怨别人和环境的心情，化为上进的力量，才是成功的保证。”命运的挫折磨难，可以使人脆弱委靡，也可以使人坚强冷静。学会忍耐，你就能够把握自己的命运。

无论你位高权重，还是富甲一方，你都会遭遇折磨你的人，那么，当你面对这些折磨你的人的时候，你是忍耐、以不断改进自己来适应，还是怒不可遏、跟自己过不去？很显然，选择前者是明智之举。

艾柯卡是美国汽车业最为优秀的经营巨子，他曾任职于世界汽车行业的领头羊——福特公司。由于其卓越的经营才能，艾柯卡的地位不断高升，直到坐上了福特公司的总裁位置。

就在艾柯卡志得意满、事业如日中天的时候，福特公司的老板——福特二世出人意料地解除了艾柯卡的职务，原因是艾柯卡在福特公司的声望和地位已经超越了福特二世，他担心自己的公司有一天改姓为“艾柯卡”。

艾柯卡成了功高盖主的牺牲品。他一下从人生的辉煌跌入了人生的低谷，他坐在自己的小办公室里思绪良久，终于毅然而果断地下了决心，离开福特公司。

在离开福特公司之后，艾柯卡最终选择了美国第三大汽车公司——克莱斯勒公司。很多人都不理解艾柯卡，因为此时的克莱斯勒已是千疮百孔、濒临倒闭的公司。想必除这家风雨飘摇的企业，艾柯卡有很多更好的选择，因为这段时间有很多世界著名企业的头目都拜访过艾柯卡，希望他能重新出山，但艾柯卡一一谢绝。其实，艾柯卡心中只有一个目标，那就是“从哪里跌倒的，就要从哪里爬起来！”他要向福特二世和所有人证明，艾柯卡的确是一代经营奇才！

接管克莱斯勒公司后，艾柯卡进行了大刀阔斧的改革，辞退了32个副总裁，关闭了16个工厂，从而节省了公司很大的一笔开支。整顿后的企业规模虽然小了，但更精干了。另一方面，艾柯卡仍然用那双与生俱来的慧眼，充分洞察人们的消费心理，把有限的资金都花在了刀刃上。根据市场需要，他以最快的速度推出新型车，从而逐渐与福特、通用三分天下，并最终创造了一个震惊美国的神话。

这时候，福特才开始后悔，但是已经为之过晚。1983年，在美国的民意测验中，艾柯卡被推选为“左右美国工业部门的第一号人物。”1984年，由《华尔街日报》委托盖洛普进行的“最令人尊敬的经理”的调查中，艾柯卡居于首位。同年，克莱斯勒公司营利24亿美元。

一个折磨你的人，却往往是成就你的人。的确，你只有感谢曾经折磨过自己的人或事，才能体会出那实际上短暂而有风险的生命意义；你只有懂得宽容自己不可能宽容的人，才能看见自己目标的远阔，才能重新认识自己……

有所忍才能有所成，内圣才能外王，守柔才能刚强。要知横逆之来，不可便动气，先思取之之故，即得处之之法。

狂风暴雨往往摧残禾苗的生长，却也是它们结果的必然条件。当折磨你的人出现时，说明你的成功机遇已经来临。当然，这得需要你学会忍耐，接受那些肆意的折磨与侮辱，梅花香自苦寒来，只有耐得一时之苦，才会享受一世之甜。

忍耐让生命更具张力

人生如果是一场表演的话，那么只有让她更具张力，你的表演才更具内涵。因为有了张力，水珠会变得晶莹剔透、饱满圆润；有了张力，人生就会不鸣则已，一鸣惊人。

生命是一张上帝签发的支票，就看你怎样去用。如果你善于忍耐，敢于用暂时的屈服，来处理不利的境遇，那么，你的人生就会更具张力，那么你的这张支票也就实现了价值的最大化。

台湾著名作家柏杨曾经是一个“火暴浪子”，他尖锐、激进。1979年，他被捕入狱，5年以后才被放出来。5年的牢狱生活彻底地改变了他。他成为“谦谦君子”，变得理性、温和。就连周围的人都感到惊奇：“现在的柏杨很有同情心，也知道替别人留余地，不像从前，总是那么火辣辣的。”

其实，柏杨不是没有过怨恨、绝望，他后来回忆他的狱中生活时说：他也曾经怨过、恨过。那段日子他经常睡不着觉，半夜醒来时发现自己竟然恨得咬牙切齿，就这样大约持续了一年。后来，他意识到不能这样继续下去，否则，他不是闷死，就是被自己折磨死。

想明白后，他坦然地面对一切，开始大量阅读历史书籍，光是《资治通鉴》前后就读了三遍。这些书籍给了他宝贵的精神食粮，他从这些书籍中领悟到：历史是一条长河，个人只不过是非常渺小的一滴水。他明白了一个道理：生命的本质原本就是苦多于乐，每个人都在成功、失败、欢乐、忧伤中反反复复，只要心中常保持爱心、美感与理想，挫折反而是使人向上的动力，使人的生命更具张力。

当柏杨忍耐下来后，他发现心境变得平和，思路也越来越开阔，后来，他在牢中完成了三部史学巨著。

英雄等待出头之日，必须要忍耐。在无尽的忍耐中，让心灵得到磨砺，让生命更有张力。生命是否有张力，完全取决于你自己。上帝用心良苦，让你通过另一种方式来获取幸福人生，你要有悟性，放下悲痛，坦然面对，幸福就在那顿悟的瞬间开始。

人的一生不可能一帆风顺，遇到挫折和困难是难免的。当你人生走到了“山”的顶峰，必然会走下坡路，但如果你能做到坦然面对、心态放平稳，在忍耐中让自己变得更加坚强，让生命更具张力，那么你就有可能会在难言的忍耐之后，获得爆发的机会。

忍辱负重，方成大业

“生当作人杰，死亦为鬼雄。至今思项羽，不肯过江东。”这是著名的女词人李清照赞颂西楚霸王项羽的一首诗，诗中虽然充满了豪情，但难免给人英雄气短的感觉。试想一下，如果当年项羽能够忍受一时的屈辱，过得江东之后重整人马，那么历史便很有可能被改写。

而他的对手刘邦，则将一个“忍”字发挥到了极致。刘邦为了将来的前程似锦，忍住浮华诱惑，锋芒暂隐，静待转机。这也许正是他最终胜出项羽的原因。

咸阳城内王室发生的剧变，已经明显影响到了秦军的士气，恰逢刘邦招降，众士兵正中下怀，项羽这边听说刘邦西征军已经接近武关的消息，也颇为着急。章邯投降后，项羽不再有任何阻碍，率军火速攻向关中盆地的东边大门——函谷关。

十月，刘邦军团进至霸上。咸阳城已完全没有了防卫的能力，秦王子婴主动投降，秦王朝正式灭亡。

刘邦大军历尽千辛万苦终于进入咸阳，此时刘邦对日后称霸天下有了莫大的野心和信心。

同时，面对扑面而来的荣华富贵，喜好享乐的他，竟然一时忘乎所以，自然忍不住心动。想起年少时的狂言：“大丈夫当如是也。”一切都这样不可思议的唾手可得。

刘邦本是无赖，进入咸阳城内，面对扑面而来的荣华富贵，一时有些忘乎所以。但在张良等人的劝说下，为了长远的未来，刘邦忍下了享受的心。

一个“忍”字的功夫怎生了得，他成全了刘邦，是刘邦成就霸业不可多得的秘密武器。而项羽，在民心方面，项羽明显不如刘邦。项羽嗜杀成性，不管对方是否投降，一律斩杀。他曾在一夜之间，设计歼害了二十万秦国降军。项羽因为此事而在秦国人民心中臭名昭著。

项羽残杀秦国兵士，刘邦却与秦地父老约法三章，谁是谁非，天下人自然明白。刘邦轻易便为自己赢得了百姓的信任，项羽虽然勇猛，但是做一国之君的话，尚嫌粗莽。在这一节上，刘邦的功夫显然比项羽的功夫要到家。但是刘邦并非一忍再忍，还军霸上之后，仍对咸阳城念念不忘，从而犯下了一个致命的错误。

随后，刘邦在“鸿门宴”中更是将“忍”刻在了心头。这一场心理战，决定了最后的结局。刘邦在得知项羽要进攻的时候，镇定地用谎言骗住了项羽，使得项羽留给了刘邦一条生路。而项羽始终是轻敌的，尤其忽视了刘邦这个手下部将。他认为以刘邦的兵力，绝对不是他的对手。但是刘邦不跟他斗勇，刘邦喜欢斗智。

这就注定了项羽的悲剧命运。

就勇猛来说，项羽力拔山兮气盖世；就智慧来说，项羽也不乏胆识与聪明；就实力来说，项羽是一代霸王，有过众望所归的气势。然而就是一个不能忍，破坏了全部的计划，影响了最终的结局，可见，忍字的力量无穷无尽。

小不忍则乱大谋，忍人一时之疑，一定之辱，一方面是脱离被动的局面，同时也是一种对意志、毅力的磨炼，为日后的发愤图强和励精图治奠定了一定的基础。而不能忍者，则要品尝自己急躁播下的苦果。

委屈才能求全

很多时候，暂时的败，一时的退，短期的弱对事业和人生来说都不一定是坏事。相反，它会为你的下一次进步积蓄冲击力。为人处世要有退步的气魄，要学会退，以退为进。要学会委曲求全，始终相信纵然有一时的不如意，也终将成为过去。

委曲求全一词蕴含着古人的智慧，只有委屈一时，才能让怒火消除，让人冷静处事，那么做错事的几率也就会降到最低。

明朝安肃有个叫赵豫的人。宣德和正统时期，他曾经任松江知府。在任期间，赵豫对老百姓问寒问暖，关怀备至，深得松江老百姓的爱戴。

赵豫有一个非常奇特的处理日常事务的方法，他的下属称之为“明日办”。每次他见到来打官司的，如果不是很急很急的事，他总是慢条斯理地说：“各位消消气，明日再来吧。”起先，大家对他的这套工作方法不以为然，认为这实在是一个懒惰拖拉的知府，甚至还暗地里编了一句“松江知府明日来”的顺口溜来讽刺他，都叫他“明日来”。

赵豫性格稳重，为人宽厚，听到这个绰号，总是淡淡地笑笑，从不责备叫他绰号的人。因为他的态度和蔼，对下属从没有声色俱厉过，所以，那些下属有什么话都敢于跟这位知府老爷说。

一天，一个下属问他：“大人，你为什么要这样做？这样做太伤害你的名誉了。”赵豫于是解释了“明日再来”的好处：“有很多的人来官府打官司，是乘着一时的愤激情绪，而经过冷静思考后，或者别人对他们加以劝解之后，气也就消了。气消而官司平息，这就少了很多的恩恩怨怨。”

赵豫此招甚妙，虽然给自己戴上了“懒惰拖拉”的帽子，人们的情绪却能够冷却下来，官司因此而平息，百姓因此而和睦，由此我们可以说：“委屈可以求全。”退后一步，对事情进行“冷处理”，有助于缓和情绪，让问题得到更好地解决。赵豫的“明日再来”这种处理一般官司的做法，是合乎人的心理规律的。经过一天的冷却，当事人都不很急躁，才能理智地对待所发生的一切。这种“冷处理”包含为人处世的高度智慧，把他用在生活中，会避免不必要的争执。

正如跳高、跳远，要退到后面很远的地方，起跳时才会有更强的冲击力。生活也是如此，退后一步，就是为了更好的前进。一时的委屈是为了永久的安然。忍一时的不冷静，对人对己都有好处。当不愉快的事情发生后，退一步想，就会海阔天空。在实际生活中，不管你多么有能耐，多么无情，总是有人比你更有能耐，更加无情。拼个鱼死网破，倒不如后退几步，另求他路。

古往今来，安世处身者大有人在，曲径通幽，卧薪尝胆，委曲求全，最终成大业者都经历过退步，才能干出轰轰烈烈的壮举。退后一步，即使一时处于低势，但在心灵上获得了某种轻松、潇洒的感觉，在精神上，做好了向前冲的准备。

切莫感情用事

处世经典《增广贤文》上说：“酒是穿肠毒药，色是剐骨钢刀，气是伤身隐患，钱是惹祸根苗。”愤怒就像决堤的洪水那样淹没人的理智，让人做出不可思议的蠢事，甚至招来杀身之祸。

张飞脾气暴躁，常常因为一点小事而大动肝火。当他得知关羽败走麦城而丧命时，旦夕号泣，血泪衣襟，愤恨不已，发誓定要血刃仇人。

张飞下令军中，限三日内置办白旗白甲，三军挂孝伐吴。次日，两员末将范疆和张达告诉张飞：“白旗白甲，一时无可措置，须宽限时日。”

张飞大怒，喝道：“我急着想报仇，恨不得明日便到逆贼之境，你们怎么敢违抗我的命令！”说罢，便让武士把二人绑在树上，每人在背上鞭抽了五十下。

打完之后，张飞余怒未消，用手指着两人说：“明天一定要全部完备！若违了期限，就杀你们两人示众！”

被打得满口吐血的两人到帐中商议，范疆说：“今日受了刑责，倒也无所谓，可我们怎能在短短一天内将装备筹措齐备？张飞性暴如火，如果明天置办不齐，你我皆有杀身之祸。”

张达说：“张飞爱酒，每日必饮。如果我们两个不应当死，那么他就醉在床上；如果应当死，那么他就不醉好了。”当下商议停当。

当天晚上，张飞又哭又骂，喝得烂醉如泥，卧在帐中，鼾声如雷。范张二人探知消息，心中大喜。

初更时分，两人各怀利刃潜入帐中，摸到张飞床前，突见张飞双目圆睁，躺在床上。两人大惊，刚欲逃走，又听得张飞打起了鼾，但眼睛仍然睁着。原来张飞睡觉时眼睛是睁开的。

两人不再犹豫，斩下张飞的首级，骑快马星夜逃奔东吴去了。

西方有句经典谚语：“上帝要想让他灭亡，必先使他疯狂！”愤怒就像决堤的洪水那样淹没人的理智，让人做出不可思议的蠢事。忍字头上一把刀，忍耐会有痛苦；忍字下面一颗心，忍耐会受煎熬；忍耐就好似手刃自己的心，需要时间等待伤口慢慢愈合；忍得头上乌云散，拨开云雾见阳光。

某大公司老板巡视仓库，发现一个工人正坐在地上看连环画。老板最恨工人在工作时间偷懒，于是怒不可遏地问：“你一个月挣多少钱？”

“1000元。”工人回答。老板立刻掏出1000元给他，并大叫：“拿了钱给我滚！”事后，老板责问后勤主管：“那工人是谁介绍来的？”主管说：“那人不是公司员工啊，而是其他公司派来送货的。”

当然，这只不过是一个笑话，但也从一个侧面反映了人在愤怒状态下失去理智的情形。不分青红皂白，一时的冲动很有可能会断送自己的大好前程，造成严重的后果。据统计，怒火给人类造成的损失比全世界烧掉的煤炭还要多出成百上千倍。

哲学家康德说：“生气，是用别人的错误惩罚自己。”的确，冲动就有这样的魔力，让人身不由己，敢做平时不敢做的事情，愿做平时不愿意做的事情，就好像失去理智的罪犯那样走上极端，亲手毁掉自身的幸福。

所以，每个人都不要轻易地冲动，学会忍耐，要把魔鬼赶得无影无踪，用平常、平淡的心理，理智地对待各种事情。

小事更要能忍

小不忍则乱大谋，小不忍难成大器，这是中华民族五千年来的浓缩智慧，是华夏子孙生生不息的古老传承。能承受者，不计较一城一池的得失，更不逞一时的口舌之快；笑到最后，才是笑得最好，能成功者，首先要能够付出，其次是能够承受，最重要的，是能够忍耐。

武则天是中国历史上唯一的一位女皇，对她的评判，历来毁誉参半，作为一名杰出的政治家，她固然有其奸诈、阴狠的一面，但是她的大气、豪迈，也令后来者为之赞叹。徐敬业在扬州造反时，骆宾王起草了讨武檄文，曰：“昔充太宗下陈，常以更衣人侍，洎乎晚节，秽乱春宫，密隐先帝之私，阴图后庭之嬖，践元后于翚翟，陷吾君于聚麀。加以虺蜴为心，豺狼成性，近狎邪僻，残害忠良。杀姊屠兄，弑君鸩母。人神之所同嫉，天地之所不容。试看今日之域中，竟是谁家之天下！”

如此的谩骂攻击，连那些读檄文的大臣也为之色变，但是武则天非常欣赏为文者的文采，竟询问檄文的作者是何人。当她知道是骆宾王时，叹道："如此天才使之沦为叛逆，宰相的过错呀。"

没有如此的慨然大气，恐怕武则天无论有多少雄才伟略、阴谋诡计，也无法打破"女子不得干政"的天规铁律，将大唐江山牢牢握在手心。不与侮辱自己的敌人计较，并不是说要让自己毫无原则，而是要忘却侮辱带来的烦恼，化敌为友，展现自己的素养。

人与人的差别，有时在于如何对待受气，在于能不能承受"气"。

当你自己什么都不是时，有人挖苦你、踩贬你是很正常的。自己不争气是因，别人气你是果。不从自己身上找原因，不自强自胜，就改变不了受气的地位的。当你成功时，情况就会不一样。

不能忍者必然被焦虑、愤怒、抑郁等不良情绪困扰着，导致情绪失控，其实最后受伤害的是自己。对于理智的人而言，学会忍耐是必不可少的人生功课。俄国文学家屠格涅夫在"开口之前，先把舌头在嘴里转个圈"，即动怒之前先不讲话，以缓和不良情绪。当需求受阻或遭受挫折时，可以用满足另一种需求的方式来减弱自己的挫败感，以发挥自身的优势，激发自信心。

第二节　谦卑大度，受益无穷

勇于承认自身的不足

丹诺先生是纽约《太阳时报》的主笔，他在读稿时，有一个特殊的习惯，那就是常常喜欢把自己认为重要的几段用红笔勾出，以提醒排校人员"切勿将它遗漏"。

他的这些用红笔勾出的文字从来没有被遗漏过，但是有一天，这个永恒不变的习惯却被一位年轻校对员改变了。

这个年轻人偶然读到一段文字，也是被人用红笔勾出的，上面大致是说："本报读者雷维特先生送给我们一个很大的苹果，在那通红美丽的皮上露出一排白色的字，仔细一看，原来是我们主笔的名字。这真是一个人工栽培的奇迹！试想，一个完整无缺的苹果皮上，怎样会露出这样整齐光泽的字迹来呢？我们在惊奇之余，多方猜测，始终不明白这些奇迹是怎样出现在苹果上的。"

校对员有这方面的常识，他知道这些苹果皮上的字迹，只要趁苹果还呈青色时，用纸剪成字形贴在上面，等苹果发育红时，将纸揭去，字就能够留在苹果上面。

他先是觉得好笑，但是随即他想到：这段文字如果登了出来，必将被人讥笑，说他们的主笔竟会愚笨至此，连这样一点小"魔术"也会"多方猜测，始终不明……"当时，他没有找到主笔丹诺，他便大胆地将这段文字删掉了。

第二天一早，主笔丹诺先生看了报纸，立刻气呼呼地走来，向他问道："昨天原稿中有一篇我用红笔勾出的关于'奇异苹果'的文章，为何不见登出？"

那位校对员诚惶诚恐地把他的理由说明后，丹诺先生立刻十分诚恳和蔼地说："原来如此！你做得十分正确，以后只要有确切可靠的理由，即使我已用红笔勾出，你仍不妨自行取舍。"

丹诺算得上一个能屈能伸的人物，因为小校对员此举会让他非常难堪，很多人可能会受不了，但是丹诺忍受住了，并且还给了小校对员一定的特权。这就是忍耐的境界，什么才是最重要的呢？不是自己的名望，而是事实。人无完人，每个人都有不足。有名望的人，常常受到自己经验的约束，而犯一些常识性错误，当有人为其指出时，大多数因为放不下架子，要么死撑着不承认错误，要么对于那些为其指出错误的人怀恨在心。这就是一些人拥有了一定身份地位后就不再进步的原因。

可是世界上有多少人能像丹诺一样有如此的智慧呢？大多数人死要面子，不能低头，他们的人生轨迹也就只能在顺境中勉强延续，一旦遭遇逆境就会销声匿迹，不复存在。其实，忍一忍，低一低头，弯曲一下腰身，又有什么损失呢？智者会明白这其间的道理，选择适当的时候低头。

做一枝谦卑的稻穗

南宋葛洪曾经说过这样一句话：劳谦虚己，则附之者众；骄慢倨傲，则去之者多。就是说做人要谦卑一些，才能增加自己的凝聚力。然而很多人却无法忍受成功后的自满心理，总是洋洋得意，结果对别人的成就不屑一顾，就连著名的德国科学家阿道夫·冯·贝耶尔在年轻时也犯过这样的错误。

阿道夫·冯·贝耶尔是发现靛青、天蓝、绯红这现代三大基本染料分子结构的著名化学家。贝耶尔在大学读书时，有机化学家贾拉古教授的名字传遍了德国。不过，那时这位教授还很年轻。一些科学界耆宿总是提出这样那样的问题挑剔他。有一天，贝耶尔和父亲在一起闲谈，提起了贾拉古教授。贝耶尔说："贾拉古只比我大6岁……"言外之意是这个人并没有什么了不起。

父亲听了很不满意，他对贝耶尔说："大6岁怎么样，难道就不值得你学习吗？我读地质学时，老师的年龄比我小30岁的都有，我一样恭恭敬敬地称他们为老师，认认真真地听他们讲课。你要记住，年龄和学问不一定成正比。不管是谁，只要有知识，就应该虚心向他学习。"

圣人早就告诫我们："满招损，谦受益。"一个人太出风头，就会招致打击；一个人过分追求完美，反而会遭到挑剔和批评。大多数的人能够同情弱者，却敌视比自己强的人；能够认同踏踏实实做事的人，却讨厌那些张扬跋扈的人。所以后者的人际关系更为紧张，处世更为外露，自然招致他人的反感情绪，生活中这样的情况是非常多的。所以，为人处世一定要谦虚谨慎，脚踏实地，千万不要狂妄自大，过度张扬。

成熟的稻穗低着头，昂头随风张扬的是稗子。做人也是如此，一个内心成熟的人，喜欢低调、谦虚地埋头做事。做一个谦虚的人，就要保持一颗平静的心，无论是身居高位还是地位卑微，无论是名家硕儒还是初学少年，闻道有先后，术业有专攻，尺有所短、寸有所长，没有任何一个人能在每一个方面都超过别人。

谦虚的人之所以谦虚，其实来自于他对自己一种正确的认识。他的低调，决定了他的冷静。在低调者看来，骄傲是很荒谬的事情，因为无论自己过去做了什么事情，都不重要，自己将要做的事，比已经做了的事总是要重要得多。过去的价值，仅仅就在于它能帮助自己将来做什么。所以，低调者永远不会傲慢、自负，因为他没有傲慢和自负的理由。他总是很谨慎地看待自己的成就和能力，总是可以事先预计到问题的严重性，总是能够明白，自己取得的成功，其中有多少成分是属于自己的，有多少成分来自于别人的帮助、来自于运气。他知道，自己的成功，离不开这一切外在的条件，自己仅仅是其中的一个因素而已。所以，他不会把自己无限地夸大。

谦虚的人需要一种忍耐力，这种忍耐可以抵制骄傲，可以遏制自负，让一切阻碍成功的负面因素都降到最低限度，因此，忍耐不仅是一种美德，更是一种能力，一种促进成功的手段。

别跟自己过不去

英国著名剧作大师莎士比亚曾经说过：“什么样的生活都有乐趣，什么样的体验都有幸福。”其实，人世间本没有过不去的坎，一切的逆境都可以旷达处置，所有的困难都可以忍耐对待，做人大可不必拘泥于缺陷，只有这样，方能逍遥一生。

一个边远的山区里，有两户人家的空处长着一棵枝繁叶茂的银杏树，这棵树不知道是属于两户人家中的哪户，没有人去争过。秋天的时候，成熟的果子落在地上。村里的孩子们捡回一些，却都不敢吃，老人们说银杏果子有毒。

这样的日子过了许多年。有一天，其中一户人家的主人去了一趟城里，不经意间知道银杏果可以卖钱。于是，他摘了一袋背到城里，换回一大沓花花绿绿的票子。

银杏果可以换钱的消息不胫而走。另一户人家的主人上门要求两家均分那些钱，他的要求当然被拒绝了。情急之下，他找出土地证，结果发现这棵银杏树划在他家的界线内。于是，他再次要求对方交出银杏果的钱，并且告诉对方这棵银杏树是他家的。对方当然不会认输，他也开始寻找证据，结果从一位老人处得知，这棵银杏树是他曾祖父当年种下的。

在谁也不肯让步的情况下，两家闹起纠纷，反目成仇。乡里也不能判断这棵树究竟应该属于谁，一个有土地证，白纸黑字，还盖着大红章；一个有证人、证言，前人栽树后人乘凉，自古使然。

于是，两人起诉到法院。法院也为难，建议庭外调解。

两人都不同意，他们认为这棵银杏树本应属于自己，为什么要共享呢？

案子便拖了下来。他们年年为这棵银杏树吵架，甚至大打出手。

这样的故事延续了10年。10年后，一条公路穿村而过，两户人家拆迁，银杏树被砍倒，这场历时10年的纠纷才画上了句号。奇怪的是，两户人家谁也不要那棵树，因为树干是空的，只能当柴烧。

处处算计的人看上去十分精明，为了银杏树的归属而大打出手，可到最后，什么也捞不着。这种精明，只是“世俗的精明”，却缺乏内心的积淀，必然要承受不可逆转的千疮百孔的伤害，随着时间的蹉跎，遗失了从容与淡定。只有能忍者，才能充分地享受自己的人生，理解幸福的含义。

人的生命何其短暂，我们可以做的事情那么多，为什么要和自己过不去呢？我们无法预知未来，但我们可以把握现在，凡事忍一忍，一切都可以过去了。刺猬一样的人，纵然能得到一时的小利，却难免失去长远的大利。只有能忍耐者，才因为暂时的不计较，而得到长久的安宁和幸福。

学会适应对方

贤德之人，总是能够忍受自己的种种不适，去适应别人。因此，他们往往受到人们的拥戴，成为流芳千古的英雄人物。

在美国印第安保护区有个原始部落，这个部落的人一直赤身裸体地活动，即使是集会也不例外。外界的文明自然无法容忍这种野蛮的行为，因此，这个特别的风俗，让这个原始部落饱受外人的白眼与嘲笑，但即使如此，他们仍然不愿意改变这个传统。

有一年，这个原始部落不幸发生瘟疫，全部的族人几乎都被感染。为了活命，他们决定到邻近的城镇里，邀请一位当地有名的医生前来帮助他们治病。然而，这位医生一想到他们的传统，便感到相当为难。但是，这位医生心地善良，看着跪在地上的求助者，医生的使命感与责任感不断地被激起，最终他还是勉为其难答应了。

当这个使者回家告诉这个部落里的族人时，他们高兴的欢呼起来，但是接着，又出现了一件麻烦事，那就是他们那个奇怪的习俗。为了迎接医生的到来，原始部落的族人们紧急开会决议，为了尊重这位名医，他们决定破例穿上衣服。所以，这天所有人都特别穿上了衣服，有的人甚至打上了领带，聚集在教堂里，等待医生的到来。

悠扬的钟声响起，医生缓缓地走了进来，然而眼前的情景，却让在场的每一个人都愣住了，这也包括医生本人。因为，老医生背着沉重的医疗器材走进来时，身上居然一丝不挂！

有些人可能把这个故事当成了笑话，印第安人和医生都在做和对方背道而驰的事情，但你会被这些人的善良感动。一方为了外界的文明，一方为了部落里的习俗，他们的心是向善的，他们的行为是高尚的。他们忍受住了自己的不适，为了对方，打破了心中对条条框框的束缚。有愉快、礼貌、谦和、诚恳的态度，又有忍耐精神的人，是一个幸运的人。因为他在适应对方的同时，也获得了对方的认可，获得了进步的阶梯。

忍耐是成功的手段，细看人生，何尝不是在忍中学习、忍中成长、忍中有得。可是，我们却往往忽略了“忍”的功用，于关键时刻，反而失掉了忍的功夫，铸成大错，一生悔痛，永难弥补。忍小为谋大，只有忍耐此时的艰辛，忍耐此时的落寞，才能成就彼时的成功。

不将侮辱放在心上

做大事的人面对敌人的侮辱从来就不放在心上。所以，对于别人的侮辱，我们没有必要大动肝火，欲置之死地而后快，因为立场的问题，难免有针锋相对、你死我活的纷争。如果此时，你能表现得大度，则更显你的气度。这是成熟人性的一种表现。面对敌人的污辱，最有效的办法还是诉诸比我们更强大的力量。如果我们可以忘记一切，侮辱也就无足轻重了。

齐达内是世界著名的足球健将，参加过四届世界杯比赛。这位让全世界球迷为之倾倒的球星在他的足球生涯中多次被评为“足球先生”。他的足球技术炉火纯青，脚下工夫犹如武术中的“七星剑法”，任何球在他的脚下都会服服帖帖、功力无比。他带领法国队取得了一系列辉煌战果，总是在关键的时候屡建奇功。

在告别足坛的比赛中，齐达内所在的法国队与意大利队在90分钟的比赛中战成1：1平，双方进入加时赛。这对于齐达内来说，也就是延长了他向全世界球迷精彩谢幕的机会。全世界的球迷也都在期待着齐达内最后的表演。

在万众瞩目，球迷期待中，比赛进行到110分钟，此时，齐达内却做出了让人们意想不到的举动。他在远离足球的地方愤怒地用头撞向意大利队后卫马特拉奇的胸口，后者应声倒地，阿根廷主裁判埃利松多在与助理裁判交换意见后，向齐达内掏出了红牌。

被球迷称为“齐祖”的一代大师就这样不太光彩地告别了自己的职业生涯，不仅令齐达内本人遗憾，而且更令全世界的球迷伤心。齐达内的下场对队友心理上的影响是不言而喻的，这张红牌在某种程度上断送了法国队最后的希望，在后来的点球大战中，意大利捧走了大力神杯。

当然，马特拉奇使用了辱骂这种不光彩的手段在先，但是马特拉奇骂了齐达内什么而让他如此愤怒，不是人们关注的焦点，最重要的，一个久经沙场的足球先生竟然在此关键时刻失去理智，做出鲁莽之举，实在是令球迷失望，也让一代英雄就此黯然失色。

每个人的一生都不可能没有敌手，很多人面对敌人的侮辱总是不能释怀，因此才在关键时刻丧失了尊严。要求自己去体谅一个自大、傲慢、尖酸、刻薄、自私、自傲或粗鲁的人，这确实是一个很大的考验。经受住考验的人，必然在阴霾的天气里也能享受到心灵的灿烂阳光。

当我们告别了怨恨时，也就拥有了一份愉悦的心情；当我们忘记侮辱，也就拥有了宽广的胸襟。

忍耐中挖掘自己的潜能

人的一生，要经历各种痛苦与无奈，只有忍受住痛苦，耐心地磨炼意志力，那么就能在苦痛的煎熬中，发现自己的潜能。其实任何时候，你都不是一无所有。生活的打击、问题的复杂可能会使你的能量枯竭，使你觉得沮丧、筋疲力尽。在这样的情况下，你的力量是晦暗不明的。但是此时如果你能学会忍耐，从生活的痛苦与沮丧中，就能挖掘出快乐，寻找到你自己的潜能。

罗曼·文森特·皮尔是一位著名的演说家，有一次，一位52岁的先生找他咨询。这位先生的意志极为消沉，表现出极端的绝望。他说他“全完了”。他告诉罗曼·文森特·皮尔，他一生费尽心血建立的一切全都成了泡影。

这位先生的眼神充满绝望。罗曼·文森特·皮尔非常同情他，决心帮助他重新鼓起生命的信心和勇气。罗曼·文森特·皮尔对他说：“那么，我们拿一张纸，写下你剩余的财产。”

“没有了，”那个灰心的先生叹了口气说，“我什么都没有剩下。”

罗曼·文森特·皮尔开始诱导他：“你太太还跟你在一起吗？”

“她当然还跟我在一起，而且我们感情还很好。我们结婚30年了，不管事情有多糟，她都不会离开我。”那人沮丧的眼神闪现出一丝亮光。

罗曼·文森特·皮尔又接着问：“很好，我把这个记下来——太太还跟你在一起，而且不管发生什么事，她都不会离弃你。那么你的儿女呢？你有小孩吗？”

“有啊！我有三个子女，也都很棒。他们会起到我面前说：‘爸爸，我们爱你，我们会一直和你站在一起。’我每次都被感动得不行。”他答道，这一次，他的语气里充满了骄傲。

“那么，”罗曼·文森特·皮尔说，“这就是第二项了——三个爱你、愿意站在你身旁的子女。你有朋友吗？”

“有。”他说，“我真的有几个很不错的朋友。我必须承认他们和我的关系一直都不错。他们会来看我，然后说他们想要帮我，但是他们能够帮什么呢？他们什么都帮不了。”

“那就有第三项了——你有一些愿意帮你而且尊重你的朋友。那么，你是否正直诚实呢？你有没有做什么错事？”罗曼·文森特·皮尔继续问道。

“我的正直诚实没有问题，”他的语气很坚定，眼神不再犹疑，他回答道，“我一直坚持走正道。”

“很好。”罗曼·文森特·皮尔说，“我们把这个列入第四项——正直诚实。那么你的健康呢？”

“我的健康状况不错，我很少生病，我想我的身体状况应该不错。”他回答说，这一次，他的脸上出现了笑容。

“现在我们又可以记下第五项了——身体状况不错。”罗曼·文森特·皮尔说，“现在，我们把列出的资产看一遍：

"一个好太太——结婚30年；

"三个忠实的子女，愿意站在你的身边；

"愿意帮助你并尊重你的朋友；

"正直诚实——没什么羞耻的地方；

"身体状况不错。"

罗曼·文森特·皮尔把这张写好生命资产的纸递给他，说："看看这个，我想你有不少资产。你并不是你自己所想象的那样一无所有呀。"

这个灰心丧气的人看到纸上列举的资产，感到自己真的并不是想象的那么糟糕。"我想我当时大概没想到这些东西吧！我没有想到从这个角度来看事情。或许事情还不算太糟，或许我可以重新来过。"他放弃了失望和颓废，果然东山再起了。

人都有缺点，也许有很多还很严重，但同时也有许多优点。人生价值的最大值是由你的最突出的优点来决定的，而不是由缺点来决定的。你只有耐心，才能发现自己的优势和潜能，当你为自己列出一份优势清单后，你会发现，自己有很大希望，完全有不消沉的理由。

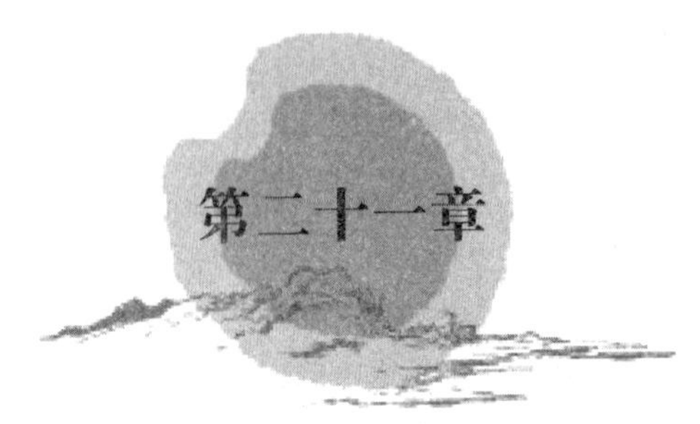

第二十一章

得之我幸，失之我命，善变者赢天下

第一节 失之东隅，收之桑榆

21世纪的今天，选择比努力更重要

有一个非常勤奋的青年，很想在各个方面都比身边的人强。但经过多年的努力，仍然没有长进，他很苦恼，就去向智者请教。

智者叫来正在砍柴的3个弟子，嘱咐说："你们带这个施主到五里山，打一担自己认为最满意的柴。"年轻人和3个弟子沿着门前湍急的江水，直奔五里山。

等到他们返回时，智者正在原地迎接他们。年轻人满头大汗、气喘吁吁地扛着两捆柴，蹒跚而来；两个弟子一前一后，前面的弟子用扁担左右各担4捆柴，后面的弟子轻松地跟着。正在这时，从江面驶来一个木筏，载着小弟子和8捆柴，停在智者的面前。

年轻人和两个先到的弟子，你看看我，我看看你，沉默不语；唯独划木筏的小徒弟，与智者坦然相对。智者见状，问："怎么啦，你们对自己的表现不满意？""大师，让我们再砍一次吧！"那个年轻人请求说，"我一开始就砍了6捆，扛到半路，就扛不动了，扔了两捆；又走了一会儿，还是压得喘不过气，又扔掉两捆；最后，我就把这两捆扛回来了。可是，大师，我已经很努力了。"

"我和他恰恰相反，"那个大弟子说，"刚开始，我俩各砍两捆，将4捆柴一前一后挂在扁担上，跟着这个施主走。我和师弟轮换担柴，不但不觉得累，反倒觉得轻松了很多。最后，又把施主丢弃的柴挑了回来。"

划木筏的小弟子接过话，说："我个子矮，力气小，别说两捆，就是一捆，这么远的路也挑不回来，所以，我选择走水路……"

智者用赞赏的目光看着弟子们，微微颔首，然后走到年轻人面前，拍着他的肩膀，语重心长地说："一个人要走自己的路，本身没有错，关键是怎样走；走自己的路，让别人说，也没有错，关键是走的路是否正确。年轻人，你要永远记住：选择比努力更重要。"

生活中有很多人都在从事着自己并不喜爱的职业，于是总会发出"我也很努力，但就是做不到最好"的感慨。有的人会指责说这话的人还是工作态度有问题，要真努力工作了，岂有做不好之理？其实归根结底并不是这些人不够爱岗敬业，而是职业本身并不是他们最适合的。换言之，要想真正把一项工作做得得心应手，就要选择正确的人生目标。那么，原来选错了怎么办？不要忧郁，放弃它，去把握属于你的正确方向。

一个人就是一条奔腾不息的河流，一路上你需要跨越生命中的重要障碍，才能有所突破、有所进步。在这个过程中，有一点很重要，就是要清楚你到底要的是什么。如果只是为了工作而工作，为了不闲着而去忙，那么，当你碌碌地走完半生，回忆起来会猛然觉得自己既对不起时间，也对不起自己。

人生的悲剧不是无法实现自己的目标，而是不知道自己的目标是什么。成功不在于你身在何处，而在于你朝着哪个方向走，能否坚持下去。没有正确的目标，就永远不会到达成功的彼岸。

有一位美国青年无意间发现了一份能将清水变成汽油的广告。

这位美国青年喜欢搞研究，满脑子都是稀奇古怪的想法，他渴望有一天成为举世瞩目的发明家，让全世界的人都享用他的发明创造。

所以，当他看到水变汽油的广告时，马上买来了资料，把自己关在屋子里，不接待任何客人，电话线掐断，手机关机，总之一切与外界的联系都被他切断了。他需要绝对的安静，需要绝对的专心，直到这项伟大的发明成功。

青年夜以继日地研究，达到了废寝忘食的程度。每次吃饭的时候，都是母亲从门缝里把饭塞进来，他不准母亲进来打扰他。他常常是两顿饭合成一顿吃，很多时候都把黑夜当作黎明。善良的母亲看见自己的儿子越来越瘦，终于忍不住了，趁儿子上厕所的时候，溜进他的卧室，看了他的研究资料。母亲还以为儿子的研究有多伟大，原来是研究水如何变成汽油，这简直是不可能的事情。

母亲不想眼睁睁地看着儿子陷入荒唐的泥淖无法自拔，于是劝儿子说："你要做的事情根本不符合自然规律，别再瞎忙了。"可这位青年压根儿就不听，他头一昂，回答说："只要坚持下去，我相信总会成功的。"

5年过去了，10年过去了，20年过去了……转眼间，那位青年已白发苍苍，父母死了，没有工作，他只能靠政府的救济勉强度日。可是他的内心却非常充实，屡败屡战。

一天，多年不见的好友来看他，无意间看到了他的研究计划，惊愕地说："原来是你！几十年前，我因为无聊贴了一份水变汽油的假广告。后来有一个人向我邮购所谓的资料，原来那个人就是你！"

他听完这一番话，立刻疯了，最后住进了精神病院。

因为有太多坚持到底的故事，所以我们一直以为坚持就是好的，而放弃就是消极的。其实坚持代表一种顽强的毅力，它就像不断给汽车提供前进动力的发动机。但是，在前进的同时还需要一定的技巧，如果方向不对，则只会越走越远，这时，只有先放弃，等找准方向再重新努力才是明智之举。这就是水变汽油的悲剧带给我们的启示。

每个人都有梦想，人类因梦想而伟大，没有梦想的人是会被社会淘汰的。为了实现自己的梦想，我们每个人都在努力。现在的社会努力很重要，但是努力就一定会有一个好结果吗？不见得，我们曾为工作绞尽脑汁，我们曾为工作夜以继日，但我们得到的结果是什么呢？我们的梦想象肥皂泡一样一个个地破灭，直到现在依然两手空空。

21世纪的今天，选择比努力更重要，昨天你选择播撒什么样的种子，今天你就会收获什么样的果实。选择不对，努力白费。今天，你做出正确的选择了吗？

宁可在尝试中失败，也不在保守中成功

蝶破茧而出的时候，会疼吗?

从笨拙的躯壳中挣扎着伸出细嫩的触角，翅膀因为黏满液体依旧合拢，几乎透明的足肢，支撑着颤抖的身体，微风吹过，它摇晃着几乎要倒下。只有耐心等待。阳光的照耀使它慢慢变得轻盈，那薄而绚烂的翅翼上色彩一点点明媚起来。空气中的温度通过触角传遍全身，让它一分一秒地强壮起来。然后，你几乎听到一声轻轻的叹息，那是终于自由的释怀。一展翅，它飞翔。

其实我们每个人，都有这化蝶的一刻，完成一次蜕变，让世界大吃一惊，而这种痛只有自己知道。

不过，有时候，因为怕疼，或因为嫌慢，我们在“蜕变”时开始尝试走捷径，比如来自外界的帮蝴蝶撕开茧的手，虽是出于好意，但却缩短了它的奋斗历程，删除了它蜕变过程中最重要的一步，导致蝴蝶蜕变失败。

如果说蝴蝶自我蜕变是一种勇敢的尝试，是对生命的渴望和挑战，那么在外力帮助下的蝴蝶的蜕变则是一种保守的行为，不敢接受挑战，不敢自我超越，即使成功，也是一种假象，经不起碰触，被残酷现实刺穿以后，它就剩下老坏而愚钝的外壳。

从青涩的应届毕业生摇身变成央视的名主持，从远涉重洋的学子到纪录片的制作人，从凤凰卫视的名牌主持到阳光卫视的当家人，杨澜的身份角色一直在变化。

1994年，杨澜获得了中国第一届主持人“金话筒奖”。也就是在这年，正当事业如日中天的她突然离开《正大综艺》，留学美国，震惊了很多喜爱她的观众。对于出走央视的原因，杨澜说：“主持人这个行当有某种吃‘青春饭’的特征，我不想走这样的一条道路。我相信，如果一个人不充实自己的话，前程将是短暂的。”

1997年获得硕士学位回国后，杨澜加盟香港凤凰卫视中文台，开创了名人访谈类节目《杨澜工作室》，并担任制片人和主持人。那段时间，她主持的节目在世界华语观众中拥有广泛的知名度和美誉度。在凤凰卫视的两年里，杨澜拓宽了自己的职业视角，她不仅积累了各方面的经验和资本，也同时预留了未来的发展空间。

1999年10月，杨澜突然宣布离开凤凰卫视中文台。这次的离开给人们留下了更大的想象空间，比上次巅峰之时离开《正大综艺》更让人们吃惊和关注。杨澜对此的解释是：“离开凤凰的原因只有一个，在事业与家庭的选择中，我选择家庭。”

2000年3月，在所有媒体没有意料到的时候，杨澜突然发布了和丈夫吴征收购良记集团并更名为阳光文化网络电视控股有限公司的消息。在新闻发布会上，她胸有成竹地提出了打造阳光文化传媒的计划，对于电视市场的未来前景做了精心的描述。杨澜到底是一个雄心勃勃的女人，就像一个追逐电视之梦永远不知疲倦和满足的蝴蝶。

2003年，阳光卫视70%股权转让，杨澜宣告阳光卫视创办失败。但是杨澜并没有放弃传媒人士的角色，她和东方卫视、凤凰卫视、湖南卫视合作，主持《杨澜视线》、《杨澜访谈录》、《天下女人》等节目，并多次参与北京奥运会的重大活动。

在阳光卫视创办失败后，杨澜以更加成熟从容的姿态出现在公众的视野里。

杨澜说：“这些年，有太多的遗憾。唯一对自己满意的，就是一直在追求改变。”宁可在尝试中失败，也不在保守中成功——杨澜的经历是这句话最好的正解。

在开放中尝试改变，即使失败也精彩。蝶变，就是一次次突破想象，包括自己的想象，然后去追寻更高更远更灿烂的天空。

在未来的社会，那种自我中心、自我封闭、自我满足、自以为是，以及自我设限的人，根本不可能适应社会，甚至生存都会成问题。变，正是人生的魅力所在，而不变的，是心中超越

自我的渴望。

作为很多人的“榜样”，杨澜的成功，带给我们一种启发：“哦，原来人生可以如此美丽精彩！我为什么不试试呢？”

当别人都在努力向前时，不妨倒回去

艺术家说：“学我者生，似我者死。”

文学家说：“抄袭是埋葬一切才华的坟墓，创新是精品产生的源泉。”

经济学家说：“逃离竞争残酷的红海，奔向空间无限的蓝海。”

做一条反向游泳的鱼，不走寻常路，才能看到别样风景；不走寻常路，是因为心系远方。

当你面对一个史无前例的问题，沿着某一固定方向思考而不得其解时，灵活地调整一下思维的方向，从不同角度展开思路，甚至把事情整个反过来想一下，那么就有可能反中求胜，摘得成功的果实。

宋神宗熙宁年间，越州（今浙江绍兴）闹蝗灾。只见蝗虫乌云般飞来，遮天蔽日。所到之处，禾苗全无，树木无叶，一片肃杀景象。当然，这年的庄稼颗粒无收。

这时，素以多智、爱民著称的清官赵汴被任命为越州知州。赵汴一到任，首先面临的是救灾问题。越州不乏大户之家，他们有积年存粮。老百姓在青黄不接时，大都过着半饥半饱的日子，而一旦遭灾，便缺大半年的口粮。灾荒之年，粮食比金银还贵重，哪家不想存粮活命？一时间，越州米价腾贵。

面对此种情景，僚属们都沉不住气了，纷纷来找赵汴，求他拿出办法来。借此机会，赵汴召集僚属们来商议救灾对策。

大家议论纷纷，但有一条是肯定的，就是依照惯例，由官府出告示，压制米价，以救百姓之命。僚属们七言八语，说附近某州某县已经出告示压米价了，倘若还不行动，米价天天上涨，老百姓将不堪其苦，会起事造反的。

赵汴静听大家发言，沉吟良久，才不紧不慢地说：“这次救灾，我想反其道而行之，不出告示压米价，而出告示宣布米价可自由上涨。”众僚属一听，都目瞪口呆，先是怀疑知州大人在开玩笑，而后看知州大人认真的样子，又怀疑这位大人是否吃错了药，在胡言乱语。赵汴见大家不理解，笑了笑，胸有成竹地说：“就这么办。起草文告吧！”

官令如山，赵汴说怎么办就怎么办。不过，大家心里都直犯嘀咕：这次救灾肯定会失败，越州将饿殍遍野，越州百姓要遭殃了！这时，附近州县都纷纷贴出告示，严禁私增米价。若有违犯者，一经查出严惩不贷。揭发检举私增米价者，官府予以奖励。而越州则贴出不限米价的告示，于是，四面八方的米商闻讯而至。开始几天，米价确实增了不少，但买米者看到米上市的太多，都观望不买。过了几天，米价开始下跌，并且一天比一天跌得快。米商们想不卖再运回去，但一则运费太贵，增加成本；二则别处又限米价，于是只好忍痛降价出售。这样，越州的米价虽然比别的州县略高点儿，但百姓有钱可买到米。而别的州县米价虽然压下来了，但百姓排半天队，却很难买到米。所以，这次大灾，越州饿死的人最少，受到了朝廷的嘉奖。

僚属们这才佩服了赵汴的计谋，纷纷请教其中原因。赵汴说：“市场之常性，物多则贱，物少则贵。我们这样一反常态，告诉米商们可随意加价，米商们都蜂拥而来。吃米的还是那么多人，米价怎能涨上去呢？”

逆向思维不迷信原有的传统观念和经典信条，对既定事物进行批判性的思考，体现的是一种叛逆精神。这种思维在一般人看来是不合情理甚至是荒谬的，但正是因为采取这种思维，思考者才得以摆脱传统观念和习惯势力的束缚，向着新的成果跃进，创造出新的观念和理论来，导致新旧理论的更替和生活面貌的改变。

逆向思维本身就是灵感的源泉。遇到问题，我们不妨多想一下，能否从反方向考虑一下解决的办法。反其道而行是人生的一种大智慧，当别人都在努力向前时，你不妨倒回去，做一条反向游泳的鱼，去寻找属于你的成功捷径。

换个思路，化解困境

我们可能无法改变生活中的一些东西，但是我们可以改变自己的思路。有时，只要我们放弃了盲目的执着，选择了理智的改变，就可以化腐朽为神奇了。

大凡高效能的成功人士，踏上成功之途总是从改变思路开始的。

成功往往就隐藏在别人没有注意的地方，假如你能发现它、抓住它、利用它，那么，你就会有机会获得成功。困境在善于拓展思路的智者眼中往往意味着一个潜在的机遇，愚者对此却无动于衷。

换一个思路处理问题，可能会看到完全不同的景象。也许正是一个不经意的角度转换，会让你在不经意间解决了问题，毕加索说：“每个孩子都是艺术家，问题在于你长大成人之后是否能够继续保持艺术家的灵性。”

有个摄影师，每次拍集体照都有睁眼的，有闭眼的。闭眼的看见照片，非常生气：“我90%以上的时间都睁着眼，你为什么偏让我照一幅没精打采的照片？这不是故意歪曲我的形象吗？”

就拍照而言，形象是头等大事，全靠修版也难，于是喊：“一！二！三！”但坚持了半天以后，恰巧在“三”字上坚持不住了，上眼皮找下眼皮，又是做闭目状，真难办。

后来，摄影师换了一种思路，从而解决了这一难题。他请所有照相者全闭上眼，听他的口令，同样是喊“一，二，三”，在“三”字上一起睁眼，果然，照片冲洗出来一看，一个闭眼的也没有，全都显得神采奕奕，比本人平时更精神。

众人都非常高兴。

当遭遇困境时，一个思路行不通，就要果断地换另一种思路，只有这样，新的创意才会自然而然地产生出来，化解困境的方法也才会随之出炉。

当你遇到挫折的时候，你是否常常这样鼓励自己：“坚持到底就是胜利。”有时候，这会陷入一种误区：一意孤行，一头撞南墙。因此，当你的努力迟迟得不到预期的业绩时，就要学会放弃，要学会改变一下思路。其实，细想一下，适时地放弃不也是人生的一种大智慧吗？改变一下方向又有什么难的呢？

改变一下思路，这是一个智慧的方法。“横看成岭侧成峰，远近高低各不同。”在浩渺无际的思维空间里，如果能从不同角度，用不同的视角观察和思考问题，学会用熟悉的眼光看陌生的事物，用陌生的眼光看熟悉的事物，就能从“山重水复”的迷境中走出来，欣赏到“柳暗花明”的美景。

俗话说：“穷则变，变则通。”没有什么东西是永远静止不前的，世易时移，我们的思路也要跟着改变，才能赶上时代的潮流。当一条路走不通时，不要再一味“坚持”，而要变换思路，要改变陈旧的观念，打破世俗的牢笼。山不过来，我就过去，只有勇于改变思路，才能创新，才能让成功持久。

当力量薄弱时，只有背靠“大树”

在一个人的事业或者人生遭遇困境的时候，意气用事是不成熟的表现，只有能承受屈辱和苦难的人，才能真正笑到最后，成为真正的胜利者。从这个角度讲，“宁为瓦全”才是高策。

在此，讲一个关于刘勰的成名逸事。

刘勰是南朝梁时期的文学理论家，他很小的时候就失去了父亲，生活极为贫穷。但他笃志好学、博经通史，《文心雕龙》就是他的代表作。他生活的年代盛行门第制度，一个人出身的贵贱决定了这个人社会地位的高低。像刘勰这样出身低微的平民，自然默默无闻，无人知晓。因其社会地位，《文心雕龙》写成后也根本得不到重视。但刘勰本人十分自信，深知自己著作的价值，他不愿意看到自己用心血写成的书稿被湮没，便决心设法改变这种局面。

沈约是当时的文坛领袖，有着很高的声望，刘勰想请他评定写成的《文心雕龙》，借以赢得声誉。但是沈约身为名流，哪能轻易见到？于是刘勰想出了一个主意。他事先打听到沈约外出的时间，背上自己的书稿，装成卖书的小贩，早早地等在离沈府不远的路上。当沈约乘坐的马车经过时，刘勰便乘机兜售。沈约喜欢读书，当即停下来，顺手取出一部《文心雕龙》，见是自己没有读过的书，便随手翻阅起来。这一看，沈约被深深地吸引住了，当即买了一部带回家去，放在案头认真阅读。在以后上流社会举行的聚会中，沈约还不时地向别人推荐这本书。当时文坛的人见沈约对这本《文心雕龙》如此推崇，也注意到此书的价值，继而争相传阅，刘勰很快名声大噪。

如果没有借得沈约之力，刘勰是无法成名的，他的文艺思想也大有可能被湮没于浩瀚书海，何谈流传千古？

乍一看，这好像是和中国传统文化中“宁为玉碎，不为瓦全”的观念相冲突，细细思量，却不尽然。大丈夫要能屈能伸，当你的力量还很薄弱的时候，你只有背靠大树。以卵击石只能徒伤元气，还谈什么理想呢？

让人一步需有高人一筹的智慧

进退有度，是人际交往中最难领会的部分之一。如何做到该进时长驱直入，该退时让人一步，就需要高人一筹的智慧。

战国时，有一次赵王派了孔青带领大军救援禀丘。孔青是员猛将，加上足智多谋的宁越辅佐，所以赵军大败齐军，击毙了齐军统帅，并俘获战车两千辆。战场上留下了三万具齐军尸体，孔青决定把这些尸体封土堆成两个大高丘，以此彰明赵国的武功。

宁越劝阻道：“这样做太可惜了，那些尸体可以另有用处。我看不如把尸体还给齐国人。这样做可以从内部打击齐国，从而让齐军不再侵犯！”“死人又不可能复活，怎么能从内部打击齐国呢？”孔青想不通了。宁越说：“战车和铠甲在战争中丧失殆尽，府库里的钱财在安葬战死者时用光了，这就叫作从内部打击他们。我听说，古代善于用兵的人，该坚守时就坚守，该进退时就进退。我军不如后退三十里，给齐国人一个收尸的机会。”

孔青大致明白了宁越的用意，但转念一想，又说：“但是，齐国人如果不来收尸的话，那又该怎么办呢？”

“那就更好了，”宁越胸有成竹地说，“作战不能取胜，这是他们的第一条罪状；率领士兵出国作战而不能使之归来，这是他们的第二条罪状；能给他们尸体却不收取，这是他们的第三条罪状。老百姓将会因为这三条罪状而怨恨齐国的高级将领。居于高位的人也就无法役使下面的人，而下面的人又不愿侍奉居于上位的人，这就叫作双重打击齐国！”“好，还是您技高一筹啊！”孔青终于完全理解了宁越的良苦用心。果然不出宁越所料，齐国因此元气大伤，很长一段时间不能对外用兵。

宁越的主张看起来好像并不是那么咄咄逼人，相反，似乎还有点儿软弱，是在向齐国让步。殊不知，这“让步”里面却大有文章，表面上的退步其实换取的是更大的进步。有进有退，能屈能伸，不执着于无利的方面，这是成功的必要条件。那种一往无前、有进无退的人，表面上英勇，实则是成事不足、败事有余。

想要给出有力的一拳，首先就要缩回拳头，来增加打出去的力量，那些杰出的人物往往更加懂得这个道理，他们不会执着于一时的意气用事。退有时是为了更好地进，特别是当我们的力量还处在弱势的地位时，更应该多一些隐忍，等待机会成熟之时再大显身手，从而达到极佳的效果。

第二节　失之固然可悲，得到未必可取

十字路口选择一方

人生总是有失有得，不做选择，会注定什么都失去，选择了，就不要后悔，大踏步地向前走，人不可能什么都得到，有舍才能有得。一部电视剧或者一部电影之所以感人不在于男女主人公的痛哭流涕，而在于故事里男女主人公的痛苦抉择，在抉择中放弃，在痛苦中永生。

著名的禅师南隐说过，不能学会适当放弃的人，将永远背着沉重的负担。生活中有舍才有得，如果我们只抓住自己的东西不放，什么都不愿放弃，结果就可能什么也得不到。

马涛11岁那年，一有机会便去湖心岛钓鱼。在鲈鱼钓猎开禁前的一天傍晚，他和妈妈又早早来钓鱼。安好诱饵后，他将鱼线一次次甩向湖心，湖面在落日余晖下泛起一圈圈的涟漪。忽然钓竿的另一头沉重起来。他知道一定有大家伙上钩，急忙收起鱼线。终于，孩子小心翼翼地把一条竭力挣扎的鱼拉出水面。好大的鱼啊，它是一条鲈鱼。

月光下，鱼鳃一吐一纳地翕动着。妈妈打亮小电筒看看表，已是晚上10点——但距允许钓猎鲈鱼的时间还差两个小时。

“你得把它放回去，儿子。”母亲说。

“不！妈妈！”孩子哭了。

“还会有别的鱼的。”母亲安慰他。

“再没有这么大的鱼了。”孩子伤感不已。

他环视了四周，已看不到一个鱼艇或钓鱼的人，但他从母亲坚决的脸上知道无可更改。暗夜中，那鲈鱼抖动笨重的身躯慢慢游向湖水深处，渐渐消失了。

这是很多年前的事了，后来马涛成为有名的建筑师。他确实没再钓到那么大的鱼，但他却为此终生感谢母亲。因为他通过自己的诚实、勤奋、守法，猎取到生活中的大鱼——事业上的成绩斐然。

放弃，意味着重新获得。要想让自己的生活过得简单一些，就要放弃一些功利、应酬，以及工作上的一些成就，只有放弃一些生活中不必要的牵绊，才能够让生活真正简单起来。

选择总在放弃之后

中国有句老话：有所不为才能有所为。去除那些负担的东西，停止做那些无味的事情。只有这样，才能更好地把握自己的生活。

见到房东正在挖屋前的草地，一个房客有点儿不相信自己的眼睛："这些草你要挖掉吗？它们是那么漂亮，而你又花了多少心血呀！""是的，问题就在这里。"他说，"每年春天我要为它施肥、透气，夏天又要浇水、剪割，秋天还要再播种。这草地一年要花去我几百个小时，谁会用得着呢？"

现在，房东在原先的草地上种上了一棵棵柿子树，秋天里挂满了一只只红彤彤的小灯笼，可爱极了。这柿子树不需要花什么精力来管理，使他可以空出时间干些他真正乐意干的事情。

选择总在放弃之后。明智之人在作出一项选择之前总会先把自己要放弃的找出来，并果断地将之放弃。例如，当你决定要健康的时候，你就要放弃睡懒觉，放弃巧克力糖，放弃零食……当你要享受更轻松的生活时，你就要放弃一些工作上的琐事和无休止的加班，等等。总之，要选择简单生活，你就要首先决定放弃什么。

很多时候我们希望选择，但是我们却不愿意放弃，如感情。有些人选择了新的感情，却不愿意放弃旧的感情，因为不甘心，不甘心自己曾经得到而又失去。但假如要放弃新的感情自己又不愿意，于是不仅折磨自己，又折磨别人。人生总是有失有得，所以，要选择新的生活必须懂得放弃，不舍得放弃的人只能生活在旧梦里，而永远不会得到新的幸福。

每个人必须问自己："为了能够更有效、更简单地生活，我必须放弃哪些事情？为了使我的生活更简单，我必须停止哪些事情？"当你能够以这样的思考模式来转换你的思想，来改善你的行动方案时，你就会轻松地放弃很多不必要的事情，让自己过上轻松、简单、健康的生活。

舍弃，心不累

现今社会是一个科技发达、物质丰富、充满竞争的社会，我们心中的欲望，常被挑逗得像是看见红色斗篷的公牛。他人暴富的经历，让我们血脉贲张，跃跃欲试；时尚名牌漫天飞，哪能心如止水；美女香车招摇过，你的心早已蠢蠢欲动；更不能忍受的是别墅洋房的诱惑……因此，太多的时候，我们会被世上的名利、金钱、物质所迷惑，心中只想得到，只想将其统统归于己有，而不想舍弃。于是心中就充满了矛盾、忧愁、不安，心灵上就会承受很大的压力，以至于活得很累、很累。

据说上帝在创造蜈蚣时，并没有为它造脚，但是它可以爬得像蛇一样快。有一天，它看到羚羊、梅花鹿和其他有脚的动物都跑得比自己快，心里很不高兴，便嫉妒地说："哼！脚多，当然跑得快。"于是它向上帝祷告说："上帝啊，我希望拥有比其他动物更多的脚。"

上帝答应了蜈蚣的请求，他把好多好多的脚放在蜈蚣面前，任凭它自由取用。蜈蚣迫不及待地拿起这些脚，一只一只地往身体上粘，从头一直粘到尾，直到再也没有地方可粘了，它才依依不舍地停止。

它心满意足地看着满是脚的躯体，心中暗暗窃喜："现在我可以像箭一样地飞出去了！"但是等它开始要跑时，才发觉自己完全无法控制这些脚。这些脚劈里啪啦地各走各的，它非得全神贯注，才能使一大堆脚顺利地往前走。这样一来它反而比以前走得慢了。

人不能没有欲望，没有欲望就没有前进的动力，但如果不舍弃过度的欲望，就会陷入欲望的沟壑，就会给你带来无穷无尽的烦恼和麻烦。

生命属于个人，每个人有权利设计自己的生活和人生道路。所有的心愿，只要符合法律和道德的要求，都应该受到尊重。但是我们必须明白：生命的过程中，想让自己的人生得以升华，就必须舍弃这些本性之外的东西，去追求生活本身的淳朴，这样才能活得惬意，活得洒脱。

舍小利，求大利

两个贫苦的樵夫靠上山捡柴糊口。有一天，他们在山里发现两大包棉花，两人喜出望外。

棉花的价格高过柴薪数倍，将这两包棉花卖掉，足可让家人一个月衣食无忧。当下两人各自背了一包棉花，便赶路回家。

走着走着，其中一名樵夫眼尖，看到山路上有一大捆布，走近细看，竟是上等的细麻布，足足有十多匹之多。他欣喜之余，和同伴商量，一同放下肩负的棉花，改背麻布回家。

他的同伴却有不同的想法，认为自己背着棉花已走了一大段路，到了这里又丢下棉花，岂不枉费自己先前的辛苦，坚持不愿换麻布。先前发现麻布的樵夫屡劝同伴不听，只得自己竭尽所能地背起麻布，继续前行。

又走了一段路后，背麻布的樵夫望见林中闪闪发光，待近前一看，地上竟然散落着数坛黄金，心想这下真的发财了，赶忙邀同伴放下肩头的麻布及棉花，改用挑柴的扁担来挑黄金。

他的同伴仍是那套不愿丢下棉花以免枉费辛苦的想法，并且怀疑那些黄金不是真的，劝他不要白费力气，免得到头来一场空欢喜。

发现黄金的樵夫只好自己挑了两坛黄金，和背棉花的伙伴赶路回家。走到山下时，无缘无故下了一场大雨，两人在空旷处被淋了个湿透。更不幸的是，背棉花的樵夫肩上的大包棉花，吸饱了雨水，重得完全无法再背动。那樵夫不得已，只能丢下一路辛苦舍不得放弃的棉花，空着手和挑金子的同伴回家去。

只有放弃眼前利益，才能获得长远大利——要想成功，就要学会放弃。

为了更好的明天，放弃眼前的小利，只有勇于舍弃的人才是有智慧的人。成功者永远是高瞻远瞩的人。

失去火把也会有光明

有个匪徒跟踪一个珠宝商人来到了大山里，一路上他总是没有机会下手。到了大山里，四周没有一个人，匪徒终于找到了下手的好机会，他立刻拦住了珠宝商人的去路。

面对劫匪，商人的第一个反应就是立即逃跑。于是，一个拼命逃亡，另一个穷追不舍。走投无路的商人钻进了一个山洞里，匪徒也跟了进去。在山洞里，匪徒抓住了商人，不但抢了他的珠宝，连商人准备用于夜间照明的火把也抢去了。

那个匪徒还算没有丧心病狂，他只图财没有害命。之后，两个人各自寻找山洞的出口。山洞里黑极了，没有一丝光亮。匪徒庆幸自己把商人的火把抢来了，要不然到死也走不出这个纵横交错的山洞。他将火把点燃，借着火把的亮光在洞中行走。火把给他的行走带来了方便，他能看清脚下的石块，能看清周围的石壁，因而他不会碰壁，不会被石块绊倒。但是他始终没有走出这个山洞，最后饿死在山洞里面了。

商人失去了火把，心里想着自己将要永远留在这个山洞里了，但是他又不甘心。没有了光亮，他就在黑暗中摸索着前进，头不时碰在坚硬的石壁上，身体不时被石块绊倒，跌得鼻青脸肿。但是，过了一段时间，从远处射过来一丝光亮，那正是山洞的出口。

原来正是因为他置身于一片黑暗之中，所以才能看见这抹细微的光亮。他迎着这缕微光摸索爬行，最终逃离了山洞。

在黑暗中摸索的人最终走出了黑暗，有火把照明的人却永远留在了黑暗的山洞中。这并不奇怪，世间有很多事情都遵循这样的道理。

许多在困难中挣扎的人经过艰苦的拼搏终于取得了成功，而衣食无忧的人却最终一事无成。为了实现自己的梦想，有时需要我们舍弃一些东西，尽管它看起来是我们不可缺少的，可是，也许缺少了它会让你的眼睛更加明亮，更容易看到成功的机会。

舍是一种勇气

有个人在沙漠中穿行，遇到风沙暴，迷失了方向。

两天后，烈火般的干渴几乎摧毁了他生存的意志。沙漠就像一座极大的火炉要蒸干他的血液。绝望中的他意外地发现了一幢废弃的小屋，他拼足了最后的气力，才拖着疲惫不堪的身子，爬进了堆满枯木的小屋。定睛一看，枯木中隐藏着一架抽水机，他立刻兴奋起来，拨开枯木，上前汲水，但折腾了好大一阵子，也没能抽出半滴水来。

绝望再一次袭上心头，他颓然坐地，却看见抽水机旁有个小瓶子，瓶口用软木塞堵着，瓶上贴了一张泛黄的字条，上边写着：你必须用水灌入抽水机才能引水！不要忘了，在你离开前，请再将瓶子里的水装满！

他拔开瓶塞，望着满瓶救命的水，早已干渴的内心立刻爆发了一场生死决战：我只要将瓶里的水喝掉，虽然能不能活着走出沙漠还很难说，但起码能活着走出这间屋子！倘若把瓶中唯一救命的水倒入抽水机内，或许能得到更多的水，但万一汲不上水，我恐怕连这间小屋也走不出去了……

最后，他还是把整瓶水全部灌入那架破旧不堪的抽水机，接着用颤抖的双手开始汲水……水真的涌了出来！他痛痛快快地喝了一顿，然后把瓶子装满，用软木塞封好，又在那泛黄的字条后面写上：相信我，真的有用。

几天后，他终于穿过沙漠，来到绿洲。每当回忆起这段生死历程，他总要告诫后人：在取得之前，要先学会付出。

人生中，在通往成功和富足的路上，我们往往并不是缺少获得扶持的机遇，而是无法好好把握。正如上面故事中的那个人，如果喝光了瓶中的水，他永远也看不到抽水机里奔涌出来的水，究竟字条上说的是真还是假，恐怕他到死也无法断定。

放弃是一种智慧

放弃，是一种智慧，是一种豁达，它不盲目、不狭隘。

放弃，对心境是一种宽松，对心灵是一种滋润，它驱散了乌云，清扫了心房。有了它，人生才能有爽朗坦然的心境；有了它，生活才会阳光灿烂。

人的一生很短暂，有限的精力不可能方方面面都能顾及，而世界上又有那么多炫目的精彩，这时候，放弃就成了一种大智慧。放弃其实是为了得到，只要能得到你想得到的，放弃一些对你而言并不必需的“精彩”，又有什么不可以呢？

放弃是一种睿智。尽管你的精力过人、志向远大，但时间不容许你在一定时间内同时完成许多事情，正所谓：“心有余而力不足。”所以，在众多的目标中，我们必须依据现实，有所放弃，有所选择。

如果在放弃之后，烦乱的思绪梳理得更加分明，模糊的目标变得更加清晰，摇摆的心变得更加坚定，那么放弃又有什么不好呢？

生活中，不堪重负就归零。归零就是清除所有的东西，放弃一切，从零开始。有时候归零是那么难，因为每一个要被清除的数字都代表着或物质或精神上的某种意义；有时候归零又是那么容易，只要单击键盘上的删除键就可以了。

人生总要面临许多选择，也要做出许多放弃。要学会选择，首先就要学会放弃。放弃是为了更好地调整自我，准备良好的心态向目标靠近。特别是在现代社会中，竞争日趋激烈，每个人的生存压力也越来越大，于是每个人都身不由己地变得“贪心”。追求愈多，失望也愈大，所以一定要保持一个清醒的头脑，做好人生的取舍。

第二十二章

方圆通达，灵活变通

第一节　方是原则，圆是机变

坚持是方，放弃是圆

南怀瑾先生讲到太极拳与道功的时候，讲到自己的一段经历。他年轻时曾经想去杭州城隍山跟一老道学剑术。结果这个老道以南怀瑾底子不厚为由，让他颇为难堪。南怀瑾当时立志学文兼学武，想经世济时，所以南怀瑾考虑再三，放弃了学武的念头，避免了心不专一导致一事无成的麻烦，一心学文，终成一代大家，正所谓“鱼与熊掌不可得兼”。事实上生活一直在考验我们如何善用理智平衡冲动的感情，又如何在理性与感性的制衡中有所取舍。南怀瑾一生贯通佛、道、儒三学，又有所偏重，可见他在舍与得之间、坚持与放弃之间找到了一个完美的契合点。人们常说“舍得”一词，却未必知道这“舍得”二字的禅意。舍得舍得，一舍一得，有所舍弃，才有所得到。取舍与舍得，恰恰包含了人生方圆的大道理。

舍是圆，得是方。人们愿意获得，可是获得要在正确的道德的指引之下，而不能面对不良事物的诱惑而迷失方向。该得的要得，不该得的就要放弃，所以做人既要方正，又要圆融；既要懂得坚守自己应得的利益，又要能够放弃不该面对的诱惑。

这样的道理说起来容易，做起来就很难。在面对诱惑的时候，尽管理智会告诉自己放弃，可是很多人还是经不住诱惑，从而做出了错误的决定。

非洲土人抓狒狒有一绝招：故意让躲在远处的狒狒看见，将其爱吃的食物放进一个口小腹大的洞中。等人走远，狒狒就欢蹦乱跳地来了，它将爪子伸进洞里，紧紧抓住食物，但由于洞口很小，它的爪子握成拳后就无法从洞中抽出来了，这时，猎人只管不慌不忙地来收获猎物，根本不用担心它会跑掉，因为狒狒舍不得那些可口的食物，越是惊慌和急躁，就将食物抓得越紧，爪子就越无法从洞中抽出。

听说过这个故事的朋友都大呼“妙”！此招妙就妙在人将自己的心理推及类人的动物。其实，狒狒们只要稍一撒手就可以溜之大吉，可它们偏偏不！在这一点上，说狒狒类人，亦可说人类狒狒。狒狒的举止大都是无意识的本能，而人如果像狒狒一般只见利而不见害地死不撒手，那只能怪他利令智昏或执迷不悟了。

该放手时请放手，不可陷得太深。留得青山在，不怕没柴烧。事实上，放手可以减轻许多麻烦和折磨，可以轻松地去开始另一件更有意义的事业。做人应该灵活点，不能像狒狒那样一根筋。这就是所谓不舍就不得，舍弃才能得到的道理。

“舍得”在某种情况下就是一种变通。

从前有两个年轻人，一个叫小山，另一个叫小水，他们住在同一村庄，成为最要好的朋友。由于居住在偏远的乡村谋生不易，他们就相约到远地去做生意，于是同时把田产变卖，带着所有的财产和驴子到远地去了。

他们首先抵达一个生产麻布的地方，小水对小山说：“在我们的故乡，麻布是很值钱的东西，我们把所有的钱换取麻布，带回故乡一定会有利润的。”小山同意了，两人买了麻布，细心地捆绑在驴子背上。

接着，他们到了一个盛产毛皮的地方，那里也正好缺少麻布，小水就对小山说：“毛皮在我们故乡是更值钱的东西，我们把麻布卖了，换成毛皮，这样不但我们的本钱回收了，返乡后还有很高的利润！”

小山说：“不了，我的麻布已经很安稳地捆在驴背上，要搬上搬下多么麻烦呀！”

小水把麻布全换成毛皮，还多了一笔钱。小山依然有一驴背的麻布。

他们继续前进到一个生产药材的地方，那里天气苦寒，正缺少毛皮和麻布，小水就对小山说：“药材在我们故乡是更值钱的东西，你把麻布卖了，我把毛皮卖了，换成药材带回故乡一定能赚大钱的。”

小山拍拍驴背上的麻布说：“不了，我的麻布已经很安稳地在驴背上，何况已经走了那么长的路，卸上卸下太麻烦了！”小水把毛皮都换成药材，还赚了一笔钱。小山依然有一驴背的麻布。

后来，他们来到一个盛产黄金的城市，那充满金矿的城市是个不毛之地，非常欠缺药材，当然也缺少麻布。小水对小山说：“在这里药材和麻布的价钱很高，黄金很便宜，我们故乡的黄金却十分昂贵，我们把药材和麻布换成黄金，这一辈子就不愁吃穿了。”

小山再次拒绝了：“不！不！我的麻布在驴背上很稳妥，我不想变来变去呀！”小水卖了药材，换成黄金，又赚了一笔钱。小山依然守着一驴背的麻布。

最后，他们回到了故乡，小山卖了麻布，只得到蝇头小利，和他辛苦的远行不成比例。而小水不但带回一大笔财富，而且把黄金卖了，成为当地最大的富豪。

人一定要懂得在适当的时候变通，无谓的坚持是没有意义、也没有价值的。常常觉得执着跟放手都需要很大的勇气。在追求自己的执着时，往往要作出牺牲，而那样的牺牲就叫作放手。在决定放手的时候，又经常是为了追逐别的。想要天底下出现事事完美的好状况，概率实在是低得可以，鱼与熊掌有九成九的机会不可兼得。

这就是抉择。

舍得之间，成大方圆。

坚守责任才能践行使命

世界上很少有报酬丰厚却不需要承担任何责任的便宜事，想要一时不负责任当然有可能，但要免除世间所有的责任却要付出巨大的代价。当责任从前门进来，你却从后门溜走，你失去的是伴随责任而来的一切回报！对大部分的职位而言，回报和所承担的责任有直接的关系。

一个公司有三个大分厂，一分厂历来管理基础较好，但规模较其他两个分厂小一些。一分厂的厂长姓林，正是在他的一手经营下，一分厂才有了良好的业绩。后来，董事长决定调林厂长到三分厂当厂长。三分厂是公司规模最大、设备最先进、管理却是最混乱的一个分厂。之前已经有好几个厂长去那里，都无功而返。因此，得知调动消息时，林厂长很矛盾：不去吧，董事长可能不高兴。去吧，一旦搞砸了，想再回一分厂都不行了。而且，由于多年管理一分厂，一切工作运作程序早就规范化了，管理起来很轻松。

思量再三，林厂长还是答应去三分厂，因为他有责任把这个管理混乱的分厂搞好。半年多的时间过去了，原来最混乱、生产能力最低的三分厂，一跃成为整个公司的生产管理标杆厂，各项指标均居首位。

后来，董事长把三分厂的经营管理权下放给了林厂长，并给他80万的年薪，而林厂长原来的工资，每月只有5000元！

有多大能力，担当多大责任，林厂长勇于担当责任，由此不仅带动了公司的发展，并且也让自己在担当责任中得到了发展。责任来自于良心，而不是来自于薪水。坚守住了责任，在某种程度上说，也就坚守住了自己的前途。

有一位在一家公司担任人力资源总监的丁先生讲述了这样一件事情：

2002年10月，我们公司的营销部经理带领一支队伍参加某国际产品展示会。在开展会之前，有很多事情要做，包括展位设计和布置、产品组装、资料整理和分装等，需要加班加点地工作。可营销部经理带去的那一帮安装工人中的大多数人，却和平日在公司时一样，不肯多干一分钟，一到下班时间，就溜回宾馆去了，或者逛大街去了。经理要求他们干活，他们竟然说："没加班工资，凭什么干啊。"更有甚者还说："你也是打工仔，不过职位比我们高一点而已，何必那么卖命呢？"

在开展会的前一天晚上，公司老板亲自来到展场，检查展场的准备情况。

到达展场，已经是凌晨一点，让老板感动的是，营销部经理和一个安装工人正挥汗如雨地趴在地上，细心地擦着装修时粘在地板上的涂料。而让老板吃惊的是，其他人一个也见不到。见到老板，营销部经理站起来对老总说："我失职了，我没能让所有人都来参加工作。"老板拍拍他的肩膀，没有责怪他，而指着那个工人问："他是在你的要求下才留下来工作的吗？"

经理把情况说了一遍。这个工人是主动留下来工作的，在他留下来时，其他工人还一个劲儿地嘲笑他是傻瓜："你卖什么命啊，老板不在这里，你累死老板也不会看到啊！还不如回宾馆美美地睡上一觉！"

老板听了经理反映的情况，没有作出任何表示，只是招呼他的秘书和其他几名随行人员加入工作中去。但参展结束，一回到公司，老板就开除了那天晚上没有参加工作的所有工人和工作人员，同时，将与营销部经理一同打扫卫生的那名普通工人提拔为安装分厂的厂长。我是人力资源总监，那一帮被开除的人很不服气，来找我理论。"我们不就是多睡了几个小时的觉吗，凭什么处罚这么重？而他不过是多干了几个小时的活，凭什么当厂长？"他们说的"他"就是那个被提拔的工人。

我对他们说："用前途去换取几个小时的懒觉，是你们自己的行为，没有人逼迫你们那么做，怪不得谁。而且，我可以这件事情推断，你们在平时的工作中偷了很多懒。他虽然只是多干了几个小时的活，但据我们考察，他一直都是一个认真负责的人。他在平日里默默地奉献了许多，比你们多干了许多活。提拔他，是对他过去默默工作的回报。"

这个生动的例子让人深深地感觉到了责任的重要性。对公司负责，就是履行你作为员工对公司、对老板的责任。任何一名员工，都不能忘记对公司的责任和使命。无论一个人担任何种职务，从事什么样的工作，他都对企业负有责任，这是社会法则，这是道德法则，这还是心灵法则，更是生存法则。

一家人力资源管理机构曾经做过一次这样的试验：试验的参加者们都被告知连续跑完五个四百米接力赛是他们这次行动的使命。参加试验的人被分成两个团队，每个团队又按照四人一组的方式分成若干小组，其中一个团队的各小组成员均被告知："在规定时间内跑完全部赛程，这是你们必须尽到的责任，不能尽到自己职责的人将被淘汰。"而另一个团队则没有接到任何有关责任的提示。

试验的结果表明，第一团队90%的小组都在规定时间内跑完了全程，另外的10%虽然超过了规定时间，但他们仍然尽全力跑完了全程。而在第二团队中，只有20%的小组在规定时间之内跑完了全程，另外80%的小组跑完了全程，但是所用的时间远远超过了规定时间。

一个伟大使命之所以伟大，是因为完成它需要付出艰苦的努力和不懈的奋斗。要想完成一个伟大的使命，必须依靠高度责任心的有力推动。人类从一生下来就要承担上天赋予的神圣使命，但是如果失去了责任心，任何使命都无从谈起。

认真但不"较真"

两千多年前，雅典政治家伯里克利曾经给人类说过一句忠言："请注意啊！先生们，我们太多地纠缠于一些小事了！"这句话，对今天的人们来说仍然值得品味和借鉴。

我们每天都可能遇到各种各样的小事：挤公共汽车时，有人不小心踩了你的脚；买菜时，有人无意间弄脏了你的裙子；走在路上，可能不巧从道旁楼上落下一个纸团，正打在你头上……受了委屈，忍一忍就过去了，可是，如果我们揪住这些小事不放，口出污言秽语，大发雷霆之怒，就一定会凭空给自己惹出很多不必要的事端。

20世纪80年代末，在辽宁某地曾经发生过这样一件事：有一个年轻女子在看电影时，被后面的男观众无意间碰了一下脚，尽管男观众当面道歉，但那名女子仍然不依不饶。她硬说对方是要耍流氓，竟然回家叫来丈夫将那个人用刀砍伤解气。结果，因触犯刑律，夫妻俩双双锒铛入狱。

在小事上斤斤计较，常常成为损害人际关系的一大诱因。这种悲剧不仅在平常人中屡见不鲜，就是在一些卓有成就的名人中也时有发生。俗话说"祸从口出"，人们常常会犯把话说满的错误。话说得太满，一般会导致两种后果：一是听者不服，故意找碴儿、使绊儿；二是自己没有回旋的余地，搬起石头砸自己的脚。无论哪种，都不是好结果。在这方面还要学学纪晓岚。

清朝乾隆年间，纪晓岚在任左都御史时，员外郎海升的妻子纽祜禄氏死于非命，海升的内弟贵宁，状告海升将他姐姐殴打致死，海升却说纽祜禄氏是自缢而亡。案子越闹越大，皇上就派左都御史纪晓岚来审理此案。

纪晓岚接过这桩案子，也感到很头痛。因为牵扯到阿桂和和珅。他俩都是大学士兼军机大臣，并且两人有矛盾，长期明争暗斗。海升是阿桂的亲戚，原判又逢迎阿桂，纪晓岚敢推翻吗？

而贵宁之所以告不赢不肯罢休实际是得到了和珅的暗中支持，和珅的目的是想借机除掉位居他上头的军机首席大臣阿桂。

打开棺材，纪晓岚等人一同验看。看来看去，纪晓岚看死尸并无缢死的痕迹，心中明白，口中不说，他要先听听大家的意见。

众大臣看过后，都说脖子上有伤痕，显然是缢死的。纪晓岚有了主意，于是说道："我是短视眼，有无伤痕也看不太清，似有也似无，既然诸公看得清楚，那就这么定吧。"于是，纪晓岚与差来验尸的官员，一同签名具奏："共同检验伤痕，实系缢死。"这下更把贵宁激怒了。他这次连步军统领衙门、刑部、都察院一块儿告，说因为海升是阿桂的亲戚，这些官员有

意回护，徇私舞弊，断案不公。

乾隆看贵宁不服，也对案情产生了怀疑，又派人复验。这回问题出来了：纽牯禄氏尸身并无缢痕。乾隆心想这事与阿桂关系很大，便派阿桂、和珅会同刑部堂官及原验、复验堂官，一同检验。这回终于真相大白：纽牯禄氏被殴而死。

于是审讯海升，海升见再也隐瞒不住，只好供出实情：他将纽牯禄氏殴踢致死，然后制造自缢的伪象。

乾隆一怒之下发出诏谕："此案原验、复验之堂官，竟因海升系阿桂姻亲，胆敢有意回护，此番而不严加惩戒，又将何以用人？何以行政？"阿桂革职留任，罚俸五年；叶成额、李阌、庆兴等人革职，发配伊犁效力赎罪，皇上在谕旨中一一判明。唯独对纪晓岚，谕旨中这样写道："朕派出之纪昀，本系无用腐儒，原不足具数，况且他于刑名等件素非诸悉，且目系短视，于检验时未能详悉阅看，即以刑部堂官随同附和，其咎尚有可原，著交部议严加论处。"只给了他革职留任的处分，不久又官复原职。

纪晓岚在这个案件中之所以得到皇上的原谅，主要是他在验尸中以"我是短视眼"、"看不太清"为由，给自己留了退路。

在生活中，我们常常会以为认真的态度就无法放过任何一件小事，可是认真不代表要较真儿，不代表我们凡事都要问个究竟，凡事都要说个明了。无法做明确决定时，注意使用"模糊语言"，这样才能为自己赢得主动。对于某些难以回答而又不好回避的问题，不妨含糊其词，以给自己留有余地。总之，对于一些不太能做决定的事情就不要随意做决定。低下头含糊过去，有时候退路无限。

创新思想不局限于常规

谁也不能揪着自己的头发离开地面，唯有一种突破常规的超越力量，唯有基于解放思想束缚后所产生的巨大能量释放，才能有柳暗花明的惊喜和峰回路转的开阔。

培养创新思维，首先就要做好思想上的准备——敢于超越常规，超越传统，不被任何条条框框所束缚，不被任何经验习惯所制约。只有这样，才能产生更宽广的思绪与触觉。

1831年，曾以成功进行人工合成尿素实验而享誉世界的德国著名化学家维勒，收到老师贝里齐乌斯教授寄给他的一封信。

信是这样写的："从前，一个名叫钒娜蒂丝的既美丽又温柔的女神住在遥远的北方。她究竟在那里住了多久，没有人知道。

"突然有一天，钒娜蒂丝听到了敲门声。这位一向喜欢幽静的女神，一时懒得起身开门，心想，等他再敲门时再开吧。谁知等了好长时间仍听不见动静，女神感到非常奇怪，往窗外一看：原来是维勒。女神望着维勒渐渐远去的背影，叹气道：这人也真是的，从窗户往里看看不就知道有人在，不就可以进来了吗？就让他白跑一趟吧。

"过了几天，女神又听到敲门声，依旧没有开门。

"门外的人继续敲。

"这位名叫肖夫斯唐姆的客人非常有耐心，直到那位漂亮可爱的女神打开门为止。

"女神和他一见倾心，婚后生了个儿子叫'钒'。"

维勒读罢老师的信，唯一能做的就是一脸苦笑地摇了摇头。

原来，在1830年，维勒研究墨西哥出产的一种褐色矿石时，发现一些五彩斑斓的金属化合物，它的一些特征和以前发现的化学元素"铬"非常相似。对于铬，维勒见得多了，当时觉得没有什么与众不同的，就没有深入研究下去。

一年后，瑞典化学家肖夫斯唐姆在本国的矿石中，也发现了类似“铬”的金属化合物。他并不是像维勒那样把它扔在一边，而是经过无数次实验，证实了这是前人从没发现的新元素——钒。

维勒因一时疏忽而把一次大好时机拱手让给了别人。

种种习惯与常规随时间的沉淀，会演变成一种定式、枷锁，阻碍人们的突破和超越。生活中常规的层层禁锢所产生的连锁效应不仅仅止于此，我们要做的工作就是打破一切规则，只有敢于超越，才能赢得创造。

现在市场上的罐装饮料，很重要的一种是茶饮料。罐装茶饮料始于罐装乌龙茶，它的开发者是日本的本庄正则。

千百年来，人们习惯于用开水在茶壶中泡茶，用茶杯等茶具饮茶，或是品尝，或是社交，或是寓情于茶。而易拉罐茶饮料则是提供凉茶水，作用是解渴、促进消化、满足人体的种种需求。将凉茶水装罐出售是违反常识的，它抛开了茶文化的重要内涵，取其“解渴、促进消化”的功能。将乌龙茶开发成罐装饮料的成功创意，产生了经营上“出奇制胜”的效果。在公司经营上，这种看似违反常规的行为，实则是一种不错的经营之道。

本庄正则从20世纪60年代中期开始涉足茶叶流通业，他购买了一个古老的茶叶商号——伊藤园，并把它作为自己公司的名称。

伊藤园发展成茶叶流通业第一大公司，本庄正则投资建设了茶叶加工厂，把公司的业务从销售扩大到加工。1977年，伊藤园开始试销中国乌龙茶，并在短时间内取得畅销。但到了20世纪80年代，乌龙茶的销售达到了巅峰并开始出现降温倾向。

在这种情况下，本庄正则必须思变，否则事业将遭受沉重的打击。乌龙茶不好销了，茶叶的新商机在哪里呢？

早在20世纪70年代初，本庄正则就萌生了开发罐装茶的创意，但当时的技术人员遭遇到了“不喝隔夜茶”这一拦路虎，因为茶水长时期放置会发生氧化、变质现象，不再适宜饮用。因此，罐装乌龙茶的创意暂时不可能实现。

要使罐装乌龙茶具有商机，必须攻克茶水氧化的难关，从创造的角度上讲，这也是主攻方向。

于是，本庄正则投资聘请科研人员研究防止茶水氧化的课题。时隔一年，防止氧化的难题解决了，本庄正则当机立断开发罐装乌龙茶。

在讨论这项计划时，12名公司董事中有10名表示反对，因为把凉茶水装罐出售是违反常识的。然而，长期销售茶叶的经验告诉本庄正则，每到盛夏季节，茶叶销量就要剧减，而各种清凉饮料的销量则猛增。他坚信，如果在夏季推出易拉罐乌龙茶清凉饮料，一定会大有市场。在本庄正则的坚持下，伊藤园开发的易拉罐乌龙茶清凉饮料于1988年夏季首次上市，大受消费者欢迎。乌龙茶销售又再现高潮，而且经久不衰，直到今天。

试想，如果不是本庄正则有超越常规的创新思维，敢于不按常理出牌，也就不会有乌龙茶销售的再一次热潮，更不会有茶饮料丰富样式的出现。

这也说明了进行创新性活动切不可把创造的方向确定在某一样式上，而应不拘一格，超越常规也未尝不可，这样反而能出奇制胜，开创佳绩。

从路径依赖走出来

路径依赖的意思是思维会受既定的标准所限制，而难以有所突破。它常常会作为一种现象出现在我们的生活中。

春秋时的一天，齐桓公在管仲的陪同下，来到马棚视察。他一见养马人就关心地询问："马棚里的大小诸事，你觉得哪一件事最难？"养马人一时难以回答。这时，在一旁的管仲代他回答道："从前我也当过马夫，依我之见，编排用于拦马的栅栏这件事最难。"齐桓公奇怪地问道："为什么呢？"管仲说道："因为在编栅栏时所用的木料往往曲直混杂。你若想让所选的木料用起来顺手，使编排的栅栏整齐美观、结实耐用，开始的选料就显得极其重要。如果你在下第一根桩时用了弯曲的木料，随后你就得顺势将弯曲的木料用到底，笔直的木料就难以启用。反之，如果一开始就选用笔直的木料，继之必然是直木接直木，曲木也就用不上了。"

管仲虽然不知道"路径依赖"这个理论，却已经在运用这个理念来说明问题了。他表现上讲的是编栅栏建马棚的事，但其用意是在讲述治理国家和用人的道理。如果从一开始就作出了错误的选择，那么后来就只能是将错就错，很难纠正过来。由此可见"路径依赖"的可怕性，如果最初的思维是错误的，也就难以得到正确的结果了。

我们的生活中、工作中常常会遇到"路径依赖"的现象，使思维陷入对传统观念的依赖中。这种依赖是创新路上的一块绊脚石，要想有所创新，就要努力突破"路径依赖"，开辟一条新的路径，像下面故事中的B公司销售人员一样。

A公司和B公司都是生产鞋的，为了寻找更多的市场，两个公司都往世界各地派了很多销售人员。这些销售人员不辞辛苦，千方百计地搜集人们对鞋的各种需求信息，并不断地把这些信息反馈给公司。

有一天，A公司听说在赤道附近有一个岛，岛上住着许多居民。A公司想在那里开拓市场，于是派销售人员到岛上了解情况。很快，B公司也听说了这件事情，他们唯恐A公司独占市场，赶紧也把销售人员派到了岛上。

两位销售人员几乎同时登上海岛，他们发现海岛相当封闭，岛上的人与大陆没有来往，他们祖祖辈辈靠打鱼为生。他们还发现岛上的人衣着简朴，几乎全是赤脚，只有那些在礁石上采拾海蛎子的人为了避免礁石硌脚，才在脚上绑上海草。

两位销售人员一到海岛，立即引起了当地人的注意。他们注视着陌生的客人，议论纷纷。最让岛上人感到惊奇的就是客人脚上穿的鞋子，岛上人不知道鞋子为何物，便把它叫作脚套。他们从心里感到纳闷：把一个"脚套"套在脚上，不难受吗？

A公司的销售人员看到这种状况，心里凉了半截，他想，这里的人没有穿鞋的习惯，怎么可能建立鞋的市场？向不穿鞋的人销售鞋，不等于向盲人销售画册、向聋子销售收音机吗？他二话没说，立即乘船离开海岛，返回了公司。他在写给公司的报告上说："那里没有人穿鞋，根本不可能建立起鞋的市场。"

与A公司销售人员的情况相反，B公司的销售人员看到这种状况时心花怒放，他觉得这里是极好的市场，因为没有人穿鞋，所以鞋的销售潜力一定很大。他留在岛上，与岛上人交上了朋友。

B公司的销售人员在岛上住了很多天，他挨家挨户做宣传，告诉岛上人穿鞋的好处，并亲自示范，努力改变岛上人赤脚的习惯。同时，他还把带去的样品送给了部分居民。这些居民穿上鞋后感到松软舒适，走在路上他们再也不用担心扎脚了。这些首次穿上了鞋的人也向同伴们宣传穿鞋的好处。

这位有心的销售人员还了解到，岛上居民由于长年不穿鞋的缘故，与普通人的脚形有一些区别，他还了解了他们生产和生活的特点，然后向公司写了一份详细的报告。公司根据这些报告，制作了一大批适合岛上人穿的鞋，这些鞋很快便销售一空。不久，公司又制作了第二批、第三批……B公司终于在岛上建立了市场，狠狠赚了一笔。

按照传统路径，海岛上的居民不穿鞋子，鞋子又怎会在这里有市场呢？然而，B公司的销售人员却突破了对这一路径的依赖，用创新的方法使居民认识到穿鞋的好处，就这样，轻而易举地打开了一片新的市场。

“路径依赖”理论不仅为我们显现了禁锢思想的原因，同时也提出了解除这种禁锢的方法，那就是从源头上突破对某一种观点或规范的依赖，尝试用一种全新的方法，走一条全新的道路。尝试为创新思维开辟一片发展的空间，在这片自由的天空下，将创造力发挥到极致，取得生活与事业的双赢。

第二节　方圆合璧，通权达变

过刚则无弹性

坚守方正没有错，但是做人如果过于刚直，就失去了做人的弹性，容易得罪人，容易让自己陷入危险的境地。正如人们经常说的那样：过刚易折。所以我们在坚守方正的同时，也要保持做人的弹性，把握好“火候”，适可而止，同时也要学会圆融变通，否则受苦的就只有自己。

唐德宗时杨炎与卢杞一度同任宰相。卢杞是一个除了逢迎拍马之外一无所长的阴险小人，而且相貌奇丑无比。而与卢杞同为宰相的杨炎，却满腹经纶，一表人才。

但是，博学多闻、精通时政、具有卓越政治才能的杨炎，虽然具有宰相之能，性格却过于刚直。因此，像卢杞这样的小人，他根本就不放在眼里，从来都不屑与卢杞往来。

为此，卢杞一直怀恨在心，千方百计想要算计杨炎。

正好节度使梁崇义背叛朝廷，发动叛乱，德宗皇帝命淮西节度使李希烈前去讨伐。杨炎认为李希烈为人反复无常，坚决阻挠重用李希烈。

但是德宗已经下定了决心，对杨炎说：“这件事你就不要管了！”可是，刚直的杨炎并不把德宗的不快放在眼里，还是一再表示反对任用李希烈，这使本来就对他有点不满的德宗更加生气。

不巧的是，诏命下达之后，正好赶上连日阴雨，李希烈进军迟缓，德宗又是个急性子，于是就找卢杞商量。卢杞便对德宗说：“李希烈之所以拖延徘徊，正是因为听说杨炎反对他的缘故，陛下何必为了保全杨炎的面子而影响平定叛军的大事呢？不如暂时免去杨炎宰相的职位，让李希烈放心。等到叛军平定之后，再重新起用杨炎，也没有什么大关系！”

卢杞的这番话看似为朝廷考虑，而且也没有一句明着伤害杨炎的话，但德宗果然听信了卢杞的话，免去了杨炎的宰相职务。

就这样，一味刚直的杨炎因为不愿与小人交往而莫名其妙地丢掉了相位。

用违背道义、逢迎权势的态度来处世，固然会毁坏名气、丧失气节；但一味刚正不阿，不懂得保护自己，掩藏自己，那么最终受苦的就只有自己。所以，我们在想维护自己正直的生活态度的时候，也要学会一点圆滑，学会掩藏住自己的锋芒，让别人在你身上找不到话柄。

韩世忠和岳飞、张浚都是宋高宗时的抗金名将，高宗因怕这些名将功高盖世，以后难以驯服，所以急于和大金议和，因众将抗金意志坚决，而且在战场上节节胜利，大金在军事上抵御不住岳飞、韩世忠，便在外交上给宋高宗施加压力，说大宋议和没有诚意。

宋高宗听信秦桧的奸计，解除了三人的军权，任命张浚、韩世忠为枢密使，岳飞为枢密副使，用职务上的升迁使三人脱离军队。

后来秦桧因岳飞多次阻挠他与大金议和的奸计，又屡次出言攻击他，心中怨恨，便罗织罪名把岳飞逮捕入狱，将其害死于风波亭。

当韩世忠听到岳飞被秦桧害死的消息后，义愤填膺当面质问秦桧，岳飞究竟所犯何罪？

秦桧无言以对，支支吾吾地说："岳飞的儿子岳云给部将张宪写信，让张宪要求朝廷派岳飞回军中，话虽不明白，这事件莫须有。"

韩世忠大怒，厉声说道："仅凭莫须有三字，何以服天下人心。"拂袖而去。

岳飞死后，韩世忠知道自己也难容于秦桧，便请求解除枢密使的职务。

韩世忠赋闲之后，口不言兵，每天跨驴携酒，泛游西湖，许多人都不知道这是名震天下的韩元帅。

韩世忠的部将旧属路过杭州时，都来拜访老帅，韩世宗一律不见，平时也绝不和军中大将通报消息，以免被秦桧罗织成罪名。

秦桧害死岳飞后，对韩世忠也是恨之入骨，恨不能把他也一并除去。然而他没想到害死岳飞的民愤会如此之大，自己也感到很害怕，又见韩世忠口不言兵，又和军队断绝往来，也不再出言阻挠自己与大金议和的奸计，既无威胁也无妨碍，便放过了他。

韩世忠懂得适时收起自己的锋芒，才得以保身。可见圆融的重要。可是现代社会，很多人却不懂得圆融处世。如果是才华横溢，就可能清高自傲；如果个性十足，就可能一意孤行，我行我素……当我们坚守自己的刚直时候，很可能已经因为不懂得圆滑而得罪了别人，而此刻，那些对你心怀记恨的人，很可能就躲在某个角落，等着找你麻烦。

身处在这样的环境，自然不会舒服。所以，与其过于坚持自己，去得罪别人，不如适当地圆滑一点，表面上跟谁都合得来，内心里却有自己的分寸。这样，我们才能在人群中隐藏自己，不至于要时刻提防别人的算计。

过柔难以成形

淮阴侯韩信身经百战，战无不胜，攻无不克，是一员颇具大智大勇的战将，可是，他的"大智大勇"却难以掩盖他优柔寡断的性格。在长达四年的楚、汉相争期间，如果韩信既不从项羽也不属刘邦，自树一帜，即可同刘、项形成三足鼎立之势，而且当时的环境也为他自立提供了多次机遇。正是由于他优柔寡断的性格，他最终不仅失去了自立为王的机会，还把命搭了进去。

韩信率兵伐齐，斩了齐王田广，占领了齐国，不仅扩大了疆域，也壮大了自己的势力。这时，他已有数十万大军，成为举足轻重的人物。当时楚、汉相争的形势是，韩信叛刘归项则刘灭，向刘背项则项亡。如果韩信自树一帜就会形成三足鼎立之势。

在刘邦与项羽相争得最激烈时期，诸侯各据一方，或叛项归刘，或背刘降项，或自立为王，群雄逐鹿，各逞其能。在风云变幻的楚汉相争中，英雄辈出，居然有一个不起眼的小人物——蒯通。他把当时天下的形势看得极为透彻。他深知“天下权在信”。于是拜见韩信，从当时的形势，韩信所处的环境与他的实力，以及他将来得天下的利益等诸方面苦口婆心地规劝他造反自立。可是韩信考虑许久还是说：“先生言之有理，容我权衡一下，再做决定。”蒯通见韩信已被自己说服，便告辞了。

蒯通本以为韩信是个胸怀大志的人，将来一定能做出经天纬地的大事业，可他等了数日，却不见韩信有要自立为王的迹象，便又找韩信，说：“希望将军快做决定，机不可失，时不再来。”韩信当即回答说：“先生请不要再费心了。我考虑再三，自从归汉后，刘邦肯把将军大印交给我，统领数万大军，现在又封我为齐王，如果忘恩负义，必遭报应。况且我擒魏豹、平赵、定燕、灭齐，立下战功累累，又一向以忠信对待他。我想汉王不会亏待我的。”

蒯通听后，明知再劝也没用，转身告退。他担心招惹是非，便仰天长叹，佯装疯癫，逃离汉营。

当时，韩信正处于楚汉相争的乱世，为他自树一帜，提供了极好的契机；他本人智勇超常，手握重兵数十万，又雄踞齐地，有能力、有把握自立为王；还有蒯通为他出谋划策，可以说这是一位不可多得的谋士，他煞费苦心地规劝、开导，甚至开导到不能再开导的程度，可以说，天时、地利、人和都具备，而他仍然优柔寡断。正如韩信自己所说：“我若负德，必至不祥。”后来的事实证明，他的命运果然“不祥”，但绝不是因“负德”，而是由于他优柔的性格所致，岂不是咎由自取？

后来韩信又一次错失良机。刘邦追杀项羽旧部钟离昧，韩信出于同乡之谊收留了他。这招致了刘邦的不满，而此时韩信若能当机立断，肯与钟离昧联手共同抗汉，那不仅保护了钟离昧的性命，他自己日后也能幸免于难。可惜的是，韩信在这次机遇面前仍犹豫不决，于是不仅失去了朋友，又眼睁睁地失去了成功的机会。

韩信不听蒯通的规劝，不理钟离昧的指点，只因他优柔寡断的性格，致使两次机遇都失去了。

也许，对于优柔性格的韩信来说，最理想的行为方式，就是让别人先反，自己在一旁优柔地观看，败则与己无关，胜则乘势而起，韩信确实这样做了。然而，刘邦和吕后却不优柔，他们快刀斩乱麻，处决了韩信。

韩信在优柔中被杀，其实他到死都没有真反，而只是在犹豫，他是被半推半就硬拉上刑场的，直到临死一刻，韩信才仰天长叹：“悔不听蒯通言，反被女人以计诛杀，呜呼哀哉！”

有些素质、人品及机会都很好的人，就因为寡断的性格，一生也就给糟蹋了。美国化工协会会长、美国FMC公司总裁威廉·沃特说：“如果一个人永远徘徊于两件事之间，对自己先做哪一件犹豫不决，他将会一件事情都做不成。”的确，如果一个人在一种意见和另一种意见、这个计划和那个计划之间跳来跳去，像风标一样摇摆不定，每一阵微风都能影响它，那么，这样的人肯定是性格软弱、没有主见的人，他在任何事情上都只能是一无所成，无论是举足轻重的大事还是微不足道的小事，概莫能外。

阴无阳不利，刚无柔不生

老子在《道德经》上云：“人之生也柔弱，其死也坚强。草木之生也柔脆，其死也枯槁。故坚强者死之徒，柔弱者生之徒。是以兵强则灭，木强则折。强大处下，柔弱处上。”由此可见，柔的力量是惊人的。将柔性运用于为人处世之中，往往能够无往不利、出奇制胜。

东汉末年，夺取西川是刘备的既定方针和基本战略目标。但是“蜀道之难，难于上青天”，欲取西川，必须先获取西川地理图本，以便详细了解西川的复杂地形。正当刘备筹备之时，益州别驾张松来了。张松本来是奉刘璋之命携带金珠锦绮为进献之物前往许都的，任务是联结曹操，共治张鲁。行前，张松还有一个打算，随身暗藏画好的西川地理图本，到许都伺机而行。张松的行迹，诸葛亮早派人随时打听着。没想到他到许昌之后，曹操表现出一副骄横傲慢的样子，对他的游说反应十分冷淡，一气之下，他挟图离开了许昌。可是他离开益州时在刘璋面前夸过海口，这次倘若无功而返、空手而归，又怕被人取笑。他突然想到：早就听说荆州的刘备仁高义厚，美名远播，我何不绕道走一趟荆州，看看刘备究竟是何等人物，然后再作定夺，于是改道来到荆州。

刘备一连留张松饮宴三日，从不提起川中之事。张松告辞准备返回益州，刘备又设宴送行。刘备亲自为张松斟酒，嘴里说道：“承蒙张大夫不见外，故能留住三天，今日一别，不知何时方得赐教。”说完不觉潸然落泪。张松暗地寻思：“刘备如此宽仁爱士，实在难得，我也有些不忍舍他而去，不如劝他径取西川。”于是说道：“我也朝思暮想在你鞍前马后侍奉，只是未得其便。据我看来，你现在虽据有荆州，但东面孙权虎视眈眈，北面的曹操又常有鲸吞之意，恐怕不是久居之地呀！”刘备说：“我也知道严峻的形势，但苦于再无别的安身之所啊！”张松又说：“益州地域，地理险塞，沃野千里，乃天府之国。凡有才干的智士仁人，很早就仰慕皇叔你的功德，倘若你愿意率荆州之众，直指西川，则肯定霸业可成，汉室可兴。”刘备一听此言，故作震惊，慌忙答道：“我哪敢有如此妄想。据守益州的刘璋也是帝室宗亲，又长久恩泽西川黎民，别人岂能轻易动摇他？”此时的张松已完全落入刘备和诸葛亮的圈套，而且步步走向圈套的核心还不觉察，一听刘备这番话，更敬佩他的宽仁厚道，于是把心里话掏出来了：“我劝刘皇叔进取西川，并不是卖主求荣，而是今天遇到了明主，不得不一吐肺腑。刘璋虽据有西川之地，但他本性懦弱，且是非难分，又不能任贤用能。况且北面的张鲁时有进犯之意。现在四川人心涣散，有志之人都希望择主而事。我这次本来受命去结交曹操，没想到他傲贤慢士，冷淡于我，一气之下我弃他而来见你。你若是先取西川为基础，然后向北发展图得汉中，最后收取中原，匡扶汉朝，将有名垂青史的大功。你要是愿意进取西川，我张松愿效犬马之劳，以做内应，不知意下如何？”

此时的刘备，见时机成熟，开始收紧套环，进入正题，但仍不露声色，只是无可奈何地说道：“我对你的厚爱表示感谢，无奈刘璋与我同宗，同宗相拼，恐怕落得天下人笑话呀！”此时的张松已是不能自已了，生怕这笔“交易”做不成，错过机会，反过来还去做刘备的动员工作，只见他急切地说道：“大丈夫处世，理当建功立业，哪能如此瞻前顾后、婆婆妈妈的。今天你若不取西川，他日为别人所取，那就悔之恨晚了！”直到这时，刘备的谈话才涉及与地图有关的事。他说道：“我听说西川之地，道路崎岖，千山万水，双轮车无法通过，连匹马并行的路都没有，就算想进军，也苦无良策啊！”张松终于和盘托出了。他忙从袖中取出图，递给刘备说：“我深感皇叔盛德，才献出此图给你，一看此图，便对西川的地形地貌一目了然了。”刘备略为展开一看，只见上面地理行程、远近阔狭、山川险要，府库钱粮一一俱载明白。刘备看到地图到手，自然高兴不已。可张松还嫌不够，进而说道：“我在西川还有两个挚友，名叫法正、孟达，皇叔你欲进西川，他二人也肯定愿意相助。下次他二人若到荆州，你完全可以心腹事相商。”直到这时，这场“索图戏”方得谢幕。

在张松左右不定仍有退路的时候，刘备以厚待之，表现出了做人的柔和，可是当张松已经没有退路一心投靠他的时候，刘备又表现出了强硬的一面，从而顺利的得到了地图。既证实了张松的忠贞，又达到了自己的目的。这就是管理者的刚柔策略。

俗话说，柔弱之水可为滔天巨浪、摧枯拉朽、吞噬一切，可凿岩穿壁、滴水穿石。诚如刘备，柔并不是弱，刚也并非是因为强，刚柔不过是为人处世的一种策略，关键是看人们怎么运用它。

上善若水，以柔克刚

人们常说：上善若水，以柔克刚。意思是说，刚正的东西因为过于坚硬，所以更容易折断，而圆融如水，可以随意变形，不会因为环境或者外力的原因而受到任何的损伤。而在面对事物的时候，刚正的人往往因为自己的坚持而更加容易得罪别人，而圆融的人，因为能够看透对方的需要，适时的调整自己，所以他们更能适应社会，获得别人的支持和认可。

商容疾据说是纣王时的大夫，因屡次直谏荒淫无道的纣王，结果遭到贬谪。后来纣王剖比干，囚箕子，逐微子，商容疾感到心寒，便躲进深山之中，避世隐居，不问世事。武王灭亡商朝后，天下大定。周室表彰商容闾里，想召他出山，商容疾婉言谢绝。他遗世独立，静心养性，修得一副道骨仙颜，虽然年岁已过数百，仍然精神矍铄，面色如童。到了春秋末年，老子降世，商容疾知道他不是平凡人物，便收他为弟子，传授他天地玄机，处事妙道，所以老子后来成为一代圣人。

却说有一次，商容疾得了重病，自知将不久于人世。老子匆匆赶来问候老师。他先询问了老师的病情，然后对老师说："先生的病确实很重了，有什么教导要嘱咐弟子的吗？"

商容疾说："乘车经过故乡的时候要下车，你知道这是为什么吗？"

老子说："过故乡而下车，大概是表示要不忘故乡吧？"

商容疾说："对了！那么，经过高大的古树的时候，要快速地走过，你知道这是为什么吗？"

老子说："经过高大的古树要快速地走过，这大概是说要尊敬德高望重的长者吧？"

商容疾说："是啊！"

然后张开嘴给老子看，说："我的舌头在吗？"

老子说："在。"

商容疾又说："我的牙齿还在吗？"

老子说："不在了。"

商容疾说："你知道这是什么道理吗？"

老子说："舌存而齿亡，这不是说刚强的东西已经消亡了，而柔弱的东西还存在吗？"

"说得好啊！天下的事理正是这样。你没看见那水吗？天下万物，没有什么比水更柔弱的了。然而积水为海，则广阔无际，深不可测，大至于无穷，远极于无涯。百川灌之，无所增加；风吹日晒，没有减少。上天则为雨露，下地则为润泽。万物没有它不能生长，百事离开它不能成功。奔流起来不可遏止，无形无状不可把握。剑刺不能伤害它，棒击无法打碎它。刀斩不会断，火烧不能燃。它锋利无比，可以磨灭金石；强健至极，可以承载舟船。深可渗进无形之域，高可翱翔于缥缈之间。涓涓细流回旋于川谷之中，滔滔巨浪翻腾于大荒之野。水为什么能够具有如此大的威力？因为它柔软润滑，所以能够出于无有，入于无间，攻坚克强，无可匹敌。弱而胜强，柔而克刚，世上没人不知，然而无人能行。你明白了吗？"

老子说："先生说得太好了！天下之至柔，驰骋天下之至坚，确实是万世不易的定理。人活着的时候，身体柔软脆弱，死后尸体就变得僵硬坚挺。草木活着的时候，又柔又软，一死就变得枯槁坚硬。所以刚强的东西是走向死亡的东西，柔弱的东西是生机勃勃的东西。军队太强大，容易被消灭；树木太坚硬，容易被吹折。两国相争，弱国胜；两仇争利，柔者得。皮革太坚固，容易破裂；牙齿比舌头硬，所以先消亡。坚强的东西能胜不如自己的东西，柔弱的东西则克超过自己的东西。所以强大的东西处于劣势，柔弱的东西居于上风。积弱可以为强，积柔则就为刚。欲刚必以柔守之，欲强必以弱保之。"

商容疾欣慰地笑了："你已经得大道了。天下道理都已经被你说尽了，我还有什么需要留给你的呢？"

以柔克刚，以弱胜强，是道家守柔主静的动静观，这里面包含着朴素的辩证法。商容疾对老子讲的“舌头与牙齿”的故事，还有“水”的能量，均在证明“柔”与“刚”的辩证关系。

从大宇宙的时空观念来看事物，我们会品味出道家人生态度的独特理念。宇宙间的一切生命本体，很难说有大、小、弱、强之分，任何事物都在变化中运行，没有绝对的胜者和败者。明白这个道理，有助于人们把握自己对待人生的态度。

劣势并非让人永远被动

劣势不是永远都让人处于被动地位，只要你能巧妙地应用劣势，那么它很可能就变成了你的优势。

一位挑水夫，有两个水桶，分别吊在扁担的两头，其中一个桶有裂缝，另一个则完好无缺。在每趟长途挑运之后，完好无缺的桶，总是能将满满一桶水从溪边送到主人家中，但是有裂缝的桶子到达主人家时，却剩下半桶水。

两年来，挑水夫就这样每天挑一桶半的水到主人家。当然，好桶子对自己能够送满整桶水感到很自豪。破桶子呢？对于自己的缺陷则非常羞愧，它为只能负起责任的一半，感到很难过。

饱尝了两年失败的苦楚，破桶子终于忍不住，在小溪旁对挑水夫说：“我很惭愧，必须向你道歉。”“为什么呢？”挑水夫问道：“你为什么觉得惭愧？”“过去两年，因为水从我这边漏掉，我只能送半桶水到主人家，我的缺陷使你做了全部的工作，却只收到一半的成果。”破桶子说。挑水夫说：“我们往主人家走的路上，我要你留意路旁盛开的花朵。”

果真，他们走在山坡上，破桶子眼前一亮，看到缤纷的花朵，开满路的一旁，沐浴在温暖的阳光之下，这景象使它开心了很多！但是，走到小路的尽头，它又难受了，因为一半的水又在路上漏掉了！破桶子再次向挑水夫道歉。挑水夫温和地说：“你有没有注意到小路两旁，只有你的那一边有花，好桶子的那一边却没有开花呢？我明白你有缺陷，因此我善加利用，在你那边的路旁撒了花种，每回我从溪边来，你就替我一路浇了花！两年来，这些美丽的花朵装饰了主人的餐桌。如果你不是这个样子，主人的桌上也没有这么好看的花朵了！”

天生我才必有用。要勇于直面不完善的自我，要相信自己总有能做得很好的事情。

我们只有从自身条件不足和所处的不利环境的局限中解脱出来，才能发挥自己的优势，去做自己想做的事。把自己最弱的部分转化为强项，对任何人都很重要。

有的时候，人的某方面缺陷未必就永远是劣势，只要善加利用，或者扬长避短，劣势也会转化成优势。

有一个10岁的小男孩，在一次车祸中失去了左臂，但是他很想学柔道。

最终，小男孩拜一位日本柔道大师做了师傅，开始学习柔道。他学得不错，可是练了三个月，师傅只教了他一招，小男孩有点弄不懂了。

他终于忍不住问师傅：“我是不是应该再学学其他招数？”

师傅回答说：“不错，你的确只会一招，但你只需要会这一招就够了。”

小男孩并不是很明白，但他很相信师傅，于是就继续练了下去。

几个月后，师傅第一次带小男孩去参加比赛。小男孩自己都没有想到居然轻轻松松地赢了前两轮。第三轮稍稍有点艰难，但对手还是很快就变得有些急躁，连连进攻，小男孩敏捷地施展出自己的那一招，又赢了。就这样，小男孩进入了决赛。

决赛的对手比小男孩高大、强壮许多，也更有经验。有一度小男孩显得有点招架不住，裁判担心小男孩会受伤，就叫了暂停，还打算就此终止比赛，然而师傅不答应，坚持说："继续比赛！"

比赛重新开始后，对手放松了戒备，小男孩立刻使出他的那招，制服了对手，因此赢了比赛，得了冠军。

回家的路上，小男孩和师傅一起回顾每场比赛的每一个细节，小男孩鼓起勇气道出了心里的疑问："师傅，我怎么就凭一招就赢得了冠军？"

师傅答道："有两个原因：第一，你完全掌握了柔道中最难的一招；第二，就我所知，对付这一招唯一的办法是对手抓住你的左臂。"

金无足赤，人无完人。每个人都会有自己的劣势和缺陷，有些人面对自己的缺陷，总是想办法遮掩，害怕别人嘲笑，这样做往往适得其反。正确的态度是坦然面对自己的缺陷，不去刻意掩饰，敢于挑战自我，并根据自己的具体情况确立自己的目标，这样才能克服自己的缺陷。

有缺点的人不用自卑，因为你的缺点，很可能在一定的条件下就转换成了优点，可能会更加有利于你的成功。所以，人的本身并没有任何劣势，之所以存在不足，是人们还没有发现合理利用劣势的方法。